Weißbach - Werkstoffe und ihre Anwendungen

Christoph Jaroschek · Thomas Kordisch · Michael Dahms

Weißbach - Werkstoffe und ihre Anwendungen

Metalle, Kunststoffe und mehr

21. Auflage

 Springer Vieweg

Christoph Jaroschek (iD)
Hochschule Bielefeld
Bielefeld, Deutschland

Thomas Kordisch
Hochschule Bielefeld
Bielefeld, Deutschland

Michael Dahms
Hochschule Flensburg
Flensburg, Deutschland

ISBN 978-3-658-50255-3   ISBN 978-3-658-50256-0 (eBook)
https://doi.org/10.1007/978-3-658-50256-0

Die Deutsche Nationalbibliothek verzeichnet diese Publikation in der Deutschen National bibliografie; detaillierte bibliografische Daten sind im Internet über https://portal.dnb.de abrufbar.

Planung/Lektorat: Eric Blaschke
Springer Vieweg ist ein Imprint der eingetragenen Gesellschaft Springer Fachmedien Wiesbaden GmbH und ist ein Teil von Springer Nature.
Die Anschrift der Gesellschaft ist: Abraham-Lincoln-Str. 46, 65189 Wiesbaden, Germany

Vorwort

„Der Weißbach" ist seit seiner 1. Auflage ein sehr erfolgreiches Lehrbuch für die Werkstofftechnik. Ein ganz besonderer Dank gilt an dieser Stelle Herrn Wolfgang Weißbach, der dieses Buch vor über 50 Jahren initiiert und dann mit viel Engagement und Fachexpertise inhaltlich, aber auch layouttechnisch immer weiterentwickelt hat, jetzt aber aus persönlichen Gründen leider nicht mehr für eine Überarbeitung des Buches zur Verfügung steht. Großen Dank gilt auch Herrn Michael Dahms, der das Buch als Co-Autor in den letzten Auflagen stetig verbesserte, bei der aktuellen Überarbeitung aber nicht mehr tätig war. Nur weil das Lehrbuch permanent überarbeitet und aktualisiert wurde, konnte es erfolgreich in so vielen Auflagen erscheinen.

Mit der nun vorliegenden Auflage übernehmen Christoph Jaroschek und Thomas Kordisch die Weiterentwicklung des Buches. Diese 21. Auflage ist vollständig inhaltlich überarbeitet, neu strukturiert und nun mit farblich neu gestalteten Abbildungen umgesetzt.

Die Struktur der Kapitel orientiert sich an den werkstofftechnischen Grundlagenvorlesungen in ingenieurwissenschaftlichen Studiengängen, insbesondere im Maschinenbau. Der Fokus bei der vollständigen Überarbeitung lag auf der Verfassung eines Lehrbuchs, das Studierenden die komplexe und wichtige Welt der Werkstoffe näherbringt und für dieses Thema begeistern soll. Entsprechend wurden die Kapitel neu sortiert, strukturiert und in Teilen auch reduziert, sodass der rote Faden zum einfachen Verständnis noch besser zur Geltung kommt. Darüber hinaus kann das Buch aber weiterhin für Anwender und Anwenderinnen in der industriellen Praxis genutzt werden, um bei Fragestellungen aus dem Gebiet der Werkstofftechnik und bei werkstoffrelevanten technischen Prozessen Antworten zu geben.

Entsprechend dieses Konzepts werden in den ersten beiden Kapiteln erst die Grundlagen und dann die Fragestellungen zur Werkstoffauswahl erklärt. Kap. 3, 4, 5, 6, 7 und 8 widmen sich dann detailliert dem Aufbau, den Eigenschaften und der Wärmebehandlung von metallischen Werkstoffen, wobei hier der Schwerpunkt auf den Stählen liegt. Kap. 9 geht auf die Kunststoffe ein, die im Aufbau und Verhalten völlig unterschiedlich zu den Metallen sind. In Kap. 10 werden dann die keramischen Werkstoffe erläutert, die eine ganz eigene Bindungsstruktur aufweisen, welche die Herstellung und das mechanische Verhalten beeinflusst. Das Buch schließt in Kap. 11 mit der Werkstoffprüfung ab. Hier werden wichtige Unterschiede zwischen den Werkstoffgruppen Metall und Kunststoff deutlich, weil sehr ähnliche Prüfverfahren zum Einsatz kommen, deren Kennwerte jedoch anders für die Bauteildimensionierung genutzt werden müssen. Die Werkstoffprüfung und das Ermitteln von Kennwerten bildet inhaltlich den Bogen zu Kap. 2 – Werkstoffauswahl. Das komplexe Thema Korrosion und Korrosionsschutz wurde gestrichen.

Die Autoren danken Herrn Eric Blaschke vom Springer Verlag für die fruchtbare Zusammenarbeit. Autoren und Verlag danken Firmen und Instituten für die Bereitstellung von Unterlagen und den Benutzern für konstruktive Anmerkungen und Vorschläge. Wir sind auch weiterhin bestrebt, diese zu realisieren.

Wenn Sie als Leser Anmerkungen haben oder Inhalte nicht verständlich finden, dann schicken Sie dieses Feedback bitte an den Verlag, damit wir das Buch für den Leserkreis aktuell und verständlich weiterentwickeln können.

Zur besseren Lesbarkeit wird im Text die männliche Form verwendet, es sollen aber ausdrücklich alle Menschen unabhängig von ihrer geschlechtlichen Identität gleichermaßen angesprochen werden.

Bielefeld   Christoph Jaroschek
im Juli 2025   Thomas Kordisch

Interessenkonflikt Die Autor*innen haben keine relevanten Interessenskonflikte im Zusammenhang mit dieser Publikation.

Inhaltsverzeichnis

Grundlegende Begriffe und Zusammenhänge

1

Die Bedeutung des Wissens über Werkstoffe wird dem Ingenieur schnell klar, wenn in der Konstruktion die Frage nach der Wahl eines geeigneten Materials gestellt wird. Am Beispiel eines Niederhalters von Papierblättern in einem Aktenordner (Abb. 1.1) wird klar, dass zunächst einige Fragen geklärt werden müssen:

- Was muss der Werkstoff leisten? Hier stellt sich die Frage, wieviel Blatt Papier sicher gehalten werden sollen. Bei einem dicken Aktenordner werden höhere Klemmkräfte notwendig sein.
- Wie viel Werkstoff ist notwendig (muss beschafft werden)? Wie ist die Verfügbarkeit für den konkreten Anwendungsfall. Wenn beispielsweise Naturstoffe zum Einsatz kommen sollen, könnte ggfs. aufgrund klimatischer Schwankungen die Verfügbarkeit begrenzt werden?
- Was kostet der Werkstoff? Die Materialkosten machen einen nicht unerheblichen Teil der Produktkosten aus. Auf das Gewicht bezogen ist Kunststoff vielfach teurer als Metall.
- Wie kann ich den Werkstoff in die gewünschte Form bringen? Die Herstellkosten hängen ab von den Kosten für die Produktionsanlage und von der Zahl der notwendigen Arbeitsschritte. Trotz hoher Kosten für das Material Kunststoff sind die Produktionskosten sehr gering. Das gilt aber nur für hohe geforderte Stückzahlen, denn für die Produktion von Kunststoffbauteilen sind üblicherweise sehr aufwendige und teure Spritzgießwerkzeuge notwendig. Die Kosten für diese Werkzeuge werden auf die Zahl der produzierten Teile verteilt.

© Der/die Herausgeber bzw. der/die Autor(en), exklusiv lizenziert an Springer Fachmedien Wiesbaden GmbH, ein Teil von Springer Nature 2026
C. Jaroschek et al., *Weißbach - Werkstoffe und ihre Anwendungen*,
https://doi.org/10.1007/978-3-658-50256-0_1

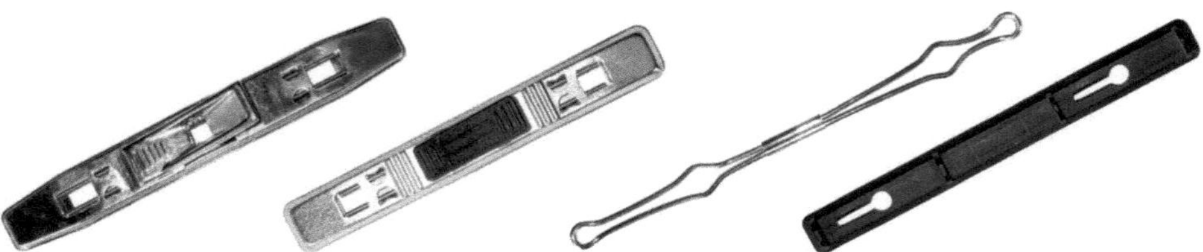

Abb. 1.1 Aktenklemmer/Fixierschiene in diversen Ausführungen

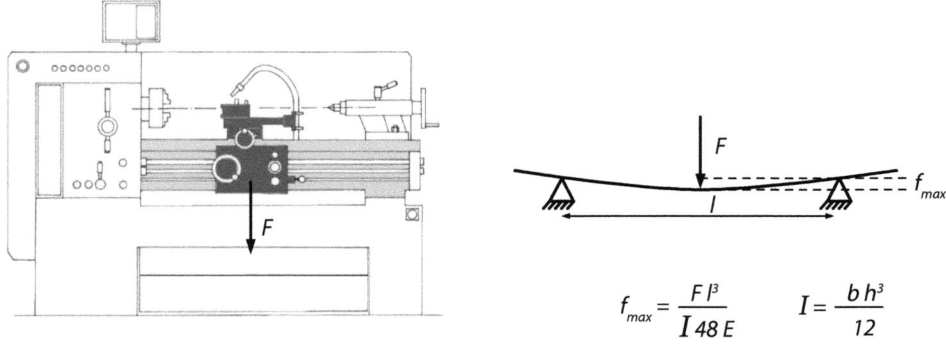

$$f_{max} = \frac{F\,l^3}{I\,48\,E} \qquad I = \frac{b\,h^3}{12}$$

Abb. 1.2 Verformung einer Maschine hängt ab von Belastung und Materialsteifigkeit

Im Fokus des Buchs sind die mechanischen Eigenschaften. Sehr vereinfacht geht es um zwei Fragen:

- Welche Belastungsgrenzen hat ein Material? – denn daraus ergibt sich die Bauteilform, z. B. die Bauteildicke.
- Wie kann die Belastungsgrenze des Materials verändert werden? Diese Frage betrifft sowohl die Materialentwicklung als auch die Anwendung, denn manche Eigenschaftsänderung erfordert eine bestimmte Temperaturführung (Wärmebehandlung). Wenn das Bauteil hohen Temperaturen ausgesetzt wird, kann die Eigenschaftsänderung durch eine Wärmebehandlung wieder rückgängig gemacht werden.

Belastungsgrenze bezieht sich auf zwei Aspekte:

- Ein Bauteil soll sich unter einer bestimmten Last F nicht allzu sehr verformen. Eine Verformung ist zunächst immer erst elastisch, nach einer Entlastung verschwindet die Verformung vollständig. Die Verformung sollte sehr gering sein. Wenn der Schlitten (Belastung mit Kraft F) einer Drehmaschine seitlich verfährt, wird die Verformung f des Maschinenbetts am größten sein, wenn er mittig zwischen den seitlichen Auflagern mit dem Abstand l steht (Abb. 1.2). Die max. Verformung f_{max} lässt sich berechnen mit den Angaben zur Form des Schlittens (Breite b und Höhe H) und dem E-Modul, das ist

ein Materialkennwert, der die Steifigkeit des Bauteils mitbestimmt. Wenn ein Material mit einem hohen E-Modul gewählt wird, kann das Bauteilvolumen reduziert werden.
- Bei einer höheren Belastung kommt es zu einer plastischen, bleibenden Verformung. Unter Belastung entstehen im Material Spannungen, das sind auf eine Fläche bezogene Kräfte. Ab einer Grenzspannung geht eine elastische Verformung in eine bleibende, plastische Verformung über.

1.1   Das Fachgebiet Werkstofftechnik

Werkstoffe sind jener Teil der Materie, die der Mensch zur Herstellung von Gütern aller Art benutzt, um seine Bedürfnisse zu befriedigen. Dazu gehören auch die Maschinen zu ihrer Herstellung. Zu den Werkstoffen zählen alle Stoffe für Bauteile in Maschinen, Geräten und Anlagen, ebenso das Material für die Werkzeuge zu ihrer Fertigung.

Das Buch beschränkt sich schwerpunktmäßig auf Werkstoffe, die im Maschinenbau verwendet werden. Andere Bereiche sind z. B. Luftfahrtwerkstoffe, Werkstoffe der E-Technik und Elektronik, Baustoffe für Hoch- und Tiefbau, Werkstoffe für Textilien und Bekleidung, Dentalwerkstoffe.

Werkstofftechnik ist ein Fachgebiet für das Verständnis der Werkstoffe, das betrifft den Werkstoffaufbau, ausgehend von den Grundbausteinen, den Atomen bzw. Verbindungen mehrerer Atome. Dieses Wissen ermöglicht:

- Eigenschaften vorhandener Werkstoffe durch Veränderungen im Grundaufbau zu verbessern,
- Kennzahlen zur Beschreibung der Eigenschaften zu ermitteln und für die Berechnung in der Konstruktion bereitzustellen,
- neue Werkstoffe zu entwickeln,
- zugehörige Fertigungsverfahren zu optimieren.

Werkstofftechnik ist dabei auf die Methoden der Werkstoffprüfung angewiesen, mit denen sich Strukturen erkennen und Eigenschaften ermitteln lassen. Das ist auch für die Qualitätssicherung wichtig. Die wichtigsten Prüfverfahren sind im Kap. 11 erläutert, z. B. Härteprüfungen, Zugversuch und Kerbschlagbiegeversuch.

Bauteile müssen so entworfen, wirtschaftlich hergestellt und in Funktion erhalten werden, dass sie eine hohe und wirtschaftlich sinnvolle Lebensdauer erreichen.

Als Lebensdauer ist bei belasteten Bauteilen die Zeit anzusehen, in der das Bauteil seine Aufgabe (Funktion) voll erfüllt (d. h. funktioniert). Beispiele hierfür sind:

- Standmenge, Standzeit von Werkzeugen,
- Laufleistung von Reifen, Motoren,
- Lastspiele von Federn.

Bereits bei der Werkstoffwahl muss der Fertigungsweg vorgedacht werden. Durch das Fertigungsverfahren können sich die Eigenschaften des Materials verändern, besonders wenn hohe Temperaturen entstehen oder notwendig sind. Bei allen Fertigungsstufen sind vorbeugende Maßnahmen zu treffen, um Ausschussteile zu vermeiden. Ziel ist eine Null-Fehler-Produktion. Im Lebenslauf der Bauteile ist in allen Phasen der Einfluss des Werkstoffs auf die zu fällenden Entscheidungen erkennbar.

Konstruktion

Der Entwurf von Gestalt und Abmessungen des Bauteiles erfordert Berechnungen entsprechend der Festigkeitslehre, hierfür sind Kennwerte zu den Materialeigenschaften notwendig. Das Fertigungsverfahren bestimmt ebenfalls die Werkstoffart mit Beeinflussung der Bauteilgestalt.

Beispiel: Konstruktion für Fahrradrahmen

Ein Fahrradrahmen aus Aluminium ist leichter als ein Stahlrahmen, wegen des geringeren E-Moduls muss der verwendete Rohrquerschnitt einen größeren Durchmesser haben. Ein Bauteil soll insgesamt dünnwandig sein, hier bietet sich eine Blechkonstruktion aus gestanzten und gebogenen Blechen oder Rohre an. Möglicherweise sollen mehrere Einzelteile miteinander verschweißt werden, nicht alle Materialien eignen sich hierfür. ◄

Fertigung

Die Festlegung der Arbeitsgänge, ihre Durchführung und die Kontrollen zur Qualitätssicherung bezeichnet man als Fertigung. Die Arbeitsgänge müssen die Eigenschaften des Werkstoffs berücksichtigen. Keiner ist für alle Fertigungsverfahren geeignet. Für hohe Stückzahlen sind nur wenige Fertigungsverfahren einsetzbar, sie beeinflussen rückwirkend die Werkstoffwahl.

Beispiel: Gießverfahren für ein Bohrmaschinengehäuse

Ein Gehäuse für eine Handbohrmaschine muss in hohen Stückzahlen hergestellt werden. Hier bietet sich ein Gießverfahren an. Für größte Stückzahlen sind Verfahren mit aufwendigen Werkzeugen geeignet, die endformnahe oder endformgetreue Teile in kurzer Zeit liefern. ◄

Qualitätssicherung

Das große Ziel einer Null-Fehler-Produktion erfordert vorbeugende Maßnahmen, um unzulässige Änderungen von Bauteil und Werkstoffeigenschaften oder auch Prozessunterbrechungen zu vermeiden. Die FMEA muss dazu alle Verfahrensbedingungen (Prozessparameter) überprüfen.

Beispiel: Qualitätssicherung mit der Ausfallmöglichkeits- und Einfluss-Analyse

FMEA (Failure Mode and Effects Analysis) ist die Ausfallmöglichkeits- und Einfluss-Analyse. Sie dient zum Aufdecken von Schwachstellen in allen Phasen der Produktion (System-, Konstruktions- und Prozess-FMEA). Mitarbeiter aus Entwicklungs- und Produktionsabteilungen bewerten miteinander die Einflüsse einzelner Arbeitsschritte. ◄

Betriebsunterhaltung

Das Bauteil übernimmt seine Funktion in einer Maschine im Zusammenspiel mit anderen Bauteilen unter Betriebsbedingungen (Wärme, Staub, feuchte Luft) und muss zur Funktionserhaltung gewartet werden. Zur Wartung werden Schmiermittel und Korrosionsschutzmaßnahmen eingesetzt, die auf den Werkstoff abgestimmt sein müssen.

Schadensfall

Die Lebensdauer des Bauteiles wird durch Verschleiß oder Korrosion vermindert, evtl. beendet. Überlastung führt zum Gewaltbruch, Ermüdung zum Dauerbruch. Die Schadensanalyse versucht die Ursachen zu ermitteln, um zu klären, ob:

- Überbeanspruchung oder
- Werkstoffversagen

vorliegt. Durch Änderungen der Konstruktion, des Werkstoffes oder mittels einer anderen Oberflächenbehandlung können künftige Schäden am Bauteil vermieden werden.

Regeneration

Die Aufarbeitung von verschleißgeschädigten Bauteilen kann günstiger sein als Ersatz durch neu gefertigte (auch unter ökologischen Gesichtspunkten!). Das gilt besonders für größere Bauteile.

Beispiel: Aufarbeitung geschädigter Bauteile durch Beschichtungsverfahren

Geschädigte Bauteile können je nach Werkstoff mittels zahlreicher Verfahren beschichtet werden, z. B. das Auftragsschweißen von Radspurkränzen, Hartverchromen von Wellenzapfen, thermisches Spritzen. ◄

Recycling

Abnehmende Rohstoffvorräte und dadurch zunehmende Rohstoffpreise fördern die Wiederverwertung ausrangierter technischer Produkte. Das ist auch zum Schutz der Umwelt erforderlich. Nach EU-Richtlinien ist für die Zulassung neuer Pkw-Typen ein Nachweis der Eignung zum wirtschaftlichen Recycling von zurzeit 85 % notwendig. Wegen der Rücknahmeverpflichtung von Altautos legen die Hersteller dazu umfangreiche Dateien mit Werkstoffbezeichnungen und Zerlegeplänen für die einzelnen Baugruppen an.

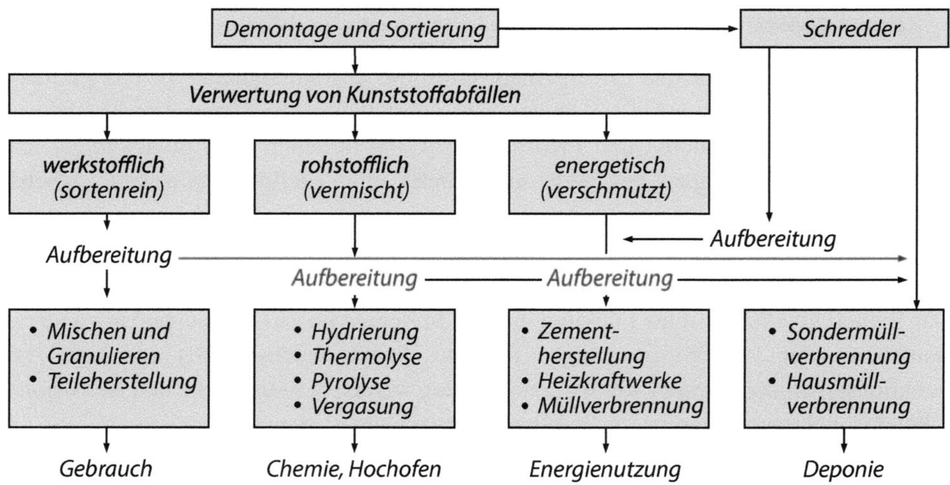

Abb. 1.3 Recycling von Kunststoffen

Zunehmend wichtiger wird der Einsatz solcher Fertigungsverfahren, die mit geringem Werkstoffverbrauch auskommen und keinen Sondermüll erzeugen. Schrott und Fertigungsabfälle müssen in miteinander verträgliche Fraktionen sortiert werden, wenn daraus wieder brauchbare Werkstoffe entstehen sollen. Kühlschmierstoffe für die Zerspanung müssen als Sondermüll entsorgt werden. Neue keramische Schneidstoffe arbeiten im Trockenschnitt oder mit Minimalmengenschmierung.

Das Schema in Abb. 1.3 zeigt die Verwertungskreisläufe für Kunststoffabfälle.

1.2 Grundlagen zum Aufbau von Werkstoffen

Die Eigenschaften der Werkstoffe lassen sich mit ihrem Aufbau erklären, wobei die Details häufig selbst mit Mikroskopen nicht sichtbar sind. Vielfach muss der Blick bis auf die Ebene der Atome gerichtet werden. Diese Betrachtung basiert auf Gedankenmodellen, die über Versuche vielfach bestätigt wurden und die Grundlage für die Vorhersage des Werkstoffverhaltens sind (Abb. 1.4).

Beispiele für unterschiedliches Werkstoffverhalten

Holz hat längs zur Wuchsrichtung Fasern, weshalb es in dieser Richtung eine erheblich höhere Belastung aushält.

Gusseisen (GJS) zeigt bei Betrachtung unter dem Mikroskop (Abb. 1.11) neben eigentlichen Eisen noch Graphitkugeln, die dem Material eine gewisse Selbstschmierung mitgeben. ◄

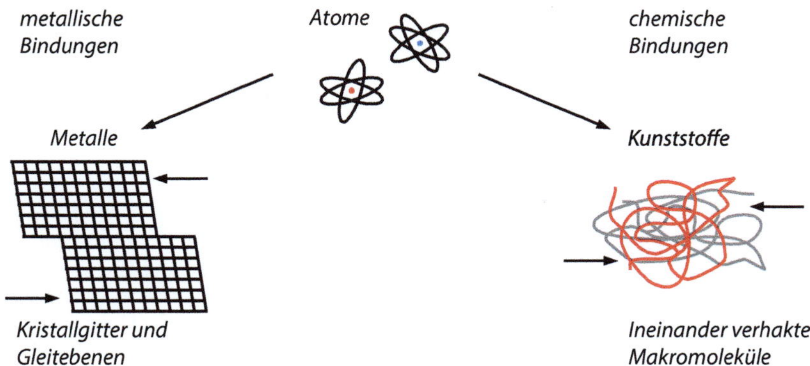

Abb. 1.4   Der Materialaufbau von Kunststoffen ist im Vergleich zu den Metallen molekular, es entstehen keine Gitter mit Gleitebenen, die Eigenschaften sind vielmehr vergleichbar mit denen eines „Spaghetti-Knäuels"

Man kann zwei Werkstoffgruppen unterscheiden:

- Metalle sind in ihrem Aufbau atomar: Atome sind Grundbausteine und bestehen aus einem Protonen-Atomkern mit Neutronen und einer Hülle aus Elektronen. Atome können sich gegenseitig anziehen, wenn ihr Abstand sehr klein ist. Mit der Vorstellung der Atome als „magnetische Kugeln" bilden sich regelmäßige Strukturen, man spricht hier von Kristallgittern.
- Kunststoffe sind molekular: Moleküle sind Ansammlungen von Atomen, die über die Elektronen der Hülle fest miteinander verbunden sind. Mit der Vorstellung von Spaghetti bilden sich Molekülknäuel.

Dieser Aufbau erklärt das unterschiedliche Verhalten der Werkstoffe z. B. unter mechanischer Last oder ihre elektrische Leitfähigkeit. Eine Erklärung, weshalb ein Werkstoff einen Aufbau entsprechend einer der beiden Gruppen hat, liefert das Periodensystem.

1.2.1   Atombau und Periodensystem (PSE)

Atome sind die kleinsten beständigen Teile der chemischen Elemente. Die Stellung im PSE ist verknüpft mit der Struktur der äußersten Elektronenhülle eines Atoms. Sie ist für das chemische Verhalten des Elementes maßgebend. Im PSE (Abb. 1.5) sind die Elemente zeilenweise mit steigenden **Ordnungszahlen** von 1 bis 118 angeordnet in:

- 7 waagerechten **Perioden** (I A bis VIII A) und
- 8 senkrechten (Haupt)-**Gruppen.**

	Hauptgruppen-Elemente		Periodensystem der Elemente mit Angabe der Elektronegativität (EN)												**Hauptgruppen-Elemente**					
	IA	IIA													IIIA	IVA	VA	VIA	VIIA	VIII A
1s	**H 2,2**		↓ Orbitale für den Einbau der hinzukommenden Elektronen ↓																	He
2s	Li 1,0	Be 1,5		← Nebengruppen-Elemente →										2p	B 2,0	**C 2,5**	N 3,0	O 3,5	F 4,0	Ne
3s	Na 0,9	Mg 1,2		IIIB	IVB	VB	VIB	VIIB	VIIIB			IB	IIB	3p	Al 1,5	Si 1,8	P 2,1	S 2,5	Cl 3,0	Ar
4s	K 0,8	Ca 1,0	3d	Sc 1,3	Ti 1,5	V 1,6	Cr 1,6	Mn 1,5	**Fe 1,8**	Co 1,8	Ni 1,8	Cu 1,9	Zn 1,6	4p	Ga 1,6	Ge 1,8	As 2,0	Se 2,4	Br 2,8	Kr
5s	Rb 0,8	Sr 1,0	4d	Y 1,3	Zr 1,4	Nb 1,6	Mo 1,8	Tc 1,9	Ru 2,2	Rh 2,2	Pd 2,2	Ag 1,9	Cd 1,7	5p	In 1,7	Sn 1,8	Sb 1,9	Te 2,1	J 2,5	Xe
6s	Cs 0,7	Ba 0,9	5d	La 1,1	Hf 1,3	Ta 1,5	W 1,7	Re 1,9	Os 2,2	Ir 2,2	Pt 2,2	Au 2,4	Hg 1,9	6p	Tl 1,8	Pb 1,8	Bi 1,9	Po 2,0	At 2,2	Rn
7s	Fr 0,7	Ra 0,9	6d	Ac 1,1																

Nicht-Metalle

Metalle

Innerhalb einer senkrechten Hauptgruppe nimmt die Anzahl der **Elektronenschalen** um eine zu.	**Gruppen-Nr. = Anzahl der Außenelektronen**
Innerhalb einer waagerechten Periode nimmt die Anzahl der **Außenelektronen** um jeweils eins zu.	**Perioden-Nr. = Anzahl der Schalen**

Abb. 1.5 Periodensystem der Elemente mit der Angabe der Elektronegativität

Die Ordnungszahl selbst ist somit die Atomnummer und gibt gleichzeitig dessen Anzahl der Protonen des Atomkerns an. Im PSE nimmt von Element zu Element die Zahl der Protonen im Kern um eins zu. Die Atomhülle wird aus genauso vielen Elektronen wie Protonen des Kerns gebildet.

Das hinzukommende Elektron wird in die jeweils nächsthöhere Schale (Energieniveau, Orbital) eingebaut. Mit Ausnahme der 1. Schale (1 s) kann die Außenschale max. 8 Elektronen aufnehmen. Das ist bei den Edelgasen der Fall (Ausnahme He mit 2 Elektronen).

Die Eigenschaften der Elemente sind in jeder Periode von links nach rechts verschieden, die der Gruppen von oben nach unten sind ähnlich. Dabei wird unterschieden in **Hauptgruppen- und Nebengruppenelemente.** Interessant ist die Hauptgruppe VIII, darin sind chemisch inerte Edelgase eingeteilt. Inert bedeutet, dass diese Elemente keine Bindung mit anderen Elementen eingehen. Daraus folgt die Theorie, dass alle anderen Elemente versuchen, durch chemische Bindungen mit anderen Atomen diese stabile Edelgaskonfiguration mit 8 Elektronen auf der Außenschale herzustellen.

Hauptgruppenelemente Ihre Atome haben vollständige Unterschalen; das hinzukommende Elektron wird in die Außenschale eingebaut.

Nebengruppenelemente Ihre Atome haben unvollständige Unterschalen; das hinzukommende Elektron wird dort eingebaut.

Das Verhalten der Atome richtet sich nach der Zahl der Elektronen auf der Außenschale und der Elektronegativität (EN). Linus Pauling berechnete aus den Bindungsenergien chemischer Verbindungen die Vergleichszahlen EN. Sie bewerten die Anziehung, die ein Atom innerhalb einer chemischen Verbindung auf die Elektronen des Partners ausübt. Diese ist ein relatives Maß für die Fähigkeit eines Atoms, Elektronen in einer chemischen Bindung an sich zu ziehen, womit auch Elektronen benachbarter Atome betroffen sind. Im hier abgebildeten PSE stehen die EN-Zahlen unterhalb des Element-Symbols.

Nach dem Verhalten der Außenelektronen werden die Elemente grob eingeteilt in:

- **Metalle** (niedrige EN-Zahlen), sie sind im linken unteren Bereich des PSE einschließlich der sog. Nebengruppenelemente angeordnet, zu denen die meisten der technisch wichtigen Metalle zählen. In Abb. 1.5 sind wichtige Elemente für Eisenwerkstoffe blau gekennzeichnet, das sind speziell Eisen (Fe), Kohlenstoff (C) und die wichtigen Legierungselemente.
- **Nichtmetalle** (höhere EN-Zahlen, Fluor, die höchste mit 4,0), sie sind im oberen rechten Bereich des PSE angeordnet. Davon sind Stickstoff N und Phosphor P in Metallverbindungen für Werkstoffe von Bedeutung. Die Edelgase aus Hauptgruppe VIII werden als Schutzgase und Füllung von Leuchtröhren verwendet. Im Diagramm sind die für die Kunststoffe wichtige Elemente rosa gekennzeichnet, ganz besonders Kohlenstoff (C) und Wasserstoff (H)

Kohlenstoff hat die größte Bedeutung für die Technik. Seine Verbindungen mit Wasserstoff, die Kohlenwasserstoffe, sind sowohl Energieträger (Brennstoffe) als auch Basis für fast alle Kunststoffe. In Verbindung mit Nichtmetallen bildet es Karbide, die in kleinen Anteilen in Legierungen deren Verschleißfestigkeit erhöhen.

1.2.2   Bindungsart

Für den Materialaufbau sind die Kräfte der Atome untereinander entscheidend. Ihre Größe und Richtung erklären die Eigenschaftsunterschiede von Metallen, Keramik und Kunststoffen.

Bindungsenergie hält die Atome zusammen. Je höher die Energie der Bindung, desto mehr Energie muss aufgebracht werden, um die Bindung zu lösen. Stoffe mit hohen Bindungskräften haben daher hohe Schmelzpunkte.

Man unterscheidet vier Bindungsarten:

- kovalente Bindung
- Ionenbindung
- Metallbindung
- Nebenvalenzbindung

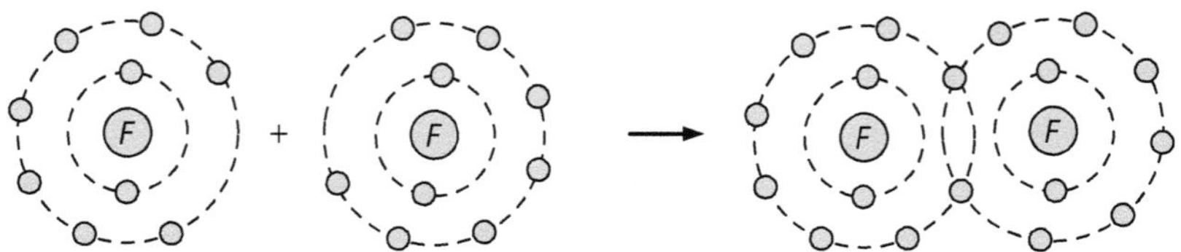

Abb. 1.6 Zwei Fluor-Atome binden sich zu einem Fluor-Molekül

Kovalente Bindung (Elektronenpaarbindung)

Die stärkste Bindung zwischen Atomen ist die kovalente Bindung, sie kommt nur bei Nichtmetallen mit jeweils hoher Elektronegativität vor. Der Name beinhaltet die Bedeutung der Elektronen auf der Außenschale der Atome, den Valenzelektronen. Beide Bindungspartner haben wegen der hohen Elektronegativität das Bestreben, Elektronen an sich zu binden. Bei geringem Abstand überlagern sich die Außenhüllen (Abb. 1.6), sodass die Elektronen der beiden Atome nicht mehr einem Atom zugeordnet werden können. Somit haben die beiden Außenhüllen scheinbar für jeden Bindungspartner eine Edelgaskonfiguration. Aus zwei Atomen wird so z. B. ein stabiles Molekül.

Dieser Zustand ist energetisch sehr stabil und lässt sich nur mit erhöhter Energie lösen. Moleküle bestehen aus mindestens zwei oder mehr Atomen.

Sämtliche organische Materie, das sind biologisch gewachsene Strukturen und auch Kunststoffe, sind aus Kohlenstoff-Molekülen aufgebaut. Kunststoffe sind im Prinzip künstlich erzeugte natürliche Strukturen.

Ionenbindung

Bei der Annäherung eines Metall- und Nichtmetallatoms ist die Differenz der Elektronegativität groß. Dann geht mindestens ein Elektron vom Atom der kleinerer EN auf das benachbarte Atom über. Dadurch entstehen ein positives und ein negatives Ion. Diese Ionen ziehen sich an, es entsteht eine Ionenbindung (Abb. 1.7). Zum Beispiel hat das Natriumatom Na die EN-Zahl 0,9 und nur ein Außenelektron. Die Bindungskraft dieses Elektrons an den Kern ist gering. Ein benachbartes Chloratom Cl hat die EN-Zahl 3,0 und 7 Elektronen auf der Außenschale (7. Hauptgruppe), die alle stark vom Atomkern angezogen werden. Wenn Na und Cl zusammenkommen, geht das Elektron des Na auf Cl über, es entstehen unterschiedlich geladene Ionen (Na^+ und Cl^-), die sich anziehen. Das Resultat ist Kochsalz bzw. Natriumchlorid (NaCl).

Viele Cl- und Na-Ionen können so Ionengitter mit regelmäßigen Wiederholungen von positiv und negativ geladenen Ionen bilden (Kristallgitter).

Metallbindung

Bei Metallen wirken elektrostatische Anziehungskräfte zwischen den positiv geladenen Atomrümpfen (positive Metallionen) und den negativen Valenzelektronen, die als „Elektronengas" im Metallgitter vorhanden sind. Die Elektronegativität der Metallatome ist klein, überzählige Elektronen der Außenhülle können abgegeben werden und sich frei

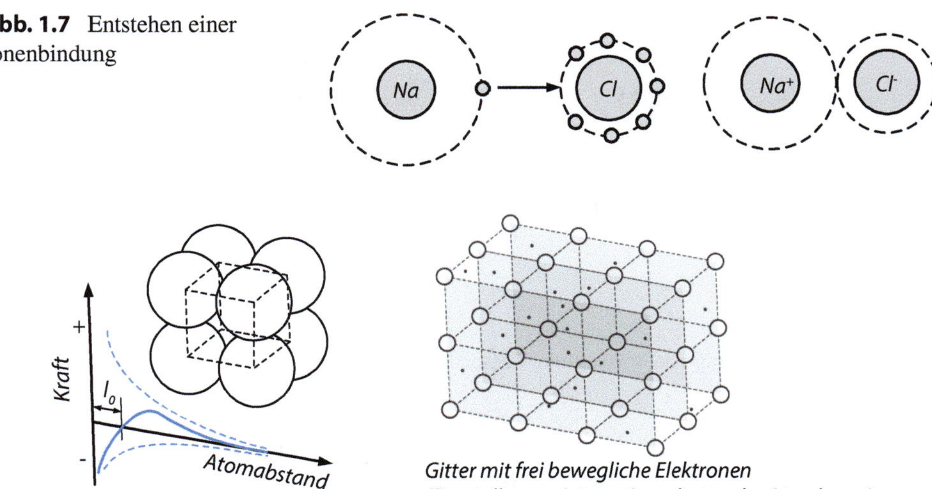

Abb. 1.7 Entstehen einer Ionenbindung

Abb. 1.8 Anziehungskräfte zwischen Metallionen und Elektronen bewirken eine regelmäßige Gitterstruktur, rechts sind nur Atomkerne angedeutet

im Gitter bewegen („Elektronengas"). Das sind für die elektrische Leitung des Stromes frei bewegliche Ladungsträger.

Der optimale Abstand l_0 stellt sich dann ein, wenn die Anziehungskräfte zwischen den positiven Metallionen und den negativen Elektronen und die Abstoßungskräfte zwischen den positiv geladenen Metallionen untereinander gleich groß sind. Wenn man die Atome trennen will, muss zunächst diese Anziehungskraft überwunden werden.

Wegen der kleinen Reichweite dieser Bindungskraft kann sie nur bei enger und geordneter Lage der Atome wirken (Modelle in Abb. 1.8). Sie bilden räumliche Gitter mit einer regelmäßigen Anordnung der Atome (eigentlich genauer gesagt Ionen), man spricht hier von Kristallgitter.

Nebenvalenzkräfte

Unterschiedliche Anziehungskräfte zwischen Molekülen werden als Nebenvalenzkräfte bezeichnet und ergeben die schwächste Bindungsart. Ein Beispiel ist die Dipolbindung (Abb. 1.9) des Wassermoleküls (H_2O). Das Sauerstoffatom (O) hat 6 Elektronen auf der Außenhülle und kann mit jeweils einem Elektron eines Wasserstoffatoms (H) die Außenschale füllen. Die Verteilung der Elektronen in der Außenschale sorgt für eine gewinkelte Form, wobei wegen der höheren Elektronegativität des Sauerstoffs zwei unterschiedliche Pole entstehen. Wassermoleküle ordnen sich entsprechend der Pole ähnlich wie Magnete an.

Bei Molekülketten gibt es ähnliche Kräfte zwischen den Ketten. Das Rückgrat der Kette besteht überwiegend aus Kohlenstoffatomen, die aus seitlich kovalent angebunden Atome bestehen, überwiegend aus Wasserstoff, können aber auch Sauerstoff oder Stickstoff sein. Speziell die Wasserstoffatome haben eine relativ geringe Elektronegativität und

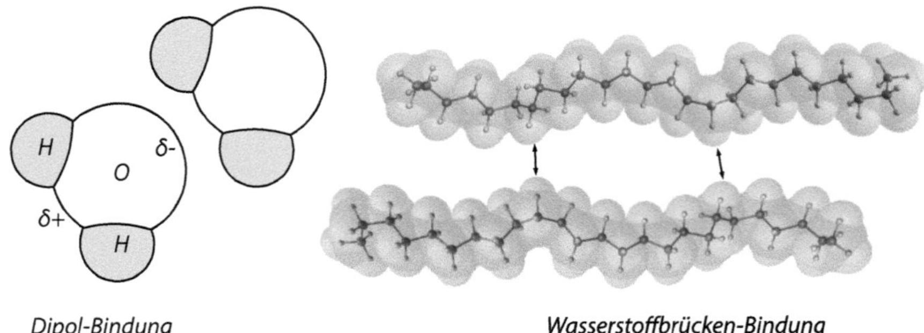

Abb. 1.9 Dipolbindung von Wasser und Wasserstoffbrücken-Bindung zwischen Molekülketten

wirken daher als weniger stark geladener +Pol. Dieser kann einer geringen Anziehungskraft zu einer benachbarten Kette mit -Pol unterliegen, in dem Fall bezeichnet man es als Wasserstoffbrücken-Bindung.

Von allen genannten Kräften sind die Nebenvalenzkräfte die kleinsten. Aus diesem Grund können viele Kunststoffe bei geringen Temperaturen weich und verformbar werden. Die Moleküle haben wegen der kovalenten Bindung zwar eine hohe innere Kraft, diese hält aber nur die Molekülkette in ihrer Längsrichtung zusammen. Schon wenig Temperatur/Energie genügt, damit die nebeneinander liegenden Ketten gegeneinander verschieblich werden.

1.2.3 Materialaufbau

In diesem Buch werden vorzugsweise Metalle und Kunststoffe behandelt. Sie unterscheiden sich in ihrer Grundstruktur und damit auch in ihren Eigenschaften (Abb. 1.10). Die Bindungskräfte der Metalle ermöglichen einen kristallinen Aufbau und diese Kristalle können bei Erwärmen über die Schmelztemperatur T_m wieder gelöst werden.

Die Kunststoffe bilden Moleküle, die zunächst länger als dick sind. Einige Kunststoffe bilden ein kovalentes Netzwerk aus, wobei sich statt einer Molekülkette ein großes verästeltes Molekül vergleichbar einem Strunk einer Weintraube bildet. Solche Molekülnetzwerke sind nicht schmelzbar. Je nach Glasübergangstemperatur T_g und Flexibilität spricht man hier von Duromeren oder gummiartigen Elastomeren.

Die nicht vernetzten Kunststoffe bezeichnet man als Thermoplaste, die über Nebenvalenzbindungen untereinander verbunden sind. Bei Temperaturen oberhalb T_g erweichen sie. Auch wenn man im normalen Sprachgebraucht von Schmelzen spricht, kann man die Thermoplaste nur plastifizieren. Eine Teilgruppe der Thermoplaste bildet teilweise kristalline Strukturen, die sich bei der Schmelztemperatur T_m auflösen.

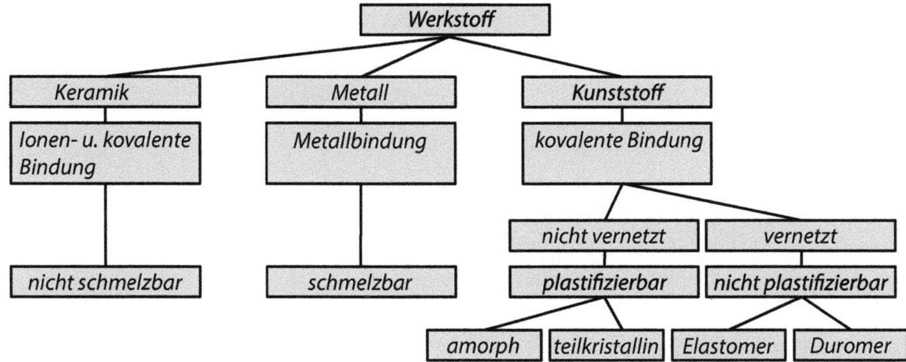

Abb. 1.10 Materialaufbau und Eigenschaften unterschiedlicher Werkstoffe

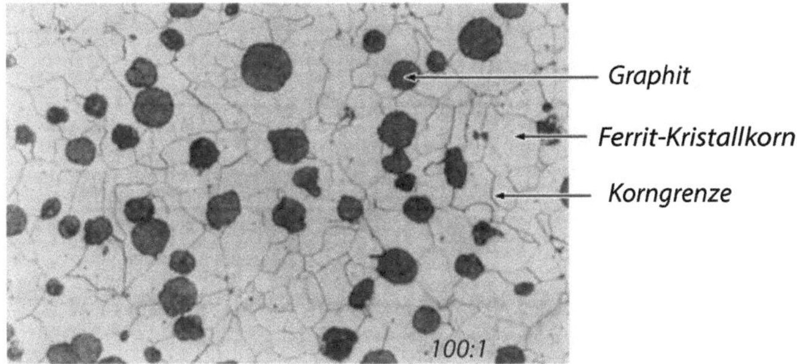

Abb. 1.11 2-phasiges Gefüge von Gusseisen mit Kugelgraphit GJS: Graphitkugeln (Phase 1) in einem Grundgefüge aus Fe-Kristallen (Phase 2)

Metalle

Bei mikroskopischer Betrachtung erkennt man bei Metallen ein Gefüge unterschiedlicher Struktur. Je nach Reinheitsgrad bzw. Legierung sieht man unterschiedliche Körner. Als **Korn** bezeichnet man einen räumlich mit einer Korngrenze abgegrenzten Bereich, das kann z. B. ein Kristall sein, das wegen seiner Ausrichtung nicht mit einem benachbarten Kristall zusammenwachsen kann. Sich abgrenzende Bereiche mit unterschiedlichen Strukturen oder chemischer Zusammensetzung werden als **Phasen** bezeichnet (Abb. 1.11).

Diese Körner und Phasen wachsen durch die Entstehungsvorgänge zum Gefüge des Werkstoffes, z. B.:

- Erstarren einer Schmelze (Gussgefüge)
- Umformen eines Metalls (Walzgefüge)

Die Kristallkörner eines Metalls entstehen zwangsläufig beim Erstarren. Hierbei suchen die in der Schmelze noch frei beweglichen Atome einen energetisch günstigen Ort zum Start der Kristallisation, wodurch ein regelmäßiges Gitter entsteht. Die Körner sind klein, sodass sie erst nach entsprechenden Vorbereitungen erkennbar werden, das erfolgt durch Schleifen, Polieren und evtl. Ätzen. Unter dem Mikroskop lassen sich dann Kristallkörner neben nichtmetallischen Einschlüssen (z. B. Schlackenteilchen) erkennen und Korngröße und Kornform beurteilen.

Kunststoffe

Kunststoffe bestehen aus fadenförmigen Makromolekülen, deren Verhältnis von Länge zu Dicke zwischen 10^3 und 10^5 liegt. Diese großen Moleküle sind ähnlich wie sehr lange Spaghetti ineinander verknäuelt.

Beispiel: Spaghetti Modell

Spaghetti sind ein gutes Modell für Kunststoffe. Die Moleküle haben eine Dicke von ca. 0,1 nm und sind damit mikroskopisch nicht sichtbar. Ein Spaghetti Haufen zeigt, dass lange Fäden sich ineinander verknäueln. Die einzelnen Stränge können gegeneinander gleiten, wenn die Kräfte zwischen ihnen (Sekundärbindungen) klein sind. ◄

Der Zusammenhalt zwischen den Molekülen erfolgt über die sehr schwachen Nebenvalenzbindungen, die sich bereits bei niedriger Temperatur, der sog. **Glasübergangstemperatur T_g**, lösen, sodass die Moleküle frei beweglich sind und der Kunststoff dann fließen kann. Diese Form der Kunststoffe wird auch **Thermoplaste** genannt, da sie bei höheren Temperaturen viskos sind (umgangssprachlich und vereinfacht sagt man plastisch).

Molekulare Stoffe sind unterhalb T_g eingefroren und damit spröde. Mit Überschreiten von T_g können die Moleküle gegeneinander abgleiten, der Stoff wird formbar.

Kunststoffe haben keine Gefüge aus unterschiedlichen Kristallen. Selbst kleine Moleküle sind räumlich komplex und nicht kugelförmig wie die Atome im Modell. Eine kristalline Struktur aus Molekülen ist daher wenig wahrscheinlich. Die ungeordnet erstarrte Struktur wird als **amorph** bezeichnet.

Je nach chemischem Aufbau können einige Kunststoffe teilweise kristallisieren, wobei sich ähnliche Molekülsegmente aneinanderlegen. Teilkristalline Kunststoffe können bei weiterer Erwärmung bis über die Schmelztemperatur T_m (m steht für melt, Schmelze) flüssig werden, indem die kristallinen (geordneten) Bereiche ebenfalls abgleiten können.

Eine vollständige Kristallisation ist bei Kunststoffen unmöglich, da sich die Moleküle gegenseitig behindern. Der Grad der Kristallisation liegt meist zwischen 40 und 60 %. Der nicht kristallisierte Teil ist amorph.

Die mechanischen Eigenschaften unterscheiden sich wesentlich von denen der Metalle. Die Kunststoffe haben keine Gleitebenen, über die sich die plastische Verformung erklären lässt. Bei Belastung verformt sich das gesamte Knäuel, einzelne Molekülsegmente können gegeneinander „verrutschen". Die Temperatur spielt hier eine große Rolle, denn die Bindungskräfte längs der Molekülkette sind sehr hoch im Vergleich zu den Kräften zwischen den benachbarten Ketten. Wenn keine chemische Vernetzung der Ketten untereinander vorliegt, genügen schon geringe Temperaturen, um eine Verformung zu ermöglichen.

Neben schmelzbaren Kunststoffen gibt es die nicht schmelzbaren Kunststoffe, bei denen die Moleküle untereinander über kovalente Bindungen verknüpft sind. In dieser Gruppe gibt es die elastischen **Elastomere** und die harten und spröden **Duromere**.

Duromere (ältere Bezeichnung Duroplaste) entstehen durch chemische Reaktion zweier Kohlenwasserstoffe und haben enge Bindungen zwischen den Kettenmolekülen. Elastomere (Beispiel Kautschuk) entstehen durch eine chemische Reaktion mit Schwefel (Vulkanisation) und haben weitmaschige Vernetzungen zwischen den Kettenmolekülen.

1.3 Verformungsverhalten

In diesem Abschnitt werden die wichtigsten Strukturwerkstoffe,

- Metalle und ihre Legierungen
- Kunststoffe

in ihrem Verhalten unter der **mechanischen Beanspruchung** verglichen. Dieser Gesichtspunkt ist für die ingenieurmäßige Anwendung besonders wichtig.

Im direkten Vergleich halten Metalle erheblich höheren Belastungen Stand. Kunststoffe haben in vielen Bereichen, im Alltag wie bei technischen Anwendungen Metalle verdrängt. Das liegt z. B. an der günstigen Formbarkeit und an der niedrigen Dichte. Einige Sorten können mit Faserverstärkung auch Leichtmetalle ersetzen.

Der Unterschied im mechanischen Verhalten wird bei den Ursachen für ein Bauteilversagen deutlich. Das mechanische Versagen eines Werkstoffes unter Last ist im Allgemeinen gekennzeichnet durch:

- bleibende Verformung oder
- spontanes Brechen/Trennen (Sprödbruch).

Für die Dimensionierung von Bauteilen sind deshalb Belastungsgrenzen erforderlich, um Verformung oder Bruch auszuschließen. Diese Grenzen sind die zulässigen Spannungen σ_{zul}.

Eine **Kraft F** ist eine physikalische Größe und zeigt Intensität und Richtung einer Last an. Kräfte wirken von außen auf ein Bauteil und bewirken im Innern von Bauteilen die Spannungen. Dabei wird die Kraft auf den Belastungsquerschnitt bezogen (Einheit $N/mm^2 = MPa$).

- Normalspannungen σ wirken senkrecht zur Fläche,
- Schubspannungen τ wirken parallel zur Fläche.

Verhalten der Metalle

Wenn ein Probestab in Längsrichtung einer zunehmenden Kraft, also einer wachsenden Zugspannung ausgesetzt wird, lassen sich verschiedene Erscheinungen beobachten:

- Bei kleinen Spannungen kommt es zu kleinen Längenänderungen, die nach Entlastung wieder vollständig zurückgehen. Man spricht hier von elastischem Verhalten.
- Bei höheren Spannungen kommt es zu:
  - Längenänderungen, die nach einer Entlastung bleiben, man spricht hier allgemein von plastischer Verformung. Die Verformung von Kunststoffen ist anders als bei Metallen nicht spontan, sondern zeitabhängig. Zur Unterscheidung nennt man das viskose Verformung.
  - Bruch – häufig geht dem Bruch, eine plastische Verformung voraus. Der Bruch selbst ist Versagen unter Normalspannungen, d. h. die Bruchfläche liegt senkrecht zur Last.

Im ersten sog. elastischen Bereich gilt das **Hooke'sche Gesetz.**

$$E = \frac{\sigma}{\varepsilon}$$

Im elastischen Bereich ist jede Spannung σ der zugehörigen Dehnung ε proportional. Die Dehnung ist ein prozentualer Wert, also eine Verlängerung ΔL und wird auf eine Messlänge L_0 bezogen.

$$\varepsilon = \frac{\Delta L}{L_0}$$

Der Proportionalitätsfaktor ist der **Elastizitätsmodul E.** Mit diesem Wert lässt sich somit die elastische Verformung bei einer bestimmten Beanspruchung errechnen. Metalle haben aufgrund der hohen E-Module nur geringe elastische Verformungen.

Beispiel: Berechnung der elastischen Verformung

Ein Stahldraht von A = 10 mm² Querschnittsfläche, einem E-Modul von 210.000 N/mm² und 1 m Länge wird durch eine Zugkraft von 2100 N gedehnt. Wie groß ist die elastische Verformung?

$$\sigma = F / A = 2100\,\text{N} / 10\,\text{mm}^2 = 210\,\text{N} / \text{mm}^2 \quad (MPa)$$
$$\Delta L = 1000\,\text{mm} \cdot 210\,MPa / 210.000\,MPa = 1\,\text{mm}.$$

Der E-Modul verhält sich näherungsweise proportional zur Dichte eines Materials. Daher sind die Werte für metallische Werkstoffe immer erheblich größer als die der Kunststoffe (Tab. 1.1).

Tab. 1.1 Elastizitätsmodul bei Metallen und Kunststoffen

Metalle	Schmelztemperatur in °C	Dichte in g/cm³	E-Modul in MPa
Stahl, unlegiert	1450	7,85	210.000
Titan	1670	4,5	101.000
Aluminium	660	2,8	70.000
Polyamid	220	1,15	3.000
Polypropylen	160	0,9	1.000

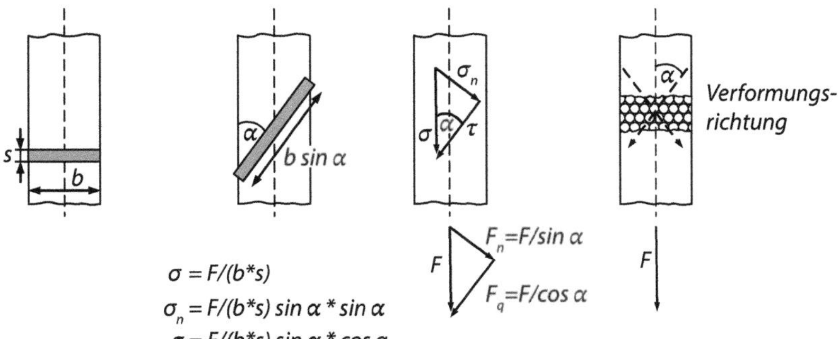

Abb. 1.12 Kräfte im zugbeanspruchten Stab

Die plastische Verformung eines Metallgitters kann modellhaft mit dem Abgleiten der Seiten beim Biegen eines Buches beschrieben werden. Es verschieben sich Atomschichten in bestimmten Ebenen gegeneinander.

Abb. 1.12 zeigt einen auf Zug beanspruchten rechteckigen Stab (Breite b, Dicke s). Eine Fläche unter einem Winkel α ist größer. Wenn man die Kraft F zerlegt in eine Normalkraft F_n, die senkrecht auf diese Fläche wirkt und eine Querkraft F_q, kann man die Normalspannung σ und die Schubspannungen τ in Abhängigkeit des Winkels α berechnen.

Unter einem Winkel von 45° sind die Schubspannungen am größten (Abb. 1.13), das hängt mit der Fläche zusammen und der Querkraft. Unter einem Winkel 0° wäre zwar die Normalkraft Null und die gesamte Kraft F wäre Querkraft, gleichzeitig wäre aber die Fläche auch unendlich groß.

Dieses Gedankenexperiment soll zeigen, dass eine äußere Kraft im Inneren Spannungen erzeugt. Diese Spannungen kann man für beliebige Winkel ausrechnen, aber unter 45° sind die Schubspannungen maximal. Eine Kraft bewirkt also im Inneren Schubspannungen, wobei diese im Winkel von z. B. 16° kleiner sind als die bei 23° und die max. Spannung errechnet sich bei 45°. Wenn nun eine Belastungsgrenze für das Material erreicht ist, kommt es zu einer unzulässigen plastischen Verformung oder zum Versagen. Solange die Schubspannung nicht eine kritische Größe τ_{krit} erreicht hat, bleibt es also bei einer elastischen Verformung (Abb. 1.14). Und wenn es zur plastischen Verformung aufgrund von Gleitvorgängen kommt, ist diese immer unter 45° zur Last.

Man beachte, dass es nicht zum Bruch kommt, solange eine Gleitbewegung möglich ist und die Normalspannung entsprechend keine Wirkung auf das Gitterversagen hat. Wenn

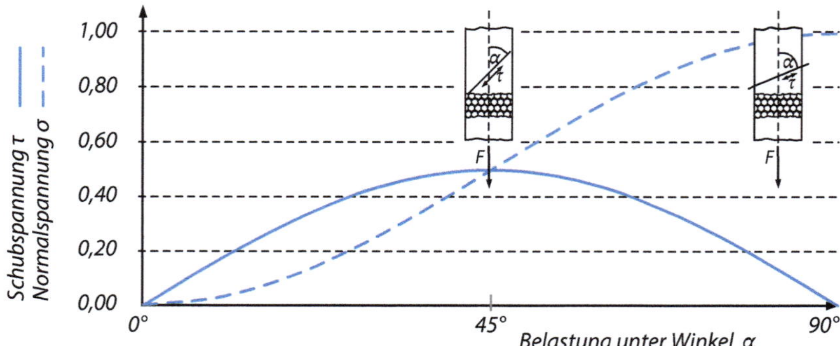

Abb. 1.13 Rechnerische Größe der Schub- und Normalspannungen in Abhängigkeit vom Belastungswinkel

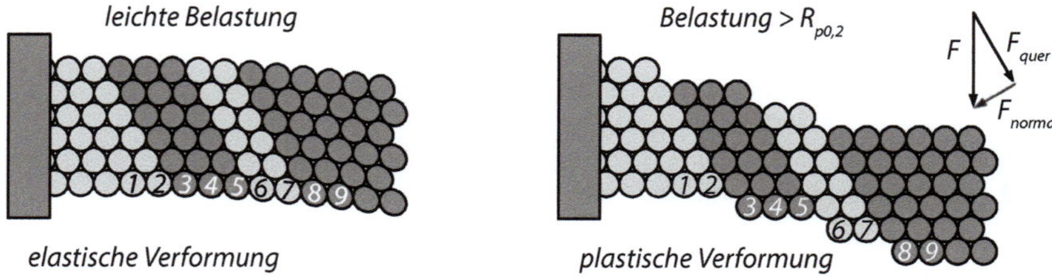

Abb. 1.14 Abgleiten von Gitterebenen nach Überschreiten der Belastungsgrenze $R_{p0,2}$

aber das Abgleiten der Gitterebenen im Zuge der Verformung erschwert oder gar nicht möglich ist, bewirkt die Normalspannung das Versagen des Werkstoffs, dann senkrecht zur angreifenden Kraft. Das ist vergleichbar mit dem Abschleppen eines Autos, solange es rollt, reißt das Abschleppseil nicht. Erst wenn z. B. die Bremse gezogen wird oder der Berg zu steil wird, baut sich im Seil eine Spannung auf, die schließlich senkrecht zur Kraftrichtung das Versagen bewirkt. In dem Fall wäre das ein Normalspannungsbruch.

Verhalten der Kunststoffe

Kunststoffe sind molekular aufgebaut, sie haben keine Gleitebenen. Die Moleküle sind im Verhältnis zu ihrer Dicke sehr lang, weshalb keine völlig geordnete Erstarrung zu Kristallen möglich ist.

Alle Kunststoffe sind unterhalb ihrer Glasübergangstemperatur weitgehend spröde und elastisch. Oberhalb T_g können die Moleküle gegeneinander verschoben werden, das Material wird viskos. Der Unterschied zwischen einer plastischen Verformung der Metalle und der viskosen Verformung ist die Zeitabhängigkeit.

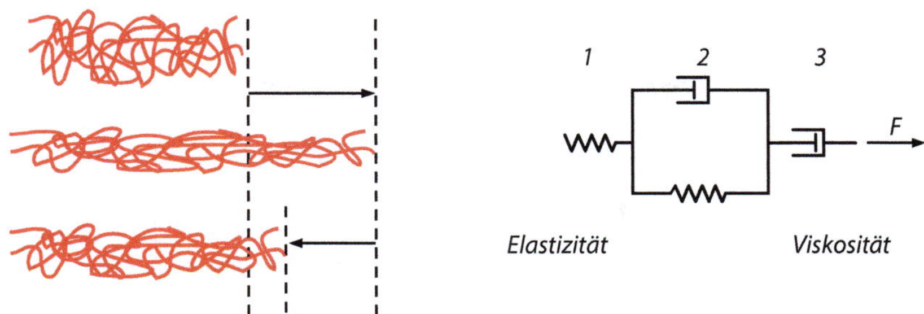

Abb. 1.15 Erklärung viskoelastischen Verhaltens mit dem Burgers Modell

---

Beispiel

Es irritiert, dass spröde Materialien als elastisch bezeichnet werden. Speziell bei Kunststoffen meint man mit elastisch gleichzeitig auch dehnbar. Mit Blick auf das Hooke'sche Gesetz liegt Elastizität nur vor, wenn eine Verformung nach einer Entlastung vollständig zurückgeht. ◄

Das viskose Verhalten lässt sich mit einem Analogiemodell aus einer Kombination von Federn und Dämpfern erklären (Abb. 1.15). Unterhalb der Glasübergangstemperatur ist das Material vergleichbar einem Knäuel aus Kabeln weitgehend elastisch, was die Federn (1) erklären. Die Dämpfer (3) wirken erst oberhalb der Glasübergangstemperatur und repräsentieren das Abgleiten von Molekülketten. Je höher die Temperatur ist, desto leichter „laufen die Dämpfer". Bei einer Belastung wird dementsprechend die Verzögerung der Verformung rascher. Bei sehr hohen Temperaturen verlieren die Federn ihre Wirkung.

Bei einer Entlastung können die gespannten Federn teilweise eine Rückverformung ermöglichen. Teilweise wirken die Dämpfer dieser Rückverformung entgegen (2). Allgemein bezeichnet man das Verhalten der Kunststoffe und hier speziell das der Thermoplaste als visko-elastisch.

Längere Belastungen oberhalb der Glasübergangstemperatur führen unweigerlich zu bleibenden Verformungen. Dabei können die schwachen zwischenmolekularen Bindungen ein Verschieben nicht verhindern. Besonders die amorphen Kunststoffe werden daher nur unterhalb der Glasübergangstemperatur eingesetzt. Teilkristalline Kunststoffe sind oberhalb der Glasübergangstemperatur zäh und können bis nahe der Schmelztemperatur eingesetzt werden. Die Kristalle sind quasi mechanische Verknüpfungen der Molekülketten, wodurch oberhalb der Glasübergangstemperatur ein komplettes Abgleiten der Ketten verhindert wird.

Bei Belastung werden die Moleküle von Thermoplasten gedehnt, und nach einer ersten spontanen Dehnung ε_1 bei t_1 erfolgt die Verformung zeitabhängig abnehmend bis t_2. Dazu sind nur geringe Kräfte erforderlich. Bei t_2 beginnt die Entlastung, die maximale Verformung ε_2 geht verzögert um den Betrag ε_3 auf einen Restwert bleibender Dehnung beim Zeitpunkt t_3 zurück (Abb. 1.16).

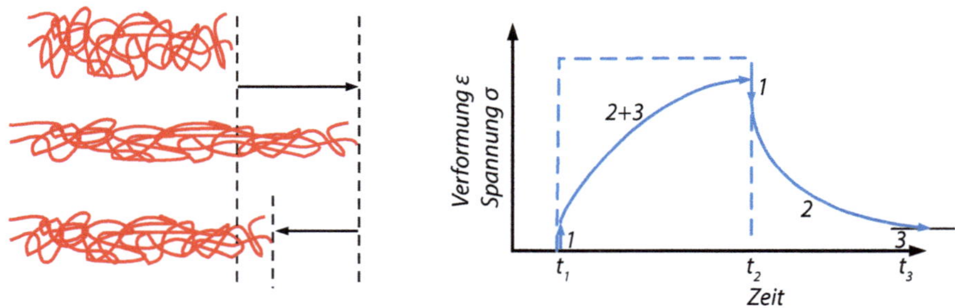

Abb. 1.16 Kunststoffe kriechen unter Last

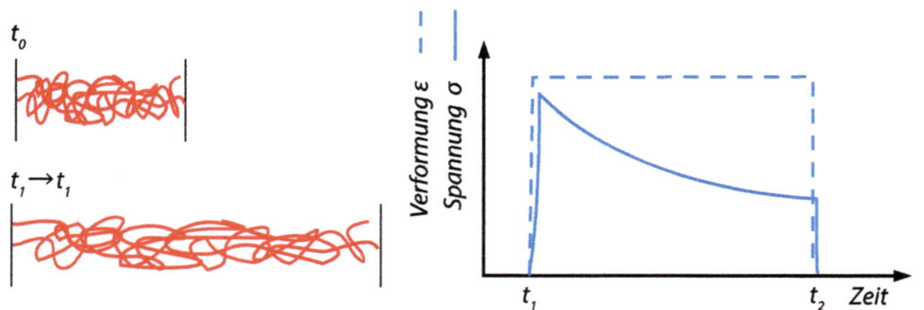

Abb. 1.17 Relaxation, zeitabhängige Entspannung eines Kunststoffes, Dehnung konstant

Eine weitere Folge des viskoelastischen Verhaltens der Kunststoffe ist die Relaxation, d. h. die Ermüdung eines unter Spannung stehenden Bauteils. Beispiel: (Abb. 1.17). Ein fest eingespanntes Seil ist um einen bestimmten Betrag ε gedehnt. Die Relaxation verursacht in der Zeit t_1 bis t_2 ein Nachgeben mit Abfall der Spannung.

Vernetzte Kunststoffe (Duromere) sind wegen der starken Bindungen zwischen den Ketten nicht schmelzbar und weder viskos noch plastisch verformbar. Sie sind formsteifer und brechen spröde.

Elastomere sind wie Duromere vernetzt, haben aber entweder weniger Vernetzungsstellen und auf jeden Fall dehnbare Molekülsegmente zwischen den Vernetzungsstellen. Sie werden grundsätzlich oberhalb ihrer Glasübergangstemperatur eingesetzt und sind sehr dehnbar. Nach Entlastung können sie sich wieder weitgehend zurückverformen, in dem Fall sind sie auch elastisch.

1.4   Werkstoffkennwerte

Kennwerte sind Materialkonstanten, mit dem ein Werkstoff charakterisiert werden kann. Sie werden experimentell mit genormten Versuchen ermittelt, sodass eine Vergleichbarkeit gewährleistet ist. Ein Kennwert gibt das typische Verhalten für einen Werkstoff wieder.

Es gibt in der Anwendung zwei wesentliche Gruppen von Kennwerten:

- **Vergleichswerte:** einige Kennwerte benötigt man für die Materialauswahl zum Vergleich unterschiedlicher Werkstoffe (z. B. Kerbschlagarbeit)
- **Dimensionierungsgrößen:** Im Prozess der Konstruktion werden häufig Berechnungen angestellt, damit z. B. die Dicke eines Bauteils richtig gewählt wird – nicht zu dünn wegen der Festigkeit und nicht zu dick wegen des Ressourceneinsatzes bzw. des Bauteilgesamtgewichts.

Die Kennwerte kann man einteilen in

- Optische Kennwerte, z. B. Transparenz, Brechungsindex, Reflexion, …
- Elektrische Eigenschaften, z. B. elektrischer Widerstand, Kriechstromfestigkeit, …
- Thermische Eigenschaften, z. B. Schmelztemperatur, bei Kunststoffen die Glasübergangstemperatur, Wärmeleitfähigkeit, …
- Mechanische Eigenschaften, z. B. Festigkeit, Härte, Zähigkeit, …
- Chemische Eigenschaften, damit ist die Reaktionsfähigkeit mit Medien bzw. Umwelteinflüssen gemeint,
- Korrosionseigenschaften

Dieses Buch behandelt zum überwiegenden Teil das mechanische Verhalten. Einige Grundbegriffen sind klar zu definieren. Im allgemeinen Sprachgebrauch wird häufig nicht klar genug unterschieden zwischen einem Kennwert und dem Materialverhalten.

- **Zähigkeit** ist das Maß für die Verformungsarbeit zum Zerbrechen der Probe und ist das Vermögen eines Werkstoffes, durch Kerben hervorgerufene Spannungsspitzen durch plastische Verformung abzubauen. Eine hohe Zähigkeit bewirkt einen langsamen Rissfortschritt und ein duktiles Bruchbild. Zähigkeit ist kein Werkstoffkennwert, sondern hängt ab von Oberfläche (Rauigkeit, Kerbform) und Spannungszustand. Die Prüfmethode zur Bestimmung der Zähigkeit beim Vorhandensein von Kerben ist der Kerbschlagbiegeversuch.
- **Sprödigkeit** ist das Gegenteil zu Zähigkeit, wenn also ein kleiner Anriss (Rissbeginn) mit wenig zusätzlicher Kraft weiterreißt.
- **Duktilität** ist die Eigenschaft eines Werkstoffs, sich unter Belastung plastisch zu verformen, bevor er versagt. Die Prüfmethode hierfür ist der Zugversuch (Verformungsgrenze). Der Unterschied zu Zähigkeit ist hier die Geschwindigkeit der Belastung und die ungekerbte Probe.
- **Festigkeit** ist ein Kennwert und gibt den Widerstand gegen mechanisches Versagen an. Das mechanische Versagen ist immer als erstes eine bleibende Verformung und nachfolgend der Bruch in mindestens zwei Teile. Je nach Werkstoff und Werkstoffvorbehandlung kann die bleibende Verformung sehr gering bzw. nicht sichtbar sein. Die Festigkeit wird im Zugversuch gemessen.

- **Steifigkeit** ist der Widerstand gegen eine elastische Verformung. Dieser Widerstand ist kein Kennwert, sondern ergibt sich aus der Gestaltung eines Bauteils und dem Material-kennwert E-Modul (s. Abb. 1.2). Der E-Modul selbst wird mit dem Zugversuch gemessen und ist ein Werkstoffkennwert.

Bei einer mechanischen Belastung unterscheidet man z. B. folgende Situationen:

- **Statisch:** die Belastung ist konstant für einen längeren Zeitraum.
- **Dynamisch:** die Belastungsgeschwindigkeit ist entscheidend. Eine sehr langsame Lastaufbringung kann als statisch gesehen werden. Ein plötzlicher Schlag ist hingegen dynamisch.
- **Zyklisch:** Wenn Belastungen zyklisch, also wiederkehrend von der Zahl der Belastungen abhängen (z. B. Sinusschwingung) hat das einen Einfluss auf die Lebensdauer eines Bauteils (→ Dauerfestigkeit).

Die diversen Prüfverfahren sind in Kap. 11 dargestellt. Wegen der besonderen Bedeutung und für das weitere Verständnis wird der Zugversuch hier schon kurz erläutert (Abb. 1.18).

Der Prüfkörper des Zugversuchs ist ein runder oder rechteckiger Schulterstab. Die Enden sind jeweils dicker, damit sie fest in den Klemmbacken der Zugprüfmaschine eingespannt werden können und eine mögliche Verformung keinen Einfluss auf das Messergebnis hat. Die gemessenen Kräfte werden immer auf die Dicke der Probe im Bereich der genormten Messlänge (zwischen den Schultern) bezogen und ergeben rechnerisch eine Spannung.

Für den Versuch werden die Klemmbacken der Maschine mit einem z. B. elektrisch betriebenen Spindelantrieb langsam auseinandergefahren. Die Geschwindigkeit ist so gering,

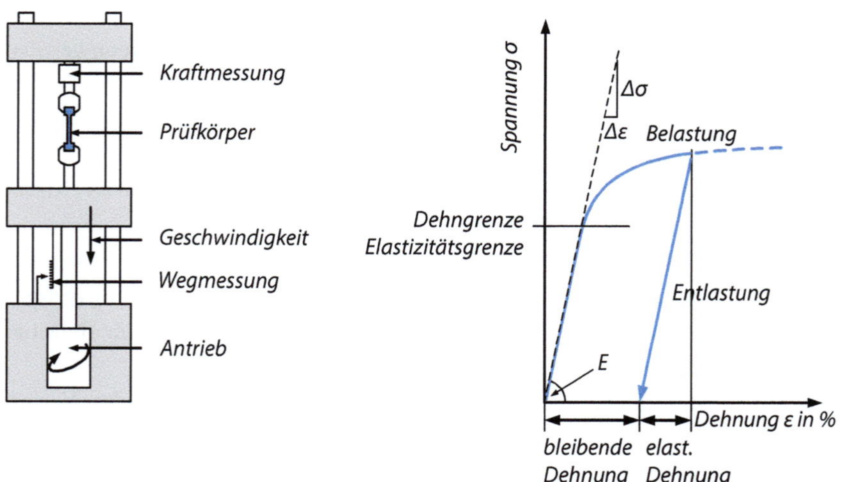

Abb. 1.18 Zugversuch und als Ergebnis die Spannungs-Dehnungs-Kurve

dass von einer statischen Last gesprochen werden kann. Die Bewegung der Klemmbacke bzw. die relative Verlängerung der Probe kann mit einem Wegmesssystem gemessen werden.

Bei metallischen Werkstoffen stellt man zunächst eine zur steigenden Kraft proportionale Verlängerung der Probe/Dehnung fest. Das Verhältnis aus Spannungszuwachs ($\Delta\sigma$) und Dehnungszuwachs ($\Delta\varepsilon$) ist der Elastizitätsmodul (E-Modul).

Ab einer bestimmten Kraft/Spannung (Streck- oder Dehngrenze) erhöht sich die Zunahme der Dehnung deutlich. Wenn man nun den Versuch stoppen und den Prüfkörper entlasten würde, könnte man eine bleibende Verformung messen. Der Anteil der elastischen Dehnung geht mit der gleichen Steigung wie bei der Belastung (gleicher E-Modul) wieder zurück. Die Belastungsgrenze für eine rein elastische Verformung ist dementsprechend die Elastizitätsgrenze, also die Spannung, bis zu der das Material belastet werden kann und sich nach der Entlastung wieder vollständig zurückverformen würde.

Bei thermoplastischen Kunststoffen ist das Verhalten oberhalb der Glasübergangstemperatur unterschiedlich. Wegen des molekularen Aufbaus wirken Kräfte/Spannungen zwischen benachbarten Atomen nicht ausschließlich lokal sondern haben eine gewisse Fernwirkung. Während bei Metallen eine Belastung oberhalb der Dehngrenze R_p zu einer unmittelbaren Verformung führt, ist das Gleiten von einzelnen Molekülketten aufeinander zeitabhängig (Abb. 1.19). Man kann sich das so vorstellen, als zöge man einen Faden aus einem Glas Honig. Selbst bei einem nichtlinearen Anfangsverlauf der Kurve kann es nach einer Entlastung wieder zu einer vollständigen Rückentlastung kommen. Andererseits kann selbst bei einem weitgehend linearen Anfangsverhalten bei z. B. geringer Belastung eine vollständige Rückverformung ausbleiben, wenn die Belastung eine gewisse Zeit andauert. In dem Fall spricht man davon, dass der Kunststoff kriecht. Das Verhalten der Kunststoffe ist stark abhängig von Zeit und Temperatur. Das Modell der Feder und Dämpfer erleichtert das Verständnis wesentlich.

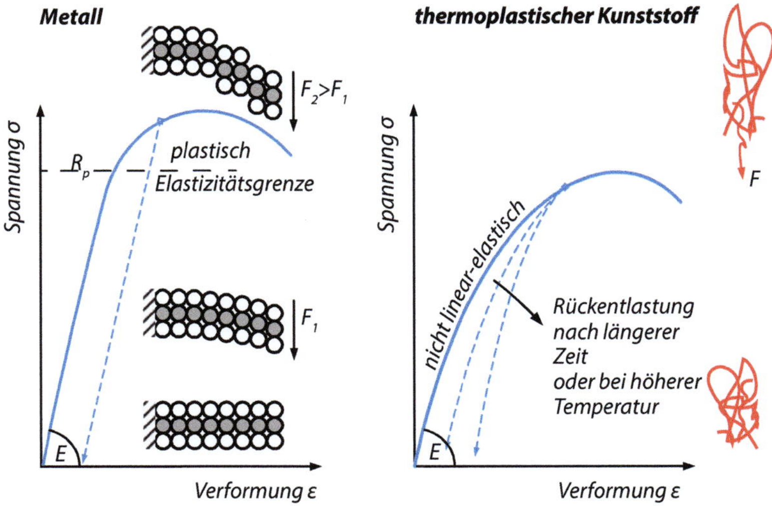

Abb. 1.19 Verhalten von Metallen und Kunststoffen bei statischer Belastung im Zugversuch

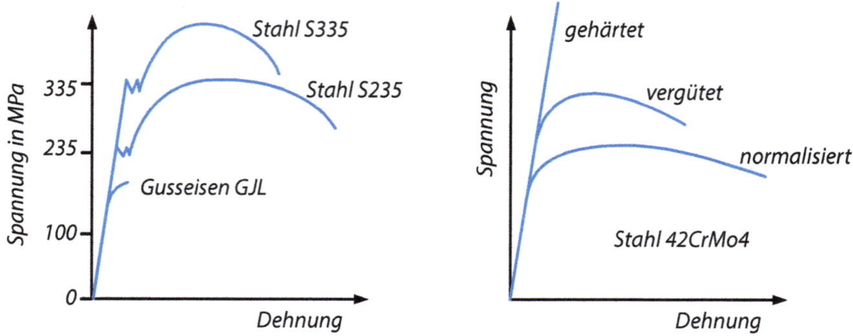

Abb. 1.20 Schematische Darstellung der Spannungs-Dehnungs-Kurve verschiedener Stähle (links) und eines bestimmten Stahls mit unterschiedlicher Wärmebehandlung (rechts)

Die Werkstoffkennwerte sind von zentraler Bedeutung für die Konstruktion und die Bauteilauslegung. Zum Verständnis warum verschiedene Werkstoffe verschiedene Werkstoffkennwerte aufweisen, sollen die Grundlagenkapitel 3, 4 und 5 beitragen. In Abb. 1.20 sind verschiedene schematische Spannungs-Dehnungs-Kurven von Stahlwerkstoffen aus Zugversuchen gezeigt. Auf der linken Seite sind drei Werkstoffe mit unterschiedlicher chemischer Zusammensetzung, d. h. mit verschiedenen Anteilen an Legierungselementen dargestellt. Zu erkennen ist, dass der E-Modul bei allen Werkstoffen vergleichbar ist, die Streckgrenze und das Verformungsverhalten aber sehr unterschiedlich sind. Daraus ergibt sich die Fragestellung:

- Wie beeinflussen Legierungselemente die Werkstoffkennwerte und die entstehenden Gefüge → Kap. 3 und 4

Auf der rechten Seite in Abb. 1.20 sind dagegen drei Spannung-Dehnung-Kurven des identischen Werkstoffs (42CrMo4) mit der gleichen chemischen Zusammensetzung also mit den gleichen Anteilen an Legierungselementen dargestellt. Die Kurven unterscheiden sich nur in den Wärmebehandlungszuständen des Werkstoffes, gehärtet, vergütet, normalisiert und zeigen deutlich unterschiedlichen Dehngrenzen und Verformungseigenschaften, bei gleichem E-Modul. Daraus ergibt sich die Fragestellung:

- Wie beeinflusst eine Wärmebehandlung die Werkstoffkennwerte und die entstehenden Gefüge → Kap. 5

Jedes Bauteil einer Maschine, Anlage usw. arbeitet im Zusammenhang mit anderen Maschinenteilen (ist „in Funktion"). Dabei wird es durch zahlreiche äußere Einflüsse beansprucht. Es sind vor allem äußere Kräfte, die innere Spannungen erzeugen. Hinzu kommen die Einflüsse des umgebenden Mediums, Temperatur, Druck und chemisch angreifende Stoffe.

Diese Beanspruchungen ergeben zusammen das Anforderungsprofil an das Bauteil.

- **Mechanische Beanspruchung** erzeugt innere Kräfte (Spannungen), sie führen zu Verformungen, evtl. zum Bruch.
- **Medienbelastung:** Reaktionen mit umgebenden Stoffen führen zu Korrosionsprodukten (bei Eisenwerkstoffen Rost) und ggf. Stoffverlust am Bauteil (Durchbrüche an Leitungen).
- **Verschleißbeanspruchung:** Reibung führt oft zu Verschleiß, das bedeutet Materialverlust an der Oberfläche.
- **Thermische Beanspruchung:** Bei höheren Temperaturen kann die Festigkeit abnehmen, das ist bei Kunststoffen besonders deutlich. Bei Metallen kann es zu Gefügeveränderungen kommen. Weiterhin ist die Wärmeausdehnung zu berücksichtigen, je nach Konstruktion können hohe Spannungen auftreten, wenn sich die Bauteile nicht ungehindert dehnen können. Bei einigen Werkstoffen tritt bei tiefen Temperaturen eine Versprödung auf.

Die Wahl eines geeigneten Werkstoffs für eine Anwendung erfolgt mittels eines Filterprinzips (Abb. 2.1). Zunächst sind alle Materialien möglich und über gezielte Fragestellungen können teilweise ganze Materialgruppen ausgeschlossen werden. Je präziser

25

C. Jaroschek et al., *Weißbach - Werkstoffe und ihre Anwendungen*, https://doi.org/10.1007/978-3-658-50256-0_2

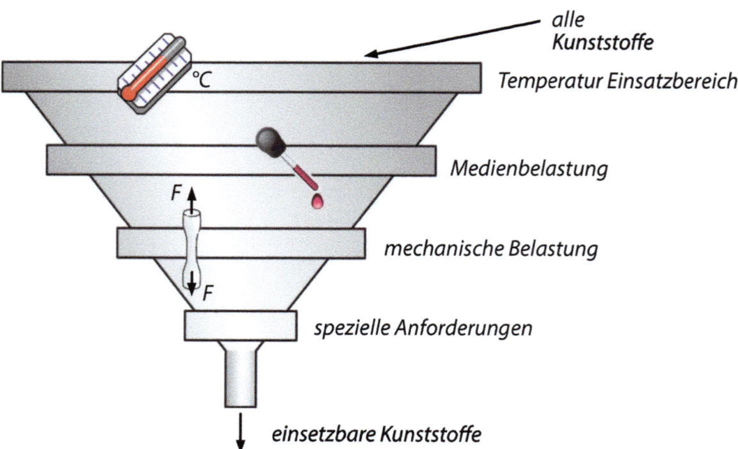

Abb. 2.1 Vorgehensweise bei der Materialauswahl mit unterschiedlichen Filtern bzw. Anforderungen

diese Fragen werden, desto engmaschiger wird der Filter und schlussendlich bleiben in manchen Fällen nur noch wenige für diese Anwendung mögliche Werkstoffe übrig.

Die Reihenfolge der Filter ist beliebig. Auf jeden Fall müssen Fragen abgeklärt werden, die das mögliche Versagen eines Bauteils bzw. eingesetzten Materials betreffen:

- Bei welchen **Temperaturen** erfolgt der Einsatz?
  - Bei sehr niedrigen Temperaturen kann ein Material spröde werden, das betrifft besonders Anwendungen, die Stoßbelastungen erfahren können (Kerbschlagarbeit).
  - Bei höheren Temperaturen von ca. 100 °C sind viele Kunststoffe nicht geeignet, weil sie dann entweder nur noch sehr gering mechanisch belastbar sind (Wärmeformbeständigkeit HDT) oder im Langzeiteinsatz thermisch abbauen (Dauergebrauchstemperatur). Bei Stählen sind 300 °C vielfach problematisch, weil in diesen Bereichen diffusionsgesteuerte Erholungsprozess stattfinden.
- Gibt es **mögliche Medienbelastungen?** Damit sind Umgebungsbedingungen und besonders Flüssigkeiten gemeint, die in Kontakt mit dem Material kommen.
  - Stähle können ggf. korrodieren, wenn die Legierungszusammensetzung nicht geeignet ist. Die Korrosion wird begünstigt durch Seewasser, sauren Regen oder Säuren.
  - Kunststoffe können je nach chemischem Aufbau mit unterschiedlichsten Flüssigkeiten reagieren. Häufig können Sie diese Medien zu einem Teil aufnehmen, wodurch sie einerseits quellen und andererseits weicher werden. Wenn Bauteile unter Spannung stehen, können Medien zu Rissen oder Brüchen führen.
  - Bei Kunststoffen ist die Lichtbeständigkeit begrenzt. Die Energie von UV-Licht führt zu einem Materialabbau an der Oberfläche, so dass die Bauteile sich farblich verändern und schließlich brüchig werden.

- Sind die **mechanischen Belastungen weitgehend konstant,** also statisch?
  - Bei Metallen genügt als Belastungsgrenze die Dehngrenze $R_{p0,2}$ bzw. die Streckgrenze R_e. Kommen zusätzlich höhere Temperaturen zum Einsatz wird die Belastungsgrenze zeitabhängig sinken. In dem Fall wird die Zeitstandfestigkeit in Abhängigkeit von Zeit und Temperatur notwendig.
  - Besonders für druckbelastete Behälter ist die Bruchzähigkeit K_{Ic} von Bedeutung. Das ist der Widerstand eines Materials gegen Rissinitiierung, bei dem die Rissausbreitung einsetzt.
  - Für statisch belastete Kunststoffteile muss zwingend die Einsatztemperatur berücksichtigt werden. Besonders bei den teilkristallinen Kunststoffen verringert sich der E-Modul merklich in Bereichen zwischen 20 und 100 °C. Der standardmäßig angegebene Wert des Zugversuchs nach DIN gilt jedoch nur für Laborbedingungen. Zweckmäßiger sind E-Modul-Temperaturfunktionen, die mit einer DMA (dynamisch-mechanischen-Analyse) ermittelt wurde.
- Sind **dynamische Belastungen** in Form von Stößen möglich?
  - Die Kerbschlagzähigkeit ist ein Vergleichswert. Materialien mit einem höheren Wert bezeichnet man als zäher. Eine genaue Aussage ist aber nur in Verbindung mit dem Bruchbild möglich (Kerbschlagbiegeversuch). Speziell für Metalle ist die Übergangstemperatur ein wichtiger Wert, denn unterhalb dieser Temperatur führt eine Stoßbelastung eher zu sprödem Bruchversagen.
- Werden (zyklisch) **wechselnde Belastungen** auftreten?
  - Bei Metallen erzeugen Belastungen unterhalb der Dehngrenze lokale Belastungsspitzen im Inneren, wobei jeder Lastwechsel eine minimale und einzeln nicht messbare Verfestigung als Vorschädigung bewirkt. Diese Minischäden addieren sich bei sehr vielen Lastwechseln, so dass sie schließlich einen plötzlichen und unerwarteten Dauerbruch ohne Vorankündigung auslösen. Mit Wöhlerversuchen ermittelt man eine Lastgrenze, die unkritisch ist. Grundsätzlich ist das Versagen abhängig von der Lastgrenze und der Anzahl der Lastspitzen. Die zeitliche Häufigkeit, die Frequenz ist bei niedrigen Temperaturen ohne Einfluss. Für die Wahl geeigneter Lastgrenzen muss Klarheit über die maximalen und minimalen Belastungen herrschen.
  - Bei Kunststoffen sind die inneren Vorgänge bei wechselnden Belastungen anders als bei Metallen. Eine Verfestigung ist bei Kunststoffen nicht bekannt, womit Wöhlerversuche zur Erfassung einer zulässigen Zahl von Lastwechseln nicht sinnvoll sind. Bei Kunststoffen mit Kurzglasfasern kann durch Lastwechsel die Ankopplung der Fasern an den Kunststoff verloren gehen, wodurch ein Schaden möglich wird. Bei thermoplastischen Kunststoffen kann es oberhalb der Glasübergangstemperatur zudem bei höheren Frequenzen zu einer merklichen Erwärmung kommen, wodurch besonders der E-Modul beeinflusst wird.

2.1   Materialauswahl über Anforderungslisten

Die Wahl eines Materials sollte grundsätzlich vor der eigentlichen Konstruktion auf der Grundlage eines Lastenhefts erfolgen. Über das Lastenheft werden die Anforderungen an das zu entwickelnde Objekt festgelegt, diese müssen anschließend so übersetzt werden, damit der Konstrukteur seinen Freiraum hinsichtlich der Bauteilformfestlegung sehen kann (Abb. 2.2). Ein Teil der Bauteilgestaltung wird durch das Material bestimmt, wobei die Berechnung so erfolgt, dass das Bauteil gerade nicht versagt. Grundsätzlich kann das Versagen eines Bauteils eine unzulässige Verformung oder der Bruch sein.

Die Eigenschaften und Kennwerte eines Materials können quantitativ und qualitativ angewendet werden. Quantitativ bedeutet, dass für die Berechnung der Struktur, bei der das Bauteil sich nicht unzulässig verformt oder bricht, die Materialkennwerte mit exakten Zahlen angegeben werden müssen. Qualitativ sind alle Materialangaben, die keine Berechnung nach sich ziehen, z. B. Angaben über die Transparenz oder über die Kerbschlagarbeit. Solche Werte sind eher für einen relativen Vergleich unterschiedlicher Materialien zweckmäßig.

Die folgende Liste stellt die sehr häufigen Anforderungen an Bauteile und Baugruppen zusammen:

- **Steifigkeit,** das Bauteil soll sich unter Last nur um ein gewisses Maß elastisch verformen. Die Steifigkeit ist definiert über $c = F/f$, wobei f die Verformung unter einer Kraft F ist. In der technischen Mechanik lässt sich die Verformung eines Bauteils berechnen, wenn die Bauteilform und der **E-Modul** festliegen. Wenn das Material und damit der E-Modul festgelegt ist, kann die Bauteigestalt berechnet werden.
- **Festigkeit,** das Bauteil soll eine bestimmte Last aushalten bevor es versagt. Das Versagen eines Bauteils ist in der Regel bereits eine unzulässige bleibende Verformung. Daher ist mit Festigkeit meistens die **Dehngrenze** $R_{p0,2}$ bzw. die **Streckgrenze** R_e gemeint. Die **Zugfestigkeit** R_m wird üblicherweise in der Konstruktion nicht genutzt, weil bereits vor Erreichen dieser Lastgrenze eine plastische Verformung stattfindet.

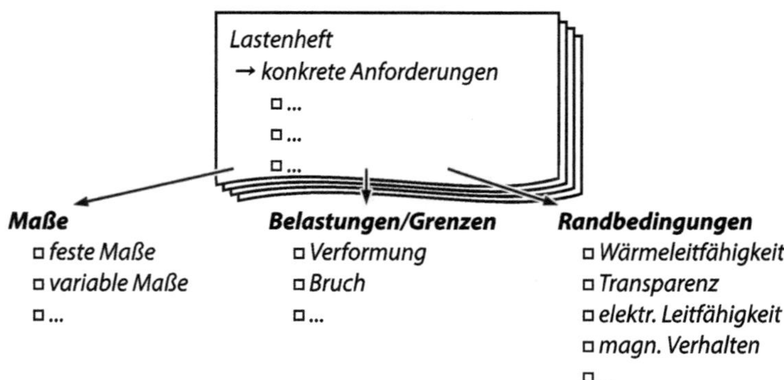

Abb. 2.2 Ein Lastenheft legt konkrete Anforderungen an ein Produkt fest

- **Gewicht,** meistens sollten Bauteile leicht sein. Das Gewicht errechnet sich aus der Dichte ρ und dem Volumen V $(m = \rho V)$
- **Temperatureinsatz,** das Bauteil wird in einem bestimmten Temperaturbereich eingesetzt. Üblicherweise gibt es eine obere Temperatur, bei der bei Metallen Gefügeumwandlungen erfolgen, bzw. bei der die mechanischen Eigenschaften von Kunststoffen nicht mehr ausreichen oder über einen längeren Zeitraum thermisch geschädigt werden.
- **Wärmedehnung,** bei Erwärmung werden die meisten Werkstoffe und damit auch die Bauteile größer. Insbesondere bei Baugruppen können so hohe Spannungen entstehen und dann versagen. Der lineare **Wärmeausdehnungskoeffizient** α gibt die relative Längenänderung in μm/m bei der Änderung der Temperatur von 1 °C an.
- **Zähigkeit,** das Bauteil soll eine gewisse dynamische Belastung aushalten, also abrupte Stöße. Die **Bruchzähigkeit** K_{Ic} gibt den Wert an, bei der es unter statischer Last zu einer instabilen Rissausbreitung kommt.
- **Medienbeständigkeit,** das Bauteil kommt mit der Umgebung in Berührung und soll sich nicht verändern, z. B. sollte ein Schiff auch im Salzwasserkontakt nicht rosten. Speziell für Kunststoffe muss sehr genau überprüft werden, welche Medien in Kontakt mit dem Bauteil kommen können, weil die unterschiedlichen Kunststoffe teilweise Öle, Fette oder Säuren aufnehmen und damit die Eigenschaften verändern.
- **Elektrische Leitfähigkeit**
- **Wärmeleitfähigkeit**
- **Magnetische Eigenschaften**
- **Optische Eigenschaften,** z. B. Transparenz, Glanz, …

2.2 Tabellen und Datenbanken

Die Filterung bei der Materialauswahl erfolgt über einen Vergleich der möglichen Materialien. Es gibt Tabellen, die solche Vergleiche in eindimensionaler Form ermöglichen. Hierbei wird lediglich ein Kennwert für verschiedene Materialien dargestellt. Mit einer logarithmischen Auftragung ergibt sich eine sehr gespreizte y-Achse, so können sehr verschiedene Materialien gleichzeitig betrachtet werden (Abb. 2.3).

Mit Datenbanken ist es möglich, zweidimensionale Diagramme zu erzeugen. So lassen sich gleich zwei Materialkennwerte zur gleichen Zeit betrachten. Diese Diagramme wurden von Ashby entwickelt und werden auch Blasendiagramme (Bubble-Charts, Abb. 2.4) genannt, weil sich Materialfamilien in bestimmten Bereichen versammeln und vereinfacht mit einer farbigen Fläche gekennzeichnet sind.

Datenbanken zu Materialien sind über das Internet verfügbar:

- Stähle: www.online.stahlschluessel.de
- Stähle: www.stahldaten.de
- Kunststoffe: www.campusplastics.com

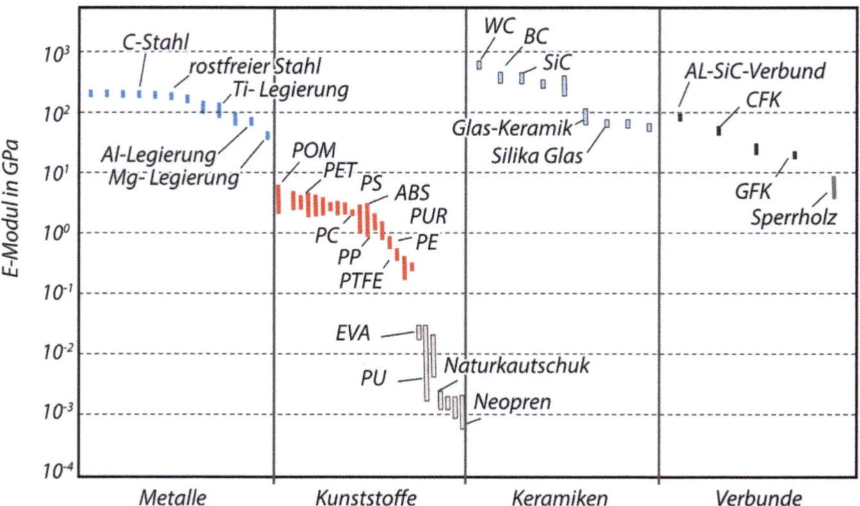

Abb. 2.3 Eindimensionaler Vergleich des E-Moduls unterschiedlicher Materialien (Ashby, Granta Design, Cambridge)

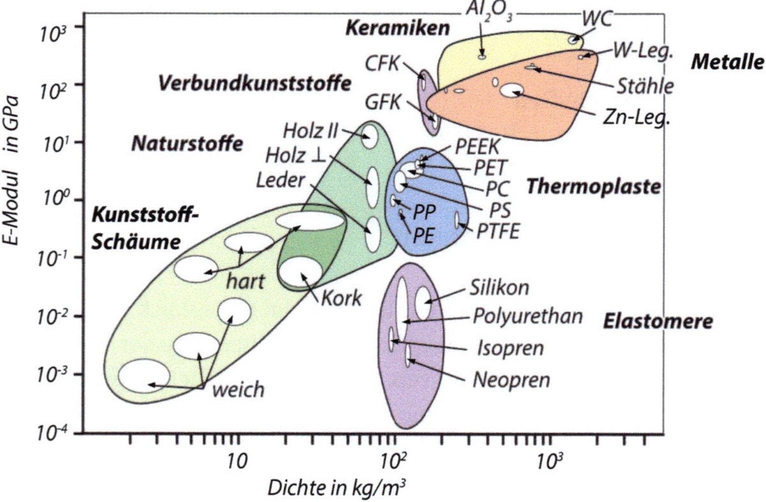

Abb. 2.4 Blasendiagramm: zweidimensionaler Vergleich von E-Modul und Dichte für verschiedene Materialien (Ashby, Granta Design, Cambridge)

- Metall und Kunststoff: www.ulprospector.com
- Metall und Kunststoff: www.grantadesign.com

Viele Anforderungen an ein Bauteil bzw. das zu wählende Material lassen sich nicht rechnerisch ermitteln. Am Beispiel des Flaschenöffners (Abb. 2.5) ist ein wichtiges Merkmal die Härte. Im Eingriff mit dem Kronkorken wird ein zu weiches Material schnell beschä-

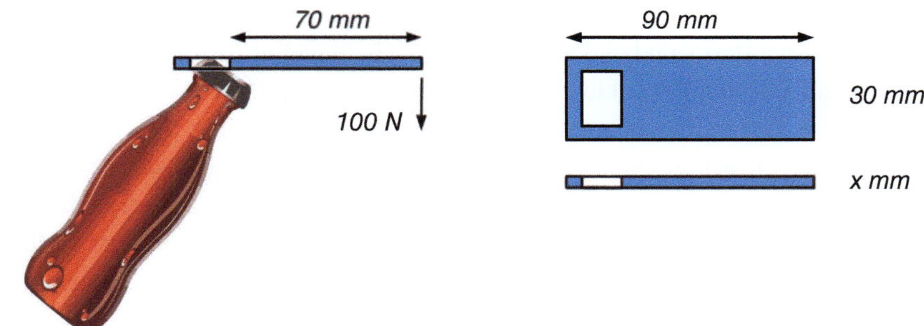

Abb. 2.5 Beispielprodukt Flaschenöffner

digt und nach wenigen Betätigungen unbrauchbar. Die Härte kann zwar als Zahlenwert angegeben werden, aber ohne eine Berechnungsformel ist es nicht möglich, einen Zahlenwert für eine Materialsuche festzulegen. Nur über Bauteilversuche kann eine geeignete Härte bestimmt werden. Ein Vergleich dieser experimentell gefunden Werte mit Tabellenangaben ermöglicht eine Materialauswahl.

2.3   Quantitative Materialauswahl – Optimierung mit Hilfe von Blasen-Diagrammen

Die Ziele im Entwicklungsprozess sind häufig:

- **Kosten** des Bauteils bzw. der Baugruppe, wobei sowohl die Bereitstellung des Materials als auch die Kosten für die Produktion inklusive möglicher Werkzeugkosten beachtet werden müssen.
- Das **Gewicht** soll meistens sehr gering sein.
- Eine Gewichtsoptimierung erfolgt über die Wahl eines Materials mit einer geringen **Dichte** oder eine Verringerung des Volumens, üblicherweise über die **Bauteildicke.**

Die Übersetzung der Anforderungen des Lastenhefts kann systematisch in vier Schritten erfolgen:

1) Funktion:	Was muss das Bauteil können?
2) Feste Randbedingungen:	Welche Forderungen sind nicht verhandelbar?
3) Optimierungsziel:	Was soll minimiert oder maximiert werden?
4) Freie Variablen:	Was kann der Konstrukteur frei entscheiden?

Die Vorgehensweise kann an einem Flaschenöffner verdeutlicht werden:

1) Der Flaschenöffner soll Kronkorken von einer Flasche abhebeln. Der Hebelarm des Flaschenöffners muss für diese Aufgabe eine bestimmte Kraft ertragen, ohne sich bleibend zu verformen bzw. ohne zu brechen.

2) Der Öffner soll 90 mm lang und 30 mm breit sein, wobei die Hebellänge 70 mm beträgt. Der Öffner darf sich bei der Benutzung nicht bleibend verformen
3) Das Gewicht soll möglichst klein sein, also muss entweder ein Material mit einer geringen Dichte gewählt werden – oder die Dicke muss klein sein.
4) Die Dicke des Öffners ist nicht vorgegeben und kann frei gewählt werden. Damit der Öffner sich nicht bleibend verformt, ist der E-Modul des zu betrachteten Materials zu berücksichtigen. Für die Materialauswahl muss also die Kombination aus Dichte und E-Modul optimal sein.

Grundsätzlich kann die Auflistung der Anforderungen länger werden. In diesem Fall kann z. B. gefordert werden, dass das Produkt nicht rosten soll, und die Herstellkosten dürfen eine bestimmte Grenze nicht übersteigen. Eine sehr wichtige Grundinformation sollte auch immer die geforderte Stückzahl sein, denn je nach Materialauswahl wird oft auch das Herstellverfahren festgelegt. Für sehr große Stückzahlen eignen sich besonders Kunststoffe.

Eine Optimierung erfordert grundsätzlich quantitative Materialkennwerte, das bezieht sich fast immer auf die mechanische Belastbarkeit und somit auf den E-Modul, die max. ertragbaren Spannungen und die Dichte. Allgemein ist die Vorgehensweise der Gewichtsoptimierung sehr schematisch möglich.

a) **Berechnung der Bauteilsteifigkeit** mit der vorgesehenen Struktur und einem zunächst angenommenen E-Modul. Die Struktur beinhaltet Länge und Breite des Bauteils und die zunächst angenommene Dicke.
b) **Eliminieren der freien Variable,** in diesem Fall ist es die Dicke, die sich aus Länge, Breite und Dichte ergibt.
c) **Designindex ermitteln,** hiermit ist das Verhältnis von Materialkennwerten gemeint (s. u.).
d) **Filtern möglicher Werkstoffe** mit Hilfe von Blasen-Diagrammen.

Zu a) Bauteilsteifigkeit
Die Steifigkeit c ist das Verhältnis von Belastungskraft F und der sich ergebenden Verformung f und aus den Anforderungen des Lastenhefts bekannt.

$$c = \frac{F}{f}$$

Die Verformung für einen Biegebalken errechnet sich entsprechend der technischen Mechanik aus

$$f = \frac{FL^3}{KEI}$$

wobei K eine Konstante und je nach Lastfall (links eingespannt, beidseitig eingespannt, …) verschieden ist. I ist das Flächenträgheitsmoment und beträgt bei einem rechteckigen Profil

$$I = \frac{bh^3}{12}$$

Die Verformung f ist gering, wenn entweder der E-Modul oder das Flächenträgheitsmoment groß sind. Schon eine geringe Änderung der Dicke h führt zu einer beachtlichen Vergrößerung von I. Bei einem geeigneten Querschnitt, kann daher auch ein Material mit einem sehr geringen E-Modul eingesetzt werden.

Die Dicke h des Bauteils kann über die Dichte ρ die Masse m und das Volumen (bhL) angegeben werden

$$h = \frac{m}{\rho bL}$$

Damit ist die Verformung

$$f = \frac{FL^3}{KE} \frac{12\left(\rho bL\right)^3}{bm^3}$$

Wenn das Gewicht reduziert werden soll, stellt man diese Formel nach m um

$$m = \sqrt[3]{\frac{\frac{F}{f}12}{Kb}}\left(L^2 b\right)\left(\frac{\rho}{\sqrt[3]{E}}\right)$$

Bis auf die Dichte und den E-Modul ist alles festgelegt. Für ein geringes Gewicht muss nun das Verhältnis aus Dichte und E-Modul möglichst gering werden, bzw. der Kehrwert muss möglichst groß werden. Man bildet den Designindex

$$M = \frac{\sqrt[3]{E}}{\rho}$$

und kann damit verschiedene Materialien vergleichen. Je größer M wird, desto kleiner ist das Gewicht bei den vorgegebenen Randbedingungen. In den Blasendiagrammen ist eine logarithmische Skalierung vorgesehen. Wenn man das Verhältnis des Designindex logarithmiert, ergibt sich

$$\sqrt[3]{E} = \rho \rightarrow 3\log\left(E\right) = \log\left(\rho\right)$$

Für diesen Lastfall liegen also alle gleichen Designindexwerte auf diagonal verlaufenden parallelen Linien (Abb. 2.6).

Aus dem Blasendiagramm wird ersichtlich, dass bei gleicher Gestaltunr sowohl Kunststoffe als auch Metalle die Funktion erfüllen können. Jedoch ergibt sich das geringste Bauteilgewicht für das Material, das auf der Linie mit dem größten Designindex liegt, im Dia-

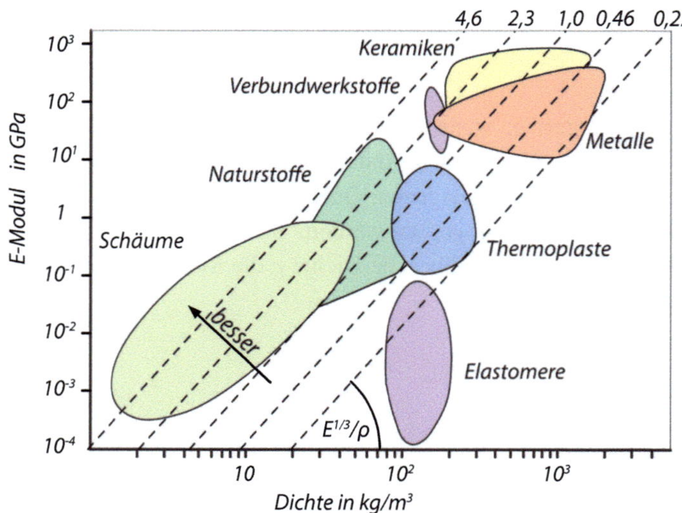

Abb. 2.6 Blasendiagramm für einen Vergleich unterschiedlicher Materialien (Ashby, Granta Design, Cambridge)

Tab. 2.1 Designsindizes für unterschiedliche Lastfälle

Auslegung mit Ziel: „geringstes Gewicht"		Kriterium	begrenzte Verformung	begrenzte Festigkeit
Funktion	Bedingung (vorgegebene Größe)	Freie Konstruktionsparameter	Materialindex	
Zug aufnehmen (Zugfestigkeit)			E/ρ	R/ρ
Torsion Vollwelle	Querschnittsfläche	Querschnittsfläche	$G^{0,5}/\rho$	$R^{2/3}/\rho$
Torsion Hohlwelle	Wanddicke	Wanddicke	G/ρ	R/ρ
	Außendurchmesser	Außendurchmesser	$G^{1/3}/\rho$	$R^{0,5}/\rho$
Biegung aufnehmen (Balken)	Querschnittsfläche	Querschnittsfläche	$E^{0,5}/\rho$	$R^{2/3}/\rho$
	Breite	Breite	E/ρ	R/ρ
	Höhe	Höhe	$E^{1/3}/\rho$	$R^{0,5}/\rho$
Biegung aufnehmen (Platte)	Dicke	Dicke	$E^{0,5}/\rho$	R/ρ
Druck aufnehmen	Querschnittsfläche	Querschnittsfläche	$E^{1/3}/\rho$	$R^{0,5}/\rho$
Innendruck aufnehm. (Zylinder)	Dicke	Dicke	E/ρ	R/ρ

gramm also die Linie, die am weitesten links liegt. Holz aus der Gruppe der Naturmaterialien wäre noch besser geeignet und polymere Hartschäume wären am besten.

Für weitere Lastfälle und Optimierungsziele können die Designindizes aus Tab. 10.1 abgelesen werden. Aus den physikalischen Abhängigkeiten ist jeweils der Funktionszusammenhang der entscheidenden Materialkennwerte ersichtlich (Tab. 2.1).

2.4   Allgemeine Hinweise zur Materialauswahl

Im Folgenden werden allgemeine Hinweise zusammengefasst, hierzu zählen:

- Betriebliche Erfordernisse
- Fragen nach ökologischen Aspekten
- Grundsätzliche Unterschiede zwischen Metallen und Kunststoffen hinsichtlich ihrer Verarbeitung

Neben der sehr sachlichen Auswahl des Materials sind die **betrieblichen Erfordernisse** zu berücksichtigen:

- **Lagerhaltung** – Besonders für Produkte, die in hohen Stückzahlen hergestellt werden und auch für Produkte, die über einen absehbar längeren Zeitraum immer wieder hergestellt werden ist es wichtig, das entsprechende Material vorrätig zu haben. In dem Fall ist zu überlegen, ob exakt das sachlich richtige Material oder ein höherwertiges Material bevorratet wird. Dadurch können möglicherweise mehrere Produkte aus einem Material hergestellt werden. Dadurch verringert sich die Gesamtauswahl der zu lagernden Materialien.
- **Preis** – Die Materialkosten machen häufig 50 % der Herstellkosten aus. Wenn größere Mengen eines Materials beschafft werden, können günstigere Einkaufspreise erzielt werden.
- **Erfahrung** – In vielen Betrieben gibt es ein umfangreiches Wissen über entsprechende Materialien. Das betrifft auch die Verarbeitung, z. B. ob besondere Vorkehrungen zu treffen sind oder die Bearbeitung mit speziellen Materialien einfacher ist.
- **Validierung** – Für bestimmte Anwendungen gibt es spezielle gesetzliche Anforderungen an das Material. Das betrifft z. B. Produkte für die Medizintechnik, wenn die Produkte in Kontakt mit Blut kommen oder in einen Patienten implantiert werden sollen. Die Freigabe von Materialien kann unter Umständen sehr langwierig sein und kostspielige Prüfungen nach sich ziehen. In diesem Fall werden häufig bereits validierte Materialien gewählt, die für entsprechende Produkte bestimmt sind bzw. die im Unternehmen bereits eingesetzt werden.

Die **ökologischen Aspekte** werden immer wichtiger:

- Der **ökologische Fußabdruck** wird aktuell über die CO_2-Bilanz dargestellt. Wieviel CO_2 wird für die Herstellung eines Produkts erzeugt? Bei Kunststoffen auf Rohölbasis wird das im Rohöl gespeicherte CO_2 wieder freigesetzt und belastet die Umwelt. Alternativ können Bio-Kunststoffe genutzt werden, die aus nachwachsenden Rohstoffen hergestellt werden. Ein größerer Teil der Polyamide hat heute bereits nicht mehr eine Rohölbasis. Bei den Bio-Kunststoffen unterscheidet man zwischen einerseits biologisch abbaubaren Kunststoffen und andererseits Kunststoffen aus nachwachsenden Rohstoffen, z. B. Holz/Lignin, Algen oder Milchsäure.

- Bei der Herstellung von Metallen ist zu beachten, dass die Reduktion aus den Erzen grundsätzlich nur unter hohem Energieeinsatz möglich ist. Die Höhe des Aufwandes ist hierbei näherungsweise durch die Stellung in der Spannungsreihe bestimmt, d. h., die Reduktion eines unedlen Metalls erfordert hohen Energieaufwand. Deswegen ist insbesondere die massenhafte Herstellung des sehr unedlen Aluminiums aus dem Erz ökologisch problematisch.
- Bei der Herstellung des Eisens wird Kohlenstoff direkt im Hochofen oxidiert, was die CO_2-Bilanz natürlich besonders belastet, und bei der Herstellung des Aluminiums aus dem Erz erfolgt die Schmelzfluss-Elektrolyse unter Zuhilfenahme von Graphitanoden, die mit der Zeit oxidieren. Selbst bei 100 % regenerativ erzeugtem Strom ist nach derzeitigem Stand der Technik, die Herstellung von Aluminium also nicht CO_2-neutral.
- Werden hochreine Metalle benötigt, so ist die Beseitigung von Verunreinigungen, die Raffination, mit zusätzlichem Energieaufwand verbunden, z. B. durch ggf. mehrfache Elektrolyseschritte, was den ökologischen Fußabdruck zusätzlich belastet.
- Das **Recycling** von Materialien wird berechtigterweise gefordert. Grundsätzlich gilt:
  - Thermoplastische **Kunststoffe** kann man wieder einschmelzen und aufbereiten. Einfach und gängig ist dies mit Produktionsabfällen, die durch einen erneuten Arbeitszyklus nur gering thermisch erneut belastet und geschädigt sind. Sie lassen sich zu ca. 30 % problemlos in den Produktionszyklus zurückführen. Möglicherweise ändert sich dabei die Farbe des Materials, was auf die thermische Belastung von Pigmenten und Farbstoffen zurückzuführen ist. Die mechanischen Eigenschaften bleiben aber sehr oft noch auf dem ursprünglichen Niveau. Ggf. ist eine Anwendung mit einer Zugabe von dunkleren Farben angeraten.
  - Vernetzende Kunststoffe lassen sich nur schwer werkstofflich recyceln, d. h., sie können nicht einfach erneut eingeschmolzen und erneut verwendet werden. Vielfach werden diese Kunststoffe klein gemahlen und als Füllstoffe für weitere Anwendungen genutzt.
  - Alle Kunststoffe lassen sich grundsätzlich durch thermische und/oder chemische Methoden in ihre Bausteine zerlegen. Aus den so gewonnenen Rohstoffen können dann wieder neue Werkstoffe hergestellt werden. Dieses Vorgehen ist zurzeit in der Regel nicht wirtschaftlich, wird aber in Zukunft bei weiter steigenden Rohstoffpreisen eine zunehmende Bedeutung bekommen.
  - Nicht zu vergessen ist die energetische Verwertung von Kunststoffabfällen. Ökologisch gesehen ist es sinnvoller, aus Rohöl zuerst Kunststoffe herzustellen, die ggf. später verbrannt werden, anstatt direkt Brennstoffe zu produzieren. Hierbei ist aber zu beachten, dass Kunststoffe mit Halogenzusatz (z. B. PVC oder PTFE) bei der Verbrennung durch die Entstehung von HCl bzw. HF erhöhte Anforderungen an die Abgasreinigung stellen. Gleiches gilt für die Verbrennung von Gummi, was zu SO_2-haltigen Rauchgasen führt.
  - **Metalle** lassen sich im Allgemeinen gut recyceln. Wichtig ist auf jeden Fall eine gute Trennung spezieller Anwendungen. In der produzierenden Industrie werden im

besten Fall Schrotte direkt bei der Entstehung sortenrein gesammelt. Die Metall-
trennung von Endverbraucherabfällen erfordert spezielle verfahrenstechnische Anlagen, die aber in der Regel die unterschiedlichen Legierungen ein und desselben
Grundmetalls nicht einfach trennen können. Insbesondere der unedle Aluminium-
Mischschrott ist nur zu geringwertigen Legierungen rezyklierbar. Edlere Metalle
wie z. B. Kupfer lassen sich durch Elektrolyse wieder in hochreine Form bringen. So
wird heute insgesamt im Bereich der NE-Metalle typischerweise eine Recycling-
quote von nur um die 50 % erreicht.
- Für Stähle gilt auch die generelle Aussage für Metalle, es ist jedoch zusätzlich zu beachten, dass Spezialstähle über eine exakte Zusammensetzung von Legierungselementen verfügen. Diese Legierungselemente lassen sich beim Einschmelzen
  kaum wieder trennen. Besonders problematisch sind hier die Legierungselemente
  Kupfer und Bor. Kupfer bewirkt bei höheren Anteilen eine Versprödung des Materials. Bor wird zunehmend für Warmumformbleche genutzt. Bor verändert die Umwandlungsgeschwindigkeit und führt zu sehr hohen Festigkeiten. Bei den Massen-
  stählen werden heute trotz der o. a. Einschränkungen Recylingquoten von über 90 %
  erreicht, was insbesondere auf die leichte Trennbarkeit des ferromagnetischen Stahles von anderen Werkstoffen zurückzuführen ist.

Die **Verarbeitung** eines Materials hat einen entscheidenden Einfluss auf die Herstellkosten eines Produkts:

- Kunststoffe werden zu einem großen Teil spritzgegossen. Mit diesem Verfahren lassen
  sich in kurzer Zeit hohe Stückzahlen herstellen, weshalb Massenprodukte zunehmend
  aus Kunststoff sind. Kunststoffe lassen sich wegen ihres geringen Schmelzpunkts in
  sehr präzisen Stahlformen gießen. Der Gießvorgang ist wegen der geringen Wärmeleitfähigkeit der Kunststoffe mit moderaten Geschwindigkeiten sehr gut kontrollierbar.
  Damit lassen sich Bauteile in der Regel ohne Nacharbeit herstellen.
- Metalle werden auch gegossen, die überwiegende Herstellmethode metallischer Bauteile ist aber der Weg über die Umformtechnik. Dabei werden in der Regel zunächst relativ kostengünstig Standard-Halbzeuge durch Walzen oder Strangpressen erzeugt, die
  anschließend trennend (z. B. sägen, drehen, fräsen, schleifen, bohren), umformend
  (z. B. biegen, schmieden) und/oder fügend (z. B. schweißen, löten), zum Fertigteil
  weiterverarbeitet werden.
  - Das Gießen von Metallen ermöglicht eine komplexe Formgebung, erfordert aber in
    aller Regel einen großen Nacharbeitsaufwand im Vergleich zum Spritzgießen von
    Kunststoffen. Die Ursache liegt u. a. in der höheren Wärmeleitfähigkeit, weshalb
    beim Druckgießen von Aluminium oder Magnesium Grate am Bauteil kaum ver-
    meidbar sind. Stähle werden aus entsprechenden Gusslegierungen überwiegend in
    Sandformen gegossen, die nur eine geringe Präzision haben, so dass exakte End-
    maße nachträglich spanend hergestellt werden müssen.

- Eine Alternative zur Herstellung großer Stückzahlen komplexer Formen aus Metallen ist die Pulvermetallurgie, die in ihrer Weiterentwicklung Metallpulver-Spritzguss (MIM = metal injection molding) bereits wieder Elemente der kostengünstigen Kunststoffverarbeitung aufnimmt.

Insgesamt ist die Auswahl des geeigneten Fertigungsweges eines Produktes aus Metall ein Prozess, der den Rahmen dieses Lehrbuches sprengen würde.

Metallische Werkstoffe

Metalle bilden unter den chemischen Elementen die größte Gruppe, es sind etwa 70 (je nach genauer Definition) unter den 92 natürlich vorkommenden Elementen (siehe Abbildung Periodensystem, Kap. 1). Die Kristallstrukturen mit deren Gitterfehlern und den entsprechenden Verformungsmöglichkeiten werden im Folgenden detailliert beschrieben und mit den Verfestigungsmechanismen und Zustandsdiagrammen in Zusammenhang gebracht.

3.1 Grundlagen zum Aufbau von Metallen

Einige Metalle haben einen beachtlichen Anteil an der Erdmaterie (vgl. Tab. 3.1). Die wichtigen Strukturwerkstoffe Eisen (Fe), Aluminium (Al) und Magnesium (Mg) sind dabei vertreten. Wichtige NE-Metalle liegen um Zehnerpotenzen darunter (z. B. Cu). Ihre Gewinnung ist dann wirtschaftlich, wenn sie in Erzgängen und -nestern konzentriert sind.

Technische Anforderungen an Metalle
- ausreichende Festigkeit, Zähigkeit, Steifigkeit und Eignung für wirtschaftliche Fertigungsprozesse,
- ausreichende Korrosionsbeständigkeit bei normalen klimatischen Bedingungen, evtl. höhere Anforderungen aufgrund von Seewasser oder Chemikalien.

Wirtschaftliche Anforderungen
- ausreichendes Vorkommen,
- einfache Aufbereitung der Erze und ihre Reduktion zum Metall,
- nicht zu hohe Verarbeitungstemperaturen,
- leichtes Recycling.

© Der/die Herausgeber bzw. der/die Autor(en), exklusiv lizenziert an Springer Fachmedien Wiesbaden GmbH, ein Teil von Springer Nature 2026
C. Jaroschek et al., *Weißbach - Werkstoffe und ihre Anwendungen*,
https://doi.org/10.1007/978-3-658-50256-0_3

Tab. 3.1 Anteile der häufigsten Elemente an der Erdhülle in Massenprozente (Statista, 2025)

O	Si	Al	Fe	Ca	Na	K	Mg	Sonstige
46,6	27,7	8,1	5	3,6	2,8	2,6	2,1	1,5

Metalle unterscheiden sich von anderen Werkstoffgruppen (Polymere, Keramik) durch bestimmte, spezifische Eigenschaften. Diese Metalleigenschaften sind eine Folge der metallischen Bindung in den vorhandenen Kristallgittern. Typische Metalleigenschaften sind:

- Leitfähigkeit für Wärme und Elektrizität,
- Reflektion von Licht an oxidfreien Flächen,
- Festigkeit und Duktilität (Fähigkeit, plastische Verformungen ohne Bruch zu ertragen),
- Reaktionsfähigkeit mit Sauerstoff, Säuren und Salzlösungen. Nach der Reaktionsfähigkeit wird in edle und unedle Metalle unterteilt. Edle Metalle wie z. B. Gold, Silber und Platin sind gegenüber Säuren sehr beständig.

3.1.1 Metallbindung

Metallische Elemente sind im Periodensystem (PSE) der Elemente im linken Teil, in den Hauptgruppen I-IV angeordnet (vgl. Kap. 1). Die Folgen für die Besetzung dieser Außenschalen mit Elektronen (Valenzelektronen) und das Verhalten der Elektronen sind:

- wenige Elektronen (1–4) in der energiereichsten äußeren Schale, die sog. Valenzelektronen,
- schwache Bindung an den Kern, die Valenzelektronen werden an Atome mit einer höheren Elektronegativität (EN) abgegeben,
- niedrige EN-Zahlen.

Die EN-Zahlen zweier Elemente und ihre Differenz ΔEN lassen Schlüsse über die Art der chemischen Bindung zwischen ihren Atomen zu (siehe Tab. 3.2). Im PSE steigt die EN in den Perioden von links nach rechts und sinkt in den Gruppen von oben nach unten.

Tab. 3.2 Elektronegativitätszahlen und Bindungsart

EN-Zahl	ΔEN	Bindungsart
<2 Metalle	sehr klein	Metallische Bindung
>2 Nichtmetalle	null bis klein	Elektronenpaarbindung (kovalente Bindung, polar / unpolar)
Metall/Nichtmetall	groß	Ionenbindung (heteropolare Bindung)

Metallatome allein erreichen einen Zustand niedrigerer Energie (Energie-Minimum[1]), wenn sie kleinste, regelmäßige Abstände zueinander einnehmen und ihre Valenzelektronen abgeben, die damit eine Art Elektronengas bilden. Durch die Abgabe der Valenzelektronen entstehen so positiv geladene Metallionen. Die dabei abgegebene Energie taucht dann in Form von Wärme wieder auf (Energieerhaltungssatz), z. B. als

- Kondensationswärme, beim Übergang gasförmig zu flüssig oder als
- Kristallisationswärme beim Übergang flüssig zu fest oder als
- elektromagnetische Strahlung (Röntgenstrahlung).

Der Zusammenhalt zwischen den so entstehenden positiv geladenen Metallionen beruht auf der Wechselwirkung zwischen dem Elektronengas und den Atomrümpfen (Metallionen):

- positive Atomrümpfe stoßen einander ab, ebenso wie die negativ geladenen Elektronen,
- positive Atomrümpfe und negativ geladenes Elektronengas ziehen einander an.

Bindungskräfte

Im Kristallgitter nehmen die Atome einen Abstand ein, bei dem abstoßenden und anziehenden Kräfte gleich groß werden. Dann ist das Energie-Minimum erreicht. Dieser Gleichgewichtsabstand führt dazu, dass die Metallionen einen definierten und regelmäßigen Abstand l_0 zueinander einnehmen, was zur Bildung eines Kristallgitters führt (Abb. 3.1 und 3.2).

Jede Änderung von l_0 erfordert eine Energiezufuhr. Wird der Atomabstand l durch äußere Kräfte vergrößert, so erreicht F_{res} ein Maximum bei l_{max} und die Kraft nimmt danach ab. Bei Annäherung der beiden Atome zueinander erhöht sich die abstoßende Kraft. Die Kräfte zwischen den Atomrümpfen im Metallgitter sind abhängig vom Abstand zueinander und auch von der Art der Metalle selbst, erkennbar an der unterschiedlichen Steigung der Summenkurve. Diese Steigung entspricht der Stärke der Bindung und lässt Rückschlüsse auf weitere Eigenschaften zu, z. B. Elastizitätsmodul: Große Steigung entspricht hohem E-Modul.

3.1.2 Grundlegende Metalleigenschaften

Verformungsverhalten

Metalle sind, abhängig vom Kristallgittertyp, mehr oder weniger stark plastisch verformbar. Das unterscheidet sie von anderen kristallinen Stoffen und ist eine typische Metalleigenschaft, die in Abschn. 3.2 noch eingehend behandelt wird.

---

[1]Allgemeines Streben der Materie nach einem Zustand niedrigster Energie, vergleichbar mit dem Fließen des Wassers zu Orten niedrigster Höhe.

Abb. 3.1 Metallgitter aus regelmäßig angeordneten positiv geladenen Atomrümpfen und negativ geladenem, frei beweglichem Elektronen-„Gas"

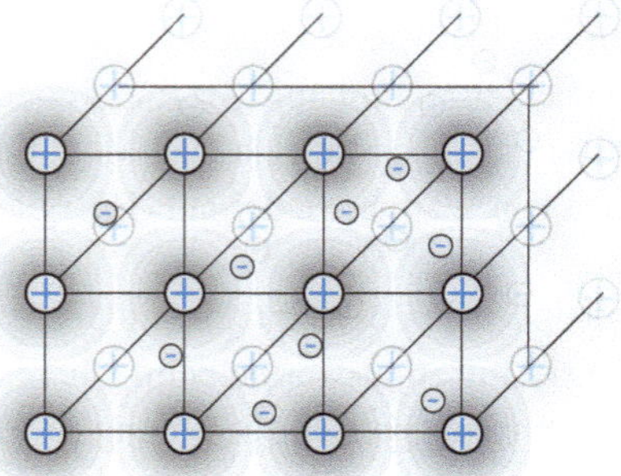

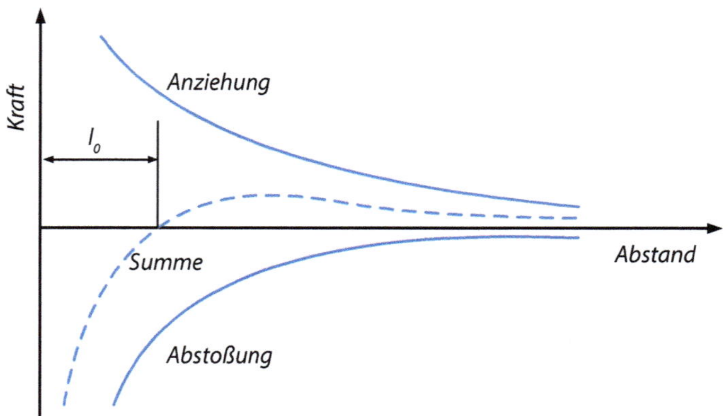

Abb. 3.2 Kräfte zwischen den Bausteinen des Kristallgitters mit Gleichgewichtsabstand l_0. Anziehungskräfte: positive Metallionen und negative Elektronen, Abstoßungskräfte: positive Metallionen untereinander

Schmelztemperaturen

Die Schmelztemperatur von Metallen ist abhängig von der Größe der Bindungsenergien und ist ein Kriterium zur Einteilung der technischen Metalle in niedrig-, hoch- und höchstschmelzende.

Dichte

Die Dichte ρ ist Kriterium für die Einteilung in Leicht- und Schwermetalle (Tab. 3.5) und ist abhängig von der Masse des Atoms, dem Volumen der Einheitszelle und der Anzahl der Atome je Einheitszelle.

Thermische Ausdehnung

Die thermische Ausdehnung, z. B. die lineare Verlängerung eines Stabes beim Erwärmen, wird durch eine zunehmende Schwingweiten der Atome verursacht. Ihre Größe hängt von den Kräften im Gitter ab. Abb. 3.3 zeigt die Beziehung zwischen Schmelztemperatur (Gitterkräfte) und dem linearen Ausdehnungskoeffizienten. Metalle haben einen linearen

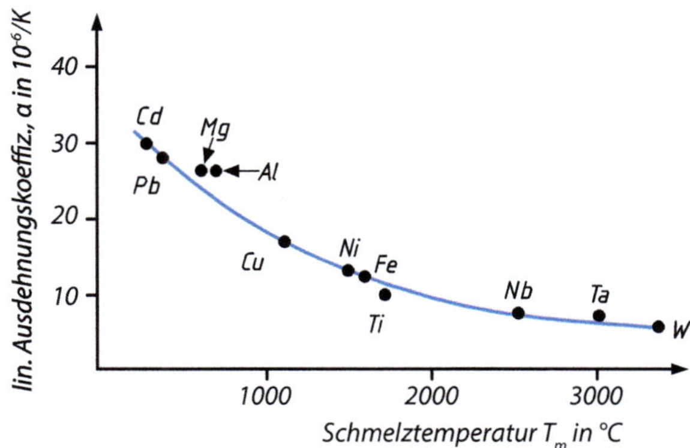

Abb. 3.3 Linearer Ausdehnungskoeffizient α und Schmelztemperatur T_m (Grüneisen'sche Regel)

Wärmeausdehnungskoeffizienten, der zwischen dem von Keramik (sehr gering) und Polymeren (sehr hoch) liegt (Tab. 3.3). Beim Zusammenbau von Bauteilen mit unterschiedlicher Wärmeausdehnung kommt es so zu thermischen Spannungen, deren Betrag von den E-Moduln, dem Temperaturunterschied und dem Wärmeausdehnungskoeffizienten abhängen.

Leitfähigkeit

Die Leitfähigkeit (Tab. 3.4) für elektrische Ströme und Wärme in Metallen ist an die Zahl und Beweglichkeit der freien Elektronen gebunden, die neben dem Gitterzusammenhalt für den Ladungstransport zur Verfügung stehen. Die höchste Leitfähigkeit hat Silber. Tab. 3.4 enthält die Angaben für Metalle hoher Leitfähigkeit im Vergleich zu solchen mit niedrigen Leitwerten wie Zn, Fe und Pb.

Die Leitfähigkeit wird durch alle Störungen des idealen Gitters gesenkt, welche die Beweglichkeit (freie Weglänge zwischen zwei Zusammenstößen) der Elektronen behindern. Durch Kaltumformung (Zunahme der Versetzungsdichte) sinkt die Leitfähigkeit auf ca. 95 % des geglühten Zustandes. Auch in Mischkristallen gelöste Fremdatome senken die Leitfähigkeit.

Die folgenden Tabellen geben einen Überblick über Eigenschaften und physikalische Werte wichtiger Metalle (Tab. 3.5) und für die Werkstofftechnik wichtige Elemente (Tab. 3.6).

Tab. 3.3 Vergleich der linearen Ausdehnungskoeffizienten

Linearer Ausdehnungskoeffizient	Keramik	Metalle	Polymere
α in 10^{-6}/K	0,5…10	4,4…30	20…100

Tab. 3.4 Leitwerte von Metallen, hochrein, bei 20 °C

Eigenschaft	Einheit	Ag	Cu	Au	Al	Zn	Fe	Pb
κ (Strom)	m/Ωmm²	62,9	59,8	45,5	37,7	16,9	10,3	5,2
λ (Wärme)	W/mK	429	400	320	237	116	80	35

Tab. 3.5 Daten technisch wichtiger Metalle

Name Symbol	OZ	KG[a]	Gitterkonst.[a] α in pm	Dichte ρ[b] in g/cm^3	Schmelz-punkt T_m in °C	Leitfähigkeit für		Wärmeaus-dehnung[c] α in 10^{-6}/K	Elast.-Modul in GPa
						Strom κ in m/ Ωmm^2	Wärme[d] λ in W/ mK		
Aluminium, Al	13	kfz	404	2,7	660	37,7	237	23,8	71
Beryllium, Be	4	hdP	229/1,57	1,7	1287	23,81	200	11	293
Blei, Pb	82	kfz	490	11,3	327	5,2	35	29,2	19
Cadmium, Cd	48	hdP	290/1,83	8,6	321	14,3	97	30,0	63
Chrom, Cr	24	krz	288	7,2	1907	7,9	94	6,6	250
Cobalt, Co α-;	27	hdP	250/1,62	8,89	1495	16	95	13	210
>417 °C β-		kfz							
Eisen, Fe α-;	26	krz	287	7,87	1538	10,3	80	12	210
>912 °C γ-		kfz	365						195
Gold, Au	79	kfz	408	19,3	1064	45,5	320	14,2	80
Iridium, Ir	77	kfz	384	22,7	2446	18,8	147	6,5	530
Kupfer, Cu	29	kfz	361	8,95	1084	59,8	400	17,0	125
Magnesium, Mg	12	hdP	320/1,62	1,74	649	22,7	156	25,8	44
Mangan, Mn	25	kub	893	7,4	1246	0,54	7,8	22,8	201
Molybdän, Mo	42	krz	315	10,28	2620	19,2	138	4,8	334
Nickel, Ni	28	kfz	352	8,8	1455	14,6	91	13,0	210
Niob, Nb	41	krz	329	8,6	2470	6,7	53	7	105
Osmium, Os	76	hdP	273/1,58	22,6	3130	12,31	88	6,6	560
Platin, Pt	78	kfz	392	21,5	1768	9,48	71	9,0	170
Rhodium, Rh	45	kfz	379	12,4	1964	22,17	150	8	280
Silber, Ag	47	kfz	409	10,5	961	62,89	429	19,7	81
Tantal, Ta	73	krz	330	16,7	2996	8	xxx	6,5	185
Titan, Ti α-;	22	hdP	295/1,59	4,5	1668	7	22	8,2	108
>882 °C β-		krz	332						
Vanadium, V	23	krz	302	5,7	1910	5,0	31	8,4	150
Wolfram, W	74	krz	317	19,3	3422	17,7	174	4,5	407
Zink, Zn	30	hdP	266/1,86	7,1	419	16,9	116	26	128
Zinn, Sn α-;	50	diam		5,73					
>13 °C β-		tetr	649	7,3	232	9,1	66	26,9	44

(Fortsetzung)

Tab. 3.5 (Fortsetzung)

| Name Symbol | OZ | KG[a] | Gitterkonst.[a] α in pm | Dichte ρ^b in g/cm³ | Schmelzpunkt T_m in °C | Leitfähigkeit für | | Wärmeausdehnung[c] α in 10⁻⁶/K | Elast.-Modul in GPa |
						Strom κ in m/ Ωmm²	Wärme[d] λ in W/ mK		
Zirkonium, Zr α-; >862 °C β-	40	hdP krz	323/1,59 361	6,5	1852	2,47	22,7	6,3	90

Werte beziehen sich auf reine Metalle.

[a] KG, Kristallgitter. kfz.: kubisch-flächenzentriert; krz.: kubisch-raumzentriert; tetr.: tetragonal; diam.: Diamantstruktur; hdP.: hexagonal dichteste Packung; bei hexagonalen Metallen ist das Verhältnis der senkrechten Konstante c zu Basis a angegeben (Gitterkonstante Abb. 3.5)

[b] Dichte ρ bei 20 °C

[c] Linearer Ausdehnungskoeffizient α: 10⁻⁶/K bei 0...100 °C

[d] Wärmeleitfähigkeit λ für Metalle allgemein bei 27 °C

[e] Leitfähigkeit κ (kappa) bei 20 °C entspricht der Länge eines Drahtes von 1 mm² Querschnitt und einem Widerstand von 1 Ω. Die SI-Einheit ist S/m (1 Siemens, S = Ω^{-1})

Tab. 3.6 Weitere Elemente mit Bedeutung für die Werkstofftechnik

| Name Symbol | OZ | KG[a] | Gitterkonst.[a] α in pm | Dichte ρ^b in g/ cm³ | Schmelzpunkt T_m in °C | Leitfähigkeit für | | Wärmeausdehnung[c] α in 10⁻⁶/K | Elast.-Modul E in GPa |
						Strom[d] κ in m/ Ωmm²	Wärme[e] λ in W/ mK		
Antimon, Sb	51	hex	431/2,61	6,68	631	3	24	10,5	
Arsen, As	33	hex	376/2,80	5,72	610 sublimiert (fest→gasförmig)	2,8	50		
Bismut, Bi	83	hex	455/2,61	9,8	271	0,93	8	13,4	
Bor, B	5	trig	1012	2,46	2075	$1 \cdot 10^{x-3}$	29		
Grafit, C	6	hex	3,35	2,26	3750 (Sublimation)	$4,6 \cdot 10^{-3}$	120–165	2–6	
Diamant		diam		3,51		–	2000	1,3	
Silizium, Si	14	diam	543	2,33	1414	$4,4 \cdot 10^{-6}$	148	7,6	
Selen, Se	34	hex	436/1,14	4,79	221		2	37	

[a] KG, Kristallgitter. hex.: hexagonal; trig.: trigonal; diam.: Diamantstruktur; hdP.: hexagonaldichteste Packung; bei hexagonalen Metallen ist das Verhältnis der senkrechten Konstante C zu Basis a angegeben (Gitterkonstante Abb. 3.5)

[b] Dichte ρ bei 20 °C

[c] Linearer Ausdehnungskoeffizient α: 10⁻⁶/K bei 0...100 °C

[d] Leitfähigkeit κ (kappa) bei 20 °C entspricht der Länge eines Drahtes von 1 mm² Querschnitt und einem Widerstand von 1 Ω. Die SI-Einheit ist S/m (1 Siemens, S = Ω)

[e] Wärmeleitfähigkeit λ für Metalle allgemein bei 27 °C

3.1.3 Die Kristallstrukturen der Metalle – Idealkristalle

Unter einem Kristall versteht man im Allgemeinen einen frei gewachsenen, mineralischen Körper mit ebenen Flächen. Die äußere Regelmäßigkeit von Kristallen ist eine Auswirkung der inneren dreidimensionalen Fernordnung, die als *Kristallgitter* bezeichnet wird. Kristallgitter bestehen aus Bausteinen (Ionen, Atomen) in regelmäßigen Abständen (Gitterkonstanten a), die sich in allen drei Raumrichtungen periodisch wiederholen. D. h., die Atome befinden sich in einer regelmäßigen Anordnung im Werkstoff.

Technische Metalle bestehen fast ausschließlich aus einer Vielzahl von Kristallen, die als Kristallite oder auch als **Körner** bezeichnet werden und über Korngrenzen miteinander verbunden sind (polykristallin). Dies Körner sind wegen ihrer geringen Größe (Korngröße 5–50 µm) meist nur unter dem Mikroskop nach entsprechender Probenpräparation sichtbar (vgl. Kap. 11, Werkstoffprüfung). Abb. 3.4 zeigt schematisch geätzte Oberflächen von Stählen mit unterschiedlichen Kohlenstoffgehalten.

Amorphe Metalle
Amorphe Metalle (auch metallische Gläser genannt) sind spezielle Legierungen, bei denen der kristalline Aufbau fehlt, die Atome sind entsprechend in einem umgeordneten Zustand. Sie entstehen z. B. in sehr dünnen Querschnitten durch extrem schnelles Erstarren aus der Schmelze. Eigenschaften amorpher Metalle sind z. B. hohe Härte, isotropes Verhalten, keine Korngrenzen, sehr korrosionsbeständig.

Kristallsysteme
Zur Beschreibung der Geometrie einer Elementarzelle, die der Grundbaustein für ein Kristallgitter ist, dienen die Gitterkonstanten a, b, c und Achswinkel α, β, γ der Achsen zueinander. Kristallsysteme werden durch ein herausgeschnittenes Element, die Elementarzelle, beschrieben (Abb. 3.5). Es ist der Bausteine in einem Kristallgitter, welcher sich in den drei Raumrichtungen ständig wiederholt (Abb. 1.8). Abb. 3.5 beschreibt sieben mögliche Anordnungen der Elementarzelle.

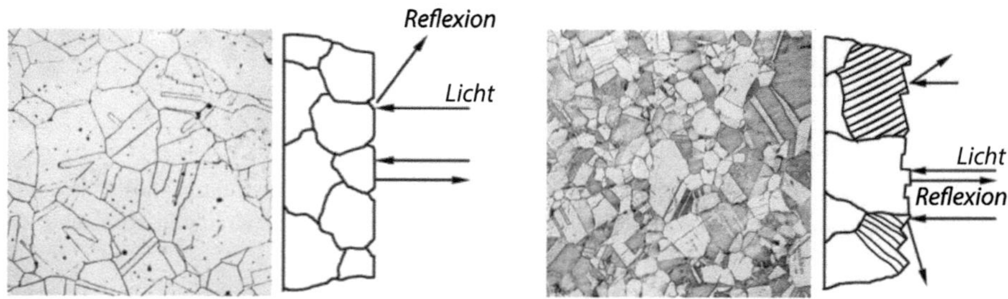

Abb. 3.4 Metallographische Gefügebilder eines geätzten, nahezu kohlenstofffreien ferritischen Eisenwerkstoffs (links) und eines ferritisch-perlitischen C45 mit 0,45 % Kohlenstoffgehalt (rechts)

Unterarten der Kristallsysteme sind basis-, flächen- oder raumzentriert, mit Atomen mittig im Raum oder in den Flächen. Die meisten Metalle kristallisieren im hexagonalen oder im kubischen (flächenzentriert oder raumzentriert) Kristallsystem (Tab. 3.5).

Zur Beurteilung der Kristallgitter sind neben der (den) Gitterkonstanten noch die folgenden Kennzahlen wichtig:

- **Koordinationszahl KZ:** Anzahl der Nachbaratome eines Atoms mit gleichem, kleinstem Abstand. In Abb. 3.6 sind zwei übereinander liegende kfz-Elementarzellen (kfz = kubisch flächenzentriert) abgebildet. Das Atom in der Flächenmitte hat zu den zwölf Nachbaratomen (weiße Kugeln) in den schraffierten Ebenen den gleichen Abstand.

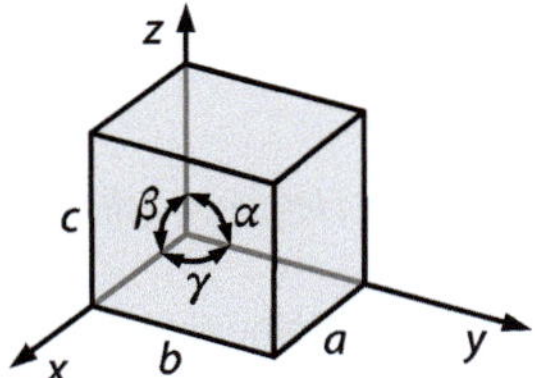

Kristallsystem	Gitterkonstante	Achswinkel	EZ Körper
Triklin	$a{\neq}b{\neq}c$	Alle ungleich	Parallelepiped
Monoklin	$a{\neq}b{\neq}c$	$\alpha{=}\gamma{=}90°; \beta \neq 90°$	Schiefer Quader
Orthorhomb	$a{\neq}b{\neq}c$	$\alpha{=}\beta{=}\gamma = 90°$	Quader
Trigonal	$a{=}b{=}c$	$\alpha{=}\beta{=}\gamma \neq 90°$	Rhomboid
Hexagonal	$a{=}b{\neq}c$	$\alpha{=}\beta = 90°; \gamma = 120°$	Sechsecksäule
Tetragonal	$a{=}b{\neq}c$	$\alpha{=}\beta{=}\gamma = 90°$	Quader
Kubisch	$a{=}b{=}c$	$\alpha{=}\beta{=}\gamma = 90°$	Würfel

Abb. 3.5 Elementarzelle (allgemein) mit Gitterkonstanten a, b, c und Achswinkeln α, β, γ

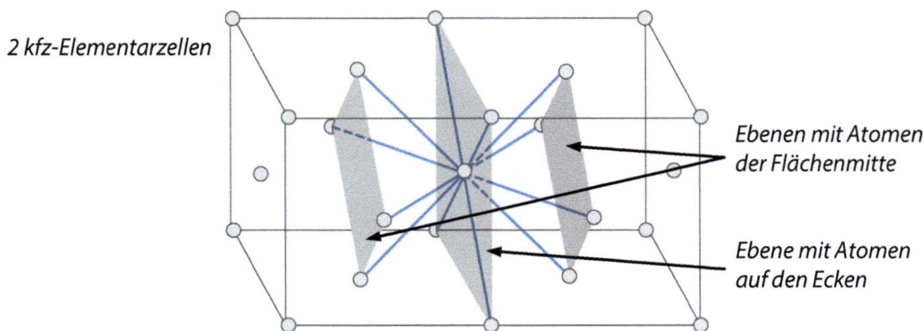

Abb. 3.6 Koordinationszahl 12 im kfz-Gitter

- **Packungsdichte PD:** Verhältnis vom Volumenanteil der Atome in der Elementarzelle zum Volumen der Elementarzelle. Dabei gehört z. B. ein Eckatom des Würfels zu den benachbarten Elementarzellen der gleichen Ebene (vier) und zu vier der darüber liegenden Ebene. Zahlenwerte für die Packungsdichte der häufigsten Metallgitter sind in Tab. 3.7 zu finden.

Beispiel zur Berechnung der Packungsdichte im kfz-Gitter

In einer kfz-Elementarzelle mit der Kantenlänge a hat jedes Eckatom einen Raumanteil von 1/8 und jedes Zentrumsatom der 6 Seiten von je 1/2 in der kubischen Zelle. Das ergibt vier Atome je Elementarzelle (6 × 1/2 + 8 × 1/8). Die 3 Atome in den Flächendiagonalen der Seiten der Zelle berühren sich. Damit kann die Länge der Diagonalen mittels der Atomradien dargestellt werde.

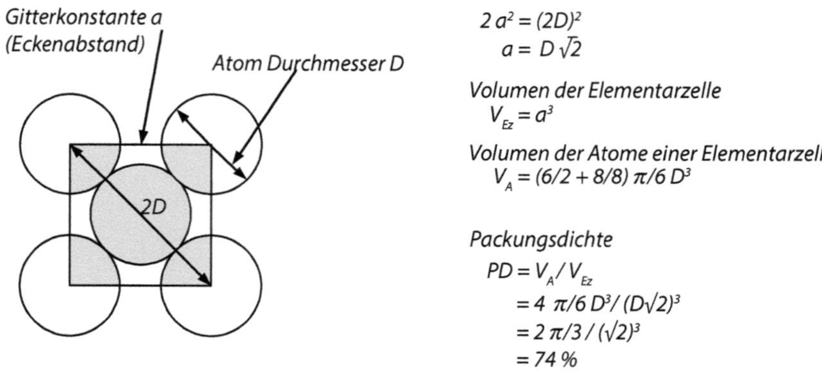

$$2\,a^2 = (2D)^2$$
$$a = D\sqrt{2}$$

Volumen der Elementarzelle
$$V_{Ez} = a^3$$

Volumen der Atome einer Elementarzelle
$$V_A = (6/2 + 8/8)\,\pi/6\,D^3$$

Packungsdichte
$$\begin{aligned}
PD &= V_A / V_{Ez} \\
&= 4\,\pi/6\,D^3 / (D\sqrt{2})^3 \\
&= 2\,\pi/3 / (\sqrt{2})^3 \\
&= 74\,\%
\end{aligned}$$

Entstehung eines Kristallgitters

Mit einer einfachen Modellvorstellung lässt sich das Entstehen eines Kristallgitters verdeutlichen. Wir schütten gleich große Kugeln in einen Kasten, den wir dabei rütteln (Wärmebewegung). Die Kugeln suchen dann von selbst eine regelmäßige Anordnung

Tab. 3.7 Kristallgitter wichtiger Metalle (auch Tab. 3.6), kfz = kubisch-flächenzentriert, krz = kubisch-raumzentriert, hdP = hexagonal-dichtest gepackt

Gitter	KZ[a]	PD[b]	Metalle
kfz	12	74	Ag, Al, Au, β-Co, Cu, γ-Fe, Ni, Pb, Pt-Metalle
krz	8	68	Cr, α-Fe, Mo, Nb, Ta, β-Ti, V, W, β-Zr
hdP	12	74	Be, Cd, α-Co, Mg, α-Ti, Zn, α-Zr

[a] Koordinationszahl
[b] Packungsdichte in %

(benachbarte Reihen auf Lücke). Eine dichteste Packung in der Ebene liegt dann vor, wenn jede Kugel von sechs anderen umgeben ist (Abb. 3.7). Eine dichteste Packung im Raum ergibt sich, wenn die Schichten auf Lücke liegen. Jede Kugel der zweiten Schicht liegt in einer Mulde, die von drei Kugeln der unteren Schicht gebildet wird. Für die Lage der folgenden dritten Schicht gibt es dann zwei Möglichkeiten, die zu den beiden Systemen mit dichtester Packung führen (Tab. 3.8).

Möglichkeit 1:

Hexagonales Kristallgitter (hdP) mit **h**exagonal **d**ichtester **P**ackung (Abb. 3.8): Die dritte Schicht liegt senkrecht über der ersten, die Stapelfolge ist 1-2-1-2 usw. Damit ergibt sich als EZ eine Sechsecksäule. Die Gitterkonstanten sind Kantenlänge a und Höhe c. Ihr Verhältnis beträgt theoretisch c/a = 1,633. Als Koordinationszahl ergibt sich KZ = 12. Einige Halbmetalle, wie z. B. Bismut (Bi) und Antimon (Sb), haben ein Verhältnis c/a über 2,0. Damit sinken Packungsdichte und Metalleigenschaften.

Möglichkeit 2:

Kubisch-flächenzentriertes (kfz) Kristallgitter (Abb. 3.8): Die dritte Schicht liegt nicht senkrecht über der ersten, sondern besetzt die anderen freien Mulden der zweiten Schicht. Die vierte Schicht liegt dann wieder senkrecht über der ersten. Die Stapelfolge ist 1-2-3-1 usw. Als Elementarzelle erkennen wir einen Würfel mit acht Eckatomen, der auf der Spitze steht. In den Flächenzentren ist jeweils ein Atom angeordnet, was dem Kristallgitter den Namen gibt. Es ist die kubisch dichteste Packung mit der Koordinationszahl 12 (Abb. 3.6). Die Packungsdichte PD beträgt 74 %.

Im **kubisch-raumzentrierten** Kristallgitter liegt im Würfelzentrum ein Atom, das von den acht Eckatomen umgeben wird. Die Atome berühren sich in der Raumdiagonalen. Es liegt eine weniger dichte Packung mit einer Packungsdichte von 68 % und eine KZ = 8 vor (Abb. 3.9).

Abb. 3.7 Dichteste Kugelpackung in der Ebene

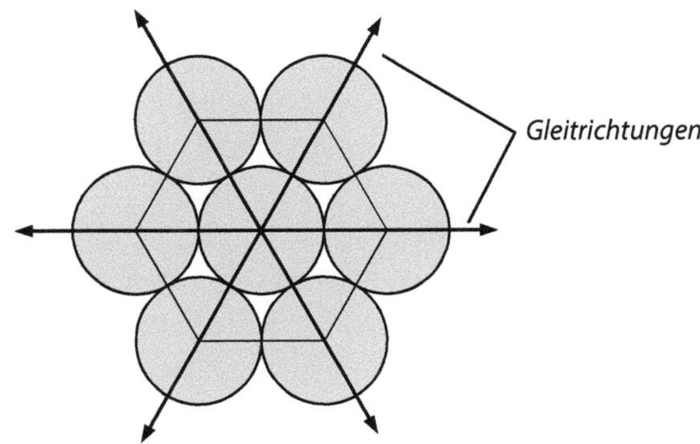

Tab. 3.8 Möglichkeiten der Stapelfolge

	1. Möglichkeit	2. Möglichkeit
Stapelfolge	1-2-1-2,…	1-2-3-1-2-3,…
Kristallgitter	Hexagonal dichtes gepackt **hdP**	Kubisch-flächenzentriert **kfz**

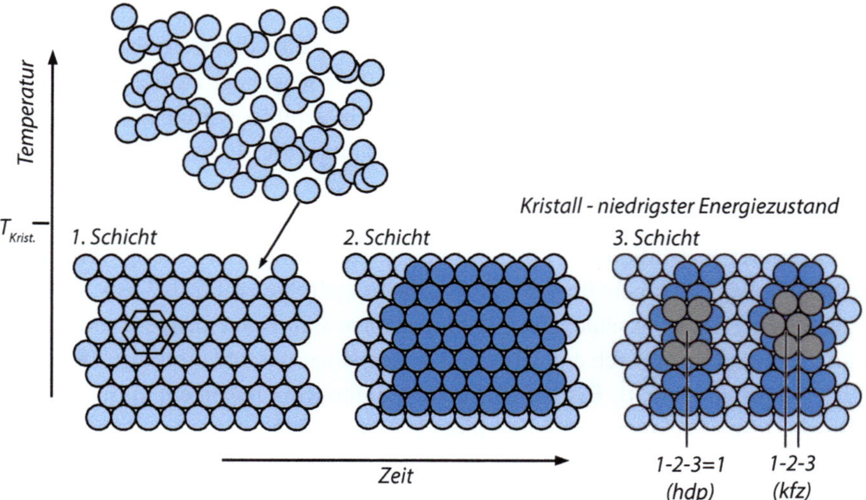

Abb. 3.8 Entstehung der Elementarzelle des kfz- und hdP-Gitters

Abb. 3.9 Krz-Elementarzelle

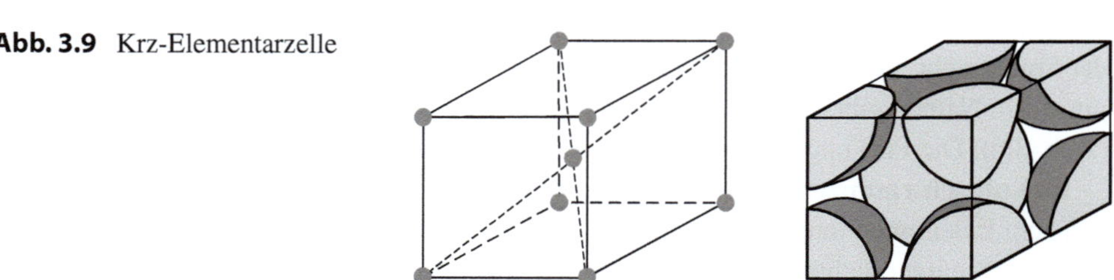

Tetragonale Kristallgitter haben in der Elementarzelle eine quadratische Grundfläche. Die Höhe des darüber errichteten Quaders ist größer (oder kleiner) als die Quadgrundfläche.

Die idealen Gitterstrukturen werden bei real gewachsenen Kristallen nicht erreicht. Realkristalle entstehen mit zahlreichen Baufehlern (Gitterfehler). Diese Gitterfehler und ihre Auswirkungen sind im Abschn. 3.2 näher behandelt.

Polymorphe Metalle

Polymorphe Metalle, z. B. Titan oder Eisen, haben je nach Temperatur verschiedene Kristallgitter, die abhängig von der Temperatur auftreten (polymorph = vielgestaltig). Bei reinem Eisen z. B. gibt es 3 mögliche Gitterstrukturen, die sich abhängig von der Temperatur bilden. Krz δ-Eisen, bei Temperaturen größer 1392 °C, eine kfz-Gitterstruktur (γ-Eisen), zwischen 1392 °C und 906 °C und eine krz Gitterstruktur, die bei Temperaturen kleiner 906 °C vorhanden ist (α-Eisen). Die Umwandlung von einer Gitterstruktur in eine andere Gitterstruktur mit anderer Packungsdichte hat entsprechend eine Volumenänderung zur Folge. Näheres dazu in Kap. 4.

3.1.4   Entstehung des Gefüges

Gefüge ist der Oberbegriff für den Verbund der Kristallite (Kristallkörner) eines viel-kristallinen Werkstoffes und wird durch mikroskopische Untersuchungen bestimmt (Gefügeuntersuchung, Kap. 11 Werkstoffprüfung).

Mit dem Begriff Gefüge werden auch weitere Aspekte des Metalls adressiert, z. B.:

- Größe und Form der Kristallkörner (Korngrößen nach ASTM, Tab. 3.12)
- Korngrenzen und Versetzungen
- Ausscheidungen (z. B. durch Wärmebehandlung entstandene, feinstverteilte Phasen)
- Reinheitsgrad, d. h. Anteil von unerwünschten Einschlüssen (Verunreinigungen, Schlackeeinschlüsse und Gasblasen)

Primärgefüge entstehen beim *Urformen* (erstmalige Formgebung der formlosen Schmelze durch:

- Erstarrung einer Schmelze (Gießen, Abb. 3.10)
- Sintern von Pulvern (Pulvermetallurgie, Abb. 3.11)
- Kristallisation aus dem Gas- oder Plasmazustand (CVD und PVD-Verfahren)

Sekundärgefüge entstehen aus den Primärgefügen durch den Einfluss verschiedener Fertigungsverfahren oder Wärmebehandlungen:

- Umformen der gegossenen Vorprodukte durch Walzen, Strangpressen und Schmieden zu Blech, Band, Profilen und Schmiedeteilen. Dabei erhalten die Kristallite evtl. eine für das Verfahren charakteristische Gestalt.
- Wärmebehandlungen wie Glühen, Vergüten und Aushärten.

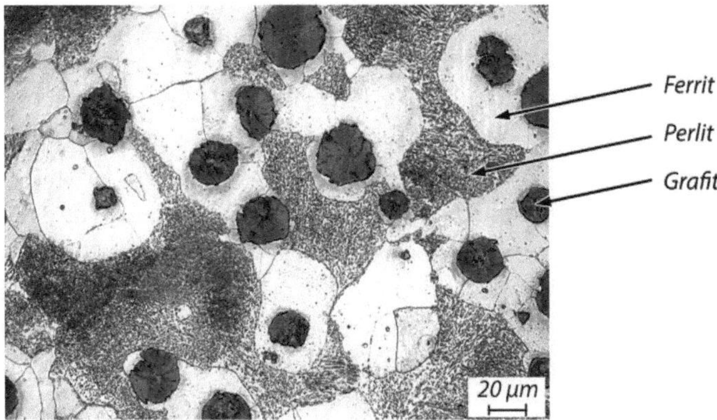

Abb. 3.10 Primärgefüge EN-GJS-450-10, Gusszustand

Abb. 3.11 Gesintertes
Hartmetall

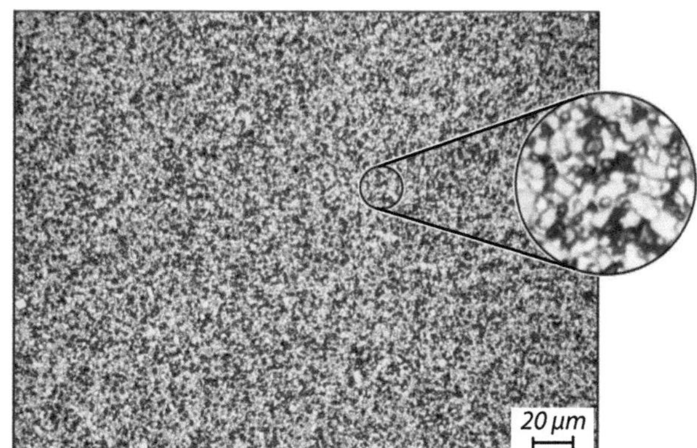

Erstarrungsvorgang

In einer Schmelze haben die Atome eine so hohe Bewegungsenergie, dass sie sich regellos bewegen. Es besteht keine Fernordnung zueinander. Kristallgitter bestehen nicht mehr oder noch nicht, höchstens in wenigen Atomabständen (Nahordnung) als Keime. Keime haben bei der Erstarrung eine wichtige Bedeutung, da sie Startpunkte der Erstarrung, d. h. der Kornbildung bei einer Abkühlung der Schmelze darstellen (Abb. 3.13).

Eigenkeime (homogene Keimbildung) sind noch nicht aufgeschmolzene, winzige Kristallkeime. Sie kommen in allen nicht überhitzten Schmelzen vor und bilden sich in der Nähe der Erstarrungstemperatur von selbst. Fremdkeime (heterogene Keimbildung) können Schlacketeilchen sein oder Schmelzzusätze, welche die Kristallisation in eine bestimmte Richtung lenken sollen oder auch hochschmelzende Karbide und Oxide.

Beispiele für die Kristallisation mit Fremdkeimen

Kugelgraphitguss wird mit einer MgNi-Legierung geimpft, um die kugelige Graphitausbildung zu erreichen, AlSi-Legierungen mit Na, um feinkörnige Erstarrung zu erzielen. ◄

Zur Abkühlung der Schmelze wird Wärme entzogen, sie verringert die kinetische Energie (Bewegungsenergie) der Atome. Beim Erreichen der Erstarrungstemperatur ist ihre Bewegung so klein geworden, dass die Anziehungskräfte zwischen den Atomen wirksam werden und so Kristalle und Körner mit einem charakteristischen Kristallgitter entstehen.

Die Trägheit der Teilchen führt bei schneller Abkühlung zur Unterkühlung. Die Erstarrungstemperatur wird unterschritten, ohne dass es zur Kristallisation kommt, bei schneller Erwärmung zum Überschreiten des Schmelzpunktes, ohne dass Schmelze entsteht. Schmelz- und Erstarrungspunkt liegen also nur bei unendlich langsamer Abkühlung oder Erwärmung auf gleicher Temperatur. Das gilt auch für Phasenveränderungen im festen Zustand (Abb. 3.12).

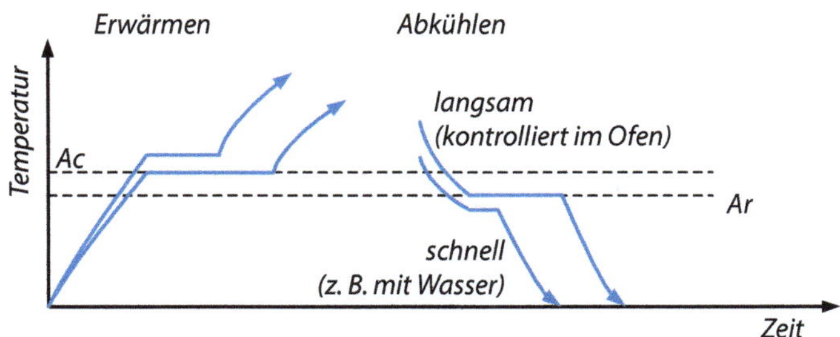

Abb. 3.12 Aufheiz- und Abkühlkurve eines reinen Metalls. Haltepunkte A_C für Erwärmen mit Übergang fest in flüssig, A_r für Abkühlen mit Übergang flüssig in fest (Kristallisation)

Kristallisationswärme

Wenn ein Atom aus der ungeordneten Schmelze sich an ein Kristallgitter anlagert, wird seine Schwingungsenergie sprunghaft kleiner, da es im Gitter nur noch kleinere Schwingungen ausführen kann. Da Energie nicht verloren geht, wird diese Energiedifferenz als Kristallisationswärme frei. Sie kann örtlich an einer kleinen Temperaturerhöhung beobachtet werden oder in einer konstanten Temperatur, bis die Schmelze vollständig erstarrt ist.

▶ **Hinweis** Antrieb der Kristallisation ist das Streben nach dem Energie-Minimum, wodurch Kristallisationswärme entsteht. Der kristalline Zustand kann nur durch Zufuhr von Energie (der Schmelzwärme) wieder aufgehoben werden, wodurch dann der feste Werkstoff wieder schmelzflüssig wird.

Wachstumsbedingungen für Kristalle

- Bildung von Kristallkeimen als Startpunkte der Kristallbildung.
- Unterkühlung[2] und Abfuhr der entstehenden Kristallisationswärme. Bei der Kristallisation wird Wärme frei, da der feste Metallzustand eine geringere Energie aufweist als die Schmelze.
- Nur Keime mit einer kritischen Keimgröße tragen zum späteren Keimwachstum bei, da zur Bildung der Oberfläche der Keime Energie erforderlich. Ist die entstehende Kristallisationswärme kleiner als die benötigte Oberflächenenergie zur Keimbildung, kommt es nicht zum Kristallwachstum.

---

[2] Unterkühlung ist die Temperaturdifferenz zwischen der *örtlichen Temperatur* in der Schmelze und ihrer *Erstarrungstemperatur*. Sie kann mit einer Trägheit der Teilchen erklärt werden. Mit der Unterkühlung wächst die Wahrscheinlichkeit der Keimbildung, da so die Aktivierungsenergie zur Bildung der kritischen Keimgröße zur Verfügung gestellt wird. Unterkühlung spielt nicht nur beim Übergang flüssig-fest, sondern auch bei Umwandlungen im festen Zustand eine Rolle Je größer die Unterkühlung, desto größer ist die treibende Kraft für die Umwandlung.

Um die Keime lagern sich bei zunehmender Abkühlung weitere Atome an, was dann zum Kristallwachstum unter Abnahme der freien Energie (→ Kristallisationswärme) führt. Der Kristall wächst so lange, bis er an benachbarte Kristalle stößt und sich so Körner mit Korngrenzen ausbilden (Abb. 3.13) oder so lange, bis die Schmelze vom Wachstum der Kristalle komplett aufgezehrt ist.

Beeinflussung der Kristallisation und Korngröße
Für die Korngröße sind Anzahl der Kristallkeime (Abb. 3.13) und Abkühlgeschwindigkeit von größter Bedeutung. Viele Keime, die schnell wachsen, führen in der Regel zu vielen, kleinen Körner (feinkörniges Gefüge) und wenige Keime zu wenigen, großen Körnern (grobkörniges Gefüge). Die Korngrößer hat einen wichtigen Einfluss auf die mechanischen Eigenschaften des Werkstoffes, wie in Abschn. 3.2 noch näher erläutert wird. Die Abkühlgeschwindigkeit wird durch Gießquerschnitte, Temperatur und Wärmeleitung der Formen beeinflusst (Tab. 3.9).

Unterkühlung der Schmelze tritt an den kälteren Wänden der Form auf, dort beginnt dann die Keimbildung und das Wachsen der Kristalle. Metallformen kühlen aufgrund der höheren Wärmeleitfähigkeit die Schmelze schneller ab als Sandformen. So ergeben sich aufgrund der stärkeren Unterkühlung viele Keime und ein feines Gefüge, was zu verbesserten mechanischen Eigenschaften führt, in Tab. 3.10 mittels der Dehngrenze und Bruchdehnung dargestellt.

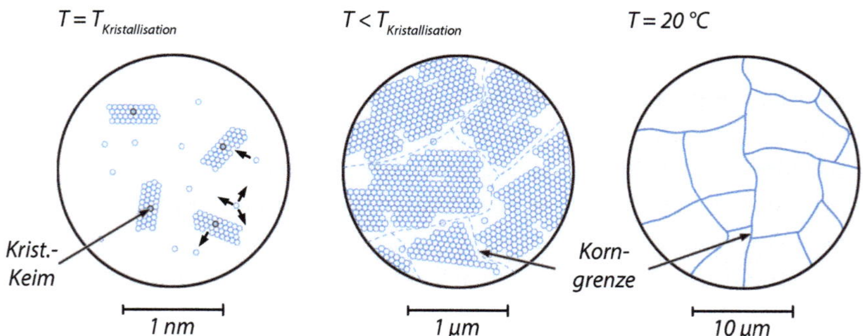

Abb. 3.13 Entstehung von Körnen bei der Erstarrung der Schmelze durch Keimbildung und Kristallwachstum

Tab. 3.9 Abkühlgeschwindigkeit und Gefügeausbildung nach der Kristallisation

Abkühlgeschwindigkeit	Gefügeausbildung nach der Kristallisation
Sehr hoch 10^6 K/s	Amorphe Strukturen
In Metallformen	Feinkörniges Gefüge
In Sandformen	Normalkörniges Gefüge
Sehr niedrig 10 K/s	Grobkörnige Gefüge oder Einkristalle

Tab. 3.10 Legierung EN AC-AlSi7Mg0,3 in Formen aus Sand oder Metall (Kokillen) vergossen (unbehandelt)

Eigenschaft	Sand	Kokille
0,2-Grenze $R_{p0,2}$ in MPa	80…140	90…150
Bruchdehnung A in %	2…6	4…9

Isotropie, Anisotropie und Textur

In einer Elementarzelle sind die Atomabstände verschieden, wie z. B. im kfz-Gitter in der Flächendiagonale klein, in Richtung der Würfelkante größer. Für einen Einzelkristall sind deshalb manche Eigenschaften (chemische und physikalische) von der Richtung im Kristallgitter abhängig, in der die Beanspruchung oder Messung erfolgt.

- Isotropie: Eigenschaften sind nicht richtungsabhängig, d. h. gleiche Eigenschaften in allen Raumrichtungen.
- Anisotropie: Eigenschaften sind richtungsabhängig. Anisotropie ist der Gegensatz von Isotropie (griech.), isos = gleich; tropos = Richtung.

Isotropes Verhalten zeigen amorphe Stoffe, wie z. B. Gase, Flüssigkeiten, Glas, Bitumen, Wachs. Anisotropes Verhalten zeigen z. B. Holz oder Faserverbundwerkstoffe, die Festigkeit und der E-Modul ist längs und quer zur Faser sehr verschieden. Bei kohlenstofffaserverstärkten Verbundwerkstoffen mit polymerer Matrix ist der E-Modul und die Zugfestigkeit in Faserrichtung teilweise bis zu 20-mal größer als quer zur Faser. Grafit leitet den Strom in den Schichten wesentlich besser als quer dazu.

In vielkristallinen (polykristallinen) Metallen liegen die entstehenden Körner ungeordnet, regellos vor. Jedes Korn, bestehend aus einer spezifische Kristallorientierung, hat für sich gesehen also ein anisotropes Verhalten. Die Unterschiede in den einzelnen Kristallorientierungen der Körner heben sich aufgrund der Vielzahl der Körner makroskopisch gesehen auf, da sie statistisch regellos angeordnet sind. Der Gesamtverbund der Körner, also technisch betrachtet das Halbzeug aus dem Werkstoff, verhält sich dann näherungsweise isotrop, was als quasi-isotrop bezeichnet wird.

Das isotrope Verhalten der vielkristallinen Metalle kann durch Ausrichtungen im Gefüge, z. B. durch Kaltwalzen von Blechen wieder anisotrop werden, d. h. die Werkstoffe haben dann in Walzrichtung andere mechanische Eigenschaften als quer dazu. Die spezielle Ausrichtung der Kristallachsen in den Körnern in einer Richtung wird als Textur bezeichnet und führt makroskopisch gesehen zu anisotropem Werkstoffverhalten, was bei der Bauteilberechnung aber positiv genutzt werden kann. Die Entstehung einer Walztextur ist in Abb. 3.14 schematisch dargestellt. Die Körner verformen sich bevorzugt in Walzrichtung. Dadurch werden bestimmte Kristallebenen parallel zur Blechebene angeordnet.

Neben eine Anisotropie aufgrund eines Verformungsprozesses kann auch durch ein gerichtetes Wachstum der Kristalle eine Anisotropie beim Erstarren aus der Schmelze oder aufgrund einer Kornneubildung bei einer Wärmebehandlung entstehen. Abb. 3.15 zeigt exemplarisch die Gusstextur in einem Gussgefüge mit langen dünnen Stängelkristallen. Sie

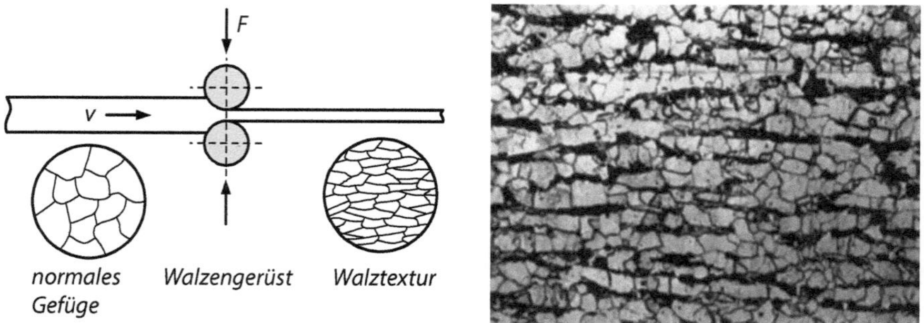

Abb. 3.14 Entstehung einer Walztextur mit entsprechendem Gefügebild eine Stahlwerkstoffes. Körner sind in einer Vorzugsrichtung (Walzrichtung) gestreckt

Abb. 3.15 Gussgefüge in Al-Gussbarren mit stark orientiert gewachsenen Körnern (Gusstextur)

wachsen senkrecht auf den wärmeabführenden Formwänden. Die Vorzugsrichtung der so stark in einer Richtung orientiert gewachsenen Kristalle führt somit makroskopisch betrachtet zu einem anisotropen Verhalten (Textur).

Eine gezielte Stängelkristallisation wird z. B. bei Gasturbinenschaufeln aus Nickel-Superlegierungen genutzt, um die mechanischen Eigenschaften bei hohen Temperaturen zu verbessern, da bei hohen Temperaturen Korngrenzen das mechanische Verhalten negativ beeinflussen, anders als bei 20 °C. Eine Weiterentwicklung der gerichteten Stängel-kristallisation ist die einkristalline Schaufel, die aus einem einzigen Korn besteht und somit keine Korngrenzen aufweist.

Eine Gefügetextur liegt vor, wenn z. B. Schlacketeilchen (Oxide, Sulfide u. a.), die sich trotz aufwendiger Herstellung noch im Metall befinden, in der nachfolgenden Warmumformung z. T. gestreckt werden. Sie durchsetzen dann als dünne „Fasern" das Gefüge (Sulfidzeilen).

3.1.5 Verformung des Idealkristalls – Modellvorstellung

Eine wesentliche Eigenschaft der Metalle ist ihre plastische Verformbarkeit, Duktilität genannt. Zur Erklärung der inneren Vorgänge, die sich dabei abspielen, wird hier zunächst als Modell ein idealisierter Kristall, der Idealkristall benutzt. Er ist im Gegensatz zum Realkristall ohne Fehler oder Gitterstörungen aufgebaut.

▶ **Hinweis** Im **Realkristall** laufen die plastischen Verformungsvorgänge aufgrund von vorhandenen Gitterfehlern (Versetzungen) anders ab. Diese Vorgänge werden im Abschn. 3.2 detailliert behandelt.

Elastische Verformung

Bei niedrigen Belastungen verformt sich ein Bauteil (z. B. eine Blattfeder) so, dass die Verformung bei Entlastung wieder in den Ausgangszustand zurückgeht. Durch die Kraft F wird die obere Lage (Zahlen 1…4) aus den Mulden herausgehoben (Bildmitte). Solange sie noch nicht „über den Berg" ist, kann sie bei Entlastung wieder in die alte Lage zurückfallen. Erst wenn die Kräfte groß genug sind, wird die obere Lage „über den Berg" geschoben. Dann hat eine bleibende (plastische) Verformung stattgefunden (Bildteil rechts). Abb. 3.16 zeigt die Verformung schematisch an zwei Atomschichten.

Plastische Verformung

Die äußeren Kräfte F auf ein Kristallgitter lassen sich nach Abb. 3.17 in Bezug auf eine Atomschicht in Normalkomponenten F_n und Schubkomponenten F_q zerlegen. Sie erzeugen im Innern Normal- und Schubspannungen. Bei plastischen Verformungen gleiten Kugelschichten unter der Wirkung der Schubspannungen irreversibel aneinander vorbei (Abb. 3.17 rechts). Wenn die Schubspannung nicht mehr anliegt, bleiben die Kugelschichten in der verschobenen Position und gleiten nicht wieder zurück, was somit einer plastischen Verformung entspricht. Im Idealkristall gleiten so ganze Atomlagen aneinander ab, was bedeutet, dass alle Bindungskräfte zwischen den Atomen der betroffenen Lage

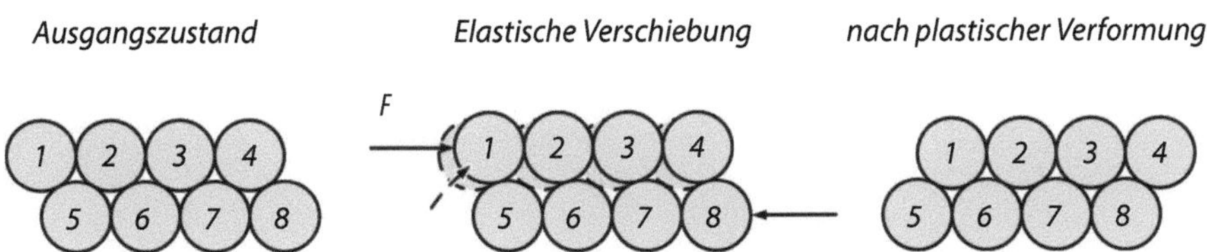

Abb. 3.16 Elastische und plastische Verformung von Atomschichten

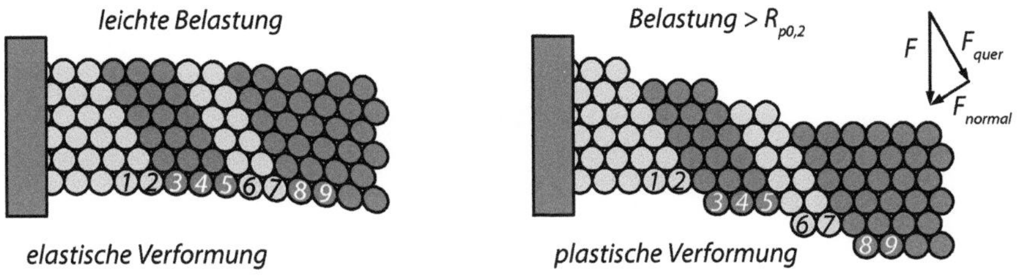

Abb. 3.17 Verformung im Idealkristall, schematisch

gleichzeitig überwunden werden müssen, wozu eine sehr hohe Schubspannung notwendig wäre. In realen Kristallgittern sind Versetzungen (Gitterfehler) für die plastische Verformung notwendig, die sich auf den Gleitebenen bewegen (vgl. Abschn. 3.2)

Dieses idealisierte Abgleiten der Atomlagen findet auf **Gleitebenen** statt. Sie liegen zwischen Atomschichten mit dichtester Packung, weil in diesen speziellen Ebenen das „Herausheben über den Berg" nur eine kleiner kritische Schubspannung erfordert. Bei Schichten mit größeren Atomabständen sinken die oben liegenden Kugeln tiefer in die untere Schicht ein. Das ergibt größere kritische Schubspannungen zur Verformung. Gleitebenen sind dichtestgepackte Gitterebenen, auf denen aufgrund der geringen kritischen Schubspannung bevorzugt eine plastische Verformung stattfindet.

Gleitebenen sind die Gitterebenen mit der dichtest gepackten Atomlagen im hdP-, krz- und kfz-Gitter. In Abb. 3.18 ist eine der möglichen Ebenen bei krz und kfz Gitter grau eingezeichnet. In jeder dieser Gleitebene gibt es dann Vorzugsrichtungen, auf den die Atome wieder dichtestgepackt vorliegen. Mit der dichtest gepackten Gleitebene und der dichtest gepackten Gleitrichtung in der Gleitebene, entsteht so ein Gleitsystem. Je größer die Anzahl der möglichen geometrisch unabhängigen Gleitsystem ist, desto leichter lässt sich ein Metall aufgrund der im Kristallgitter wirkenden Schubspannung plastisch verformen (siehe auch Kap. 1). Bei 45° zur Zugrichtung erreichen die Schubspannungen ein Maximum.

Gleitmöglichkeiten sind das Produkt aus der Anzahl der Gleitebenen und Gleitrichtungen in der Elementarzelle. Tab. 3.11 vergleicht die Kristallsysteme unter diesen Gesichtspunkten. Die kfz-Metalle besitzen mit den vier Tetraederflächen sehr viele dichtest gepackte Gleitebenen auf. Die krz-Metalle haben insgesamt mehr Gleitsysteme, aber mit weniger dicht gepackten Ebenen, in denen eine größere Schubspannung erforderlich ist. Ihre Verformbarkeit ist bei größerem Energieaufwand gegeben.

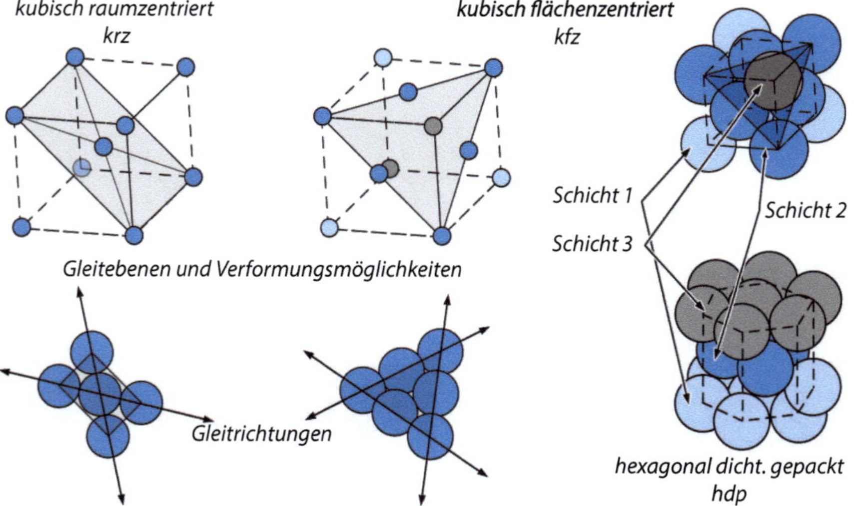

Abb. 3.18 Gleitebenen und Gleitrichtungen in Metallgittern. Grau = dichtestgepackte Gleitebene. Die Pfeile in der unteren Darstellung geben die bevorzugten Gleitrichtungen an

Tab. 3.11 Vergleich der Kristallgitter und ihrer maßgeblichen Gleitsysteme

Gitter	Kubisch flächenzentriert kfz	Kubisch raumzentriert krz	Hexagonal dichteste Packung hdP
Hauptgleitebenen	4 Tetraederflächen {111} [a]	Bevorzugte Ebene 6 x{110}, auch 6 x {112} und 12x{123} möglich	1 Basisebene {0001}
Gleitrichtungen	3-mal in <110>[a]	2-mal in Richtung Raumdiagonale <111>	3 Richtungen unter 120°
Anzahl der Gleitsysteme	12	12 bzw. 48, jedoch Belegungsdichte geringer als im kfz.	3
Packungsdichte	74 %	68 %	74 %

[a] Die in Klammern gesetzten Ziffern sind die Miller'schen Indizes, die eine mathematische Beschreibung der Gitterrichtungen und -ebenen ermöglichen. Ihre Herleitung ist in der weiterführenden Literatur zu finden.

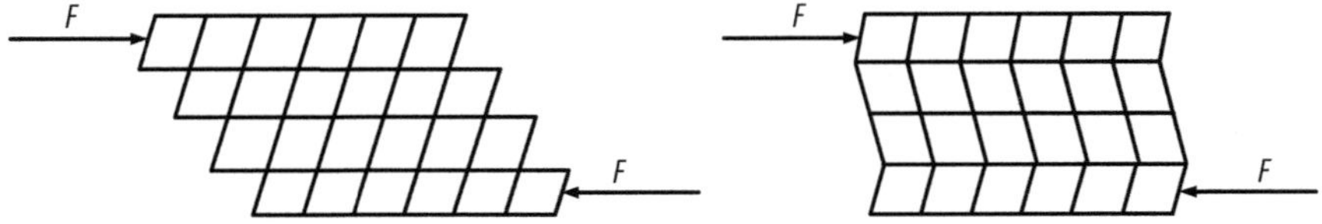

Abb. 3.19 Gleitvorgang (links) und Zwillingsbildung (rechts)

Zwillingsbildung ist eine weitere Möglichkeit der plastischen Verformung und tritt auch bei Realkristallen auf. Hier klappen Teile des Kristallits unter Schubspannungen in eine spiegelbildliche Lage um. Abb. 3.19 vergleicht schematisch den Gleitvorgang mit der Zwillingsbildung.

Im Schliffbild sind Zwillinge durch parallele Linien zu erkennen. Die Zwillingsbildung ist besonders für hexagonale Metalle (Mg, Ti) mit ihren begrenzten Gleitsystemen eine zusätzliche Verformungsmöglichkeit. Viele Kupferlegierungen, z. B. Messing, nutzen Zwillingsbildung als zusätzlichen Verformungsmechanismus. Deswegen ist ihre Bruchdehnung häufig höher als die des reinen Kupfers.

3.2 Gitterfehler und Verformung bei Realkristallen

Fehler im Kristallgitter

Bei idealen Kristallen sind alle Punkte im Kristallgitter mit Atomen besetzt, die Atome haben kleinste Abstände zueinander und die Bindungsenergie nimmt das Minimum ein (vgl. Abb. 3.2). Reale Metalle bestehen aus Kristallgitter mit Baufehlern, den sogenannten Gitterfehlern, die zu Gitterverzerrungen führen und damit einen höheren Energiezustand aufweisen. Alle Gitterfehler beeinflussen die Verformbarkeit und die Festigkeit der Metalle und sind damit für das Verständnis der mechanischen Eigenschaften von Metallen von besonderer Bedeutung.

Gitterfehler entstehen bei der Kristallisation aus der Schmelze und sind Baufehler im idealen Kristallgitter. Sie können auch durch Verformungsarbeit bei festen Metallen oder durch energiereiche Strahlen entstehen. Nur bei sehr langsam wachsenden Einkristallen sind fast fehlerfreie Strukturen herstellbar.

Gitterfehler sind hierbei nicht negativ zu verstehen. Nur durch das Vorhandensein der im Folgenden detailliert erklärten verschiedenen Gitterfehler, sind Metalle einfach plastisch zu verformen. Des Weiteren lassen sich bei Metallen durch die gezielte Nutzung der Gitterfehler die mechanischen Eigenschaften wie Festigkeit und Verformbarkeit in einer großen Bandbreite verändern. Damit können gezielt Metalle gestaltet werden, die spezielle Eigenschaften aufweisen.

Hilfreich ist die Einteilung der Gitterfehler nach der räumlichen Ausdehnung der Fehler, ihrer Dimension, in null-, ein-, zwei- oder dreidimensionale Gitterfehler.

0. Punktförmige Fehler
auch null-dimensionale oder atomare Fehler genannt (vgl. Abb. 3.20), sind

- unbesetzte Gitterplätze (**Leerstellen**). Diese sind in realen Metallen vorhanden. Mit zunehmender Temperatur steigt die Lehrstellendichte an.
- Fremdatome, die sich in den Gitterlücken einlagern: **Zwischengitter- bzw. Einlagerungsatome.** Beispiel Kohlenstoff bei Stahl.
- Fremdatome, die sich auf einem regulären Gitterplatz im Kristallgitter befinden und so ein reguläres Atom ersetzen (**Austausch- oder Substitutionsatom**). Beispiel Chrom oder Nickel bei Stahl.

Leerstellen sind wichtige Gitterfehler, da sie die Platzwechsel von Atomen innerhalb des Gitters und so die Diffusion ermöglichen. Sowohl durch die Einlagerungs- als auch durch die Substitutionsatome wird die Festigkeit erhöht, da das Gitter aber auch stark verzerrt

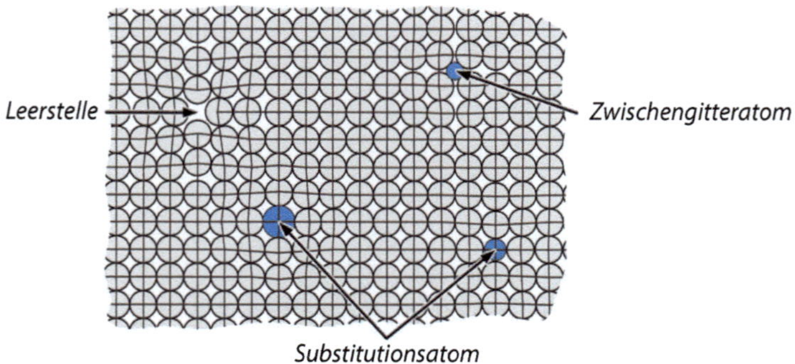

Abb. 3.20 Punktfehler (0-dimensional) im Kristallgitter

wird, reduziert sich die Verformbarkeit. Die genaue Wirkungsweise zwischen den Gitterfehler und der Festigkeit bzw. Verformbarkeit wird im Abschn. 3.3 beschrieben.

1. Linienförmige Fehler (eindimensional)

sind **Versetzungen** und entstehen als Baufehler beim Abkühlen aus der Schmelze, können aber auch durch plastische Verformungen des festen Metalls erzeugt werden. Versetzungen werden in Stufen- und Schraubenversetzungen unterteilt, die aber auch gemischt im Kristallgitter auftreten können. Das Vorhandensein von Versetzungen ist für die plastische Verformung von Metallen von fundamentaler Bedeutung. Metalle ohne Versetzungen oder ohne die Möglichkeit einer Versetzungsbewegung würde sich ideal spröde verhalten. Zum Verständnis ist in Abb. 3.21 exemplarisch eine Stufen- und eine Schraubenversetzung gezeigt.

Eine Stufenversetzung kann wie eine eingeschobene Halbebene im Gitter verstanden werden, die entsprechend eine Gitterstörung bewirkt. Wenn man diese Halbebene gedanklich entfernt, hätte man wieder ein störungsfreies Gitter. Die Versetzungslinie einer Stufenversetzung verläuft senkrecht durch den Startpunkt der Versetzung zur Bildebene. Stufenversetzungen können positiv ($\perp$) oder negativ ($\top$) sein, abhängig davon, von welcher Blickrichtung die Versetzungsebene zur Gitterebene eingeschoben ist. Je nach Vorzeichen können sich Versetzungen gegenseitig Auslöschen, wenn eine positive und eine negative Versetzung zusammenkommen, oder sich gegenseitig bei der Bewegung behindern (zwei positive Versetzungen).

Bei einer Schraubenversetzung sind Gitterebenen wendelförmig gegeneinander verschoben. Meist entstehen kombinierte Versetzungen aus Stufen- und Schraubenversetzungen, so dass die Versetzungslinien gekrümmt sind. Versetzungen durchsetzen in hoher Zahl die Kristallgitter und enden an den Oberflächen, wo sie metallografisch durch Anätzen nachgewiesen werden können.

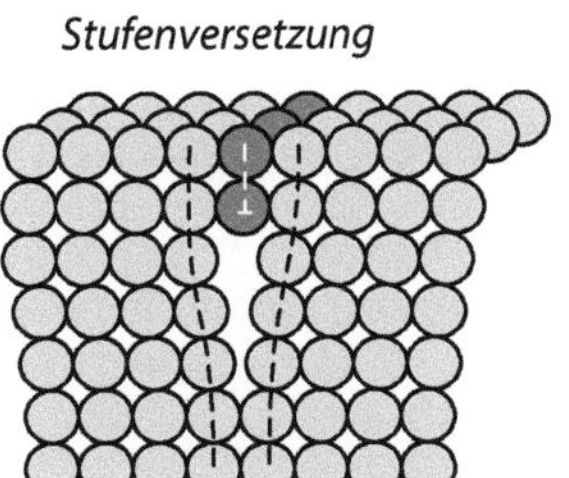

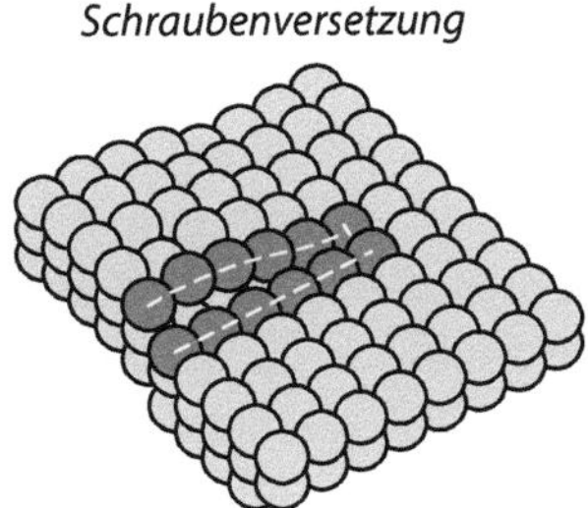

Abb. 3.21 Arten von Versetzungen und damit sich ergebende Gitterverzerrung im kubisch einfachen Gitter

Bedeutung der Versetzungen

- Das Abgleiten der Versetzungen innerhalb des Kristallgitters ist bei einer deutlich niedrigeren Schubspannung möglich als das Abgleiten ganzer Kristalllagen im Idealkristall, was somit die plastische Verformung von metallischen Werkstoffen erst ermöglicht (siehe Abschn. 3.1.5).
- Kaltverfestigung beruht auf der Neubildung von Versetzungen durch eine plastische Kaltverformung und somit eine Erhöhung der Versetzungsdichte. Durch das sich gegenseitige Behindern der Versetzungen bei den Gleitvorgängen steigt die Festigkeit an.

Die Länge der Versetzungen je Volumeneinheit wird als Versetzungsdichte bezeichnet. Sie nimmt mit der Kaltumformung zu. Die Versetzungsdichte reicht von 10^8 cm/cm^3 geglüht bis zu 10^{12} cm/cm^3 nach starker Kaltumformung. Der Wert 10^8 cm/cm^3 bedeutet, dass in einem Volumen von 1 cm^3 Versetzungslinien mit einer Länge von 1000 km vorhanden sind.

Plastische Verformung mittels Versetzungsbewegung

Bei der Modellvorstellung im Realkristall sind die kritischen Schubspannungen zur plastischen Verformung des Kristallgitters um Zehnerpotenzen kleiner als der theoretische Wert beim Abgleiten ganzer Atomschichten im Idealkristall. Beim Eisen beträgt die notwendige Schubspannung zur plastischen Verformung nur ca. 10 MPa und ist um den Faktor 200 niedriger als die theoretische Schubfestigkeit. Daher müssen die Vorgänge im Realkristall anders ablaufen als das Abgleiten ganzer Kristallgitterebenen im Idealkristall. Ursache dafür ist der linienförmige Gitterfehler: die Versetzung.

- Idealkristall: Schrittweises Gleiten ganzer Atomschichten
- Realkristall: Schrittweises Wandern der Versetzung im Kristallgitter

Die modellhafte Erklärung der Gleitvorgänge in Gleitebenen unter bestimmten Gleitrichtungen (Gleitsystem) kann beibehalten werden. Auch bei der plastischen Verformung von Realkristallen durch die Bewegung der Versetzung sind die dichtest gepackten Gleitebenen und Gleitrichtungen die zentralen Kristallgitterorientierungen für die plastische Verformung.

Abb. 3.22 zeigt schematisch das Wandern einer Stufenversetzung nach rechts unter Wirkung einer Schubspannung τ. Die Analogie mit dem Ausstreichen einer Teppichfalte ist auch dargestellt. Die Versetzung beim Atom 2 ist zwischen den Atomen 1 und 3 dargestellt. Im ersten Schritt wir das Gitter nur elastisch verformt, wodurch das Atom 2 näher zu Atom 3 geschoben wird. Der ursprüngliche Atomabstand zwischen 1 und 2 wird erhöht und damit das Gleichgewicht der Bindungskräfte verändert. Im zweiten Schritt wird nun aufgrund des geringeren Abstands zwischen Atom 2 und 3 eine „reguläre" Bindung aufgebaut und die Versetzung befindet sich nun an der Atomposition 4, sie ist also um einen Atomabstand nach rechts „gewandert". In der zweidimensionalen Modellvorstellung musste für diesen einen Schritt nur eine Bindung zwischen zwei Atomen neu ausgebildet

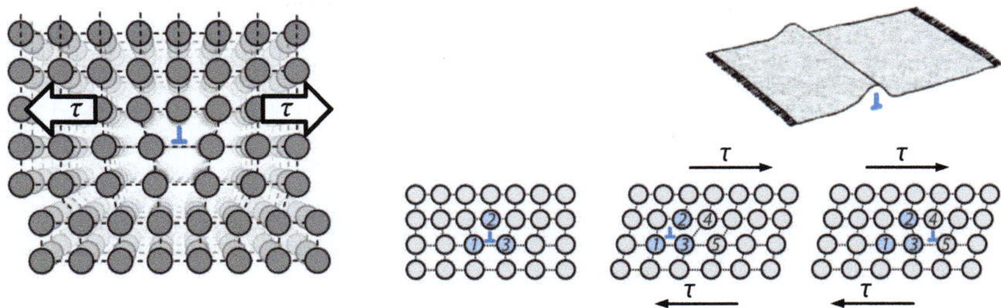

Abb. 3.22 Wandern einer Stufenversetzung und Analogie mit einer Teppichfalte

werden. Das wird durch eine deutlich geringere Spannung im Vergleich zum Abgleiten einer ganzen Atomlage erreicht, für das alle Atome einer Atomlage gleichzeitig verschoben werden müssten. Nach dem ersten „Bewegungsschritt" der Versetzung wird dieser Prozess sukzessiv weitergeführt, wenn die Schubspannung immer noch anliegt. Die Versetzung wandert so lange durch das Kristallgitter, bis sie auf ein Hindernis stößt oder die freie Oberfläche des Werkstoffes erreicht.

Diese Modellvorstellung lässt sich auf einen Teppich übertragen. Wenn der gesamte Teppich auf einmal um einen Betrag von z. B. 100 cm verschoben werden müsste, ist eine deutlich höhere Kraft notwendig, als wenn eine Teppichfalte mit der Breite von 10 cm kontinuierlich längs des Teppichs verschoben wird, da die Haftreibung nur an einer viel kleineren Fläche überwunden werden muss. Die Teppichfalte stellt hier bildlich die Versetzung dar.

▶   **Hinweis** Die Bewegung von Versetzungen führt zur plastischen Verformung bei Metallen. Wird die Bewegung der Versetzungen behindert, steigt die notwendige Spannung zur weiteren Bewegung der Versetzungen an. Die Festigkeit gegenüber einer weiteren plastischen Verformung steigt an (➜ Verfestigung).

2. Flächenförmige Fehler (zweidimensional)
Zu den flächenförmigen Gitterfehlern zählt man

- **Korngrenzen,**
- **Phasengrenzen,**
- **Zwillingsgrenzen,**
- **Stapelfehler.**

Korngrenzen sind die Bereiche zwischen den Kristallkörnern eines vielkristallinen Metalls mit ungleich gerichteten Kristallorientierungen (Abb. 3.23). Sie grenzen umlaufend einen Bereich (Korn) mit gleicher Kristallgitterorientierung von den angrenzenden Körnern ab.

Phasengrenzen trennen Gitterbereiche im Kristallgitter ab, die eine unterschiedliche Kristallgitterstruktur oder eine andere chemische Zusammensetzung aufweisen können.

Abb. 3.23 Körner mit
unterschiedlichen
Gitterorientierung abgegrenzt
durch Korngrenzen

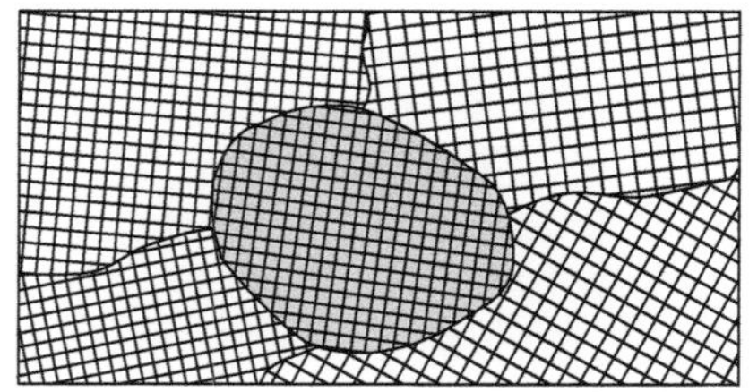

Tab. 3.12 Korngrößenklassen nach ASTM (American Society for Testing and Materials)

Typ	Korngrößenklasse				
Grobkorn	1	2	3	4	5
Körner/mm^2	16	32	64	128	256
Feinkorn	6	7	8	9	10
Körner/mm^2	512	1024	2048	4096	8192

Werden durch Phasengrenze räumlich heterogene Strukturen gebildet (Teilchen), werden diese hier als dreidimensionale Gitterfehler behandelt, wobei in der Literatur teilweise diese auch zu den zweidimensionalen Gitterfehler gezählt werden. Korngrenzen und Phasengrenzen unterbrechen die Gleitvorgänge, d. h. die Versetzungslinien können sie nicht überwinden und stauen sich auf, wodurch die benötigte Spannung zur Bewegung der Versetzungen ansteigt, und die Festigkeit zu nimmt (Feinkornhärtung).

Korngrenzen bestimmen die Korngröße eines Werkstoffes, die unterschiedlich definiert werden kann. Häufig wird die Definition gemäß ASTM verwendet. Hierzu wird in einem metallografischen Schliff die Anzahl der Körner pro mm^2 gezählt und daraus die Korngrößenklasse abgeleitet (Tab. 3.12).

Stapelfehler sind Bereiche mit einer anderen Stapelfolge, als die des umgebenden geordneten Kristalltyps. Beispiel kfz-Gitter: normale Stapelfolge ABCABC. Beim Vorhandensein eines Stapelfehlers nun → ABCABABC.

Zwillingsgrenzen sind Grenzen innerhalb eines Korn, an denen die Kristallorientierungen spiegelbildlich um einen bestimmten Winkel angeordnet sind (vgl. Abb. 3.19).

3. Dreidimensionale Fehler

sind kleinste Teilchen/Strukturen mit anderer Kristallgitterstruktur oder chemischer Zusammensetzung als die Matrix (Kristallgitter). Sie bleiben als Verunreinigungen beim Erschmelzen zurück, werden gezielt durch Behandlungsverfahren zur Eigenschaftsänderung eingebaut oder durch Wärmebehandlungen erzeugt. Auch Poren können als dreidimensionale Fehler betrachtet werden. (vgl. Abb. 3.24).

Wechselwirkungen der Gitterfehler untereinander

Gitterfehler können aufgrund des umgebenden Spannungsfeldes im Kristallgitter (Zug- und Druckspannungen) miteinander interagieren. Beim Umformen eingebrachte Energie und/oder thermische Aktivierung begünstigen diese Vorgänge. Tab. 3.13 gibt eine Übersicht.

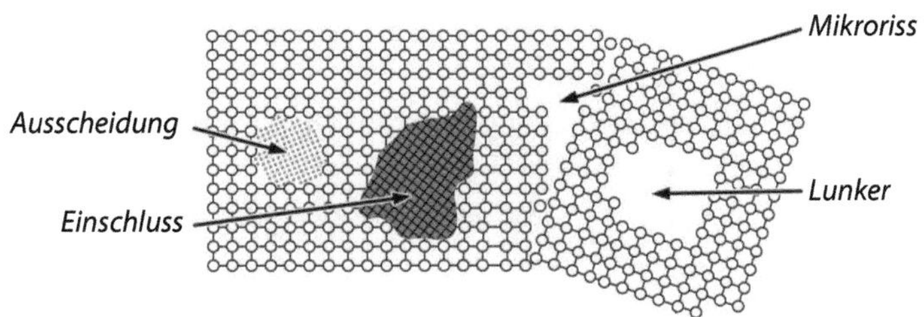

Abb. 3.24 Dreidimensionale (Volumen-)Fehler

Tab. 3.13 Gitterfehler, Entstehung und Wechselwirkungen

Dimension	Bezeichnung	Entstehung	Reaktion mit anderen Fehlern bei Kaltumformung oder Erwärmung (thermischer Aktivierung)
0	Leerstelle	Gitterschwingungen, Anzahl steigt mit der Temperatur	Leerstellen ermöglichen Diffusion. Sie ermöglichen z. B. das Klettern einer Stufenversetzung in eine parallele Gleitebene
0	Fremdatom	Verunreinigungen, Legieren	Interagieren mit Versetzungen und Leerstellen, da Fremdatome zu den Gitterbereichen diffundieren, wo eine Gitterverzerrung am geringsten ist.
1	Versetzung	Fehlerhaftes Kristallwachstum	Ungleichartige Versetzungen in *einer* Gleitebene können sich auslöschen, gleichartige sich blockieren. Aufspaltung in zwei Teilversetzungen (kleinere Gleitschritte)
2	Korngrenze	Kristallisation der Schmelze, Rekristallisation bei $T > 0{,}4\,T_m$, T in K	Behindern das Wandern von Versetzungen
2	Stapelfehler	Fehlerhaftes Schichtwachstum des Kristallgitters	Unterbrechen Gleitebenen, sind selbst nicht gleitfähig
3	Teilchen	Ausscheidung in übersättigten Mischkristallen	Versetzungen müssen das Hindernis abscheren oder umgehen und bilden dabei neue Versetzungen

3.3 Verfestigungsmechanismen

Reine Metalle haben meist eine niedrige Festigkeit. Für die technische Verwendung ist eine Steigerung der Streck- oder Dehngrenze wichtig, also der Spannung, bei der die erste plastische Verformung beginnt. Aufgrund der Ressourcenschonung und Nachhaltigkeit werden insbesondere bei bewegten Maschinen und Fahrzeugen möglichst leichte Bauteile benötigt, die mit Werkstoffen mit möglichst hohen Festigkeiten erzielt werden können.

Stahl als Schwermetall steht in Konkurrenz zu den Leichtmetallen, diese wiederum zu den Kunststoffen mit allgemein niedrigerer Festigkeit. Hier sind dann zur Werkstoffauswahl die spezifischen Kennwerte von Bedeutung, d. h. die Festigkeit bezogen auf die jeweilige Dichte der unterschiedlichen Werkstoffe (siehe Kap. 2).

Die Steigerung der Dehngrenze wurde schon im Altertum durch Legierungselemente erreicht. Diese Technik beruht u. a. auf der sog. Mischkristallverfestigung. Die Bronzezeit ist nach der als Bronze bezeichneten Cu-Sn-Legierung benannt. Mit 6...20 % Zinn wurde das weiche Kupfer verfestigt und für Waffen, Geräte und Schmuck eingesetzt.

Dieser Abschnitt behandelt die Mechanismen zur Erhöhung der Festigkeit metallischer Kristalle. Gezielt herbeigeführte Gitterstörungen erhöhen die kritische Schubspannung τ, ab dieser können Versetzungen sich im Gitter bewegen ($\rightarrow$ plastische Verformung). Je größer der Widerstand gegenüber der Bewegung der Versetzung ist, desto höher ist die Streck- bzw. Dehngrenze. Verbunden mit der Behinderung der Versetzungen ist aber auch in der Regel die Reduzierung der Verformbarkeit gegeben, was für viele Anwendungen, z. B. Blechumformung, negativ ist. Je geringer die Verformbarkeit bzw. Duktilität ist, desto schlechter ist auch die Schadenstoleranz der Werkstoffe, was insbesondere die Lebensdauer von Bauteilen mit Kerben bei Ermüdungsbeanspruchungen reduziert. Durch eine gezielte Einbringung von Gitterfehlern in Werkstoffen können die mechanischen Eigenschaften gezielt verändert werden. Es ist hierbei jedoch ein Kompromiss zwischen hoher Festigkeit (Behinderung der Versetzungsbewegung) und hoher Duktilität bzw. Zähigkeit (gute plastische Verformung durch einfache Versetzungsbewegung) zu finden.

Verfestigungsmechanismen werden aufgrund der möglichen Gitterfehler (Dimension 0, 1, 2 oder 3) wie folgt eingeteilt:

- Mischkristallverfestigung (Gitterfehler der Dimension 0)
- Kaltverfestigung (Gitterfehler der Dimension 1)
- Korngrenzenverfestigung (Gitterfehler der Dimension 2)
- Teilchenverfestigung (Gitterfehler der Dimension 3)

▶ **Hinweis** Für Verfestigung wird manchmal auch der Begriff Härtung verwendet (von engl. hardening).

3.3.1 Mischkristallverfestigung

Reinmetalle bestehen aus gleichgroßen Atomen nur einer Atomart. Das Kristallgitter und die Gleitebenen sind so nicht durch Fremdatome gestört. Sie haben eine niedrige Festigkeit. Bei Verunreinigungen durch Fremdatome in der Schmelze erhöht sich die Festigkeit durch eine Mischkristallverfestigung (Tab. 3.14). Eine gezielte Hinzugabe von Fremdatomen wir als legieren bezeichnet, was auch eine Mischkristallverfestigung bewirkt.

Bei Mischkristallen wird je nach Größe der enthaltenen Fremdatome das Kristallgitter örtlich verzerrt, was zu Verzerrungen der Gitterebenen bzw. zu Gitterverspannungen führt. Es entstehen

- „Mulden" im Kristallgitter durch Atome mit kleinerem und
- „Höcker" im Kristallgitter durch Atome mit größerem Atomdurchmesser.

Durch das verzerrte Kristallgitter ist die kritische Schubspannung und damit die Dehngrenze erhöht (vgl. Abb. 3.25), da die Versetzungsbewegung behindert wird. Gleichzeitig reduziert sich aber die Duktilität, in Tab. 3.14 dargestellt durch die Bruchdehnung A.

Der Grad der Gitterverzerrung ergibt sich aus der Anzahl/Konzentration der Legierungselemente (LE), dem Größenunterschied und der Lage im Kristallgitter. Drei Einflussgrößen bestimmen damit die festigkeitssteigernde Wirkung:

- **Konzentration** der Fremdatome. Die Konzentration eines LE in einem Basisgitter ist von seiner Löslichkeit abhängig. Die max. Löslichkeit (Sättigung) hängt von der physikalischen Ähnlichkeit mit den Atomen des Basisgitters ab (vgl. Kap. 4). Je höher die Konzentration im Kristallgitter ist, desto höher ist in der Regel auch die Festigkeitssteigerung.

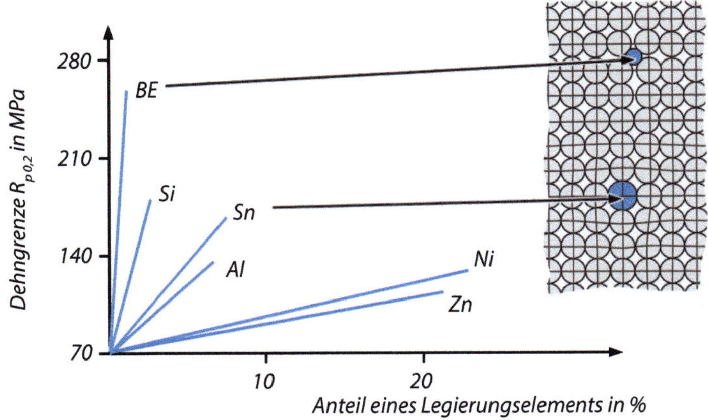

Abb. 3.25 Mischkristallverfestigung dargestellt bei Cu durch das Legieren mit verschiedenen Fremdatomen

Tab. 3.14 Verfestigung von Aluminium durch abnehmende Reinheit

Werkstoff	Festigkeit in MPa		Bruchdehnung in %
	R_m	$R_{p0,2}$	A
Al 99,8	60	15	35
Al 99	75	25	28

- **Differenz der Atomdurchmesser.** Bei Substitutionsatomen ist die Festigkeitssteigerung umso größer, je größer der Durchmesserunterschied des Legierungselementes in Bezug zum Atom des Basisgitters ist.
- **Ort des Legierungselementes im Kristallgitter.** Einlagerungsatome, bei Stahl z. B. Kohlenstoff oder wie in Abb. 3.25 Be (Beryllium) in Kupfer, haben in der Regel nur eine geringe Löslichkeit und führen zu sehr hohen Gitterverspannungen, da sie sich in den „leeren" Lücken im Kristallgitter befinden. Der sehr hohe Festigkeitsanstieg ist jedoch mit einer starken Abnahme der Duktilität bzw. Zähigkeit verbunden. Tab. 3.15 zeigt diesen Zusammenhang beispielhaft bei Titan und Sauerstoff. Substitutionsatome haben je nach Durchmesser und Atomart eine sehr hohe Löslichkeit und zum Teil nur einen geringen Festigkeitsanstieg zur Folge.

3.3.2 Kaltverfestigung

Kaltverfestigung ist der Anstieg von Härte und Festigkeit beim Kaltumformen, da sich die Versetzungen beim Wandern durch das Kristallgitter gegenseitig behindern und damit die weitere plastische Verformung nur durch eine höhere Spannung möglich ist. Dabei sinkt die restliche Kaltumformbarkeit, der Werkstoff wird spröder also die Duktilität geringer. Im Folgenden wird die Kaltverfestigung und deren Auswirkung am Beispiel der Umformung und am Beispiel des Zugversuches dargestellt.

Beispiel für Versprödung

Cu-Rohr lässt sich leicht biegen. Zum Nachrichten ist bereits ein größerer Kraftaufwand nötig, der Werkstoff ist fester geworden. Jedes Nachbiegen verstärkt diese Erscheinung bis zum Verspröden. Weitere Verformungsversuche führen zum Bruch. ◄

Beispiel Umformung

Der Verformungsgrad ε ist allgemein die prozentuale Änderung des Querschnittes im Verhältnis zum Ausgangsquerschnitt. Beim Walzen von Blech oder Band ist es die prozentuale Dickenänderung, da die Breite des Bleches näherungsweise konstant bleibt.

$$\varepsilon = \frac{Querschnitts\ddot{a}nderung\ \Delta S}{Ausgangsquerschnite\ S_0} \times 100\%$$

Tab. 3.15 Sauerstoff im Titan und Auswirkung auf Festigkeit und Verformbarkeit: Einlagerungsmischkristall

O-Gehalt in %	0,1	0,2	0,25	0,3
$R_{p0,2}$ in MPa	200	250	360	420
A in %	30	22	18	16

Rechenbeispiel für Verformungsgrad

Blech von 5 mm Dicke wird auf 1,5 mm runtergewalzt.

$$Verformungsgrad\ \varepsilon = \frac{3,5\,mm}{5\,mm} \times 100\% = 70\%$$

◄

Abb. 3.26 zeigt den Einfluss steigender Verformung, hier dargestellt durch den Verformungsgrad bei Reinaluminium und einer Aluminiumlegierung vom Typ AlMn. Die Zugfestigkeit kann durch starke Kaltumformung etwa verdoppelt werden. Die weitere Verformbarkeit, hier als Bruchdehnung A dargestellt, sinkt jedoch steil ab. Das ist charakteristisch für die Kaltverfestigung. Der Kurvenverlauf zeigt: Die Aluminium-Legierung AlMn besitzt im unverformten Zustand eine höhere Zugfestigkeit (Mischkristallverfestigung) aber eine kleinere Bruchdehnung als das Rein-Al. Bei beiden findet eine Kaltverfestigung mit zunehmenden Verformungsgrad statt.

Für die Umformtechnik ist als Beispiel der Verfestigungsbereich der Spannungs-Dehnungs-Kurve interessant. Dafür existieren besondere Fließkurven, mit denen der steigende Kraft- und Energiebedarf für die Umformung berechnet werden kann. Der Fließbereich erstreckt sich von oberhalb der Streckgrenze bis zur Zugfestigkeit (Beginn der Einschnürung der Probe im Zugversuch).

Fließkurven (Abb. 3.27) zeigen den Verlauf der Formänderungsfestigkeit k_f[3] (Fließspannung) mit steigendem Umformgrad φ.[4] Die Steigung der Kurven entspricht der Verfestigungsneigung. Sie hängt vom Gittertyp ab und wird auch durch LE beeinflusst.

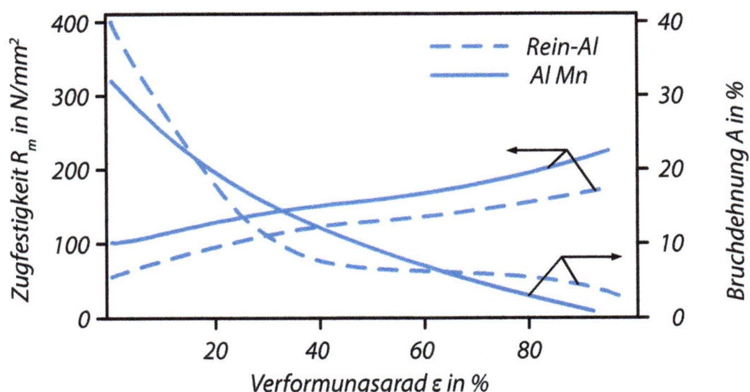

Abb. 3.26 Einfluss des Verformungsgrades auf die mechanischen Eigenschaften

---

[3]Formänderungsfestigkeit k_f ist die wahre Fließspannung in MPa (auf den tatsächlichen „wahren" Probenquerschnitt bei der jeweiligen Spannung bezogen).

[4]Umformgrad $\varphi = \ln(1+\varepsilon)$ ist die auf Momentanlänge bezogene *logarithmische* Formänderung (durch Integration der Quotienten $\Delta L/L$.

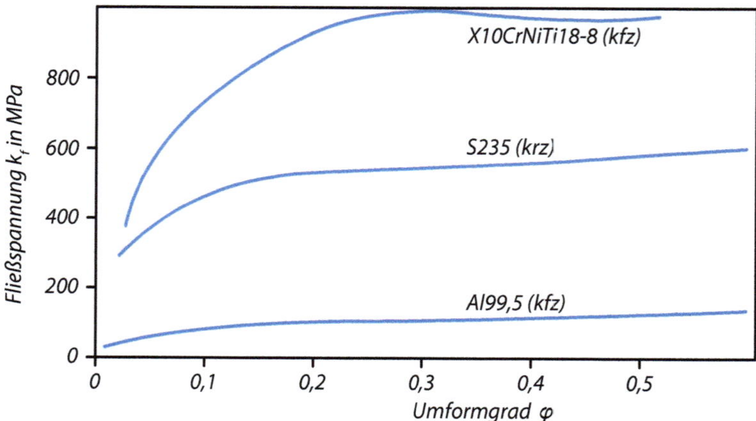

Abb. 3.27 Fließkurven einiger Metalle bei Raumtemperatur (20 °C)

Beispiel Zugversuch

In Abb. 3.28 ist das Ergebnisdiagramm eines Zugversuches dargestellt. Als Besonderheit wird der Zugversuch jetzt aber nicht bis zum Bruch durchgeführt, sondern die Probe wird nach einer plastischen Verformung wieder komplett entlastet. Durch die plastische Verformung der Probe hat eine Kaltverfestigung stattgefunden, die Probe hat sich gelängt und der Durchmesser hat sich vom Ausgangsdurchmesser A_0 auf den Durchmesser A' verringert. Wird nun die identische Probe wieder belastet und die Spannung nun mit dem neuen, kleineren Querschnitt A' berechnet, ergibt sich bei Wiederbelastung ein neuer Kurvenverlauf mit gleichem E-Modul (Steifigkeit) aber erhöhter Dehngrenze im Vergleich zu der ersten Belastung. Auch hier wird deutlich, dass durch die Kaltverformung eine Verfestigung stattgefunden hat, welches sich in einer Erhöhung der Dehngrenze im Zugversuch ausdrückt. Die nun neu belastetet und kaltverfestigte Probe hat aufgrund der Kaltverfestigung aber eine geringere Bruchdehnung.

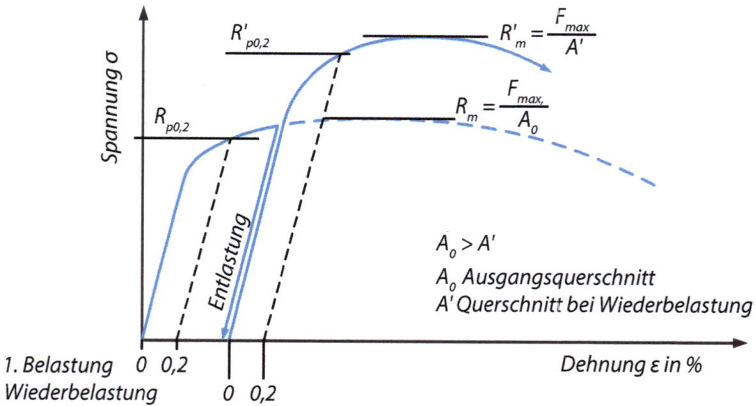

Abb. 3.28 Ergebnisdiagramm eines Zugversuches mit Probenentlastung und erneuter Belastung

Erklärung der Kaltverfestigung
Plastische Verformung findet durch Wandern von Versetzungen auf den im Kristallgitter vorhandenen Gleitebenen (Abb. 3.18) statt. Generell können sich Versetzungen mit gegenseitig behindern oder auch Auslöschen (Abb. 3.29). Bei der plastischen Verformung entstehen an Korngrenzen und Ausscheidungen neue Versetzungen *(Frank-Read-Quellen)*. Die Versetzungsdichte steigt und damit auch die kritische Schubspannung, um die sich gegenseitig behindernden Versetzungen weiter zu bewegen. Die Festigkeit zur weiteren plastischen Verformung steigt an (→ Verfestigung). Die eintretende Verfestigung wird als Kaltverfestigung bezeichnet, da durch eine Glühbehandlung bei höheren Temperaturen (Erholung, Rekristallisation) diese Verfestigung wieder aufgehoben werden kann.

Bedeutung der Kaltverfestigung
Die Fertigung von Bauteilen durch Kaltumformung hat eine große Bedeutung, weil sie

- energiesparend ist (kein Erwärmen),
- sich die Oberfläche nicht verändert (Verzunderung),[5]
- kleinere Toleranzen möglich sind.

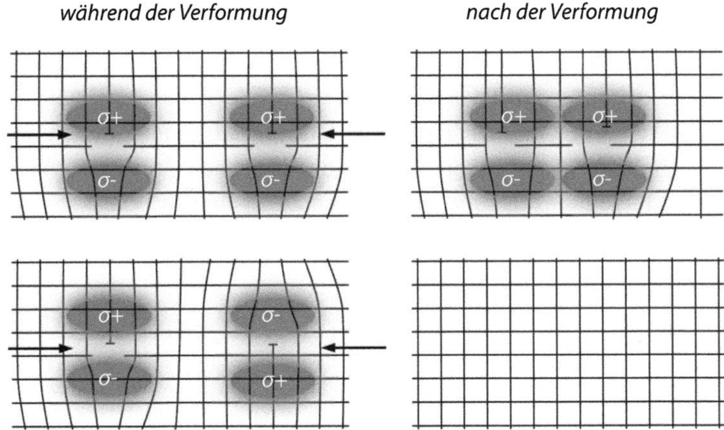

Abb. 3.29 Schematische Darstellung der Blockierung (oben) oder des Ausheilens (unten) von Versetzungen

---

[5]Verzunderung ist Reaktion des Stahls mit heißen Gasen z. B. Luftsauerstoff bei hohen Temperaturen.

Beispiele für die Bedeutung der Kaltverfestigung

Bei fließgepressten Schrauben kann durch die Kaltverfestigung evtl. ein Vergüten eingespart werden.

Mechanische Oberflächenhärtung durch Kaltwalzen oder Kugelstrahlen zur Steigerung der Dauerfestigkeit ◄

Für Blech aus Nichteisen(NE)-Metallen ist die Kaltverfestigung eine wichtige Möglichkeit, die Festigkeit zu erhöhen, da ein Vergüten oder Martensithärten nicht möglich ist. Die Lieferzustände werden durch Anhängesymbole nach Norm angegeben. Das Beispiel in Tab. 3.16 zeigt drei Möglichkeiten, ausgehend vom Herstellungszustand.

3.3.3 Korngrenzenverfestigung oder Feinkornhärtung

Korngrenzen bilden für Gleitvorgänge ein Hindernis, da die Nachbarkristallite eine andere Ausrichtung der Gleitebenen haben und führen so zu einem Aufstau der Versetzungen an den Korngrenzen. Zum Überwinden der Korngrenzen müssen größere Schubspannungen aufgebracht werden ⇒ die Dehngrenze steigt. Die Gesamtfläche der Korngrenzen lässt sich durch eine feinkörnige Gefügeausbildung erhöhen. Je höher die Dichte der Korngrenzen ist, desto höher ist die Behinderung der Versetzungsbewegung. Im Gegensatz zu den anderen Verfestigungsmechanismen steigt hier neben der Festigkeit auch die Duktilität an (Tab. 3.17) und zwar sowohl die Bruchdehnung A, die Brucheinschnürung Z und die Kerbschlagzähigkeit *KV*. Bei einer feinkörnigen Gefügeausbildung besteht statistisch gesehen eine höhere Wahrscheinlichkeit, dass viele Gleitebenen günstig zur optimalen Richtung zur Zugbeanspruchung orientiert sind (45° zur Zugspannung → max. Schubspannung).

Tab. 3.16 Blech Al-Legierung EN-AW-AlMn1

Symbol	Zustand	R_m in MPa	$R_{p0,2}$ in MPa	A in%
F	Herstellungszustand	90…130	35	21
H12	Kaltverfestigt (viertelhart)	115…155	85	5
H18	Kaltverfestigt (vollhart)	185	165	2

Werte für Blech 1,5…3 mm dick; Anhängesymbole → Tab. in Anhang A

Tab. 3.17 Kornverfeinerung bei Stahlguss mit 0,25 % C

Eigenschaft	Streckgrenze R_e in MPa	Bruchdehnung A in %	Brucheinschnürung Z in %	Kerbschlagarbeit KV in J
Grobkorn	230	13	14	20
Feinkorn	280	24	40	65
Prozentuale Änderung	22 %	84 %	185 %	225 %

So können mehr Gleitvorgänge ablaufen und die Verformbarkeit steigt an. Dieser Verfestigungsmechanismus erhöht gleichzeitig Festigkeit und Duktilität!

Bei der Erstarrung aus der Schmelze ist der Werkstoff bestrebt, möglichst wenige Gitterfehler „zuzulassen", daher entsteht bei einer normalen, langsamen Abkühlung ein grobkörniges Gefüge. Mögliche Verfahren zur Erzeugung von feinkörnigem Gefüge sind z. B.: Normalglühen, Vergüten, Rekristallisation und thermomechanisches Walzen oder auch eine besondere Behandlung der Schmelze mit Fremdkeimen bei Gusswerkstoffen.

3.3.4 Teilchenverfestigung oder Ausscheidungshärtung

Als Gleithindernisse für die Versetzungen wirken hierbei feinverteilte Teilchen oder Ausscheidungen (Partikel mit einer Größe von etwa 0,002…0,1 µm und einem mittleren Abstand von 0,1…0,5 µm). Diese sind auf allen vorhandenen Gleitebenen innerhalb der Körner verteilt, verzerren das Kristallgitter je nach Abstand und Art der Teilchen oder gehen direkt mit den Versetzungen eine Wechselwirkung ein und führen so zu einer Verfestigung.

▶   **Hinweis** Wichtig für eine bestmögliche Steigerung der Festigkeit (vgl. Tab. 3.18) ist eine Optimierung von

* Größe,
* Abstand der Teilchen,
* Anzahl der Teilchen und
* der Morphologie/Kohärenz zum Gitter.

Tab. 3.18 Verformungsmechanismen bei teilchenverfestigten Legierungen

Teilchengröße	Viele, **kleine Teilchen**	Weniger, aber **größere Teilchen**
Abstände	Klein	Größer
Anpassung an das Wirtsgitter und die Lage der Gleitebenen	**Kohärente** Strukturen, starke Verzerrung der Umgebung. Gleitebenen des Wirtsgitters laufen in verzerrter Form durch die Teilchen	**Inkohärente** Strukturen bilden neue Phase und ergeben geringe Verzerrung der Umgebung. Die Gleitebenen enden an der Phasengrenze, Versetzungen können nicht weiter wandern
Wirkung auf die kritische Schubspannung	Versetzungsbewegungen können diese Hindernisse nur mit einer höheren Schubspannung durchlaufen. Sie werden dabei geschnitten (abgeschert)	Versetzungsbewegungen werden nur an den Teilchen selbst behindert, sie suchen sich den Weg des geringeren Widerstandes dazwischen, sie umgehen die Teilchen
Mechanismus	Schneidmechanismus	Umgehungsmechanismus

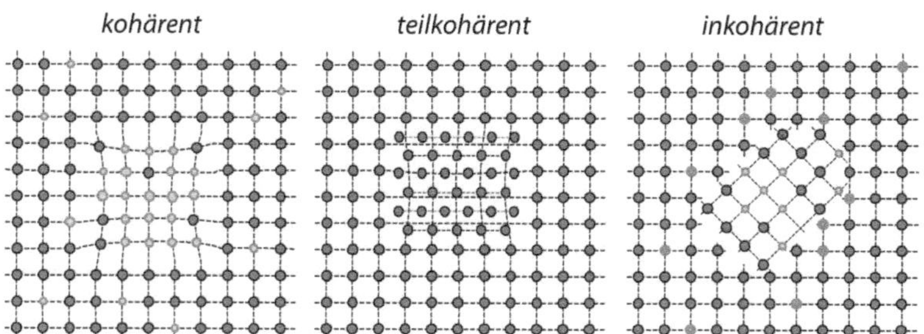

Abb. 3.30 Morphologie möglicher Ausscheidungen

Je nach Art der beteiligten Atome und Entstehung können folgende Teilchenarten auftreten:

- **Kohärente Ausscheidungen** (Abb. 3.30 links) haben eine Gitterstruktur, die nur wenig vom Wirtsgitter abweicht und die durch eine starke Verzerrung kohärent mit dem Wirtsgitter verbunden sind. Aufgrund der starken Verzerrungen haben sie einen großen Einfluss auf die Versetzungsbewegung.
- **Teilkohärente Ausscheidungen** (Abb. 3.30 Mitte) können nur noch teilweise (teilkohärent) an das Wirtsgitter angebunden werden und führen auch so zu einer Gitterverzerrung.
- **Inkohärente Ausscheidungen** (Abb. 3.30 rechts) besitzen ein artfremdes Gitter und können gar nicht an das Wirtsgitter angebunden werden, was zu keiner Gitterverzerrung führt. Es entsteht so eine komplette Phasengrenze zum Wirtsgitter.
- **Nichtmetallische Einschlüsse,** bspw. Oxide oder Boride, die häufig zur Kornfeinung beim Vergießen oder aber auch bewusst zur Verbesserung der mechanischen Eigenschaften der Schmelze zugegeben werden.

Die Erzeugung der Teilchen kann auf verschiedenen Wegen erfolgen:

1. Ausscheidungshärten ist eine Wärmebehandlung, vgl. auch Abschn. 5.4
2. Anlassen von gehärtetem Stahl (Vergüten) (vgl. Abschn. 5.3)
3. Direkte Dispersionsverfestigung durch Zugabe von pulvermetallurgisch hergestellten Teilchen in die Schmelze

Aushärten

Aushärten als Wärmebehandlung wurde 1906 an Al-Cu-Legierungen entdeckt und im Laufe der Entwicklung auf zahlreiche andere Legierungssysteme erweitert. Voraussetzung sind Mischkristalle, deren Löslichkeit für das LE mit fallender Temperatur sinkt, eine Erscheinung, die z. B. von Lösungen von Zucker in Wasser bekannt ist. In heißem Wasser wird Zucker bis zur Sättigung gelöst. Bei der Abkühlung kann Wasser nur noch wenig Zucker lösen. Nach Abkühlung auf RT liegt eine bei dieser Temperatur gesättigte Lösung vor, der Überschuss an Zucker scheidet sich am Boden ab. Bei langsamer Abkühlung einer Legierung von der Temperatur des Lösungsglühens (alle LE sind im Mischkristall homogen gelöst) entsteht ein gesättigtes Mischkristallgefüge mit dem prozentualen Anteil an

LE, die bei 20 °C gelöst werden können. Der Überschuss der LE-Atome scheidet sich als Ausscheidungen an den Korngrenzen ab, wobei Ausscheidungen an Korngrenzen in der Regel keine gewünschte Verfestigung erzielt. Zum Verständnis des Aushärtens ist auch das Verständnis des entsprechenden Zustandsdiagramms der aushärtbaren Legierung notwendig.

Übersättigte Mischkristalle dagegen entstehen nach dem Abschrecken aus dem Lösungsglühen, da so schnell abgeschreckt wird, dass eine Ausscheidung der Fremdatome aus dem Wirtsgitter unterbleibt. Die so entstandenen Mischkristalle sind dann nach der Abkühlung übersättigt. Sie sind dadurch metastabil und streben zum Gleichgewichtszustand des gesättigten Mischkristalls. Durch Diffusion wird der Anteil an zwangsgelösten Fremdatomen wieder aus dem Wirtsgitter ausgeschieden (→ Aushärten/Auslagern) und so können die gewünschten Ausscheidungen im Kristallgitter gebildet werden. Die Wärmebehandlung Auslagern (je nach Legierung kalt oder warm) mit unterschiedlichen Auslagerungszeiten führt zu den gewünschten Ausscheidungen, die je nach Zeit und Temperatur beim Auslagern unterschiedliche Größen, Abstände zueinander und Strukturen/Morphologien aufweisen, was die Verfestigung direkt beeinflusst.

Wird bei einer bestimmten Auslagerungstemperatur länger geglüht als zum Erreichen der max. Härte notwendig ist, werden die Ausscheidungen/Teilchen mit zunehmender Zeit immer größer, dadurch nimmt die Anzahl der Teilchen ab und der Abstand zwischen den Teilchen zu. Dieses führt dann zu einer Abnahme der Härte, was als Überalterung bezeichnet wird (Abb. 3.31). Der höchste Zuwachs an Festigkeit wird bei vielen Teilchen mit einem geringen Teilchenabstand und einer optimalen Teilchengröße erzielt. Dazu ist eine bestimmte optimale Temperatur und eine bestimmte Zeit einzustellen.

In Tab. 3.18 sind die relevanten Eigenschaften und Einflussfaktoren bei der Teilchenverfestigung aufgeführt. Eine optimale Teilchengröße ist dann gegeben, wenn die Festigkeit zum Schneiden der Teilchen so groß ist, wie die zum Umgehen der Teilchen. Bei zu

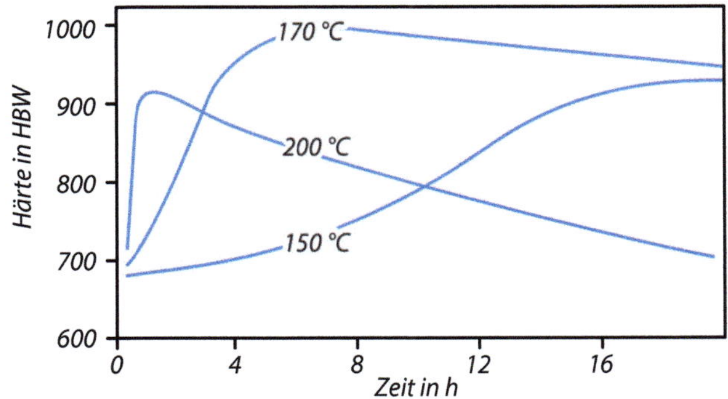

Abb. 3.31 Aushärtung von Aluminiumguss G-AlSiMg. Anstieg der Härte beim Warmauslagern bei verschiedenen Temperaturen und Auslagerungszeiten. Kurve bei 170 °C zeigt, dass nach 8 h die höchste Härte erreicht ist (optimale Teilchengröße und Struktur), weiteres Auslagern lässt die Härte wieder absinken (Überalterung). Ist die Auslagerungstemperatur zu hoch, wird nur eine geringere maximale Härte erreicht (Kurve bei 200 °C)

großen Teilchen ist deren Abstand zueinander entsprechend groß, zu kleine Teilchen werden von den Versetzungen einfach geschnitten ohne eine stark festigkeitssteigernde Wirkung. Eine optimale Teilchengröße liegt je nach Legierungselement zwischen 10 nm und 100 nm.

3.3.5 Verfestigungsmechanismen kombiniert

Eine Zusammenfassung der Verfestigungsmechanismen mit deren Auswirkung auf die Festigkeit und Verformbarkeit zeigt Abb. 3.32.

Mischkristallverfestigung erfolgt durch Legieren innerhalb der Löslichkeit. Aufgrund von Gitterverzerrungen durch größere oder kleinere LE-Atome werden die Gleitbewegungen erschwert, was die Festigkeit erhöht und die Verformbarkeit reduziert (vgl. auch Abb. 3.25). Insbesondere Einlagerungsatome, wie z. B. Kohlenstoff, führen mit zunehmender Konzentration zu einer deutlichen Versprödung der krz-Stähle.

Kaltverfestigung ist die Folge einer Umformung. Die Versetzungsdichte steigt und damit wird eine weitere Verformung durch sich gegenseitig blockierende Versetzungen erschwert.

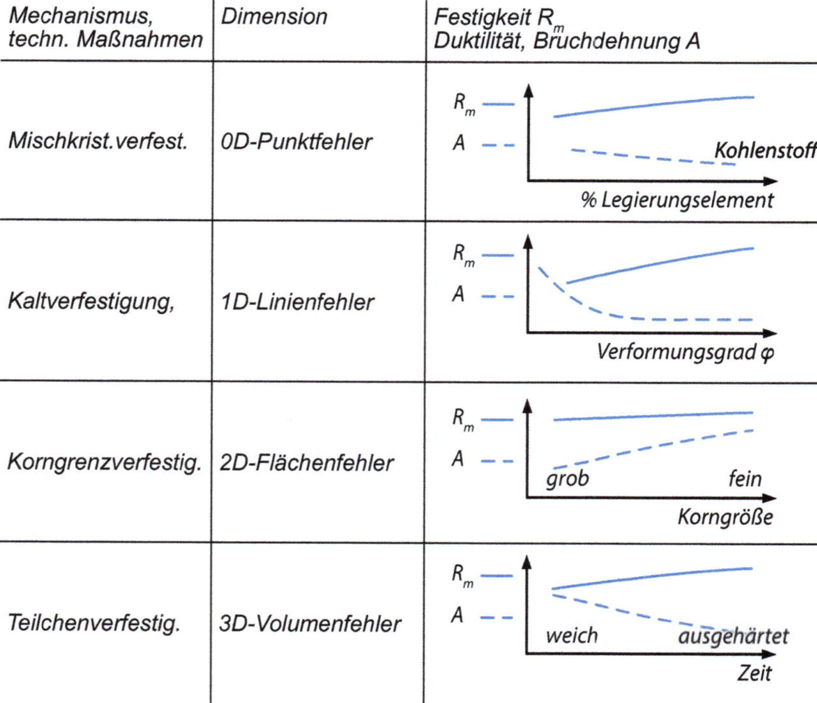

Abb. 3.32 Verfestigungsmechanismen und ihre Wirkung

Korngrenzenverfestigung erfolgt durch ein feinkörniges Gefüge, welches durch spezielle Wärmebehandlungen (Normalisieren/Rekristallisationsglühen) erzielt werden kann (siehe Kap. 5). Korngrenzen blockieren die Bewegung der Versetzungen. Durch eine Vielzahl von kleinen Körnern wird die Verformbarkeit verbessert, da statistisch betrachtet bei einem feinkörnigen Gefüge ein Großteil der kleinen Körner eine optimale Ausrichtung der Gleitsysteme zur anliegenden Spannung aufweist.

Teilchenverfestigung erfolgt entweder durch Aushärten (s. Abschn. 3.3.4) oder durch Einbringen von größeren Partikeln. Verformungen werden durch feinverteilte Ausscheidungen in Mischkristallen behindert. Die Teilchengröße, Struktur und deren Teilchenabstand untereinander beeinflusst die Festigkeitssteigerung.

Generell können die Festigkeitssteigerungen aufgrund der vier möglichen Verfestigungsmechanismen formal additiv überlagert werden, wobei sie sich teilweise auch gegenseitig beeinflussen und somit eine rein mathematische Addition nicht immer zutreffend ist.

$$R_p = R_{p\_min} + \Delta R_{MK} + \Delta R_V + \Delta R_{KG} + \Delta R_T$$

- R_p = Festigkeit gegenüber plastischer Verformung (Streckgrenze oder Dehngrenze)
- R_{p_min} = Festigkeit eines nicht verfestigten, versetzungsarmen Realkristalls
- ΔR_{MK} = Festigkeitszunahme durch Mischkristallverfestigung
- ΔR_V = Festigkeitszunahme durch gegenseitige Behinderung der Versetzungen selbst (Kaltverfestigung)
- ΔR_{KG} = Festigkeitszunahme durch Korngrenzen (Feinkornhärtung)
- ΔR_T = Festigkeitszunahme durch Teilchenverfestigung

Höherfeste Legierungen entstehen durch eine Kombination der vier möglichen Verfestigungsmechanismen. Hier steht die kontrollierte Behinderung der Versetzungsbewegung im Mittelpunkt, wobei, abgesehen von der Feinkornhärtung, die Verformbarkeit durch die Verfestigung reduziert wird. Insbesondere die Kombination von Feinkornhärtung und die durch eine gezielte Wärmebehandlung herbeigeführte Teilchenverfestigung sind zentrale Maßnahmen zum Design von hochfesten und höchstfesten Legierungen. Zur gezielten Nutzung der Verfestigungsmechanismen sind genau abgestimmte Prozess und Wärmebehandlungen erforderlich, damit sich die Wirkungen summieren und nicht gegenseitig aufheben.

3.4 Thermisch aktivierte Vorgänge im Metallgitter bei höheren Temperaturen

3.4.1 Allgemeines

Nach Erzeugung und Behandlung sind metallische Werkstoffe meist in einem Zustand höherer innerer Energie, z. B. durch Gitterfehler, Spannungen oder innere Unterschiede in der Verteilung der Atome (Seigerungen). Sie sind nicht im Gleichgewicht. Bei Erwärmung streben sie dem Gleichgewichtszustand zu, je höher die Temperatur ist, desto schneller.

Gleichgewicht Zustand höchster Stabilität, in dem sich ein Stoffsystem nicht mehr verändert. Stabilität liegt vor im

- **Energie-Minimum,** wenn die freie Energie des Systems ein Minimum erreicht, vergleichbar mit der Ruhelage eines Pendels oder im
- **Entropie-Maximum,** dem Zustand *kleinster Ordnung* der Teilchen = Zustand größter thermodynamischer Wahrscheinlichkeit.

Das Verhalten einer großen Zahl von Teilchen mit ungeregelter Bewegung und Zufallszusammenstößen lässt sich nur statistisch mit einer gewissen Wahrscheinlichkeit erfassen. Mit steigender Temperatur erhöht sich die Zahl der Zusammenstöße und damit die Wahrscheinlichkeit von Platzwechseln. Platzwechsel von Atomen im Kristallgitter erfolgen, angeregt durch die Stöße von Nachbaratomen, sprunghaft hin zu Lücken, Leerstellen oder anderen Störungen. Die Geschwindigkeit v von thermisch aktivierten Prozessen ist die Zahl der Platzwechsel pro Zeit.

$$v = K\, e^{\left(-\frac{Q}{RT}\right)}$$

v	Platzwechsel/Zeit → Geschwindigkeit
K	Konstante, werkstoffabhängig
Q	Aktivierungsenergie in J, werkstoffabhängig
T	Temperatur in K
R	Allgemeine Gaskonstante, 8.314 J/(K mol)

Die Geschwindigkeit der thermisch aktivierten Platzwechsel ist entsprechen von den Werkstoffen und der Temperatur abhängig. Je höher die Temperatur ist, desto schneller laufen die Platzwechselvorgänge im Kristallgitter ab. Beim absoluten Nullpunkt T = 0 K treten keine Platzwechsel mehr auf, die Geschwindigkeit wird zu Null. Zugeführte Wärmeenergie wirkt beschleunigend, da diese Schwingungen der Atome um die Gitterpunkte bewirkt. Dies verdeutlichen die folgenden Analogien: Im Dampfdruckkochtopf wird die Kochzeit durch 20 °C Temperaturerhöhung auf ein Viertel verkürzt. Im Dieselmotor wird vorgeglüht, damit die Selbstzündung des Gemisches erfolgt. Temperaturerhöhung ergibt im Festkörper eine höhere mittlere Schwingungsamplitude der Atome, dadurch eine höhere Wahrscheinlichkeit für einen Platzwechsel und damit einen schnelleren Ablauf dieses Prozesses.

Thermisch aktivierte Prozesse kann man sich bildlich wie folgt vorstellen: Damit ein Atom an einen neuen (energetisch günstigeren) Platz gelangen kann, muss zunächst eine Energieschwelle überwunden werden (bei Entfernung des Atoms von seinem Gitterplatz abstoßende oder anziehende Kräfte), dann folgt das Atom wieder dem Streben nach dem

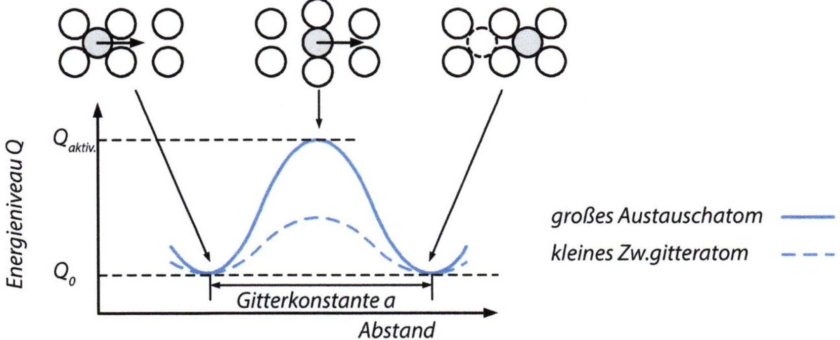

Abb. 3.33 Notwendige Aktivierungsenergie Q zum Platzwechsel von Einlagerungs- bzw. Substitutionsatomen (nach *Bürgel* et al., Handbuch der Hochtemperatur-Werkstofftechnik, 2011)

Gleichgewicht. Die Höhe der Schwelle ist ein Maß für die Aktivierungsenergie Q. Abb. 3.33 zeigt, wie das Atom aus einer „Energiemulde" angehoben werden muss, um den neuen Platz (hier eine Leerstelle) zu erreichen. Dazu ist symbolisch die Aktivierungsenergie Q erforderlich. Ihr Betrag wird von Kristallgittertyp und der Atomgröße beeinflusst. Für den Platzwechsel von kleinen Einlagerungsatomen ist die notwendige Aktivierungsenergie kleiner als für größere Atome, die auf den regulären Gitterplätzen sind (Substitutionsatome).

Thermische Aktivierung ist Ursache für zahlreiche innere Vorgänge in Kristallgittern und Gefügen und ist aufgrund der Verkürzung von Prozesszeiten in der Werkstofftechnik eine wichtige Kenngröße. Bei manchen (niedrigschmelzenden) Legierungen können Veränderungen durch Platzwechsel der Atome bereits bei 20 °C mit merklicher Geschwindigkeit ablaufen (Kaltaushärtung, Alterungsvorgänge), bei den meisten Werkstoffen jedoch erst bei höheren Temperaturen.

Bedeutung für die Werkstofftechnik erlangt die thermische Aktivierung durch Prozesse wie Konzentrationsausgleich durch Diffusion, Kristallerholung, Rekristallisation, Kornwachstum oder das besondere Werkstoffverhalten bei hohen Temperaturen (Kriechen).

▶ **Hinweis** Für dichte Gitter (kfz-Fe) wird für den Platzwechsel des gleichen Atoms (C) eine höhere Aktivierungsenergie benötigt, als für weniger dichte (krz-Fe), d. h., dass bei kfz-Gitter die thermisch bedingten Prozesse langsamer ablaufen als im kfz-Gitter, was bei der Werkstoffauswahl für Hochtemperaturanwendungen von Bedeutung ist.

3.4.2 Diffusion

Diffusion[6] ist Teilchenbewegung entlang eines Konzentrationsgefälles. Sie tritt in Gasen oder Flüssigkeiten, aber auch in Festkörpern infolge der statistisch zufälligen Wärme-

---

[6] lat. = Ausbreitung, Verschmelzung, physikalischer Mechanismus für einen Ausgleich eines Konzentrationsunterschieds.

Tab. 3.19 Verfahren mit Diffusionsvorgängen

	Mechanismus für Ausgleich bzw. Platzwechsel
Glühverfahren	Verteilung von Legierungselementen, Ausgleich von Seigerungen
Lösungsglühen	Lösen sekundärer Ausscheidungen
Ausscheidungen, Auslagern	Abbau von Übersättigung in Mischkristallen
Thermochemische Verfahren (Aufkohlen)	Einbringen von C, N, Cr u. a. Elementen
Kristallgitterumwandlungen	Platzwechsel gelöster Atome
Sintern, Diffusionsschweißen	Platzwechsel im Korngrenzenbereich

bewegung ihrer kleinsten Teilchen auf. Die Teilchen können Atome, Ionen oder auch Moleküle sein.

Beispiel für Diffusion im Alltag

Diffusion im Alltag: Kirsch- und Bananensaft wird geschichtet serviert. Im Laufe der Zeit verwischt sich die Grenze und wird unscharf durch Diffusion der Teilchen über die Grenzfläche von beiden Seiten. ◄

Diffusion zum Ausgleich von Konzentrationsunterschieden ist die Grundlage für zahlreiche Verfahren der Wärmebehandlung (Tab. 3.19).

Hinter dieser temperaturabhängigen Wanderung der Teilchen steht das Entropiestreben. Ziel ist ein Zustand mit geringerer Ordnung der Teilchen (bei tieferen Temperaturen kann auch ein Zustand höherer Ordnung angestrebt werden, wenn er niedrigere Energie besitzt, z. B. Ansammlung von Fremdatomen in Leerstellen, Clusterbildung).

Die unregelmäßigen Platzwechsel der Teilchen ergeben einen resultierenden flächenbezogenen Teilchenstrom J (Atome pro s und Querschnittsfläche), wenn ein Konzentrationsgefälle dc/dx als Triebkraft vorhanden ist.

$$J = m / A = -D \cdot \mathrm{d}c / \mathrm{d}x \qquad \left(1.\text{Fick'sches Gesetz}\right)$$

J　　　　= Teilchenstrom in Atome/(s x cm^2)
m　　　　= Diffusionsgeschwindigkeit in Atome/s
A　　　　= Diffusionsquerschnitt in cm^2
Dc/dx　= Konzentrationsgefälle in Atome/cm^4
D　　　　= Diffusionskoeffizient in cm^2/s

Der Diffusionskoeffizient D ist ein Maß für das Wanderungsbestreben der Atome und somit für die Diffusionsfähigkeit und Diffusionsgeschwindigkeit. Da der Diffusionskoeffizient von der der Temperatur T abhängig ist, ist auch die Diffusion selbst, also der Teilchenstrom J, stark temperaturabhängig.

Diffusionskoeffizient D

$$D = D_0\, e^{\left(-\frac{Q}{RT}\right)}$$

D_0 ist eine materialabhängige Diffusionskonstante (cm^2/s) der jeweiligen an der Diffusion beteiligten Atome (Tab. 3.20).

Der Diffusionskoeffizient D berücksichtigt die *Widerstände,* die dem Teilchenstrom entgegenstehen und ist somit abhängig von

- Temperatur,
- Größe des diffundierenden Atoms,
- Bindungen im Metallgitter (Packungsdichte),
- Diffusionswegen über Leerstellen
  (Substitutionsatome → kleiner Diffusionskoeffizient),
- Diffusionswegen über Zwischengitterplätze
  (Einlagerungsatome → großer Diffusionskoeffizient),
- Diffusionswegen über Versetzungen, Korngrenzen oder Oberfläche mit unterschiedlichen Widerständen.

Für thermochemische Verfahren (z. B. Aufkohlen, Nitrieren) sind Diffusionsprozess besonders wichtig, da beim Aufkohlen aus einer kohlenstoffreichen Umgebung Kohlenstoff in den Stahl mit wenig Kohlenstoffgehalt eindiffundiert und so den Kohlenstoffgehalt an der Werkstoffoberfläche erhöht. In Abb. 3.34 sind die Zusammenhänge dargestellt. Bei gleicher Zeit steigt die Diffusionsgeschwindigkeit mit zunehmender Temperatur an, was eine höhere Aufkohlungstiefe bewirkt. Aufkohlungstiefe ist der Abstand von der Bauteiloberfläche, bei der ein erhöhter Kohlenstoffanteil im Vergleich zum Grundwerkstoff vorhanden ist. Bei konstanter Temperatur nimmt die Aufkohlungstiefe mit der Aufkohlungszeit parabelförmig zu. Diffusionsprozess sind zeit- und temperaturabhängig. Geringe Temperaturerhöhungen reduzieren die Prozesszeiten und Kosten des Aufkohlens stark.

Tab. 3.20 Diffusionskoeffizient für 20 °C und 800 °C für einige Diffusionspaarungen, große Zahlenwerte (H in α-Fe) bedeuten eine schnelle Diffusion, kleine Zahlenwerte (Cr in α-Fe) eine langsame Diffusion

Paarung Atom / Gitter		Q in kJ/mol	D_0 in cm^2/s	D 20 °C in cm^2/s	D 800 °C in cm^2/s
H	α-Fe	12	$2 \cdot 10^{-3}$	$1{,}5 \cdot 10^{-5}$	$5 \cdot 10^{-4}$
C	α-Fe (krz)	88	$8 \cdot 10^{-3}$	$2\ 10^{-18}$	$4 \cdot 10^{-7}$
C	γ-Fe (kfz)	138	0,2	$5 \cdot 10^{-26}$	$4 \cdot 10^{-8}$
Cr	α-Fe	247	1,48	10^{-44}	$1{,}4 \cdot 10^{-12}$

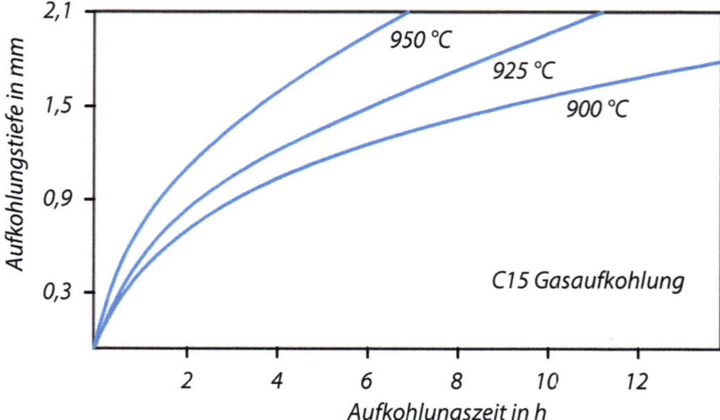

Abb. 3.34 Verlauf der Aufkohlungstiefe über der Zeit bei einem C15 bei verschiedenen Temperaturen

Beispiel Aufkohlen: Abhängigkeiten von Zeit und Temperatur

Konstante Temperatur beim Aufkohlen bei 925 °C:
Aufkohlungstiefe von 0,9 mm in 2 h, 1,5 mm in 6 h

Konstante Aufkohlungstiefe von 1,5 mm
- bei 900 °C in 9 h
- bei 950 °C in ca. 3,5 h

Temperaturerhöhung um 5,5 % reduziert die Prozesszeit beim Aufkohlen um 61 %! ◄

3.4.3 Kristallerholung und Rekristallisation

Die durch Umformen in den Werkstoff eingebrachte Verformungsenergie führt zu einer Erhöhung der Gitterverzerrung und zu einer hohen Versetzungsdichte. Bei Erwärmung des Werkstoffes führen thermisch aktivierte Prozesse, wie z. B. Diffusion, zu einer Umordnung oder zum Ausheilen der Gitterfehler oder auch zur Kornneubildung (Rekristallisation), was die innere Energie des Kristallgitters wieder reduziert. Triebkraft ist hier die Erzielung des energetischen Minimums/Gleichgewicht des Kristallgitters.

Kristallerholung
Durch die Kristallerholung werden Spannungen und damit die im verzerrten Gitter gespeicherte Energie reduziert, ohne die grundlegende Kornstruktur zu verändern. Damit führt die Kristallerholung zu folgenden Änderungen im Gefüge und der Eigenschaften (Abb. 3.35):

Abb. 3.35 Einfluss der Glühtemperatur auf Korngröße und mechanische Eigenschaften von NiCu30Fe, ca. 30 % kaltgeformt und 1 h bei der jeweiligen Temperatur geglüht

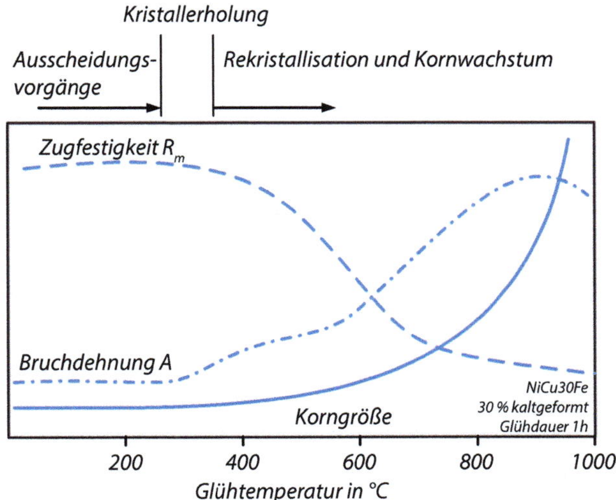

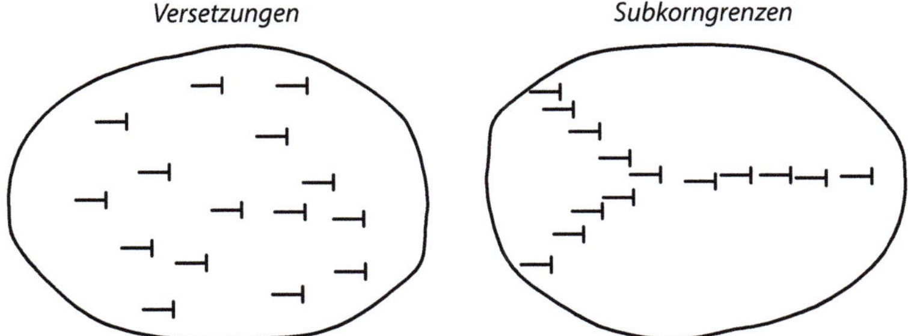

Abb. 3.36 Kristallerholung durch Polygonisierung, Subkorngrenzen innerhalb der Körner

- Festigkeit und Härte sinken schwach,
- die Duktilität steigt gering an,
- das Verformungsgefüge bleibt erhalten.

Die Kristallerholung findet Anwendung beim Spannungsarmglühen (vgl. Kap. 5 Wärmebehandlung), Altern von kaltgeformten Federn und bei der Leitfähigkeitssteigerung bei kaltgeformtem Cu.

Bei der Erholung reduzieren sich Gitterfehler, indem sie miteinander reagieren. Bei der Erholung wandern Zwischengitteratome in Leerstellen oder an Versetzungen. Entgegengesetzte Versetzungen in einer Gleitebene können sich aufheben. Gleiche Versetzungen suchen energieärmere Positionen, sog. Polygonisierung zu Subkorngrenzen (Abb. 3.36).

Rekristallisation

Bei höheren Temperaturen und längeren Glühzeiten verändern sich die mechanischen Eigenschaften des Werkstoffes stärker, in dem der umgeformte Werkstoff neue, versetzungsarme Körner bildet, die mit zunehmender Zeit wachsen. Die Rekristallisationstemperatur T_R

(Abb. 3.35) ist die Temperatur, bei der die Eigenschaftsänderung innerhalb einer Stunde merklich abläuft (Tab. 3.21). Die Rekristallisationstemperatur T_R liegt bei reinen Metallen bei ca.

- $T_R = 0{,}4 \cdot T_m$, bei Legierungen bei ca. $0{,}5 \cdot T_m$
  (T_m = Schmelztemperatur, T_R und T_m in Kelvin)

Beispiel für die Erhöhung der Rekristallisationstemperatur

Bei Blei mit T_R bei 20 °C ist eine Verformung bei *RT* bereits eine Warmumformung mit gleichzeitig einsetzender Rekristallisation. Deshalb versprödet ein Weichbleiklotz nicht, wenn er als Unterlage zum Schlagen benutzt wird. Für legiertes Blei (Hartblei) liegt T_R höher, hier ist eine Versprödung zu bemerken. ◄

Innerhalb der Subkörner des kaltverformten Metalls gibt es geringer verformte Bereiche und energiereicheren Bereiche mit großer Versetzungsdichte, die als Keime und Startpunkte für eine Kornneubildung dienen. Es entsteht so ein Rekristallisationsgefüge mit normalen, unverformten Körnern mit geringer Versetzungsdichte, welche ein niedrigeres Energieniveau aufweisen als die verformten Körner (Abb. 3.37).

Tab. 3.21 Rekristallisationstemperaturen T_R verschiedener Metalle

Metall	Pb, Sn	Zn	Mg	Al	Cu
T_R in °C	20	20	150	150	200
Metall	Fe	Stahl	Ni	Mo	W
T_R in °C	450	600	600	900	1200

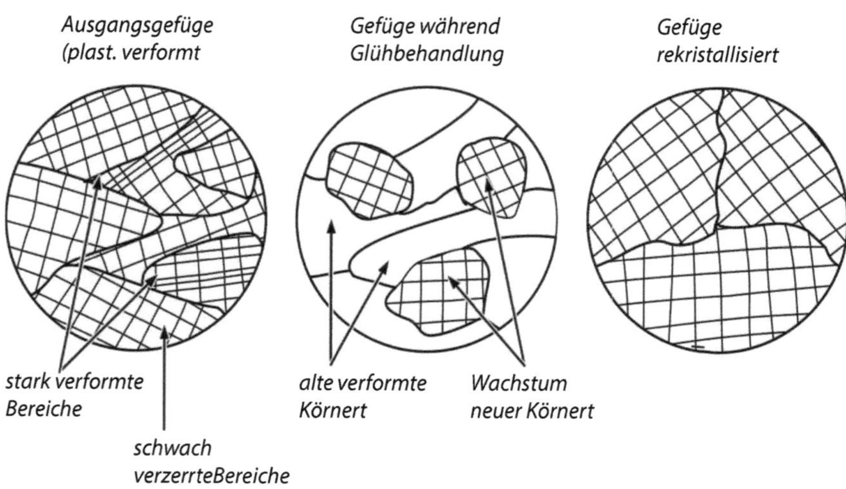

Abb. 3.37 Schematische Darstellung der Rekristallisation

Vorteil des rekristallisierten Gefüges ist wieder eine gute Verformbarkeit, da die vorherige Umformung und Kaltverfestigung durch die Rekristallisation (Kornneubildung) aus dem „Gedächtnis" des Werkstoffes wieder gelöscht ist. Ziel ist aber auch, dass das neue Gefüge eine feine Kornstruktur aufweist und keine deutlich größeren Körner als das Ausgangsgefüge. Entsprechend sind folgende Parameter zu beachten, die die Rekristallisation steuern und so auch die Korngröße des neuen Gefüges bestimmen.

- Verformungsgrad
- Rekristallisationstemperatur
- Rekristallisationszeit
- Korngröße des Ausgangsgefüges
- chemische Zusammensetzung

Nur wenn die oben genannten Faktoren optimal aufeinander abgestimmt sind, kann durch die Rekristallisation ein feines und duktiles neues Gefüge erzeugt werden. Generell gilt, mit zunehmendem Verformungsgrad werden die Kristallite energiereicher, die Kornneubildung kann dann bei niedrigeren Temperaturen stattfinden und der Vorgang geht schneller. Bei geringem Verformungsgrad entstehen aufgrund der geringeren Versetzungskeime weniger und damit größere Körner im rekristallisierten Gefüge. Bei zu kleinem Verformungsgrad kann der Werkstoff gar nicht rekristallisieren. Tab. 3.22 gibt eine Gegenüberstellung an.

Die Korngröße lässt sich als Funktion der Temperatur und des Verformungsgrades in einem räumlichen Diagramm darstellen. Es ergibt sich eine gewölbte Diagrammfläche (Abb. 3.38). Als Folge der thermischen Aktivierung fällt mit steigender Glühtemperatur der benötigte Umformgrad exponentiell ab. Bei hohen Umformgraden und geringer Rekristallisationstemperatur können sehr feinkörnige Gefüge entstehen, wobei insbesondere die Glühzeit beachtet werden muss. Ist die Glühdauer zu lang, entstehen aus den feinen Körnern dann grobe Körner ($\rightarrow$ Kornvergröberung) mit schlechteren mechanischen Eigenschaften. Die Lage der Rekristallisationstemperatur wird durch Legierungsatome erhöht (Beispiel Blei), was für warmfeste und hitzebeständige Werkstoffe relevant ist.

Tab. 3.22 Verformungsgrad und Auswirkungen auf Rekristallisation und Gefüge

Ausgangsbedingungen		$\uparrow$ steigt, $\downarrow$ fällt	
Verformung schwach	wenige Keime, niedrige Energie	Korngröße $\uparrow$	$T_R\uparrow$
Verformung stark	viele Keime, hohe Energie	Korngröße $\downarrow$	$T_R\downarrow$
Ausgangsgefüge	fein	$T_R\downarrow$	Rekristallisationszeit $\downarrow$

> **Zusammenfassung Rekristallisation**
> - Rekristallisation ist die Neubildung eines kaltverformten Gefüges.
> - Sie geht von den am stärksten verformten Kristallbereichen aus und erfordert eine Mindestumformung (kritischer Umformgrad).
> - Die Korngröße nach der Rekristallisation wird vom Umformgrad, der Ausgangskorngröße und der Glühtemperatur und -zeit beeinflusst.

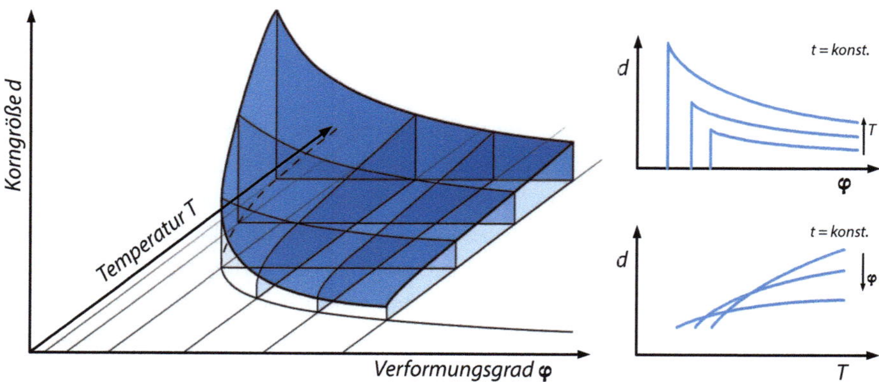

Abb. 3.38 Schematisches Rekristallisationsschaubild bei konstanter Glühzeit

3.4.4　Kornvergröberung (-wachstum)

Neben einer grobkörnigen Rekristallisation durch ungünstige Bedingungen können grobkörnige Gefüge auch entstehen, wenn Werkstücke höheren Temperaturen ausgesetzt sind. Grobkörnige Gefüge weisen dabei eine schlechtere Verformbarkeit bzw. Bruchdehnung als feinkörnige Gefüge auf, wodurch grobkörnige Gefüge technisch bis auf Ausnahmen (z. B. Einsatz der Bauteile bei hohen Temperaturen) nicht angestrebt werden. Grobkornbildung entsteht durch:

- Überhitzen: kurzzeitig zu hohe Temperatur
- Überzeiten: zu lange erhitzt bei konstanter Temperatur

Ein Beispiel für zu lang Zeit bei hohen Temperaturen gehört auch die Abkühlung von Gussteilen mit größerer Masse in der Form. Stahlguss erstarrt grobkörnig und hat geringe Zähigkeit, die durch ein späteres Normalglühen wieder ansteigt.

Antriebskraft für die Vergrößerung der Körner ist wieder die Reduzierung der Energie des Kristallgitters. Die Bereiche der Korngrenzen sind Gitterfehler mit einer Grenzflächenenergie. Je größer die Körner werden, desto weniger Körner sind in einem Werkstoffvolumen vorhanden. Dadurch reduziert sich Grenzflächenenergie. Größere Körner haben eine kleinere Oberfläche im Verhältnis zu ihrem Volumen und damit weniger Oberflächenenergie. Bei höheren Temperaturen können durch thermische Aktivierung und Diffusion beschleunigt Platzwechsel ablaufen, die die Energie in Richtung „weniger Korngrenzen" abbauen. Dabei werden die jeweils kleineren Körner von den benachbarten größeren aufgezehrt. Es findet ein Abbau von Kongruenzen statt.

Hinweis zur Korngröße
Der Werkstoff hat immer das Bestreben große Körner zu bilden, wenn er hohe Temperaturen und lange Zeiten zur Verfügung gestellt bekommt. Das bei vielen Anwendungen benötigte feinkörnige Gefüge entsteht u. a. dann, wenn der Werkstoff mittels einer speziellen Wärmebehandlung entsprechend zu den feinen Körnern „gezwungen" wird (➜ Normalisieren).

Einfluss auf die Kornvergröberung
Das Kornwachstum wird behindert, wenn bei den hohen Temperaturen noch ungelöste Phasen (andere Kristallite) im Gefüge vorhanden sind. Solche Werkstoffe sind nicht überhitzungsempfindlich und somit für längeres Halten bei höheren Temperaturen geeignet. Kornwachstum wird auch durch intermetallische Phasen der Legierungselemente Al, Mo, Nb, Ti, V, evtl. in Verbindung mit C und N, verhindert. Diese intermetallischen Phasen lagern sich an den Korngrenzen ab und sorgen für eine „Verankerung" der Korngrenzen, was den Abbau dieser Korngrenzen aufgrund der Bildung grober Körner für einen bestimmten Zeitraum verhindert.

Partikelvergröberung und Sintern
Die Vergröberung von dreidimensionalen Gitterfehlern (Ausscheidungen, Dispersoide, Poren) sowie das Sintern von Pulvern ist ebenfalls auf die Verringerung der Oberflächenenergie zurückzuführen.

3.4.5 Werkstoffverhalten bei höheren Temperaturen unter Belastung

Die bei höheren Temperaturen im Innern ablaufenden thermisch aktivierten Vorgänge sind der Grund, dass ein metallisches Bauteil die sonst bei 20 °C zulässigen Spannungen bei höheren Temperaturen nicht mehr dauerhaft ertragen kann. Die zulässigen Spannungen nehmen mit steigender Temperatur **und** zunehmender Zeit ab.

- Einfluss auf die mechanischen Eigenschaften nur aufgrund der Temperatur ➜ Warmzugversuch.
- Einfluss auf die mechanischen Eigenschaften aufgrund von Temperatur **und** Zeit ➜ Kriechversuch.

- Zusätzlich kommt es bei hohen Temperaturen zu einer chemischen Reaktion der Bauteiloberfläche mit dem Umgebungsmedium, d. h. Oxidation (Verzunderung) oder Heißgaskorrosion ➔ Abnahme des tragenden Bauteilquerschnitts und Kerbwirkung an der Oberfläche.

Weitere thermisch aktivierte Vorgänge im Kristallgitter sind vereinfacht:

- Aufweitung des Kristallgitters durch die Wärmebewegung, Platzwechsel sind erleichtert,
- ausgeschiedene Phasen gehen wieder in Lösung,
- ständige Kristallerholung und Rekristallisation, es erfolgt keine Kaltverfestigung.

Abb. 3.39 zeigt schematisch das Ergebnis aus einem Warmzugversuch nach DIN EN ISO 6892-2 (2018). Die mechanischen Kennwerte, dargestellt durch die Dehngrenze, nehmen nur aufgrund hoher Temperaturen ab. Es handelt sich hierbei um einen Kurzzeitversuch, sodass der Einfluss der Zeit hier nicht berücksichtigt ist. Längere Einsatzzeiten bei hohen Temperaturen würde die Dehngrenze zusätzlich reduzieren (➔ Zeitdehngrenze). Schon unterhalb der Rekristallisationsgrenze sind Bauteile bei konstanter Last nicht unendlich lange haltbar, sondern nur eine endliche Zeit. Sie haben sog. Zeitfestigkeiten, die durch aufwendige Langzeitversuche (Kriechversuche) ermittelt werden.

Bei der Bauteilauslegung muss sowohl die Einsatztemperatur als auch die Einsatzdauer detailliert betrachtet werden. Bei hohen Temperaturen kommen zusätzliche, zeitabhängige Verformungsmechanismen zum Tragen, die bei konstanter Spannung zu einer zeitabhängigen plastischen Verformung führen (Kriechdehnung):

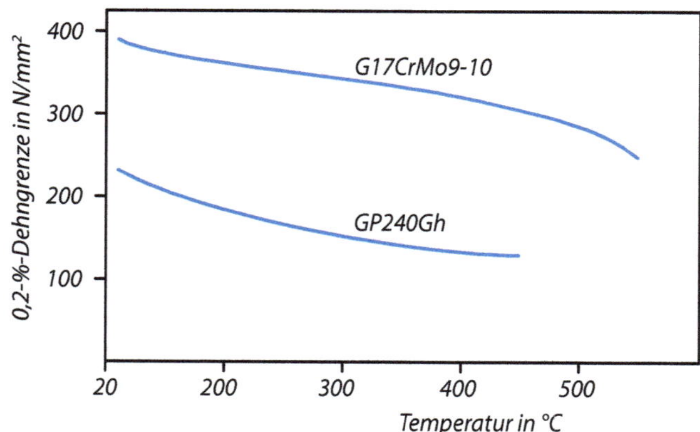

Abb. 3.39 0,2-%-Warmdehngrenze von unlegiertem und niedriglegiertem Stahlguss

- Versetzungsklettern: Versetzungen können aufgrund von Diffusionsprozessen ihre Gleitebene verlassen und so Hindernisse „überklettern"
- Korngrenzengleiten → Porenbildung
- Diffusionskriechen
- Zunahme der Leerstellendichte

Die Einsatztemperatur T_{HT}, bei der die zusätzlichen Verformungsmechanismen wirken, kann wie folgt abgeschätzt werden:

$$T_{HT} >= 0,4 \bullet T_m \left(T_m = \text{Schmelztemperatur in Kelvin} \right)$$

Versetzungen können sich bei höherer Temperatur generell leichter bewegen. Durch Rekristallisation und Teilchenvergröberung werden zusätzlich Verfestigungen aufgehoben und die Stabilität des Gefüges nimmt ab. Diffusion der Atome und Leerstellen an den Korngrenzen verursachen langsames Abgleiten der Körner gegeneinander (Korngrenzengleiten), und es kommt unter Zugspannungen zu Porenbildung. Dieses führt zu einer ständigen, langsamen plastischen Verformung unter konstanter Spannung, dem sog. Kriechen, das mit dem Bruch endet. Dabei liegt die Spannung, bei der Kriechen auftritt, deutlich unterhalb der Dehngrenze.

Die Auswirkungen des Kriechens sind:

- Spannungsrelaxation[7];
- plastische Kriechverformung bis zum Bruch.

Merkmale bei $T < 0,4 \cdot T_m$	Merkmale bei erhöhter Temperatur: $T > 0,4 \cdot T_m$
Festigkeiten sind zeitunabhängig, weitere Verformung nur bei Spannungen > Fließgrenze	Festigkeiten sind zeitabhängig, Verformung läuft bei allen Spannungen weiter (Kriechen)
Kaltverfestigung, Feinkorn ist festigkeitssteigernd	Keine Kaltverfestigung, Grobkorn ist kriechfester
Kristallkörner verschieben sich nicht zueinander	Korngrenzengleiten längs der Korngrenzen, Porenbildung auf den Korngrenzen
Die Größe von Teilchen ist konstant	Teilchen vergröbern

Kriech- oder Zeitstandversuch

Beim Kriech- oder Zeitstandversuch nach DIN EN ISO 204:2023 wird die Dehnung einer Probe bei konstanter Temperatur und konstanter Spannung gemessen. Wie im Zugversuch wird die Spannung mit dem Ausgangsquerschnitt der Probe berechnet, wobei sich jedoch auch im Zeitstandversuch der Probenquerschnitt während des Versuchs verkleinert. Als Ergebnis wird die plastische Dehnung über der Versuchszeit aufgetragen (vgl. Abb. 3.40).

---

[7] (Spannungsermüdung) Nachlassen der im Bauteil vorliegenden Spannung bei konstanter Verformung durch zeitabhängige Verformungsmechanismen. Beispiel vorgespannten Schrauben, oder das Setzen von Dichtungen und Federn.

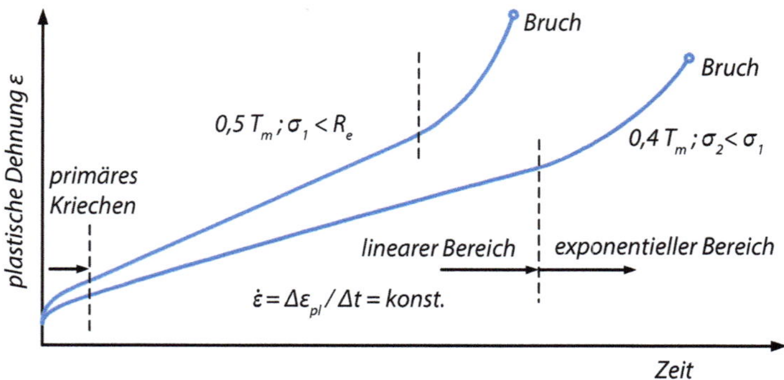

Abb. 3.40 Kriechvorgang. Idealisierte Darstellung der Kriechkurven aus Zeitstandversuchen bei unterschiedlicher Temperatur und unterschiedlicher Last

Der Kriechvorgang verläuft idealisiert in drei Phasen ab. Abb. 3.40 zeigt den Verlauf der plastischen Dehnung ε über der Zeit t. Die Steigung der Kriechkurve entspricht dabei der Kriechgeschwindigkeit.

Es lassen sich in Abb. 3.40 drei Kurvenabschnitte erkennen. Die zulässige Beanspruchung thermisch beanspruchter Bauteile liegt im unteren bis mittleren linearen Bereich der Kriechkurve (Bereiche I und II).

- I: Primär- oder Übergangsbereich

Nach einer sehr kleinen Anfangsdehnung ε_i bei Aufbringen der Belastung nimmt die Steigung der Kurve stetig ab und erreicht ein Endwert. Anfangs bilden sich durch Verformung mehr Versetzungen, die sich gegenseitig behindern, als sich bestehende durch die Diffusionsvorgänge auflösen.

- II: Sekundärbereich oder stationärer Bereich

Die etwa konstante Steigung (Kriechgeschwindigkeit) in diesem Bereich beruht auf einem Gleichgewicht zwischen dem Auflösen von Versetzungen durch Diffusionsvorgänge und der Neubildung durch die Verformung. Das Klettern der Versetzungen aufgrund der höheren Leerstellendichte ist hier maßgebend für die Zunahme der Dehnung. Im Bereich von Korngrenzen, die senkrecht zur Zugrichtung stehen, erhöht sich die Zahl der Leerstellen (Aufweitung des Gitters). Das erzeugt Diffusionsströme (Abb. 3.41) in diesen Bereichen, was zu einem Abgleiten der Korngrenzen führen kann.

- III: Tertiärbereich

Exponentieller Anstieg der Kurve, die Kriechgeschwindigkeit erhöht sich. Die Probe wird evtl. unter Einschnürung stark verlängert und bricht nach der Zeit t_u. Der Bruch wird eingeleitet durch Porenbildung zwischen den gleitenden Körnern. Es entstehen Hohlräume zwischen den Korngrenzen, die sich vergrößern und als Rissquellen wirken.

Einflüsse auf die Kriechkurve

Die thermisch aktivierten Verformungs- und Diffusionsprozess sind spannungs- und temperaturabhängig und beeinflussen sich gegenseitig. Entsprechend führt bei konstanter Temperatur eine höhere Spannung im Versuch zu einer schnelleren Kriechgeschwindigkeit und einem früheren Bruch der Probe. Bei konstanter Spannung führt eine Erhöhung der Temperatur im Versuch auch zu einer schnelleren Kriechgeschwindigkeit und einem früheren Bruch der Probe. In Abb. 3.40 wurde im Vergleich zu der unteren Kurve bei den Versuchsbedingungen der zweiten Kurve die Belastung **und** die Temperatur erhöht.

Zeitstandschaubilder

Zur einfacheren Bewertung des Einflusses der Temperatur und der Einsatzzeit auf das mechanische Verhalten von Bauteilen werden aus vielen Kriechkurven Zeitstandschaubilder abgeleitet (Abb. 3.42).

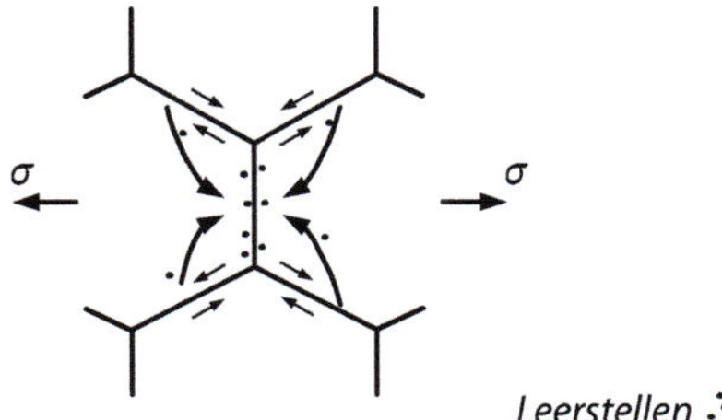

Abb. 3.41 Materietransport durch Diffusionsströme verbunden mit Korngrenzengleiten (nach *Bürgel* et al., 2011). *Dicke Pfeile:* Volumendiffusion im Innern des Kristalls, führt zum Diffusionskriechen. *Dünne Pfeile:* Korngrenzengleiten aufgrund der Diffusionsvorgänge

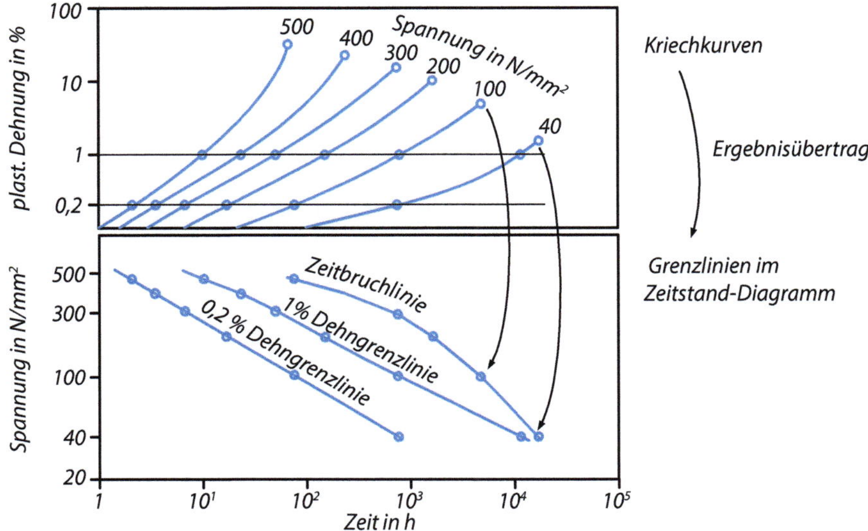

Abb. 3.42 Herleitung eines Zeitstandschaubilds bei konstanter Temperatur, schematisch

Entsprechend Abb. 3.42 sind aus vielen Kriechkurven bei konstanter Temperatur mit unterschiedlichen Spannungen die relevanten Zeitstandfestigkeiten abgeleitet und für eine konstante Temperatur im Diagramm dargestellt. Je nach Bauteil und Auslegungskriterien können die Werkstoffkennwerte bei Bruch oder bei einer bestimmten zulässigen plastischen Verformung bestimmt werden. Da bei hohen Temperaturen Zeit und Temperatur eine wichtige Rolle spielen, werden diese bei den Kennwerten mit angegeben

- Zeitstandfestigkeit $R_{u/1000/500} = 100$ MPa bedeutet, dass bei einer Zugbeanspruchung von 100 MPa nach 1000 h bei 500 °C der Bruch erfolgt.
- Zeitdehngrenze $R_{p1/100.000/600} = 22$ MPa bedeutet, dass bei einer Zugbeanspruchung von 22 MPa nach 100.000 h bei 600 °C eine bleibende Dehnung von 1 % vorhanden ist.

Erhöhung des Kriechwiderstandes

Bei hohen Temperaturen kommen verschiedene Verfestigungsmechanismen gezielt zum Einsatz, um die Auswirkung der thermisch bedingten Verformungsmechanismen zu reduzieren. Im Gegensatz zu Anwendungen bei 20 °C sind bei hohen Temperaturen Korngrenzen aufgrund des Korngrenzengleitens Schwachpunkte, sodass große Körner im Werkstoff, also eine geringe Dichte an Korngrenzen, hier sinnvoll sind. Eine Übersicht zu möglichen Maßnahmen gibt Tab. 3.23.

Tab. 3.23 Maßnahmen zur Erhöhung der Kriechfestigkeit der Metalle

Maßnahme	Wirkung
Stähle mit LE wie Mo und V (Vergütungsstähle) verwenden. Sie benötigen zur Bildung ihrer Karbide höhere Anlasstemperaturen	LE behindern die Diffusionsvorgänge beim Anlassen, höhere Anlasstemperaturen ermöglichen auch höhere Einsatztemperaturen
Metalle mit Kristallgittern dichtester Packung verwenden. Von ferritischen Stählen auf austenitische Stähle oder Ni- bzw. Co-Legierungen übergehen	In dichtest gepackten Gittern (austenitischer Stahl; kfz/Co-Legierungen, hdP) ist die Diffusion erschwert, die Warmfestigkeiten sind höher als z. B. in krz-Gittern (ferritische Stähle)
Grobkörniges Gefüge ausbilden, Stängelkristallisation, im Grenzfall einkristalline Erstarrung herbeiführen ($\rightarrow$ Textur)	Ein kleinerer Anteil an Korngrenzen mindert das Korngrenzengleiten und fällt bei Einkristallen ganz weg. Anwendung bei hoch durch Fliehkräfte beanspruchten Turbinenschaufeln. Nutzung des Korngrenzengleitens bei der Superplastizität
Korngrenzen durch ausgeschiedene Karbide oder Nitride „verzahnen". Ähnlich wirken die LE B, Ce, Re, W, Zr	Das Korngrenzengleiten wird behindert, bei optimaler Größe der Ausscheidungen wird die Rissgefahr kleiner
LE einbauen, die thermisch stabile, Intermetallische Phasen (IP) bilden. Eine weitere Möglichkeit sind nichtmetallische Phasen (Oxide), die pulvermetallurgisch eingebracht werden (ODS-Legierungen)	Teilchenhärtung, wichtig ist eine feindisperse Verteilung der Phasen. Beide sind durch ihre Bindungsart thermisch stabil. Anwendung z. B. bei: γ'-Phase Ni_3Al in Ni-Superlegierungen, Al-Oxide in Al-Legierungen (DISPAL)

Bauteile, die bei hohen Temperaturen langzeitig beansprucht werden, dürfen nur geringe Kriechgeschwindigkeiten aufweisen, damit die bleibende Dehnung nicht zu Funktionsstörungen führt. Bei hohen Einsatztemperaturen kommen neben austenitischen Stählen auch Nickelbasis- oder Kobaltbasislegierungen zum Einsatz oder keramische Werkstoffe bei Temperaturen über 1000 °C. Bei Bauteilen (z. B. Verdichterschaufeln in Flugzeugtriebwerken), bei denen ein geringes Bauteilgewicht besonders wichtig ist, sind bis ca. 600 °C auch Titanlegierungen aufgrund ihrer geringen Dichte und guten Hochtemperatureigenschaften im Einsatz.

Normung

DIN EN ISO 204:2023	Metallische Werkstoffe: einachsiger Zeitstandversuch unter Zugbeanspruchung
DIN EN 10319-1:2003	Relaxationsversuch unter Zugbeanspruchung
DIN EN ISO6892-2: 2018	Metallische Werkstoffe – Zugversuch Teil2: Prüfverfahren bei erhöhter Temperatur Warmzugversuch

3.5 Legierungen (Zweistofflegierungen)

3.5.1 Begriffe und Grundlagen

In der Technik werden meist nicht reine Metalle verwendet, sondern Legierungen. Durch Zusatz anderer Elemente können die Eigenschaften eines Metalls (am häufigsten die Festigkeit) gezielt verändert und bestimmte Eigenschaftsprofile verwirklicht werden (Tab. 3.24 und 3.25).

Tab. 3.24 Veränderung der mechanischen Eigenschaften durch Legieren am Beispiel von Aluminium

Werkstoff	R_m in MPa	Zustand	A in %
Al99,9	40		30
AlMn1Mg1	155	weichgeglüht	14
AlMg4Cu1	420	(ausgehärtet)	8

Tab. 3.25 Veränderung des Wärmeausdehnungskoeffizienten durch Legieren

Werkstoff	Analyse	α in 10^{-6}/K
Eisen	Fe, rein	12,0
INVAR	FeNi36	1,5

Älteste bekannte Legierung ist die Zinnbronze (Bronzezeit). Cu-Erze enthielten zufällig auch Zinn. Zinn erniedrigt die Schmelztemperatur und erhöht die Festigkeit und Härte, wichtig für Waffen und Werkzeuge.

Legierungen sind Stoffgemenge mit metallischen Eigenschaften. In diesem Lehrbuch ist eine Begrenzung auf solche aus zwei Komponenten nötig, um den Einfluss von Legierungselementen (LE) auf ein Basismetall darzustellen und die grundlegenden Mechanismen und Phänomene zu erklären (Zweistoffsysteme). Die meisten technisch wichtigen Legierungen sind solche aus drei und mehr Komponenten, wobei viele als Verunreinigungen gelten, die auch mit großem Aufwand nicht völlig entfernt werden können.

Beispiele für mehrkomponentige Legierungen

Unlegierter Stahl enthält neben Fe und C immer auch Anteile von Mn, Si, P und S.

Zweistofflegierungen:	Cu-Ni, Pb-Sn (Lötzinn)
Dreistofflegierungen:	Cu-Sn-Zn (Rotguss)
Mehrstofflegierungen:	NiCrMoV-Stahl

Legierungen werden durch gemeinsames Einschmelzen der verschiedenen Elemente hergestellt. Wenn das wegen hoher Schmelzpunkte nicht möglich ist, kann das auch mittels pulvermetallurgischer Verfahren erfolgen.

Beispiele für pulvermetallurgisch hergestellte Legierungen

Cu-Grafit für Stromabnehmer wegen Unlöslichkeit des C in der Cu-Schmelze.

Sinterhartmetalle WC/TiC-Co und Kontaktwerkstoff W-Cu wegen zu hoher Schmelztemperaturen ($\rightarrow$ Sintermetalle Kap. 6) ◄

Für den Einsatz von Legierungen sind neben den Metallpreisen weitere technische Kriterien wichtig. Von den vielen Legierungssystemen sind nur jene Sorten brauchbar, bei denen Gefüge entstehen, welche

- hinreichende Festigkeit, angepasste Zähigkeit mit
- wirtschaftlicher Umformbarkeit und
- ausreichender Beständigkeit (thermisch und chemisch) verbinden.

Technisch verwendbare Legierungen ergeben sich dadurch nur bei bestimmten Legierungssystemen und Mischungsbereichen. Die Elemente einer Legierung heißen Komponenten (A und B). Sie reagieren miteinander und bilden Kristalle bzw. Mischkristallphasen (α, β, γ usw.). Alle Legierungen aus A und B bilden das Legierungssystem. Als Komponenten A und B kommen Metalle (z. B. Cu und Sn oder Cu und Zn) aber auch Nichtmetalle (z. B. Fe und C) zum Tragen:

Die Komponenten A und B können je nach Atomart unterschiedlich miteinander reagieren und folgende Bestandteile der Legierung bilden:

- Kristalle vom Typ A und B, keine Mischbarkeit
- Bildung von **Mischkristallen** (α, β, γ usw.) durch Substitution oder Einlagerung von B in A oder A in B, variable Mischungsverhältnisse bis zur Sättigung ($\rightarrow$ vollständige oder begrenzte Löslichkeit):
  - Austausch- oder Substitutionsmischkristalle
  - Einlagerungsmischkristalle
- **Intermetallische Phasen** (allgemein auch intermediäre Phasen): verschiedene, stöchiometrische Zusammensetzung zwischen Metallatomen oder Metallatomen und Nichtmetallen. Der Bindungscharakter ist eine Mischung aus Metallbindung, kovalenter Bindung und Ionenbindung. Entsprechend verhalten sich die Phasen nicht rein metallisch, daher oft auch die Bezeichnung intermetallisch.

Austauschmischkristalle (AMK)
LE-Atome können Basisatome im Gitter ersetzen (deshalb auch Substitutions-MK, Abb. 3.43). Diese Austauschatome sind in der Regel ungeordnet verteilt. MK bilden eine Phase. Als Phase werden Bereiche im Kristallgitter mit gleichartigem Aufbau bzw. chemischer Zusammensetzung bezeichnet. Die vollkommene Löslichkeit, d. h., MK sind mit allen Mischungsverhältnissen erreichbar, ist nur möglich, wenn sich die Komponenten sehr ähnlich sind (Tab. 3.27, hier als Beispiel Cu).

Einlagerungsmischkristalle (EMK)
EMK werden auch interstitielle MK genannt (Abb. 3.44). Die LE-Atome sind auf Zwischengitterplätzen eingelagert, den Lücken zwischen den Atomen des Basisgitters. Bei ausreichend großen Lücken sind kleine LE-Atome, meist Nichtmetalle, löslich.

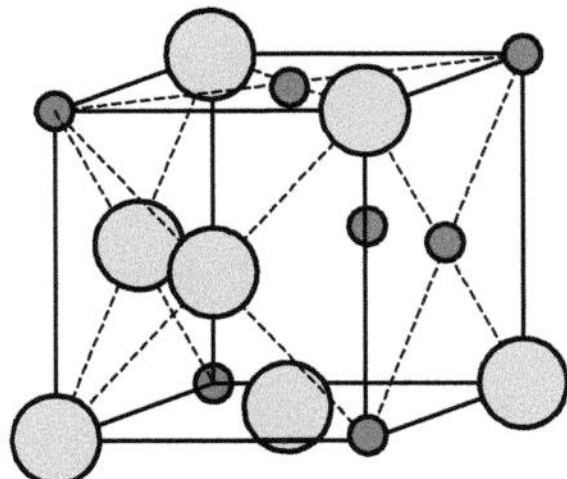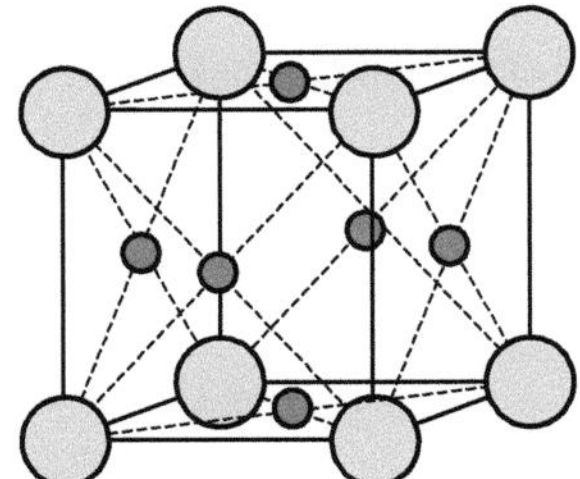

Abb. 3.43 Austausch-Mischkristalle am Beispiel kfz-Elementarzelle, links: ungeordnet, rechts: geordnet ($\rightarrow$ Überstruktur, z. B. intermetallische Phasen), hellgrau: Au, dunkelgrau Cu

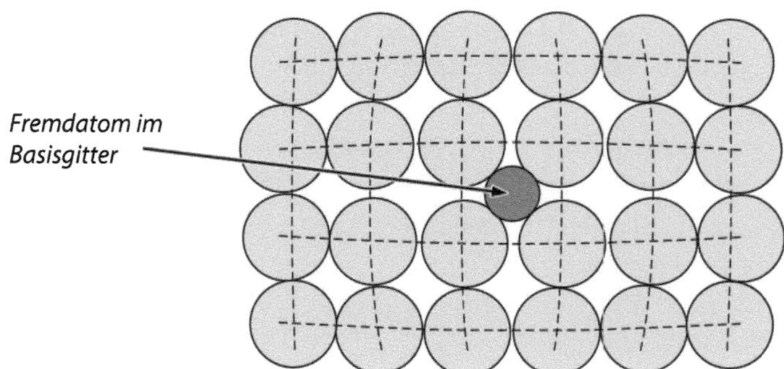

Abb. 3.44 Einlagerungsmischkristall

Tab. 3.26 Kohlenstofflöslichkeit in Fe

Phase	Temperatur in °C	Max. C-Gehalt
α-Fe krz	723	0,02 %
γ-Fe kfz	723	0,80 %
γ-Fe kfz	1147	2,06 %

Tab. 3.27 Als Beispiel: Legierungssysteme mit vollkommener Mischbarkeit im festen Zustand Cu + LE

Metall/ Eigenschaft	Cu	Legierungselement		
		Ni	Pt	Au
Atomradius in pm	128	124	138	144
Kristallgitter	kfz	kfz	kfz	kfz
Außenelektronen	1	2	1	1
EN-Zahl	1,8	1,8	1,4	1,4

Bedingungen für die Bildung von EMK sind:

- Basisgitter aus Übergangsmetallen
- Durchmesserverhältnis $D_{LE}/D_{Atom} < 0{,}41$ (z. B. B, C, N, O).

Begrenzte Löslichkeit tritt besonders bei kleinen Nichtmetallatomen in Einlagerungs-MK auf, z. B. C in Stahl (vgl. Tab. 3.26). Ihre Löslichkeit ist gering, bleibt meist unter 1 % und fällt mit der Temperatur ab.

Bedingungen für Mischkristalle mit unbegrenzter Mischbarkeit

- gleiche Kristallgitter (Tab. 3.27)
- Atomradien differieren weniger als 15 %
- gleiche Wertigkeiten
- annähernd gleiche Elektronegativität EN

Mischkristalle mit begrenzter Löslichkeit
Sind die Bedingungen für eine unbegrenzte Löslichkeit nicht gegeben, führt dieses nur zu einer begrenzten und temperaturabhängigen Löslichkeit der Legierungselemente (Tab. 3.28). Im Allgemeinen steigt die Löslichkeit mit der Temperatur an (ähnlich Zucker in Wasser). Beim Abschrecken dieser MK bleibt der hohe Gehalt bei RT bestehen, es entstehen übersättigte Mischkristalle, die metastabil, d. h. nicht im Gleichgewicht, sind. Sie versuchen durch Ausscheidung der überschüssigen Legierungselemente den stabilen Zustand zu erreichen (Ausscheidungshärtung).

Legierungen mit einem LE-Gehalt, der über der max. Löslichkeit liegt, bilden dann neben den Mischkristallen eine oder mehr weitere Phasen aus, die meist zu den intermetallischen Phasen (IP) gehören.

Überstrukturen

Überstrukturen sind geordnete Austauschmischkristalle (Gitter im Gitter). Sie entstehen, wenn die Anziehung ungleicher Atome größer ist als die gleichartiger und nur bei bestimmten Verhältnissen. Ihre Bildung erfordert Zeit (langsame Abkühlung), bei Erwärmung gehen sie langsam in den ungeordneten Zustand über (Entropiestreben). Überstrukturphasen gehören bereits zu den intermetallischen Phasen. Überstrukturen besitzen andere, z. T. extreme Eigenschaftswerte gegenüber den normalen Mischkristallphasen des Systems (z. B. elektrische Leitfähigkeit, hohe Härte).

Beispiel Metall + Metall Überstruktur

Im System Cu-Au gibt es folgende zwei Typen:

Beim Atomverhältnis 3:1 bildet sich Cu_3Au: Cu-Oktaeder im Au-Würfel (Abb. 3.43 rechts). Dieser Typ ist in vielen Legierungssystemen anzutreffen (z. B. Ni-Al, Ni-Fe, Ni-Cr).
Beim Verhältnis 1:1 entsteht der Typ CuAu (Cu in Grund- und Deckflächen, Au in senkrechten Flächenzentren eines Quaders). ◄

Intermetallische Phasen

Intermetallische Phasen (IP) (Tab. 3.29) bilden sich, wenn die Mischkristallregeln nicht erfüllt sind und über die Löslichkeitsgrenze hinaus legiert wird. Sie haben andere, oft

Tab. 3.28 Legierungssysteme mit teilweiser Mischbarkeit im festen Zustand Cu + LE

Metall/ Eigenschaft	Legierungselement			
	Cu	Al	Sn	Zn
Maximale Löslichkeit in %	–	9,4	15,8	37
Atomradius in pm	128	143	141	133
Kristallgitter	kfz	kfz	tetr	hdP
EN-Zahl	1,8	1,5	1,7	1,7
Außenelektronen	1	3	4	2

Tab. 3.29 Formale Abgrenzung der Begriffe „Intermediäre Phase" und „Intermetallische Phase"

Name	Partner	Beispiele
Intermetallische Phase	Metall/Metall	β-CuZn, Al$_2$Cu
Intermediäre Phase	Metall/Nichtmetall	Karbide, Nitride, z. B. Fe$_3$C, Mo$_2$C, TaC, TiC, TiN, WC

kompliziertere und weniger dicht gepackte Kristallgitter. Das erschwert die Versetzungs-bewegung und erhöht die Härte und reduziert die Verformbarkeit. Häufig werden diese Phasen mit einer chemischen Formel benannt, es muss aber kein exaktes stöchiometrisches Verhältnis vorliegen. Bei der Verbindung Metall-Metall oder der Verbindung Metall – Nichtmetall liegt in beiden Fällen der Bindungscharakter zwischen der reinen Metall-bindung und der chemischen Bindung (kovalent oder Ionenbindung) und wird deswegen auch als intermediär und die Strukturen als intermediäre Phase bezeichnet. Formal kann der Begriff intermetallische Phase entsprechend nur auf die Bindung Metall-Metall an-gewendet werden. In der Literatur wird teilweise auch übergeordnet immer der Begriff intermetallische Verbindung verwendet. Der Anteil von intermetallischen Phasen am Ge-füge der üblichen Legierungen ist normalerweise niedrig und dient zur Steigerung der Härte und Festigkeit.

> **Beispiel für intermetallische Phase: Metall und Nichtmetall; Fe und Kohlenstoff → Karbid**
>
> Eisen kann bei RT nur sehr wenige C-Atome lösen. In Kohlenstoffstählen liegt der Kohlenstoff dann als Verbindung Eisenkarbid, Fe$_3$C (Zementit), vor. Sie ist hart und spröde und hat im Stahl C60 mit 0,6 % C einen Anteil von 9 % am Gefüge. ◄

Die intermetallische Bindung führt auch zu besonderen mechanischen Eigenschaften, wie z. B. zu hoher Steifigkeit (E-Modul) bei hohen Temperaturen, Widerstand gegen Krie-chen und Oxidation. Dadurch kommen einige intermetallische Phasen trotz der geringen Verformbarkeit als Strukturwerkstoff infrage.

> **Beispiel für eine intermetallische Phase als Strukturwerkstoff**
>
> Leichtbauwerkstoff Titanaluminid, die intermetallische γ-Phase TiAl mit einer Dichte von 3,84 g/cm^3, tetragonale Elementarzelle, Anwendungen z. B. Gasturbinen.
> Eigenschaften stranggepresst: hohe Wärmeleitfähigkeit 22 W/m^{2}K bei RT. $R_{p0,2/RT}$ = 800 MPa; $R_{m,800°C}$ > 500 MPa; spezifische Steifigkeit E/ρ = 46 GPacm^3/g (zum Vergleich: Stahl hat 26). ◄

> **Auftretende Phasen bei Zweitstoffsystemen:**
> - Homogene Schmelzen
> - Reine Kristalle der Atomsorte A und B
> - Mischkristalle vom Typ
>   α: A-reiche Mischkristallphase mit der Atomsorte B
>   β: B-reiche Mischristallphase mit der Atomsorte A
> - Intermetallische Kristallstrukturen Metall-Metall oder Metall-Nichtmetall

3.5.2 Zustandsdiagramme – Allgemeines

Zustandsdiagramm, auch Phasendiagramme genannt, sind vergleichbar mit einer Art Landkarte. Aus ihnen lassen sich für alle Legierungen eines Legierungssystems basierend aus zwei Atomsorten (A und B) die Art, der Anteil und die Zusammensetzung der bei der Abkühlung aus der Schmelze entstehenden Phasen ermitteln. Daher auch die Bezeichnung Zweistoffsystem, da nur zwei Atomsorten betrachtet werden. Darüber hinaus lassen sich Eigenschaften der Legierung tendenziell vorhersagen, insbesondere auch die Möglichkeit durch Legieren die Festigkeit zu steigern, sowie prinzipielle Möglichkeiten und Grenzen von Wärmebehandlungen abschätzen. Damit sind Zustandsdiagramme in der Werkstoffkunde ein unverzichtbares Hilfsmittel.

Zustand eines Stoffsystems beschreibt für eine beliebige Zusammensetzung der Legierung die Art der entstehenden Phasen, aus denen das Stoffsystem bei einer Temperatur T besteht, des Weiteren ihre jeweiligen Mengenanteile und die Zusammensetzung/chemischen Konzentration bei der betrachteten Temperatur.

Der Zustand eines Zweistoffsystems hängt generell von der Temperatur T, der Konzentration der beiden Atomsorten und dem vorherrschenden Druck p ab. Da aber in den meisten technischen Anwendungen der Druck dem Umgebungsdruck entspricht und somit konstant ist, wird der Druckeinfluss auf den Zustand der Legierungen in den folgenden Diagrammen nicht weiter betrachtet. Zustandsdiagramme gelten für eine sehr (unendlich) langsame Abkühlung, damit sich das Phasengleichgewicht[8] durch Diffusion einstellen kann.

Zustandsdiagramme bestehen aus einer waagerechten Achse mit Angabe der Konzentrationsanteile der beiden reinen Komponenten links und rechts außen. Ihr Anteil (in der Regel als Gewichts-% angegeben) ist jeweils nach rechts bzw. links fallend angegeben, oder wie in Abb. 3.45 dargestellt, ist nur die Konzentration einer Atomsorte gegeben, die andere ist ergibt sich aus der Ergänzung zu 100 %. Auf den beiden senkrechten Achsen ist jeweils die Temperatur aufgetragen.

Abb. 3.45 zeigt schematisch Zustände für zwei mögliche Legierungen (L_1, L_2) aus den Elementen A und B. Die Liquiduslinie kennzeichnet die Schmelztemperatur, oberhalb dieser Temperatur ist das Material flüssig. Die Solidustemperatur ist die Temperatur, ab der das Material fest ist. Bei reinen Elementen, also ohne Anteile des anderen Atomsorte, sind beide Temperaturen gleich. Bei Legierungen, die aus A und B bestehen, durchläuft die Legierung einen Bereich (im Diagramm weiß) mit zwei Phasen, ein Teil ist beim Abkühlen bereits erstarrt (Phase Mischkristall), der Rest ist noch flüssig (Phase Schmelze). Beim Aufwärmen der Legierung wäre in diesem 2-Phasen-Bereich entsprechend ein Teil noch fest und der Rest schon flüssig.

---

[8] Phasengleichgewicht ist hier der Zustand der größten thermodynamischen Stabilität. Sie ist erreicht, wenn das System ein Minimum der freien Enthalpie (d. h. nutzbaren Energie) besitzt. Die freie Enthalpie setzt sich bei gegebener Temperatur sowohl aus der Energie als auch der Entropie der Phasen zusammen.

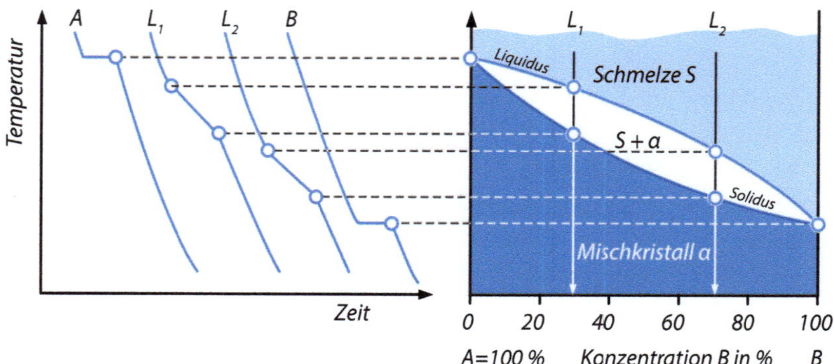

Abb. 3.45 Schematisches Zustandsdiagramm der Atomsorten A und B mit den entsprechenden Abkühlkurven

Die Erstellung eines Zustandsdiagramms erfolgt experimentell aus den Abkühlkurven (siehe Abb. 3.45) vieler unterschiedlicher Legierungszusammensetzungen eines Legierungssystems und nachgelagerten Gefügeuntersuchungen. Insbesondere die Änderung in der Steigung der Abkühlkurven gibt Auskunft über eine Änderung in dem betrachteten Legierungssystem, Knick- und Haltepunkte der Abkühlkurven ergeben sich entsprechend des Gibbs'schen Phasengesetzes. Die Haltepunk- und Knickpunkttemperaturen werden nach rechts in das Diagramm übertragen und mit der Senkrechten bei der jeweiligen Legierungszusammensetzung zum Schnitt gebracht. So entstehen punktweise die Linienzüge. Sie begrenzen die Zustandsfelder.

Die Unstetigkeiten in den Abkühlkurven (Halte-, Knickpunkte) lassen sich auch mit der Gibbs'schen Phasenregel erklären. Die Anzahl der Freiheitsgrade F oder Zustandsgrößen, die sich unabhängig voneinander ändern können, ohne dass sich die Anzahl der Phasen / Zustand der Legierung ändert, sind Druck, Temperatur und die chemische Zusammensetzung. Wenn man den Druck konstant hält, ist nach Gibbs der Freiheitsgrad:

$$F = Anzahl\ Komponenten - Anzahl\ Phasen + 1$$

Bei einem Einstoffsystem, z. B. reinem Kupfer, ist beim Schmelzpunkt der Freiheitsgrad = 0 (F = 1 − 2 + 1), denn hier liegen für eine bestimmte Zeit zwei Phasen (Schmelze und Feststoff) gleichzeitig vor, bis der Werkstoff vollständig erstarrt ist. Die Schmelztemperatur bleibt konstant, bis das reine Kupfer vollständig erstarrt ist und sich die Anzahl der Phasen dann von zwei auf eine reduziert hat. Eine Erklärung hierfür ist, dass während der Kristallisation die entstehende Kristallisationswärme die Temperatur so lange konstant hält, bis die Schmelze vollständig erstarrt ist. Es kommt zu einem isothermen Haltepunkt, den es bei reinen Metallen oder auch bei der eutektischen, eutektoiden oder peritektischen Erstarrung von Legierungen gibt.

Bei einem Zweistoffsystem (L_1 oder L_2 in Abb. 3.45) ist beim Abkühlen und Beginn der Kristallisation (P = 2, da Mischkristalle und Schmelze gleichzeitig vorhanden sind) der Freiheitsgrad = 1 (F = 2 – 2 + 1), d. h., es gibt ein Temperaturintervall für eine bestimmte chemische Zusammensetzung der Legierung in dem der Werkstoff von der Schmelze vollständig in den Feststoff übergeht (Erstarrungsintervall). Nach der vollständigen Erstarrung ist die Anzahl der Phasen nun = 1 und F damit = 2, d.h., Temperatur und chemische Zusammensetzung können in Bereichen unabhängig voneinander geändert werden und der Zustand (Mischkristall) ändert sich nicht mehr.

Wenn allgemein betrachtet zwei Atomsorten A und B miteinander gemischt, also legiert werden, ergeben sich grundlegend betrachtet vier Möglichkeiten zur Löslichkeit von A und B im Legierungssystem. Der flüssige Zustand wird als Schmelze (Metallschmelze) und der feste Zustand als Metall bzw. Mischkristall oder intermetallische Phase bezeichnet.

1) Vollkommene Unlöslichkeit im flüssigen und im festen Zustand
2) Vollkommene Löslichkeit im flüssigen und im festen Zustand
3) Vollkommene Löslichkeit im flüssigen und Unlöslichkeit im festen Zustand
4) Vollkommene Löslichkeit im flüssigen und begrenzte Löslichkeit im festen Zustand

3.5.3 Zustandsdiagramm mit vollkommener Unlöslichkeit im flüssigen und im festen Zustand

Ein Beispiel für eine vollkommene Unlöslichkeit also Unmischbarkeit sowohl im flüssigen als auch im festen Zustand ist das Zweistoffsystem Eisen – Blei (Fe-Pb) mit folgendem Zustandsdiagramm. Entsprechend lässt sich Eisen mit Blei nicht legieren (Abb. 3.46)

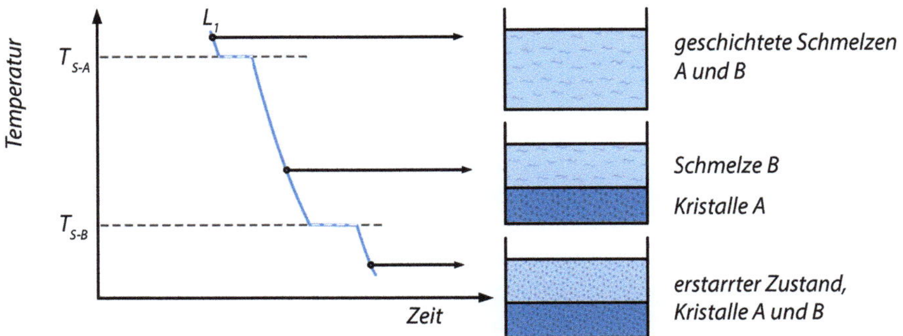

Abb. 3.46 Abkühlkurve und schematisches Zustandsdiagramm bei vollkommener Unlöslichkeit im flüssigen und im festen Zustand

3.5.4 Zustandsdiagramm mit vollkommender Löslichkeit im flüssigen und im festen Zustand

Dieser Fall, der vollständigen Mischbarkeit, tritt nur bei einigen Kombinationen von zwei Metallen auf, die dazu notwendigen Bedingungen wurden bereits in Abschn. 3.5.1 aufgezeigt. Es ist ein schematisch einfaches Zustandsdiagramm mit den drei Phasenfeldern: Schmelze S, Mischkristall α, S+α (Abb. 3.47, Tab. 3.30). Mit dem Erreichen der Liquidus-Linie beginnt die Kristallisation. Mit sinkender Temperatur wachsen die Kristalle auf Kosten der Schmelze. An der Solidus-Linie ist die Kristallisation beendet: Es entstehen einphasige MK-Gefüge.

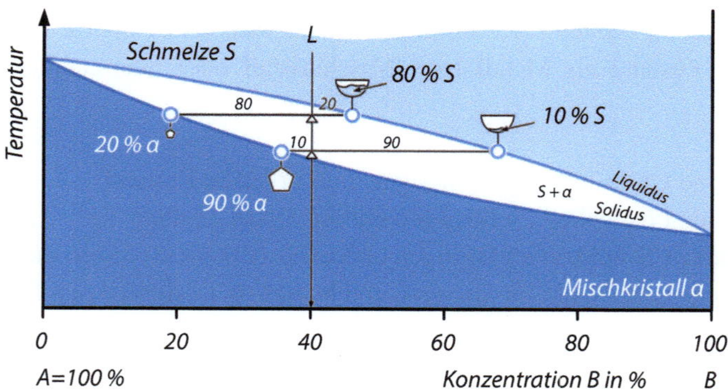

Abb. 3.47 Schematische Darstellung eines Zustandsdiagrammes mit vollständiger Löslichkeit im flüssigen und im festen Zustand. Für Legierung L ist auch exemplarisch die grafische Anwendung des Hebelgesetzes für zwei Temperaturen eingezeichnet

Tab. 3.30 Felder und Linien im Zustandsdiagramm mit vollständiger Mischbarkeit der Komponenten im flüssigen und im festen Zustand und ihre Bedeutung in der Praxis (vgl. Abb. 3.47)

Linien und Felder	Erklärung und Bedeutung in der Praxis
Liquidus-Linie: (liquidus, lat. = flüssig)	Oberer Linienzug. Darüber sind alle Legierungen flüssig (einphasig). Um eine Legierung herzustellen, muss im Schmelzofen die Liquidus-Temperatur der Legierung deutlich übertroffen werden. Beim Unterschreiten der Linie beginnt die Kristallisation
Solidus-Linie: (solidus, lat. = fest)	Unterster Linienzug. Beim Unterschreiten der Linie ist die Kristallisation beendet. Unterhalb bestehen alle Legierungen aus Mischkristallen. Die Solidus-Temperatur einer Legierung darf bei Wärmebehandlungen nicht überschritten werden
Oberes Feld (oben offen)	Alle Legierungen sind schmelzflüssig, einphasig
Linsenförmiges Feld	Erstarrungsbereich, alle Legierungen sind zweiphasig und bestehen aus Schmelze (abnehmend) + Mischkristallen (zunehmend). Je breiter das Feld ist, desto leichter entstehen Seigerungen
Unteres Feld	Alle Legierungen sind kristallisiert, einphasige Mischkristalle, homogene Gefüge. Die Eigenschaften der Legierung sind von denen des Basismetalls abgeleitet

Systeme mit vollkommener Mischbarkeit im festen Zustand sind neben Cu-Ni auch Ag-Au, Ag-Pd, Co-Mn, α-Fe-Cr, α-Fe-V, γ-Fe-Co, γ -Fe-Pt, γ -Fe-Pd, Cu-Au, Cu-Ni, Cu-Pd, Cu-Pt, Ni-Co, Ni-Fe, Ni-Pd, Ni-Pt, Mo-W, Pt-Ir.

> **Informationen für eine bestimmte Temperatur und eine bestimmte Legierung aus A und B, die aus dem Zustandsdiagramm abzulesen ist**
> - Welche Phasen treten auf?
> - Wie ist die chemische Zusammensetzung/Konzentration der jeweiligen Phasen?
> - Wie ist das Mengenverhältnis der Phasen untereinander?
>   → Hebelgesetz (Gesetz des *abgewandten* Hebelarms)

Hebelgesetz: Der Mengenanteil jeder Phase ist proportional zum *abgewandten* **Hebelarm**

Da die Wärmeenergie an die Masse der Phasen gebunden ist, kann das mechanische Gleichnis der Waage verwendet werden, um die Phasenanteile in Prozent vom Ganzen zu berechnen. Es gilt also das Hebelgesetz in der Form einer Verhältnisgleichung.

Abb. 3.47 zeigt den Abkühlverlauf einer Legierung aus 40 % B und 60 % A. Im linsenförmigen Erstarrungsbereich (weiß) ist sie zweiphasig. Sie wird zunächst dicht unterhalb der Liquiduslinie betrachtet. Die Kristallisation hat gerade begonnen. Der geringe Anteil der MK entspricht der Länge des kurzen Hebelarms (20 %), die Länge des langen Arms dem Anteil der Schmelze (80 %). Mit sinkender Temperatur wachsen immer mehr Kristalle bei abnehmender Schmelze. Bei der unteren Temperatur sind die Hebelverhältnisse wie folgt: 90 % MK und 10 % Schmelze. Bei weiterer Abkühlung ist mit der Soliduslinie eine vollständige Erstarrung gegeben ➜ 100 % MK:

Abb. 3.48 zeigt exemplarisch am Zweistoffsystem Ni-Cu die Anwendung des Hebelgesetzes für eine Legierung mit 51 % Ni und 49 % Cu. Der Anteil der Phasen bei einer

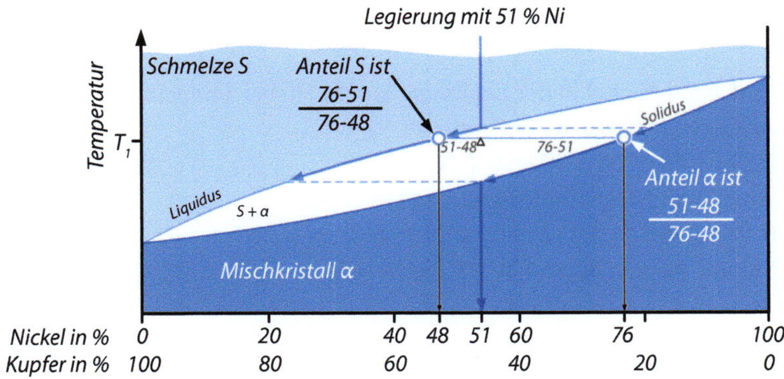

Abb. 3.48 Hebelgesetz für Legierung Ni und Cu

gewählten Temperatur und die Zusammensetzung dieser Phasen kann mittels des Hebelgesetzes abgelesen werden.

Bei einer Temperatur T_1 wird eine waagerechte Verbindungslinie (Konode) im Zweiphasengebiet eingetragen. Die Schnittpunkte mit den Phasengrenzlinien (Solidus, Liquidus) zeigen, dass bei dieser Temperatur Schmelze und MK vorliegen. Wird an diesen Schnittpunkten (Liquiduslinie - Konzentration der Schmelze / Soliduslinie - Konzentration des Mischkristalls) senkrecht eine Linie auf die x-Achse gezogen, kann die chemische Zusammensetzung der entstehenden Phasen bei dieser Temperatur abgelesen werden. Die Schmelze hat hier 48 % Ni und 52 % Cu, der MK hat hier 76 % Ni und 24 % Cu. Bei vollständiger Erstarrung hat die Legierung wieder die ursprüngliche Zusammensetzung der Schmelze: 51 % Ni und 49 % Cu. Die entstehenden Mischkristalle müssen also während des Abkühlens und Wachsens fortlaufend ihre Zusammensetzung ändern. Bei langsamer Abkühlung kann das über Diffusion erfolgen. Bei schnellerer Abkühlung (Zustandsdiagramme nicht mehr gültig!) würden Schichtkristalle entstehen, die im Kern reicher an Ni sind als in den Randzonen. Diese Erscheinung wird auch als Kristallseigerung bezeichnet.

Beispiel für Anwendung des Hebelgesetzes bei der Temperatur T_1 der Legierung L in Abb. 3.48 mit 51 % Nickel

Für die Länge der Hebelarme können aus dem Diagramm die Längen abgemessen werden oder aber auch auf der x-Achse die Abstände anhand der Gewichts-%

Gesamthebel: 76–48 = 28
Hebel zur Bestimmung des Phasenanteils des MK: 51–48 = 3
Hebel zur Bestimmung der Schmelze. 76–51 = 25
Anteil MK: Hebel MK / Gesamthebel = 3/28 = 0,107 bzw. 10,7 %
Anteil Schmelze S: Hebel Schmelze / Gesamthebel = 25/28 = 0,893 bzw. 89,3 %
Gesamt: Schmelze + MK = 10,7 % + 89,3 % = 100 %

Kontrollrechnung zur Verteilung der Atome Nickel und Kupfer.
Hier exemplarisch für T_1 und das Element Nickel. Nickel ist in der Schmelze und in dem Mischkristall vorhanden.

Gesamtanteil **Nickel** in der Legierung L = 51 %, bei Temperatur T_1
– Anteil von Nickel in der Schmelze
   0,893 × 48 % Ni = 42,864 % Ni
– Anteil von Nickel im Mischkristall
   0,107 × 76 % = 8,132 %
– Summe Nickel: 42,864 % + 8,132 % = 51 % ✓ ◄

Zustandsdiagramm und Eigenschaften von Mischkristalllegierungen am Beispiel Cu -Ni
Wichtigste Wirkung der Legierungselemente ist die Mischkristallverfestigung. Abb. 3.49 zeigt exemplarisch, wie sich bei einer Kupfer-Nickel-Legierung die Zugfestigkeit und der

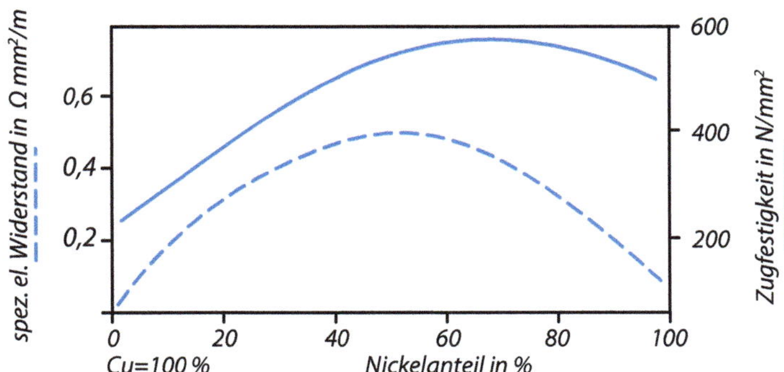

Abb. 3.49 Eigenschaften der Legierungen des Systems Cu-Ni. CuNi44 ist eine korrosionsbeständige Widerstandslegierung (Konstantan)

elektrische Widerstand in Abhängigkeit der Legierungszusammensetzung ändert. Bei ca. 65 % Nickelanteil ist die Zugfestigkeit am höchsten, der elektrische Widerstand hat bei 50 % Nickel sein Maximum.

3.5.5 Zustandsdiagramm mit vollkommener Löslichkeit im flüssigen und Unlöslichkeit im festen Zustand: *Eutektisches Legierungssystem Typ I*

Bei diesem Zweistoffsystem sind die beiden Atomsorten A und B nur in der flüssigen Phase, der Schmelze, vollständig löslich. Dieses hat zur Folge, dass im festen Zustand aufgrund der Unlöslichkeit nur ein Gemisch (Gefüge) aus den festen Kristallphasen A und B auftreten. Es gibt keine Mischkristalle (siehe Abb. 3.50). Ein Beispiel für eine solches System ist Wismut (Bi) und Kadmium (Cd).

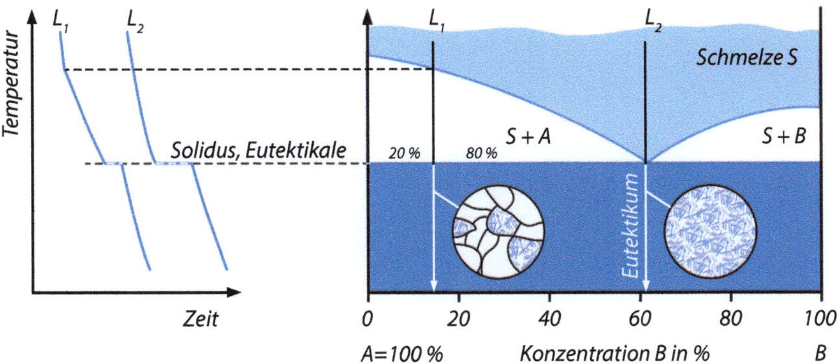

Abb. 3.50 Schematische Darstellung eines Zustandsdiagramms mit Eutektikum und den korrespondierenden Abkühlkurven für die Legierungen L1 und L2 (eutektische Legierung)

Bei Legierungen (L1) mit einer Konzentration, welche kleiner als die eutektische Zusammensetzung ist, kristallisieren aus der Schmelze zuerst nur Kristalle der Atomsorte A. In dem linken Zweiphasengebiet sind entsprechend Schmelze und Kristalle vom Typ A vorhanden. Wird weiter bis zur Eutektikalen abgekühlt, dann wandelt sich die dort noch vorhandene Restschmelze eutektisch in die Kristalle A und B um. Bei RT sind so nur Kristalle vom Typ A und B als Gefügegemisch vorhanden.

Besonderheit bei diesem System ist das Auftreten des Eutektikums bzw. der Eutektikalen:

- **Eutektischer Punkt:** An diesem Punkt erstarrt die Schmelze innerhalb einen Zeitintervalls gleichzeitig in die Kristalle A und B. Dieses ist der niedrigste Schmelzpunkt dieser Legierung von A und B und technisch von besonderem Interesse. Da an diesem Punkt gleichzeitig die Kristalle A und B aus der Schmelze auskristallisieren, entsteht ein sehr feinkörniges Gefüge, **das Eutektikum,** häufig in einer lamellaren Anordnung von A und B. Die Abkühlkurve weist an diesem Punkt entsprechend der Gibbs'schen Phasenregel einen isothermen Haltepunkt bei einer bestimmten Konzentration auf ($F = 2 - 3 + 1 = 0$). Es sind gleichzeitig die drei Phasen Schmelze, Kristalle A und Kristalle B vorhanden.
- **Eutektikale:** Unterhalb der waagerechten Eutektikalen ist die Legierung fest. Sie entspricht der Soliduslinie.

Anwendung des Hebelgesetzes: Beschreibung des Abkühlverlaufs unter Anwendung des Hebelgesetzes in Abb. 3.51 für die Legierung L

Zum leichteren Einstieg wird hier nur der linke Teil des Zustandsdiagramms angenommen. Abb. 3.51 zeigt dieses System A-B mit der Legierung L aus 80 % A und 20 % B. Die Abkühlung beginnt im Gebiet der Schmelze. Der Punkt L wandert bei Abkühlung senkrecht abwärts, schneidet die Liquiduslinie und gelangt in das Zweiphasenfeld zum Punkt 1 (oberer

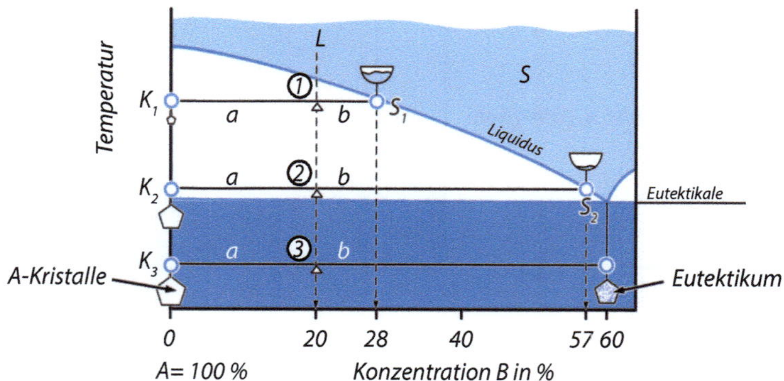

Abb. 3.51 Darstellung der Hebelbeziehung am linken Ausschnitt des Zustandsdiagramms eines eutektischen Systems mit Komponente A und B

Hebel). Die eingezeichnete Temperaturwaagerechte stößt links an die Phasengrenze Punkt K_1 und rechts an das Phasenfeld Schmelze, Punkt S_1. Die Waagerechte (Konode) symbolisiert den Waagebalken, an dem die Kristalle und Schmelze als gedachte Masse bei dieser Temperatur im Gleichgewicht sind (Auswertung, Punkt 1, Tab. 3.31). Mit fallender Temperatur wachsen immer mehr A-Kristalle. Dadurch verringert sich der Anteil der Schmelze, gleichzeitig reduziert sich die Konzentration von A-Atomen in der Schmelze, sie wird „A-ärmer". Zur Erklärung wird dicht über der Solidus-Linie bei Punkt 2 (mittlerer Hebel) eine zweite Konode gelegt und ausgewertet (Auswertung Punkt 2, Tab. 3.31).

Beim Erreichen der Solidus-Linie = Eutektikalen der Legierung L besteht ein Verhältnis von 66,67 % Kristallen Typ A und 33,33 % Restschmelze, welche dann die eutektische Konzentration hat. Hier läuft die eutektische Reaktion ab: Die homogene Schmelze zerfällt gleichzeitig in ein feinkörniges Kristallgemisch aus A- und B-Kristallen. Die Berechnung der Anteile von Kristallen und Eutektikum erfolgt mit dem Hebelgesetz zwischen den Phasen Kristall Typ A (links) und E = Eutektikum (rechts) (vgl. Temperatur 3 in Tab. 3.31).

Kontrollrechnung zur Verteilung der Atome A und B, hier am Beispiel der Legierung L bei der Temperatur T3 (Raumtemperatur)

Kontrollrechnung:
    in der Legierung L sind **20 % Atome B** und **80 % Atome A:**
    Eutektikum besteht zu 60 % aus B und 40 % aus A (vgl. Tab. 3.31)

Anteil **Atome A:**

- ein Teil in den reinen Kristalle A (100 % A, Anteil 66,667 %)
- ein Teil im Eutektikum:
  0,33333 (Anteil Eutektikum) × 40 % (Konzentration von A im Eutektikum) ➜ 13,333 %
  ➜ in Summe: 66,667 % + 13,333 % = **80 % Atome A** ✓

Anteil **Atome B:**

- nur im Eutektikum:
  ➜ 0,33333 (Anteil Eutektikum) × 60 % (Konzentration von B im Eutektikum) ➜ **20 % Atome B** ✓ ◄

Tab. 3.31 Auswertung der Hebelbeziehungen für die Legierung L bei 3 verschiedenen Temperaturen 1,2 und 3 entsprechend Abb. 3.51

	Temperatur Punkt 1	Temperatur Punkt 2	Temperatur Punkt 3
Massenverhältnisse	Gesamthebel = a + b Anteil Schmelze = a/(a + b) Anteil MK = b/(a + b)		Gesamthebel = a + b Anteil Eutektikum = a/(a + b) = 20/60 = 33,333 %
	Anteil Schmelze = 20/28 = 71,4 % Anteil Kristall A = 8/28 = 28,6 %	Anteil Schmelze = 20/57 = 35,1 % Anteil Kristall A = 37/57 = 64,9 %	Anteil Kristall A = b/(a + b) = 40/60 = 66.667 %
Konzentration der Phasen	Lot senkrecht vom Schnittpunkt mit der Begrenzungslinie der Schmelze →Konzentration Schmelze: 28 % B und 72 % A Lot senkrecht von der Begrenzungslinie Kristall (hier y- Achse) → Konzentration Kristall K1: 100 %A	Lot senkrecht vom Schnittpunkt mit der Begrenzungslinie der Schmelze → Konzentration Schmelze: 57 % B und 43 % A Lot senkrecht von der Begrenzungslinie Kristall (hier y- Achse) → Konzentration Kristall K1 = K2: 100 % A	Lot senkrecht vom Eutektikum → Konzentration Eutektikum: 60 % B und 40 % A Lot senkrecht von der Begrenzungslinie Kristall (hier y- Achse) → Konzentration → K1 = K2 = K3: 100 % A

3.5.6 Zustandsdiagramm mit vollkommener Löslichkeit im flüssigen und begrenzter Löslichkeit im festen Zustand: *Eutektisches Legierungssystem Typ II*

Bekannte Legierungen dieses Typs sind die Blei- oder Zinnlote (Tab. 3.32, Abb. 3.52), mit niedrigen Schmelztemperaturen zum Verbinden von Blei- und Zinkblech durch Löten. Aufgrund ihrer unterschiedlichen Eigenschaften sind Blei und Zinn nur begrenzt löslich und diese begrenzte Löslichkeit ist zudem stark von der Temperatur abhängig.

Abb. 3.52 zeigt das Zustandsdiagramm Pb-Sn und Abb. 3.53 die bei verschiedenen Zusammensetzungen entstehenden Gefüge als Schliffbild. Die Liquiduslinie ist v-förmig. Sie beginnt an den Schmelzpunkten der Komponenten und fällt von beiden Seiten bis zum eutektischen Punkt ab. Er liegt bei 183 °C und ist Schmelz- und Erstarrungspunkt der sog. Eutektischen Legierung mit 61,9 % Sn. Bis zu dieser Temperatur behindern sich die unterschiedlich kristallisierenden Atome gegenseitig – Pb kristallisiert kfz, Sn aber tetragonal – bis sie am eutektischen Punkt beide gleichzeitig, aber jeder für sich, aus der Schmelze

Tab. 3.32 Daten zu Blei und Zinn

	r_{Ion} in pm	Gitter	Gitterkonstante in pm	EN
Pb	132	kfz	490	1,6
Sn	93	tetr	649	1,7

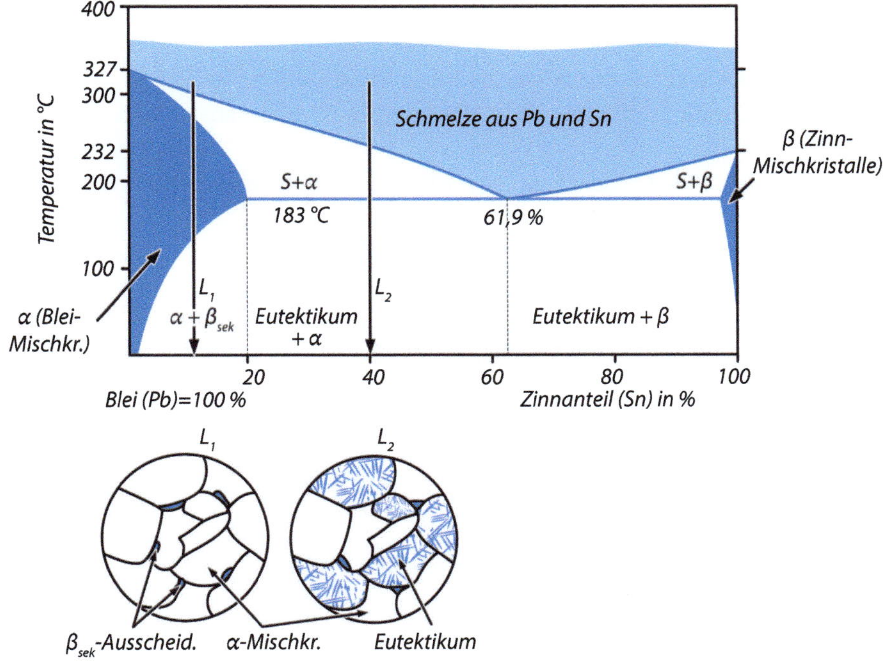

Abb. 3.52 Schematische Darstellung einen Zustandsdiagrammes Blei-Zinn und Gefügebilder der Legierungen L₁ bei RT und L₂ bei der Eutektikalen (183 °C)

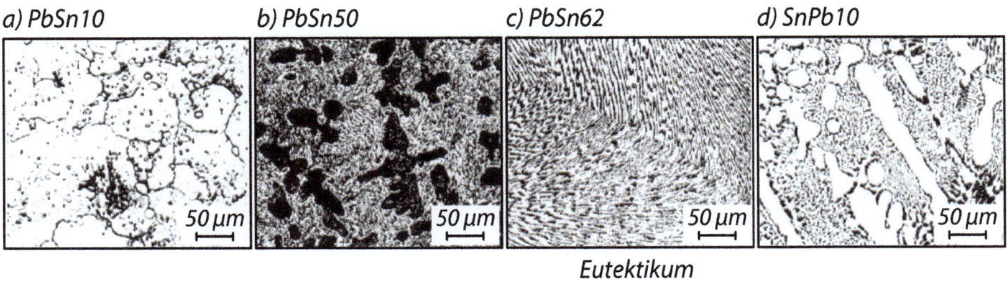

Abb. 3.53 Charakteritische Gefüge des Legierungssystems Blei-Zinn

feinkörnig auskristallisieren. Diese eutektische Legierung erstarrt bei einer geringeren Temperatur als die reinen Komponenten Pb oder Sn und hat ein feinkörniges Gefüge (Abb. 3.53c) mit dem Namen Eutektikum. Aufgrund der niedrigen Schmelztemperatur und den guten mechanischen Eigenschaften (Feinkornhärtung) ist diese eutektische Zusammensetzung allgemein gut für Gussanwendungen oder hier speziell bei Blei-Zinn als Weichlot zu verwenden. In dem Fall der begrenzten Löslichkeit von Sn in Pb und Pb in Sn besteht das Eutektikum als Kristallgemisch, hier aus den beiden Mischkristallphasen α + β. Im α-MK ist Zinn in Blei als Austauschmischkristall gelöst und im β-MK Blei in Zinn. Entsprechend besteht das Gefüge bei RT immer aus einem Gemisch aus α-MK und β-MK (bzw. reinen B-Kristallen, da die Löslichkeit bei 20 °C von Pb in Sn gegen Null geht).

Phasen im System Blei (Pb) – Zinn (Sn)

- α-Pb Mischkristalle: mit max. 19 % Sn bei 183 °C und 2 % bei 20 °C, also eine mit der Temperatur abnehmende und begrenzte Löslichkeit von Zinn in Blei
- β-Sn Mischkristalle: mit max. 2,5 % Pb bei 183 °C und nahezu keiner Löslichkeit bei 20 °C
- Eutektikum bei 183 °C: bestehend aus α-Pb Mischkristalle (Anteil mit 19 % Sn und β-Sn Mischkristallen mit 2,5 % Pb.
  Anteil von α- MK nach dem Hebelgesetz = (97,5–61,9)/(97,5–19) = 45,35 %
  Anteil von β- MK nach dem Hebelgesetz = (61,9–19)/(97,5–19) = 54,65 %

Die beiden Phasen wachsen oft lamellen- oder stäbchenartig aus der Schmelze, da dann die Diffusionswege zur Phasenbildung minimiert werden. Der Lamellenabstand kann durch höhere Abkühlgeschwindigkeit verkleinert werden. Das führt zu höherer Festigkeit. Bei RT liegen die beiden Phasen α (Pb-MK mit 2 % Sn) und β (Sn-MK mit sehr geringem Pb-Gehalt) vor (Tab. 3.33)

Tab. 3.33 Legierungstypen im Zustandsschaubild Pb-Sn (Abb. 3.52)

Legierungsbereich	Gefüge	Beschreibung
α-Bereich Pb-Mischkristall-Legierungen mit 2…19 % Sn	Abb. 3.53a	Sind unterhalb der Solidus-Linie homogen, beim Erreichen der Löslichkeitslinie beginnt die Ausscheidung von sekundären Kristallen[a]. Die aus der Schmelze kristallisierten Pb-MK sind zunächst ungesättigt, an der Löslichkeitslinie gesättigt und scheiden bei weiterer Abkühlung den Überschuss an Sn an den Korngrenzen aus. Bei RT ist das Gefüge heterogen und besteht aus Pb-MK (2 % Sn) + Sn-Kristallausscheidungen
α + β-Bereich untereutektische Legierungen mit 19…61,9 % Sn	Abb. 3.53b	Liegen links vom eutektischen Punkt. Ihr Gefüge besteht an der Solidus-Linie aus Eutektikum und den in der Schmelze erstarrten Pb-Mischkristallen (19 % Sn). Im Laufe der Abkühlung verringern sie ihren Sn-Gehalt von 19 auf 2 %, was zu Ausscheidungen von β-Mk führt. Die direkt aus der Schmelze wachsenden α-Mischkristalle (sog. Primärkristalle) werden meist größer ausgebildet und heben sich im Schliffbild (dunkel) vom feinkörnigen Eutektikum ab
α + β-Bereich Übereutektische Legierungen mit 61,9…97,5 % Sn	Abb. 3.53d	Liegen rechts vom eutektischen Punkt. Ihr Gefüge besteht an der Solidus-Linie aus Eutektikum und den aus der Schmelze direkt ausgeschiedenen Sn-Mischkristallen. Im Laufe der Abkühlung verringern die Sn-Mischkristalle ihren Pb-Gehalt von 2,5 % durch sekundäre Ausscheidungen von α-Mk auf fast null %
β-Bereich Sn-Mischkristall-Legierungen mit über 97,5 % Sn	Ohne Bild	Sind unterhalb der Solidus-Linie homogen, beim Erreichen der Löslichkeitslinie beginnt die Ausscheidung von Sekundärkristallen, hier ist es der Überschuss an Pb. Bei RT ist das Gefüge dadurch heterogen und besteht aus Sn-Kristallen + Pb-MK (2 % Sn)

[a] Sekundäre Ausscheidungen führen zu unerwünschten Eigenschaftsänderungen, wie z. B. Altern, oder werden beim Aushärten zum Eigenschaftsändern (Verfestigung) gezielt genutzt.

Bei den Einphasengebieten, in denen nur α- oder nur β-MK vorhanden sind, sind die Linien, die mit abnehmender Temperatur die Löslichkeit begrenzen, von besonderer Bedeutung. Wenn eine Legierung L_1 mit z. B. 10 % Sn diese Linie mit abnehmender Temperatur bei ca. 130 °C schneidet, dann müssen zwangsläufig aus dem festen α-Mk nun erste β-MK ausgeschieden werden, da nicht mehr so viele Sn-Atome im Pb-MK gelöst werden können. So entstehen mit abnehmender Temperatur dann immer größere Anteile von Ausscheidungen (Segregationen), die sich bevorzugt im Gitter an den energetisch günstigen Stellen ausscheiden, z. B. Korngrenzen, Zwillingsgrenzen oder Versetzungen, siehe Abb. 3.52 Legierung L_1.

3.5.7 Allgemeine Eigenschaften der eutektischen Legierungen

Eutektische Legierungen haben niedrige Schmelztemperaturen, welche in Tab. 3.34 mit denen der reinen Atomsorten/Komponenten verglichen wird.

Eutektische Legierungen haben nach der Erstarrung ein heterogenes Gefüge aus zwei Phasen. Meistens sind es Mischkristalle mit geringen Anteilen der jeweils anderen Komponente. Eine dieser Phase kann härter und spröder sein. Das wirkt sich auf die Eigenschaften aus (Tab. 3.35).

Tab. 3.34 Technisch wichtige eutektische oder nah-eutektische Legierungen

Legierung	Komponente A			Komponente B			Eutektische Leg.
		Anteil in %	T_m/°C		Anteil in %	T_m/°C	$T_{eut.}$/°C
Gusseisen	Fe	96	1538	C	3...4		1200
Weichlot	Sn	60	232	Pb	40	327	183
Silberlot	Cu	55	1083	Ag	45	961	620
Zn-Druckguss	Zn	96	419	Al	4	660	380
Al-Druckguss	Al	88	660	Si	12	1414	577
Hartblei	Pb	87	327	Sb	13	630	274

Tab. 3.35 Technologische Eigenschaften der eutektischen Legierungen

Kaltumformung	Nur die weichere Kristallart nimmt an der Kaltumformung teil, die andere weniger oder gar nicht. Daraus folgt eine geringere Kaltformbarkeit gegenüber homogenen Legierungen
Spanbarkeit	Der Span wird durch eine vorhandene sprödere Phase gebrochen, so dass sich kein Fließspan ausbildet. Daraus folgt eine leichte Spanbarkeit
Gießbarkeit	Niedrige Schmelztemperatur (kein Erstarrungsbereich), geringes Schwindmaß und hohes Formfüllungsvermögen (keine Primärkristalle an Formwänden), keine Seigerungen
Mechanische Eigenschaften	Das Gefüge ist eine Mischung aus zwei Phasen mit Mischkristallverfestigung und Feinkornhärtung. Bei begrenzter Löslichkeit zusätzliche noch mit Ausscheidungen.

3.5.8 Ausscheidungen aus übersättigten Mischkristallen

Bei Legierungen mit begrenzter Löslichkeit treten Mischkristalle auf, deren Löslichkeit mit der Temperatur abnimmt. Zum Vergleich ein Beispiel aus dem Alltag:

Alltagsbeispiel

Warmer Kaffee kann mehr Zucker lösen als kalter. Nach Abkühlung liegt im kalten Kaffee ein Bodensatz von dann nicht mehr löslichem Zucker vor, eine zweite Phase. ◄

Zur Klärung der Vorgänge dient eine bekannte Al-Legierung (Duraluminium). Näheres zum Aushärten der Al-Legierungen behandelt Kap. 8. In Abb. 3.54 ist dazu einen Ausschnitt aus dem Zustandsdiagramm Al-Cu zu sehen. Es zeigt, dass die Löslichkeit von Cu in Al von 5,7 % bei 548 °C auf fast 0 bei RT zurückgeht.

Abkühlverlauf der Legierung AlCu$_2$ (2 % Kupfer)
Nach Unterschreiten der Soliduslinie besteht die Legierung am Punkt 1 bei ca. 500 °C aus einem homogenen Al-Cu-MK-Gefüge. Bei weiterer Abkühlung ist diese am Punkt 2 gerade gesättigt (max. Löslichkeit von Cu in Al ist erreicht). Am Punkt 3 diffundieren nun Cu-Atome aus dem Mischkristall heraus, da die Löslichkeit mit abnehmender Temperatur nun geringer wird (der MK kann nun nur noch weniger Cu lösen) und bilden an den Korngrenzen dort sekundäre Ausscheidungen vom Typ Al$_2$Cu, so genannte intermetallische

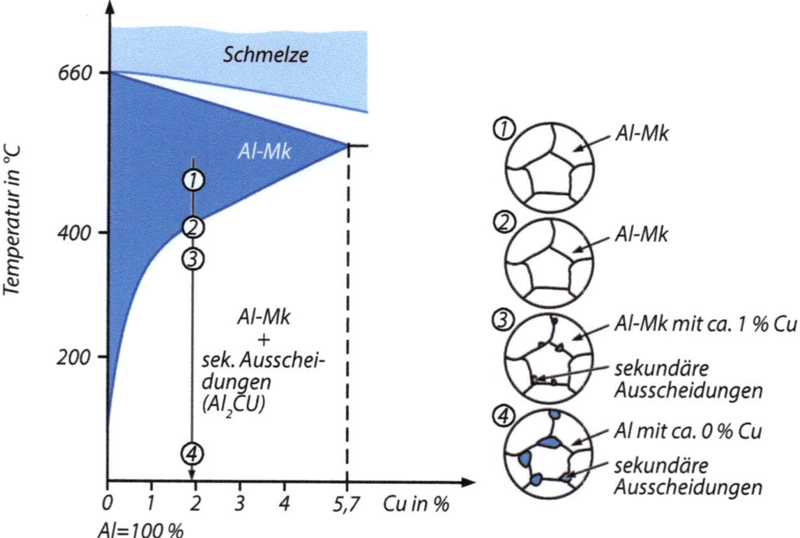

Abb. 3.54 Ausschnitt aus dem Zustandsdiagramm Al-Cu mit schematischer Darstellung der Gefüge der Legierung mit 2 % Kupfer bei langsamer Abkühlung. Die sekundären Ausscheidungen bestehen aus der intermetallischen Phase Al$_2$Cu

Phasen (Segregat → Segregationen). Mit weiter abnehmender Temperatur sinkt die Löslichkeit schließlich gegen null, so dass im Abkühlverlauf kontinuierlich weitere Cu-Atome ausdiffundieren und diese die intermetallische Phase bilden müssen, bis bei Punkt 4 das Gefüge aus Al-MK mit sehr wenigen gelösten Cu-Atomen besteht sowie den an den Korngrenzen ausgeschiedenen Sekundärkristalle vom Typ Al_2Cu. Das vorher homogene Gefüge wird dadurch heterogen.

Schnelle Abkühlung aus dem MK-Gebiet verhindert die Entstehung von Ausscheidungen, da die Diffusionsprozesse nun nicht mehr entsprechend ablaufen können, was einen übersättigten Mischkristall zur Folge hat. Dieser übersättigte Mischkristall hat zu viele Cu-Atome aufgrund der schnellen Abkühlung zwangsgelöst. Dieser ist nicht im Gleichgewicht und damit metastabil. Die zwangsgelösten Cu-Atome können nach einiger Zeit dann bei RT diffundieren und bewirken so mit der Zeit Gefüge- und damit auch Eigenschaftsänderungen oder können bei höheren Temperaturen Ausscheidungen bilden (Ausscheidungshärtung Abschn. 3.3.4)

Alterung Abnahme der Zähigkeit (Übergangstemperatur im Kerbschlagbiegeversuch) durch unerwünschte Ausscheidungen über längere Zeit bei RT.

Künstliche Alterung Wenn vom Werkstoff stabile Eigenschaften verlangt wird (z. B. Federn für Messgeräte), nimmt man durch Erwärmen evtl. später erst entstehende Ausscheidungen vorweg. Dann ist das Gefüge nach der künstlichen Alterung stabil.

Bedeutung der Ausscheidungen Mit der Temperatur sinkende Löslichkeit tritt bei den meisten Metallen auf.

- Dadurch können bei normaler, technisch schneller Abkühlung (Gießen, Schweißen, Warmumformung) übersättigte Mischkristalle entstehen.
- Die festigkeitssteigernde Wirkung von sekundären Ausscheidungen wird beim Aushärten zielgerichtet angewendet (Teilchenverfestigung). Aushärten ist die gesteuerte Ausscheidung bestimmter Phasen in geeigneten aushärtbaren Legierungen zur Festigkeitssteigerung (vgl. Tab. 3.36).

3.5.9 Zustandsdiagramm mit vollkommener Löslichkeit im flüssigen und begrenzter Löslichkeit im festen Zustand: *Peritektisches Legierungssystem (Typ III)*

Eine Legierungssystem mit einer peritektischen Reaktion ist dadurch gekennzeichnet, dass die Schmelze zusammen mit einer bereits vorhandenen α-Mischkristallphase bei der peritektischen Temperatur T_1 und der peritektischen Zusammensetzung (40 % B) sich in einer weitere andere β-Mischkristallphase umwandelt (vgl. Abb. 3.55):

Tab. 3.36 Aushärtung der Legierung AlZnMg1

Zustand	R_m in MPa	A in %	Härte HBW
Weich	150	14	60
Ausgehärtet	350	10	105

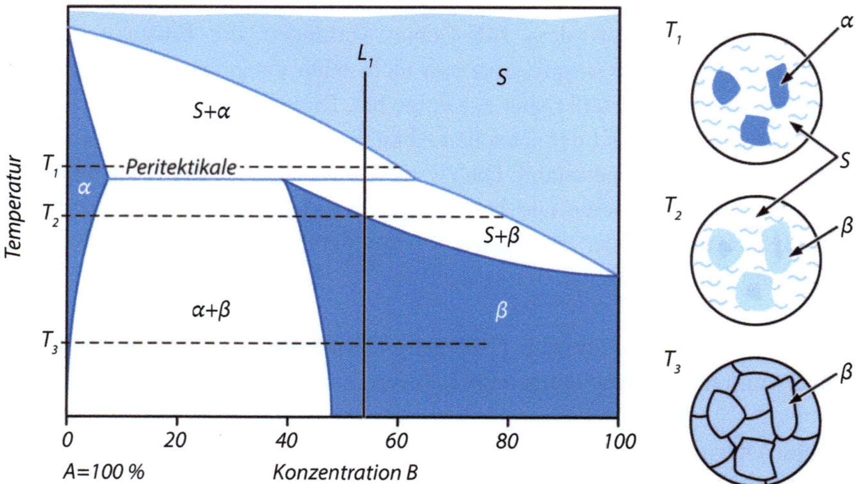

Abb. 3.55 Schematische Darstellung eines peritektischen Systems und schematischer Umwandlung bei einer Legierung L₁

$$\text{Schmelze } S + \alpha - MK \rightarrow \beta - MK$$

Bei weiterer Abkühlung bilden sich entsprechend des Zustandsdiagramms dann wieder α-MK aus den bei der peritektischen Temperatur entstandenen β-MK.

Übung: Auswertung eines Zustandsdiagramms, Abkühlverlauf einer Cu-Zn-Legierung L (64,5 % Cu) mit peritektischer Umwandlung

Die Legierung L1 kühlt aus der Schmelze ab (Abb. 3.56). Beim Erreichen der Solidus-Linie tritt eine zweite Phase auf, die α-Phase (kfz, Cu-reiche Mischkristalle), die nach und nach die Konzentration 67,5 % Cu annimmt.

Für eine Kupfer-Zinn-Legierung L mit 64,5 % Cu ergeben sich die folgenden Umwandlungen

- Temperatur T_1:
  Unterhalb der Liquiduslinie überwiegt noch der Anteil der Schmelze.
- Temperatur T_{2o}:
  Dicht über der Temperatur T_2 (Peritektikale) sind bei dieser Legierung gleiche Anteile von Schmelze und α-MK vorhanden (gleiche Hebelarme).

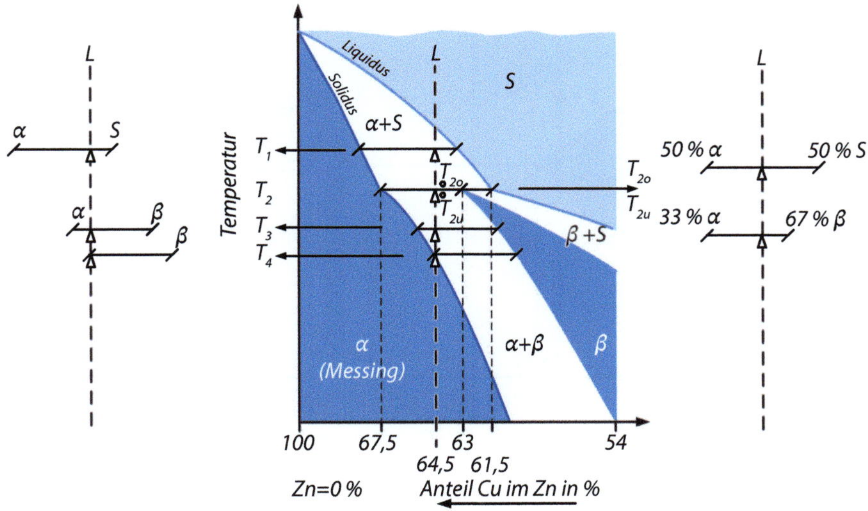

Abb. 3.56 Zustandsdiagramm Cu-Zn mit Abkühlverlauf der Legierung L (64,5 % Cu) und Phasen-verhältnissen

- Temperatur T_{2u}:
  Mit Unterschreiten der Peritektikalen (T_2) tritt die peritektische Reaktion ein:

$$\alpha + S \rightarrow \beta$$

Bei der peritektischen Reaktion wandeln sich die α-MK mit der Schmelze zu β-MK um. Dadurch wird die Schmelze aufgezehrt und der Anteil der α-MK reduziert, wobei aufgrund der Mengenanteile ein Teil der α-MK auch nach der peritektischen Reaktion übrigbleibt. Es liegt dann ein Gefüge mit 1/3 α-MK vor (mit 67,5 % Cu) und 2/3 β-Kristallen (mit 63 % Cu).

- Temperatur T_3:
  Mit weiterer Abkühlung ändern sich die Konzentrationen beider Phasen: α-MK längs der Phasengrenze α zu $\alpha + \beta$ und die der β-Kristalle längs der Phasengrenze $\alpha + \beta$ zu β. Gleichzeitig wächst der Anteil der α-MK, jener der β-Kristalle sinkt.

- Temperatur T_4:
  Beim Erreichen der Phasengrenze α ist der Anteil der β-Kristalle auf null gesunken. Es entsteht ein homogenes Gefüge aus α-MK mit 64,5 % Cu.

3.5.10 Zustandsdiagramm mit intermetallischen Phasen

Wie in Abschn. 3.5.1 aufgezeigt, gibt es neben reinen Kristallen auch intermetallische Phasen, d. h. stöchiometrischen Metall-Metall-Verbindungen mit teils kovalentem und teils ionischem Bindungscharakter. Die Entstehung dieser intermetallischen Phasen wird auch im entsprechenden Zustandsdiagramm sichtbar, vgl. Abb. 3.57. Es ist ein eutektisches

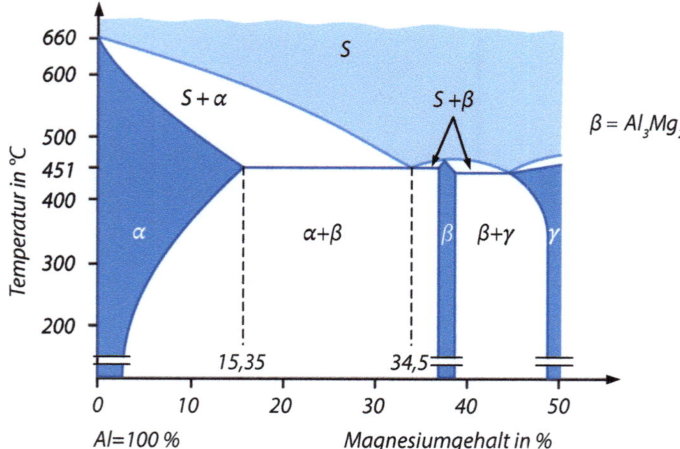

Abb. 3.57 Zustandsdiagramm Al-Mg mit der intermetallischer β-Phase

Legierungssystem der beiden Atome Aluminium und Magnesium, wobei eine begrenzte Löslichkeit von Mg in Al vorliegt. Die bei diesem Legierungssystem existierende Phase Al_3Mg_2 ist eine stöchiometrische, intermetallische Verbindung zwischen Al und Mg und wird als β-Phase bezeichnet. Diese intermetallischen Phasen haben meist besondere Eigenschaften. Sie sind in der Regel extrem hart und spröde und nur in gewissen Anteilen in technischen Legierungen nutzbar. In diesem speziellen Fall ist die Al_3Mg_2-Phase zudem sehr korrosionsanfällig und sollte daher vermieden werden. Andere intermetallische Phasen, z. B. Ti_3Al, werden aufgrund ihrer hohen Festigkeit als Konstruktionswerkstoffe für spezielle Anwendungen verwendet. In dem Fall von Ti_3Al aufgrund der geringen Dichte und den guten Hochtemperatur- und Korrosionseigenschaften in der Luft- und Raumfahrt.

Zusammenfassung
Grundlagen Zustandsdiagramme

- Legierungen bestehen aus mindestens zwei verschiedenen Atomsorten.
- Es entstehen bei der Erstarrung aus der Schmelze verschiedene Phasen.
- Entstehung der Phasen ist abhängig von der Temperatur und der chemischen Zusammensetzung.
- Zustandsdiagramme basieren auf sehr langsamen Abkühlgeschwindigkeiten, so dass sich die Gleichgewichtszustände einstellen können.

Herleitung von Zustandsdiagrammen

- Über Abkühlkurven von Legierungen mit verschiedenen chemischen Zusammensetzungen.
- Haltepunkte bzw. Kickpunkte entsprechend der Gibbs'schen Phasenregel.

Zustandsschaubilder – Zweistofflegierungen

- Je nach Löslichkeit ergeben sich 4 Diagrammtypen.
- Anwendung Hebelgesetz zur Bestimmung der Anteile und der Konzentration der entstehenden Phasen.
- Homogene Legierungen bestehen aus einem Gefüge mit nur einer Phase (Mischkristall oder reinem Kristall),
- heterogene Legierungen aus einem Gemisch von zwei verschiedenen Phasen.
- Mittels des Hebelgesetzes kann bei einer Legierung für eine bestimmte Temperatur die Mengenverteilung der Phasen und die chemische Zusammensetzung abgelesen werden.
- Die aufgrund der Legierungssysteme und der Mischbarkeit entstehenden Phasen und deren Verteilung (Gefüge) haben einen großen Einfluss auf die mechanischen Eigenschaften und geben auch Hinweise auf mögliche Wärmebehandlungen (Aushärten).

3.5.11 Übersicht über Phasenumwandlungen im festen Zustand

Neben den unter Abschn. 3.5.8 behandelten Ausscheidungen aus Mischkristallen beim Überschreiten der Löslichkeitslinie, gibt es weitere Umwandlungen im festen Zustand (Tab. 3.37). Sie sind nicht auf die Stähle beschränkt, für die sie eine besondere Bedeutung haben und dort eingehend behandelt werden.

Tab. 3.37 Phasenumwandlungen im festen Zustand

	Vorgänge	Anwendungen, Beispiele
Ausscheidungen aus übersättigten Mischkristallen	Überschuss bildet intermetallische Phasen in feindisperser Form	Aushärten zahlreicher Legierungen
Eutektoide Umwandlung	Homogene Mischkristalle wandeln sich am eutektoiden Punkt in zwei festen Phasen um: fest-fest-Umwandlung	Austenitzerfall zu Ferrit und Zementit im Eisen-Kohlenstoff-Diagramm für Stähle bei 723 °C.
Martensitische Umwandlungen	Diffusionslose Gitterumwandlung unter Volumenvergrößerung (bei Stahl durch zwangsgelöste C-Atome). Sie erzeugen stark verzerrte Kristallgitter mit hoher Festigkeit und geringer Verformbarkeit	Härten von Stahl: Umwandlung von kfz/Austenit in tetragonal verzerrtes krz-Gitter. Tritt auch auf beim Abkühlen von Co und Ti auf. Co wandelt von kfz in hdP um, Ti von krz in hdP

Die Legierung Eisen-Kohlenstoff 4

Die Legierungen auf Eisenbasis sind sehr zahlreich und haben einen breiten Anwendungsbereich. Eisenlegierungen mit einem Kohlenstoffgehalt bis 2 % werden üblicherweise als **Stahl** bezeichnet (Abb. 4.1). Es gibt aber auch legierte Stähle mit mehr als 2 % Kohlenstoffgehalt. Da aber alle Stähle grundsätzlich schmiedbar, also warmumformbar sind, ist die folgende Definition sinnvoller. Stahl ist eine warmumformbare Eisenlegierung. Stahl kann, muss aber nicht warmumgeformt werden. Es gibt auch Stahlguss. Alle nicht warmumformbaren, also nur gießbaren Eisenlegierungen werden als **Gusseisen** bezeichnet.

Die Ursache für den breiten Anwendungsbereich der Eisenlegierungen liegt in den großen Möglichkeiten, ihre Eigenschaften gezielt zu verändern:

- Wärmebehandlungen (z. B. Vergüten, Weichglühen, Aushärten)
- Legierungselemente (z. B. Mischkristallverfestigung, intermetallische Phasen)
- → oder durch Kombination von Legierungselementen und Wärmebehandlung

Die Möglichkeit, die mechanischen Eigenschaften von Stählen in weiten Bereichen gezielt zu verändern, ist dadurch gegeben, dass Eisen seine Gitterstruktur in Abhängigkeit der Temperatur verändert (Polymorphie) und dass das Legierungselement Kohlenstoff „C" als Einlagerungsatom die Kristallgittereigenschaften stark beeinflusst und eine stark unterschiedliche Löslichkeit in den verschiedenen Gitterstrukturen des Eisens besitzt.

Es sind ca. 2500 verschiedene Stähle lieferbar. Einfache Stähle sind bereits zu einem Preis von deutlich unter 1 €/kg zu beschaffen. Das liegt im Wesentlichen daran, dass Eisen mit einem Anteil von etwa 4,7 % an der Erdrinde nach Aluminium das am häufigsten vorkommende Metall ist und die Herstellung von Roheisen im großen industriellen Maßstab im Vergleich zu den anderen Metallen günstiger ist. Eisenerz, der Rohstoff für Stahl, ist an vielen Stellen der Welt in Abbaugebieten konzentriert, sodass es preisgünstig

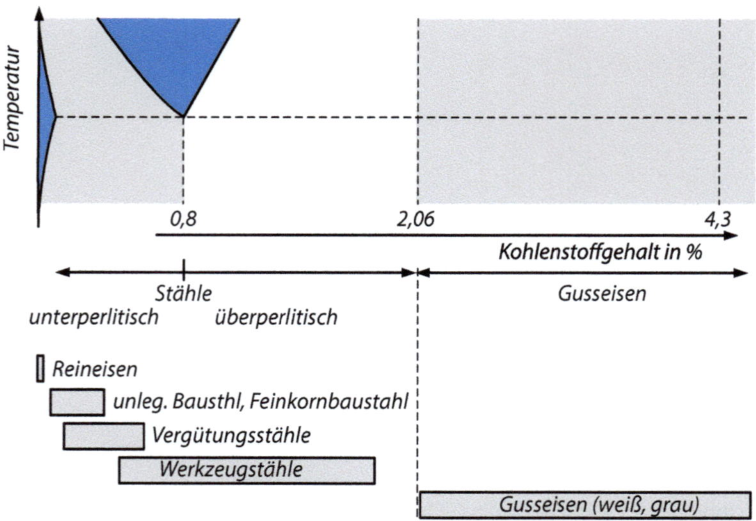

Abb. 4.1 Übersicht Eisenwerkstoffe, Unterteilung Stahl und Guss

gefördert werden kann. Zusätzlich lässt sich Eisen durch seine ferromagnetischen Eigenschaften hervorragend rezyklieren, Eisenschrott lässt sich von anderem Schrott magnetisch trennen.

4.1 Abkühlkurve und kristalline Phasen des Reineisens

Das Eisen gehört zu den wenigen polymorphen Metallen. Es tritt somit in verschiedenen Gitterstrukturen in Abhängigkeit der Temperatur auf (Abb. 4.2). Beim Aufheizen und beim Abkühlen von reinem Eisen ohne weitere Legierungselemente gibt es im Temperaturverlauf Haltepunkte, die darauf hinweisen, dass es eine Phasenumwandlung gibt. Aus der Phase Schmelze entstehen Kristalle, die sich im weiteren Verlauf umwandeln. Diese Haltepunkte werden mit Ac (A: arrêter (franz.), anhalten; c: chauffage (franz.), aufwärmen) bzw. Ar (r: refroidissement (franz.), abkühlen) bezeichnet. Es gibt einen geringen Unterschied zwischen Ac_3 und Ar_3, was auf die Aufheizleistung bzw. Abkühlgeschwindigkeit zurückzuführen ist. Bei unendlich langsamen Vorgängen sind beide Temperaturen identisch. Weil der Unterschied zwischen Ac und Ar klein ist, wird üblicherweise nur die Ac-Temperatur genannt, auch wenn es sich um eine Abkühlung handelt.

Reineisen erstarrt bei 1536 °C zu Kristallen mit kubisch-raumzentriertem Gitter, dem δ-Eisen. Darin ist jedes Fe-Atom von acht Nachbarn umgeben (Koordinationszahl 8). Bei 1392 °C (Ac_4) entstehen durch eine Gitterumwandlung kubisch-flächenzentrierte Kristalle, das γ-Eisen, auch Austenit genannt. Darin ist ein Fe-Atom räumlich von 12 anderen umgeben (Koordinationszahl 12), es ist also dichter gepackt. Nach weiterer Abkühlung findet bei 911 °C (Ac_3) eine letzte Gitterumwandlung statt, es entsteht Eisen mit

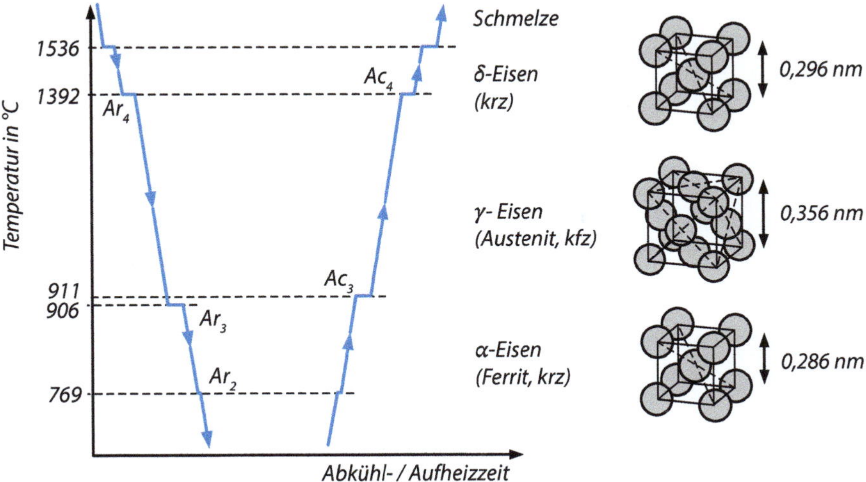

Abb. 4.2 Abkühl- und Aufheizkurve von Reineisen und seine Kristallarten

Abb. 4.3 Zwei γ--
Elementarzellen mit Vorstufe
einer α-Elementarzelle

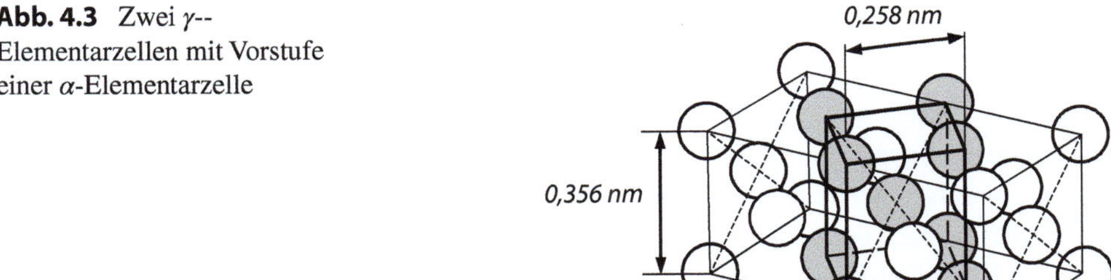

kubisch-raumzentriertem Gitter, das α-Eisen, auch Ferrit genannt. Dieses bleibt bei weiterer Abkühlung bis auf Raumtemperatur und weiter bis zum absoluten Nullpunkt bestehen. Bei 769 °C (Curie-Temperatur, Ac_2) liegt noch ein Knickpunkt, hier wird α-Eisen ferromagnetisch; bei höheren Temperaturen, also insbesondere im kfz-Zustand, ist es paramagnetisch.[1]

▶ **Hinweis** Das Verschieben der Haltepunkte bei schneller Abkühlung zu tiefen Temperaturen und die Folgen für die Gefügeausbildung sind Voraussetzung für das Härten und Vergüten der Stähle.

Die Skizze in Abb. 4.3 soll zeigen, dass sich im kfz Gitter (zwei Elementarzellen mit leeren Kreisen) bereits ein etwas verzerrtes krz Gitter (graue Kreise) befindet, die

---

[1] Umgangssprachlich wird der paramagnetische Zustand des Eisens als „unmagnetisch" bezeichnet, der ferromagnetische Zustand als „magnetisch".

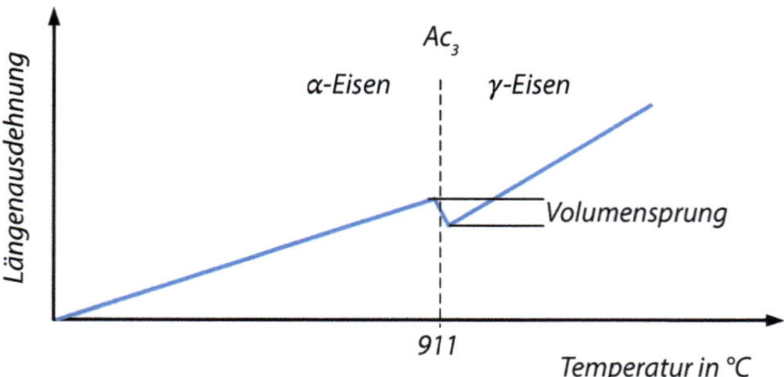

Abb. 4.4 Dilatometerkurve, Längenänderung eines Eisenstabes bei Erwärmung vor krz in kfz (dichtest gepackt)

Gitterumwandlung erfordert nur kleinste Bewegungen der Atome. Dadurch werden die Anziehungskräfte im Gitter nicht aufgehoben und die Materie behält ihren Zusammenhang: Form und Festigkeit der Bauteile bleiben erhalten!

Die Umwandlung von einer dichtesten Packung in eine weniger dichte ist mit einer sprunghaften Volumenänderung verbunden, die mit Messgeräten ermittelt werden kann. Dazu wird ein Stab des Metalls gleichmäßig über seiner Länge erhitzt und seine Längenausdehnung über der Temperatur aufgezeichnet. Die entstehende Kurve wird *Dilatometerkurve* (lat. Dilatation = Dehnung) genannt (Abb. 4.4). Stoffe ohne kristalline Veränderungen zeigen dabei eine stetige Kurve, bei Phasenumwandlungen wird der stetige Verlauf unterbrochen. Diese Dilatometermessung wird für Metalle und Legierungen mit hohen Schmelztemperaturen auch zur thermischen Analyse verwendet.
Von den Kristallarten des Eisens sind zwei von besonderer Bedeutung:

Bei Temperaturen kleiner als 911 °C liegt **α-Eisen (Ferrit**[2]**)** mit einem kubischraumzentrierten (krz) Kristallgitter vor. Ferrit hat eine Packungsdichte von 68 %. Aufgrund der sehr kleinen Lücken zwischen den Fe-Atomen ist die Löslichkeit von Kohlenstoff sehr klein. Aufgrund der höheren Diffusionsgeschwindigkeit von Zwischengitteratomen und Substitutionsatomen im krz Gitter und der Neigung zur Verzunderung ist der Einsatz von krz-Stähle bei Temperaturen >500 °C nicht empfehlenswert.

Bei höheren Temperaturen (oberhalb Ac₃, z. B. beim Warmumformen durch Schmieden, liegt **γ-Eisen (Austenit**[3]**)** mit kubisch-flächenzentriertem (kfz) Kristallgitter vor.

Trotz dichterer Packung können im Austenit deutlich mehr C-Atome eingelagert werden als im Ferrit. Das kfz Gitter des Austenits hat größere Zwischengitterplätze als das krz Gitter des Ferrits (vgl. Abb. 4.5). Die unterschiedliche Struktur ergibt bedeutsame Eigenschaftsunterschiede:

---

[2] Ferrit: (lat. ferrum, Eisen).

[3] Austenit: (Roberts-*Austen*, engl. Forscher).

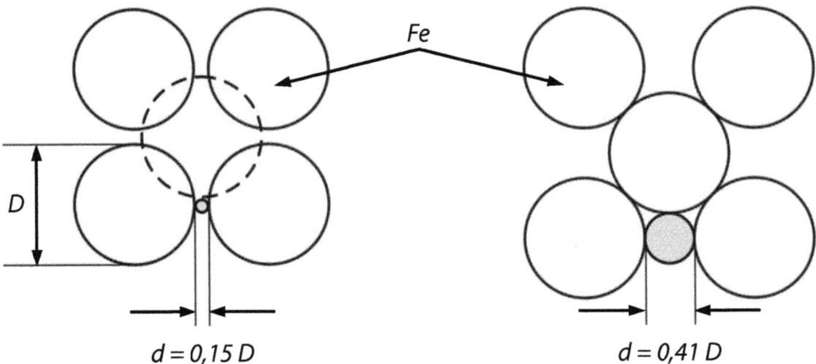

Abb. 4.5 Vergleich von krz- und kfz Gitter. Schematische Darstellung mit der max. Größe der Einlagerungsatome. links krz Gitter (α-Fe) und rechts kfz Gitter (γ-Fe)

- Austenit hat eine Packungsdichte von 74 %, hohe Verformbarkeit aufgrund vieler unabhängiger Gleitsysteme, paramagnetisch, hohe C-Löslichkeit, größerer Wärmeausdehnungskoeffizient, langsame Diffusion von Zwischengitteratomen.
- Die unterschiedliche Löslichkeit von Kohlenstoff im Austenit und Ferrit führt dazu, dass eine Legierung aus Fe-C unterhalb Ac_3 wegen der sehr geringen Löslichkeit von Kohlenstoff ein heterogenes Gefüge aufweist: bestehend aus der kohlenstoffarmen krz Ferrit-Phase und der kohlenstoffreichen Fe_3C-Phase. Oberhalb Ac_3, im austenitischen Zustand, besteht hohe Löslichkeit an Kohlenstoff (bis zu 2,06 %), das Gefüge ist homogen, bestehend aus nur einer Phase (sehr wichtig für die Schmiedbarkeit).

4.2 Erstarrungsformen der Legierung Eisen-Kohlenstoff

Kohlenstoff ist das wichtigste Legierungselement, weil es bereits in kleinen Anteilen

- die Härtbarkeit der Stähle bewirkt und
- die Festigkeit stark erhöht.

Die Erhöhung der Festigkeit setzt allerdings die Umformbarkeit herab. Kohlenstoff erniedrigt den Schmelzpunkt des reinen Eisens bei 4,3 % C von 1536 °C auf 1147 °C (Eutektikum, sehr wichtig für Eisen-Guss-Legierungen). Kohlenstoff ist ein „billiges" Legierungselement, es gelangt durch Koks und CO-Gas in Eisen und Stahl z. B. bei der

- Erschmelzung im Hochofen mit Koks
- Erzeugung von Eisenschwamm
- Erschmelzung in Kohle-Lichtbogenöfen

und ist im Roheisen mit ca. 4 % enthalten.

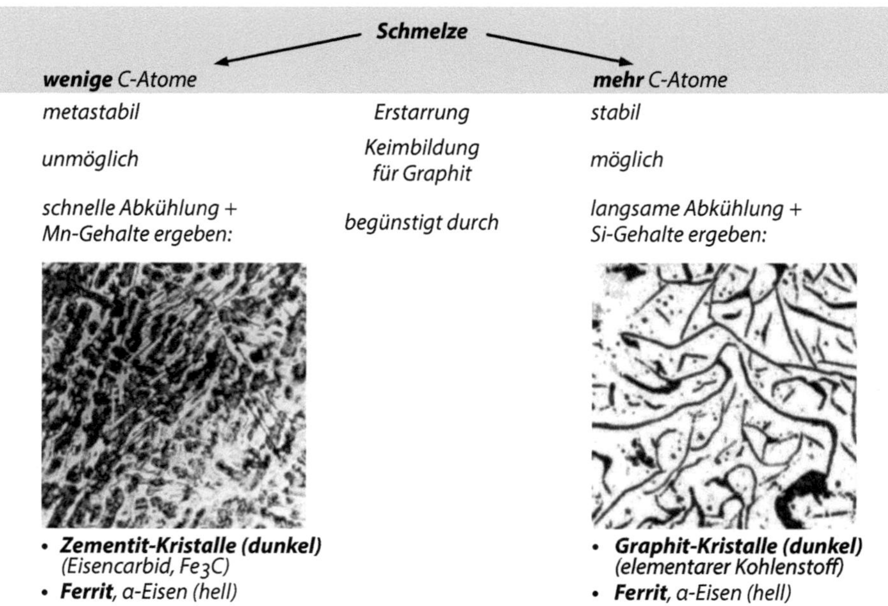

Abb. 4.6 Mögliche Erstarrungsformen von Eisen-Kohlenstoff-Legierungen

Eine C-haltige Stahlschmelze kann je nach dem C-Gehalt, den weiteren Legierungselementen und der Abkühlgeschwindigkeit bei der Erstarrung unterschiedliche Gefüge bilden. Es gibt zwei unterschiedliche Phasen, die Kohlenstoff bilden kann und die dann in dem Gefüge vorhanden sind:

• Zementit: Fe_3C (meta-stabil)	→ Bestandteil von Stählen
• Graphit: reiner Kohlenstoff (stabil)	→ Bestandteil von Gusseisen

Die Abbildung (Abb. 4.6) gibt eine übersichtliche Darstellung unter welchen Bedingungen aus der Stahlschmelze die metastabile Erstarrung zu Ferrit + Zementit oder die stabile Erstarrung zu Ferrit + Graphit abläuft.

Entsprechend sind folgende drei Erstarrungsformen möglich:

- Ferrit + Zementit („weißes" Eisen)
- Ferrit + Graphit („graues" Eisen)
- Ferrit + Zementit + Graphit (meliertes Eisen)

Der metastabile Zementit zerfällt bei höheren Temperaturen und langen Glühzeiten zu Eisen und Grafit:

$$Fe_3C \rightarrow 3Fe + C \ (C = Graphit)$$

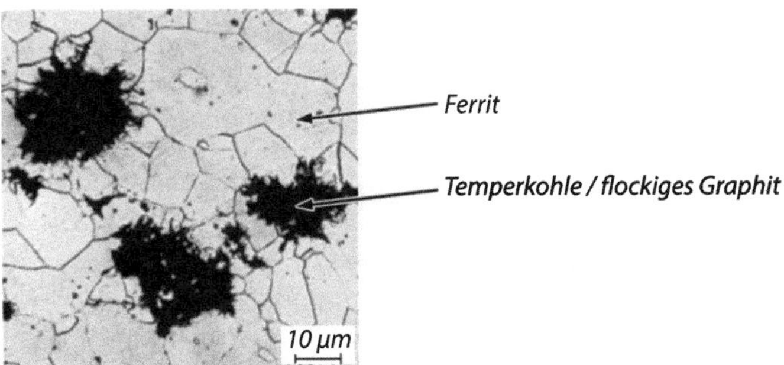

Abb. 4.7 Gefüge von Temperguss

Diese Eigenart wird benutzt, um Temperguss zu erzeugen. Dabei entsteht durch eine Glühbehandlung (Tempern) aus metastabil erstarrtem weißen Eisen ein ferritisches (bis perlitisches) Grundgefüge mit flockigem Graphit (Temperkohle) (siehe Abb. 4.7 und Kap. 7).

4.3   Das Eisen-Kohlenstoff-Diagramm (EKD) der Stähle

Abb. 4.8 zeigt das metastabile Eisen-Kohlenstoff-diagramm. Es ist ein Zustandsdiagramm (Zweistoffsystem) mit zwei y-Achsen, auf denen jeweils die Temperatur in °C aufgetragen ist. Auf der x-Achse sind die beiden Atomsorten Eisen (links 100 %) und Kohlenstoff (rechts) aufgetragen. Kohlenstoff ist nur bis zu dem technischen relevanten Anteil von 6,67 % Kohlenstoff aufgetragen. Bei dem Kohlenstoffanteil von 6,67 % entsteht die intermediäre oder intermetallische Phase Fe_3C = Zementit, sodass bei 6,67 % Kohlenstoff genau 100 % Fe_3C vorliegt. Entsprechend kann die x-Achse auch anstatt der Angabe von 0 %–6,67 % Kohlenstoff mit der Angabe von 0 %–100 % Fe_3C versehen werden. Die Auftragung mit Fe_3C macht dann die einfache Anwendung des bekannten Hebelgesetztes möglich, da entsprechend der neuen Auftragung dann links 100 % Fe und recht 100 % Fe_3C vorliegt (vgl. Kap. 3 Zustandsdiagramme).

Anbei die Berechnung des Massenanteils Kohlenstoff an der Gesamtmasse von Zementit.

$$prozentualer\ Anteil\,C = \frac{Atommasse(C)}{Atommasse(Fe_3C)} \cdot 100\ \% = \frac{12}{3 \cdot 56 + 12} \cdot 100\ \% = 6,67\ \%$$

relative Atommasse C = 12, relative Atommasse Fe = 56 ◄

Bei dem Eisen-Kohlenstoff-Diagramm handelt es sich um ein eutektisches System mit begrenzter Löslichkeit und ist zentral für das Verständnis der metastabil erstarrenden Stähle. Im Folgenden wird deshalb zum Verständnis der Wärmebehandlung von Stählen und der verschiedenen Stahllegierungen ausschließlich das metastabile System weiter

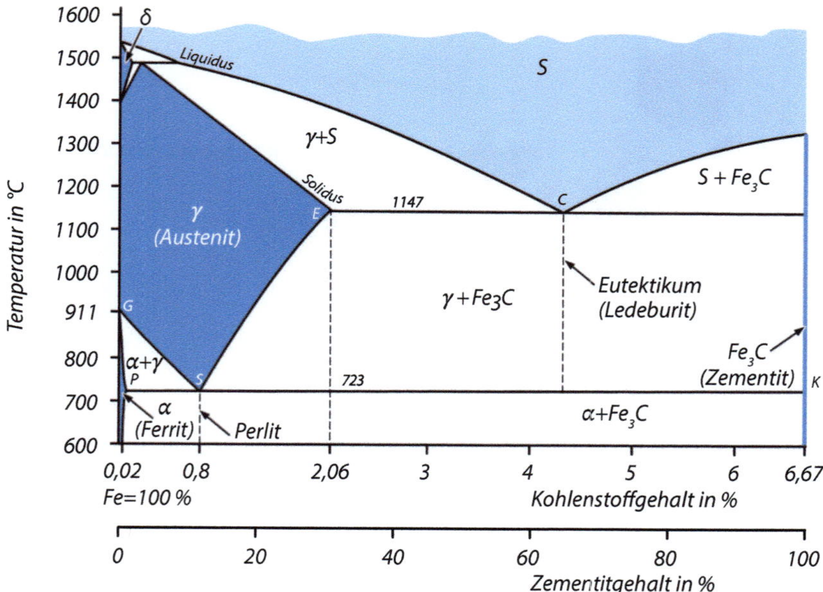

Abb. 4.8 Metastabiles Eisen-Kohlenstoff-Diagramm (vereinfachte Darstellung)

betrachtet. Das stabile Eisen-Kohlenstoff-Diagramm wird im Kap. 7 Gusseisen behandelt. Nochmals soll erwähnt werden, dass – wie bei allen Zustandsdiagrammen – auch im EKD von einer sehr langsamen Abkühlung ausgegangen wird, sodass durch diffusion alle notwendigen Umwandlungen vollständig erfolgen können.
Die im EKD auftretenden Phasen:

- δ-Fe, krz (zum Verständnis der Stähle nicht zentral)
- Ferrit, α-Fe, krz
- Austenit, γ-Fe, kfz
- Zementit, Fe_3C (intermediäre Phase, keine Metallbindung)
- Perlit: lamellare Anordnung von Ferrit und Zementit
- Ledeburit: lamellare Anordnung von Austenit und Zementit bei 1147 °C

Die wichtigsten Punkte und Löslichkeiten im EKD sind:

- Eutektischer Punkt bei 4,3 % und 1147 °C, niedrigster Schmelzpunkt von Stahl.
- Umwandlung: Schmelze $\rightarrow$ Austenit (γ-Eisen) mit 2,06 % C und Fe_3C (6,67 % C), flüssig – fest – Umwandlung. Entstehende Gefüge wird als Ledeburit bezeichnet.
- Eutektoider Punkt bei 0,8 % C und 723 °C,
- Umwandlung: Austenit mit 0,8 % C $\rightarrow$ Ferrit mit 0,02 % C und Fe_3C, fest – fest Umwandlung: Entstehendes Gefüge wird als Perlit bezeichnet.

- Austenit: begrenzte Löslichkeit von Kohlenstoff: max. 2,06 % bei 1147 °C abnehmend zu 0,8 % bei 723 °C.
- Ferrit: begrenze Löslichkeit von Kohlenstoff: max. 0,02 % bei 723 °C abnehmend zu nahezu 0 % bei 20 °C.

4.3.1 Ausgewählte Erstarrungsvorgänge aus der Schmelze

Im Folgenden werden erst einmal nur die Umwandlungen von der Schmelze hin zum Feststoff (Kristallisation) betrachtet, im nächsten Kapitel dann die Umwandlung der festen Phasen, die aufgrund der Polymorphie beim Stahl von besonderem Interesse sind.

Legierungen 0 % bis 2,06 % C
In der Schmelze scheiden sich unterhalb der Liquiduslinie Mischkristalle aus. Sie sind zunächst C-arm, werden aber zunehmend C-reicher. Diese Veränderung lässt sich im Diagramm (Abb. 4.9) am Weg des Punktes K auf der Solidus-Linie darstellen. Die zugehörigen Konzentrationen liest man auf der unteren Achse ab (Punkte K_1 u. K_2). Wenn der Anteil der Schmelze auf null gesunken ist, besteht das Gefüge bei Temperaturen >911 °C vollständig aus γ-Mischkristallen, einem homogenen Austenit-Gefüge. γ-Mischkristalle sind Einlagerungs-Mischkristalle, kleine C-Atome sitzen auf Zwischengitterplätzen.

Untereutektische Legierungen: 2,06 % bis 4,3 % C
Der Erstarrungsverlauf gleicht anfangs dem der Stähle: nach dem Unterschreiten der Liquiduslinie entstehen γ-Mischkristalle aus der Schmelze, dargestellt für die Legierung L mit der Konzentration am Punkt K. Mit sinkender Temperatur strebt die Konzentration der γ-MK zum Punkt E, die Kohlenstoffkonzentration im Mischkristall steigt auf ca. 2 % (Abb. 4.10). Die Konzentration Schmelze wird durch die Punkte S dargestellt. Mit sinkender Temperatur streben sie dem Punkt C zu. Dabei verschiebt sich die Konzentration der

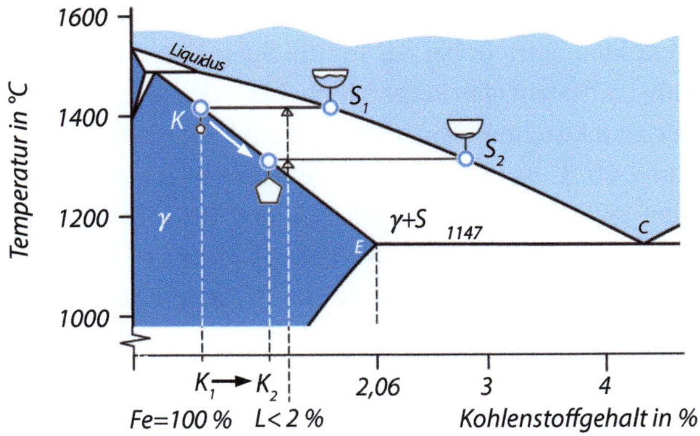

Abb. 4.9 Konzentrationsänderung bei der Erstarrung eines Stahls

Abb. 4.10 Erstarrung einer
untereutektischen Legierung,
Darstellung der
Hebelbeziehung. Obere
Temperatur: Viel Schmelze,
wenig Kristalle, Erstarrung hat
eben begonnen; Untere
Temperatur: wenig Schmelze,
viel Kristalle, Erstarrung
fast beendet

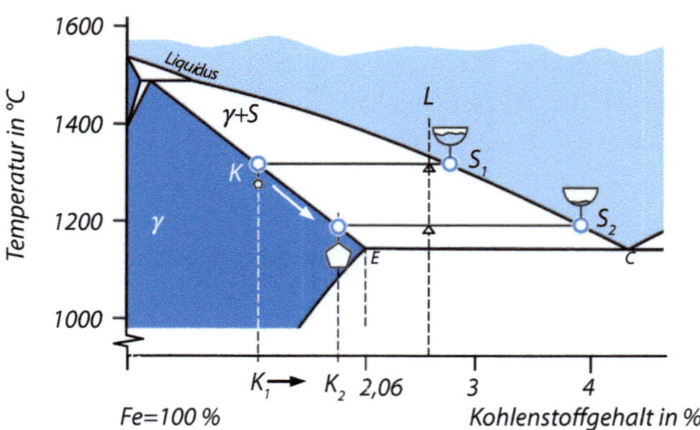

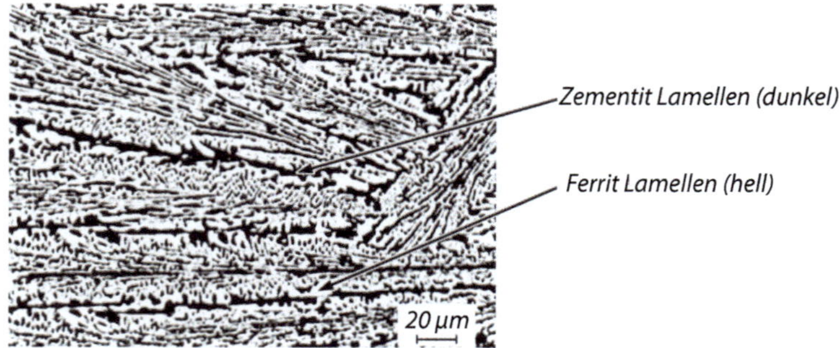

Abb. 4.11 Eutektikum bei 20 °C, 4,3 % C (Bargel, Werkstoffkunde, 13. Auflage, Springer 2022)

Schmelze auf 4,3 % C, d. h., wenn die Solidus-Linie erreicht wird (1147 °C) hin zu der
eutektischen Zusammensetzung. Dann erstarrt die Restschmelze zum Eutektikum. Am
Hebelverhältnis können die Masseprozente von γ-Mischkristallen und Eutektikum bei
einer bestimmten Temperatur errechnet werden.

Eutektische Legierung: C = 4,3 %

Das Eutektikum ist ein feinkörniges Gemenge aus den zwei Kristallarten Zementit und
Austenit. Das Eutektikum entsteht bei der für die Schmelze niedrigsten Temperatur ohne
Erstarrungsintervall. Es besteht also keine Möglichkeit des langsamen Kristallwachstums.
Mit Erreichen der eutektischen Temperatur (Punkt C) erstarrt die Schmelze zu γ-
Mischkristallen mit 2,06 % Kohlenstoff und Zementit in feiner Verteilung. Bei weiterer
Abkühlung scheidet sich Sekundärzementit aus und bei 723 °C findet dann die Um-
wandlung der γ-Mischkristalle mit 0,8 % Kohlenstoffgehalt zu Perlit statt. Bei RT besteht
das Gefüge aus einem feinkörnigen Gemenge von Perlit und Zementit (Abb. 4.11). Es hat
die metallografische Bezeichnung Ledeburit[4].

---

[4] Ledebur (1837–1906), Freiberg.

Übereutektische Legierungen: C > 4,3 % C
Aus der Schmelze scheiden Fe_3C-Kristalle (Primär-Zementit) aus. Primärkristalle können unbehindert wachsen und sind darum größer. Mit sinkender Temperatur verarmt die Schmelze an Kohlenstoff Und nähert sich der eutektischen Zusammensetzung. Nach Unterschreiten der Solidus-Linie (eutektische Temperatur) besteht das Gefüge aus Primär-Zementit und Eutektikum.

4.3.2   Die Umwandlungen im festen Zustand

Bei weiterer Abkühlung verändern sich die Gefüge aller Legierungen, weil die Löslichkeit des γ-Eisen für den Kohlenstoff mit der Temperatur abnimmt und γ-Eisen sich bei **$Ac_1 = 723$ °C** vollständig in Perlit = α-Eisen und Zementit umwandelt (Polymorphie). Diese Umwandlung bei 723 °C und einem Kohlenstoffgehalt von 0,8 % wird eutektoide Umwandlung genannt, der Punkt im EKD als eutektoider Punkt bezeichnet und mit „S" gekennzeichnet. Bei einem Kohlenstoffgehalt einer Legierung von 0,8 % besteht das Gefüge dann entsprechend zu 100 % aus Perlit.

Die Fest-Fest Umwandlung von Austenit zu Perlit startet bevorzugt an den Korngrenzen, an denen die Bildung der Zementitlamellen beginnt. Dieser Zementit entsteht bei der Abkühlung aus der Schmelze als „zweites" aus dem γ-MK und wird daher auch als Sekundärzementit bezeichnet. Zur Erinnerung: Primärzementit bildet sich direkt aus der flüssigen Schmelze.

Diese Gefügeveränderung, also das Ausscheiden von Sekundärzementit dem γ-MK und die Umwandlung von Austenit in Perlit sind besonders für die Stähle wichtig und werden an einem Ausschnitt des EKD, der Stahlecke, dargestellt (Abb. 4.12). Entsprechend werden die Stähle nach ihrer Lage zum Punkt „S" eingeteilt.

- links von S: untereutektoid oder unterperlitisch
- rechts von S: übereutektoid oder überperlitisch

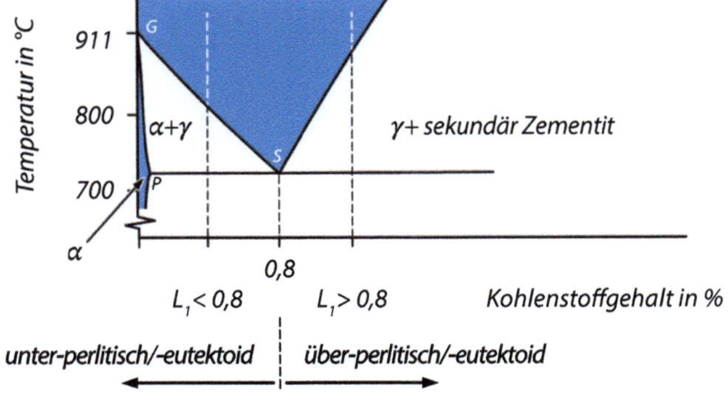

Abb. 4.12 Schematische Darstellung der eutektoiden Umwandlung

Nachfolgend werden die Ausscheidungs- und Umwandlungsvorgänge von je einem Stahl links und rechts vom Punkt S (0,8 % C, 723 °C) mithilfe der Hebelbeziehung erläutert.

Beim Punkt S, dem eutektodiden Punkt, finden die vollständige Umwandlung des Austenits mit 0,8 % C in Perlit (Ferrit und Zementit) statt. Ein Stahlwerkstoff mit 0,8 % Kohlenstoff besteht entsprecht aus 100 % Perlit.

Austenitzerfall = Perlitbildung

Beim Unterschreiten der Linie PSK (723 °C) erfahren alle Stähle diese letzte Umwandlung. Sie kann in zwei gleichzeitig ablaufenden Teilvorgängen gesehen werden:

- Aus dem kfz γ-MK bilden sich krz α-Eisen-Kristalle.
- Die eingelagerten C-Atome (0,8 %) werden aus dem γ Gitter herausgedrängt, sie müssen diffundieren, um zusammen mit Fe-Atomen die intermetallische Phase Fe_3C (Zementit) zu bilden.
- Da diese Umwandlung im festen Kristall bei relativ niedriger Temperatur von 723 °C stattfindet ist die Diffusionsgeschwindigkeit nicht so hoch, sodass sich eine feine lamellare Struktur bildet.

Der metallografische Name „Perlit" rührt vom perlmuttartigen Glanz unter dem Mikroskop her. Zur Veranschaulichung dieses Vorganges ist in Abb. 4.13 modellhaft ein Austenitkorn und die Umwandlung abgebildet. Der untere Bereich hat die Umwandlungstemperatur 723 °C erreicht und zeigt das Perlitgefüge, oberhalb liegt sie höher und zeigt den Austenit. Deshalb ist erst das halbe untere Korn umgewandelt. Abb. 4.14 zeigt eine reale mikroskopische Gefügeaufnahme des Perlits.

Ferrit und Zementit wachsen in Lamellenform aus dem Austenit. Dabei müssen die im Austenit gelösten C-Atome vor der Front der wachsenden Ferritlamellen seitlich ausweichen und sich an die Zementitlamellen angliedern (kleine Pfeile). Das Wachstum der Ferrit- und Zementitlamellen ist mit der Diffusion (=Platzwechsel von Atomen) der C-Atome aus dem Austenit gekoppelt und benötigt entsprechend der Diffusionsfähigkeit des Kohlenstoffs aber Zeit. Beim schnelleren Abkühlen können die C-Atome nur kleine Wege zurücklegen, es bilden sich dünnere, dafür zahlreichere Lamellen, d. h. ein feineres Perlitgefüge.

Abb. 4.13 Bildung des lamellaren Perlits, Modellvorstellung

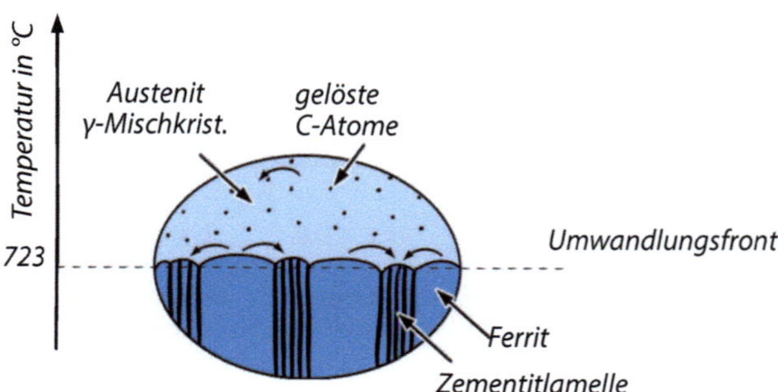

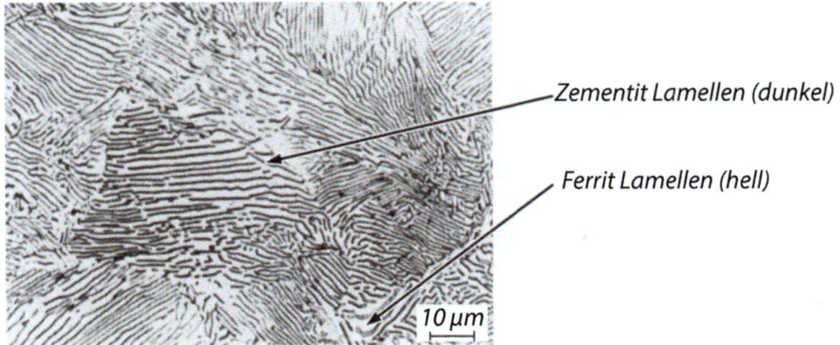

Abb. 4.14   Perlitischer Stahl, 0,8 % C; Ferrit weiß dargestellt, Zementit dunkel

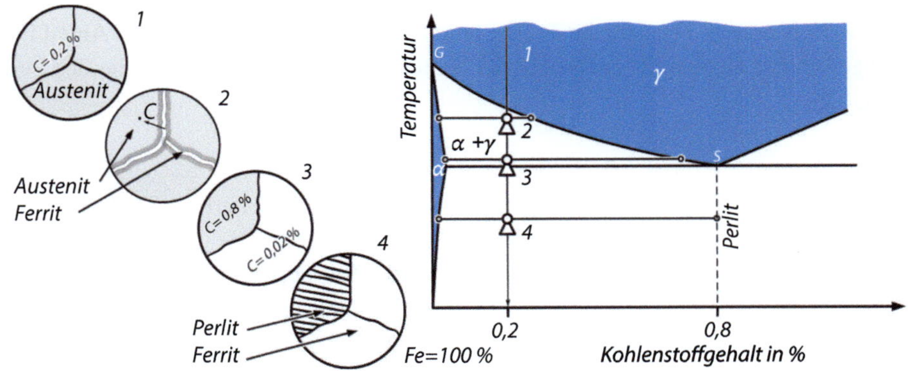

Abb. 4.15   Abkühlung eines untereutektoiden Stahls mit 0,2 % C, schematisch

Stähle mit C-Gehalten unter 0,8 % C: untereutektoide Legierung

In Abb. 4.15 wird ein Stahl mit 0,2 % C an vier verschiedenen Temperaturpunkten betrachtet und sein Gefüge schematisch skizziert.

Oberhalb der GS-Linie ist der Werkstoff homogen austenitisch, die γ-Mischkristalle enthalten 0,2 % C und sind ungesättigt, da sie bei dieser Temperatur noch mehr C-Atome lösen könnten (Punkt 1 in Abb. 4.15). Beim Schneiden der Linie GS beginnt die $\gamma \rightarrow \alpha$-Umwandlung, die beim reinen Eisen am Punkt G (911 °C) erfolgt und durch Kohlenstoff behindert bzw. erniedrigt wird. Dabei entsteht im Austenit als zweite Phase Ferrit, kubisch-raumzentriertes α-Eisen (Punkt 2 und 3 in Abb. 4.15). Die eingezeichneten Hebelarme zeigen mit sinkender Temperatur die Zunahme des Ferrits (rechter Hebel) und Abnahme des Austenits. Gleichzeitig erhöht sich der C-Gehalt des Austenits in Richtung auf Punkt S (rechter Endpunkt des rechten Hebelarms). Diese Anreicherung des C-Gehaltes geschieht durch Diffusion der C-Atome aus den γ-Mischkristallen, die zu Ferrit werden. Ferrit hat keine ausreichenden Zwischengitterplätze für C-Atome und nur eine sehr begrenzte Löslichkeit an Kohlenstoff. C-Atome können im dicht gepackten γ-Eisen nur langsam diffundieren, im α-Eisen ist die Diffusionsgeschwindigkeit etwa 100-mal so groß. Entsprechend benötigt die Diffusion des Kohlenstoffs bei der Umwandlung Zeit, die nur durch eine sehr langsame Abkühlung gewährleistet ist. Bei schneller Abkühlung wird die Diffusion behindert, es entstehen andere Gefüge. Vergütungs- und Härtungsgefüge entstehen durch eine teilweise oder vollständige Behinderung der Kohlenstoffdiffusion beim Abkühlen. Beim Unterschreiten der Temperatur von 723 °C wandelt sich das vorhandene Austenit in Perlit um und es entsteht ein Gefüge aus Ferrit und Perlit (Punkt 4 in Abb. 4.15).

Anwendung Hebelgesetz (siehe Abb. 4.15)

Ablesebeispiel Legierung mit 0,2 % C bei 20 °C: Auf der x-Achse schneidet die Legierung die Achse bei 0,2 % C.

Möglichkeit A: Berechnung von „Ferrit" und „Perlit".
Gesamthebel ist nun von 100 % Ferrit bei 0 % Kohlenstoffgehalt bis 100 % Perlit bei 0,8 % Kohlenstoff. Die Strecke des Gesamthebels beträgt folglich 0,8. Der Anteil Ferrit (abgewandter Hebelarm) entspricht der Strecke von 0,2 bis 0,8 = 0,6, die des Perlits von 0,2.

- Ferritanteil = 0,6/0,8 = 0,75 oder 75 %
- Perlitanteil = 0,2/0,8 = 0,25 oder 25 % (Achtung: Perlit = Ferrit + Zementit)

Möglichkeit B: Berechnung von „Ferrit" und „Zementit".
Gesamthebel ist nun von 100 % Ferrit bei 0 % Kohlenstoffgehalt bis 100 % Zementit bei 6,67 %. Die Strecke des Gesamthebels beträgt folglich 6,67. Der Anteil Ferrit (abgewandter Hebelarm) entspricht der Strecke von 0,2 bis 6,67 = 6,47, die des Zementits von 0,2.

- Ferritanteil = 6,47/6,67 = 0,97 oder 97 %
- Zementitanteil = 0,2/6,67 = 0,03 oder 3 %

Kontrollrechnung zur Verteilung von Zementit bei A:
Perlit hat eine Konzentration von 12 % Zementit
→ Anteil Perlit 0,25 × 12 % Zementit = 3 % Zementit (passt zur Berechnung B ✓) ◄

Zusammenfassend kann gesagt werden, immer wenn ein untereutektoider Stahl bei langsamer Abkühlung die Temperatur 723 °C (Linie PSK) erreicht, besteht er aus dem voreutektoid ausgeschiedenen Ferrit und noch nicht umgewandelten γ-Mischkristallen mit 0,8 % gelöstem C. Bei weiterer Abkühlung auf Raumtemperatur finden dann die Perlitbildung statt. Das Gefüge der untereutektoiden Stähle besteht dann aus dem (voreutektoid) ausgeschiedenen Ferrit (helle Flecken im Schliffbild) und den Perlitbereichen (dunkle Flecken), deren Lamellenstruktur erst bei stärkerer Vergrößerung zu erkennen ist (Abb. 4.16).

Abb. 4.16 Untereutektoider
Stahl, 0,45 % C, weiße
Bereiche = Ferrit, grau
Bereiche = Perlit

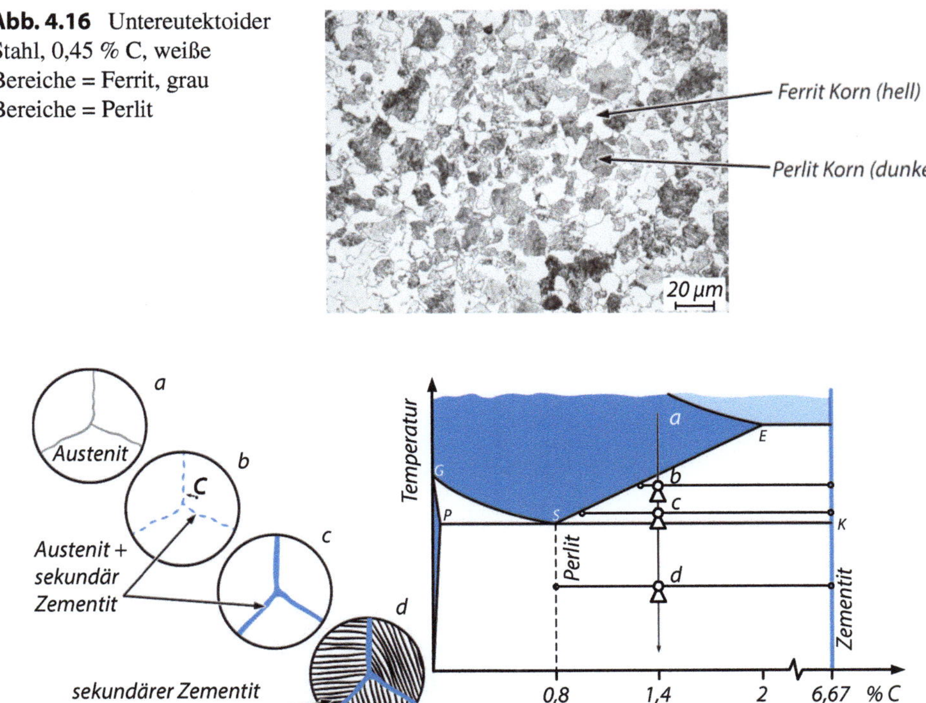

Abb. 4.17 Abkühlung eines übereutektoiden Stahls mit C = 1,4 % und schematische Darstellung
der Gefügeentwicklung und der Ausscheidung von Sekundärzementit an den Korngrenzen

Stähle mit C-Gehalten 0,8 % C bis 2,06 % C: übereutektoide Legierung

In Abb. 4.17 ist ein Stahl mit 1,4 % C bei der Abkühlung an vier Temperaturpunkten
betrachtet, die Gefüge sind schematisch skizziert.

Bei der Temperatur a liegen homogene γ-Mischkristalle mit einer C-Konzentration von
1,4 % vor. Beim Unterschreiten der Linie S-E ist die max. Kohlenstofflöslichkeit erreicht
und es scheidet sich Zementit an den Korngrenzen aus (Temperatur b). Unterhalb der
Linie S-E kann das Gitter nicht mehr so viele C-Atome einlagern. Deswegen müssen C-
Atome aus den γ-Mischkristallen diffundieren, sie wandern an die Korngrenzen und bilden dort Zementitkristalle: Sekundärzementit oder hier Korngrenzenzementit. Linie S-E
gibt für jede Temperatur die größte Löslichkeit der C-Atome im γ-Eisen an. Bei 1147 °C
können 2,06 % C gelöst werden, bei 723 °C nur noch 0,8 % C. Deshalb kann die Linie S-E
als Löslichkeits- oder Sättigungslinie bezeichnet werden. Die Zementitausscheidung erfolgt bei sinkender Temperatur so lange, bis der restliche Austenit seinen C-Gehalt auf den
des Punktes S (0,8 % C) erniedrigt hat (Temperatur c kurz oberhalb 723 °C). Bei genau
723 °C besteht der Stahl zunächst aus γ-Mischkristallen mit 0,8 % C und einem Netz von
Sekundärzementit, dann erfolgt wie bei untereutektoiden Stählen der Zerfall des Austenits
zu Perlit. Das Gefüge der übereutektoiden Stähle besteht bei Raumtemperatur aus Perlit
mit einem Netz aus Sekundärzementit (Abb. 4.18).

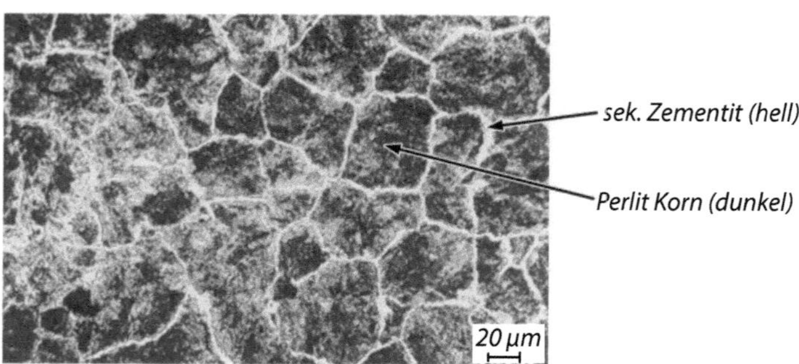

Abb. 4.18 Übereutektoider Stahl, 1,4 % C *helles Netz:* Sekundär- oder Korngrenzenzementit; *dunkle Bereiche:* Perlit

Anwendung Hebelgesetz (siehe Abb. 4.17)

Ablesebeispiel Legierung mit 1,4 % C bei 20 °C: Auf der x-Achse schneidet die Legierung die Achse bei 1,4 % C.

Möglichkeit A: Berechnung von „Perlit" und Zementit:

Gesamthebel ist nun von 100 % Perlit bei 0,8 % bis 100 % Zementit bei 6,67 %. Die Strecke des Gesamthebels beträgt folglich 6,67–0,8 = 5,87.

- Perlitanteil = (6,67–1,4)/5,87 = 0,898 oder 89,8 % (Achtung: Perlit = Ferrit + Zementit)
- Zementitanteil = (1,4–0,8)/5,87 = 0,102 oder 10,2 % (Korngrenzenzementit)

Möglichkeit B: Berechnung von Ferrit und Zementit:

Gesamthebel ist nun von 100 % Ferrit bei 0 % bis 100 % Zementit bei 6,67 %. Die Strecke des Gesamthebels beträgt folglich 6,67.

- Ferritanteil = (6,67–1,4)/6,67 = 0,79 oder 79 %
- Zementitanteil = 1,4/6,67 = 0,21 oder 21 % (Korngrenzenzementit + Zementit im Perlit)

Kontrollrechnung zur Verteilung von Zementit bei A:

Perlit hat eine Konzentration von 12 % Zementit

→ Gesamtzementit = 0,898 (Anteil Perlit) × 12 % + 10,2 % Korngrenzenzementit = 21 % (passt zur Berechnung B ✓) ◄

Untereutektische Legierungen: 2,06 % bis 4,3 % C

Diese Legierungen enthalten primäre γ-Mischkristalle, die direkt aus der Schmelze entstanden sind und γ-Mischkristalle die im Rahmen der eutektischen Umwandlung bei 1174 °C entstehen und dann im Ledeburit (Primärzementit und γ-Mischkristalle) enthalten sind. Mit fortschreitender Abkühlung erfolgen die bereits behandelten Umwandlungen:

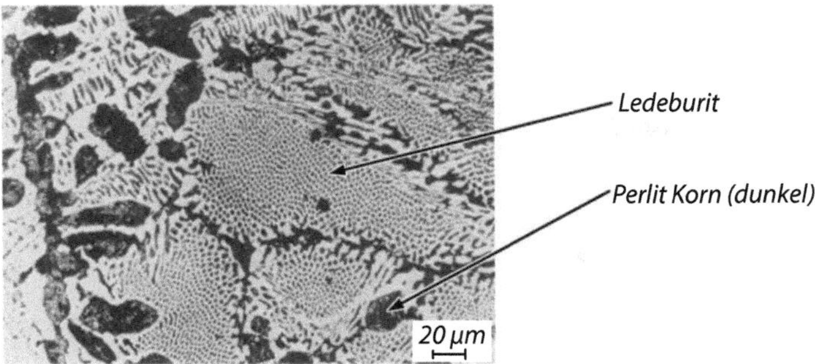

Abb. 4.19   Untereutektische Eisen-Kohlenstoff-Legierung, 2,8 % C

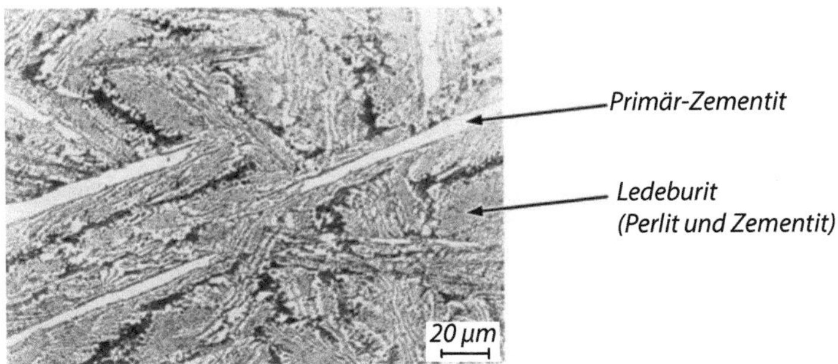

Abb. 4.20   Übereutektisches Eisen, 5 % C

- Zementitausscheidung aus den γ-Mischkristallen, der Zementitanteil erhöht sich.
- Bei 723 °C zerfallen die γ-Mischkristalle zu Perlit (eutektoide Umwandlung).

Bei RT bestehen diese Legierungen aus dem Eutektikum Ledeburit mit eingebetteten Perlitbereichen (Abb. 4.19, dunkle Flecken: Perlit; gesprenkelte Fläche: Ledeburit).

Übereutektische Legierungen: C > 4,3 %
Bei 1147 °C wandelt sich die Restschmelze in dem Gefüge aus Schmelze und Primärzementit eutektisch in Austenit und Zementit um. Bei der weiteren Abkühlung kommt es dann wieder zu einer Ausscheidung von Sekundärzementit aus dem Austenit und bei 723 °C dann zur eutektoiden Umwandlung des Austenits in Perlit. Das Gefüge besteht bei RT aus dem ledeburitischen Grundgefüge (feinkörnigem Gemenge von Perlit und Zementit) mit eingebetteten primären Zementitkristallen (helle Streifen in Abb. 4.20).

4.3.3   Einfluss des Kohlenstoffs auf die Legierungseigenschaften

Mechanische Eigenschaften
Die Eigenschaften der Stähle, die ein Gemenge verschiedener Phasen darstellen, werden von den unterschiedlichen Eigenschaften dieser Phasen geprägt. Das Mischungsverhältnis

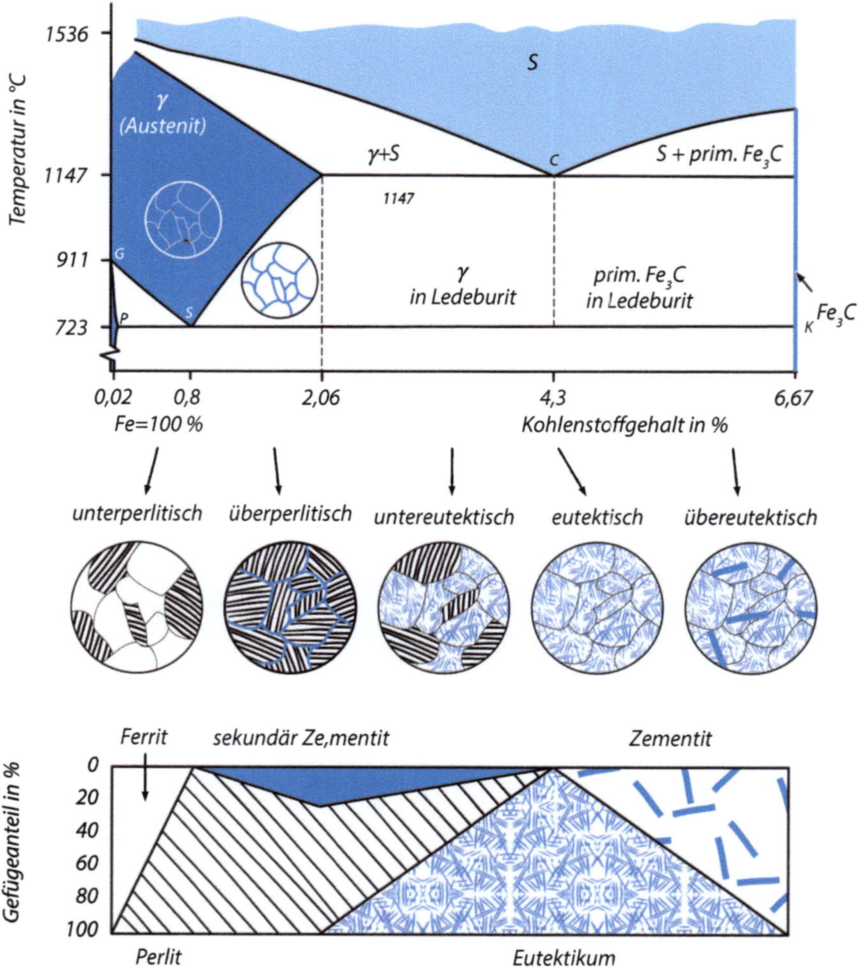

Abb. 4.21 Eisen-Kohlenstoff-Diagramm (vereinfachte Darstellung des metastabilen Systems) mit schematischer Darstellung der entstehenden Gefüge

dieser Phasen kann mit der Hebelbeziehung bestimmt werden. In Abb. 4.21 ist das Eisen-Kohlenstoff-Diagramm nochmals schematisch gezeigt und zusätzlich ist die Verteilung der möglichen Phasen bei Raumtemperatur mit angegeben. Prinzipiell bestehen die entstehenden Gefüge nur aus Ferrit (weiß) und Zementit (schwarz). Bei höheren Temperaturen entsteht noch die Phase Austenit. Wie in den vorangegangenen Abschnitten erklärt, entstehen bei der Abkühlung aus der Schmelze bei höheren Temperaturen besondere Phasen, die mit speziellen Namen bezeichnet werden:

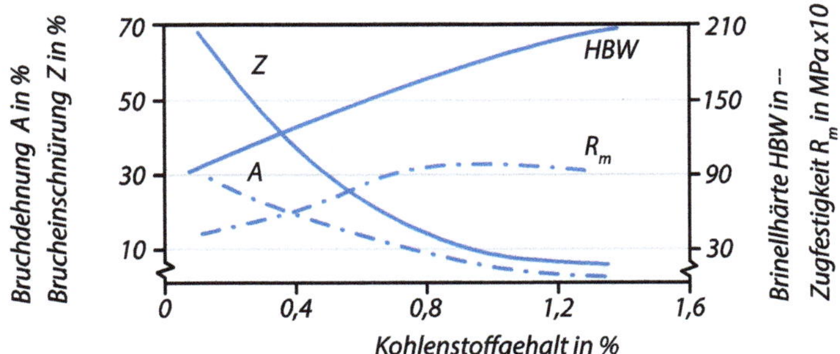

Abb. 4.22 Einfluss des C-Gehaltes auf die mechanischen Eigenschaften von Stahl; Zugfestigkeitswerte R_m, Brinellhärte *HBW*, Bruchdehnung *A* und Brucheinschnürung *Z* in %

Ledeburit (eutektische Umwandlung bei 4,3 % C):
- kurz unterhalb von 1147 °C: bestehend aus einem feinkörnigen Gefüge bestehend aus Austenit mit 2,06 % C und Primärzementit
- bei RT: feinkörnigem Gefüge bestehend aus Primärzementit und in Sekundärzementit und Perlit umgewandeltes Austenit

Perlit (eutektoide Umwandlung bei 0,8 % C):
- bei RT: lamellares Gefüge aus Ferrit und Zementit

Je nach Temperatur bei der das Zementit entsteht, wird dieses als Primärzementit (direkt aus der Schmelze), Sekundärzementit (Ausscheidungen aus dem Austenit bzw. im Perlit) und Tertiärzementit (Ausscheidungen aus dem Ferrit bei Abkühlung von 723 °C auf 20 °C) bezeichnet. Aufgrund der geringen Löslichkeit von C im Ferrit, nur 0,02 % bei 723 °C, wird in Abb. 4.21 auf die gesonderte Darstellung von Tertiärzementit verzichtet.

Die Verteilung der entstehenden Phasen und Gefüge sind für die Festigkeit und Verformbarkeit der Stähle von besonderer Wichtigkeit (vgl. Abb. 4.22). Im Gefüge kommt mit steigendem C-Gehalt zunehmend Zementit hinzu, zunächst in lamellarer Form im Perlit. Bei 0,8 % C ist Stahl rein perlitisch. Härte und Festigkeit nehmen zu, Bruchdehnung und Brucheinschnürung dagegen ab. Mit steigendem C-Gehalt tritt Sekundärzementit an den Korngrenzen auf (im Gefüge als Netz zu erkennen), dessen Anteil bei 2 % C ca. 20 % beträgt. Er entsteht bei langsamer Abkühlung des Austenits und versprödet den Stahl. Die Härte steigt weiter an, wobei die Zugfestigkeit sich nur gering verändert.

Tab. 4.1 gibt einen Überblick über die im Stahl auftretenden Kristallarten, ihre Struktur und die Eigenschaften

Technologische Eigenschaften

Für die Formgebung zu Bauteilen müssen zahlreiche Fertigungsverfahren durchlaufen werden. Das erfordert bestimmte technologische Eigenschaften, die durch den Kohlenstoffgehalt maßgeblich beeinflusst werden (siehe Tab. 4.2).

Tab. 4.1 Phasen in Fe-C-Legierungen

	Ferrit	Austenit	Zementit	Graphit
Kristallgitter	α-Fe, krz	γ-Fe, kfz, unlegiert nur bei > 723 °C vorhanden	Fe_3C, rhomboedrisch	C, hexagonal
Härte	Gering	Gering	Hoch	Sehr gering
Umformbarkeit	Ausreichend	Sehr hoch	Keine, spröde	Keine, spröde
Sonstige	Ferromagnetisch	Paramagnetisch		Festschmierstoff

Tab. 4.2 Einfluss des Kohlenstoffs auf die technologischen Eigenschaften

Eignung zum	Einfluss des Anteils in % von Kohlenstoff
Gießen	Erniedrigt die Schmelztemperaturen erst bei größeren C-Gehalten (>3 %) deutlich, gut gießbar durch niedriges Schwindmaß (1,0…1,5 %), Stahlguss (<1,2 %) ist wegen der Ausscheidung von γ-Mischkristallen in der Schmelze nicht dünnwandig vergießbar, hohes Schwindmaß (1,5…2 %).
Warmumformen	Umformtemperaturen liegen im Austenitgebiet unterhalb der Solidus-Linie. Das Gefüge ist homogen austenitisch, Stähle mit höheren C-Gehalten werden bei sinkenden Temperaturen zweiphasig durch Ausscheidung von Sekundärzementit, daraus folgt die Gefahr von Rissen. C-arme Stähle sind bei höheren Temperaturen leichter verformbar.
Kaltumformen	Reiner Ferrit lässt stärkere Umformungen zu. Der spröde Zementit im Perlit vermindert Bruchdehnung und -einschnürung. Die Grenze liegt bei etwa 0,8 % C. Kraft- und Arbeitsbedarf steigen mit dem C-Gehalt. Eine kugelige Form der Zementitkristalle erhöht die Kaltformbarkeit (→ Weichglühen).
Spanen	Schnittkraft und Schneideverschleiß steigen mit dem Zementitanteil, bei kugeliger Zementitausbildung werden sie vermindert. Kohlenstoff C als Grafit (Gusseisensorten) erleichtert das Spanen durch seine Schmierwirkung.
Schweißen	Schweißeignung hängt u. a. von der Fähigkeit ab, die beim Schweißen entstehenden Spannungen durch kleine plastische Verformungen abzubauen. Deshalb sind Stähle mit höherem C-Gehalt und kleiner Bruchdehnung rissgefährdet. Stähle mit hohem C-Gehalt >0,25 % sind aufgrund der Aufhärtung der Wärmeeinflusszone durch Martensit schlecht schweißbar.
Härten, Vergüten	Eine technisch nutzbare Härtesteigerung nach dem Abschrecken ist ab 0,2 % C festzustellen, sie steigt bis 0,8 % C und bleibt dann konstant (siehe Kap. 5).

4.4 Stahlerzeugung

4.4.1 Allgemeines

Stähle[5] und Stahlguss sind wegen ihrer Vielseitigkeit noch immer die wichtigsten Werkstoffe des Maschinenbaues. Ihre Eigenschaften lassen – in Verbindung mit einer Wärmebehandlung – viele Kombinationen zwischen Festigkeit, Härte, Zähigkeit und plastischer

---

[5] Stahl ist eine warmumformbare Eisenlegierung. Stahl kann, muss aber nicht warmumgeformt werden. Es gibt auch Gussstahl. Alle nicht warmumformbaren, also nur gießbaren Eisenlegierungen werden als Gusseisen bezeichnet.

Verformbarkeit zu. Zusätzlich hat Stahl einen hohen Elastizitätsmodul, der zu einer guten Bauteilsteifigkeit beiträgt. Die Bedeutung wird durch die Zahl von über 2000 lieferbaren Stahlsorten deutlich. Es gibt Sorten für zum Teil gegensätzliche Anforderungen, z. B. für

- Konstruktionen und Werkzeuge,
- warm-/kaltgewalzte Profile und Gussteile,
- extrem tiefe und hohe Temperaturen.

Entscheidend für die vielfältige Nutzung sind die Möglichkeiten der Eigenschaftsänderung durch Wärmebehandlungen, wie z. B. Normalglühen, Härten und Vergüten.

Als Nachteil erweist sich die hohe Dichte im Vergleich zu Leichtmetallen, Polymeren und Verbundwerkstoffen. Mit dem Einsatz neuer Stahlsorten, wie z. B. hochfeste Stähle zum Kaltumformen, bei denen hohe Festigkeit mit ausreichender plastischer Verformbarkeit kombiniert ist, wird versucht, diesen Nachteil auszugleichen und so leichte und nachhaltige Bauteile zu entwickeln.

4.4.2 Ausgangsstoffe der Stahlerzeugung

Ausgangsstoffe für die Stahlerzeugung sind:

- Roheisen aus dem Hochofenprozess,
- Neuschrott aus dem Kreislauf der Stahlgewinnung (z. B. Steiger, Endstücke),
- Altschrott aus dem Abriss von Industrieanlagen und dem Recycling.

Im EKD ist Roheisen im eutektischen Bereich zu finden, Stahl dagegen in der Stahlecke. Aus Tab. 4.3 ergibt sich die Aufgabenstellung bei der Stahlerzeugung aus Roheisen.

Verfahrensweg vom Roheisen zum Stahl:

- C-Gehalt absenken,
- *Eisenbegleiter* (qualitätsmindernde) auf möglichst niedrige Werte reduzieren (Phosphor P, Schwefel S, Sauerstoff O, Stickstoff N, Wasserstoff H),
- festigkeitssteigernde Legierungselemente auf bestimmte Gehalte nach Norm einstellen (Mangan Mn und Silizium Si).

Tab. 4.3 Vergleich typischer Elementgehalte (in %)

	C	Si	Mn	P	S
Roheisen	3,5	0,4	0,5	0,1	0,08
Stahl S235J0	0,16	0,36	1,5	0,02	0,03

4.4.3 Rohstahlerzeugung

Verschiedene Verfahren dienen der Erzeugung von Roheisen und nachfolgend zum Rohstahl (Reduzierung des C-Gehaltes und der Eisenbegleiter), aus dem dann in einem weiteren Prozess Stahl (gezieltes Einstellen der Legierungszusammensetzung) hergestellt wird.

Hochofenprozess

Der Hochofenprozess (Schachtofen) ist ein kontinuierlicher Prozess, in dem das vorbereitete Eisenerz verhüttet wird, in dem durch Reduktionsmittel wie Koks (mit Zusatz von Öl, Kohle oder Gas) der Sauerstoff in den Eisenoxiden, die im Erz enthalten sind, durch Reduktionsprozesse abgespalten wird. Der Hochofenprozess ist ein Gegenstromverfahren, bei dem die Einsatzstoffe von oben nach unten und die Gase von unten nach oben strömen. Durch die unten im Hochofen eingeblasene auf ca. 1200 °C erhitze Luft, oxidiert der Kohlenstoff im Koks in einer stark exothermen Reaktion zu CO (Kohlenmonoxid). Das CO-Gas des verbrennenden Koks ist das Hauptreduktionsmittel, welches das Eisenoxid wie folgt zu Roheisen umwandelt (vereinfachte Reaktionsgleichung):

$$Fe_2O_3 + 3CO \rightarrow 2Fe + 3CO_2$$

Am Boden des Hochofens fließt dann das flüssige Roheisen mit einer Temperatur von ca. 1450 °C in die Eisenpfanne. Neben dem Roheisen entsteht auch Schlacke, die durch die Reaktion der Zuschläge mit der Gangart, die nicht verwertbaren, nichtmetallischen Bestandteile des Erzes, entsteht. Der Hochofenprozess ist das Hauptverfahren zur Roheisenerzeugung, Leistung ca. 10.000 t/24 h (Abb. 4.23)

Abb. 4.24 gibt einen Überblick über weitere Verfahren zur Herstellung von Rohstahl aus Erz. Auf der linken Seite der Abb. 4.24 ist nochmals der Hochofenprozess skizziert. Auf die verfahrenstechnischen Einzelheiten kann im Rahmen dieses Buches nicht eingegangen werden.

Abb. 4.23 Schematische Darstellung des Hochofenprozesses

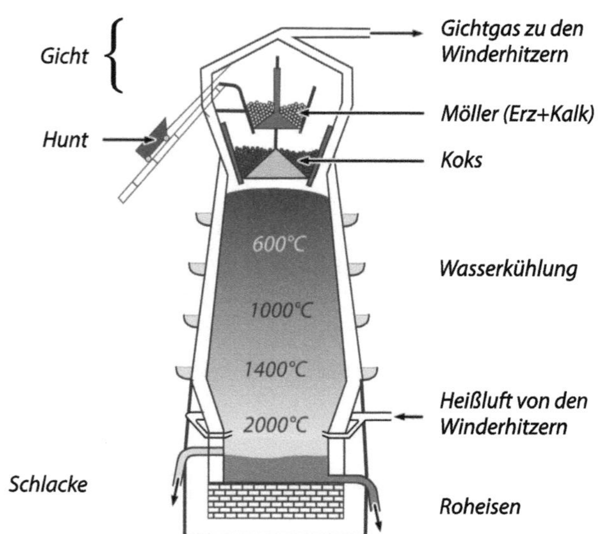

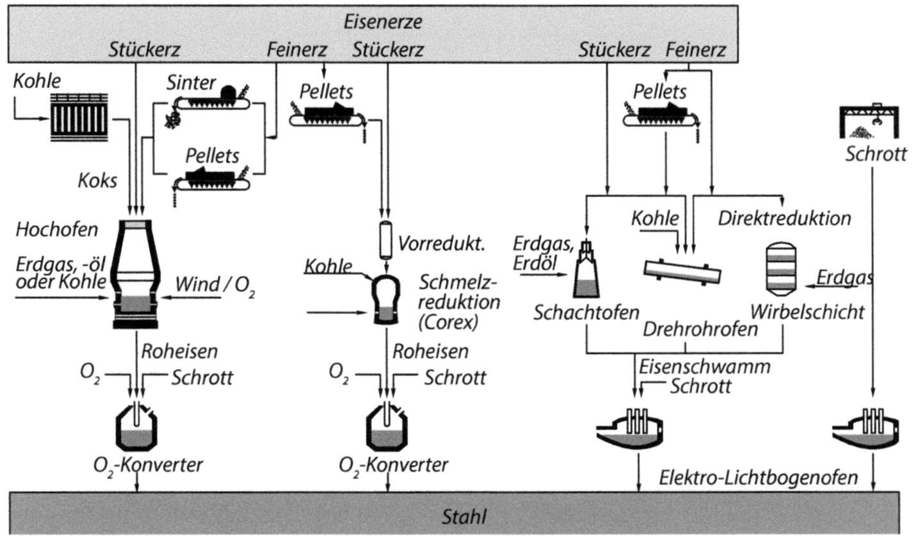

Abb. 4.24 Verschiedene Verfahrenslinien zur Rohstahlerzeugung

Literaturhinweis zum Thema Stahlherstellung

Hegemann, Guder: Stahlerzeugung, Springer, 2020 ◄

Direktreduktion

Reduktion von aufbereiteten Erzen in Schachtöfen mit einem meist außerhalb erzeugten Reduktionsgas aus CO und H_2 bei niedrigen Temperaturen zu Eisenschwamm mit Fe-Gehalten von < 95 %. Leistung ca. 100 t /24 h. Wegen der geringeren Leistung der Anlagen ist der Anteil an der Roheisenerzeugung gering. Verwendung z. B. für Sintereisenpulver. Dieses Verfahren wird aktuelle auch im Hinblick auf eine nachhaltig Stahlherstellung mittels „grünem" Strom und „grünem" Wasserstoff umgesetzt, um die bei der konventionellen Herstellung entstehenden CO_2-Emissionen drastisch zu senken. Hierbei wird Wasserstoff zur Reduktion des Eisenoxids genutzt, ohne dass CO_2 entsteht.

Elektrostahlverfahren

Einsatzmaterial ist fester Schrott und Eisenschwamm (z. B. aus der Direktreduktion). Die Erwärmung erfolgt mittels Grafitelektroden. Bei einem zu hohen Kohlenstoffgehalt kann zur Oxidation Sauerstoff eingeblasen werden. Eine Oxidation kann auch über den in Metalloxiden enthaltenen Sauerstoff erfolgen. Die Öfen werden in den Stahlgießereien und Ministahlwerken eingesetzt. Letztere haben begrenztes Lieferprogramm und damit niedrigere Investitionskosten. Die Leistung der Öfen beträgt etwa 130 t/ h (Abb. 4.25).

Frischen

ist ein Grundprozess bei der Stahlerzeugung. Durch diesen Prozess wird Roheisen in Rohstahl umgewandelt, indem meist aus den Einsatzstoffen (Erzen, Roheisen, Schrott)

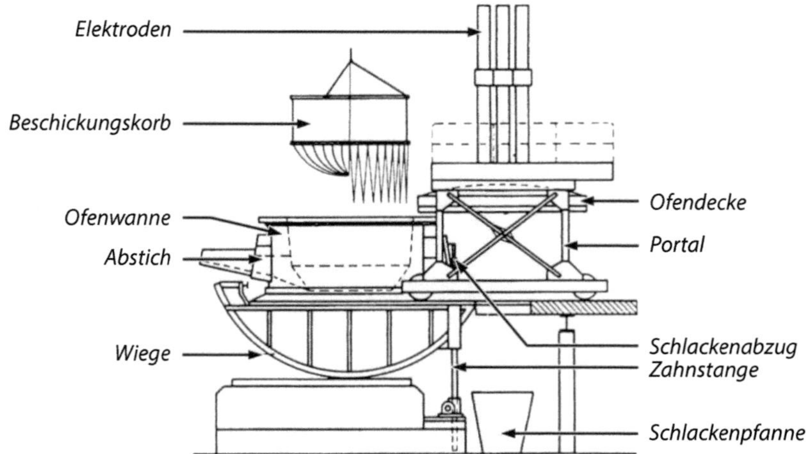

Abb. 4.25 Elektrostahlverfahren. Lichtbogenofen mit ausgefahrenem Deckel beim Beschicken. (DEMAG)

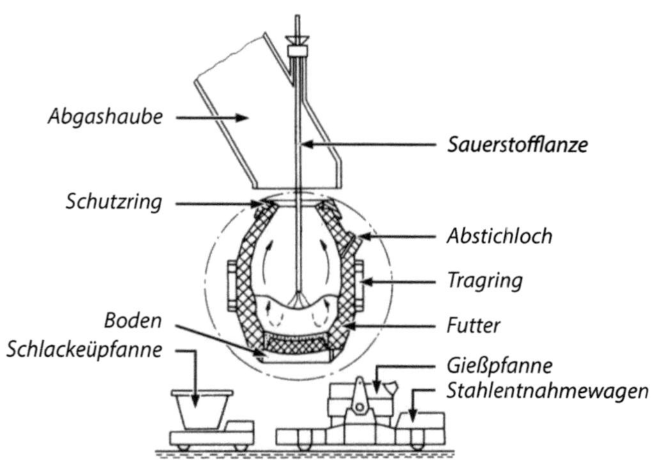

Abb. 4.26 Sauerstoffblasverfahren mit LDAC-Konverter (nach DEMAG)

kommenden, unerwünschten Begleitelemente (Silicium, Mangan, Phosphor) und der zu hohe Kohlenstoffgehalt im Roheisen mittels Oxidation umgewandelt werden. Die entstehenden Oxide werden dann mittels Kalk in der Schlacke abgebunden.

Beim Sauerstoff-Aufblasverfahren wird flüssiges Roheisen mit Schrottzusatz zur Kühlung verwendet. Der Gasstrom des Sauerstoffs kann von oben über eine Lanze, durch Düsen im Boden oder auch kombiniert zugeführt werden. Die Leistung beträgt 600 t/h. Die Verfahren haben einen Anteil von ca. 75 % an der Stahlerzeugung in Deutschland (Abb. 4.26). Zum Absenken des P-Gehaltes wird mit dem O_2-Strom noch Feinkalk auf die Schmelze geblasen, LDAC-Verfahren (Stahlerzeuger **Linz-D**onawitz, **ARBED**, **CRNM**).

4.4.4 Sekundärmetallurgie

Rohstahl enthält nach dem schlackefreien Abstich in die Gießpfanne noch gelöstes FeO, das nach der Erstarrung im Gefüge als Oxidschlacke vorliegt. Seine Entfernung wird Desoxidation genannt, d. h. Reduktion des gelösten FeO durch Zugabe von Stoffen mit höherer Affinität zum O. Solche *Desoxidationsmittel* sind Al, Ca, Mg, Si und Ti, auch in Kombination. Dabei laufen Redoxreaktionen ab, es entstehen nichtmetallische Teilchen, die nicht vollständig in der zähen Schmelze aufsteigen können. Ihre Entfernung und weitere Arbeiten, wie das Einstellen der gewünschten chemischen Zusammensetzung sowie Absenken des Gasgehaltes und nichtgewünschter Elemente wie Schwefel oder Phosphor, werden in der Gießpfanne oder in besonderen Gefäßen durchgeführt, auch Pfannenmetallurgie genannt. Dazu sind zahlreiche Verfahren entstanden:

- Vakuumbehandlung zur Reduzierung der Gasgehalte (z. B. H, N, O)
- Pfannenofen zum Legieren
- Pfannenspülen zum Entgasen
- Desoxidation zur Reduzierung des Sauerstoffgehaltes
- VOD-Verfahren (Vacuum Oxygen Decarburization):
- kombiniertes Verfahren zur Reduzierung der Gasgehalte bei gleichzeitiger Reduzierung des Kohlenstoffgehalts
- Elektroschlacke-Umschmelzverfahren:
- erneutes Aufschmelzen eines Stahlblocks zur Reduzierung unerwünschter Elemente und Abbindung in der Schlacke, was zu einer verbessertet Reinheit des Stahls führt sowie zu einer homogeneren Verteilung der Legierungselemente

Umschmelzverfahren sind wegen der Kosten auf Stahlsorten für hochbeanspruchte Schmiedeteile begrenzt, wenn Längs- und Quereigenschaften möglichst gleich sein sollen (isotropes Verhalten), wie z. B. Wälzlager für höchste Sicherheit, Vergütungsstähle für den Flugzeugbau, warmfeste Schmiedeteile für Kraftwerksbau, Druckgießformen, HS-Stähle.

4.4.5 Vergießen und Erstarren des Stahls

Der größte Teil (ca. 90 %) des in Deutschland erschmolzenen Stahls wird im Strangguss vergossen. Der Rest ist Blockguss für große Schmiedeteile und Stahlguss. Die Entwicklung geht zu endmaßgenauen Gießformaten, um Walzwerke und Energie einzusparen.

In der Schmelze ist durch das ein Einblasen von Sauerstoff zur Reduzierung des Kohlenstoffgehalts Sauerstoff gelöst und FeO entstanden. Der Sauerstoff reagiert bei der Abkühlung mit den vorhandenen C-Atomen und bildet das gasförmige Kohlenmonoxid CO. Das aufsteigende CO-Gas bewirkt ein „Kochen" in der Gießform, der Stahl ist **unberuhigt** vergossen, d. h., CO-Blasen bleiben als Blasenkranz unter einer Schicht C-armen

Stahls eingeschlossen, verschwinden aber bei einer starken Warmumformung. Durch das Kochen wird die Entstehung einer starken Blockseigerung gefördert, was grundsätzlich bei Stählen zu einer verminderten Zähigkeit führt. Seigerungen sind Bereiche, mit deutlich unterschiedlicher Konzentration an Legierungselementen im Vergleich zum restlichen Bauteil oder Gussblock. Eine Blockseigerung tritt bei Stahlblöcken und dickwandigen Gussteilen besonders ausgeprägt auf. Im Randbereich (Formwand) bilden sich fast reine Fe-Kristalle, die Verunreinigungen (S, P) reichern sich in der Restschmelze an und bilden die Seigerungszone im Kern, welche die mechanischen Eigenschaften verschlechtern. Beim Warmumformen wird die Seigerungszone mit ausgewalzt und lässt sich im Profil nachweisen.

Entsprechend muss die CO-Entwicklung während der Erstarrung verhindert werden, um die Zähigkeit zu verbessern, Gaseinschlüsse zu vermeiden und Seigerungen (C, S, P) zu reduzieren. Es muss ohne aufsteigende CO-Blasen, also **beruhigt** vergossen werden. Beim beruhigten Vergießen entstehen durch Zugabe von Desoxidationsmitteln (Al, Ca, Si) feste Reaktionsprodukte (Oxide) und keine Gasentwicklung. Der Stahl erstarrt ohne Badbewegung. Dadurch wird die Blockseigerung weniger stark ausgeprägt und es werden Stähle höherer Qualität produziert.

4.4.6   Eisenbegleiter und ihre Wirkung auf Gefüge und Stahleigenschaften

Bei der Stahlherstellung kommen durch den Herstellungsprozess und die verwendeten Ausgangsmaterialien wie Eisenerze oder Stahlschrott immer Atomsorten in den Stahl, die in der Regel nicht erwünscht aber nicht ganz vermeidbar sind. Diese werden als „Eisenbegleiter" bezeichnet und haben oft negative Einflüsse auf die Stahlqualität und grenzen sich von den Legierungselementen ab, die bei der Stahlherstellung gezielt hinzugefügt werden. Die nachstehenden Tabellen (Tab. 4.4, 4.5, und 4.6) beschreiben die einzelnen Eisenbegleiter nach

- Herkunft,
- Gefügeeinfluss und
- Eigenschaftsveränderungen.

Einfluss der Nichtmetalle
Nichtmetalle bilden bei hohen Temperaturen mit dem Eisen chemische Verbindungen: Phosphide, Sulfide, Oxide, die nach Abkühlung als Schlacketeilchen vorliegen.

Einfluss von Gasgehalten
Gase sind in der Schmelze löslich und bleiben z. T. bei der Erstarrung als Gasblasen im Gefüge zurück, wo sie die Zähigkeit stark vermindern. Sie werden durch Sekundärbehandlung unter Vakuum weiter reduziert. Tab. 4.5 beschreibt ihre Auswirkungen.

Tab. 4.4 Einfluss von Phosphor und Schwefel im Stahl

	Phosphor P	Schwefel S
Herkunft	P-haltige Erze und Zuschläge im Hochofen, Energiequelle für Blasverfahren	Sulfidische Erze, auch im Koks enthalten
Anordnung im Gefüge	Im Ferrit löslich (max. 2,8 % bei 1050 °C), bildet mit Fe Phosphide. Im Gusseisen entsteht aus Fe_3C und Fe_3P das niedrigschmelzende Dreifach-Eutektikum Steadit mit $T_m = 950$ °C	Im Ferrit unlöslich, bildet mit Fe und Mn Sulfide (Schlacketeilchen). Das Eutektikum aus Fe, FeO und FeS hat $T_m = 935$ °C. Abhilfe durch Mn-Gehalte, es entsteht MnS statt FeS
Auswirkung auf das Verhalten	Diffundiert langsam (Atom-Ø groß), ergibt starke Seigerungen, erniedrigt die Schmelztemperatur des Ledeburits, das Formfüllungsvermögen steigt	Warmumformung unter 1200 °C, oberhalb Heißbruch durch Eutektika, Rotbruch unter 1000 °C
Auswirkung auf die Eigenschaften	Fe-P-Einlagerungs-Mischkristalle sind kaltspröde. Der Steilabfall (Übergangstemperatur) der Kerbschlagarbeit wird nach rechts verschoben	Grobe Sulfide sind Sprödbruchauslöser. Feinverteilte Sulfidschlacke (meist MnS) ergeben Kurzspan mit hoher Oberflächengüte
Anwendungen	Stähle für Warmpressmuttern enthalten bis zu 0,3 % P, Kunstguss bis 1 %	Automatenstähle unlegiert und niedrig legiert mit 0,08...0,4 % S und 0,06...0,11 % P

Tab. 4.5 Einfluss der Gase Sauerstoff, Stickstoff und Wasserstoff

Gas	Herkunft und Aufnahme	Auswirkungen auf Verhalten und Eigenschaften
Sauerstoff O	O_2-Blasverfahren erzeugen FeO, das sich in der Schmelze löst und als FeO-Schlacke im Gefüge vorliegt	Führt in Kombination mit FeS (Tab. 4.4) zu Rotbruch beim Warmumformen, d. h. Stahl ist nicht schmiedbar bei FeO $\geq$ 0,2 %
Stickstoff N	Aufnahme beim Kontakt der Schmelze mit Luft und Reststickstoff von technisch reinem O_2	Löslichkeit von N im Ferrit ist gering, sie sinkt bei RT fast auf null. Ausscheidungen von Fe-Nitrid nach schneller Abkühlung führen zur Abnahme der Kaltzähigkeit (Alterung)
Wasserstoff H	Rostiger, feuchter Schrott und Brenngase. Hohe Löslichkeit im Ferrit und als H_2-Gas in Poren. H-Atome diffundieren bei RT so schnell wie C bei 1000 °C. Kaltverformter Stahl nimmt bei chemischer Behandlung mit Säuren (Beizen, Galvanik) H-Atome auf	Abnahme der Löslichkeit bei der Erstarrung und Abkühlung führt zur Molekülbildung in Fehlstellen unter hohem Druck. Dadurch sog. Flockenrisse und innere Spaltbrüche besonders bei der Verformung großer Querschnitte aus Ni- und Mn-Stählen. Abhilfe durch Glühen mit Ausdiffundieren des Wasserstoffs. Beizsprödigkeit ist eine geringe Kaltformbarkeit durch H-Atome auf Zwischengitterplätzen im Ferrit (Mischkristallverfestigung) und kann durch Glühen bei 200 °C beseitigt werden

Tab. 4.6 Einfluss von Mangan und Silizium auf Stahl

	Mangan Mn	Silizium Si
Herkunft	In Erzen enthalten und durch Desoxidation nach z. B.: $FeO + Mn \Rightarrow MnO + Fe$ $FeS + Mn \Rightarrow MnS + Fe$	In Erzen enthalten, Gangart Quarz, SiO_2 durch Desoxidation nach z. B.: $2\ FeO + Si \Rightarrow SiO_2 + 2\ Fe$ Das SiO_2 (Nichtmetalloxid, Säurebildner) bildet mit Alkalimetalloxiden spröde, hoch schmelzende Silikate
Gefüge	Schlacketeilchen nach o. a. Reaktionen ergeben Walz- und Schmiedefaserstrukturen mit anisotropem Verhalten	
	Rest Mn im Ferrit und Zementit	Rest Si im Ferrit gelöst
Eigenschaften – erwünscht	Mn bildet Mischkarbide $(Fe, Mn)_3\,C$, bremst den Zementitzerfall bei Temperatur über 700 °C, steigert Festigkeit ohne Zähigkeitsabfall und die Härtbarkeit	Fördert den Zementitzerfall (zu Graphit). Steigert Festigkeit, Korrosionsbeständigkeit und Härtbarkeit, mindert Ummagnetisierungs- und Wirbelstromverluste
– unerwünscht	Begünstigt das Kornwachstum bei höheren Temperaturen	Begünstigt das Kornwachstum, mindert Bruchdehnung, Tiefzieheigenschaften, Warmformbarkeit und Schweißeignung (zähflüssige Silikathaut)
Anwendung	Baustahl S355J2 erhält hohe Festigkeit bei niedrigem C-Gehalt durch 0,9–1,7 % Mn	Magnetbleche für Trafos und E-Maschinen enthalten bis zu 4 % Si, säurefester Guss bis zu 16 % Si

Einfluss von Mangan Mn und Silizium Si

Alle Stähle enthalten aufgrund der Erschmelzung aus Eisenerz die Elemente Mangan Mn und Silizium Si (Tab. 4.6). Für die Gruppe der unlegierten Stähle sind es wichtige Legierungselemente.

4.5 Einfluss von Legierungselementen

In diesem Abschnitt werden die Einflüsse der besonders zugesetzten Legierungselemente (LE) auf die

- Gefügeausbildung,
- Veränderung der Phasengrenzen des EKDs und die
- Eigenschaften beschrieben.

Legierungselemente wirken unterschiedlich, weil sie im Gefüge in verschiedenen Phasen vorhanden sind oder spezielle Phase, wie z. B. Karbide bilden können.

4.5.1 Auswirkung auf Gefüge und Eigenschaften der Stähle

Mischkristallbildner

Alle LE sind in kleinen Gehalten im Ferrit und Austenit löslich, manche vollkommen. Eine Ausnahme ist Blei, es ist praktisch unlöslich. Gelöste Elemente erhöhen die Festigkeit des Ferrits. Gleichzeitig wirken sich die LE auf das γ-α-Umwandlungsverhalten aus. Die LE-Atome ändern die Löslichkeit der C-Atome und behindern die Diffusion aus dem Austenit bei der Umwandlung. Die Folgen sind u. a.:

- Oberhalb der Linie PS wird weniger Ferrit ausgeschieden.
- Beim Austenitzerfall wird der Abstand der Zementitlamellen kleiner, dadurch bildet sich der Perlit feinstreifiger aus, mit folgenden Auswirkungen: Viele dünne Zementitlamellen im Ferrit behindern die Versetzungsbewegung stärker als wenige dickere. Das bedeutet, dass die Dehngrenze $R_{p0,2}$ erhöht wird. So entstehen Stähle mit perlitischem (eutektoidem) Gefüge, obwohl ihr C-Gehalt unter 0,8 % liegt.
- Die Umwandlungspunkte und -linien des EKD werden verschoben, es entstehen neue Zustandsschaubilder, bei denen zum Teil ein austenitisches Gefüge bei RT vorhanden sein kann.
- Beim schnelleren Abkühlen ändert sich die Bildung der entsprechenden Phasen in Abhängigkeit der Abkühlgeschwindigkeit ($\rightarrow$ ZTU-Diagramme, Kap. 5). Das Härten wird vereinfacht. Zum Durchhärten und Durchvergüten kann langsamer abgekühlt werden, wichtig für Teile mit großen Querschnitten.

Beispiel für Stähle mit eutektoidem Gefüge

Stahl mit 10 % Cr hat bereits bei 0,3 % C ein rein perlitisches Gefüge, es gibt keinen voreutektoid (zwischen GS und PS im EKD) ausgeschiedenen Ferrit. LE wie Mo, V, und W erreichen dies mit noch kleineren Anteilen. ◄

Karbidbildner

Metalle mit einer höheren Affinität zum Kohlenstoff können Fe-Atome im Zementit teilweise ersetzen und eigen Karbide oder Mischkarbide bilden (vgl. Tab. 4.7). Diese Metalle bilden einen Block im PSE als Nebengruppenelemente. Die Neigung zur Bildung von Karbiden nimmt in der folgenden Darstellung von links nach rechts ab, d. h., Ti hat die größte Neigung, Karbide zu bilden:

Ti – Nb – V – Ta – W – Mo – Cr – Mn

Beispiele für Karbide

Mischkarbide	$(Fe,Mn)_3C$, $(Fe,Cr)_3C$
Doppelkarbide	Fe_3W_3C, Fe_4Mo_2C
Sonderkarbide	$Cr_{23}C_6$, Cr_7C_3, WC

◄

Tab. 4.7 Legierungselemente, die Mischkarbide im Stahl bilden

Periode	Nebengruppe		
	IVB	VB	VIB
4	Titan **Ti**	Vanadium **V**	Chrom **Cr**
5	Zirkon **Zr**	Niob **Nb**	Molybdän **Mo**
6	Hafnium **Hf**	Tantal **Ta**	Wolfram **W**

Tab. 4.8 Mikrohärte einiger Karbide

Karbid	Härte HV	Karbid	Härte HV
TiC	3200	VC	2800
NbC	2800	WC	2400
Cr_3C_2	2150	Mo_2C	1500

Die Karbide zählen zu den intermetallischen Phasen mit gemischten Bindungsarten und sind härter als Zementit. Die Löslichkeit im Austenit ist verschieden, ebenso ihr Einfluss auf die kritische Abkühlgeschwindigkeit beim Härten und auf die Gefügestabilität bei höheren Temperaturen. Sie erhöhen Anlassbeständigkeit und verhindern als Korngrenzenausscheidung das Kornwachstum (siehe Kap. 6, Feinkornstähle) (Tab. 4.8).

In der Anwendung enthalten alle Werkzeugstähle und verschleißfester Guss diese Karbide möglichst feinkörnig im gehärteten Grundgefüge. Aus Gründen der Schmiedbarkeit ist der Karbidgehalt auf ca. 15 % begrenzt. Der Anteil der LE, die in Karbiden gebunden sind, geht dem Grundgefüge verloren. Damit auch dort genügend LE-Atome wirken können, ist ein hoher Anteil an LE bei hohem Karbidanteil notwendig. Höchste Karbidanteile besitzen die Sinterhartstoffe mit ca. 95 % (WC + TiC + TaC) in einem Co-Grundgefüge.

Beispiel: Kaltarbeitsstahl

Kaltarbeitsstahl **X210Cr12:** Mit 2,1 % C und 12 % Cr hat ca. 15 % Chrom-Karbidanteil. Bei Härtetemperatur ist genügend Cr im Austenit gelöst, sodass er die Eigenschaft *lufthärtend* besitzt. ◄

Nitridbildner

C und N haben als Nachbarn im PSE kleine, ähnliche Atomradien, ihre Karbide und Nitride haben z. T. gleiche Kristallgitter. Darin sind C- und N-Atome austauschbar, z. B. haben TiC und TiN die gleiche kubisch-flächenzentrierte Einlagerungsstruktur. Es können sich auch Carbonitride bilden, in denen C *und* N eingelagert sind. Zu den Nitridbildner gehören:
Aluminium, Bor, Chrom, Niob, Titan, Vanadium, Zirkon.

Nitride liegen als feindisperse Ausscheidungen vor und bewirken:
- Streckgrenzenerhöhung bei C-armen, mikrolegierten Baustählen und austenitischen Stählen,
- Behinderung des Kornwachstums beim Glühen,
- Steigerung der 0,2 %-Dehngrenze bei warmfesten Stählen (vergütet) ohne Zähigkeitsabfall, geringere Kriechrate bei Temperaturen über 400 °C.

- **S550MC,** kaltumformbarer Stahl mit hoher Streckgrenze nach DIN EN 10149
- **P460NH,** warmfester Stahl für Druckbehälter DIN EN 10028-2 mit $\leq$ 0,2 % N; an Al oder V < 0,2 % gebunden. ◄

4.5.2   Einfluss auf das Eisen-Kohlenstoff-Diagramm

Beim Legieren von Fe-C-Werkstoffen ist das bekannte EKD so nicht mehr anwendbar, da durch das Legieren kein Zweistoffsystem, sondern Mehrstoffsysteme entstehen. In Abb. 4.27 ist schematisch gezeigt, wie verschiedene Legierungselemente die wichtigen Phasenfelder Ferrit und Austenit prinzipiell verändern können, in dem sie wichtige Umwandlungspunkte, A_3, S, P und E zu anderen Temperaturen hin verschieben. Entsprechend können die Legierungselemente eingeteilt werden in Elemente, die:

- das Austenitgebiet erweitern (vergrößern),
- das Ferritgebiet erweitern (vergrößern),
- keinen Einfluss auf die Umwandlungspunkte haben.

Legierungselemente, die das Austenitgebiet erweitern

Beim Reineisen (C-Gehalt 0 %) ist der Haltepunkt A_3 (911 °C) die niedrigste Temperatur, bei der langsam abgekühlter Austenit noch existieren kann. Gelöste C-Atome erweitern diesen Bereich, indem A_3 und S nach unten verschoben werden. LE mit ähnlicher Wirkung werden als Austenitbildner bezeichnet. Es sind:

- Mangan
- Nickel
- Cobalt

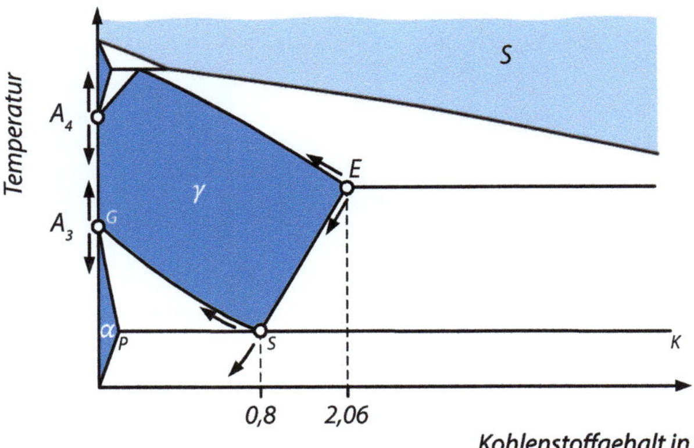

Abb. 4.27 Schematische Darstellung der Änderung der Phasengebiete im EKD beim Legieren von Stahl

- Stickstoff
- Kupfer
- Zink

Bei höheren Gehalten erweitern sie den Existenzbereich der γ-Mischkristalle bis auf RT (Abb. 4.28, Mitte), dadurch entstehen **austenitische Stähle**. Sie haben bei RT ein homogenes Gefüge aus γ-Mischkristallen und dadurch ein besonderes Eigenschaftsprofil:

- niedrige Dehngrenze, stark umformbar
- zäh, auch bei tiefen Temperaturen
- nicht ferromagnetisch
- umwandlungsfrei, kein Härten und Vergüten möglich

Die Austenitbildner können sich gegenseitig ersetzen, dadurch sind kostengünstige Kombinationen möglich (Ni durch Mn, N oder Cu). Bei kleineren Anteilen, z. B. Stahl mit 10 % Mn, muss aus Temperaturen im γ-Gebiet abgeschreckt werden. Dann entsteht unterkühlter Austenit, der durch Kaltumformung örtlich zu Martensit umwandelt (Prinzip der Mangan-Hartstähle, z. B. X120Mn12).

Legierungselemente, die das Ferritgebiet erweitern
Elemente einer anderen Gruppe verkleinern das Gebiet der γ-Mischkristalle oder schnüren es ab, sodass das Ferritgebiet vergrößert wird. Es sind dies: Chrom, Silizium, Molybdän, Vanadium, Wolfram, Titan, Aluminium, Zinn.

Im System Fe-Cr (Abb. 4.28, rechts) erstarren Legierungen bis 12 % Cr wie andere Stähle, durchlaufen das γ-Gebiet und unterliegen dem Austenitzerfall → Perlitbildung. Sorten mit über 13 % Cr erstarren zu α-Eisen und kühlen ohne Umwandlung bis auf RT

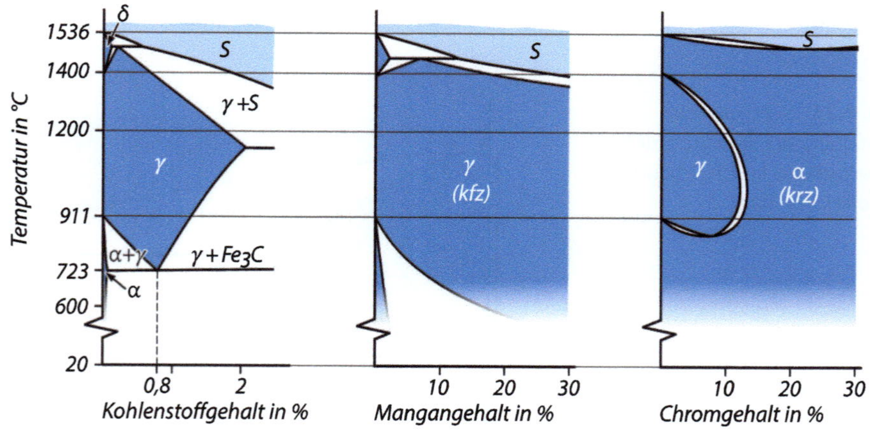

Abb. 4.28 Schematische Darstellung: Ausschnitt aus dem ZustandsSchaubild Fe-Mn, Fe-Cr und Vergleich zum Fe-C-Schaubild

ab. So entstehen die umwandlungsfreien, korrosionsbeständigen ferritischen Stähle. Sie unterscheiden sich von den austenitischen Stählen in wichtigen Eigenschaften.

Wechselwirkungen der Legierungselemente
Da alle Stähle neben Kohlenstoff noch weitere Legierungselemente enthalten, kommt es zu komplexen Wechselwirkungen. Die Beurteilung ist vielschichtig, weil die Legierungselemente untereinander wechselwirken und somit die Wirkungen eines LE nicht einfach mit der Wirkung eines anderem LE addiert werden kann. Sie können sich gegenseitig verstärken, abschwächen oder gemeinsam neue Wirkungen hervorrufen. Das kann exemplarisch am Beispiel der Cr-Stähle gezeigt werden. Durch die Höhe des C-Gehaltes wird die Wirkung der Cr-Atome verändert.

- Cr > 12 % schnürt das Austenitgebiet ab.
- Cr bildet eine Schutzschicht, die vor Korrosion gut schützt.
- Cr ist Karbidbildner, d. h., bindet C-Atome in Chromkarbiden. Chrom steht dann für die erste Wirkung nicht mehr zur Verfügung und auch nicht mehr zur Bildung der schützenden Chromoxidschicht.

Beispiel: Die Wirkung zweier LE muss nicht die Summe beider Einflüsse sein.

Cr-Ni-Stähle

- Cr bildet bevorzugt Karbide und ist Ferritstabilisator.
- Ni erweitert das Austenitgebiet auf Raumtemperatur.

Bei Cr-Ni-Stählen wird durch Cr die Wirkung von Ni verstärkt → austenitische Stähle ◄

Wärmebehandlung der Stähle 5

Die in diesem Abschnitt behandelten Verfahren der Wärmebehandlung von Stählen sind Teil einer Fertigungshauptgruppe mit der Bezeichnung Stoffeigenschaft ändern[1] (Tab. 5.1), deren Verfahren sich auf alle metallischen Werkstoffe beziehen. Alle Verfahren haben das Ziel, dem Werkstoff ein gewünschtes Eigenschaftsprofil zu geben.

Tab. 5.1 Stoffeigenschaft ändern, Hauptgruppe 6 nach DIN 8580 – Fertigungsverfahren

Gruppen	Untergruppen
6.1 Verfestigen durch Umformen	6.1.1 Verfestigungsstrahlen 6.1.2 Walzen 6.1.3 Ziehen 6.1.4 Schmieden
6.2 Wärmebehandeln	6.2.1 Glühen 6.2.2 Härten 6.2.3 Isothermisch Umwandeln 6.2.4 Anlassen, Auslagern 6.2.5 Vergüten 6.2.6 Tiefkühlen 6.2.7 Thermochemisches Behandeln 6.2.8 Aushärten
6.3 Thermomechanisch Behandeln	6.3.1 Austenitformhärten 6.3.2 Heißisostatisches Nachverdichten
6.4 Sintern, Brennen	
6.5 Magnetisieren	
6.6 Bestrahlen	
6.7 Photochemische Verfahren	6.7.1 Belichten

---

[1] Stoffeigenschaft ändern ist Fertigen durch Eigenschaftsänderungen, z. B. mithilfe von Erzeugung und Bewegung von Versetzungen im Kristallgitter, Diffusion von Atomen oder chemischen Reaktionen mit Wirkmedien.

© Der/die Herausgeber bzw. der/die Autor(en), exklusiv lizenziert an Springer Fachmedien Wiesbaden GmbH, ein Teil von Springer Nature 2026
C. Jaroschek et al., *Weißbach - Werkstoffe und ihre Anwendungen*,
https://doi.org/10.1007/978-3-658-50256-0_5

5.1 Grundlagen

Die hier beschriebenen Verfahren bilden die Verfahrenshauptgruppe 6 nach der DIN 8580:2022. In der DIN EN ISO 4885:2018 sind die Begriffe der Wärmebehandlung von Eisenwerkstoffen genormt. Die zugehörigen Verfahren ändern die Eigenschaften von Halbzeugen, Werkzeugen oder Bauteilen zielgerichtet. Form und Abmessungen sollen sich dabei nicht ändern (mit Ausnahmen). Es soll also kein Verzug von Bauteilen auftreten.

5.1.1 Einteilung der Verfahren

Die Eigenschaften des Werkstoffes hängen von seinem Kristallgitter und dem Gefüge ab. Bei allen Verfahren wird in dieses Kristallgitter und/oder dieses Gefüge eingegriffen. Das läuft bei erhöhten Temperaturen schneller ab oder wird überhaupt erst möglich.

- Kristallgitter: Verzerrung der Gitter durch Kaltumformen oder Abschrecken, Einbringen von Fremdatomen oder Umlagern von Atomen durch Diffusion
- Gefüge: Änderung von Größe und Form der Kristalle, sekundäre Ausscheidungen, Abbau innerer Spannungen

▶ **Hinweis** Werkstoffeigenschaften, die **an Proben** ermittelt werden, können sich von denen **im** Bauteil unterscheiden. Proben haben eine einfache, kleine Gestalt, ohne Kerben und somit einen einfachen Spannungsverlauf, überall gleiche Werkstoffbeschaffenheit und werden unter normalen klimatischen Bedingungen geprüft.

5.1.2 Zeit-Temperatur-Folgen

Die Behandlung durch „Wärme" wird i. d. R. in drei großen Schritten durchgeführt (Abb. 5.1).

- Erwärmen:
- Die Temperatur der Randschicht eilt vor, da der Rand sich schneller erwärmt als der Kern. Nach der Anwärmzeit t_{an} ist die Haltetemperatur T_d erreicht. Der Kern braucht dazu noch die Durchwärmzeit t_d, bis er die gleiche Temperatur wie der Rand aufweist. Mit steigender Aufheizgeschwindigkeit und steigender Wanddicke der Bauteile streben die Kurven von Rand und Kern auseinander.
- Halten:
- Wärmezeit t_h mit konstanter Temperatur, die sich auf Ofen, Werkstückoberfläche oder den Querschnitt beziehen kann. Dabei können sich Spannungen und Gefügeunter-

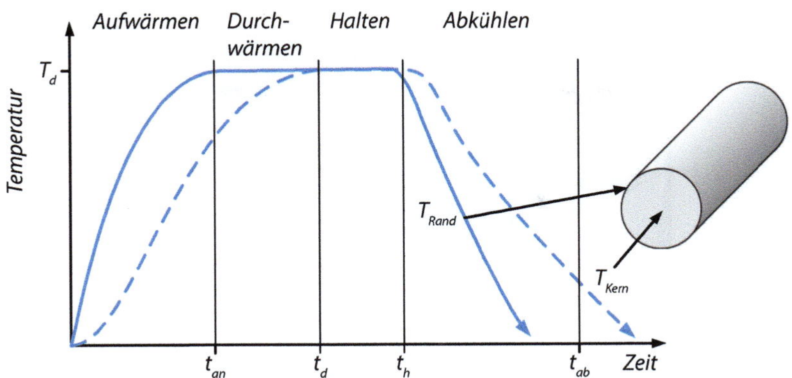

Abb. 5.1 Temperatur-Zeit-Folge im Kern und im Rand eines Rundstabs

Tab. 5.2 Haltepunkte, Linien und Umwandlungen in der Stahlecke des EKD

Haltepkt./Linie		Vorgänge/Gefügeänderung Beim Abkühlen	Vorgänge/Gefügeänderung Beim Erwärmen
Ac_3	GSK	Abkühlen des Austenits, die Ferritausscheidung beginnt(γ-α-Umwandlung)	Erwärmen, Ferrit- / Perlitumwandlung zu Austenit ist beendet (α-γ-Umwandlung)
Ac_1	PSK	Abkühlen, Austenitzerfall = Perlitbildung (γ-α-Umwandlung)	Erwärmen, Auflösung des Perlits zu Austenit (α-γ-Umwandlung)
Ac_{cm}	SE	Abkühlen, Beginn der Sekundärzementitausscheidung (C-Löslichkeit sinkt)	Erwärmen, Auflösung des Sekundärzementits (C-Löslichkeit steigt)

schiede ausgleichen. Die Dauer von t_h ist vom Verfahren abhängig, i. Allg. möglichst kurz, um Kornwachstum zu vermeiden.

- Abkühlen
- Abkühlzeit t_{ab} je nach Verfahren und Wanddicke der Werkstücke kürzer (beim Härten) oder länger (beim Glühen). Bei einigen Verfahren sind Erwärmen und Abkühlen in Stufen unterteilt, um z. B. bei großen Querschnitten oder niedriger Wärmeleitfähigkeit legierter Stähle Risse aufgrund der hohen Temperaturunterschiede im Bauteil zu vermeiden.

Die einzelnen Temperaturen hängen vom C-Gehalt des Stahls ab und werden durch die Haltepunkte angegeben oder mit den Linien des EKDs veranschaulicht (Tab. 5.2, Abb. 5.2).

Stahlbegleiter und Reinheitsgrad beeinflussen die Vorgänge bei der Austenitisierung, die Angaben der Stahlhersteller müssen eingehalten werden. Den Einfluss der Wärmequelle zeigt die Übersicht (Tab. 5.3).

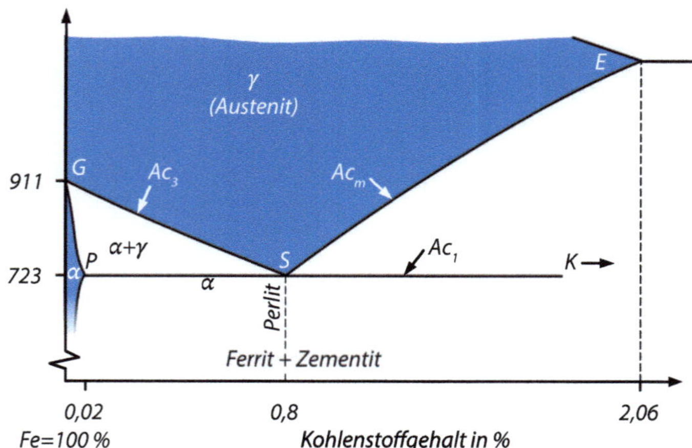

Abb. 5.2 Ausschnitt des EKDs

Tab. 5.3 Vergleich der Erwärmungsarten

Wärmequelle	Erwärmungsverlauf, Folgeerscheinungen
Äußere Zufuhr durch Wärmeübertragung über Gase, Schmelzen und elektrische Heizelemente, Strahlen	Wärme gelangt durch Wärmestrahlung, -übergang und -leitung von außen in das Werkstück, ungleichmäßig (der Kern erreicht die Endtemperatur später) und langsam, um Spannungen und Rissen vorzubeugen
Innere Erzeugung durch elektrische Widerstands- oder Induktiverwärmung	Wärme entsteht innerlich durch Wirkung des elektrischen Stroms, gleichmäßig im Querschnitt und schnell

5.1.3 Austenitisierung (ZTA-Schaubild)

Viele Verfahren benötigen den γ-Zustand des Stahls (Austenit), um von da aus bestimmte Gefügeumwandlungen zu erreichen. Diese Art des Erwärmens heißt **austenitisieren.** Der Grad der Austenitisierung – Homogenität und Korngröße – beeinflusst sehr stark das bei der Abkühlung entstehende Gefüge. Dabei entsteht ein Zielkonflikt:

- Homogenität erfordert längeres Halten im Austenitgebiet (Diffusionsvorgänge).
- Feinkorn erfordert kurzes Halten bei Temperaturen im Austenitgebiet, sonst tritt Kornwachstum auf.

Die ZTA-Schaubilder (**ZTA** = **Z**eit-**T**emperatur-**A**ustenitisierung) geben für einen bestimmte Zusammensetzung eines Stahls bei einer bestimmten Temperatur die Zeitdauer an, bis ein homogener Austenit entsteht. Das EKD ist für einen bestimmten C-Gehalt ein

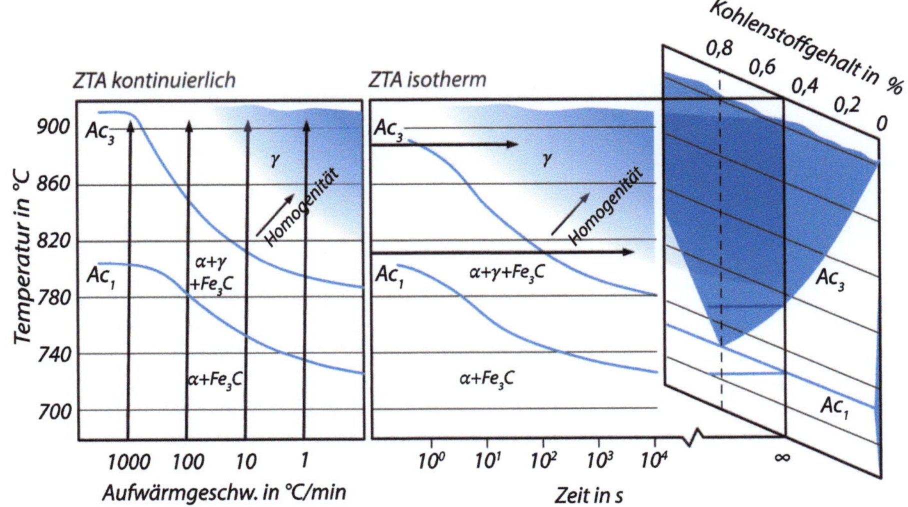

Abb. 5.3   ZTA-Schaubilder und Beziehung zum EKD, schematisch für Stahl C45

Grenzfall des ZTA-Diagramms, und zwar für eine unendlich langsame Erwärmung der Proben (Abb. 5.3).

Damit gelten ZTA-Schaubilder nur für jeweils einen Stahl mit spezifischer chemischer Zusammensetzung (hier 0,45 % C). Merkmale sind:

- Die Haltepunkte des EKD A_3 und A_1 werden mit schnellerer Erwärmung (kürzere Zeit) stetig nach oben verschoben und ergeben die Linien für Ac_1 und Ac_3.
- Oberhalb der Linie Ac_3 grenzt das blaue eingefärbte Gebiet den homogenen Austenit vom inhomogenen (keine gleichmäßige Verteilung des Kohlenstoffs) ab. Ziel für eine anschließende Wärmebehandlung ist der homogene Austenit.

Diese Schaubilder gibt es in zwei Arten, entsprechend der praktisch durchgeführten Erwärmung:

- **isotherm:** für Erwärmen bei *konstanter* Temperatur, z. B. in Öfen oder Salzbädern (Abb. 5.3 Bildteil Mitte)
- **kontinuierlich:** für ein Erwärmen bei *fortlaufender* Temperaturänderung, z. B. durch elektrische Widerstands- oder Induktiverwärmung, Schweißen (Abb. 5.3 Bildteil links).

▶   **Hinweis** ZTA-Schaubilder werden mithilfe von dünnen Stahlproben ermittelt und gelten streng genommen nur für diese Probenform und für die untersuchte Zusammensetzung der Schmelze. Die Angaben haben etwa ±10 % Messgenauigkeit.

Tab. 5.4 Typische Austenitkorngrößen (ASTM: American Society for Testing Materials)

ASTM-Klasse	Kornzahl pro mm² Schliffffläche	Mittlerer Korndurchmesser
0–5 grob	4–256	320–56 µm
6–12 fein	512–32.768	40–5 µm

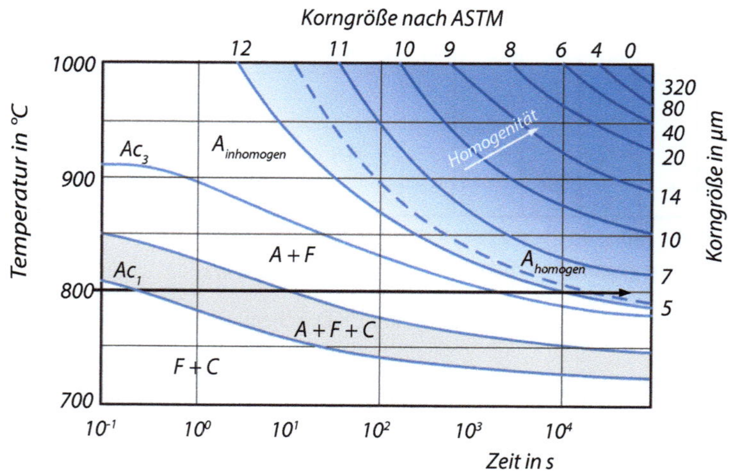

Abb. 5.4 ZTA-Schaubild für isotherme Austenitisierung, Stahl mit 0,45 % C; hier C = Carbid / Zementit (nach Hougardy)

Das Lesen der ZTA-Schaubilder

Die Umwandlung des Gefüges zu Austenit wird im ZTA-Schaubild für isotherme Austenitisierung auf einer Waagerechten verfolgt (Abb. 5.3 Bildteil Mitte). Dabei werden verschiedene Phasenfelder durchlaufen, die durch die Linien der Haltepunkte Ac_3 und Ac_1 begrenzt sind. Das Lesen der ZTA-Schaubilder für kontinuierliche Erwärmung erfolgt auf den steil verlaufenden Aufheizkurven von unten nach oben (links mit hoher Aufheizgeschwindigkeit und rechts mit einer sehr kleinen (Abb. 5.3 links). ZTA-Schaubilder können zusätzlich die Austenitkorngröße (nach ASTM, Tab. 5.4) oder auch die erzielbare Abschreckhärte angeben.

- **Ablesebeispiel** (Abb. 5.4): ZTA-Schaubild für isotherme Erwärmung, C45: Von der y-Achse bei 800 °C waagerecht durch das Diagramm gehen, d. h., es wird der Werkstoff mit zunehmender Haltezeit bei der Temperatur von 800 °C betrachtet. Der Haltepunkt Ac_1 ist zu einem Bereich erweitert, weil das Zementit erst vollständig gelöst werden muss. An der unteren Ac_1-Linie beginnt die Umwandlung des Perlits zu Austenit. Zwischen den Lamellen entstehen viele kleine Austenitkörner. Sie sind ungesättigt und können die Zementitlamellen lösen. So liegen zunächst drei Phasen nebeneinander vor. Erst an der oberen Ac_1-Linie ist die Auflösung des Zementits beendet. Der Ferrit hat sich vollständig bei Ac_3 in Austenit umgewandelt. An der Ac_3-Linie liegt jetzt nur noch Austenit vorliegt (inhomogener Austenit, mit ungleichmäßig verteilten C-Atomen). Mit zunehmender Zeit wird die gestrichelte Linie erreicht und es liegt homogener Austenit vor (ca. nach 20.000 s).

Auf der zweiten y-Achse ist die Korngröße in µm oder die ASTM-Klasse aufgetragen. Die im homogenen Austenit liegenden Kurven beschreiben jeweils eine konstante Korngröße oder eine konstante ASTM-Klasse (vgl. Tab. 5.4).

- **Ablesebeispiel Korngröße** bei 1000 °C (Abb. 5.4): Aus dem Schaubild ist zu erkennen, dass ein längeres Verweilen im Temperaturbereich über 1000 °C (z. B. Stahlguss und Schmiedeteile nach der Umformung) zu einem groben Korn führen muss. Je länger die Zeit ist, desto kleiner werden die Zahlenwerte der ASTM-Klassen, wobei kleine Zahlenwerte der ASTM-Klassen auf große Körner hindeuten. Bei warmgewalzten Blechen wird deshalb im letzten Verformungsgang mit niedriger Endtemperatur gearbeitet. Die sofort einsetzende Rekristallisation erzeugt ein neues Korngefüge, das dann nicht vergröbert.

▶   **Hinweis** Übereutektoide Stähle (C-Gehalt >0,8 %) werden beim Austenitisieren nicht in den reinen γ-Bereich erwärmt (über Ac_3), sondern nur über Ac_1. Eine vollständige Auflösung der sekundären Karbide dauert sehr lange, dabei würde sich ein sehr grobes Korn bilden. Angestrebt wird ein homogener Austenit mit fein verteilten Karbiden.

Zusammenfassend lassen ZTA-Schaubilder Folgendes erkennen:

- Haltepunkttemperaturen zum Erreichen eines homogenen Austenits liegen bei kurzzeitiger Erwärmung bei isothermen ZTA-Diagrammen höher als bei langsamer. Das ist die Auswirkung der begrenzten Diffusionsgeschwindigkeit der Atome.
- Austenit ist nach der Umwandlung zunächst feinkörnig, aber inhomogen.
- Mit zunehmender Haltezeit wird der feinkörnige Austenit grobkörnig, was in der Regel nicht gewünscht ist. Deshalb ist eine genaue Einhaltung der Haltezeit wichtig.
- Homogener Austenit entsteht bei niedriger Temperatur erst nach langer Zeit, da die C-Atome zur Diffusion Zeit benötigen.
- Bei hohen Temperaturen (1000 °C) ist bereits nach 10 s (Abb. 5.4) ein homogenes Gefüge entstanden. Nur genaues Einhalten der Zeit kann grobkörniges Gefüge vermeiden.

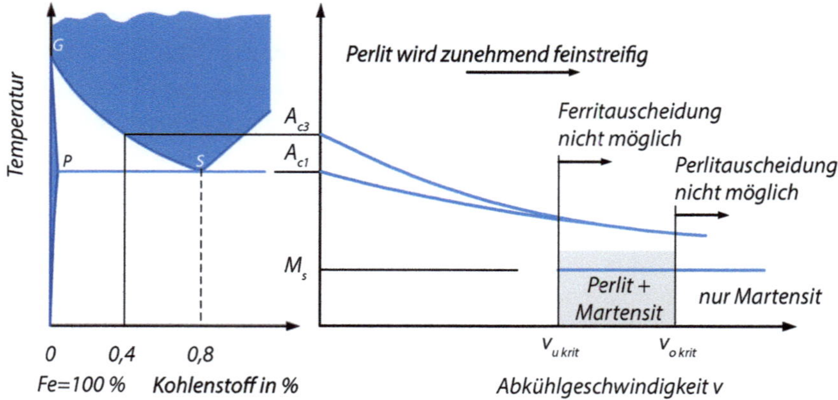

Abb. 5.5 Einfluss der Abkühlgeschwindigkeit auf die Lage der Haltepunkte Ac_3 und Ac_1 eines Stahls mit spezifischer chemischer Zusammensetzung, Beispiel C = 0,4 %

5.1.4 Austenitumwandlung in Abhängigkeit der Abkühlung (ZTU-Schaubild)

Aus dem Eisen-Kohlenstoff-Diagramm wissen wir, dass sich Austenit unter Ac_1 in α-Eisen und Zementit umgewandelt hat. Die Abkühl- und Umwandlungsgeschwindigkeit dieser Gefügeumwandlung können daraus nicht entnommen werden, da Zustandsschaubilder und entsprechend das EKD nur für sehr langsame Abkühlung gelten.

Welche Gefüge und Kristallumwandlungen auftreten, wenn schneller abgekühlt wird als die sehr langsame Abkühlung im EKD, kann mittels des ZTU-Schaubilds beantwortet werden. Die Umwandlung des Gefüges wird immer, ausgehend von einem homogenen Austenit betrachtet. Wann ein homogener Austenit vorhanden ist, kann mittels des ZTA-Schaubilds ermittelt werden. Die zeitabhängige Umwandlung des Austenits ist sehr stark von den Legierungselementen abhängig. Deshalb gilt ein ZTU-Schaubild auch nur genau für eine chemische Zusammensetzung eines Stahls, vergleichbar mit dem ZTA-Schaubild. Da bei der Umwandlung von Austenit bei verschiedenen Abkühlgeschwindigkeiten neue Phasen und Gefüge entstehen können, wird im Folgenden diese Umwandlung zuerst grundlegend erläutert.

Die Umwandlung des Austenits zu Perlit entsprechend des Eisen-Kohlenstoff-Diagramms stellt sich nur bei sehr langsamer Abkühlung ein (vgl. Kap. 4). Abb. 5.5 zeigt, dass sich mit zunehmender Abkühlgeschwindigkeit die Punkte der Umwandlung von Austenit in Austenit und Ferrit (Ac_3) und von Austenit in Perlit (Ac_1) vereinigen und mit noch schnellerer Abkühlgeschwindigkeit dann sogar ganz verschwinden. Es tritt bei sehr schneller Abkühlung bei der Martensit-Starttemperatur M_s eine neue Phase auf, der **Martensit,** welcher sich direkt aus dem Austenit bildet. Martensit[2] (Abb. 5.6). Martensit ist das Härtungsgefüge (vgl. Abschn. 5.3) des Stahls.

---

[2]A. Martens 1850–1914, Forscher auf dem Gebiet der Werkstoffprüfung.

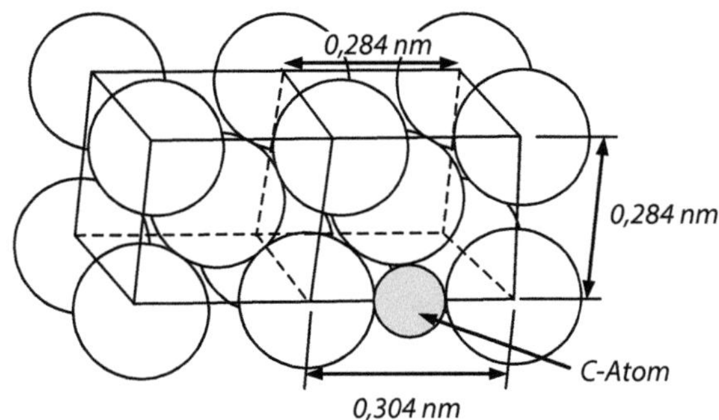

Abb. 5.6 Elementarzelle des Martensits. Im kubisch-raumzentrierten Gitter des α-Eisens ist für das C-Atom normalerweise kein Raum frei. Seine *Zwangslösung* verzerrt das Gitter und weitet es *tetragonal* auf (Verfestigung)

Tab. 5.5 Kritische Abkühlgeschwindigkeit bei steigendem Mangangehalt

C in %	Mn in %	$V_{o,krit}$ in °C/s
0,6	–	1800
0,6	0,3	750
0,9	1,1	200
0,8	1,5	80

Martensit ist eine Kristallart, die dann entsteht, wenn die Gitterumwandlung des Austenits mit gelöstem Kohlenstoff bei einer so schnellen Abkühlung erfolgt, dass die C-Atome praktisch *nicht diffundieren* können (Abb. 5.6).

Martensit entsteht durch Umwandlung des kfz-Austenitgitters ohne Platzwechsel der C-Atome (diffusionslose Umwandlung) in eine krz Gitter, welches aber durch die zwangsgelösten C-Atome tetragonal verzerrt ist, in Abb. 5.6 in x-Richtung gestreckt. Die tetragonale Verzerrung kommt dadurch zu Stande, dass das krz Gitter nahezu keine C-Atome lösen kann, durch die extrem schnelle Abkühlung des Austenits jedoch die C-Atome nicht diffundieren können und so auf ihren Zwischengitterplätzen verbleiben. Je höher der Kohlenstoffgehalt ist, desto stärker ist die Gitterverzerrung, was aber bei der Abkühlung die Bildung des Martensits erschwert. Es bilden sich plattenförmige Kristalle, die im Schliffbild als Nadeln oder Spieße erscheinen (Abb. 5.8 rechts). Das größere Volumen des Martensits erzeugt im Kristallgitter Druckspannungen, die zusammen mit der Mischkristallverfestigung durch die C-Atome die große Härte und Sprödigkeit des martensitischen Gefüges erklären.

Die *untere* kritische Abkühlgeschwindigkeit $v_{u,krit}$ beschreibt die Geschwindigkeit, bei der erstmals Martensit entsteht (Gefüge Martensit + Perlit), die *obere* kritische Abkühlgeschwindigkeit $v_{o,krit}$ ist die, bei der ausschließlich Martensit vorhanden ist.

Beim Härten soll sich Austenit in reinen Martensit umwandeln. Es gilt die Perlitbildung vollständig zu unterdrücken. Hierzu muss mit einer Abkühlgeschwindigkeit $v > v_{o,krit}$ abgekühlt werden. $v_{o,krit}$ hängt von der Zusammensetzung des Stahls ab (Tab. 5.5).

Abb. 5.7 zeigt schematisch die Auswirkung zunehmender Abkühlgeschwindigkeit auf das Gefüge eines Stahls mit 0,45 % C. Die zunehmende Abkühlwirkung wird durch verschiedene Abkühlmedien (Luft, Wasser, Öl) erreicht.

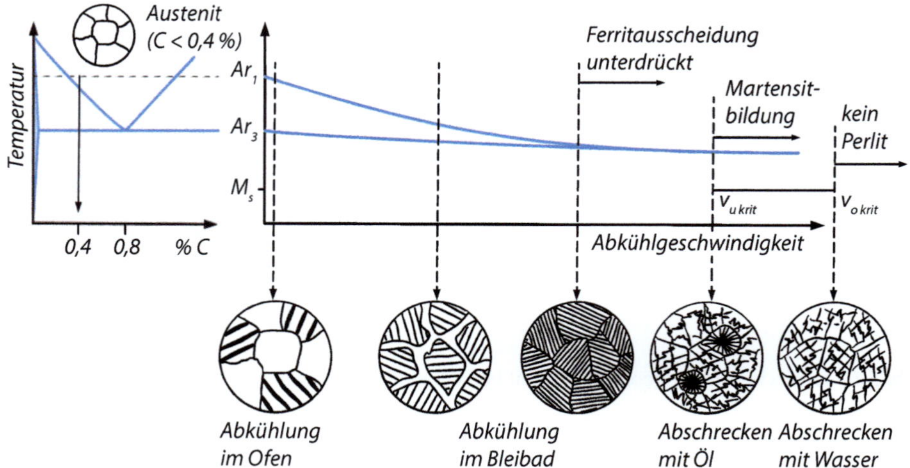

Abb. 5.7 Austenitzerfall bei steigender Abkühlgeschwindigkeit, schematisch

Die Abkühlgeschwindigkeit lässt sich über das Abkühlmedium beeinflussen. Eine sehr langsame Abkühlung ist in einem programmierten Ofen möglich. Es bildet sich entsprechend dem thermodynamischen Gleichgewichtszustand ein Gefüge mit etwa gleichen Teilen Ferrit und Perlit mit gröberen Körnern. Bleibäder mit Temperaturen bis 700 °C ermöglichen eine schnellere Abkühlung. Mit ruhender Umgebungsluft wir die Abkühlgeschwindigkeit weiter gesteigert. Am schnellsten geht es mit Abschrecken im Öl und in Wasser. Wasser erzielt die höchsten Abkühlgeschwindigkeiten.

Je nach Abkühlgeschwindigkeit ergeben sich unterschiedliche Gefüge, die in Abb. 5.8 anhand von Schliffbildern eines C45 Stahls gezeigt sind. In Ergänzung zu den Gefügebildern ist auch noch die Bildung von Bainit bei mittleren Abkühlgeschwindigkeiten möglich.

Darstellung und Anwendung von ZTU-Diagrammen

ZTU-Schaubilder (**Z**eit-**T**emperatur-**U**mwandlung, vgl. Abb. 5.9) werden durch Versuchsreihen mit zahlreichen dünnen Proben je Stahlsorte aufgestellt und sind in den Normen der härt- und vergütbaren Stähle enthalten. Entsprechend gilt ein ZTU-Diagramm nur für eine spezielle chemische Zusammensetzung des Stahls. Auf der waagerechten Achse ist die Zeit logarithmisch aufgetragen, auf der senkrechten die Temperatur. Die Linien begrenzen Felder, denen bestimmte Gefüge oder Phasen zugeordnet sind. Die schräg verlaufenden Linien sind Abkühlkurven von der Austenitisierungs- auf Raumtemperatur. Das Durchlaufen der Felder entspricht zeitlich den Umwandlungsvorgängen im Stahl. Eine Zusammenfassung von ZTU-Schaubildern ist im mehrbändigen Werk „Atlas zur Wärmebehandlung der Stähle" zu finden. ZTU-Schaubilder werden für zwei verschiedene Abkühlarten aufgestellt:

- **Kontinuierliche Abkühlung** erfolgt stetig von der Austenitisierungstemperatur bis auf Raumtemperatur in Wasser, Öl, Luft oder kalten Gasen.

Stahl mit 0,45 % C, bei 860 °C austenitisiert

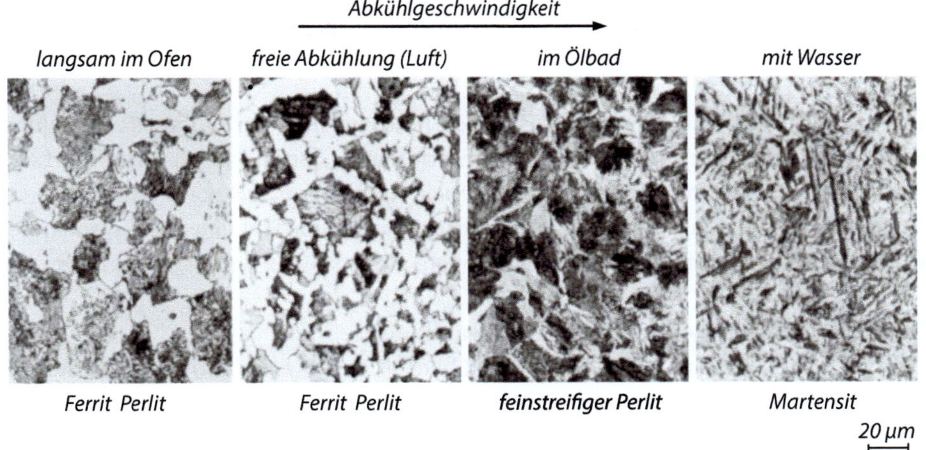

Abb. 5.8 Austenitzerfall bei steigender Abkühlgeschwindigkeit (500:1), C45

Abb. 5.9 Schematisches ZTU-Schaubild, Vergütungsstahl 36CrNiMo4

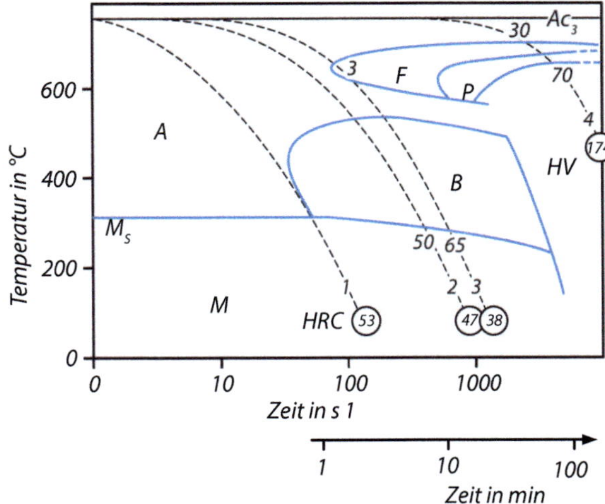

- **Isotherme Umwandlung** erfolgt nach schneller Abkühlung des Austenits auf eine konstante Temperatur zwischen 700 °C und 350 °C bis die gewünschte Gefügeumwandlung abgeschlossen ist.

Beide ZTU-Schaubilder können Informationen liefern zu:

- Zeit und Temperatur für den merklichen Beginn der Austenitumwandlung,
- Zeit und Temperatur bis zum Ende der Umwandlung,

- Den entstehenden Phasen: Austenit, Ferrit, Perlit, Bainit, Martensit,
- Gefügeausbildung: Welche Phasen entstehen und wie ist die prozentuale Verteilung der Phasen,
- Gesamthärte des entstehenden Gefüges.

Bainit (nach E. C. Bain, amerikan. Forscher 1930) entsteht bei mittleren Abkühlungs-geschwindigkeiten oberhalb der Martensit-Start-Temperatur und ist ein heterogenes Ge-füge aus übersättigtem Ferrit mit eingelagerten Karbiden, deren Form und Größe vom Temperaturverlauf abhängen und damit zu beeinflussen sind. Im unteren Umwandlungs-bereich ist Bainit sehr feinkörnig und ergibt hohe Zähigkeit bei hoher Streckgrenze.

ZTU-Schaubild für kontinuierliche Umwandlung
Abb. 5.9 zeigt ein vereinfachtes ZTU-Schaubild für eine kontinuierliche Abkühlung mit vier Abkühlungskurven mit unterschiedlichen Abkühlungsgeschwindigkeiten, die sich durch unterschiedliche Abschreckmittel erzielen lassen. Das Lesen erfolgt längs dieser Abkühlungskurven.

- Zahlen am Schnittpunkt mit den Umwandlungslinien geben den Gefügeanteil in % der entstehenden Phasen an.
- Zahlen im Kreis am Ende der Abkühlungskurve geben hier die Härte in HRC an.
- Es können aber auch Zahlenwerte nach Vickers (HV) angegeben sein.

Ablesebeispiele für das ZTU-Diagramm entsprechend Abb. 5.9:

- **Kurve 1:**
  Die Temperatur fällt in der kürzesten Zeit (z. B. Wasserabschreckung) auf RT ab und schneidet das Feld B nicht. Der Austenit wandelt sich vollständig in Martensit um, die Härte beträgt 53 HRC.
- **Kurve 2:**
  Die Abkühlkurve verläuft durch das Feld B und zeigt, dass bei Ölabschreckung keine Durchhärtung möglich ist, es entsteht 50 % Bainit in der Bainitstufe. Der restliche Aus-tenit wandelt sich zu Martensit (Anteil 50 %) mit einer Gesamthärte von 47 HRC um.
- **Kurve 3:**
  Die Kurve zeigt, dass bei noch langsamerer Abkühlung ein geringer Teil Ferrit entsteht (3 %), dann 65 % Bainit, der Rest (32 %) wird zu Martensit. Die Gesamthärte be-trägt 38 HRC.
- **Kurve 4:**
  Bei sehr langsamer Abkühlung im Ofen zeigt die Abkühlkurve, dass ein ferritisch-perlitisches Gefüge entsteht, hier bei einer Abkühlgeschwindigkeit von ca. 3 °C/min (von 850 bis 550 °C in ca. 100 min). Das Gefüge besteht dann aus 30 % Ferrit und 70 % Perlit. Die Härte beträgt 174 HV.

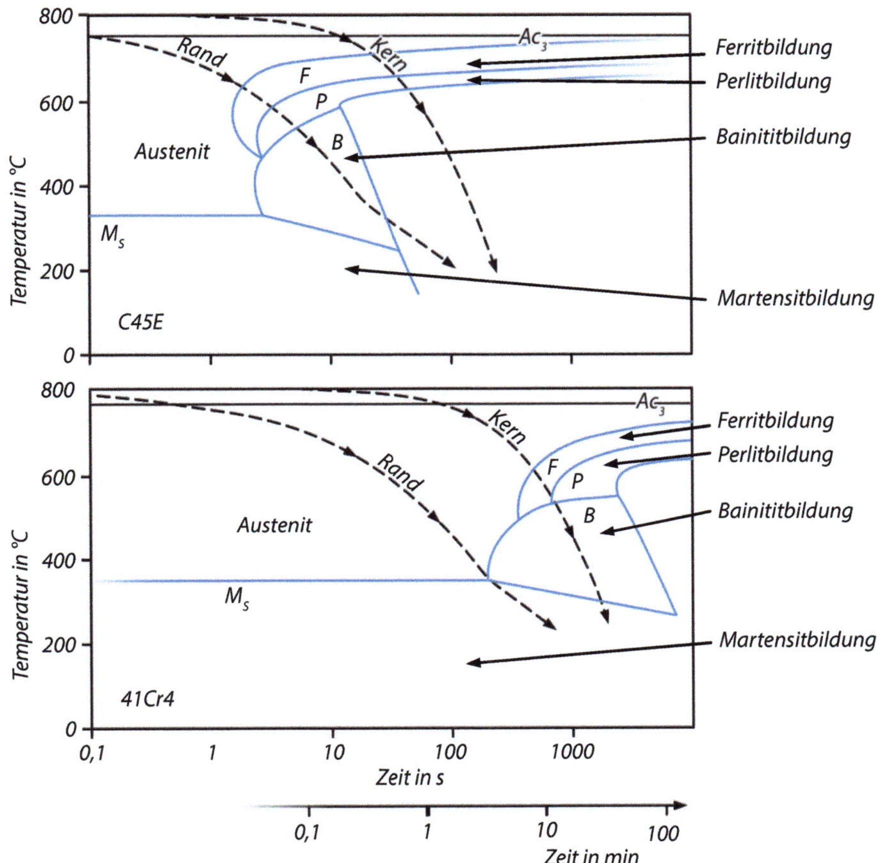

Abb. 5.10 ZTU-Schaubilder für die Stähle C45E (oben) und 41Cr4 (unten) bei kontinuierlicher Abkühlung

ZTU-Schaubilder sind die Grundlage für die Wärmebehandlung der Stähle und anderer metallischer Legierungen, die Umwandlungen im festen Zustand aufweisen. Bei Schweißnähten lässt sich die mögliche Gefügeausbildung in der Wärmeeinflusszone (WEZ) mit ZTU-Schaubildern für kontinuierliche Abkühlung beurteilen.

ZTU-Schaubild für kontinuierliche Abkühlung – Einfluss der Legierungselemente
Zunächst werden Schaubilder für eine kontinuierliche Abkühlung betrachtet. Sie machen die Wirkung von Legierungselementen auf die kritische Abkühlgeschwindigkeit deutlich. Bei beiden Schaubildern (Abb. 5.10) sind schematisch die Abkühlkurven eines Rundstahls von 95 mm Durchmesser eingetragen, der von ca. 850 °C in Wasser abgeschreckt wurde. Es sind die Abkühlkurven gemessen am Rand und in der Mitte des Bauteils eingetragen.

Einfluss vom Chrom auf das Umwandlungsverhalten von Stahl im ZTU-Diagramm (Abb. 5.10)

Unlegierter Stahl **C45E:** Der Rand des Bauteils (untere Kurve) kühlt ab, die Kurve gelangt in den Bereich der Ferritbildung und es entsteht eine bestimmte Menge Ferrit. Die Kurve verläuft weiter durch den Bereich der Perlitbildung und es entsteht Perlit, ein Rest des Gefüges ist noch austenitisch. Bei weiterer Abkühlung wandelt sich dieser Rest in Bainit um. Die Kurve für den Kern durchläuft nur die Felder Ferrit und Perlit, da der Kern langsamer abkühlt als der Rand. Das bedeutet, dass unlegierte Stähle dieser Dicke nicht durchgehärtet (durchgehärtet = Großteil des Gefüges besteht aus Martensit) werden können.

Niedriglegierter Stahl **41Cr4:** Es tritt eine ausgeprägte Bainitstufe auf. Beim 41Cr4 entsteht durch Wasserabschreckung im Rand vollständig Martensit, während der Kern etwas Ferrit und Perlit bildet, dann Bainit, der Rest wird ebenfalls zu Martensit. Damit lässt sich bei diesem Stahl mit größerem Querschnitt in der Bauteilmitte noch Martensit erreichen, was auf das Legierungselement Chrom zurückzuführen ist, welches die Diffusion von Kohlenstoff erschwert und somit die Martensitbildung erleichtert. ◄

Beim Vergleich der Stähle in Abb. 5.10 fällt auf, dass die Phasenfelder beim 41Cr4 Stahl nach rechts zu längeren Zeiten verschoben sind. Die Umwandlungen verlaufen beim legierten Stahl langsamer, da bei der Umwandlung von legierten Stählen die Diffusion von Kohlenstoff durch die Legierungselemente behindert wird, was die Umwandlung des Austenits in Ferrit erschwert und somit die Umwandlung in Bainit und/oder Martensit erleichtert. D. h., bei langsamerer Abkühlung entsteht bereits Martensit, was beim Härten von Vorteil ist. Besonders die Legierungselemente Chrom, Nickel, Mangan und Molybdän erleichtern die Martensitbildung und sind damit wichtige Bestandteile von härt- und vergütbaren Stählen.

ZTU-Schaubild für isotherme Umwandlung

Abb. 5.11 ist wie folgt zu lesen: Die schrägen Abkühlungskurven fehlen, weil hier die Umwandlung bei *konstanter* Temperatur (isotherm) verläuft und auf einer *Waagerechten* verfolgt wird. Damit lassen sich Beginn, Ende und Art der Austenitumwandlung ablesen.

Ablesebeispiel isothermes ZTU

Die Probe wird von der Austenitisierungstemperatur schnell auf die gewünschte Umwandlungstemperatur gebracht (hier 400 °C) und dort bis zur vollständigen Umwandlung gehalten. In Richtung der Zeitachse stößt man nach etwa 80 s auf die erste Umwandlungslinie. Es ist der Beginn der Bainitbildung. In der folgenden Zeit wandelt sich nach und nach der restliche Austenit um, bis nach insgesamt etwa 650 s die Umwandlung beendet ist. Das Gefüge besteht vollständig aus Bainit, was eine Besonderheit der isothermen Umwandlung ist. Nach weiterer Abkühlung auf Raumtemperatur ohne Umwandlung beträgt die Härte 40 HRC.

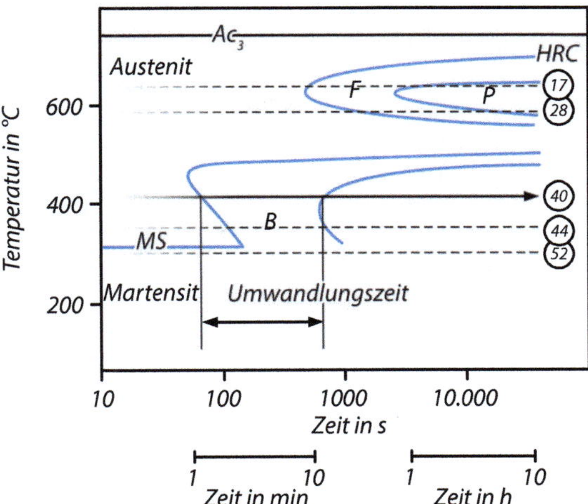

Abb. 5.11 ZTU-Schaubild, Vergütungsstahl 36CrNiMo4 (isotherm)

▶ Anwendung der ZTU-Schaubilder für Bauteile

- Ein ZTU-Schaubild gilt immer nur für eine spezifische Stahlzusammensetzung.
- ZTU-Schaubilder gelten formal nur für dünne Testproben, mit denen diese Schaubilder experimentell ermittelt werden.
- Für die Anwendung bei realen Bauteilen (z. B. Rundstäben) müssen die Abkühlgeschwindigkeiten der Bauteile am Rand und in der Bauteilmitte bekannt sein, um dann entsprechend des ZTU-Diagramms bei vergleichbarer Abkühlgeschwindigkeit das entstehende Gefüge und die resultierende Härte zu ermitteln. Diese Abkühlparameter sind für Bedingungen wie Abschrecken in Wasser, Öl, Luft zu ermitteln.
- Anwendung der Stirnabschreckkurve zusammen mit dem ZTU-Diagramm. Die Ergebnisse des Stirnabschreckversuches (Härtewerte, siehe Kap. 11) können über Umrechnungsdiagramme (➔ Atlas der Wärmebehandlung) auf die Bedingungen beim Abkühlen von realen Bauteilen übertragen werden. Dabei werden die in den ZTU-Diagrammen angegebenen Härtewerte mit denen aus dem Stirnabschreckversuch in Beziehung gebracht. So können die in den realen Bauteilen entstehenden Härteverläufe und somit auch die Gefügeentstehung aus den ZTU-Diagrammen abgeschätzt werden.

5.2 Glühverfahren

Wärmebehandlungen bestehen aus einem langsamen Erwärmen auf eine bestimmte Temperatur, Halten (Glühen) bei konstanter Temperatur und langsamen Abkühlen. Zentral sind hierbei die Zeit und die Temperatur beim Glühen. Das Erwärmen und Abkühlen

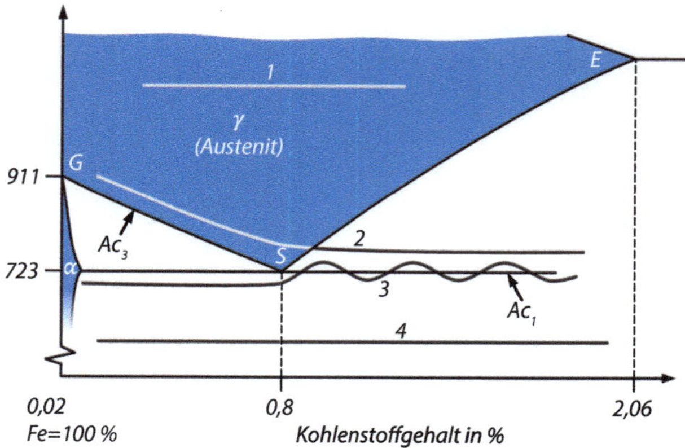

Abb. 5.12 Glühtemperaturen der Stähle in Abhängigkeit vom C-Gehalt. *1* Diffusionsglühen, *2* Normalglühen, *3* Weichglühen, *4* Spannungsarmglühen

findet in der Regel immer sehr langsam statt. Die wichtigsten Verfahren sind nachstehend unter folgenden Gesichtspunkten beschrieben:

- Verfahrensziel, Eigenschaften und Gefüge, die durch das Glühen erzeugt werden sollen
- Verfahren ➜ Zeit-Temperatur-Ablauf
- Gefügeänderungen, innere Vorgänge
- Anwendungsbeispiele und Werkstoffe

Glühtemperaturen richten sich u. a. nach dem C-Gehalt des Stahls und dem Verfahren (Abb. 5.12).

Einige Glühverfahren geben dem Werkstoff günstigere Verarbeitungseigenschaften, z. B. zum Fließpressen oder Spanen und erzeugen dazu geeignete Gefügezustände. Andere Verfahren beseitigen ungünstige Wirkungen vorangegangener Behandlungen, wie z. B. Kaltverfestigung, Grobkorn oder Spannungen oder führen zu einer Feinkornbildung.

5.2.1　Normalglühen

Normalglühen oder auch Normalisieren besteht aus Austenitisieren des Werkstoffes und abschließendem langsamen Abkühlen, i. d. R. an ruhender Luft.

- Verfahrensziel

Herstellung eines feinkörnigen und gleichmäßigen Gefüges – unabhängig von der vorangegangenen Behandlung – mit normalen Eigenschaften (Abb. 5.13 rechts).

Gussteile besitzen durch die Erstarrungsbedingungen Gefüge mit ungleichen Korngrößen (Rand fein, Kern grob) und -formen (Abb. 5.13 links, Widmannstätten'sches Gefüge mit Dendriten). Hinzu kommt, dass die Körner bei sehr langsamer Abkühlgeschwindigkeit im Austenitgebiet wachsen und es so zu einer Kornvergröberung kommt. Letzteres gilt auch für Schmiedeteile, die unkontrolliert an der Luft abkühlen.

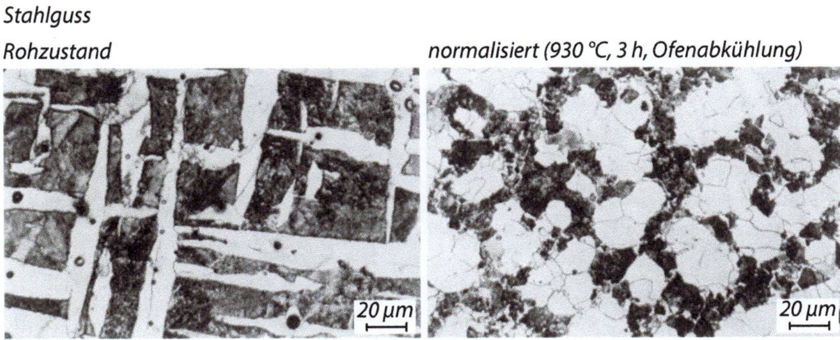

Abb. 5.13 Gefüge von Stahlguss GE200 (GS-38). *Links* Rohgusszustand, *rechts* normalisiert

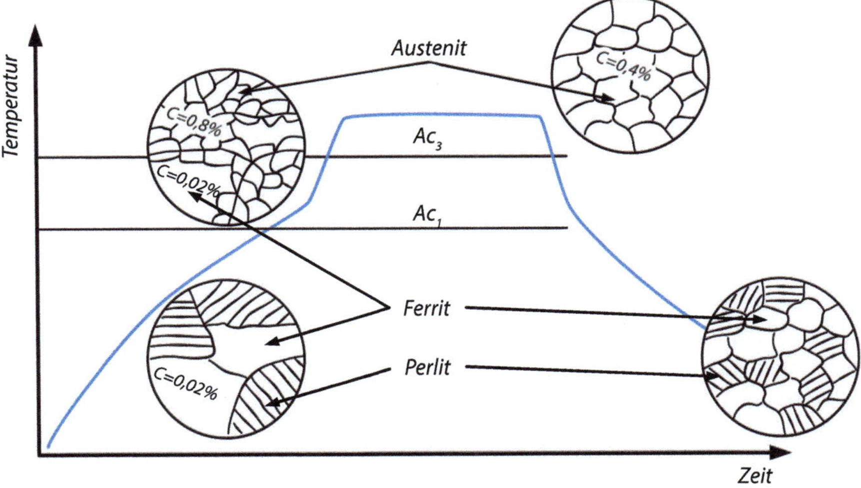

Abb. 5.14 Normalglühen eines C40, Zeit-Temperatur-Verlauf mit Gefügeumwandlungen

• Verfahren, Zeit-Temperatur-Ablauf

Schritt 1:

Austenitisierung des Werkstoffes durch langsame Erwärmung bis ca. 600 °C gefolgt von einer schnelleren Erwärmung bis hin in das Austenitgebiet, ca. 30–50 °C über Ac_3 (Linie GSK)

Schritt 2:

Halten/Glühen bei der Zieltemperatur bis der Kern der Teile völlig in Austenit umgewandelt ist (Erfahrungswert ca. 2 min/mm Wanddicke). Dadurch wandelt sich das Ferrit/Perlit-Gefüge entsprechend Abb. 5.14 in ein feinkörniges Austenitgefüge um, welches während der Haltezeit des Bauteils (Durchwärmung) etwas grobkörniger wird. Die Umwandlung des Perlits in Austenit startet an Gitterfehlern, wie z. B. an den Zementitlamellen.

Tab. 5.6 Wirkung des Normalglühens auf die Eigenschaften von Stahlguss mit 0,25 % C

Eigenschaft	Einheit	Guss-Zustand	Normalisiert	Änderung in %
R_m	MPa	430	480	+12
$R_\mathrm{p0,2}$	MPa	230	280	+22
A	%	13	24	+69
Z	%	14	40	+185
KV	J	20	66	+224

Schritt 3:

Abkühlung auf Raumtemperatur. Anschließend wird schnell bis unter Ac_1 abgekühlt und dann langsam bis aus Raumtemperatur, um eine Aufhärtung zu vermeiden. Bei der langsamen Abkühlung wandelt sich dann der Austenit wieder in feinkörniges Ferrit/Perlit-Gefüge um.

- Gefügeänderungen

Durch die zweimalige Gitterumwandlung Ferrit/Perlit → Austenit und dann Austenit → Ferrit/Perlit entsteht ein feinkörniges Gefüge. Alle vorherigen Behandlungen (z. B. Kaltverfestigung, Härten, Vergüten) werden beseitigt und Eigenspannungen reduziert. Dieses führt zu guten mechanischen Eigenschaften (vgl. Tab. 5.6) aufgrund der Feinkornhärtung (2-dimensionale Gitterfehler).

- Anwendungen

Bei allen Bauteilen, die durch die Herstellung ein grobkörniges oder stark kaltverfestigtes Gefüge aufweisen, z. B. Guss- und Schmiedeteile nach unkontrollierter Abkühlung, langzeitig geglühte Teile (nach Diffusionsglühen, Aufkohlen u. a.), hoch belastete geschweißte Teile und kaltgeformte Teile, wie z. B. Kaltfließpressteile oder kaltgezogene Rohre. Nicht normalisierbar sind umwandlungsfreie, rein ferritische und rein austenitische Stähle. Tab. 5.6 zeigt den Anstieg **aller** Eigenschaftswerte durch das Normalglühen von Stahlguss, insbesondere bei den Verformungskennwerten und der Zähigkeit.

Höherfeste Baustähle DIN EN 10025-3 und DIN EN 10028-3 werden im *normalisierend* gewalzten Zustand geliefert. Dabei erfolgt der letzte Walzstich im unteren Austenitbereich mit anschließender Temperaturführung entsprechend Abb. 5.14. Die Rekristallisation erzeugt ein feinkörniges Austenitgefüge, das bei der Umwandlung feinkörnig ferritisch-perlitisch wird.

▶ **Hinweis**

Mechanische Eigenschaftswerte sind oft auf den normalisierten Zustand bezogen und mit dem Anhängesymbol + N bezeichnet.

Beispiel für einen höherfesten Stahl

GE200+N, Stahlguss normalisiert, 200 MPa Streckgrenze wird gewährleistet

5.2.2 Glühen auf beste Verarbeitungseigenschaften

Diese Verfahren (Grobkornglühen und Weichglühen) stellen einen Gefügezustand her, der für die Weiterverarbeitung geeignete Eigenschaften besitzt. Unterscheidung:

- Fertigungsverfahren
    - spanlos → Kaltumformung: Weichglühen
    - spanend → Drehen, Fräsen: Grobkornglühen

Für die wirtschaftliche Zerspanung von Massenteilen sind Gefüge gefordert, die zur Verbesserung der Spanbarkeit führen. Eine Kaltumformung stellt an den Werkstoff andere Anforderungen als spanende Verfahren. Verfahren, Zeit-Temperatur-Folgen müssen auf unlegierte, legierte, unter- und übereutektoide Stähle abgestimmt werden.

Grobkornglühen

- Verfahrensziel

Erzeugung von Grobkorn mit Versprödung des Stahls zur Verbesserung der Spanbarkeit (kurzbrechende Späne). C-arme Stähle sind zäh und ergeben eine Aufbauschneide und ein Schmieren, das zu schlechter Oberflächenqualität führt.

- Verfahren

Glühen bei 950–1100 °C/1–2 h mit langsamer Ofenabkühlung bis zum Temperaturbereich von ca. 750 °C (Ac_1) dann kann eine beschleunigte Abkühlung an Luft bis auf RT erfolgen.

- Gefügeänderung

Bei Halten auf höheren Temperaturen im Austenitbereich wird im Werkstück durch Kornwachstum ein grobkörniges Gefüge hergestellt. Die niedrige Zähigkeit des grobkörnigen Gefüges kann nach der spanenden Bearbeitung durch Vergüten oder Normalisieren der Werkstücke beseitigt werden.

- Anwendungen

Unlegierte Einsatz- und Vergütungsstähle

Weichglühen

- Verfahrensziel

Wärmebehandlungen zum Vermindern der Härte eines Werkstoffes auf einen vorgegebenen Wert. Dabei werden Eigenschaften angestrebt, welche die mechanische Bearbeitung, z. B. Kaltumformung, Feinstanzen erleichtern: geringere Kräfte, höhere Standzeiten oder Standmengen der Werkzeuge bei hoher Oberflächengüte.

- Verfahren

Je nach Kohlenstoffgehalt des Werkstoffs gibt es mehrere Zeit-Temperatur-Folgen, die das Gefüge für das jeweilige Fertigungsverfahren optimieren (Abb. 5.15, Tab. 5.7).

Abb. 5.15 Weichglühen, Zeit-Temperatur-Folgen für verschiedene Zustände

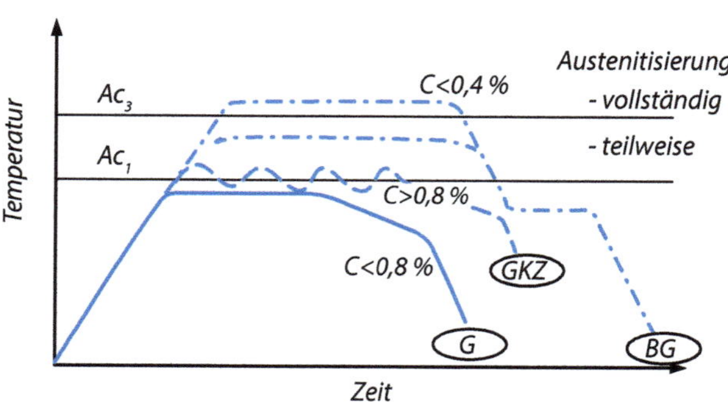

Tab. 5.7 Angestrebte Werkstoffzustände (Symbole) beim Weichglühen

Symbol	Ziel: Behandeln auf –	Eigenschaftsänderung	Anwendung auf Stahlsorten
G	Niedrigste Härte (HBW_{min} gewährleistet)	Konstante Zerspanungsbedingungen	C < 0,8 %, Vergütungs-, Wälzlager- und Werkzeugstähle, HS-Stähle
BG	Gleichmäßiges Ferrit-Perlit-Gefüge	Umwandlung von Zeilengefügen durch isotherme Umwandlung in der Perlitstufe	Niedriglegierte Stähle
GSK	Kugelige Karbide	Niedrigste Formänderungsfestigkeit zur Massivumformung	Fließpressstähle, Werkzeugstähle zum Kalteinsenken
BF	Bestimmte Festigkeit (Toleranz-Bereich)	Verbesserung der Spanbarkeit, Vermeiden des Schmierens	C-arme Stähle

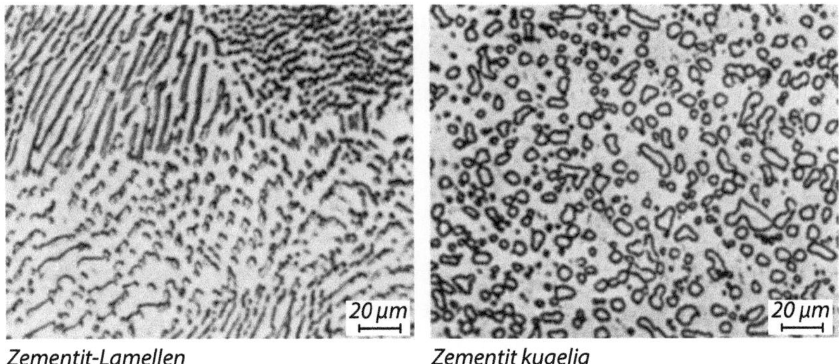

Abb. 5.16 Gefüge vor dem Weichglühen (links, Zementitlamellen) und nach dem Weichglühen (rechts, mit kugeligem Zementit)

- Gefügeänderung und Anwendungen

Stähle enthalten den harten Zementit als Lamellen im Perlitanteil eingebettet (Abb. 5.16). Übereutektoide Stähle haben zusätzlich Sekundärzementit auf den Korngrenzen. Beide Zementitformen sind die Träger der Härte und ungünstig für Zerspanung und Kaltumformung. Beim Glühen dicht unter Ac_1 formen sich bei untereutektoiden Stählen die Lamellen im Perlit aufgrund der Erniedrigung der Oberflächenenergie zu kugeligen Körnern um. Das Einformen der Karbidlamellen geht umso schneller, je weniger stabil das Gefüge ist, z. B. abgeschreckt oder kaltumgeformt. Bei übereutektoiden Stählen mit C > 0,8 % % lösen sich die Zementitanteile erst bei Temperaturen >723 °C auf und können so in körnigen Zementit überführt werden.

5.2.3 Spannungsarmglühen

- Verfahrensziel

Ziel des Verfahrens ist es, innere Spannungen (sog. Eigenspannungen) zu verringern. Sie sind im Bauteil vorhanden, auch wenn keine äußeren Kräfte wirken und können bei späteren Fertigungsgängen zu Verformungen führen oder auch die Dauerfestigkeit von Bauteilen beeinflussen:

- Beispiel: spannungsführende Werkstofffasern werden einseitig abgespant. Kaltgezogener Rundstahl steht z. B. an der Oberfläche unter Zugspannungen. Beim einseitigen Fräsen einer Nut überwiegen die Zugspannungen an der gegenüberliegenden Seite und können so bei einer Welle zum Bauteilverzug führen. Beim Fräsen von gegenüberliegenden Nuten oder Flächen tritt kein Verzug auf.
- Spannungsbehaftete Teile können beim Härten zu Härteverzug führen.

- Innere und betrieblich bedingte Spannungen überlagern sich bei Belastung des Bauteiles und können vorzeitig zu Verformung oder Bruch führen. Wenn hingegen an der Bauteiloberfläche Druckeigenspannungen erzeugt werden (z. B. Kugelstrahlen) kann dadurch der Spannungsverlauf positiv beeinflusst werden, was zu einer besseren Dauerfestigkeit führt.

Ursachen der Eigenspannungen

Wärmespannungen entstehen durch behindertes Schrumpfen. Der Werkstückkern hat beim Abkühlen stets eine höhere Temperatur als die Randzone. Der erkaltete Rand behindert das Schrumpfen des noch heißen Kerns ⇒ Druckspannungen im Rand und Zugspannungen im Kern. Umwandlungsspannungen entstehen, wenn Gitterumwandlungen (z. B Umwandlung. γ ➜ α) mit einer Volumenänderung einhergehen und diese nicht in allen Bereichen gleichzeitig stattfindet. Spannungen durch ungleichmäßige Kaltverformung (z. B. beim Biegen) sind darin begründet, dass es nach der Verformung eine elastische Rückfederung gibt. Dadurch entstehen in zugverformten Bereichen Druckeigenspannungen und umgekehrt.

- Verfahren

Die Teile werden langsam in den Bereich 450–650 °C erwärmt und bis zu 4 h lang gehalten. Wesentlich ist eine langsame Abkühlung, sodass im Werkstück keine großen Temperaturunterschiede auftreten, die wiederum Eigenspannungen erzeugen könnten.

- Gefügeänderung

Es wird keine Gefügeänderung oder Strukturveränderung angestrebt, sondern nur ein Abbau der Eigenspannungen. Da bei höheren Temperaturen die Fließgrenze der Werkstoffe sinkt, kann somit durch eine plastische Verformung (bzw. zusätzlich noch durch eine Kriechverformung) eine entsprechende Spannungsumlagerung bzw. ein Spannungsabbau erfolgen (Abb. 5.17). Liegen die Eigenspannungen in der Größenordnung der Warmdehngrenze oder darunter, so erfolgt die Spannungsumlagerung durch Kriechverformung.

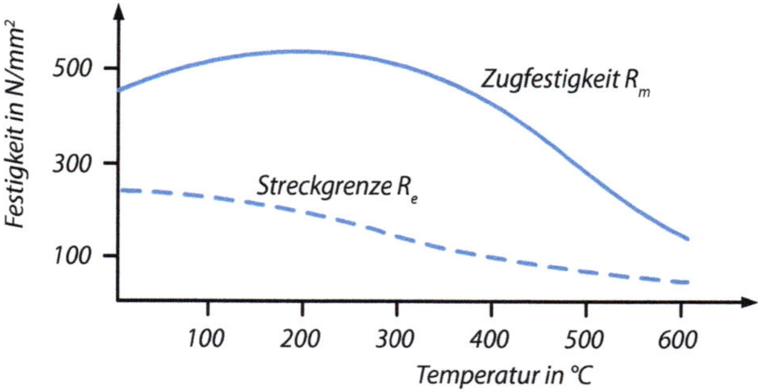

Abb. 5.17 Beispielhafte Darstellung der Abhängigkeit der Zugfestigkeit und der Streckgrenze (Warmdehngrenze) von der Temperatur

Dabei verringern sich die Spannungen bis auf eine Restspannung, deren Höhe von der Dauer des Spannungsarmglühens abhängt: Je länger die Glühzeit, desto niedriger die verbleibende Eigenspannung.

- Anwendungen

Spannungsarmglühen findet für Schmiede- und Gussteile vor der spanenden Weiterbearbeitung oder für Teile mit engen Toleranzen nach dem Schruppen oder bei geschweißten Bauteilen statt. Das Verfahren kann auf alle anderen metallischen Werkstoffe angewandt werden, da keine Gitterumwandlung notwendig ist. Typische Spannungsarmglühtemperaturen liegen unter der halben Schmelztemperatur, um weitergehende Gefügeumwandlungen zu vermeiden. Zur Vorbeugung gegen Spannungsrisskorrosion werden z. B. Kaltformteile aus CuZn-Legierungen bei ca. 300 °C spannungsarmgeglüht. Kaltgeformte Teile können beim Spannungsarmglühen rekristallisiert werden, wenn die Temperatur zu hoch ist → Gefahr von Grobkornbildung.

▶ **Hinweis** Normal- und Weichglühen können mit einem Spannungsarmglühen gekoppelt werden. Dazu ist nach diesem Glühen nur ein langsames Abkühlen aus ca. 600 °C erforderlich.

5.2.4 Diffusionsglühen

- Verfahrensziel

Ziel des Diffusionsglühens (auch Homogenisieren genannt) ist der Ausgleich von Konzentrationsunterschieden im Gefüge durch Diffusion. Die Unterschiede werden gemildert, aber nicht völlig abgebaut. Konzentrationsunterschiede entstehen beim Erstarren in Form von Seigerungen.

- Verfahren

Der Werkstoff wird langzeitig, bis zu 100 h im Bereich zwischen 1000 und 1300 °C je nach C-Gehalt geglüht und langsam abgekühlt. Begleiterscheinungen sind:

- Zunderbildung und Randentkohlung, die durch Schutzgas oder Vakuum vermieden werden können,
- starkes Kornwachstum, das durch nachträgliches Normalisieren behoben werden muss.
- Gefügeänderung

Diffusion erfordert hohe Temperaturen und lange Glühzeiten. Stahl ist bei Temperaturen >1000 °C austenitisch und kann aufgrund der hohen Löslichkeit des kfz Gitters von

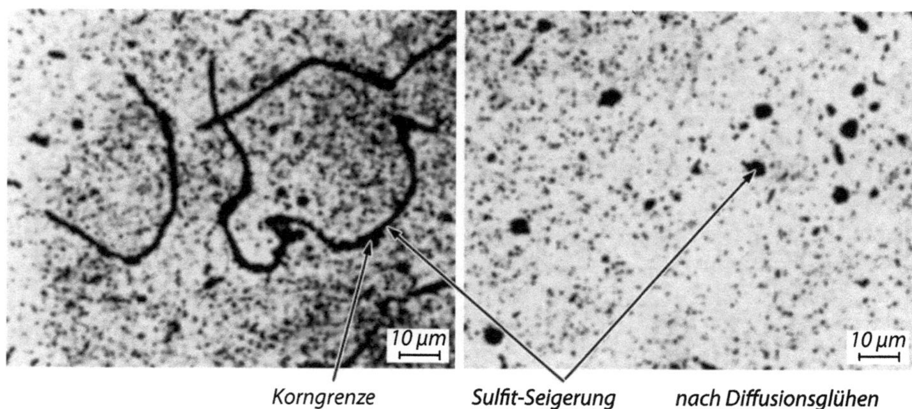

Abb. 5.18 Gefügeänderung durch Diffusionsglühen: links Sulfit-Seigerungen auf den Korngrenzen, rechts: homogenere Verteilung der Sulfit-Seigerungen im Gefüge nach dem Diffusionsglühen

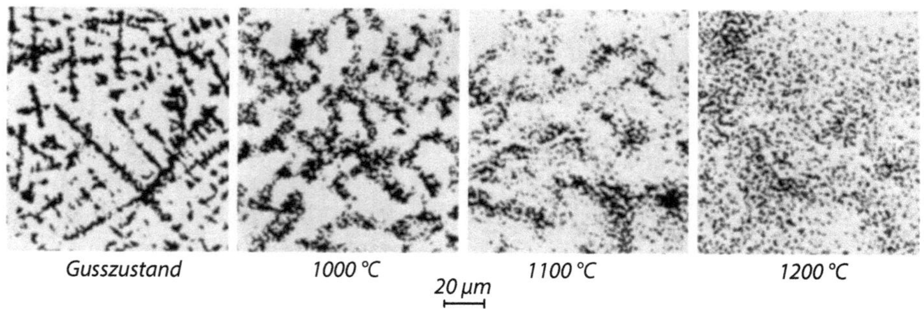

Abb. 5.19 Legierter Stahlguss mit groben Primärkristallen aus hochschmelzenden Karbiden. Sie werden mit steigender Temperatur gleichmäßiger über den Querschnitt verteilt (auch Homogenisierungs- oder Verteilungsglühen genannt)

Legierungselementen ausgeschiedene Phasen lösen (Abb. 5.18 und 5.19). Fremdatome können von Bereichen hoher Konzentration in solche mit niedriger wandern. Dabei wirkt der Konzentrationsunterschied als treibende Kraft.

- Anwendungen

Auflösung und Verteilung von Korngrenzenseigerungen bei Automatenstählen, die höhere S-Gehalte in Form von MnS aufweisen (Abb. 5.18). Auch dieses Verfahren kann auf alle anderen metallischen Werkstoffe angewandt werden. Typische Temperaturen liegen knapp unter der eutektischen Temperatur im Legierungssystem.

5.2.5 Rekristallisationsglühen

- Verfahrensziel

Das Verfahren macht die mit einer Kaltumformung einhergehende Kaltverfestigung wieder rückgängig und stellt die plastische Verformbarkeit wieder her, möglichst ohne eine Kornvergröberung (Grundlagen zur Rekristallisation siehe Kap. 3).

- Verfahren

Temperatur-Zeit-Verlauf hängt ab vom:

- Werkstoff. Rekristallisationsglühen ist für alle Metalle geeignet.
- Temperatur in °C für das Rekristallisationsglühen:
- → ca. 0,4 × Schmelztemperatur (in K) – 273 °C
- Verformungsgrad.
- Je höher, desto niedriger kann die Glühtemperatur und/oder Glühzeit sein.

Glühtemperaturen können den Rekristallisationsschaubildern entnommen werden. Mit steigender Glühtemperatur fällt die notwendige Glühzeit stark ab (vgl. Rekristallisation Kap. 3 mit Rekristallisationsschaubild).

- Gefügeänderungen

Neubildung des Gefüges durch die Rekristallisation. Die gestreckten Kristallite mit hoher Versetzungsdichte des verformten Gefüges lösen sich auf, es entstehen solche mit normaler, runder Gestalt (Abb. 5.20). Die Korngröße des rekristallisierten Gefüges hängt von dem Verformungsgrad (Versetzungen sind Startpunkte für die Kornneubildung) und von

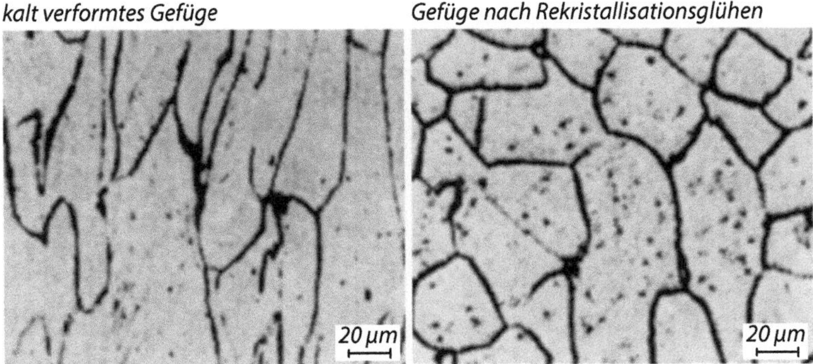

Abb. 5.20 Änderung des Gefüges durch Rekristallisationsglühen, *links* kaltverformt, *rechts* rekristallisiert

der Glühdauer ab. Eine zu geringe Kaltumformung ergibt nach dem Glühen ein grobkörniges Rekristallisationsgefüge, was zu vermeiden ist. Wenn ein Stahl nur rekristallisiert werden soll, weitergehende Gefügeänderungen aber zu unterbleiben haben, muss unterhalb Ac_1 geglüht werden, 500–700 °C, je nach Verformungsgrad und Glühdauer.

Bei stärkeren Kaltumformungen (z. B. Feinblech) muss evtl. zwischen den verschiedenen Walzgängen des so verfestigten Werkstoffs wieder geglüht werden, um eine weitere Kaltumformung zu ermöglichen. Das Rekristallisationsglühen wird deshalb auch *Zwischenglühen* genannt.

- Anwendungen

Zwischenglühen von Halbzeugen beim Ziehen von Draht, Kaltwalzen von Blech, Tiefziehen von Blechteilen, Fließpressen in mehreren Stufen. Bei umwandlungsfreien (ferritischen und austenitischen) Stählen ist Rekristallisationsglühen die einzige Möglichkeit, ein grobes Korn zu beseitigen (Halbzeuge, Rohteile), da ein Normalglühen nicht anwendbar ist.

5.3 Härten und Vergüten

Härte- und Vergütungsverfahren verleihen dem Werkstoff eine Eigenschaftskombination aus Festigkeit/Härte und Duktilität/Zähigkeit, die in Grenzen veränderbar ist und dem Anforderungsprofil des Bauteiles angepasst werden kann.

5.3.1 Allgemeines

Während der beschleunigten Abkühlung (Abschrecken → Härten) des Stahls entsteht *Martensit,* der im nachfolgenden Anlassvorgang (→ Vergüten) bei verschiedenen Temperaturen und Zeiten aufgrund von Diffusionsvorgängen seine mechanischen Eigenschaften verändert → Reduktion der Festigkeit und Zunahme der Duktilität.

Härten: ist formal nur das Abschrecken aus dem Austenitgebiet mit dem Ziel einer möglichst vollständigen Martensitbildung (Abb. 5.21, Schritt 1 und 2). Technisch werden gehärtete Bauteil aber meist noch kurz angelassen, um die Duktilität etwas zu erhöhen.

Vergüten: Härten und anschließendes Anlassen (Abb. 5.21, Schritte 1–3)
In Abb. 5.21 sind die Verfahrensschritte beim Härten und Vergüten anhand eines Temperatur-Zeit-Ablaufs dargestellt.

- Schritt 1: Austenitisieren: Ziel homogener Austenit → ZTA-Diagramm
- Schritt 2: Abschrecken/Härten: Ziel hohe Härte durch möglichst viel Martensit → ZTU-Diagramm
- Schritt 3: Anlassen: Ziel Erhöhung der Duktilität bei gleichzeitiger Reduktion der Festigkeit durch Diffusion des zwangsgelösten Kohlenstoffs aus dem Martensit

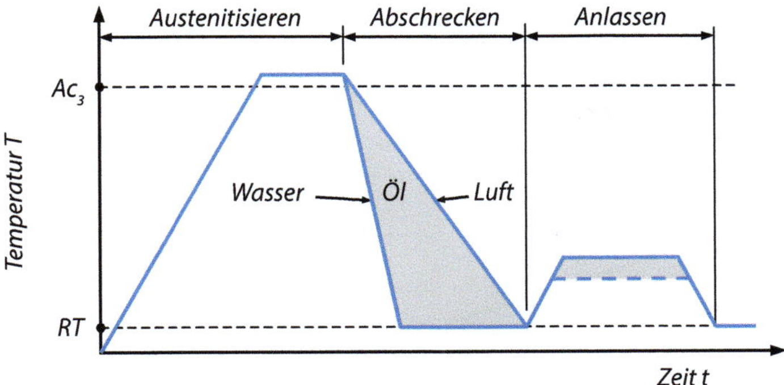

Abb. 5.21 Temperatur-Zeit-Verlauf beim Härten und Vergüten eine untereutektoiden Stahls, schematisch

5.3.2 Ablauf der Martensitbildung beim Abschrecken

Die Bildung von Martensit bei der Umwandlung des Austenits wurde in Abschn. 5.1.4 schon erläutert. Notwendige Bedingungen für die Bildung des Martensits, der aufgrund der zwangsgelösten C-Atome eine sehr hohe Härte aufweist, sind:

- feinkörniger und homogener Austenit verbessert die Eigenschaften des entstehenden Martensitgefüges (Zeit beim Austenitisieren beachten → ZTA-Diagramm),
- Gitterumwandlung von kfz/Austenit zu krz/Ferrit am Haltepunkt Ac_3 (C < 0,8 %) bzw. Ac_1 (C > 0,8 %),
- praktische Unlöslichkeit des C im Ferritgitter bei RT,
- schnelle Abkühlung (schneller als $V_{o,krit}$) zur Unterbindung der Diffusion der C-Atome aus dem Austenitgitter,
- Abkühlung unterhalb M_S bzw. unterhalb von M_f zur vollständigen Martensitbildung.

Die Martensitbildung (siehe auch Abschn. 5.1.4) beginnt beim Punkt M_S und verläuft nicht bei konstanter Temperatur, wie z. B. die Bildung des Eutektikums oder der eutektoiden Umwandlung zu Perlit. Die Martensitumwandlung finden in einem Temperaturintervall statt. Nur bei weiter *fallender* Temperatur ist eine vollständige Umwandlung möglich, da der sich bildende Martensit durch seine Volumenzunahme die weitere Umwandlung behindert. Damit der Prozess fortgesetzt werden kann, ist weitere *Unterkühlung* notwendig. Da die Volumenzunahme und damit die Verzerrung des Martensits mit steigendem Kohlenstoffgehalt zunimmt, sinkt der Start und Endpunkt der Martensitumwandlung mit steigendem Kohlenstoffgehalt. Abb. 5.22 zeigt zwei Linien, die mit steigendem C-Gehalt fallen. Die Linien beschreiben die jeweiligen Temperaturen, bei der die Martensitbildung startet und bei der die Martensitbildung abgeschlossen ist.

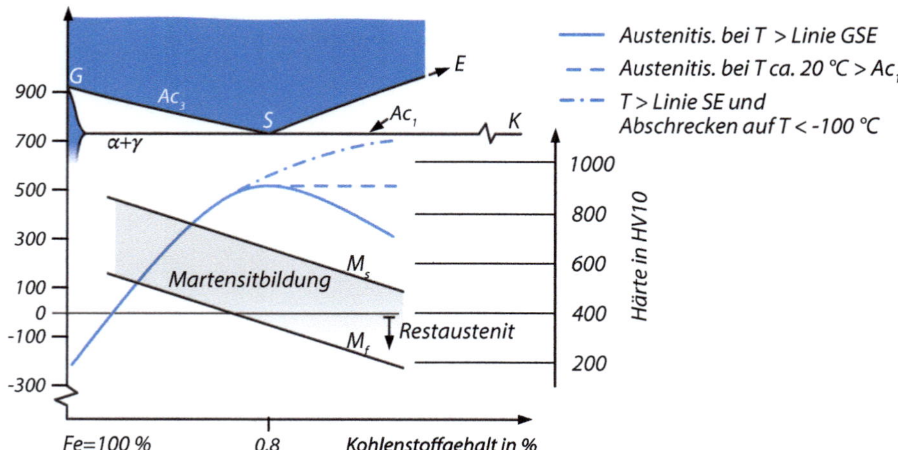

Abb. 5.22 Temperaturen der Martensitbildung und Abschreckhärte von unlegiertem Stahl in Abhängigkeit vom C-Gehalt und der Austenitisierungstemperatur, Abschrecken mit der oberen kritischen Abkühlgeschwindigkeit

- M_S Beginn der Martensitbildung (s = start)
- M_f Ende der Martensitbildung (f = finish)

Im grau schraffierten Bereich bildet sich dann Martensit, wenn vorher austenitisiert und überkritisch $v_{o,krit}$ abgekühlt wurde, d. h. so schnell, dass eine vollständige Martensitumwandlung möglich ist. Beide Linien werden durch weitere Legierungselemente nach unten verschoben.

An der unteren Linie M_f ist zu erkennen: Bei unlegierten Stählen mit C-Gehalt über 0,6 % liegt die Temperatur M_f unterhalb von 0 °C. Entsprechend ist die Umwandlung von Austenit in Martensit noch nicht vollständig abgeschlossen und diese Stähle enthalten nach dem Abschrecken größere Anteile an noch nicht umgewandeltem Austenit → Restaustenit, der wesentlich weicher ist als Martensit. Restaustenit führt zu einer geringeren Gesamthärte des Gefüges. Abb. 5.22 zeigt folgende Zusammenhänge:

- **Kohlenstoffgehalt < 0,8 %:**
  Die Härte steigt stetig an, wenn der Werkstoff über Ac_3 austenitisiert und dann auf 20 °C abgeschreckt wird (durchgezogene Linie).

- **Kohlenstoffgehalt > 0,8 %:**
  - über der Linie SE im reinen Austenitgebiet austenitisiert und dann abgeschreckt: Der gesamte Kohlenstoff ist im Austenit gelöst. Der so entstehende große Anteil an Restaustenit reduziert die Gesamthärte (durchgezogene Linie),
  - über Ac_1 im Zweiphasengebiet Austenit-Zementit austenitisiert und dann auf 20 °C abgeschreckt: der so entstehende Austenit hat einen Kohlenstoffgehalt von 0,8 %,

unabhängig vom Gesamtkohlenstoffgehalt des Stahls. Der restliche Kohlenstoff ist im harten und spröden Zementit gebunden. Die Gesamthärte bleibt konstant, da nur wenig Restaustenit und zusätzlich harter Zementit entsteht (gestrichelte Linie),

— über der Linie SE im reinen Austenitgebiet austenitisiert und dann unterhalb M_f abgeschreckt, Tiefkühlen bis $-100\,°C$ durch Trockeneis oder Flüssiggas. Der gesamte Austenit wird zu Martensit und die Härte steigt weiter an (Strick-Punkt-Linie). Bei diesem Tiefkühlen besteht aber hohe Rissgefahr, Anwendung z. B. bei ledeburitischen Chromstählen.

Als wichtige Forderung ergibt sich daraus, wenn der Werkstoff auf 20 °C abgeschreckt wird: Übereutektoide Stähle dürfen beim Austenitisieren nur über Ac_1 erwärmt werden, sonst löst der Austenit weitere C-Atome und wandelt sich nicht vollständig in Martensit um (Abb. 5.23). Der vorhandene weiche und gut umformbare, metastabile Restaustenit reduziert die Härte.

5.3.3 Härtbarkeit der Stähle

Beim Abschrecken größerer Querschnitte führt die niedrige Wärmeleitfähigkeit des Stahls zu großen Temperaturunterschieden ΔT zwischen Oberfläche und Kern eines Bauteils (Abb. 5.24).

Ablesebeispiel: Abkühlung eines Rundstabs (vgl. Abb. 5.24)
Bei t_1 (ca. 30 s) auf der Zeit-Achse senkrecht nach oben gehen. Der Abstand der beiden Kurven (Punkte) ist ΔT ca. 250 °C, die Kerntemperatur ist um diesen Betrag höher als der Rand. Bei 500 °C auf der Temperatur-Achse (Pfeil) nach rechts gehen. Die Schnittpunkte mit den Kurven auf die Zeit-Achse projizieren. Der Rand ist nach 20 s, der Kern erst nach 60 s auf 500 °C abgekühlt, er erreicht die *Perlitstufe* also 40 s später!

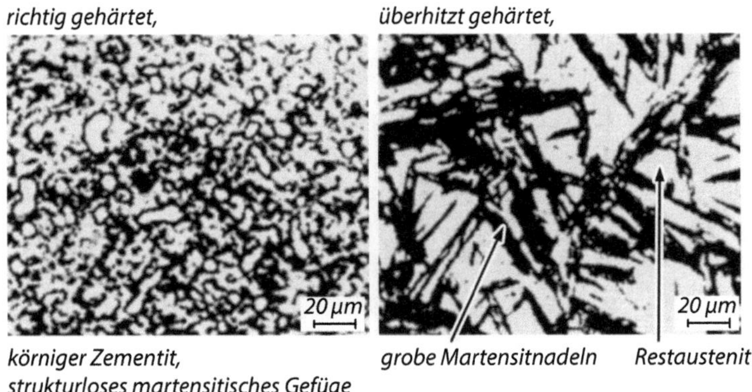

Abb. 5.23 Härtungsgefüge eines unlegierten Stahls (C130) mit 1,3 % C;

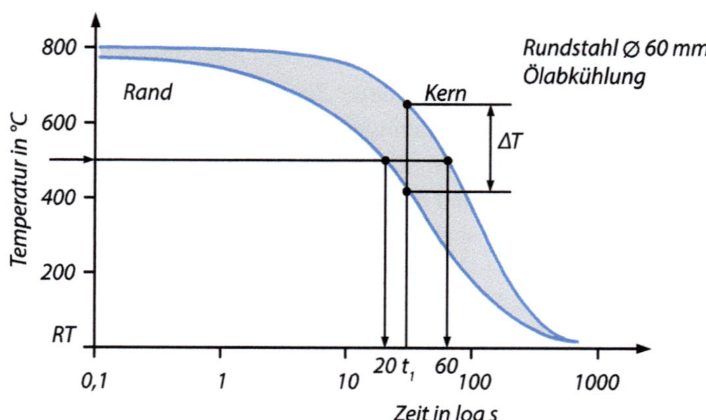

Abb. 5.24 Abkühlverlauf eines Rundstahls von 60 mm Ø bei Ölabkühlung (nach Hougardy, Verlag Stahl/Eisen, 2003). Angegeben ist die Temperatur des Bauteilrands und des Bauteilkern bei verschiedenen Abkühlzeiten

Wenn in der Randschicht gerade noch die obere kritische Abkühlgeschwindigkeit $v_{o,krit}$ auftritt, die eine vollständige Martensitbildung ermöglicht, so wird zum Kern hin das Bauteil immer langsamer abkühlen. Unlegierte Stähle erreichen dadurch nur an der Oberfläche eine martensitische Schicht mit hoher Härte (Schalenhärter). Dicht darunter entstehen entsprechend andere Umwandlungsgefüge (z. B. Perlit) mit geringerer Härte aber besserer Zähigkeit als der martensitische Rand. Sie behalten einen zähen Kern und sind für schlagbeanspruchte Werkzeuge und Bauteile geeignet (Kaltschlagmatrizen, Ziehringe und -stempel, Sägen für die Holzbearbeitung). Die Abkühlgeschwindigkeit v_{krit} wird von verschiedenen Legierungselementen beeinflusst, sodass das Umwandlungsverhalten und die Martensitbildung über den Querschnitt eines Bauteils stark vom Legierungskonzept abhängig sind.

Härtbarkeit ist die Eigenschaft des Stahls beim Abschrecken Martensit zu bilden und entsprechend eine hohe Härte aufzuweisen (Abb. 5.25). Sie wird mit zwei Werkstoffkennwerten beschrieben, die anhand des Stirnabschreckversuches nach Jominy ermittelt werden (vgl. Kap. 11 Werkstoffprüfung):

- **Aufhärtbarkeit** (Aufhärtung) wird durch die größte am Rand erreichbare Härte beschrieben und gemessen. Sie wird hauptsächlich vom C-Gehalt bestimmt.
- **Einhärtbarkeit** (Einhärtung) wird durch die Einhärtungstiefe der martensitischen Umwandlung beschrieben und gemessen. Einhärtungstiefe in mm ist der Abstand vom Rand der Probe bis zu einer Stelle mit einer vereinbarten Grenzhärte GH. GH kann z. B. auf 50 % der Randhärte festgelegt werden.

Wie in Abb. 5.25 zu erkennen ist, wird der Kurvenverlauf der Härte über dem Stirnabstand stark von den Legierungselementen beeinflusst. Die Aufhärtbarkeit ist hier aufgrund des identischen Kohlenstoffgehalts von 0,34 % nahezu gleich. Mit zunehmendem

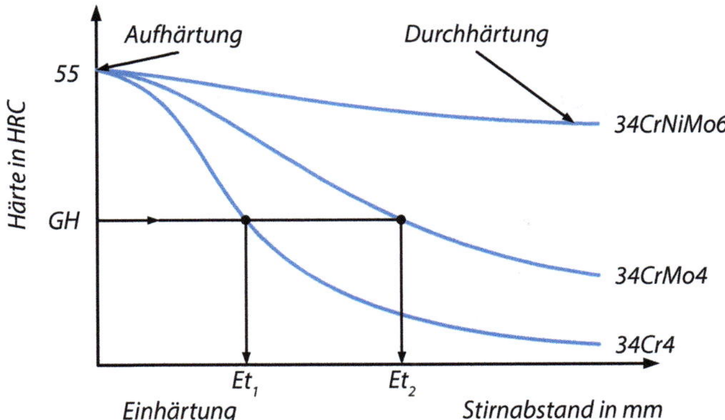

Abb. 5.25 Stirnabschreckkurven (schematisch) und Angabe der Begriffe der Härtbarkeit

Gehalt an Chrom, Nickel oder Molybdän wird die Diffusion des Kohlenstoffs behindert, was die Martensitbildung erleichtert, d. h., schon bei geringeren Abkühlgeschwindigkeiten entsteht noch Martensit. In der Stirnabschreckkurve bedeutet ein großer Stirnabstand eine geringe Abkühlgeschwindigkeit. Entsprechend verlaufen die Kurven bei einer Legierung mit Chrom oder Nickel flacher und die Einhärtbarkeit wird höher. Die Einhärtungstiefe Et_2 beim 34CrMo4 ist aufgrund des Molybdängehalts höher als beim 34Cr4 (Et_1).

Für viele vergütete Bauteile ist es wichtig, auch in der Bauteilmitte (Kern) eine Martensitbildung somit eine vollständige Härtung des Bauteils zu ermöglichen (Durchhärtung). Dafür muss die Einhärtbarkeit bei dem vorhandenen Abschreckmittel möglichst hoch sein, entsprechend also die kritische Abkühlgeschwindigkeit zur Martensitbildung möglichst gering. Die Härtbarkeit, genauer die Einhärtbarkeit, kann durch verschiedene Maßnahmen erhöht werden

- Höhere Härtetemperatur

Die Einhärtbarkeit der Stähle wird auch von ihrer Erschmelzungs- und Vergießungsart beeinflusst. Ursache hierfür sind die nichtmetallischen Einschlüsse oder hochschmelzenden Karbide, die je nach Herstellungsverfahren im Stahl vorhanden sind. Sie stellen Keime dar, an denen beim Abschrecken die Perlitbildung beginnt, was beim Härten vermieden werden muss. Deshalb mindern diese Teilchen die Einhärtung. Bei hoher Härtetemperatur gehen mögliche Keime für die Perlitbildung noch in Lösung. Das verzögert die Perlitbildung. Die kritische Abkühlgeschwindigkeit wird erniedrigt und die Einhärtbarkeit erhöht.

- Abschreckmittel mit angepasster Kühlwirkung

Das ideale Abschreckmittel muss seine größte Abkühlwirkung dann entfalten, wenn der Rand des Teils ohne Umwandlung in die Perlitstufe eintritt. Es soll erst dann langsamer wirken, wenn der Kern die Perlitstufe ohne Umwandlung durchlaufen hat.

Das Abschreckmaximum kann bei Wasser durch den Zusatz von 10 % Natronlauge (NaOH) oder durch Cyansalze verbreitert werden (Abb. 5.28). Härteöle besitzen gegenüber einfachen Mineralölen ebenfalls ähnlich wirkende Zusätze. In der längeren Kochperiode wird dem Bauteil mehr Wärme entzogen, sodass auch im Kern die kritische Abkühlgeschwindigkeit überschritten wird. ◄

- Verwendung von Legierungselementen bei Stählen

Legierungselemente, die bei der Härtetemperatur im Austenit gelöst sind, müssen bei der Perlitbildung ebenfalls diffundieren und behindern die Diffusion des Kohlenstoffs. Sie behindern die Umwandlung des Austenits in Ferrit/Perlit und erleichtern so die Martensitbildung (→ Vergütungsstähle). Legierungselemente senken die kritische Abkühlgeschwindigkeit. Dadurch können mildere Abschreckmittel verwendet werden und die Einhärtbarkeit wird erhöht oder eine Durchhärtung ermöglicht (Abb. 5.26). Bei größeren Gehalten an z. B. Mn, Cr und Mo entstehen Stähle, die bei Abkühlung nur durch bewegte Luft härten, die *Lufthärter* (Abb. 5.26 rechts).

5.3.4 Verfahrensabläufe beim Vergüten

Vergüten = Härten + Anlassen, läuft in 3 Stufen ab (Abb. 5.21):
1. Austenitisieren, d. h. Erwärmen und Halten auf Abschrecktemperatur
2. Abschrecken mit einer Abkühlgeschwindigkeit schneller als v_{krit}
3. Anlassen

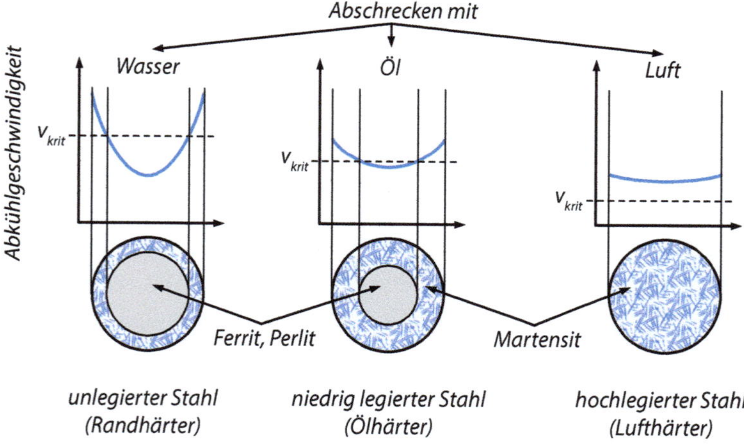

Abb. 5.26 Schematische Darstellung der Einhärtbarkeit bei verschiedenen Stählen mit unterschiedlichen Legierungskonzepten

Schritt 1: Austenitisieren

Austenitisieren ist unter Abschn. 5.1.3 mit der Erklärung des ZTA-Diagramms beschrieben. Die Temperaturen liegen je nach C-Gehalt 30–50 °C *oberhalb* der Linie GSK. Fehlermöglichkeiten beim Erwärmen sind:

- **Zu hohe Temperaturen** (Überhitzen): Sie erzeugen ein gröberes Austenitkorn, das sich ungünstig auf das Härtegefüge auswirkt (ZTA-Diagramm beachten!). Dieses wird dann entsprechend grobnadlig. Bei übereutektoiden Stählen tritt dabei noch Restaustenit auf, der die Gesamthärte reduziert. Der Verlauf der richtigen Härtetemperatur für übereutektoide Stähle ist mit Abb. 5.22 erläutert.
- **Zu niedrige Temperaturen** (Unterhärten): Sie lassen Ferritreste im Austenit zurück, die beim Abschrecken nicht zu Martensit umgewandelt werden können. Die Folge ist Weichfleckigkeit durch den weichen Ferrit im Martensit. Die maximale Härte wird nicht erreicht.

Randentkohlung entsteht durch Oxidation im Ofenraum oder durch Salzbäder. Nach dem Abschrecken hat das Bauteil eine Randschicht, die nur sehr wenig Kohlenstoff aufweist und so nicht gehärtet ist *(Weichhaut)*. Randentkohlung kann daneben auch beim Überführen des glühenden Werkstückes vom Erwärmen zum Abschreckmittel eintreten. Moderne Verfahren (Vakuumhärten) vermeiden diese Schwachstelle. Das *Nitrieren* gehärteter Bauteile kann eine evtl. vorhandene Weichhaut durch Härtesteigerung kompensieren.

Schritt 2: Abschrecken

Zur Erzeugung von reinem Martensit muss die Perlit- und Bainitbildung vollständig unterdrückt werden (ZTU-Diagramm beachten!). Das tritt ein, wenn mit der oberen kritischen Abkühlgeschwindigkeit $v_{o,krit}$ abgeschreckt wird. $v_{o,krit}$ ist eine Werkstoffgröße, die von der Stahlzusammensetzung abhängt. Legierungselemente (LE), wie Mangan oder Bor, senken diese Geschwindigkeit (Tab. 5.5). Einen guten Überblick über die Austenitumwandlung geben die ZTU-Schaubilder. Ihnen können wichtige Informationen über die gesamte Wärmebehandlung entnommen werden, z. B. die exakt notwendigen Abkühlungsgeschwindigkeiten, um bestimmte Gefüge zu erreichen.

Legierungselemente senken die kritische Abkühlgeschwindigkeit, dadurch können milder wirkende Abschreckmittel verwendet werden. Die hohe Abkühlgeschwindigkeit braucht nicht bis auf Raumtemperatur eingehalten werden. Abb. 5.27 zeigt, dass Perlit eines unlegierten Stahls im Temperaturbereich der *Perlitstufe* besonders schnell gebildet wird. In dieser Perlitstufe, im Temperaturbereich um 550 °C, zerfällt Austenit in Bruchteilen einer Sekunde zu feinstreifigem Perlit, was für die Martensitbildung zu vermeiden ist. Dort muss das Abschreckmittel besonders schnell viel Wärme abführen. Bei tieferen Temperaturen verläuft die Austenitumwandlung träge. Die hohe Abkühlungsgeschwindigkeit braucht deswegen nicht bis auf Raumtemperatur herunter eingehalten zu werden.

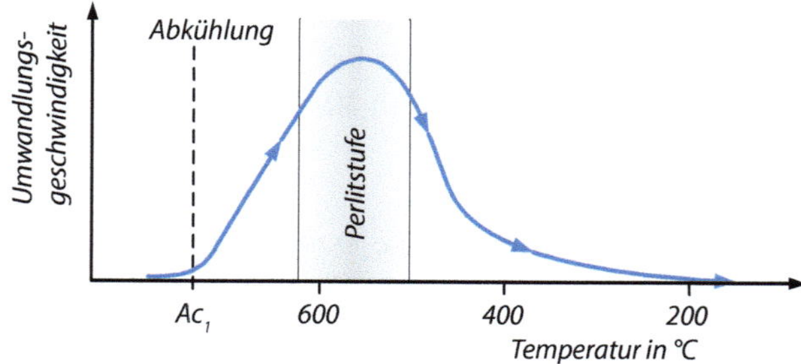

Abb. 5.27 Umwandlungsgeschwindigkeit und Zerfall des Austenits beim Abkühlen in Abhängigkeit der Temperatur

Beispiel Warmbadhärten

Anwendung: Die Trägheit der Austenitumwandlung dicht oberhalb der M_S-Temperatur wird zum verzugsarmen Härten benutzt (Stufenhärten, Warmbadhärten, Abb. 5.35). Es besteht aus folgenden Schritten: schnelles Durchlaufen der Perlitstufe, dann Halten des unterkühlten Austenits zum Temperaturausgleich und Abbau der Wärmespannungen. Danach Abkühlung auf RT und Martensitbildung. ◄

- Abschreckmittel

Das Abschrecken des Stahls steht unter einem Zielkonflikt: Abschrecken so schnell wie nötig, um Ferrit-, Perlit- und Bainitbildung zu vermeiden, jedoch so langsam wie möglich, um Spannungen, Verzug, Risse zu vermeiden.
Abschreckmittel mit sinkender Abschreckwirkung, also mit kleinerer Abkühlgeschwindigkeit des Bauteils sind:

- Wasser, evtl. mit Zusätzen
- Öle
- Metallschmelzen, Salzschmelzen
- Wirbelbetten
- strömende Gase, ruhende Luft

Flüssigkeiten, wie Wasser und Öl, entziehen die Wärme dem Bauteil nicht gleichmäßig. Nach dem Eintauchen bildet sich ein Dampfmantel, der die Wärmeabfuhr verhindert und das Werkstück gegenüber der Flüssigkeit isoliert. Die Abkühlgeschwindigkeit ist deswegen anfangs noch gering (Abb. 5.28).

- Analogie ➜ Abkühlgeschwindigkeit
- Wassertropfen auf einer heißen Herdplatte gleiten zischend auf einem Dampfpolster hin und her. Es isoliert und verhindert die spontane Verdampfung. Später wird der Dampfmantel durchbrochen, und es lösen sich mehr und mehr Dampfblasen auf. So

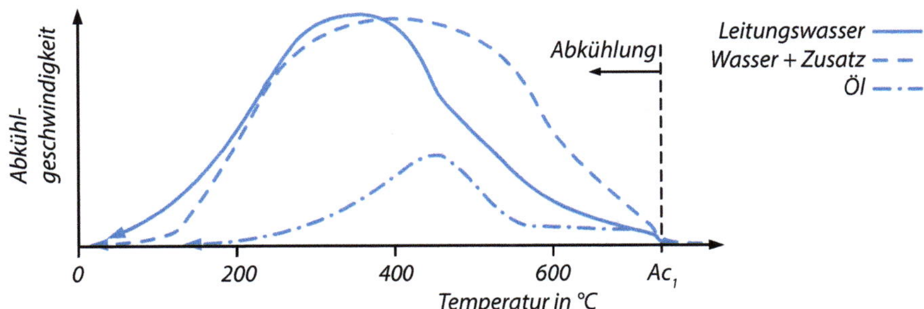

Abb. 5.28 Die Abkühlwirkung von Abschreckmitteln bei sinkender Temperatur

kühlt das Werkstück durch die Verdampfungswärme schneller ab, seine Abkühlgeschwindigkeit erhöht sich und erreicht in dieser Kochperiode ein Maximum (vgl. Abb. 5.28). Wenn das Werkstück kälter wird, lässt die Dampfentwicklung nach. Schließlich wird die Wärme nicht mehr durch Verdampfung, sondern durch Wärmeleitung abgeführt. Dadurch verringert sich die Abkühlgeschwindigkeit.

Der Bereich der größten Abschreckwirkung (Maximum in Abb. 5.28) lässt sich durch Zusätze verschieben oder erweitern (Kurve: Wasser + Zusatz). Öle haben demgegenüber höhere Siedepunkte und niedrigere Wärmeleitfähigkeiten.

Salzbäder bestehen aus geschmolzenen Na- und K-Nitraten von 150–550 °C. Sie wirken nur durch Wärmeleitung und sind dadurch wesentlich milder.

Wirbelbetten arbeiten mit Al-Oxidteilchen, die durch einströmende Luft ein Fluid bilden, d. h. sich wie eine Flüssigkeit verhalten. Ihre Abkühlwirkung (unbeheizt) ist geringer als die von Öl. Sie können aber auch mit gekühlten Gasen betrieben werden. Für die Warmbadhärtung von mittel- und hochlegierten Stählen sind sie den Salzbädern gleichwertig. Bei Einsatz als Wirbelbett-Ofen kann mit Stickstoff fluidisiert werden, die Beheizung erfolgt dann indirekt. Ihre Erwärmungskurve steht zwischen der im Salzbad und Kammerofen. Vorteile des Wirbelbettverfahrens für die Wärmebehandlung gegenüber Salzbädern: Kurzfristige Inbetriebnahme (keine Gefahr des Einfrierens), Gleichmäßigkeit der Temperaturverteilung, Wegfall der Reinigung der Teile von Salzresten, keine Entsorgungsprobleme. Nachteil ist die Schattenwirkung, d. h. ein ungleichmäßiges Anströmen der Teile, wenn viele in Gestellen eingehängt werden.

Vakuumhärten ist Erwärmen in evakuierten Retorten mit Stickstofferwärmung im unteren Temperaturbereich (konvektive Erwärmung) und im oberen über Strahlung. Das Abschrecken erfolgt im Vakuumofen durch Hochdruckgasabschreckung. Hochdruckgasabschrecken wird mit Stickstoff oder einem Gemisch aus Helium/Stickstoff unter 6 bar mit hoher Geschwindigkeit durchgeführt. Die Abschreckwirkung liegt zwischen der von Öl- und Salzbädern und ist regelbar.

Schritt 3: Anlassen

Alle richtig abgeschreckten Teile sind glashart und so spröde wie Glas. Zum Gebrauch benötigen sie eine gewisse Zähigkeit, damit sie nicht schon durch einfaches Anstoßen zerbrechen. Diese Zähigkeit wird durch das Anlassen erreicht. Anlassen ist ein Wiedererwärmen nach dem Abschrecken unterhalb von Ac_1 mit einer nachfolgenden langsamen Abkühlung. Es darf keine Gitterumwandlung erfolgen, sondern nur die Entspannung des Martensits durch Kohlenstoffdiffusion.

Die Anlasstemperaturen hängen von der Stahlsorte und dem Verwendungszweck ab. Sie liegen im Temperaturbereich von 150–650 °C. Die Eigenschaftsänderungen zeigt Abb. 5.29 schematisch für einen C45-Stahl.

Härte und die Streckgrenze R_e sinken bei niedrigen Anlasstemperaturen nur wenig, mit steigender Temperatur schnell in Richtung auf die Werte des normalisierten Zustandes (Anlasstemperatur T > 723 °C). Bruchdehnung A und Kerbschlagarbeit KV verlaufen umgekehrt, d. h., bei steigenden Anlasstemperaturen steigen diese Werkstoffkennwerte. Bei bestimmten Anlasstemperaturen wird ein Höchstmaß an Zähigkeit erreicht. In diesem Bereich liegen die Anlasstemperaturen zum Vergüten. Durch das Anlassen und damit durch den Vergütungsprozess lassen sich die Werkstoffkennwerte im Bauteil oder im Halbzeug so verändern („designen"), wie es aufgrund der äußeren Beanspruchung notwendig ist. Insbesondere ist hier eine hohe Festigkeit in Kombination mit einer noch ausreichenden Zähigkeit zu nennen, die für ein schadenstolerantes Verhalten bei Ermüdungsbeanspruchungen wichtig ist.

Gefügeänderung

Bei niedriger Anlasstemperatur können sich die Wärmespannungen ausgleichen, ohne dass die Härte zurückgeht. Dabei verringert sich die Sprödigkeit. Diese Entspannung erfolgt bei Temperaturen bis 180 °C (Abb. 5.30). Sie ist damit faktisch ein mildes Spannungsarmglühen (Abschn. 5.2.3).

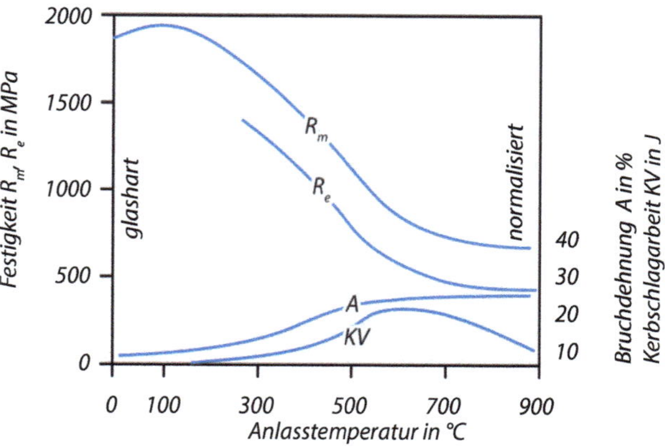

Abb. 5.29 Anlassschaubild, Einfluss der Anlasstemperatur auf die Eigenschaften eines glashart abgeschreckten Stahls, C = 0,45 %, konstante Anlasszeit

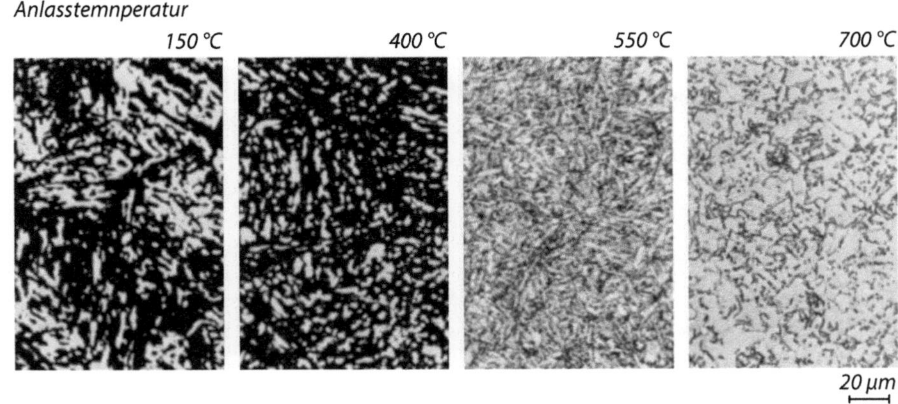

Abb. 5.30 Anlassgefüge eines gehärteten Stahls, 0,45 % C

Mit steigender Temperatur können C-Atome aus ihrer Zwangslösung im Martensit immer leichter diffundieren. Der metastabile Martensit versucht die C-Atome aus seinem Gitter zu verdrängen und in die stabile Form des C-freien Ferrits überzugehen. Zunächst geht bei etwa 200 °C die tetragonale Aufweitung des Martensits zurück. Einzelne C-Atome verlassen das Martensitgitter und bilden feinste Karbidausscheidungen. Dies ist ein etwas vergrößertes Ferritgitter mit wenigen C-Atomen. Mit steigender Anlasstemperatur bis zu 650 °C kann der Kohlenstoff immer schneller diffundieren, und so können mehr und größere Karbidausscheidungen entstehen, sie werden dann im Schliffbild sichtbar (vgl. Abb. 5.30). Die feinkörnige, nadelige Struktur bleibt erhalten. Die Bildung der Karbidausscheidung in Größe, Art und Anzahl hängt sehr stark von dem Legierungskonzept des zu vergütenden Stahls ab. Durch die Karbidausscheidungen lässt die Härte des Martensits nach und die Verformbarkeit steigt an. Da die feinen Karbidausscheidungen als 3-dimensionale Gitterfehler wirksam die Versetzungsbewegung behindern, wird der Festigkeitsabfall des Martensits teilweise durch die Ausscheidungsverfestigung kompensiert. So entsteht durch das Vergüten (Härten + Anlassen) eine besonders gute Kombination aus Festigkeit und Zähigkeit, die so nur durch den Vergütungsprozess erreicht wird. Bei Anlasstemperaturen von 700 °C entsteht ein körniges Gefüge. Infolge der Zunahme des Ferritanteils nehmen Bruchdehnung und Zähigkeit weiter zu.

Anlassen ist ein Diffusionsvorgang. Bei legierten Stählen sind diese Vorgänge durch die Anwesenheit der Legierungselemente erschwert. Sie benötigen höhere Anlasstemperaturen und längere Anlasszeiten, wobei der Anlasstemperatur eine besonders wichtige Bedeutung zukommt. Kurzzeitiges Halten auf höherer Temperatur und längeres Halten auf tieferer Temperatur haben hier vergleichbare Wirkungen auf die Härtewerte (Abb. 5.31).

Vergütungsgefüge sind noch gleichmäßiger als normalgeglühte und haben weniger sprödbruchauslösende Schwachstellen, was den Verformungsbruch begünstigt (höhere Verformungsarbeit Abb. 5.32).

Abb. 5.31 Anlassverhalten
eines abgeschreckten
Warmarbeitsstahls bei
verschiedenen Anlasszeiten

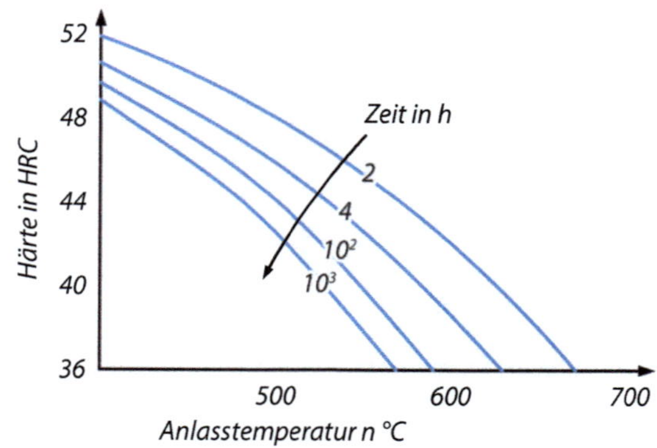

Abb. 5.32 Verformungsarbeit
eines Stahls bei verschiedenen
Gefügezuständen

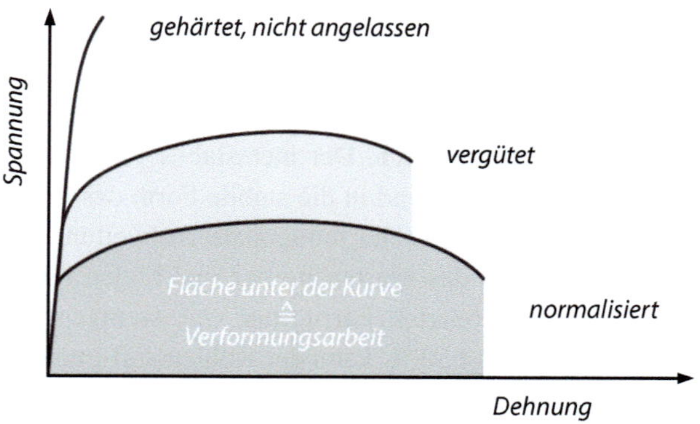

Der *untereutektoide* Stahl besteht im normalisierten Zustand aus sehr feinkörnigen Ferrit- und Perlitbereichen. Bei hoher Beanspruchung beginnt die plastische Verformung (d. h. das Wandern der Versetzungen) zuerst in der weicheren Ferritphase. In den Vergütungsstählen ist der Ferrit dagegen übersättigt und mit feinverteilten Karbiden durchsetzt. Das Abgleiten tritt erst bei höheren Spannungen ein: *Die Streckgrenze* liegt höher. Die Kennlinie des vergüteten Stahls kann durch die Anlasstemperatur verändert werden. Das Vergütungsschaubild Abb. 5.33 zeigt, wie sich die mechanischen Eigenschaften ändern, wenn abgeschreckte Stähle auf Temperaturen zwischen 450 °C und 650 °C angelassen werden.

Bei 450 °C ergeben sich höhere Festigkeiten R_m und Streckgrenzen R_e, dafür sind Bruchdehnung A und Einschnürung Z niedriger im Vergleich zu einem Anlassen bei höherer Temperatur von 650 °C.

▶ **Hinweis Warmarbeitsstahl** Warmarbeitsstähle, d. h. Stähle für Gesenke, Pressformen für Kunststoff usw., müssen um 50–100 °C höher angelassen werden als die spätere Betriebstemperatur. Die Betriebswärme würde ein weiteres Anlassen mit Härteabfall bewirken. Maß- und Formänderungen sowie verminderte Standmenge oder -zeit wären die Folge.

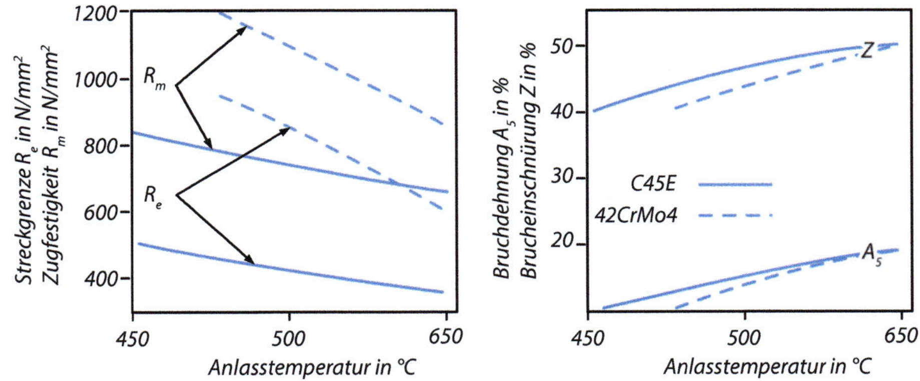

Abb. 5.33 Anlassschaubilder von zwei Vergütungsstählen DIN EN ISO 683:2018

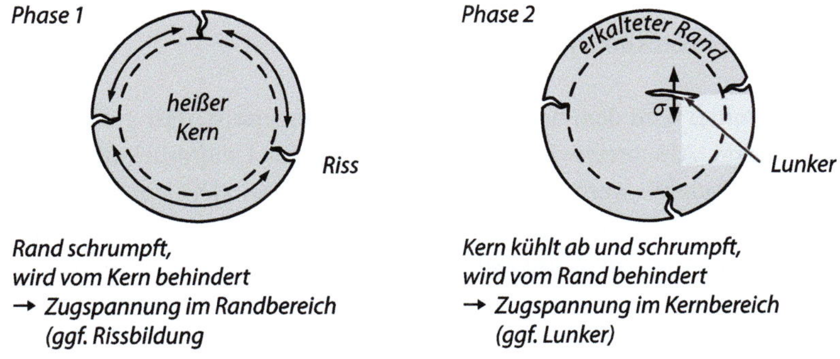

Abb. 5.34 Das Entstehen von Wärmespannungen beim Abschrecken

5.3.5 Härteverzug und Gegenmaßnahmen

Aus der Praxis ist bekannt, dass abgeschreckte Teile Maß- und Formänderungen aufweisen. Im ungünstigsten Falle treten Risse auf. Sie sind die Folge von inneren Spannungen, die durch den ungleichmäßigen Abkühlungsverlauf im Werkstück entstehen.

Spannungen beim Härten

Beim Eintauchen in das Abschreckmittel wird der Rand sofort kalt und zieht sich zusammen, er wird jedoch vom heißen Kern behindert (Abb. 5.34 links). Es entstehen Zugspannungen im Rand, die zu Rissen führen können. Im weiteren Verlauf versucht der Kern zu schrumpfen, wird aber jetzt vom kalten, starren Rand behindert. Es entstehen Zugspannungen im Kern, evtl. Schalenrisse oder Risse im Kern und Druckeigenspannungen im Rand. Diese Spannungen als Folge ungleicher Temperaturen im Rand und im Kern heißen deswegen auch Wärmespannungen. Bei symmetrischen Teilen halten sich diese Spannungen evtl. das Gleichgewicht, während unsymmetrische Teile zu Verzug neigen. Daneben treten auch noch Umwandlungsspannungen auf. Der Martensit mit seinem aufgeweiteten Gitter bewirkt eine Volumenzunahme von 1 %. Wenn der Rand martensitisch wird und im Kern keine Durchhärtung erfolgt, dann erhöhen sich dadurch die Zugspannungen im Kern.

▶ **Hinweis** Wenn komplexe Werkstücke (Werkzeuge, Zahnräder) Eigenspannungen besitzen, sollten sie vor dem Härten noch spannungsarmgeglüht werden. Damit kann der mögliche Härteverzug vermindert werden.

Maßnahmen für geringen Härteverzug
Risse ergeben Ausschussteile und Verzug erfordert Nacharbeit, was bei dem harten Martensit nur durch Schleifen möglich ist. Daneben gibt es Flächen, die durch ihre Lage oder Form nicht schleifbar sind: Flächen an Schnittplatten oder Kegelräder mit gekrümmten Zahnflanken (Palloid-Verzahnung). Eine wirtschaftliche Fertigung verlangt ein verzugsarmes Härten, das nur geringste Nacharbeit erfordert. Die Möglichkeiten sind:

- Angepasste Abschreckmittel

Das Abschreckmittel wird dem betreffenden Stahl so angepasst, dass es bei jeder Temperatur keine größere Abschreckwirkung besitzt, als sie zur Unterdrückung der Perlitstufe gebraucht wird. Dadurch werden die Wärmespannungen so klein wie möglich gehalten. Zur Anpassung des Abschreckmittels bzw. seiner Auswahl können die ZTU-Schaubilder verwendet werden (Atlas zur Wärmebehandlung der Stähle).

- Abschrecken in Vorrichtungen

Die Teile werden eingespannt in Matrizen abgeschreckt. Damit das Öl das Werkstück überfluten kann, müssen sie Durchbrüche und Kanäle besitzen. Bei Werkstücken in größeren Stückzahlen, bei denen eine Nacharbeit technisch oder wirtschaftlich nicht möglich ist, kommt diese Variante zur Anwendung, z. B. bei Tellerrädern mit Bogen- oder Palloid-Verzahnung und Kreissägeblättern.

- Abschrecken in zwei Stufen

Dabei wird der umwandlungsträge Bereich bei Temperaturen über der Martensitstufe zum Temperatur- und Spannungsausgleich ausgenutzt (Abb. 5.27).

- Möglichkeit 1: Gebrochenes Härten
  Zuerst wird in einem schroff wirkenden Mittel die Perlitstufe schnell durchlaufen, um den Austenit auf dem umwandlungsträgen Bereich zu unterkühlen. Die Wärmespannungen werden von dem austenitischen Gefüge (kfz Gitter) rissfrei abgebaut. Der

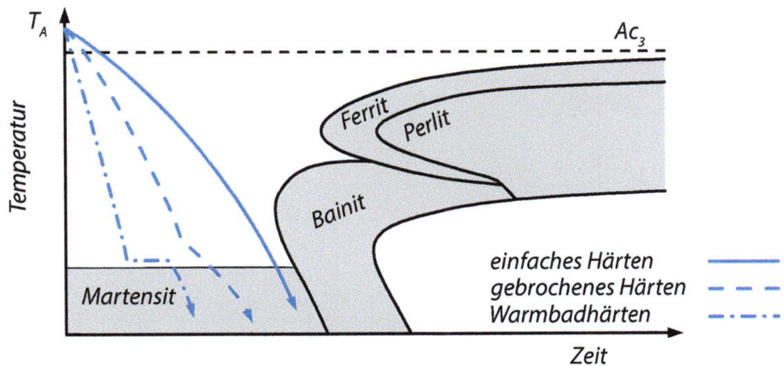

Abb. 5.35 Verzugsarme Härteverfahren. Einfaches Härten, gebrochenes Härten und Warmbadhärten am Beispiel eines ZTU Diagramms

Stahl wird zuerst in *Wasser* abgeschreckt, dann herausgenommen und in *Öl* bis auf Raumtemperatur abgekühlt. Die Wahl des richtigen Zeitpunktes für den Badwechsel setzt große Erfahrungen des Härters voraus (Abb. 5.35).

- Möglichkeit 2: Warmbadhärten
  Als Wärme- und Abschreckmittel dienen beim Warmbadhärten Salzschmelzen und evtl. heiße Öle mit festen Temperaturen. Der Stahl wird in Stufen erwärmt, zuletzt in einem Bad mit der Härtetemperatur zur Austenitisierung. Im Abschreckbad wird schnell auf eine Temperatur oberhalb des Martensitpunktes heruntergekühlt und gehalten, um im Bauteil ein Spannungsausgleich hervorzurufen ohne dass eine Umwandlung in Bainit erfolgt. Danach kann beliebig bis auf RT abgekühlt werden (Abb. 5.35).

5.3.6 Vergütungsverfahren und -werkstoffe

Als Verfahrensziel des Vergütens sollen Stähle die folgende Eigenschaftskombination erhalten:

- Hohe Festigkeit: $R_e/R_{p0,2}$ oder R_m
  → höhere zulässige Spannungen oder geringere Wandstärke (Leichtbau)
- Hohe Zähigkeit: Kerbschlagarbeit Kv oder Bruchdehnung A
  → Verformungsbruch, höhere Schadenstoleranz bei Kerben, höhere Dauerfestigkeit

Tab. 5.8 zeigt Messwerte des Stahls C45E und Auswirkungen des Vergütens auf das Versagensverhalten

Tab. 5.8 Vergleich: Vergütungsstahl C45E (Laborwerte)

Zustand	HV	Kv in J	Bruchart
Normalgeglüht	200	22	Mischbruch
Gehärtet	700	6	Sprödbruch
Vergütet, bei 600 °C angelassen	270	90	Verformungsbruch

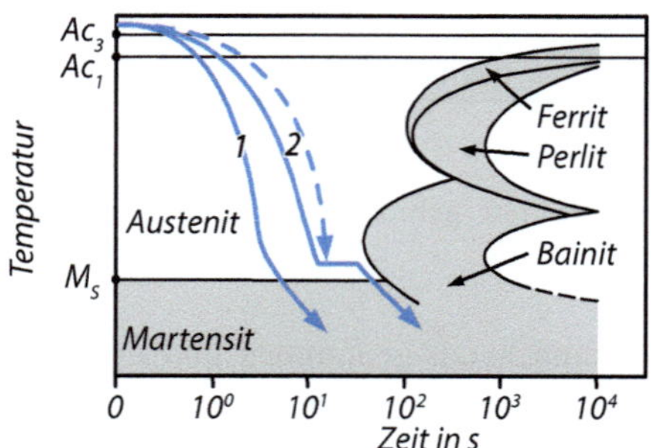

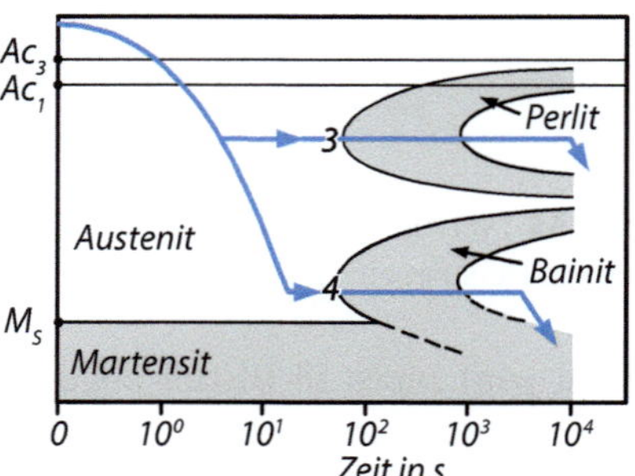

Abb. 5.36 Einige Wärmebehandlungen in ZTU-Schaubildern, schematisch: links für kontinuierliche Abkühlung, rechts für isotherme Umwandlung. Kurve 1: Gebrochenes Abschrecken, Kurve 2: Warmbadhärten mit Rand —und Kern - - -, Kurve 3: Patentieren, Kurve 4: Zwischenstufenvergüten oder Bainitisieren

Verfahren

Das Austenitisieren und Abschrecken werden wie beim Härten durchgeführt. Für Teile mit größeren Querschnitten ist ein Durchhärten nicht erforderlich, es genügt, wenn im Kern Bainit entsteht. Anlassen erfolgt im Glühofen oder in Salzschmelzen. Danach sind die Teile so zäh, dass ein Verzug durch Richten beseitigt werden kann. Ebenso sind spanende Verfahren wie Fertigdrehen oder -fräsen wirtschaftlich durchführbar.

Die Eigenschaftskombination „hohe Festigkeit und hohe Zähigkeit = hohe Dauerfestigkeit" kann auf zwei Wegen erreicht werden:

- Anlassvergütung: durch Anlassen eines martensitischen Gefüges auf höhere Temperaturen (wie bisher beschrieben, kontinuierliche Abkühlung, Abb. 5.36, Kurven 1 und 2 und nachfolgendes Anlassen)
- isotherme Umwandlung des Austenits in das „Vergütungsgefüge" Bainit ohne weiteres Anlassen

Vergütung durch isotherme Umwandlung

Abschrecken eines austenitisierten Gefüges auf Temperaturen zwischen M_S und Ac_1 und Halten bei dieser Temperatur bis zur vollständigen Umwandlung, danach beliebige Abkühlung.

- Bainitisieren:
  auch isothermes Vergüten genannt. Wird bei der Herstellung von Federband oder -draht angewendet. Anschrecken auf ca. 500 °C und isotherme Umwandlung (in Salzbädern) in einem Temperaturbereich der Bainitbildung. Das Bauteil wird solange isotherm bei der Temperatur gehalten, bis die vollständige diffusionsgesteuerte Umwandlung des Austenits in Bainit erfolgt ist und danach langsam abgekühlt (Abb. 5.36, Kurve 4). Es erfolgt kein weiteres Anlassen. Wegen der großen Ähnlichkeit des Bainit-Gefüges (Ferrit mit Karbidausscheidungen) mit einem angelassenen Martensit, wird dieses Gefüge auch als „Vergütungsgefüge" bezeichnet, obwohl der formale Vergütungsprozess mit Härten und Anlassen nicht durchlaufen wurde.

- Patentieren.
  Abschrecken auf die Temperatur der reinen Perlitbildung (500–600 °C) und halten, bis die vollständige diffusionsgesteuerte Perlitbildung abgeschlossen ist. Es entsteht ein sehr feinstreifiger Perlit mit hinreichender Zugfestigkeit und Kaltformbarkeit, günstig für das Ziehen des Drahtes (Abb. 5.36, Kurve 3).

Vergütungsstähle DIN EN ISO 683:2018
Vergütungsstähle sind Stähle mit C-Gehalten von 0,20 bis 0,6 %, entweder unlegiert oder niedrig legiert, mit LE, welche die kritische Abkühlgeschwindigkeit senken. Mit zunehmender Wanddicke der Teile sind mehr LE zum Durchvergüten erforderlich.

Teil 1 der Norm beschreibt die unlegierten Vergütungsstähle, z. B. C35, C60 oder 42Mn6 und Teil 2 die legierten Vergütungsstähle, z. B. 52CrMo4, 34CrNiMo6 oder 51CrV4. Wobei hier als LE besonders Cr, Mo, Ni, V und mit sehr geringen Anteilen auch Bor (0,0008–0,005 %) verwendet werden. Bor senkt sehr stark die kritische Abkühlgeschwindigkeit und erhöht so die Durchvergütbarkeit oder gewährleistet bei geringeren Abkühlgeschwindigkeiten (Warmformung) eine Martensithärtung (Tab. 5.9).

Vergütbare Stähle sind auch in zahlreichen anderen Normen mit dem Bezug zur Anwendung enthalten, z. B. Einsatzstähle, Federstähle oder Warmfeste Stähle. Tab. 5.10 gibt einen Überblick über die zu erzielenden Werkstoffkennwerte im vergüteten Zustand.

Die durch Vergüten erreichbare Streckgrenze R_e ist querschnittsabhängig, da bei dickeren Bauteilen die Umwandlungsvorgänge langsamer verlaufen. Eine geringfügig höhere Streckgrenze kann durch eine niedrigere Anlasstemperatur erzeugt werden (Abb. 5.33), was aber zu einer geringeren Zähigkeit führt. Für kompliziert gestaltete Teile mit Kerben und starken Querschnittsübergängen, welche zusammengesetzten Beanspruchungen aus-

Tab. 5.9 Vergütungsstähle, Bor-legiert (Auswahl)

Stahlsorte	Ø-Bereich $d \leq 16$ mm Flacherzeugnisse $t < 0,8$ mm			
Kurzname	Re in MPa	Rm in MPa	A in %	Z in %
30MnB5	800	950–1150	13	50
33MnCrB5–2	850	1050–1300	13	50

Tab. 5.10 Werkstoffkennwerte ausgewählter Vergütungsstähle in Abhängigkeit der Abmessungen

Stahlsorte		Durchmesserbereich d < 16 mm Flacherzeugnisse t < 8 mm				Durchmesserbereich 16 < d < 40 mm Flacherzeugnisse 8 < t < 20 mm					Durchmesserbereich 40 < d < 100 mm Flacherzeugnisse 20 < t < 60 mm				
Kurzname	Stoff.-Nr.	R_e in MPa	R_m in MPa	A_5 in %	Z in %	R_e in MPa	R_m in MPa	A_5	Z	KV in J	R_e in MPa	R_m in MPa	A_5 in %	Z in %	KV in J
C22E[a]	1.1151	340	500–650	20	50	290	470–620	22	50	50	–	–	–	–	–
C35E[a]	1.1181	430	630–780	17	40	380	600–750	19	45	35	320	550–700	20	50	35
C40E[a]	1.1186	460	650–800	16	35	400	630–780	18	40	30	350	600–750	19	45	30
C45E[a]	1.1191	490	700–850	14	35	430	650–800	16	40	25	370	630–780	17	45	25
C50E[a]	1.1206	520	750–900	13	30	460	700–850	15	35	–	400	650–800	16	40	–
C55E[a]	1.1203	550	800–950	12	30	490	750–900	14	35	–	420	700–850	15	40	–
C60E[a]	1.1221	580	850–1000	11	25	520	800–950	13	30	–	450	750–900	14	35	–
28Mn6	1.1170	590	800–950	13	40	490	700–850	15	45	40	440	650–800	16	50	40
38Cr2	1.7003	550	800–950	14	35	450	700–850	15	40	35	350	600–750	17	45	35
46Cr2	1.7006	650	900–1100	12	35	550	800–950	14	40	35	400	650–800	15	45	35
34Cr4[b]	1.7033	700	950–1150	12	35	590	800–950	14	40	35	460	700–850	15	45	40
37Cr4[b]	1.7034	750	950–1200	11	35	630	850–1000	13	40	50	510	750–900	14	40	35
41Cr4[b]	1.7035	800	1000–1200	11	30	660	900–1100	12	35	35	560	800–950	14	40	35
25CrMo4[b]	1.7218	700	900–1100	12	50	600	800–950	14	55	50	450	700–850	15	60	50
34CrMo4[b]	1.7220	800	1000–1200	11	45	650	900–1100	12	50	40	550	800–950	14	55	45
42CrMo4[b]	1.7225	900	1100–1300	10	40	750	1000–1200	11	45	35	650	900–1100	12	50	35
50CrMo4	1.7228	900	1100–1300	9	40	780	1000–1200	10	45	30	700	900–1100	12	50	30
34CrNiMo6	1.6582	1000	1200–1400	9	40	900	1100–1300	10	45	45	800	1000–1200	11	50	45
30CrNiMo8	1.6580	1050	1250–1450	9	40	1050	1250–1450	9	40	30	900	1000–1300	10	45	35
35NiCr6	1.5815	740	880–1080	12	40	740	880–1080	14	40	35	640	780–980	15	40	35
36NiCrMo16	1.6773	1050	1250–1450	9	40	1050	1250–1450	9	40	30	900	1100–1300	10	45	35
39NiCrMo3	1.6510	785	980–1180	11	40	735	930–1130	11	40	35	685	880–1080	12	45	40
30NiCrMo16–6	1.6747	880	1080–1230	10	45	880	1080–1230	10	45	35	880	1080–1230	10	45	35
51CrV4	1.8159	900	1100–1300	9	40	800	1000–1200	10	45	35	700	900–1100	12	50	30

[a]Zu diesen Sorten gibt es je einen Qualitätsstahl (z. B. C35) und eine Variante mit verbesserter Spanbarkeit (z. B. C35R)

[b]Zu diesen Sorten gibt es eine Variante mit verbesserter Spanbarkeit (z. B. 34CrS4), erreicht durch leicht erhöhte S-Gehalte von 0,02–0,04 %

gesetzt sind (z. B. Biegung und Torsion), hat ein zäherer Stahl die höhere Dauerfestigkeit, da er örtlich hohe Spannungen durch geringe plastische Verformungen abbauen kann.

Beispiel: Anwendung der Tab. 5.10 in Abhängigkeit des Bauteildurchmessers

Für ein Bauteil wird Stahl mit einer Streckgrenze von mindestens 450 MPa benötigt. In Abhängigkeit vom Bauteildurchmesser wäre die Auswahl:

- d = 12 mm ➜ C40E
- d = 20 mm ➜ C50E
- d = 50 mm ➜ 34Cr4 (bei höherer Zähigkeit 25CrMo4)

Beispiele für hochbeanspruchte Bauteile in Getrieben, Motoren und Fahrwerken

- **34CrMo4** für Kurbelwellen
- **30CrNiMo8** für Drehstabfedern
- **42CrMo4** für hochfeste Schrauben
- **41Cr4** für Zahnräder
- **51CrV4** für warmfeste Federn. ◄

5.4 Aushärten

5.4.1 Allgemeines

Die Steigerung der Härte durch Martensitbildung ist eine diffusionslose Gitterumwandlung, die außer im System Fe-C bei einigen wenigen weiteren Legierungen stattfindet, die Phasen mit verschiedenen Kristallgittern bilden (Fe-Ni, Cu-Zn, Co, Ti).

Die Entdeckung des Aushärtens bzw. Ausscheidungshärtens durch Wilm führte zu einer weiteren Möglichkeit, die Festigkeit von Legierungen zu erhöhen. Es ist ein diffusionsabhängiger Vorgang in Mischkristallen, der prinzipiell in den meisten Legierungen ablaufen kann, da diese Wärmebehandlung keine Gitterumwandlung benötigt und so auch in einphasigen Metallwerkstoffen anwendbar ist. Die Legierungen müssen aber eine mit der Temperatur sinkende Löslichkeit an einem Legierungselement aufweisen (begrenzte Löslichkeit).

Das Aushärten nutzt die Teilchenverfestigung (vgl. Kap. 3). Das Wandern der Versetzungen wird hier durch Ausscheidungen/Teilchen aus übersättigten Mischkristallen behindert. Damit die sehr kleinen und feinstverteilten Ausscheidungen diese Wirkung effektiv entfalten, ist eine Wärmebehandlung erforderlich. Die dabei wichtigen inneren Vorgänge und Ausscheidungsmorphologien sind in Abschn. 3.3.4 ausführlich erläutert. Neben den Leichtmetallen Al und Mg wurde das Aushärten für weitere Legierungen entwickelt und führt auch bei bestimmten Stahlsorten zu einer zusätzlichen Steigerung der Streckgrenze oder Härte (Tab. 5.11).

Tab. 5.11 Hinweise auf aushärtbare Legierungen oder solche mit Aushärtungserscheinungen

Werkstoffgruppe	Beispiele	Anwendungen	Eigenschaftsverbesserung durch das Aushärten
Al-Legierungen	AlMgSi	Strangpressprofile für mittlere Beanspruchungen wie Fensterrahmen oder einfache Fahrradrahmen	Mittlere Festigkeit bei mittlerer Bruchdehnung
	AlCu4MgTi	Waggondrehgestelle	Höhere Festigkeit
Mg-Legierungen	MgAl9Zn1	Gehäuse für Getriebe, Laptops, Kameras, Mobiltelefone	Höhere Festigkeit und Bruchdehnung als im Gusszustand
Cu-Legierungen	CuCr CuBe1,7	Elektroden zum Punktschweißen, Federn, nicht funkende Werkzeuge	Härte und Anlassbeständigkeit bei hinreichender elektrischer Leitfähigkeit
Stahlguss, perlitarm	G17Mn5	Schweißverbundkonstruktionen, Knoten für Rohrfachwerke (off-shore)	Schweißeignung, Kaltzähigkeit bei erhöhter Dauerfestigkeit
Höherfeste Stähle zur Kaltumformung	HX220BD	Karosseriebauteile	„bake hardening"-Effekt. Durch eine Kaltverfestigung mit anschließendem „Auslagern" beim Lackeinbrennprozess wird sie Streckgrenze bis zu 50 MPa erhöht
Ausscheidung-shärtende ferritisch-perlitische Stähle	19MnVS6	Schmiedewerkstoffe, die direkt von der Schmiedetemperatur kontrolliert abgekühlt werden. Ein Vergütungsprozess wird dadurch eingespart	Ausscheidungen durch das gezielte Abkühlen führen zu einem Festigkeitsanstieg
Martensitaushärtbare Stähle (Maraging-Stähle)	X3NiCoMoTi18-9-5	Kunststoffformen, Warmpresswerkzeuge, Sicherheitsbauteile an Luftfahrzeugen, Wehrtechnik	Der Stahl enthält wenig C (Schweißeignung und Kaltumformbarkeit) und ist hoch mit Ni, Co, Mo und Ti legiert. Im gehärteten Zustand bildet der Werkstoff „Nickelmartensit", welcher viel zäher und verformbarer als Kohlenstoff-Martensit ist. So bleibt der Stahl gut verform- und bearbeitbar. Nach dem Auslagern bei 480 °C/4 h sind Zugfestigkeiten bis 2000 MPa erreichbar. Es bilden sich feinste Ausscheidungen durch Nickel, Titan und Molybdän

5.4.2 Verfahrensablauf

Die drei für das Aushärten notwendigen Verfahrensschritte sind wie folgt:

Schritt 1:
Lösungsglühen ➜ homogene Verteilung der Legierungselemente
Erwärmen und Halten des Bauteils auf Temperaturen entsprechend des Zustandsdiagramms des jeweiligen Werkstoffs (Abb. 5.37), um ein homogenes Mischkristallgefüge mit gleichmäßiger Verteilung der Legierungselemente zu erzeugen. Beim langsamen Abkühlen von dieser Temperatur würden sekundäre Ausscheidungen auf den Korngrenzen entstehen, die nicht gewollt sind. Deshalb wird schneller abgeschreckt.

Schritt 2:
Abschrecken ➜ übersättigter Mischkristall, Vermeidung von Ausscheidungen an den Korngrenzen
Abschrecken oder schnelles Abkühlen, um die Bildung von Ausscheidungen bei der Abkühlung zu verhindern und so Mischkristalle mit einem an Legierungselementen übersättigten Zustand (metastabil) zu erzeugen (begrenze Löslichkeit notwendig!). Die Festigkeit ist nur wenig erhöht, da die Legierungsbestandteile i. d. R. nur eine geringe Mischkristallverfestigung im zwangsgelösten Zustand bewirken.

Schritt 3:
Auslagern ➜ feinverteile, kleine Ausscheidungen
Auslagern bei 20 °C (Kaltauslagern) oder bei höheren Temperaturen (Warmauslagern) je nach Legierungsart.
Bei 20 °C drängt das Wirtsgitter, z. B. bei Alu-Cu-Legierungen, zwangsgelöste Atome in Fehlstellen des Gitters und es kommt zu Entmischungen mit kohärenten Grenzflächen. Diese Cluster führen dann mit zunehmender Zeit zu plattenförmigen kohärenten Ausscheidungen, die das Wandern der Versetzungen erschweren. Die Diffusion verläuft sehr langsam ab und nicht alle zwangsgelösten LE werden ausgeschieden (Abb. 5.38 Kurve und Gefügebild 20 °C). Die Festigkeit steigt mit der Auslagerungszeit kontinuierlich bis zu einem Maximum an, wodurch die Duktilität jedoch reduziert wird.

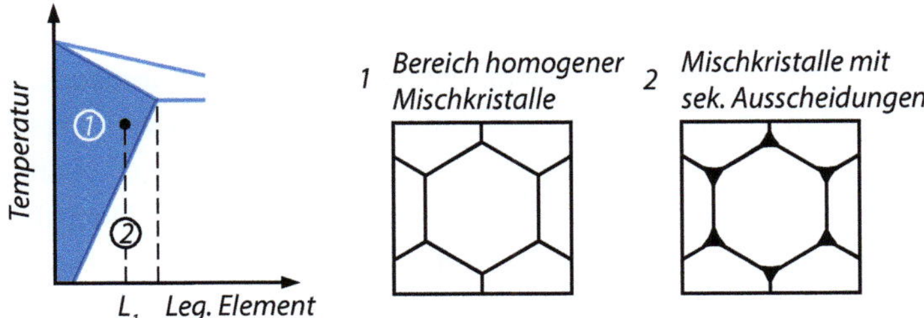

Abb. 5.37 Zustandsschaubild (schematisch). Mischkristalltyp mit sinkender Löslichkeit, 1: Ausgangsgefüge nach dem Lösungsglühen, 2: Ausscheidungen vorzugsweise an den Korngrenzen bei langsamer Abkühlung

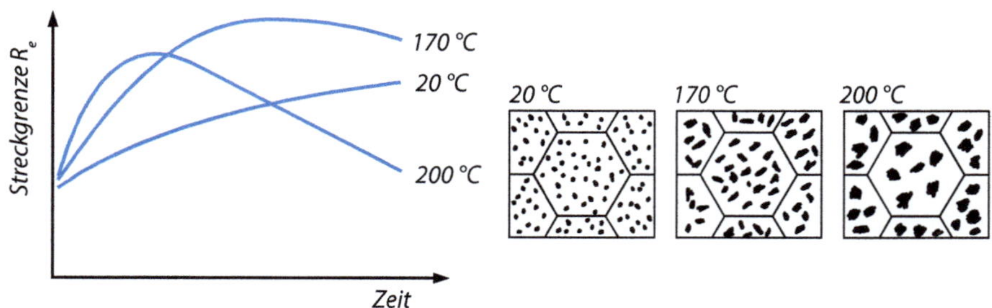

Abb. 5.38 Anstieg der Streckgrenze Re über der Zeit bei verschiedenen Auslagerungstemperaturen (nur beispielhaft) mit schematischen Gefügebildern. Auslagern erfolgt nach dem Lösungsglühen und Abschrecken ➜ übersättigter Mischkristall

Warmauslagern begünstigt die Diffusion und lässt kohärente oder teilkohärente Teilchen schneller entstehen, die das Gitter in ihrer Umgebung verzerren und die Versetzungsbewegung durch Teilchenverfestigung zusätzlich behindern. Teilchen müssen durch die Versetzungen umgangen oder geschnitten werden, was zu einer Verfestigung führt. Die Ausscheidungen entstehen bis zur gewünschten Größe (im Nanometerbereich) feindispers, gleichmäßig mit großer Anzahl im Gefüge. Bei optimaler Temperatur und Zeit steigt die Festigkeit in kurzer Zeit bis zu der maximalen Verfestigung an (→ Abb. 5.38 Kurve und Gefügebild 170 °C). Eine längere Auslagerungszeit bei dieser Temperatur führt dann zu einer Vergröberung der Teilchen und damit wieder zu einer Festigkeitsabnahme. Eine höhere Auslagerungstemperatur (→ Abb. 5.38 Kurve und Gefügebild 200 °C) führt zu gröberen, wenigen und inkohärenten Ausscheidungen (keine Gitterverzerrung, veränderte Morphologie der Ausscheidungen). Dadurch wird die maximale Verfestigung nicht erreicht. Deshalb müssen Auslagerungstemperatur und -zeit, in Abhängigkeit des Werkstoffes, genau eingehalten werden, wenn eine maximale Festigkeit gefordert wird. Bei Aluminiumlegierungen wird der Prozess zur bestmöglichen Festigkeitszunahme mit „T6" gekennzeichnet.

In Tab. 5.11 sind einige aushärtbare Legierungssysteme näher beschrieben.

Vergleich Vergüten und Aushärten

Aushärtbare Legierungen erfahren durch das Lösungsglühen und Abschrecken i. Allg. keine wesentliche Festigkeitssteigerung. In diesem Zustand ist eine Endbearbeitung oder Formgebung möglich. Während der nachfolgenden Kalt- oder Warmauslagerung bilden sich die Ausscheidungen langsam und gleichmäßig über den ganzen Querschnitt. Warmauslagerung kann bei verschiedenen Temperaturen stattfinden, je nach Anforderungen an Härte und Zähigkeit. Dabei steigt die Streckgrenze auf mehr als das Doppelte, führt in der Regel aber zu einer Reduzierung der Duktilität. Daraus folgen die wesentlichen Unterschiede zum Vergüten:

- Eigenschaften sind nicht dickenabhängig.
- Keine Gefügeunterschiede zwischen Rand und Kern, die Ursache für einen Härteverzug sein können.
- Kann auch bei einphasigen Werkstoffen (Aluminium, Magnesium) ohne Gitterumwandlung eingesetzt werden.

5.4.3 Alterung

Alterung werden solche Vorgänge genannt, die zu ungewollten Eigenschaftsänderungen eines Werkstoffes im Laufe der Zeit führen, meist Versprödung durch Ausscheidungen im Gefüge. Reckalterung ist eine vergleichbare Gefügeveränderung, die nach geringer Kaltumformung auftritt. Besonders Stickstoff diffundiert an die Versetzungen und blockiert diese und verhindert so eine Versetzungsbewegung, was dann zu einer starken Versprödung des Werkstoffs führt. Aufgrund der geringen Diffusionsgeschwindigkeit bei 20 °C kann der Effekt der Versprödung erst nach Monaten oder Jahren auftreten.

Künstliche Alterung von Stahl soll diese Vorgänge beschleunigen. Es ist eine Kombination von Reckalterung und Warmauslagern, um die Alterungsanfälligkeit von Stählen zu untersuchen. Dazu werden die Proben um 10 % der Länge gereckt (verlängert) und 2 h lang bei 250 °C gehalten. Die durch die Kaltverformung entstehende erhöhte Versetzungsdichte und die höhere Temperatur beschleunigen die diffusionsgesteuerten Ausscheidungsvorgänge, sodass diese statt in Wochen in ca. 1 h ablaufen. Ist der Stahl alterungsbeständig, ändern sich die Eigenschaften im Kerbschlagbiegeversuch kaum. Künstliche Alterung wird auch bei Werkstoffen für Messgeräte, z. B. Federn, vor dem Kalibrieren durchgeführt, um Konstanz der Messwerte über die Zeit zu gewährleisten.

5.5 Verfahren der Oberflächenhärtung

5.5.1 Überblick

Die Eigenschaften der Härte und Zähigkeit verlaufen in Werkstoffen fast immer entgegengesetzt, beide lassen sich in einem Gefüge nicht maximieren. Viele Bauteile benötigen jedoch an den Kontaktstellen mit anderen Bauteilen eine hohe Verschleißfestigkeit an der Oberfläche verbunden mit einer hohen Oberflächenhärte und einen zähen Kern als Sicherheit gegen sprödes Versagen, also eine hohe Schadenstoleranz.

Verschleiß und damit auch die Verschleißfestigkeit ist eine Systemeigenschaft und keine reine Werkstoffeigenschaft (vgl. Abb. 5.39). Der Verschleiß von zwei Bauteilen ist abhängig von den beiden Werkstoffen selbst, aber auch von der Belastungshöhe, der Relativbewegung und dem möglicherweise vorhandenen Schmiermittelm.

Abb. 5.39 Tribologisches
System

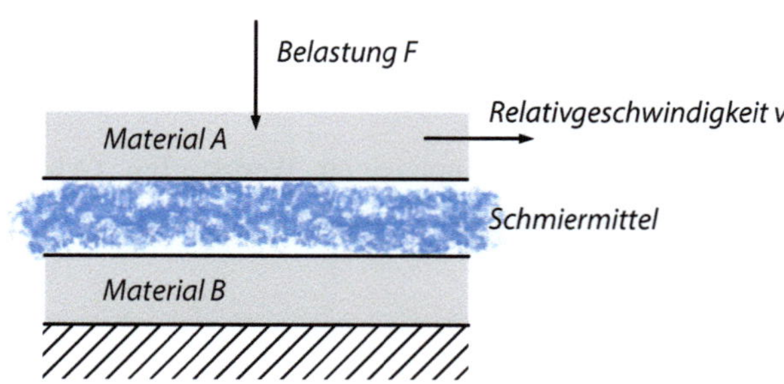

Neben konstruktiven Maßnahmen zur Verringerung von Verschleiß, können auch die
im tribologischen System vorhandenen Werkstoffe im Hinblick auf den Verschleiß optimal gewählt werden. Dazu gehört eine möglichst hohe Werkstoffhärte, insbesondere an
der Bauteiloberfläche, was durch legierungstechnische Maßnahmen (Werkzeugstähle)
und/oder durch eine gezielte Oberflächenhärtung bzw. Beschichtung erzielt wird. Mögliche Verfahren hierzu sind

- Randschichthärten
- Einsatzhärten
- Nitrieren, Borieren
- Verfestigungswalzen oder Verfestigungsstrahlen
- Oberflächenbeschichtungen

Die zu erzielende Tiefe der gehärteten Oberfläche ist nach DIN ISO 15787:2018 nach dem
jeweiligen Wärmebehandlungsverfahren anzugeben:

- Einhärtungstiefe nach Randschichthärten (SHD = surface hardening depth), Rand-
  härtetiefe
- Einsatzhärtungstiefe (CHD = case-hardening depth),
- Nitrierhärtetiefe (NHD = nitriding hardness depth).

Beispiele für oberflächengehärtete Bauteile

Kurbel-, Nocken- und Keilwellen, Zahnräder, Kupplungsteile, Ketten- und Raupen-
antriebe, Werkzeuge ◄

Welches der Verfahren zielführend ist, ist technologisch abhängig von der Gestalt, der
Größe und dem Werkstoff. Kostenseitig ist auch die Stückzahl und das Gewicht der Bauteile von Bedeutung.

Bei den Verfahren (vgl. Tab. 5.12), die eine spezielle Wärmebehandlung benötigen,
wird zwischen den thermischen und den thermo-chemischen Verfahren unterschieden. Bei
den thermo-chemischen Verfahren wird neben der Wärmebehandlung noch die chemische
Zusammensetzung der Bauteiloberfläche gezielt verändert (Aufkohlung, Nitrieren).

Tab. 5.12 Die wichtigsten thermo-chemischen Verfahren

Verfahren	Element	Zweck
Einsatzhärten	C	• Härte,
Carbonitrieren	C + N	• Dauerfestigkeit,
Nitrieren	N	• zusätzlich Verschleiß- und
Nitrocarburieren	N + C	Korrosionswiderstand

Tab. 5.13 Spezifische Leistungen verschiedener Wärmequellen

Wärmequelle	Spez. Leistung in kW/cm^2
Schmelzen (Salze, Metalle)	0,1
Flammen von Brenngasen	1
Induktions- und Wirbelströme	10
Laser- und Elektronenstrahlen	100

5.5.2 Randschichthärten

Bei diesen einstufigen Verfahren wird nur die Randschicht des Bauteils austenitisiert, sodass nach sofortiger, schneller Abkühlung ein martensitisches Gefüge entsteht und die Randschicht gehärtet wird. Das Gefüge und die mechanischen Eigenschaften im Kern des Bauteils werden durch diese Wärmebehandlung nicht verändert. Um eine möglichst hohe Oberflächenhärte zu erzielen, ist somit eine hohe Martensithärte notwendig, was durch einen ausreichend hohen Kohlenstoffgehalt der Werkstoffe erreicht wird (max. Härte bei C = 0,8 %, vgl. Abschn. 5.3.2). Zur Austenitisierung der Randschicht sind Energiequellen mit hoher spezifischer Leistung erforderlich. Die Einhärtungstiefe nach Randschichthärten SHD wird üblicherweise mit der Vickers Härteprüfung HV1 bestimmt und ist die Tiefe in mm, bei der der Härtewert noch 80 % der Randhärte beträgt.

Verfahren der Randschichthärtung, wobei die Benennung der verwendeten Wärmquelle entspricht:

- Flammhärten mit Brenngasen,
- Induktionshärten mit Gleich- oder Wechselstrom
- Laserhärten mit Laserstrahlen.

Mit steigender spezifischer Leistung sinken der Verzug beim Härten, die Randhärtetiefe und die Größe der Wärmeeinflusszone (WEZ). Die spezifische Leistung (Tab. 5.13) ist der Quotient aus Leistung und Fläche A und unterscheidet sich bei den Verfahren stark. Eine schnelle Erwärmung verschiebt die Umwandlungspunkte nach oben, sodass höhere Temperaturen als beim normalen Härten erforderlich sind, damit die Austenitisierung vollständig abläuft. Die Martensitzone ist nur so tief, wie das Gefüge austenitisiert und dann mit der kritischen Abkühlgeschwindigkeit abgeschreckt wurde.

Vorteil des Randschichthärtens ist, dass sperrige Teile, die zu Verzug neigen oder zu groß sind, nicht vollständig erwärmt werden müssen. Sie können partiell, d. h. nur an den verschleißbeanspruchten Stellen erwärmt und dann gehärtet werden. Die Härte steigt dabei mit dem C-Gehalt des Stahls an, die Randhärtetiefe mit dem Gehalt an LE (vgl. Aufhärtbarkeit, Einhärtbarkeit). Nachteil des Randschichthärtens ist, dass der Kohlenstoffgehalt des Werkstoffes so gewählt werden muss, dass die Randschicht optimal gehärtet werden kann. Dieser hohe Kohlenstoffgehalt ist aber auch im Kern des Werkstoffes vorhanden und reduziert somit die Zähigkeit im Bauteilkern. Deshalb werden meist legierte oder unlegierte Vergütungsstähle nach DIN EN ISO 683:2018 randschichtgehärtet, da der vergütete Kern mit entsprechender ausreichender Zähigkeit, nicht verändert wird, z. B. C45, 42Mn6, 42CrMo4.

Flammhärten

Wärmequellen sind gasbetriebene Brenner, deren Formen den Konturen des Werkstückes angepasst sind. Brenner und Werkstück führen gesteuerte Bewegungen aus, wofür spezielle Härtemaschinen eingesetzt werden.

Linienhärtung wird für größere Flächen, z. B. an langen Wellen, Führungsbahnen und breiten Zahnrädern angewandt. Brenner und Brause bewegen sich dicht hintereinander über die Fläche (Abb. 5.40). Der Vorschub muss so bemessen sein, dass die Randschicht in der gewünschten Tiefe austenitisch ist, ehe die Abschreckung durch die Brause erfolgt.

Mantelhärtung ist für kleine Oberflächen geeignet. Der Brenner überdeckt die zu härtende Fläche oder führt Pendelbewegungen aus, um diese zu überdecken. Zylindrische Teile rotieren vor dem Brenner, bis ein „Mantel" die Abschrecktemperatur besitzt und eine Brause das Abschrecken übernimmt.

Induktionshärten

Energiequelle ist der elektrische Strom (Gleichstrom oder Wechselstrom). Er wird mit wassergekühlten Spulen oder Schleifen als Induktor durch Induktion im Werkstück erzeugt (Transformatorprinzip), wodurch das Werkstück sich erwärmt. Ein physikalischer Effekt bewirkt, dass die Induktionsströme mit steigender Frequenz in die Randzone abgedrängt werden (Skin-Effekt). So wird die eingebrachte Energie dort konzentriert und die

Abb. 5.40 Linienhärtung beim Flammhärten

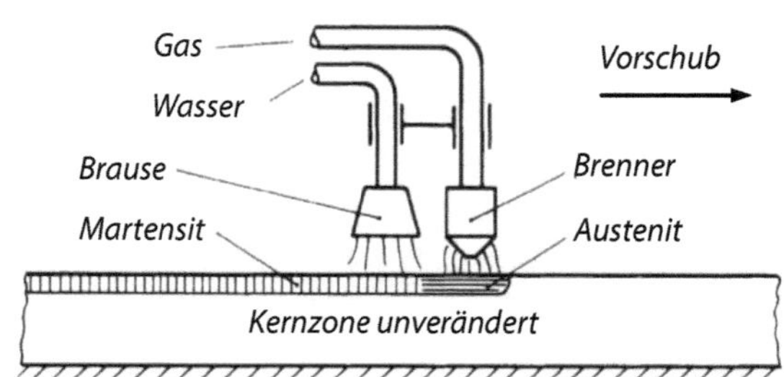

Tab. 5.14 Härtetiefe in Abhängigkeit von der Frequenz beim Induktionshärten

Bereich	Frequenz	Härtetiefe in mm
Netzfrequenz	50 Hz	Bis 70
Mittelfrequenz	1–10 kHz	16–5
Hochfrequenz	0,25–30 MHz	1,0–0,3

Randschicht schnell erwärmt. Das Abschrecken erfolgt mit Wasser, bei sehr dünnen Querschnitten (Sägeblätter) durch Selbstabschreckung über den kalten Kern (Wärmeleitung). Gegenüber dem Flammhärten wird die 10-fache Energie eingeleitet. Induktionshärten ist auch für Teile mit dünnen Querschnitten geeignet. Die Randhärtetiefe ist frequenzabhängig (Tab. 5.14).

Das Verfahren erzeugt keine Abgase und die Verzunderung, der Verzug und der Energieverbrauch sind gering. Die räumlich kleinen Anlagen lassen sich gut in einer Fertigungsstraße integrieren. Aufgrund der Investitionskosten ist dieses Verfahren nur bei größeren Stückzahlen wirtschaftlich sinnvoll.

Laserhärten

Wärmequellen sind Hochleistungs-Diodenlaser mit hoher spezifischer Leistung, sodass die Randschicht in Sekunden die Austenitisierungstemperatur erreicht. Durch die Konzentration der eingebrachten Energie auf kleinstem Raum, ist die Erwärmung in der Tiefe gering. Dadurch ist eine Selbstabschreckung durch die noch kalte Kernzone möglich.

Der kleine Brennfleck erfordert eine schwingende Bewegung des Strahls durch Spiegel um eine Fläche in Spuren „abzurastern". Spurbreiten bis zu 40 mm bei einem Vorschub von 700–200 mm/min sind bei Randhärtetiefen bis zu 2 mm möglich. Laser-Verfahren sind günstig für linienförmige Härtezonen, wie z. B. Verschleißkanten von Werkzeugen zum Schneiden und Umformen und bei schwer zugänglichen Bereichen von Werkstücken, z. B. Sacklöcher.

Laserhärten wird auch bei grafitischen Eisen-Gusswerkstoffe angewendet. Die Härtesteigerung beruht nicht auf Martensitbildung, sondern auf der schnellen Erstarrung des Gusseisens zu Hartguss mit ledeburitischem Gefüge (Laser-Umschmelzhärten).

Laserhärten kommt ohne Abschreckmittel aus und gewinnt deshalb an Bedeutung bei der Entwicklung zur „trockenen Fabrik", die möglichst auf Wasser, Öle, Salzbäder usw. verzichtet, um Probleme und Kosten mit Emissionen und Entsorgung der Reststoffe zu vermeiden.

5.5.3 Einsatzhärten

Einsatzhärten zählt zu den thermo-chemischen Verfahren, welche in Abb. 5.41 dargestellt sind. Am meisten werden Einsatzhärte- und Nitrierverfahren angewandt. Dazwischen liegen zwei Verfahren, die Kombinationen aus beiden darstellen: Carbonitrieren und Nitrocarburieren.

Thermo-chemisches Härten

	Einsatzhärten	**Nitrieren**
Anreichern mit:	*Kohlenstoff C*	*Stickstoff N*
Wirkung:	*C in Austenit gelöst*	*N+C bilden Carbo-Nitrid*
Merkmal:	*Martensitschicht (gehärtet)*	*Verbindungsschicht (naturhart)*
Prozess-Temperatur:	*höher*	*geringer*
mögl. Eigenspannung: (möglicher Verzug)	*größer*	*niedrig*

Abb. 5.41 Thermo-chemische Verfahren zum Oberflächenhärten

Allgemeines Kennzeichen dieser Verfahren ist die chemische Veränderung der Randschicht durch zugeführte Stoffe. Sie dringen aus dem *Spendermittel* über die Oberfläche in das Werkstück ein. Das geschieht durch Diffusion unter folgenden Bedingungen:

- ein Stoffangebot (Konzentration im Spendermittel ist höher als die im Bauteil)
- bestimmte Temperatur-Zeit-Verläufe werden eingehalten

Spendermittel können Pulver (meist als Granulat), Pasten, Salzschmelzen oder Gase sein, sie geben dem Verfahren den Namen. Die möglichen Diffusionswege sind klein und zeitabhängig. Die Eindringtiefen der Atome können je nach Verfahren und Zeitdauer bis zu 2 mm betragen.

Einsatzhärten ist das älteste Verfahren, früher für Schwertklingen angewandt, um Bauteilen mit weichem, zähem Kern eine harte, verschleißfeste Oberfläche zu geben. Heute ist es zusätzlich die Dauerfestigkeit von schwingend belasteten Bauteilen, die durch Einsatzhärten erhöht wird.

Einsatzhärten ist ein aufwendiges Verfahren. Dafür liefert es z. B. bei Zahnrädern unter allen Verfahren die höchste Steigerung der Zahnflankentragfähigkeit (Widerstand gegen die Zerrüttung der Oberfläche durch Grübchenbildung, Pittings) bei zähem Kern mit hoher Dauerfestigkeit (Zahnfußfestigkeit). Einsatzhärten bestehen aus zwei Arbeitsgängen:

- Schritt 1: Aufkohlen von Stählen mit C < 0,25 % bis zu einer bestimmten Aufkohlungstiefe
- Schritt 2: Härten (Direkthärten oder Einfachhärten)

Stähle mit hoher Zähigkeit müssen ein möglichst geringen Kohlenstoffgehalt aufweisen, dann weisen sie jedoch nach dem Härten nur eine geringe Oberflächenhärte auf. Durch Zufuhr von C-Atomen in die Randzone (Aufkohlen) entsteht dort ein optimal härtbarer Stahl mit ca. 0,8 % C, welcher dann nach dem Härten eine sehr hohe Martensithärte am

Tab. 5.15 Einsatzstähle, Auswahl nach DIN EN ISO 683-3:2018

Kurzname	Werkstoff- Nummer	Anwendungsbeispiele
C10E	1.1121	Kleine Teile mit niedriger Kernfestigkeit: Bolzen, Zapfen, Büchsen, Hebel
C15E	1.1141	Anwendungsbeispiele
16MnCr5	1.7131	Zahnräder und Wellen im Fahrzeug- und
20MnCr5	1.7147	Getriebebau
20MoCr4	1.7321	Besonders für die Direkthärtung geeignet
22CrMoS3-5	1.7333	für größere Querschnitte
20NiCrMo2-2	1.6523	Getriebeteile höchster Zähigkeit
17CrNi6-6	1.5918	Mittlere hochbeanspruchte Getriebeteile
18CrNiMo7-6	1.6587	Größere Wellen, Zahnräder

Bauteilrand besitzt, wobei der Kern aufgrund des geringen Kohlenstoffgehalts weiterhin zäh bleibt. Entsprechend der Prozessführung hat der Werkstoff beim Einsatzhärten nur dort einen hohen Kohlenstoffgehalt (am Rand), wo dieser für eine hohe Oberflächenhärte auch gebraucht wird. Als Werkstoffe kommen Einsatzstähle mit geringem C-Gehalt (max. 0,25 %) zum Einsatz. Weitere Legierungselemente (Cr, Mn, Mo und Ni) sollen die Einhärtbarkeit und damit die Einsatzhärtungstiefe (CHD) erhöhen (Tab. 5.15).

Schritt 1 → Aufkohlen

Ältere Bezeichnungen für Aufkohlen sind Zementieren und Einsetzen. Stahl kann nur im austenitischen Zustand viele C-Atome lösen (max. 2,06 %), dazu ist ein Erwärmen auf über Ac_3 erforderlich. Nach dem EKD kann Austenit bei 1147 °C max. 2,06 % C-Atome auf Zwischengitterplätzen einbauen, bei niedrigeren Temperaturen weniger, entsprechend der Linie GSE im EKD. Sofern Kohlenstoff im Umgebungsmedium im Überschuss vorhanden ist, diffundieren C-Atome in das Randgefüge ein. Je höher die Temperatur, umso schneller verläuft dieser Diffusionsvorgang, vgl. Abschn. 3.4.2 mit Abbildung zur Aufkohlungstiefe in Abhängigkeit der Temperatur. Sowohl die Aufkohlungstemperatur (>900 °C) als auch die Aufkohlungsdauer beeinflussen den Kohlenstoffgehalt im Rand des Bauteils und damit die Aufkohlungstiefe. Des Weiteren behindern Legierungselemente auch die Kohlenstoffdiffusion und beeinflussen das Aufkohlungsverhalten. Legierte Stähle benötigen entsprechend längere Aufkohlungszeiten.

Die Aufkohlungstiefe CD (carburizing depth), ist nach DIN ISO 15787:2018 der Abstand senkrecht von der Oberfläche ins Innere des Bauteils bis zu einer Stelle mit z. B. 0,3 % C-Gehalt. Bezeichnung $CD_{0,3} = 0,8$ mm bedeutet: Der C-Gehalt ist 0,8 mm unter der Oberfläche auf 0,3 % C abgefallen. Erwünscht ist ein nicht zu steiler Abfall des C-Gehaltes von der Oberfläche (idealerweise ca. 0,8 - 1% %) zum Kern (C-Gehalt des Einsatzstahls). Nach dem Härten wird nach DIN ISO 15787:2018 die Tiefe der Härtezone, die Einsatzhärtungstiefe CHD in mm, an der Stelle gemessen, wo die Vickershärte HV1 den Wert 550 besitzt (vgl. Abb. 5.42)

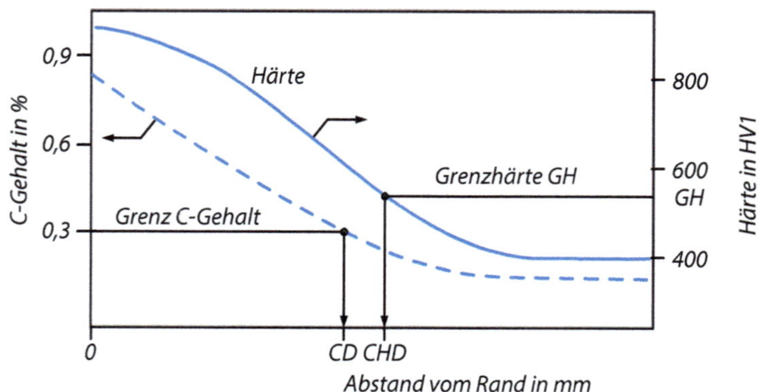

Abb. 5.42 Zusammenhang zwischen Aufkohlungstiefe CD und Einsatzhärtungstiefe CHD beim Einsatzhärten

Kohlenstoff wird über Spendermittel, die es in allen drei Aggregatzuständen gibt, an das Werkstück herangebracht:

- Fest → Pulveraufkohlung, partielles Aufkohlen großer Teile
- Flüssig → Salzbadaufkohlung, universell einsetzbar
- Gasförmig → Gasaufkohlung, wichtigstes Verfahren bei großen Stückzahlen

Pulveraufkohlung

Die Teile werden in Kästen oder Töpfen in Kohlungspulver (Granulat) eingerüttelt, abgedichtet und bei etwa 900 °C geglüht. Das Härten kann erst nach dem Abkühlen und Auspacken erfolgen. Für große Bauteile können damit große Aufkohlungstiefen mit geringen Kosten erreicht werden. Nachteilig ist das aufwendige Ein- und Auspacken der Bauteile, die Staubentwicklung und die längeren Erwärmungszeiten aufgrund der schlechten Wärmeleitfähigkeit des Pulvers. Der Verlauf des Aufkohlens ist durch Pulver und Temperatur festgelegt und nicht regelbar. Eine Direkthärtung kann nicht durchgeführt werden.

Das Kohlungspulver enthält Holzkohle, Koks oder Knochenkohle und Alkaliverbindungen in einer Körnung von 0,5–6 mm. Bei der Aufkohlungstemperatur entsteht ein Gasgemisch aus CO und CO_2 welches den Aufkohlungsprozess über die Diffusion aus der Gasphase ermöglicht.

Aufkohlung in Salzbädern

Die Teile werden vorgewärmt in wasserfreie Salzschmelzen eingehängt. Die Temperaturen liegen bei 850–930 °C. Durch diese Verfahren kann eine schnelle, gleichmäßige Wärmeübertragung auf die Werkstücke erfolgen, bei kurzen Anwärmzeiten. Hohes C-Angebot verkürzt die Aufkohlung. Eine Direkthärtung aus dem Salzbad ist möglich. Als Salze werden handelsübliche Gemische mit Kaliumcyanat (KCNO) als C-Träger und Carbonaten verwendet. Das Cyanat zerfällt bei hoher Temperatur und gibt atomares C und N an das Werkstück ab. Bei den hohen Temperaturen wird überwiegend C aufgenommen. Moderne Anlagen bereiten keine Probleme mit Spülwässern und Altsalzentsorgung.

Aufkohlung im Salzbad ist günstig für die Aufkohlung kleinerer Massenteile mit kleinen Aufkohlungstiefen. Hier ist die Prozesszeit gering, was eine Kornvergröberung vermeidet und Prozesskosten spart.

Gasaufkohlung

Die Teile werden in Öfen auf die notwendige Temperatur von >900 °C erwärmt und mit einem kohlenstoffhaltigen Gas umspült. Als Gas kommen meist Gasgemische aus CO, H_2 und Propan C_3H_8 zum Einsatz, welche zu einem Trägergas zugegeben werden. Es sorgt für gleichmäßige Umspülung und Temperaturverteilung. Die chemischen Vorgänge gleichen denen der Pulveraufkohlung, wobei bei der Gasaufkohlung das reaktions- und umwandlungsfähige Gas direkt verfügbar ist.

Durch ständige Überwachung und Regelung des Gasgemisches kann die Aufkohlung optimiert und sehr genau eingestellt werden, sodass der gewünschte C-Verlauf und die Einsatzhärte CDH prozesssicher und schnell erreicht wird und eine Überkohlung und Entkohlung vermieden werden (Abb. 5.43). Dieses Verfahren ist bei großen Stückzahlen sehr wirtschaftlich, die Anlagenkosten sind jedoch sehr hoch. Bei genauer Prozessführung entstehen keine schädlichen Abfallprodukte.

Carbonitrieren

Carbonitrieren findet bei Temperaturen nur über Ac_1 statt, also im Zweiphasengebiet mit Ferrit und Austenit. Es wird eine kohlenstoffhaltige Gasatmosphäre unter Zusatz von Ammoniak (NH_3) verwendet. Infolge dieses Prozessgases und der niedrigeren Temperaturen (730–850 °C) diffundiert N und C in den Bauteilrand ein, wobei aufgrund der geringeren Temperatur die Aufkohlungstiefe geringer und weniger Kohlenstoff im Rand vorhanden ist. Durch das Eindiffundieren wird die kritische Abkühlgeschwindigkeit zur Martensitbildung verringert, sodass mildere Abschreckmittel und ein geringerer Verzug möglich sind. Die Schichten haben meist eine Einsatzhärtungstiefe CHD von <0,75 mm.

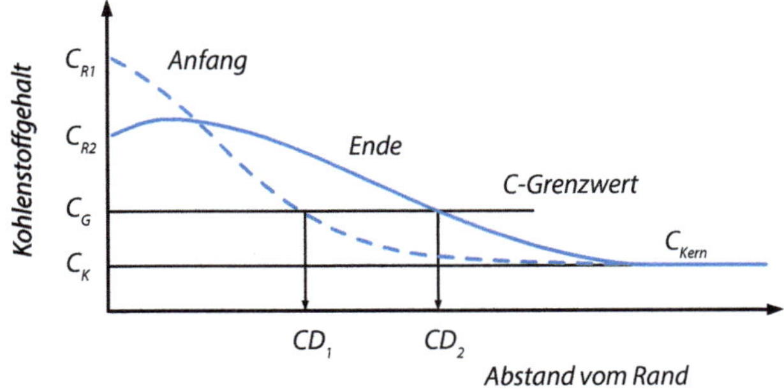

Abb. 5.43 C-Verlauf in der Randschicht beim Gasaufkohlen in zwei Phasen. *Phase 1 – gestrichelte Linie:* Mit hohem C-Pegel wird ein überhöhter C-Gehalt im Rand erzeugt, steiler Verlauf bis zur Aufkohlungstiefe CD_1. *Phase 2 – durchgezogene Linie:* Bei niedrigem C-Pegel Diffusion der C-Atome nach innen, bis der gewünschte C-Gehalt im Rand und in der Tiefe (CD_2) erreicht ist

Schritt 2➜ Härten nach dem Aufkohlen

Nach dem Aufkohlen eines C20 Stahls besteht das Werkstück aus Bereichen mit unterschiedlichen Kohlenstoffgehalten. Idealisiert besteht das Bauteil aus zwei Stahlsorten: am Rand mit einem C-Gehalt von ca. 0,8 % - 1 % ➜ C100 und im Kern mit ca. 0,2 % ➜ C20:

- Kernzone:
  Unveränderter zäher Einsatzstahl mit ca. 0,2 % C. Aufgrund des niedrigen Kohlenstoffgehalts nicht optimal härtbar. Durch Abschrecken und Anlassen entsteht ein „leicht" vergütetes Gefüge.
- Randzone:
  Auf etwa 1 % C-Gehalt aufgekohlter Stahl, dadurch härtbar. Durch richtiges Abschrecken entsteht Martensit mit einer Härte bis zu 64 HRC. Die Härtetemperatur liegt je nach Kohlenstoffgehalt am Rand zwischen 750 °C und 800 °C.

Die optimale Härtetemperatur ist abhängig vom Kohlenstoffgehalt und entspricht nach dem Aufkohlen nicht mehr der des Ausgangsmaterials, z. B. C20. Da die Bauteile bei Temperaturen >900 °C längere Zeit aufgekohlt wurden, neigt das Gefüge zur Bildung von gröberen Körnern. Zum Härten nach dem Aufkohlen werden zwei Verfahren unterschieden. Bei beiden Verfahren erfolgt nach dem Härten in der Regel jeweils ein Anlassen bei 150–200 °C.

Direkthärten

Ein sofortiges Abschrecken nach dem Aufkohlen von der Aufkohlungstemperatur ist die schnellste und kostengünstigste Möglichkeit des Härtens und wird Direkthärten genannt (Abb. 5.44). Durch das Abschrecken von einer Temperatur >900 °C bei einem Kohlenstoffgehalt von ca. 1 % im Rand ergibt sich folgendes Härtegefüge:

- grobnadeliger Martensit, Grobkorn durch das lange Aufkohlen,
- höherer Anteil an Restaustenit, da bei zu hoher Temperatur gehärtet wird,
- keine maximale Härte.

Für das Direkthärten sind daher Feinkornstähle mit Nb, Ti oder B geeignet, deren Karbide beim Aufkohlen nicht gelöst werden und damit das Kornwachstum behindern. Cr-Gehalte sind reduziert und durch Mo ersetzt, was die Bildung von Restaustenit verringert.

Einfachhärten

Bei diesem 2-stufigen Verfahren (Abb. 5.44) wird nach dem Aufkohlen zuerst auf eine niedrige Temperatur unterhalb Ac_1 abgekühlt und dann wird das Bauteil erneut auf die für den Rand mit einem C-Gehalt von ca. 1 % optimale Härtetemperatur von ca. 750 °C erwärmt. Durch die zweimalige Gitterumwandlung erst γ ➜ α (Schritt 1, Abschrecken nach dem Aufkohlen) dann beim erneuten Erwärmen α ➜ γ (Schritt 2, Randhärten) ergibt sich eine Kornfeinung (vgl. Normalisieren).

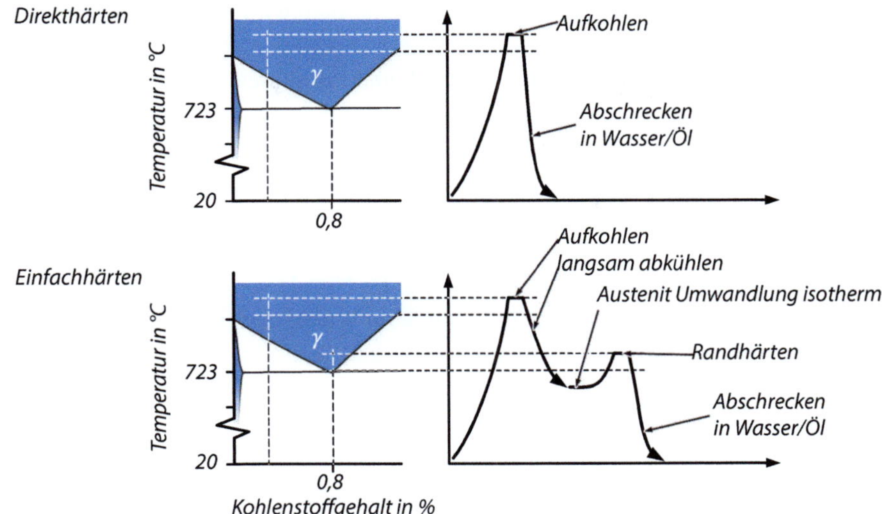

Abb. 5.44 Temperatur-Zeit-Schaubilder zum Einsatzhärten. Direkthärten im Vergleich zum Einfachhärten

- Einfachhärten Schritt 1:
  Erwärmen und Aufkohlen >900 °C und Abschrecken in Öl oder Wasser ergibt einen leicht überhitzten, grobkörnigen martensitischen Rand (vgl. mit dem Direkthärten). Bei zu hohen C-Gehalten entsteht Restaustenit (geringere Härte). Als Alternative zum Abschrecken kann auch auf ca. 500 °C abgekühlt und isotherm umgewandelt werden, was ein feinstreifiges perlitisches Gefüge ergibt.
- Einfachhärten Schritt 2:
  Erwärmen auf Randhärtetemperatur, bei C > 0,8 % am Rand ca. 750 °C und Abschrecken. Da die optimale Härtetemperatur für den Kohlenstoffgehalt im Rand gewählt wird, ergeben sich optimale Härtewerte, verbunden mit feinen Körnern und eine Vermeidung von Restaustenit.

5.5.4 Nitrieren, Nitrocarburieren

Nitrierschichten erhöhen Verschleißbeständigkeit, Dauerfestigkeit und Korrosionsbeständigkeit der Bauteile, diese Eigenschaften bleiben bis unterhalb der Entstehungstemperatur der Schichten erhalten. Die Eigenschaften beruhen auf einer Randzone mit *Nitriden* bzw. *Carbonitriden*, die durch Aufnahme von Stickstoff (oder N + C) entstehen. Die Temperaturen liegen zwischen 500 und 580 °C, also unterhalb Ac_1. Da die Diffusionsprozesse bei den niedrigen Temperaturen sehr langsam verlaufen, sind Prozesszeiten z. B. beim Gasnitrieren von bis zum 100 h möglich, was die Kosten entsprechend erhöht. Es erfolgt kein Abschrecken und keine Gefügeumwandlung. Die Maßänderungen sind klein, eine Nacharbeit ist meist nicht erforderlich, deshalb wird Nitrieren bei Fertigteilen angewandt.

Stahl ist bei den o. a. Temperaturen ferritisch und löst nur ca. 0,1 % N auf Zwischengitterplätzen. Der Überschuss bildet die äußere Verbindungsschicht (VS) aus den Fe-Nitriden, bei Anwesenheit von LE auch aus Sondernitriden. Sondernitride werden von z. B. Al, Cr, Mo und V gebildet. Diese Sondernitride haben insbesondere bei Al und V größere Härtewerte und sind in den Nitrierstählen enthalten.

In der äußeren Verbindungsschicht kommen zwei Fe-Nitride vor:
- γ'-Fe$_4$N: kubisch-flächenzentriert, Zelle mit N im Würfelzentrum
- ε-Fe$_2$N: hexagonal, N-reicher und korrosionsbeständiger

Carbonitride bilden sich, weil C- und N-Atome ähnliche Atomdurchmesser haben und sich gegenseitig ersetzen können. Sie sind weniger spröde.

Darunter liegt die wesentlich dickere *Diffusionsschicht* (DS), in der die N-Atome im Mischkristall gelöst sind. Durch Übersättigung und Ausscheidungen steht sie unter Druckeigenspannungen, was die Dauerfestigkeit erhöht. Der Stickstoffgehalt fällt zum Bauteilkern hin langsam ab, sodass eine gute Verankerung von Schicht zum Bauteilkern besteht. Als Maß für die Dicke der Nitrierschichten gilt die Nitrierhärtetiefe NHD (vgl. Abb. 5.45). Diese ist der Abstand eines Messpunktes von der Oberfläche, der die sogenannte Grenzhärte (GH) besitzt. Diese Grenzhärte liegt 50 HV1 über der Kernhärte entsprechend DIN EN ISO 18203: 2022.

Gegenüber dem Martensit mit einer Metallstruktur und Metallbindungen haben Nitridschichten (Metall-Nichtmetall, intermediäre Verbindung) besondere Eigenschaften (Tab. 5.16).

Nitrierstähle sind in der Regel vergütete Stähle, weil die dünne Schicht (0,1–0,3 mm) bei hohen Flächenpressungen in einen zu weichen Kern eingedrückt würde. Als Nitridbildner enthalten sie Mo, V und Al (Tab. 5.17).

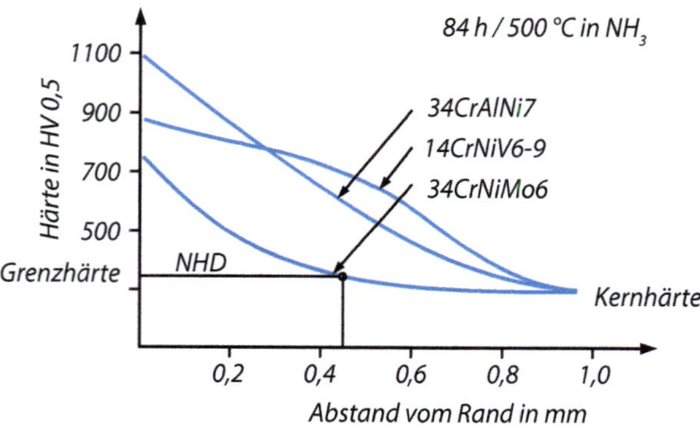

Abb. 5.45 Härteverlauf bei verschiedenen Stählen nach dem Gasnitrieren und Angabe der Nitrierhärtetiefe NHD nach DIN EN ISO 18203:2022. NHD ist die Tiefe in mm bei einer Grenzhärte = Kernhärte +50 HV1

Tab. 5.16 Eigenschaften der Nitridschichten

Eigenschaften	Ursache, Auswirkung
Höhere Härte (700–1500 HV)	Nitride sind Verbindungen (Einlagerungsstrukturen, ähnlich TiC) mit ca. 2000 HV0,05
Anlassbeständigkeit bis etwa zur Bildungstemperatur	Bei langsamer Abkühlung entstehen keine metastabilen Gefüge
Geringere Adhäsionsneigung (Fressen) gegenüber Metallen	Typische Eigenschaften der Nitride, kleinere Reibzahl μ, geringe Neigung zum Kaltschweißen (adhäsiver Verschleiß)
Hoher Korrosionswiderstand, durch Nachoxidation erhöht	Geringe Reaktionsbereitschaft der N-haltigen Phasen, chemische Verbindung mit gesättigter Elektronenschale

Tab. 5.17 Ausgewählte Nitrierstähle nach DIN EN ISO 683-5: 2021

Stahlsorte		Eigenschaften vergütet D < 100 mm			
Kurzname	Werkstoff-Nummer	$R_{p0,2}$ in MPa	A in %	KV in J	Eigenschaften und Anwendungsbeispiele
31CrMoV9	1.8519	800	10	30	Zahnräder mit hoher Dauerfestigkeit
34CrAlNi7-10	1.8550	650	12	30	Für große Querschnitte

Eine Vorbehandlung der Teile besteht in der Regel aus folgenden Arbeitsgängen:

- Vergüten (Stützwirkung für die Schichten)
- Spannungsarmglühen (Verzugsfreiheit)
- Reinigung (Gleichmäßigkeit der Schicht)

▶ **Hinweis** Die Temperaturen und die Zeiten beim Nitrieren müssen gut auf den Vergütungsprozess abgestimmt sein, damit das Vergütungsgefüge nicht durch Nachanlassen beim Nitrieren negativ beeinflusst wird. Je nach Anforderungsprofil können dadurch höchste Härte, gute Gleiteigenschaften und Dauerfestigkeit, jeweils in Verbindung mit erhöhter Korrosionsbeständigkeit oder Anlassbeständigkeit, erreicht werden.

Gasnitrieren

Ausgehend vom Gasnitrieren haben sich weitere Verfahren entwickelt. Sie arbeiten mit anderen Spendermitteln und Verfahrensbedingungen und können Schichten mit unterschiedlicher Struktur in kürzeren Zeiten herstellen. Gasnitrieren erfolgt bei ca. 520 °C in Ammoniak NH_3. Durch die katalytische Wirkung des Fe spaltet das NH_3 atomaren Stickstoff ab. Nitriertiefen sind werkstoffabhängig und erfordern zum Teil lange Zeiten bis zu 100 h. Kurzzeitgasnitrieren ist mit Gasmischungen, die auch C und O enthalten. möglich. Dadurch werden die langen Glühzeiten reduziert (etwa auf 50 %).

Tab. 5.18 Ablauf des Plasmanitrierens

Verfahrensmerkmale	Beschreibung, Auswirkung
Aufheizung des Werkstückes (350–580 °C)	Kinetische Energie setzt sich in Wärme um
Durch den Aufprall der Teilchen auf Fe entstehen oberflächliche Gitterfehlern → Diffusion wird beschleunigt	Behandlungszeit sinkt (60–360 min), die Verbindungsschicht wird dünner und zäher
Regelbarkeit der Gasatmosphäre	Möglichkeit einphasiger Schichten aus nur γ' oder ε Nitrid
Zuverlässige Abschirmung nicht zu härtender Stellen	Abdecken der Stellen mit Pasten oder Blechblenden, Gewinde mit Stopfen

Plasma-Nitrieren und Plasma-Nitrocarburieren

Die Bauteile werden in einer Vakuumkammer als Kathode eingebracht. Durch eine Spannung ab 350 V werden die Spendergase ionisiert und prallen mit hoher Geschwindigkeit auf das Werkstück (Tab. 5.18).

Grundlage dafür ist der Plasmazustand, in dem das Gas im Vakuum durch elektrische Felder ionisiert wird. In diesem Plasmazustand können Ionen in elektrischen Feldern beschleunigt werden.

Im Unterschied zu anderen Nitrierverfahren besteht die Möglichkeit, den Schichtaufbau durch Änderung der Verfahrensbedingungen zu gestalten. Verfahrensbedingungen sind Temperatur, Spannung, Strom, Gasart und Druck. Damit lassen sich für jeden Fe-Werkstoff die günstigsten Werte einstellen.

Salzbadnitrieren

erfolgt durch Einhängen in Salzschmelzen von 550–580 °C über 30–180 min. Die niedrigen Prozesszeiten reduzieren den Festigkeitsabfall im vergüteten Kern durch ein erneutes Anlassen. Nitriersalze sind Kaliumcyanat mit Kaliumcarbonaten gemischt. Cyanat zerfällt unter Wirkung von Sauerstoff in Carbonat und gibt sowohl N als auch C ab. Die Umweltgefährdung durch Abluft und Abwasser nebst Abfallentsorgung wird bei neuen Anlagen minimiert. Durch besseren Wärmeübergang sind kürzere Behandlungszeiten möglich. Bei diesen Nitriertemperaturen wird vom Ferrit überwiegend Stickstoff aufgenommen. Je nach Art des Werkstoffes lassen sich folgende Verbesserungen erzielen.

Hochlegierte Werkzeugstähle werden fertigbearbeitet (gehärtet und angelassen) bei einer Temperatur behandelt, die 30–50 °C unter der letzten Anlasstemperatur liegen muss. Dann wird das Härtungsgefüge nicht verändert. Es werden 3–4-fache Standzeiten gegenüber nicht nitrierten Werkzeugen beobachtet, wobei die Nitrierbehandlung nur Minuten bis 0,5 h dauert.

- Die Oberflächenhärte steigt von 64 HRC (ca. 870 HV) auf max. 1400 HV0,05.
- Eine evtl. vorhandene Weichhaut infolge Randentkohlung verschwindet.
- Reibungsverminderung bei Werkzeugen der spanlosen Formung, höhere Standmengen auch bei Warmarbeitswerkzeugen.
- Nitrierschichten verhindern die Aufbauschneide bei der Zerspanung.

Unlegierte Stähle erhalten mangels besonderer Nitridbildner eine weichere Verbindungs-
zone von ca. 400 HV5 mit gutem Verhalten gegenüber adhäsivem Verschleiß. Für nur
mittelbeanspruchte Stähle ist das Nitrocarburieren günstiger als Einsatzhärten, da wegen
des geringeren Verzugs das Nachschleifen entfallen kann.

5.5.5 Ausgewählte weitere Verfahren

Borieren (Tab. 5.19), ähnlich dem Pulveraufkohlen oder Pastenborieren, erzeugt Schichten bis 250 µm Dicke in ca. 5 h bei 900 °C. Dadurch können keine gehärteten Teile behandelt werden. Die hohe Härte ergibt hohen Widerstand gegen abrasiven Verschleiß. Das
Fe_2B ist stabil bis zu 1000 °C und neigt nicht zum Fressen (positiv gegen Adhäsionsver-
schleiß). Die Schichten aus FeB und Fe_2B wachsen stängelartig auf und haben gute Verankerung zum unlegierten Stahl. Mit zunehmendem Gehalt an LE nimmt diese Struktur und
auch die Zähigkeit ab. Deshalb sind dünne Schichten auf niedriglegierten Stählen günstiger, ebenso wie einphasige aus dem zäheren Fe_2B.

Fast alle Stähle, Gusseisensorten und Sintereisen für Werkzeuge und Bauteile können
boriert werden. Stähle mit höherem Si-Gehalt und auch HS-Stähle sind nicht borierbar.
Wegen der umständlichen Handhabung wird es dort eingesetzt, wo andere Verfahren geringere Verschleißbeständigkeit ergeben.

Tab. 5.19 Weitere thermo-chemische Verfahren

Verfahren	Element	Spendermittel	Arbeitstempe-ratur in °C	Phase	Schichteigenschaft, (Schutz gegen –)
Aluminieren	Al	P, B	800–1100	Al-MK, Al_2O_3	Zunderbeständig bis 950 °C, zum Schutz C-armer Stähle
Borieren	B	P	800–1000	Fe_2B (FeB)	Abrasionsverschleiß, Tribooxidation, Härten muss evtl. nachträglich erfolgen
Chromieren	Cr	P, B	900–1200	Fe-Cr-MK	Korrosionsbeständig durch legieren mit Cr > 13 %
Sherardisieren	Zn	P	400	Fe-Zn	Korrosionsbeständig, für Kleinteile (Schrauben, Muttern), auch vergütet!
Silizieren	Si	P, G		Fe-Si	In Verbindung mit Al angewandt
Sulfonitrieren	N, S	B	<600	FeS	Adhäsionsverschleiß
Vanadieren	V	P, B	1000–1100	VC, V_2C	Festkörperreibung, Spindeln, Werkzeuge

Spendermittel: P = Pulver (Granulat), B = Salzschmelze, G = Gas

Beispiele für das Borieren

Sieblochbleche und Strangpressmatrizen für keramische Massen, Extruderschnecken, Glasformwerkzeuge, Loch- und Prägestempel, Kugelhahnküken, Ölpumpenräder, Armaturen für die Förderung verschleißender Flüssigkeiten (z. B. Kalkmilchpumpen) ◄

5.5.6 Mechanische Verfahren

Die plastische Verformung einer dünnen Randschicht durch Druck erzeugt eine erhöhte Versetzungsdichte (Kaltverfestigung) und darüber hinaus einen Eigenspannungszustand. Die Oberflächenschicht müsste durch Verformung länger und dünner werden. Da sie vom Basiswerkstoff daran gehindert wird, gerät sie unter Druckeigenspannungen.

Bei einer äußeren Ermüdungsbeanspruchung überlagern sich die Druckeigenspannung mit der Ermüdungsbeanspruchung und die resultierende Spannung ist an der Bauteiloberfläche in den Druckbereich verschoben, was die Lebensdauer bei Ermüdungsbeanspruchung deutlich erhöht (Abb. 5.46), da der Oberflächenzustand aufgrund von Rissbildung bei Ermüdungsbeanspruchungen maßgeblich die Lebensdauer bestimmt.

Meist wird durch die Verfestigung die Rautiefe der Oberfläche zusätzlich noch kleiner, was die Dauerfestigkeit der Teile zusätzlich verbessert (vgl. Abb. 5.47). Als mechanische Verfahren zur Erzeugung von Druckeigenspannungen kommen das Verfestigungswalzen oder das Kugelstrahlen zum Einsatz.

Verfestigungswalzen
Rotationssymmetrische Bauteile können durch angepresste Walzen oder Rollen (abgestützt) behandelt werden, meist vergütet oder auch im badnitrierten oder einsatzgehärteten Zustand. Um eine Schädigung des Werkstoffs zu vermeiden, müssen die Einflussgrößen

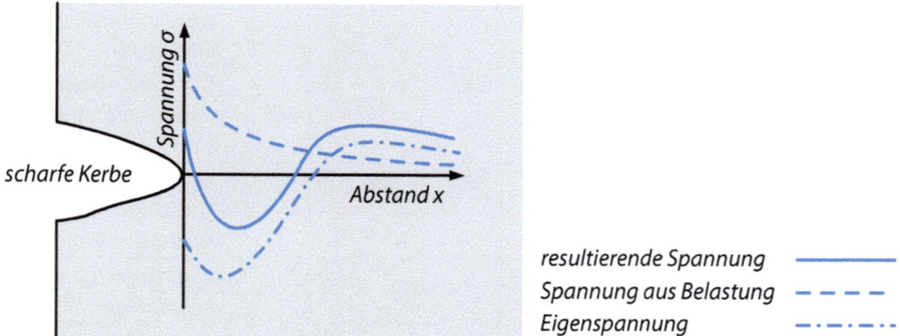

Abb. 5.46 Überlagerung von Druckeigenspannungen mit Spannungen durch äußere Blastungen an einer Kerbe, was eine resultierende Spannungsverteilung bewirkt, die in den Druckbereich hin verschoben ist ➜ erhöhte Lebensdauer

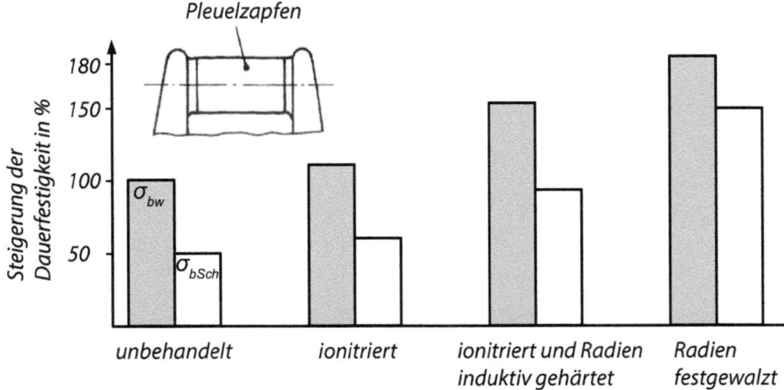

Abb. 5.47 Steigerung der Dauerfestigkeit von Kurbelwellen aus GJS-700-2 durch verschiedene Verfahren

- Rollen-Durchmesser,
- Rundungsradius und
- Walzkraft → Verformungsgrad

durch Versuche optimiert werden, um die Dauerfestigkeit maximal zu steigern.

Anwendungen sind das Festwalzen von Übergangsradien, Rillen und Nuten an z. B. Kurbelwellen im vergüteten Zustand mit einer Erhöhung der Dauerfestigkeit um 80–150 %. Bekannt ist die höhere Dauerfestigkeit von Schrauben mit gerollten Gewinden gegenüber solchen mit geschnittenen. Dabei ist der Anstieg größer, wenn nach dem Vergüten das Gewinde gerollt wird, allerdings bewirkt das eine kleinere Standzeit der Werkzeuge.

Verfestigungsstrahlen (Kugelstrahlen, shot peening)

Teile, die nicht rotationssymmetrisch geformt sind, können oberflächlich durch Bestrahlung mit kleinen Stahlkugeln, Glasperlen oder Edelkorund verfestigt werden. Schmiede- und Warmbehandlungsteile weisen oft eine geringe Randentkohlung oder -oxidation auf. Das ergibt geringere Oberflächenhärte und auch geringere Dauerfestigkeit des Bauteils. Auch hier können durch das Strahlen diese negativen Effekte an der Oberfläche wieder rückgängig gemacht werden.

Anwendung findet dieses Verfahren u. a. bei Schmiedeteilen mit Zunderschichten oder Pleuelstangen, Getriebe, Ventile, Fahrwerksteile, Schrauben- und Blattfedern. Zu beachten sind hierbei die Investitionskosten für die Anlage selbst und die Betriebskosten aufgrund der Abnutzung und Erneuerung des Strahlmittels.

Ausgewählte Stähle und Sintermetalle $\qquad$ 6

Nach DIN EN 10020:2000 ist Stahl ein Werkstoff, der hauptsächlich aus Eisen (Fe) besteht und dessen prozentueller Massenanteil an Kohlenstoff im Allgemeinen kleiner als 2 % ist und der noch weitere Legierungselemente enthält. Ausnahme sind hierbei einige Chromstähle, die auch mehr als 2 % Kohlenstoff enthalten können. Eisenwerkstoffe mit Kohlenstoffgehalten größer als 2 % werden üblicherweise Gusseisen zugeordnet.

6.1 Einteilung der Stähle

Eine weitere Gliederung erfolgt nach dem Gehalt an LE in drei Hauptgüteklassen:

- **unlegierte Stähle:** Stähle, deren Anteil an den Legierungselementen jeweils kleiner ist als in Tab. 6.1 angegeben.
- **nichtrostende Stähle:** Die Sorten haben max. 1,2 % C-Gehalt und >10,5 % Cr.
- **andere legierte Stähle:** Alle Sorten, die nicht zu den beiden genannten gehören.

Des Weiteren wird bei Stählen der jeweiligen Klassen zwischen Qualitätsstählen und Edelstählen unterschieden.

- Qualitätsstähle haben definierte Eigenschaften z. B. an Korngröße, Zähigkeit oder Umformbarkeit und an die chemische Zusammensetzung. In diese Gruppe fallen die Baustähle.
- Edelstähle haben einen höheren Reinheitsgrad insbesondere für nichtmetallische Einschlüsse und sind i. Allg. sehr gut für eine gleichmäßige Wärmebehandlung bestimmt. Sie erfüllen bei der Herstellung sehr enge Grenzen für die chemische Zusammensetzung und stellen so verbesserte Eigenschaften und erhöhte Anforderungen sicher.

© Der/die Herausgeber bzw. der/die Autor(en), exklusiv lizenziert an Springer Fachmedien Wiesbaden GmbH, ein Teil von Springer Nature 2026
C. Jaroschek et al., *Weißbach - Werkstoffe und ihre Anwendungen*,
https://doi.org/10.1007/978-3-658-50256-0_6

Tab. 6.1 Grenzwerte zwischen unlegierten und legierten Stählen (Schmelzanalyse)

LE …	%	LE …	%	LE …	%
Al	0,30	Cr	0,30	Co	0,30
Cu	0,40	Mn	1,65	Mo	0,08
Ni	0,30	Nb	0,06	Pb	0,40
Se	0,10	Si	0,60	Te	0,10
Ti	0,05	V	0,10	Bor	0,0008
W	0,30	Zr	0,05	Sonst.	0,10

Unlegierte Edelstähle sind z. B. Stahlsorten mit einem höheren Reinheitsgrad aufgrund aufwendiger Metallurgie. Sie erfüllen eine oder mehrere der folgenden Anforderungen:

- besonders niedrige Gehalte an nichtmetallischen Einschlüssen,
- Phosphor und Schwefel in der Schmelzanalyse jeweils <0,02 %,
- gleichmäßiges Ansprechen auf Wärmebehandlungen, mit bestimmter Einhärtungstiefe beim Oberflächenhärten,
- festgelegter Mindestwert der Kerbschlagarbeit (vergütet), KV > 27 J bei −50 °C (längs) bzw. >16 J (quer).

Beispiele für legierte Qualitätsstähle

- Schweißgeeignete Feinkornstähle für Konstruktionen im Stahl-, Druckbehälter- und Rohrleitungsbau, legierte Stähle für Schienen, Spundbohlen und Grubenausbau
- Legierte Stähle mit festgelegtem Cu-Gehalt
- Legierte Stähle für Flacherzeugnisse kalt- und warmgewalzt für die Kaltumformung und mit B, Nb, Ti, V und/oder Zr legiert
- Dualphasenstähle

Beispiele für legierte Edelstähle

- Einsatz- und Vergütungsstähle
- Werkzeugstähle
- Wälzlagerstähle
- Schnellarbeitsstähle ◄

Nichtrostende Stähle werden in DIN EN 10088:2024 noch weiter entsprechend ihres Nickelgehaltes unterteilt, in Werkstoffe mit Ni > 2,5 % und < 2,5 % bzw. nach ihren Haupteigenschaften korrosionsbeständig, warmfest, hitzebeständig.

Neben der Einteilung in die Hauptgüteklassen entsprechend des Legierungskonzepts, werden Stahlsorten auch nach weiteren, unterschiedlichen Gesichtspunkten zu Gruppen zusammengefasst und entsprechend genormt. Ihnen ist jeweils eine bestimmte Eigenschaft oder Anwendung gemeinsam, nach denen auch die jeweiligen Normblätter benannt sind. Einteilungskriterien sind z. B. die Eignung für

- bestimmte Anforderungen: warmfeste, kaltzähe und korrosionsbeständige Stähle,
- bestimmte Fertigungsverfahren: z. B. Nitrier-, Einsatz-, Vergütungs-, Automatenstähle, oberflächenhärtbarer Stahlguss,
- bestimmte Bauteile: z. B. Feder-, Ventil-, Wälzlager- und Werkzeugstähle,
- schweißbare Stähle,
- Stähle zum Einsatzhärten,
- Stähle zum Vergüten.

Die DIN EN 10027:2016 gibt die genaue und systematische Bezeichnung für jeden einzelnen Stahl an, was im Anhang A sehr detailliert beschrieben ist.

6.2 Baustähle für allgemeine Verwendung nach DIN EN 10025

6.2.1 Anforderungsprofil an Baustähle

Die Masse des erzeugten Stahls besteht aus Grund- und Qualitätsstählen, die aufgrund ihrer gewährleisteten Streckgrenze als Konstruktionswerkstoff eingesetzt werden. Temperaturen und Korrosionsangriff müssen dem normalen Klima entsprechen. Für die Bauteilauslegung ist die Streck- oder Dehngrenze und die Sicherheit gegenüber Sprödbruch entscheidend. Für die Verarbeitung der Halbzeuge oder Bauteile ist die Schweißbarkeit und die Umformbarkeit von besonderer Bedeutung:

Festigkeit
Der Aspekt Nachhaltigkeit bewirkt eine Material- und Energieeinsparung in vielen Bereichen. Besonders im Fahrzeugbau sind die Anforderungen an Stähle gestiegen. Um der Konkurrenz von Leichtmetallen und faserverstärkten Kunststoffen – vor allem im Fahrzeugbau – zu begegnen, hat die Stahlindustrie Baustähle höherer Festigkeit entwickelt, mit denen Material- und Herstellungskosten von Bauteilen gesenkt werden können. Voraussetzung waren Verfahren der Sekundärmetallurgie zur Absenkung des C-Gehaltes sowie der P- und S-Gehalte im Stahl. Bei Verwendung hochfester Stähle können zum Beispiel im Stahl- und Brückenbau für Schwerlast- und Kranfahrzeuge erhebliche Einsparungen erzielt werden, insbesondere durch:

- kleinere Blechdicken (kleinere Masse) bei etwas höheren Werkstoffkosten pro Tonne des Stahls,
- Wegfall des Vorwärmens zum Schweißen und
- kleineres Nahtvolumen (kürzere Schweißzeiten).

Um die Festigkeit zu erhöhen ohne die Schweißbarkeit und die Umformbarkeit zu verschlechtern, müssen spezielle Verfestigungsmaßnahmen genutzt werden. Eine reine Erhöhung des Kohlenstoffanteils verschlechtert die Schweißbarkeit und die Umformbarkeit und führt zu einem spröden Versagensverhalten. C-arme Stähle haben diese Schwächen nicht, sind gut schweißgeeignet, haben dafür niedrige Streckgrenzen. So muss die Steigerung der Festigkeit durch solche Maßnahmen erfolgen, die weder Schweißeignung, Umformbarkeit noch Kaltzähigkeit senken. Das geschieht durch eine Kombination folgender Verfestigungsmechanismen.

1. Korngrenzenverfestigung: Einstellung kleiner Körner führt zu einer erhöhten Festigkeit bei guter Zähigkeit. Dieses Verfahren kann ohne besondere Legierungselemente erfolgen (Normalisieren), sodass die Schweißbarkeit nicht verschlechtert wird.
2. Teilchenverfestigung: Einstellung feinst verteilter Teilchen erhöht die Festigkeit, jedoch erfolgt auch eine Reduzierung der Zähigkeit. Für die Teilchenverfestigung sind nur kleine Mengen an LE notwendig, wodurch die Schweißbarkeit nicht deutlich verschlechtert wird.
3. Umwandungsverfestigung: Anlassen eines martensitischen Gefüges (Umwandlungsgefüge), wodurch Zement fein ausgeschieden wird. Hierbei kommt es zur Teilchenverfestigung. Diese Stähle haben jedoch höhere Anteile an LE und sind daher nur bedingt schweißbar.

Eignung zum Kaltumformen
z. B. durch Abkanten, Walzprofilieren oder Tief- und Streckziehen. Sorten mit *besonderer* Kaltumformbarkeit werden im Kurzzeichen durch ein nachgestelltes „C" gekennzeichnet. Genormte Stahlsorten mit besonderer Kaltumformbarkeit finden sich in Abschn. 6.3.5. Die Erzeugnisse müssen das Abkanten mit bestimmtem Biegewinkel rissfrei gewährleisten. Mit steigender C-Gehalt wird die Umformbarkeit reduziert. Es gilt die Norm für den Biegeversuch nach DIN EN ISO 7438:2020.

Eignung zum Schmelzschweißen
Diese Eigenschaft hängt zunächst vom C-Gehalt ab. Steigende C-Gehalte lassen die Werte für Bruchdehnung A und Brucheinschnürung Z absinken. Der dadurch spröder gewordene Werkstoff ist durch das behinderte Schrumpfen während der Abkühlung rissgefährdet. Sind weitere LE enthalten, so kann es bei der Abkühlung zur ungewollten Aufhärtung und Martensitbildung in der Wärmeeinflusszone der Schweißnaht kommen, was in Verbindung mit Kerben und/oder Schweißfehlern zu einem Bauteilversagen führen kann. Die Martensitbildung findet in den Bereichen statt, welche die Austenitisierungstemperatur beim Schweißen überschritten haben und bei der nachfolgenden Abkühlung die kritischen Abkühlgeschwindigkeit unterschreiten.

Der Anteil der LE wird auf einen gleichartig wirkenden (äquivalenten) Kohlenstoffanteil CEV umgerechnet. Kohlenstoffäquivalent CEV ist ein scheinbarer C-Gehalt, errechnet mit folgender Gleichung:

Tab. 6.2 Schweißeignung und CEV-Wert

… schweißgeeignet	CEV in %
Gut	< 0,45
Bedingt	0,45 – 0,6
Schwer	> 0,6

$$CEV = C + Mn\,/\,6 + \left(Cr + Mo + V\right)/\,5 + \left(Ni + Cu\right)/\,15\ \text{in Massen} - \%$$

Nach dem CEV-Wert werden die Stähle in drei Gruppen eingeteilt (Tab. 6.2).

Bedingt schweißgeeignet bedeutet, dass unter gewissen Bedingungen, wie Vorwärmen der Teile oder eine nachträgliche Wärmebehandlung, die Stähle für das Schweißen geeignet sind. Schwer schweißbare Stähle lassen sich mithilfe austenitischer Elektroden (z. B. aus Cr-Ni-Mn-Stahl) schweißen.

Entsprechend den Anforderungen Festigkeit, Schweißbarkeit und Kaltumformbarkeit werden die Baustähle mit warmgewalzten Erzeugnissen entsprechen der DIN EN 10025 in verschiedene Untergruppen unterteilt:

- Teil 2: unlegierte Baustähle
- Teil 3: normalgeglühte schweißgeeignete Feinkornbaustähle
- Teil 4: thermomechanisch gewalzte schweißgeeignete Feinkornbaustähle
- Teil 5: wetterfeste Baustähle
- Teil 6: Stähle mit höherer Streckgrenze im vergüteten Zustand

6.2.2   Unlegierte Baustähle

Die Stähle sind nach ihrer gewährleisteten Mindest-Streckgrenze benannt und sollen auch eine ausreichende Verformbarkeit und Schweißbarkeit aufweisen. Die Festigkeit der Sorten S185 bis S450J0 und E295 bis E360 wird durch Kohlenstoff und Legierungselemente wie Mangan eingestellt:

- Mischkristallverfestigung durch Kohlenstoff und der im α-Eisen gelösten Eisenbegleiter, wie P, S, Mn
- Erhöhung des Perlitanteils im ferritisch-perlitischen Gefüge
- Kornverfeinerung

Jede Festigkeitsstufe enthält mehrere Sorten mit steigender Sicherheit gegen Sprödbruch. Dieses wird durch kleinere P-, S- und N-Gehalte und Desoxidation (Feinkorn) erreicht. Wegen der erforderlichen Schweißeignung und Kaltformbarkeit ist der C-Gehalt auf Werte von 0,19…0,27 % begrenzt. Mn ist in Anteilen von 1,5…1,8 % enthalten.

Tab. 6.3 Warmgewalzte Erzeugnisse aus unlegierten Baustählen, DIN EN 10025-2:2019, mechanische Eigenschaften, gewährleistete Mindestwerte (Auswahl)

Stahlsorte	Werkstoff-Nr.	R_{eH} bzw. $R_{p0,2}$ in MPa			R_m in MPa	A in %, längs	Bemerkungen
		Nenndicken in mm				Nenndicken in mm	
		≤ 16	≤ 100	≤ 200	≤ 100	3–40	
Stahlsorten mit Angaben der Kerbschlagarbeit *KV in J*							
S235JR **S235J0** **S235J2**	1.0038 1.0114 1.0117	235	215	185	360 …510	26	Niet- und Schweißkonstruktionen im Stahlbau, Flansche, Armaturen Schmelzschweißgeeignet
S355JR **S355J0** **S355J2** **S355K2**	1.0045 1.0153 1.0577 1.0596	355	315	285	470 …630	22	Für höhere Beanspruchung im Stahl- und Fahrzeugbau, Kräne und Maschinengestelle Schmelzschweißgeeignet
S460J0	1.0558	460	390	–	550 …720	17	Nur für Langerzeugnisse
Stahlsorten ohne Werte für die Kerbschlagarbeit *KV in J*							
E295	1.0050	295	255	235	470 …610	20	Achsen, Wellen, Zahnräder, Kurbeln, Buchsen, Passfedern, Keile, Stifte Alle Sorten sind pressschweißgeeignet
E335	1.0060	335	295	265	570 …710	16	
E360	1.0070	360	325	295	670 …830	11	

Eine Erhöhung der LE-Gehalte würde die Schweißeignung durch mögliche Aufhärtung vermindern. Deshalb ist für die höheren Festigkeitsstufen die Kornverfeinerung (Korngrenzenverfestigung) wichtig. Die wesentlichen Unterschiede der Stahlsorten einer Festigkeitsstufe (Tab. 6.3) liegen in der steigenden Sprödbruchsicherheit. Sie wird mit dem Kerbschlagbiegeversuch ermittelt. Mit sinkender Temperatur erhöhen sich die Anforderungen an den Werkstoff, unter ungünstigen Bedingungen noch verformbar zu bleiben. Die entsprechende Temperatur bei der geforderten Kerbschlagarbeit von 27 J wird durch den Zusatz JR ➜ bei 20 °C, J0 ➜ bei 0 °C und J2 ➜ bei −20 °C angegeben. K2 definiert eine Kerbschlagarbeit von 40 J bei −20 °C. Für Anwendungen bei tieferen Temperaturen gibt es die kaltzähen Stähle (Abschn. 6.3.1)

6.2.3 Schweißgeeignete Feinkornbaustähle

Hier wird in der DIN EN 10025 zwischen normalisierend (Teil 3) und thermomechanisch gewalzt (Teil 4) unterschieden. Beide Stahlgruppen basieren auf dem Verfestigungskonzept der Feinkornhärtung, wobei eine spezielle Herstellung der warmgewalzten

Erzeugnisse in Verbindung mit speziellen Mikrolegierungselementen (Al, Nb, Ti, V) diese Feinkörnigkeit bewirkt.

Diese Walzprozesse sind die Grundlage für die Erzeugung warmgewalzter, höherfester und schweißgeeigneter Baustähle als Weiterentwicklung der Baustähle für allgemeine Verwendung nach DIN EN 10025-2:2019. Um die Schweißeignung und hohe Kaltumformbarkeit zu bewahren, sind bei höherfesten Baustählen die Gehalte an Kohlenstoff und Legierungselementen niedrig. So sind die relevanten Mikrolegierungselemente für die Bildung der Ausscheidungen wir folgt begrenzt:

- Ti < 0,05 %, Nb < 0,05 %, Al < 0,02 %
- V je nach Stahlgüte bis zu 0,2 %
- jedoch V + Nb + Ti $\leq$ 0,22 %.

Die so entstehenden Karbide und Nitride haben folgende Auswirkungen:

- wirken als feinverteilte Keime für die Kornneubildung
- begrenzen das Kornwachstum im austenitischen Zustand
- verzögern die Rekristallisation

Beim normalisierten Walzverfahren finden die Endumformung beim Walzprozess bei einer bestimmten Temperatur im Austenitbereich statt, welcher zu einem Werkstoffzustand führt, der dem Normalglühen entspricht. Die feinen Körner entstehen, da die durch die Mikrolegierungselemente entstehenden Karbide und Nitride das Wachstum der Austenitkörner behindern und als Keimstellen für die Kornneubildung bei der Austenitumwandlung dienen. Ansonsten kann auch für diese normalgeglühten Feinkornbaustähle ein Normalglühen nach dem Walzprozess erfolgen.

Bei der thermomechanischen Behandlung (TM) wird eine Gefügezustand erzeugt, der allein durch eine nachgeschaltetet Wärmebehandlung nicht herstellbar ist. Der Vorgang kann nicht wiederholt werden. Dabei wird ausgenutzt, dass durch die Ausscheidungen die Rekristallisation behindert wird. Im letzten Walzstich bei niedriger Temperatur wird so ein verformter Austenit mit einer hohen Versetzungsdichte erzeugt und dann schnell abgekühlt, bevor eine Rekristallisation stattfinden kann. Durch die hohe Anzahl der Fehlstellen (Versetzungen und Ausscheidungen) entsteht bei der Umwandlung vom Austenit in Ferrit /Perlit ein sehr feinkörniges Gefüge (bis zu 5 µm). Bei den thermomechanisch gewalzten Stählen liegt der Kohlenstoffgehalt etwa 0,04 % niedriger als bei den normalisierend gewalzten Stählen, was die Schweißbarkeit und die Kaltumformbarkeit nochmals verbessert,

Diese höherfesten Baustähle erreichen höhere Festigkeiten bei ausreichender Zähigkeit durch das Zusammenwirken von

- Feinkornhärtung: Steigerung der Festigkeit und Bruchdehnung und
- Teilchenverfestigung: Steigerung der Festigkeit durch Ausscheidungen der besonderen Mikrolegierungselemente.

Tab. 6.4 Vergleich der mechanischen Kennwerte schweißgeeigneter Feinkornbaustähle, Kennwerte in Walzrichtung

Stahlsorte	C-Gehalt in % (max)	Streckgrenze in MPa, Dicken <16 mm	Zugfestigkeiten in MPa, Dicken <40 mm	Bruchdehnung A in %, Dicken <16 mm	Kerbschlagarbeit KV bei −20 °C in J
Normalisierend gewalzt, DIN EN 10025-3: 2019					
S275N	0,18	275	370–510	24	40
S355N	0,18	355	470–630	22	40
S420N	0,20	420	520–680	19	40
S460N	0,20	460	540–720	17	40
Thermomechanisch gewalzt, DIN EN 10025-4: 2023					
S275M	0,13	275	350–510	24	40
S355M	0,14	355	440–600	22	40
S420M	0,16	420	470–630	19	40
S460M	0,16	460	500–680	17	40
S500M	0,16	500	560–750	14	40

Tab. 6.4 zeigt eine Auswahl an Stahlgüten mit relevanten mechanischen Kennwerten laut Norm.

6.2.4 Wetterfeste Baustähle

Diese Stähle bilden durch Einwirkung der Umgebung festhaftende schützende Oxidschichten. Kleine Gehalte von Cu, Cr, Ni und Mo bewirken eine niedrige Korrosionsgeschwindigkeit bei atmosphärischer Korrosion. Die Wetterbeständigkeit gilt für Industrieklimate, jedoch <u>nicht</u> für Meeresnähe und chloridhaltige Luft.

Die mechanischen Eigenschaften und Verarbeitungseigenschaften gleichen denen der Stähle nach DIN EN 10025-2:2019. Wetterfeste Baustähle werden im Stahlhochbau, für Fahrzeuge und Anlagen im Freien sowie für Spundwände verwendet.

6.2.5 Stähle mit höherer Streckgrenze im vergüteten Zustand

Höhere Streckgrenzenwerte (vgl. Tab. 6.5) von 460…960 MPa werden durch Abschrecken der legierten Stähle in Wasser mit anschließendem Anlassen erreicht. Entsprechend sind die wichtigen Legierungselemente in diesen Stählen Chrom, Mangan, Nickel, welche sich jedoch negativ auf die Schweißeignung auswirken. Durch niedrigste C-Gehalte ($\leq$0,2 %) hat der bei ca. 650 °C angelassene Martensit noch gute Festigkeits- und Zähigkeitseigenschaften. Aufgrund der geforderten Martensitumwandlung, sind die mechanischen Kennwerte stark von der Erzeugnisdicke abhängig, da der Kern immer langsamer abkühlt als der Rand. Die Kaltzähigkeit bei −20 °C beträgt bei den Sorten QL 40 J und bei QL1 50 J und wird durch geringere Anteile von Phosphor und Schwefel erreicht.

Tab. 6.5 Vergleich der mechanischen Kennwerte vergüteter Baustähle nach DIN EN 10025-6:2019, Kennwerte in Walzrichtung, Anlieferungszustand vergütet

Stahlsorte	C-Gehalt in % (max)	Streckgrenze in MPa, Dicken 3 mm −50 mm	Zugfestigkeiten in MPa, Dicken 3 mm − 50 mm	Bruchdehnung A in %, Dicken <16 mm	Kerbschlagarbeit KV bei −20 °C in J
S460Q	0,20	460	520–720	17	30
S500Q	0,20	500	590–770	16	30
S690Q	0,20	690	770–940	14	30
S890Q	0,20	890	940–1100	11	30

6.3   Stähle mit besonderen Eigenschaften

6.3.1   Kaltzähe Stähle

Wenn die kaltzähen Sorten der Feinkornbaustähle (bis −50 °C) den Anforderungen nicht mehr genügen, z. B. bei Rohrleitungen, Armaturen und Apparaten, die mit verflüssigten Gasen in Kontakt sind oder in Gebieten mit Dauerfrost eingesetzt werden, finden Stahlsorten mit besonderen Eigenschaften nach Tab. 6.6 Anwendung. Anforderung ist hier eine hohe Sicherheit gegen Sprödbruch, wenn Leitungen oder Behälter bei den tiefen Temperaturen verformt werden (z. B. durch Unfall oder Erdsetzungen), sowie Schweißeignung und Korrosionsbeständigkeit bei Rohren und Behältern.

Durch die folgenden Maßnahmen wird der Steilabfall der Kerbschlagarbeit zu tieferen Temperaturen verschoben, die Stähle werden damit kaltzäh.

- Feinkornbildung durch Normalisieren (+N) oder Vergüten (+QT)
- Legieren mit Nickel zur Verbesserung der Kaltzähigkeit
- Niedriger Kohlenstoffgehalt

Eine weitere Werkstoffgruppe für kaltzähe Werkstoffe wären die austenitischen Chrom-Nickel Stähle, z. B. X5CrNi 18–10 nach DIN EN 10028–7:2016.

6.3.2   Korrosionsbeständige Stähle

Die nichtrostenden Stähle sind in der DIN EN 10088:2023 entsprechend genormt und werden nochmals unterteilt in korrosionsbeständige, hitzebeständige und warmfeste Stähle. Nach Norm müssen diese Stähle einen Massenanteil von mindestens 10,5 % Cr und einen C-Gehalt von max. 1,2 % aufweisen. Durch den hohen Chromgehalt wird an der Oberfläche der Stähle eine Chromoxidschicht gebildet, die eine gute Korrosionsbeständigkeit bewirkt und die Hitzebeständigkeit verbessert.

Tab. 6.6 Kaltzähe Stähle aus Flacherzeugnissen aus Druckbehälterstählen, DIN EN 10028-4:2017

Sorte	Zustand	Werk-St. Nr.:	KV in J bei … °C, längs		$R_{m,\,min}/R_{eH,\,min}$ in MPa
11MnNi5-3	+N	1.6212	40	−60	420/275
13MnNi6-3	+N	1.6217	40	−60	490/345
15NiMn6	+N	1.6228	40	−80	490/345
12Ni14	+N	1.5637	40	−100	490/345
X12Ni5	+N	1.5680	40	−120	530/380
X8Ni9	+N	1.5662	50	−196	640/480
X7Ni9	+QT	–	70	−196	680/575
	+QT	1.5663	100	−196	680/575

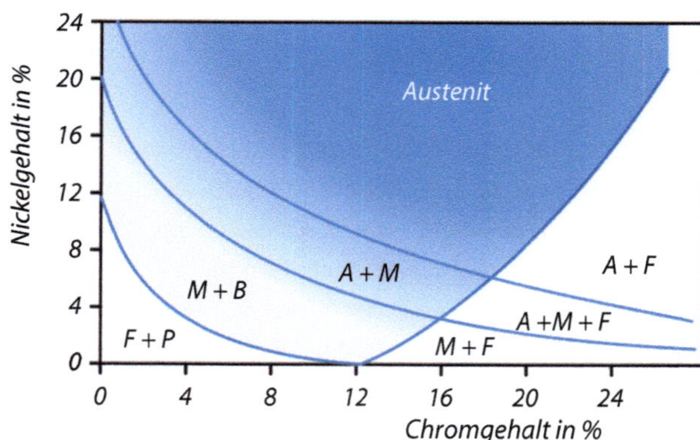

Abb. 6.1 Gefüge von C-armen Cr-Ni-Stählen nach dem Abschrecken von 1000 °C in Wasser. Dunkelblau markiert der Bereich der reinen austenitischen Stähle

Austenitische Chrom-Nickel-Stähle

Elemente wie Ni, Mn und N erweitern neben Kohlenstoff bei höheren Gehalten den Existenzbereich des γ-Mischkristallgebietes bis auf 20 °C. Es entstehen umwandlungsfreie, homogene und einphasige Stähle. Abb. 6.1 zeigt die Gefügeausbildung der Cr-Ni-Stähle in Abhängigkeit vom Cr- und Ni-Gehalt bei 0,2 % C.

- Homogener Austenit wird erst bei hohen Ni-Gehalten erreicht (>24 %).
- Durch Cr-Zusatz kann der Ni-Gehalt reduziert werden, sodass mit 18 % Cr bereits 8 % Ni genügen, um ein rein austenitisches Gefüge bei 20 °C zu erhalten.

Austenitische Stähle (DIN EN 10088:2023) basieren auf der 1912 von Krupp als nicht rostender Stahl patentierten Sorte mit 18 % Cr und 8 % Ni bei niedrigem C-Gehalt.

Durch ihr kfz-Gefüge besitzen austenitische Stähle eine charakteristische Kombination von Eigenschaften, sodass sie bei besonderen Anforderungen eingesetzt werden können (Tab. 6.7).

Der metastabile Austenit kann sich bei Kaltumformung umwandeln und zusammen mit gelösten C-Atomen Martensit bilden. Das ist die Ursache für die starke Verfestigungs-

Tab. 6.7 Eigenschaftsprofil der austenitischen Stähle

Merkmale	Ursachen, Eigenschaften	Stahlgruppe
Homogenes Gefüge aus kfz-Mischkristallen	Das kfz-Gitter hat maximale Gleitmöglichkeiten, beste Kaltumformbarkeit, hohe Werte für Bruchdehnung und Brucheinschnürung, ebenso für die Kerbschlagarbeit bis −200 °C. Korrosionsbeständigkeit, die mit dem Gehalt an weiteren Legierungselementen, insbesondere Chrom steigt	Kaltzähe Stähle Korrosionsbeständige Stähle
Umwandlungsfrei	Keine Möglichkeit zum Härten, Vergüten und Normalisieren. Rekristallisationsglühen ist möglich. Keine Volumenänderung wie sie bei umwandelnden Stählen erfolgt. Dadurch kein Abscheren von Oberflächenschutzschichten, Gut schweißbar	Warmfeste, hitzebeständige Stähle
Nicht magnetisierbar	Eigenschaft des kfz-Gitters. Wegen des metastabilen Austenits haben diese Stähle höhere Anteile an LE	Nicht magnetisierbare Stähle

neigung austenitischer Stähle. Abhilfe schafft eine Erhöhung des Ni-Gehaltes zur Stabilisierung des Austenits. Stahlsorten für Tiefziehzwecke haben deshalb 10…12 % Ni. Martensitumwandlung aufgrund von plastischer Verformung wird gezielt bei den sogenannten TRIP-Stählen genutzt.

Typische Stahlgüten für die austenitischen nicht rostenden Stähle sind:
- X5CrNi 18-10,
- X5CrNiTi 18-10 (titanstabilisiert),
- X5CrNiMo17-12-2 (Zusatz an Molybdän zur Verbesserung der Korrosionsbeständigkeit).

Ferritische Chrom-Stähle

Wie in Kap. 5 erläutert, engen die Elemente Cr, Si, Al und einige weitere das Austenitgebiet ein oder schnüren es ab. So entstehen bei höheren Gehalten dieser Legierungselemente die umwandlungsfreien, homogenen ferritischen Stähle. Ferritische Cr-Stähle werden wegen des homogenen Gefüges als korrosionsbeständige Werkstoffe sowie aufgrund ihrer Umwandlungsfreiheit als hitzebeständige Werkstoffe eingesetzt. Durch den Wegfall des Legierungselementes Nickel sind diese Stahlgüten kostengünstiger als die austenitischen nicht rostenden Stähle. Voraussetzung sind Cr-Gehalte >10,5 % und ein niedriger C-Gehalt zur Vermeidung der Karbidbildung. Cr wird als Karbidbildner von C-Atomen gebunden und so dem Mischkristall entzogen. Somit steht weniger Cr für die Bildung der Chromoxidschicht (Passivschicht) zur Verfügung und die Korrosionsbeständigkeit ist nicht mehr gegeben.

Weil die Austenit/Ferrit-Umwandlung mit einer sprungartigen Volumenänderung nicht vorhanden ist, ist die entstandene Chromoxidschicht dauerhaft fest an den Grundwerkstoff angebunden. Sie ist auch bei ständigen Wärm- und Abkühlzyklen festhaftend und wird durch die Elemente Si und Al noch verstärkt.

Beim Erwärmen bzw. Schweißen entstehen Cr-Karbide als weitere Phase und der Ferrit verarmt an Cr. Damit reduziert sich aufgrund des geringeren Cr-Gehalts die Korrosionsbeständigkeit. Stärkere Karbidbildner wie Ti stabilisieren das homogene Gefüge, in dem der C-gehalt durch Titankarbide abgebunden wird. Durch die Verfahren der Sekundärmetallurgie können schweißgeeignete, beständige Cr-Stähle mit sehr niedrigem C-Gehalt erzeugt werden. Sie sind auch nach dem Schweißen korrosionsbeständig, da ohne C-Atome keine Karbidausscheidung erfolgen kann.

Typische Stahlgüten für die ferritischen nicht rostenden Stähle sind:
- X7Cr13,
- X5CrTi 12 (titanstabilisiert),
- X5CrMo 17-1 (Zusatz an Molybdän zur Verbesserung der Korrosionsbeständigkeit).

Tab. 6.8 vergleicht abschließend die austenitischen mit den ferritischen nichtrostenden Stählen.

Tab. 6.8 Vergleich austenitischer und ferritischer nicht rostende Stähle

Kriterium	Austenitische Stähle	Ferritische Stähle
Hochlegiert mit, stabilisiert durch	Ni, Mn, (Cr); Zusätze von Mo, V, Ti, Nb, Ta, einzeln oder kombiniert	Cr; Zusätze von Al, Si, Mo; V Ti
Gefüge	Homogene Gefüge entstehen durch Abschrecken aus Temperaturen von	
	1000 °C, kubisch-flächenzentriert	800 °C, kubisch-raumzentriert
	(bei höheren Gehalten an LE auch nach langsamer Abkühlung)	
Zähigkeit	Hoch, kein Steilabfall, kaltzäh	Niedriger, Steilabfall, kaltspröde
Kaltformbarkeit	Hoch, dabei stark kaltverfestigend, wird besser mit steigenden Ni-Gehalten	Geringer, wenig verfestigend, Halbwarmumformung günstig
Schweißeignung	Sehr gut	Geringer
	Nur bei sehr niedrigen C-Gehalten oder durch Zusatz von starken Karbidbildnern (Ti, Nb), die das Gefüge gegen Chromverarmung stabilisieren, sonst Gefahr von interkristalliner Korrosion	
Korrosionsbeständigkeit	Durch Zusatz weiterer LE breite Anwendung mit zahlreichen Sorten	Gegen Wasser, Dampf; nicht anfällig für Spannungsrisskorrosion (SpRK)
Warmfestigkeit	650 °C…750 °C (ausgehärtet). Hochwarmfeste Stähle	300…600 °C im Glühzustand. Warmfester, ferritischer Stahlguss
Hitzebeständigkeit	800…1150 °C, Si-Zusatz, wenig beständig gegen S-haltige Gase und Aufkohlung	750…1150 °C, Al- und Si-Zusatz bewirken Beständigkeit gegen oxidierende und S-haltige Gase

Neben den ferritischen und austenitischen nichtrostenden Stählen sind auch noch

- martensitische (z. B. X46Cr13) oder
- die austenitisch-ferritische Duplexstähle (z. B. X2CrNiN23-4)

als nichtrostende Stähle genormt.

6.3.3 Stähle für den Einsatz bei hohen Temperaturen

Warmfeste Stähle

Die Stähle dürfen bei der Gebrauchstemperatur keine Gefügeveränderungen erleiden, die zu einem Festigkeitsverlust führen würde. Durch die thermische Aktivierung (Diffusionsprozesse) verlieren die Mechanismen der Festigkeitssteigerung bei 20 °C z. T. ihre Wirkung,sodass Versetzungen, die bei 20 °C blockiert sind, nun langsam wandern und in andere Ebenen klettern können. Durch Diffusion wirken Korngrenzen nicht mehr als Hindernisse, es kommt zum Korngrenzengleiten. Die Folge ist das Kriechen, d. h. ein zeit- und temperaturabhängiges Werkstoffverhalten (Details dazu im Kap. 3). Deshalb ist bei hohen Temperaturen ein grobkörniges Gefüge besser. Feindispers ausgeschiedene Teilchen können sich bei erhöhten Temperaturen ggfs. wieder auflösen und im Mischkristall in Lösung gehen und wirken nicht mehr verfestigend.

Für höhere Temperaturen gelten deshalb die sogenannten Zeitfestigkeiten:
- Zeitstandfestigkeit $R_{u/1000/500}$ = 100 MPa bedeutet, dass bei einer Zugbeanspruchung von 100 MPa nach 1000 h bei 500 °C der Bruch erfolgt.
- Zeitdehngrenze $R_{p1/100.000/600}$ = 22 MPa bedeutet, dass bei einer Zugbeanspruchung von 22 MPa nach 100.000 h bei 600 °C eine bleibende Dehnung von 1 % gemessen wird.

Weiterhin müssen die hitzebeständigen Werkstoffe auch zunderbeständig sein, was in der Regel durch eine Chromoxidschicht gewährleistet werden kann. Bei Kontakt mit heißen, korrosiven Gasen ist darüber hinaus auch eine gute Heißgas- bzw. Heißkorrosionsbeständigkeit notwendig. Je nach Anwendung ist auch eine gute Verarbeitbarkeit und Schweißbarkeit gefordert. Entsprechend umfangreich und komplex sind diese verschiedenen Anforderungen, die sich bei hohen Temperaturen ergeben.

- Unlegierte Stähle sind vergütet bis ca. 400 °C einsetzbar.
- Legierte Stahlsorten enthalten Cr, Mo und V zur Mischkristallverfestigung, zur Anhebung der Anlasstemperatur und zur Bildung thermisch stabiler, feinstverteilter Karbide als Kriechhindernisse. Die Stähle werden vergütet (bainitisiert) und sind bis ca. 540 °C geeignet (Tab. 6.9).
- Hochwarmfeste Stähle sind ferritisch-martensitisch durch 12 % Cr und bis ca. 600 °C einsetzbar. Darüber werden austenitische CrNi-Stähle bis 700 °C verwendet. Bei noch höheren Temperaturen müssen Ni- und Co-Basislegierungen eingesetzt werden.

Tab. 6.9 Auswahl warmfester Stähle

Sorte	Kurzzeitversuch				Langzeiteigenschaften bei 100.000 h								Gefüge
	50 °C	300 °C	400 °C	500 °C	500 °C		550 °C		600 °C		650 °C		
	$R_{p0,2}$				R_{p1}	R_m	R_{p1}	R_m	R_{p1}	R_m	R_{p1}	R_m	(jeweils in MPa)
P265GH	237	160	139	–									Ferrit.-perlit.
P460NH	416	281	244	–									Ferrit.-perlit.
13CrMo4–5	285	209	180	159	98	137	36	49					Vergütet
10CrMo9–10	270	221	198	173	103	135	49	68	22	34			Vergütet
X20CrMoV12–1	490	390	360	290	190	235	98	128	43	59	17	23	Vergütet
X8CrNiNb16–13	205	137	128	118	-	157	-	154	-	108	49	64	Austenitisch
GX23CrMo12–1	540	430	390	340	172	207	91	118	34	49	–	–	Oberer Bainit

Hitzebeständige Stähle

Hitzebeständigkeit bedeutet insbesondere der Widerstand gegen Verzunderung und gegen chemische Reaktionen durch heiße Gase, verbunden mit Gefügestabilität bei der Betriebstemperatur. Die Legierungselemente Cr, Al und Si reagieren mit den heißen Gasen und bilden eine dichte Schutzschicht. Der Grundwerkstoff muss umwandlungsfrei sein. Eisen und seine Oxide haben unterschiedliche Wärmeausdehnung, dadurch wird bei Stählen mit γ-α-Umwandlung die Haftung der gebildete Oxidschicht beim Wechsel von Erwärmen und Abkühlen beeinträchtigt, sodass eine weitere Oxidation stattfinden kann.

Die Stähle sind deshalb hochlegiert und

- ferritisch durch 7…28 % Cr oder
- austenitisch durch 18…36 % Cr + 8…20 % Ni und weiteren Elementen für die Bildung der Schutzschichten zur Erhöhung von Zunderbeständigkeit und Warmfestigkeit.

Die Werkstoffwahl erfolgt nach der Art des Gases (Tab. 6.10) und der Dauergebrauchstemperatur, wobei bei der maximalen Dauergebrauchstemperatur eine mechanische Belastbarkeit nur in sehr geringen Maßen möglich ist. Im Vordergrund steht hier die alleinige Hitzebeständigkeit. Austenitische Stähle weisen dabei eine höhere Zeitfestigkeit auf, da Diffusionsprozesse im kfz-Gitter langsamer ablaufen als im krz-Gitter.

Die hitzebeständigen Stähle sind zusammen mit Nickelbasislegierungen in der DIN EN 10095:2018 genormt, mit folgenden max. Anwendungstemperaturen an Luft:

- ferritisch: max. 1100 °C
  z. B. X18CrN28, $R_{p1/10.000/800} = 2{,}1$ MPa
- austenitisch: max. 1150 °C
  z. B. X9CrNiSiNCe21-11-2, $R_{p1/10.000/800} = 19$ MPa
- Nickelbasislegierung: max. 1200 °C
  z. B. NiCr28FeSiCe, $R_{p1/10.000/800} = 11{,}9$ MPa

6.3.4 Automatenstähle

Automatenstähle (Tab. 6.11) sind Stähle mit Eignung für das Spanen bei hohen Schnittgeschwindigkeiten bei guter Spanbildung, Spanabfuhr und Oberflächengüte unter geringem Werkzeugverschleiß. Diese Eigenschaften werden durch S-Gehalte von 0,08…0,4 % und evtl. zusätzlich 0,15…0,35 % Pb erreicht. Die feinverteilten Sulfide wirken spanbrechend. Die Sorten haben Festigkeiten R_m zwischen 380…570 MPa und Bruchdehnungen A von 8 % bis 25 %. Automatenstähle werden für Massendrehteile für Feinmaschinen, den Geräte- und Apparatebau, auch für dünnwandige und verwickelte Formen verwendet.

Tab. 6.10 Beständigkeit der Stahlsorten im Kontakt mit unterschiedlichen Gasen

Beständigkeit gegenüber Gasen	Ferritisch 7...25 % Cr	Austenitisch 9...21 % Ni
S-haltig, oxidierend	sehr groß	mittel...gering
S-haltig, reduzierend	mittel (groß)	gering
N-reich, O-arm	gering	groß
aufkohlend	gering	gering

Tab. 6.11 Automatenstähle DIN EN ISO 683-4:2018

Normale Sorten	Einsatzstähle	Vergütungsstähle
11SMn30	10S20	35S20, 35SPb20
11SMnPb30	10SPb20	38SMn28, 38SMnPb28
11SMn37	15SMn13	44SMn28, 44SMnPb28
11SMnPb37		46S20, 46SPb20

6.3.5 Stähle zum Kaltumformen

Stähle zum Kaltumformen sollten folgendes Anforderungsprofil erfüllen: Eignung für die zahlreichen Verfahren der Blechumformung mit kleinen Kräften bei guter Umformbarkeit. Im fertigen Bauteil dagegen höherer Widerstand gegen Beulen und Crash durch die Verformungsverfestigung. Die Verformungsverfestigung wird durch den Verfestigungsexponenten n charakterisiert.

$$n = \ln\left(1 + \varepsilon_{gl}\right)$$

Er hängt von der Gleichmaßdehnung ε_{gl} ab und entspricht bei doppelt log. Auftragung der Fließkurve der Steigung der Geraden. n-Werte liegen bei Tiefziehstählen zwischen 0,18 und 0,3. Je höher n, desto stärker ist die Kaltverfestigung und umso geringer die Dickenminderung (Einschnürung) bei der Umformung, die zu Rissen führen kann. Dieses ist wichtig für Umformen unter allseitigem Zug, z. B. beim Streckziehen oder bei Böden von gezogenen Näpfen. Stähle mit guter Kaltformbarkeit lassen sich am Spannungs-Dehnungs-Diagramm erkennen durch:

- niedrige Streckgrenze R_e bzw. $R_{p0,2}$,
- stetig steigende Verfestigung mit großer Gleichmaßdehnung ε_{gl},
- insgesamt hohe Bruchdehnung A.

Für die Kaltformbarkeit und Schweißeignung sind niedrige Gehalte an C und nichtmetallischen Teilchen erforderlich. Die weichen Stahlsorten (Tab. 6.12) haben niedrige, fallende Gehalte an C, P, S und Mn mit steigender Bruchdehnung A_{80}, jedoch sinkender Streckgrenze R_e bzw. $R_{p0,2}$.

Tab. 6.12 Kaltgewalztes Blech und Band aus weichen Stählen z. B. zum Kaltumformen DIN EN 10130:2006

Sorte	Werkstoff Nr.	C max. in %	Mn max. in %	Festigkeiten in MPa [a] R_e, $R_{p0,2}$	R_m	A_{80} in %	Verwendung	r_{90}[c, d] min	n_{90}[c] min
DC01	1.0330	0,12	0,60	280	270…410	28	Abkanten, Sicken	–	–
DC03	1.0347	0,10	0,45	240	270…370	34	Einfaches Tiefziehen	1,3	–
DC04	1.0338	0,08	0,40	210	270…350	38	Für höhere	1,6	0,18
DC05	1.0312	0,06	0,35	180	270…330	40	Umformansprüche	1,9	0,20
DC06[b]	1.0873	0,02	0,25	170	270…350	41	Sondertiefziehgüten	2,1	0,22
DC07[b]	1.0898	0,01	0,20	150	250…310	44		2,5	

[a] Als Streckgrenze kann ein Mindestwert 140 MPa verwendet werden, bei DC06 120 MPa und bei DC07 100 MPa.
[b] legiert, Zusatz von max. 0,3 % Ti
[c] Werte gelten für Erzeugnisdicken $\geq$0,5 mm
[d] für Dicken > 2 mm sind um 0,2 kleinere Werte anzusetzen

Durch das Walzen und Glühen entstehen Ausrichtungen der Kristalle (Texturen) in Walzrichtung. Beim Umformen wird das Blech in der Ebene in allen Richtungen beansprucht. Erwünscht ist geringe Anisotropie. Das unterschiedliche Fließen in Breiten- und Dickenrichtung (anisotropes Verhalten) lässt sich am Verhältnis der Formänderungen von Breite zur Dicke der Probe nach dem Versuch beurteilen und wird senkrechte Anisotropie r genannt.

6.4   Höher- und höchstfeste Stähle für den Fahrzeugbau

Leichtbau spielt bei der Konstruktion und der Werkstoffauswahl eine immer wichtigere Rolle, insbesondere für Bauteile, die sich im Betrieb bewegen und damit zum Antrieb elektrische Energie oder fossile Kraftstoffe benötigen. Leichtere Bauteile bringen hier deutliche Vorteile, auch wenn die verwendeten Stähle zu höheren Werkstoffkosten führen. Leichtbau führt

- zu geringeren Bauteilgewichten und damit zu einer Reduzierung des Ressourcenverbrauchs der Rohstoffe,
- im Betrieb führt das leichtere Bauteilgewicht zu einem geringeren Energieverbrauch zum Antrieb der Fahrzeuge (z. B. Bahn, Flugzeuge, Pkw, Fahrrad).

▶ **Hinweis**
Weiterführende Literatur:
Horst E. Friedrich (Hrsg.), Leichtbau in der Fahrzeugtechnik, ATZ/MTZ Fachbuch, Springer, 2017

6.4.1 Mehrphasenstähle

Insbesondere im Fahrzeugbau mit den sehr hohen Stückzahlen und der stark automatisierten Fertigung werden für die Rohkarosserie aber auch für Fahrwerksanwendungen Feinbleche gefordert, die sehr hohe Streckgrenzen bei einer gleichzeitig akzeptablen Umformbarkeit bieten und idealerweise kostengünstig kalt umgeformt werden können. Dabei stehen hohe Streckgrenze und gute Umformbarkeit häufig im Widerspruch. Crashverhalten, Schweißbarkeit, Rückfederung und Lackierbarkeit kommen als Anforderungen hinzu. Diese neuartigen Blechwerkstoffe stehen dann in Konkurrenz zu Aluminium, Magnesium oder den Faserverbundkunststoffen. Entsprechen sind neue Stahlsorten entwickelt worden, die die unterschiedlichen Eigenschaften der verschiedenen Phasen des Stahls (Ferrit /Perlit/Austenit, Bainit, Martensit) kombinieren und so zur Festigkeitssteigerung beitragen, was zu dem Mehrphasenstählen geführt hat. Die neuen Sorten sind erst teilweise genormt (prEN10338:2024).

Neue Sorten besitzen niedrige C- und LE-Gehalte, um hohe Verformbarkeit zu erhalten. Höhere Festigkeiten werden durch gezielte Anteile von LE in Verbindung mit einer gesteuerten Abkühlung bei der Blechherstellung erreicht. Im ZTU-Diagramm schneidet dabei die Abkühlkurve bestimmte Phasenfelder, sodass Gefüge mit zwei oder mehr Phasen in einstellbaren Anteilen entstehen können (Tab. 6.13).

Tab. 6.13 Vergleich der mechanischen Kennwerte kalt- und warmgewalzter Mehrphasenstähle nach prEN10338:2024, Auswahl

Stahlsorte	C-Gehalt in % (max)	Streckgrenze in MPa	Zugfestigkeiten in MPa, min	Bruchdehnung A_{80} in %
Ferritisch-bainitisch (F) – warmgewalzt				
HDT450F	0,18	300–420	450	24
HDT580F	0,18	460–620	580	15
Dualphasen-Stahl (X) – kaltgewalzt				
HCT450X	0,14	260–340	450	27
HCT590X	0,15	330–430	590	20
HCT780X	0,18	440–550	780	14
HCT980X	0,20	590–740	980	10
Restaustenit-Stahl (T) / TRIP-Stahl				
HCT690T	0,24	400–520	690	23
HCT780T	0,25	450–570	780	21
Komplexphasen-Stahl (C)				
HCT780C	0,18	570–720	780	10
HCT980C	0,23	780–950	980	6
Martensitischer Stahl (MS)				
HCT1200MS	0,20	860–1120	1200	3
HCT1500MS	0,30	1220–1570	1500	3
HCT1700MS	0,35	1350–1770	1700	3

- **Ferritisch-Bainitischer Stahl:**
  Ferrit und Baint, feinkörnig, mit Ausscheidungsverfestigung
- **Dualphasen-Stahl**
  Ferrit und Martensit, ggfs. Anteile von Bainit
- **TRIP-Stahl**
  Ferrit, Bainit und metastabiler Restaustenit, welcher bei der Kaltumformung verformungsinduziert in Martensit umwandelt
- **Komplexphasen-Stahl**
  Mehrphasige Zusammensetzung aus Ferrit und Bainit, zusätzlich Martensit, Restaustenit und Perlit möglich
- **Martensitphasen-Stahl**
  Vorwiegend Martensit mit geringen Anteilen an Ferrit und Bainit

Die Herstellung dieser Bleche erfolgt mittels eines speziellen Abkühlprozesses mit Haltezeiten aus dem Walzprozess, die zu den gewünschten Gefügen führen. Grundlage der Abkühlprozesse sind die ZTU-Diagramme der jeweiligen Stähle mit den entsprechenden chemischen Zusammensetzungen. Durch die Verwendung der bereits bekannten Mikrolegierungselemente Nb, Ti entstehen Ausscheidungen, die zu feinkörnigem Gefüge führen und zusätzlich eine Ausscheidungshärtung bewirken.

6.4.2   Presshärtbare Stähle oder Warmformstähle

Der Wunsch nach immer höherfesten Stählen für komplex umgeformte Bauteile führte zu den Warmformstählen. Das besondere hierbei ist, dass im Anlieferungszustand das ferritisch-perlitische Blech im Ofen bis in den Austenitbereich erwärmt wird und dann im gekühlten Werkzeug warm, d. h., bei Austenitisierungstemperatur (880–950 °C) umgeformt und dann direkt im Werkzeug abgeschreckt wird (vgl. Abb. 6.2.)

Vorteil bei diesem Verfahren ist, dass sehr komplexe Bauteile bei der hohen Temperatur einfach umgeformt werden können. Die elastische Rückfederung ist sehr gering, so sind sehr maßhaltige Bauteile herstellbar.

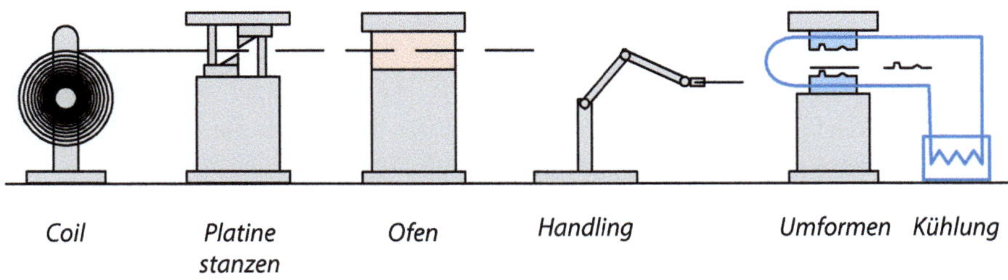

Abb. 6.2 Prozess zur Herstellung von Warmformbauteilen (schematisch)

Tab. 6.14 Beispielhafte Kennwerte des Warmformstahls MBW1500, Markenbezeichnung der Fa. ThyssenKrupp

Zustand	R_m in MPa	$R_{p0,2}$ in MPa	A_{80} in %, min
Lieferzustand	450–750	320–620	12
Warmumformung, im Werkzeug abgeschreckt	ca. 1500	ca. 1000	5
Chemische Zusammensetzung in max %			
C = 0,25, Mn = 1,4, B = 0,005, Si = 0,4, Cr + Mo = 0,5			

Nachteile sind die hohen Investitions- und damit auch Herstellkosten. Da die Bauteile bei hohen Temperaturen an Luft gehandhabt und umgeformt werden, führt dieses zu einer Verzunderung der Oberflächen. Daher werde heute überwiegend speziell beschichtete Bleche mit einer Aluminium-Silizium-Beschichtung für die Warmumformung eingesetzt. Des Weiteren verbleibt das Bauteil zum Abkühlen länger als bei der Kaltumformung im Werkzeug (ca. 8–10 s), was die Taktzeit des Umformprozesses und somit auch die Prozesskosten erhöht.

Das Legierungskonzept beruht auf Mangan und Bor, welche zusammen die kritische Abkühlgeschwindigkeit reduzieren und so einen sehr hohen Martensitanteil bei der Werkzeugabkühlung ermöglichen. So sind Festigkeiten im fertigen Bauteil bis zu 1650 MPa erreichbar (Tab. 6.14). Typischer Warmformstahl ist der 22MnB5. Durch Anpassung des Kohlenstoffgehaltes bei verschiedenen Stahlgüten zwischen 0,1 und 0,38 % kann die Festigkeit nach der Warmumformung über die Martensithärte angepasst werden.

Diese Warmformstähle, verbunden mit dem speziellen Herstellungsprozess der Bauteile, werden überwiegend für Sicherheitsbauteile in Karosserien, wie z. B. A- und B-Säulenverstärkung, Schweller, Seitenaufprallschutz, Stoßfänger, Rahmenteile eingesetzt. Hier kommt die Eigenschaft zum Tragen, dass die hohen Festigkeiten der Stähle im Crash eine gute Energieabsorption bei einer geringeren Verformung des Bauteils bewirken (Crashsicherheit).

6.5   Stähle für bestimmte Bauteile

6.5.1   Wälzlagerstähle

Wälzlagerstähle haben folgende Beanspruchungen: Das ständige Überrollen bewirkt eine hohe Zug-Druck-Wechselbelastung und dadurch Wälzverschleiß mit Oberflächenzerrüttung. In Sonderfällen tritt auch Korrosion und/oder thermische Beanspruchung auf.

Eine hohe Härte und Streckgrenze werden durch Härten erreicht. Die Stähle haben ca. 1 % C und steigende Cr-Gehalte zum Durchhärten der Rollen, Kugeln, Ringe und Scheiben. Hohe Dauerfestigkeit wird durch hohe Reinheitsgrade (Edelstähle) erreicht, da winzigste Schlackenteilchen in der Oberfläche als Risskeime wirken können.

Beispiele für Stähle mit diesem Eigenschaftsprofil

X5CrNi18-8	plasmaaufgekohlt und ausscheidungsgehärtet auf 540 HV. Stabil von $-196\ °C$ bis $+700\ °C$
X30CrMoN15-1	mit Stickstoff legierter vergütbarer martensitischer Chromstahl, sehr feinkörnige Karbid- und Karbonitrid-Ausscheidungen; sehr hohe Lebensdauer bei Mangelschmierung und Korrosionsangriff.

Normung

DIN EN ISO 683-17:2023. Teil 17 – Wälzlagerstähle, wie folgt unterteilt:

- Durchhärtende Wälzlagerstähle, z. B. 100Cr6, 100CrMo 7-3
- Einsatzhärtende Wälzlagerstähle, z. B. 20Cr3, 17MnCr5, 20CrMo4
- Induktionshärtende Wälzlagerstähle, z. B. 70Mn4, 50CrMo4
- Nichtrostende Wälzlagerstähle, z. B. X65Cr14, X89CrMoV18-1
- Warmharte Wälzlagerstähle, z. B. 33CrMoV12-9, 80MoCrV42-16 ◄

6.5.2 Federstähle

Werkstoffe für Federn und federnde Bauelemente müssen hohe zulässige Spannungen im elastischen Bereich ertragen, dazu eine hohe Dauerschwingfestigkeit, in besonderen Fällen auch Korrosionsbeständigkeit oder Warmfestigkeit aufweisen und sind entsprechend Tab. 6.15 in verschiedensten Normen detailliert spezifiziert.

Die Anforderungen an Federstähle werden durch folgende Maßnahmen erreicht:

- erhöhte Streckgrenze durch Vergüten mit niedrigen Anlasstemperaturen,
- glatte Oberflächen mit evtl. Kaltverfestigung zur Erhöhung der Dauerfestigkeit,
- verbesserter Korrosionsschutz durch Beschichten,
- mechanische Verfestigung der Oberfläche durch Kugelstrahlen,
- Kaltverformung.

Federn haben i. Allg. kleinere Querschnitte. Deshalb genügen zum Durchvergüten unlegierte oder niedriglegierte Stähle. Die nachträgliche Kaltverformung ergibt hohe Festigkeitswerte, die mit zunehmender Erzeugnisdicke absinken.

Tab. 6.15 Normenübersicht Federstähle

Drähte	patentiert + kaltgezogen, unlegiert.*patentieren = Erzeugung eines gut umformbaren, sehr feinstreifigen perlitischen Gefüges*	DIN EN 10270-1:2023 5 Sorten	z. B.: C10D, C50D (nach EN ISO 16120-2)
	ölschlussvergütet	DIN EN 10270-2:2012 12 Sorten	z. B.: VDC, TDC, FD, FDSiCrV
Draht + Flachstahl	warmgewalzt + vergütet	DIN EN 10089:2003 19 Sorten	z. B.: 38Si7, 55Cr3, 51Cr4
Bänder	Kaltgewalzt für Wärmebehandlung	DIN EN 10132:20219 Sorten Federstähle	z. B.:C55S, 48Si7, 125Cr2
Nichtrostende Stähle			
Bänder	kaltgewalzt	DIN EN 10151:2003 10 Sorten	z. B.: X6Cr17, X10CrNi18-8
Draht	kaltgezogen	DIN EN ISO 6932-1:2020 8 Sorten	z. B.: X5CrNiMo17-12-2, X9CrNi18-9

6.6   Werkzeugstähle

6.6.1   Allgemeines

Tab. 6.16 gibt einen Überblick über die Einteilung der Werkzeugstähle und ihre Anwendung.

Beanspruchungen

Der Kontakt mit harten und verschleißenden oder flüssigen Werkstoffen unter hohen Kräften verlangt vom Werkzeug neben weiteren speziellen Eigenschaften allgemein:

- harte Oberflächen (Verschleißwiderstand) ggfs. auch bei hohen Einsatztemperaturen,
- gute Druckfestigkeit im Kern (Erhaltung der Form) auch bei höheren Temperaturen,
- ausreichende Zähigkeit, um eine Sicherheit gegen sprödes Versagen zu erreichen,
- Korrosionsbeständigkeit.

Werkzeugstähle sind Edelstähle, die in den verschiedenartigen Werkzeugen im direkten Kontakt mit dem Werkstoff zur Fertigung von Halbzeugen und Bauteilen dienen und in der Regel gehärtet und angelassen eingesetzt werden Unlegierte Stähle genügen den immer weiter gestiegenen Anforderungen nicht mehr, deshalb sind legierte und hochlegierte

Tab. 6.16 Übersicht: Einteilung der Werkzeugstähle

Bereich	Einsatzgebiet	Beispiele: Werkzeuge für/zum …
Kaltarbeitsstähle	Umformen, Prägen und Trennen von Halbzeugen, Pressen von pulvrigen Ausgangsstoffen in kaltem Zustand	Tiefziehen, Fließpressen, Kaltschlagen, Schneiden und Stanzen, Pressen von Sinterteilen, Handwerkzeuge
Warmarbeitsstähle	Urformen von flüssigen, Umformen von erhitzten Metallen und Glas	Druckgießformen, Strangpressen, Glasformen, Schmiedegesenke
Kunststoffformenstähle	Urformen von körnigen/pulvrigen Formmassen aus duro- oder thermoplastischen Polymeren mit Füllstoffen	Formen für Press- u. Spritzgussteile, Bauteile von Kunststoffmaschinen zum Spritzgießen oder Extrudieren
Schnellarbeitsstähle	Spanen mit geometrisch bestimmten Schneiden[a]	Bohrer, Fräser, Gewindebohrer, Metallsägen, Reibahlen

[a] Für hohe Schnittgeschwindigkeiten durch Sinterhartstoffe und Keramik ersetzt

Sorten in der Überzahl. Für Werkzeugstähle gelten DIN EN ISO 4957:2018. Das **Härten** des Stahls ist im Kap. 5 zur Wärmebehandlung ausführlich behandelt. Es besteht aus drei Arbeitsgängen:

Schritt 1

Austenitisieren: Erwärmen und Halten auf Temperaturen, bis das Gefüge in Austenit umgewandelt ist und die LE- und C-Atome homogen verteilt sind.

Schritt 2

Abkühlen: Abschrecken mit einer kritischen Geschwindigkeit v_{krit}, bei der eine diffusionslose Umwandlung in Martensit entsteht, bei dem die C-Atome zwangsgelöst sind und das Gitter verzerren. Die Martensithärte ist vom Kohlenstoffgehalt abhängig und erreicht bei 0,8 % C ihr Maximum.

Schritt 3

Anlassen: Erwärmen auf Temperaturen bis ca. 400 °C, dabei steigt die Zähigkeit an, während die Härte sinkt. Durch die Anlasstemperatur kann die Zähigkeit der Beanspruchung des Werkzeuges angepasst werden. Bei einer Erwärmung des Werkzeuges im Betrieb erfolgt somit ein erneutes Anlassen, was dann zu einer weiteren Entfestigung führen kann. Dieses muss bei hohen Einsatztemperaturen vermieden werden (➜ Anlassbeständigkeit).

Härtbarkeit

Das Ziel eine möglichst hohe Oberflächenhärte bei den Werkzeugstählen wird durch das Härten erreicht, welches durch verschiedenen Legierungskonzepten umgesetzt wird. Diese Werkstoffkonzepte führen zu einer unterschiedlichen Einhärtbarkeit, also der Tiefe von der Oberfläche gemessen, bis zu der eine vorgegebene Grenzhärte erreicht wird.

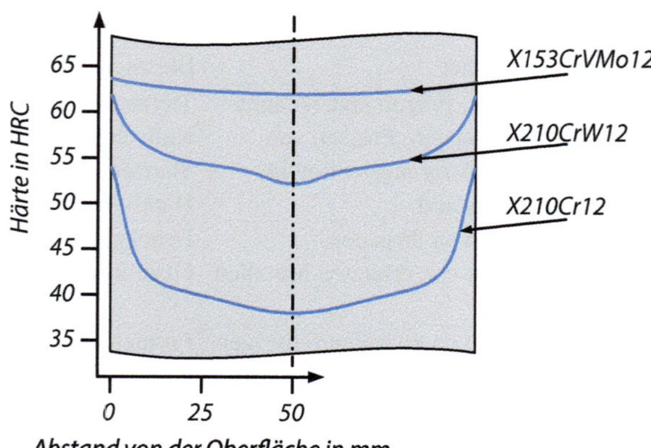

Abb. 6.3 Härtbarkeitsschaubild hochlegierter Kaltarbeitsstähle. Rundstahl von 100 mm Durchmesser nach Vakuumhärtung mit Stickstoffabkühlung. X210CrW12 mit 0,7 % W, X153CrVMo12 mit 1 % V und 0,9 % Mo

Tab. 6.17 Einfluss des Kohlenstoffs und der Legierungselemente (LE) auf das Härten

Einfluss des Kohlenstoffs	C-Gehalt steigt ⇒ Härte steigt, Zähigkeit sinkt	C-Gehalt sinkt ⇒ Zähigkeit steigt, Härte sinkt und muss durch LE (wie Cr, Mo, V und W) ausgeglichen werden	
Einfluss der Legierungselemente	LE-Gehalt niedrig	LE-Gehalt mittel	LE-Gehalt hoch
	Wasserhärtung, Verzug hoch	Ölhärtung, Verzug geringer	Warmbad-/ Lufthärtung, Verzug klein
Werkzeug, Querschnitt und Komplexität	Niedrig	Mittel	Hoch

Legierungselemente vergrößern die Einhärtbarkeit bis hin zu komplett durchgehärteten Bauteilen. Abb. 6.3 zeigt die Auswirkungen der LE auf die Härteverläufe über den Querschnitt eines Rundstahls von 100 mm ∅. Der Stahl X153CrVMo12 zeigt die größte Oberflächenhärte aufgrund der sehr harten Vanadiumkarbide und eine fast konstante Härte über den gesamten Querschnitt (→ gute Durchhärtbarkeit). Der Stahl X210Cr12, ohne V und Mo legiert, zeigt dagegen die geringste Einhärtbarkeit.

- Legierte Stähle härten tiefer ein.
- Legierte Stähle können langsamer abgeschreckt werden (Öl, Salzbäder, Luft/Gase) um Martensit zu erreichen. LE verschieben die Phasenfelder im ZTU Diagramm nach rechts
- Spezielle bei den Werkzeugstählen verwendete LE wie V, W, Mo bilden sehr harte Karbide mit Kohlenstoff, die deutlich härter sind als Zementit (Fe_3C).

Der Einfluss der Legierungselemente auf verschiedene Aspekte beim Härten von Werkzeugstählen zeigt zusammenfassend Tab. 6.17

> **Hinweis** Zum vollständigen Auflösen der Legierungsbestandteile müssen vor allem höher legierte Stähle vor dem Abschrecken auf Temperaturen über 1000 °C erwärmt werden. Zum Mindern oder Vermeiden von Härteverzug sind Stahlauswahl und Härtetechnik zu beachten.

6.6.2 Kaltarbeitsstähle

Stähle dieser Gruppe sind für Werkzeuge bestimmt, deren Oberflächentemperatur im Einsatz nicht über 200 °C steigt. Sie benötigen daher keine besondere Anlassbeständigkeit. Tab. 6.18 zeigt das Anforderungsprofil.

Beispiel: Kaltarbeitswerkzeuge

Schnittwerkzeuge, Scherenmesser, Räumnadeln, Schneideisen, Sägen, Feilen, Meißel, Prägewerkzeuge, Kaltschlag- und Fließpresswerkzeuge, Mess- und Prüfzeuge ◀

Der C-Gehalt bestimmt Härte und gegenläufig die Zähigkeit. Karbide erhöhen den Verschleißwiderstand. Damit lassen sich drei Gruppen von Stählen erkennen:

- **Zähharte, untereutektoide Stähle:**
  ohne Karbide, bis 58 HRC. Anwendung zum Schneiden und Umformen von dicken Blechen und Werkzeuge mit starker Kerbwirkung
- **Harte, übereutektoide Stähle:**
  mit ca. 10 % Karbidanteil und der vollen Martensithärte von bis zu 62 HRC. Anwendung für Schneidplatten und Stempel mittlerer Blechdicken und Leistung

Tab. 6.18 Anforderungsprofil der Kaltarbeitsstähle und erforderliche Gefügeausbildung

Anforderung, Widerstand gegen	Eigenschaft	LE, Wärmebehandlung, Gefüge
Plastische Verformung	Hochliegende Dehngrenze	Martensitische Gefüge, Durchhärtung/Durchvergütung durch LE wie Cr, Ni, Mo,
Verschleiß	Härte	Widerstand gegen Abrasion durch hohen Karbidanteil (LE Mo, V, Cr, W)
	Tribologische Eigenschaften	Widerstand gegen Adhäsion: Laserhärten, nichtmetallische Beschichtungen, Nitrocarburieren, PVD-Beschichtung mit TiN, Ti(CN)
Schlag, Stoß, Kantenausbrechen	Zähigkeit	C-Gehalt niedrig, Ausgleich durch höhere LE-Gehalte, Ni steigert Härtbarkeit und Zähigkeit, Reinheitsgrad durch Vakuumerschmelzung erhöhen, Feinkorngefüge durch besondere Wärmebehandlung
Härteverzug	Verzugsarmut	Warmbad- oder lufthärtende Sorten einsetzen, pulvermetallurgisch hergestellte Stähle (➜ Sintermetalle)

Tab. 6.19 Ausgewählte unlegierte und legierte Kaltarbeitsstähle nach DIN EN ISO 4957:2018, Anlasstemperatur 180 °C

Kurzname	min Härte in HRC	Eigenschaften, Anwendung
C45U	54	Unlegiert, für Handwerkzeuge, Meißel, Aufbauteile von Werkzeugen
102Cr6	60	Bördelrollen, Stempel, Lehren, Wälzlager
X40Cr14	52	korrosionsbeständiger Kunststoffformenstahl
60WCrV8	58	Schnitte u. Stempel für dickere Bleche, Holzbearbeitungswerkzeuge
X153CrVMo12	61	Gewindewalzrollen und -backen, Schneid- und Stanzwerkzeuge für Blech <6 mm, Feinschneidwerkzeuge bis 12 mm, Tiefziehwerkzeuge
X210CrW12	62	Durchhärtender, maßbeständiger, verschleißfester Stahl für Schnittplatten und -stempel, Tiefzieh- und Fließpresswerkzeuge

- **Verschleißfeste, ledeburitische Stähle:**
  mit bis zu 28 % Karbidanteilen und 62 HRC. Für Schneidplatten, Ziehringe und -stempel bei hohen Standzeiten und Blechen bis zu 4 mm

Die Karbide der LE wie Cr, W und V sind für leistungsfähige Werkzeugstähle aufgrund ihrer hohen Härte unverzichtbar. Stähle mit höheren Karbidgehalten als 28 % (z. B. X280W12) sind durch die Schmelzmetallurgie (+ Schmieden) nur sehr schwer herstellbar. Hier knüpfen die pulvermetallurgisch hergestellten Stähle an, die bis zu 75 % Karbid enthalten können. Tab. 6.19 gibt einen Überblick über ausgewählte Kaltarbeitsstähle, ihre Eigenschaften und Anwendungen, genormt sind 6 unlegierte und 17 legierte Kaltarbeitsstähle.

Weiterhin kann Werkzeugstahlguss für Großwerkzeuge (z. B. zum Pressen von Karosserieteilen) eingesetzt werden, z. B. G45CrNiMo4-2 (1.2769) oder GX100CrMoV5-1 (1.2363) mit Randschichthärten von 56…62 HRC; G41CrMn6 (1.7104) für Schnittwerkzeuge für Karosserieteile.

6.6.3   Warmarbeitsstähle

Diese Stähle werden für Werkzeuge zum Urformen und Warmumformen der Werkstoffe eingesetzt und erreichen dauerhaft Oberflächentemperaturen >200 °C. Tab. 6.20 nennt Anforderungen und Gefüge.

Beispiel: Warmarbeitswerkzeuge

Gesenke für Schmiedehämmer und -maschinen, Warmscheren, Druckgießformen, Strangpresswerkzeuge, Glasformen ◄

Tab. 6.20 Zusätzliche Anforderungen an Warmarbeitsstähle und erforderliche Gefügeausbildung

Anforderung	Eigenschaft	LE, Wärmebehandlung, Gefüge
Hohe Temperaturen verändern das Gefüge und senken die Härte	Anlassbeständigkeit, Warmhärte	Aushärtungseffekt: Karbide der LE Cr, Mo, V oder W erhöhen die Härte und die Anlassbeständigkeit, da sie sich erst bei hohen Anlasstemperaturen ausscheiden. Anlasstemperaturen: >500 °C → Die Anlasstemperatur sollte etwa 80 bis 100 °C höher als die Betriebstemperatur des Werkzeuges sein
Ständige Temperaturwechsel	Thermoschockbeständigkeit	Summe der LE niedrig halten, um Wärmeleitfähigkeit zu erhöhen
Stoß- und Schlagbeanspruchung	Warmzähigkeit	C-Gehalt niedrig, Ni zulegieren, Feinkorn und Reinheitsgrad verbessern

Tab. 6.21 Warmarbeitsstähle, Auswahl aus DIN EN ISO 4957:2018, Anlasstemperatur bis zu 550 °C

Kurzname	min Härte in HRC	Eigenschaften, Anwendung
55NiCrMoV7	42	Warmzäh, durchhärtend, weniger anlassbeständig. Gesenkstahl für große Hammergesenke (Vollform), HRC
X37CrMoV5-1	48	Hohe Warmfestigkeit und -zähigkeit, wenig empfindlich gegen Temperaturwechsel, warmverschleißfest. Gesenke, Schnecken und Zylinder für Kunststoff-Spritzgussmaschinen und Extruder
X40CrMoV5-1	50	Wie X37CrMoV 5-1, aber für größere Querschnitte, sekundärhärtend. Druckgieß- und Strangpresswerkzeuge, nitrierte Auswerfer, Warmscherenmesser
32CrMoV12-28	46	Hoch anlassbeständig (sekundärhärtend), wenig rissempfindlich bei Wasserkühlung, weniger durchhärtend. Für kleinere Querschnitte, Druckgießformen

Tab. 6.21 gibt einen Überblick über einige Warmarbeitsstähle, ihre Eigenschaften sowie ihre Anwendung.

6.6.4 Kunststoffformenstähle

Bei der Verarbeitung duromerer oder thermoplastischer Formmassen liegen die Temperaturen unter denen der Warmformstähle. Wichtig ist eine dauerhaft glatte Oberfläche zum leichten Entformen von Spritzgussteilen (Polierfähigkeit). Entsprechend sind die Hauptanforderungen:

Tab. 6.22 Kunststoffformenstähle, Auswahl

Kurzname	Eigenschaften, Anwendung
21MnCr5	Zum Einsatzhärten, polierfähig, kalteinsenkbar. Für hochglanzpolierte flache Kunststoffformen, Führungssäulen
40CrMnNiMo8-6-4	Gut spanbar, polierbar, narbungsgeeignet. Für Großformen mit tiefer Gravur durch 1 % Ni durchvergütend
X38CrMo16	Gute Polierbarkeit, korrosionsbeständig. Für aggressive Polymere

- Korrosionsbeanspruchung entsteht z. B. durch die Hilfsstoffe (Weichmacher, Flammschutzmittel, antistatisch wirkende Zusätze) oder Stoffe, die bei der Polykondensation frei werden.
- Verschleißbeanspruchung entsteht durch Zusätze wie Gesteinsmehl, Kreide, Schwerspat, Silikate, Kaolin, Glasfasern. Höhere Standzeiten ergeben hier PVD-Schichten aus TiN, CrN, TiCN und AlTiN in Dicken von 2 bis 8 μm.
- Die Entformung der Werkstücke wird durch Oberflächenkräfte beeinflusst, die zwischen den chemischen Endgruppen der Polymere und dem Charakter der Oberflächenschicht, wichtig für die Schichtwahl.

Tab. 6.22 gibt einen Überblick über einige Kunststoffformenstähle, ihre Eigenschaften sowie ihre Anwendung.

6.6.5 Schnellarbeitsstähle (HS-Stähle)

Hochleistungs-Schnittstähle (früher HSS-Stähle) sind Werkstoffe für hohe Schnittgeschwindigkeiten, z. B. für Fräser und Fräserzähne, Wendel- und Gewindebohrer, Schneideisen. Die Hauptbeanspruchung ist abrasiver Verschleiß bei hohen Schneidentemperaturen von bis zu 600 °C. Die ersten Schnellarbeitsstähle wurden 1900 von den Amerikanern *Taylor* und *White* erfunden und für Dreh- und Hobelmeißel eingesetzt. Sie enthielten bis zu 20 % Wolfram. Später sind zahlreiche wolframärmere Sorten entstanden. HS-Stähle sind hoch mit W, Mo, V und Co legierte Stähle, mit zusätzlich ca. 4 % Cr. Als Beispiel die Stahlsorte HS 10-4-3-10 (Reihenfolge der Zahlenwerte in der Stahlbezeichnung: W-Mo-V-Co) mit der chemischen Analyse in % nach DIN EN ISO 4957:2018. Die Analyse ergibt:

C	Cr	Mo	V	W	Co
1,20–1,35	3,8–4,5	3,2–3,9	3,0–3,5	9,0–10,0	9,5–10,5

Die LE W, Mo und V bilden spezielle Karbide (Sonderkarbide), die im Gusszustand als grobe Primärkarbide vorliegen und durch Schmieden mit evtl. Weichglühen verfeinert werden. Sie sind härter und thermisch stabiler als Fe_3C und gewährleisten so die hohe Anlassbeständigkeit und hohe Warmhärte (Abb. 6.4). Zur Karbidbildung sind 0,8–1,4 % C, zur Durchhärtung ca. 4 % Cr erforderlich. Das Gefüge besteht entsprechend aus Martensit und Bainit, in welches die Sonderkarbide eingebettet sind.

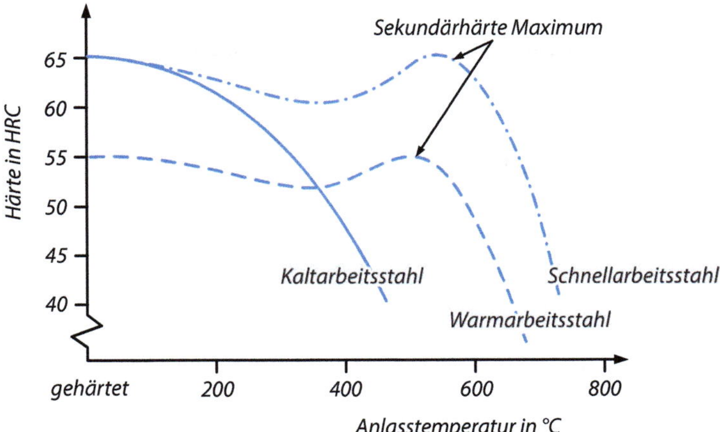

Abb. 6.4 Schematische Darstellung der Einflüsse der Anlasstemperaturen auf die Härte verschiedener Werkzeugstähle

Härten der Schnellarbeitsstähle

Schnellarbeitsstähle werden durch Austenitisieren, Abschrecken und Anlassen gehärtet.

- Austenitisieren: stufenweises Erwärmen auf 1180–1320 °C je nach Sorte zum Auflösen der temperaturbeständigen Sondercarbide. Aufgrund der hohen Austenitisierungstemperatur muss auf Grobkornbildung geachtet werden.
- Abschrecken erfolgt in Öl oder Warmbad. Das Gefüge besteht dann aus Martensit, Restaustenit und Sonderkarbiden (Primärkarbide)
- Anlassen besteht aus zwei- bis dreimaligem Anlassen bei 560 °C. Die Härte fällt durch Martensitzerfall (Diffusion von Kohlenstoff aus dem Martensit und Bildung von Zementit) bei niedrigen Anlasstemperaturen leicht ab, steigt dann aber durch feinste Ausscheidungen der sehr harten Sonderkarbide wieder bei höheren Temperaturen an und kann höher liegen als die Abschreckhärte. Es handelt sich hier also um eine echte Aushärtung. Sie wird als Sekundärhärte bezeichnet. Beim Anlassen werden auch Teile des Restaustenits in Martensit umgewandelt, da durch die Karbidbildung der Kohlenstoffgehalt im Restaustenit sinkt.

Ursache für die Sekundärhärte der HS-Stähle sind die Sonderkarbide der gelösten LE. Sie scheiden erst bei diesen hohen Anlasstemperaturen in submikroskopischer Form aus und wirken als Gleitblockierung im Grundgefüge. Die maximale Anwendungstemperatur entspricht ungefähr der Anlasstemperatur von 560 °C.

▶ **Hinweis** Die höhere Anlassbeständigkeit durch Sekundärausscheidungen von Sonderkarbiden liegt auch bei einigen hochlegierten Warmarbeitsstählen vor.

Tab. 6.23 gibt einen Überblick über Schnellarbeitsstähle und ihre Anwendung.

Tab. 6.23 Schnellarbeitsstähle nach DIN EN ISO 4957:2018, Anlasstemperatur 560 °C

Kurzname	Min Härte in HRC	Verwendungsbeispiele
HS3-3-2	62	Serienwerkzeuge für mittlere Anforderungen, Sägeblätter
HS6-5-2-5	64	Fräser, Bohrer und Gewindeschneidwerkzeuge höchster Beanspruchung
HS10-4-3-10	66	Schlichtarbeiten mit hohen Schnittgeschwindigkeiten und hoher Oberflächengüte
HS2-9-1-8	66	Hochleistungsstahl zum Bearbeiten schwierig zerspanbarer Werkstoffe, Gesenk und Gravierfräser, Kaltfließpress – und Schnittstempel

6.7 Sintermetalle

6.7.1 Überblick und Einordnung

Pulvermetallurgie (PM) ist nach DIN EN ISO 3252:2023 ein Teilgebiet der Metallurgie, das sich mit der Herstellung von Metallpulvern und daraus hergestellten Sintermetallen und Bauteilen befasst. Grundsätzlich müssen mindestens drei Fertigungsstufen durchlaufen werden:

- Pulverherstellung
- Formgebung und Verdichtung ➜ Rohling
- Verfestigung durch Sintern ➜ Wärmebehandlung

PM gehört damit zu den Verfahren der Fertigungs-Hauptgruppe Urformen (Tab. 6.24). Das Verfahren wird auch für keramische Stoffe und Verbundwerkstoffe angewandt.

Teile mit größerem Bauteilgewicht sind durch PM technisch und aus Kostengründen nicht herstellbar. Deswegen erzeugt die PM nur weniger als 1 % der Gießereiproduktion. Pulvermetallurgische Werkstoffe können mit Eigenschaften ausgerüstet werden, die bei Guss- und Knetwerkstoffen nicht realisierbar sind, denn schmelzmetallurgisch hergestellte Legierungen erstarren nach den Gesetzen des jeweiligen Zustandsdiagramms. Die dabei entstehenden Gefüge sind gekennzeichnet durch:

• Primärkristalle:	➜ grobkörniges Gefüge
• Unterschiedliche Löslichkeiten:	➜ nicht beliebig mischbar
• Seigerungen:	➜ Entmischungen
• Intermetallische Phasen:	➜ harte, spröde Phasen

Das entstehende PM-Werkstoffgefüge kann dagegen gesteuert werden:

- Pulverteilchen werden bei der Herstellung stark abgeschreckt (bis zu 106 K/S). Die Folgen sind: metastabile und hoch übersättigte Mischkristalle, aus denen sich beim Sintern feindisperse Intermetallische Phasen ausscheiden.

Tab. 6.24 Urformverfahren, DIN 8580:2022

Verfahren	Materie	Vorgang, Produkt
Gießen	Flüssig, atomar	Erstarren zu Formteil, Halbzeug, massiv
Pulvermetallurgie	Feste Pulverteilchen	Pressen zu Formteil, Halbzeug, porös
Sprühkompaktieren	Tropfen	Thermisch Spritzen zu Halbzeug, Formschale
Galvanoformen	Ionen in Lösung	Elektrolyt. Abscheiden Formteil, Formschale

- Bei PM-Werkstoffen bleibt die jeweilige Pulvermischung erhalten, die Atome diffundieren beim Sintern nur kleine Weglängen über mehrere Pulverteilchen hinweg. Auf diese Weise können harte Phasen in beliebigem Anteil im Grundgefüge homogen verteilt werden. Zum Beispiel können PM-Schneidstoffe bis 95 % Karbide enthalten, schmelzmetallurgisch hergestellte nur bis ca. 25 %.
- Beim Verdichten der Pulverteilchen bleiben Poren zurück, die eine Funktion übernehmen können. Die Porosität kann nachträglich so weit verringert werden, dass die theoretische Dichte erreicht wird.
- Werkstoff- und Energieaufwand sind gegenüber Gießen und Schmieden geringer (Erzeugung von Fertigteilen).

Beispiel: Nutzung von Porenräumen

- Reservoir für Schmierstoffe in selbstschmierenden Lagerbuchsen
- Filter für Gase und Flüssigkeiten
- Verringerung der Dichte (Masse) des Bauteils ◄

Seit langem werden einbaufertige Formteile durch PM hergestellt. Die Wirtschaftlichkeit beruht auf der hohen Werkstoffausnutzung (95 %) bei geringerem Energiebedarf. PM-Werkstoffe sind erst im Fertigteil wirklich vorhanden. Ihr Eigenschaftsprofil wird entscheidend durch die Verfahrensbedingungen geprägt, die auf Dichte und Porosität des fertigen Bauteils Einfluss haben. Höhere Dichte ergibt höhere Festigkeit und Zähigkeit im Sinterteil. Für die Beurteilung der Eigenschaften von PM-Werkstoffen ist deshalb die Kenntnis der Verfahrensschritte notwendig.

6.7.2 Das pulvermetallurgische Fertigungsverfahren

Die Hauptarbeitsgänge mit zahlreichen Varianten und möglichen Nachbearbeitungen sind in Abb. 6.5 dargestellt.
Pulver werden meist pressfertig angeliefert, z. T. aber auch beim Verarbeiter legiert. Das Pressen erfolgt in komplexen Werkzeugen, die mehrere Aufgaben erfüllen müssen:

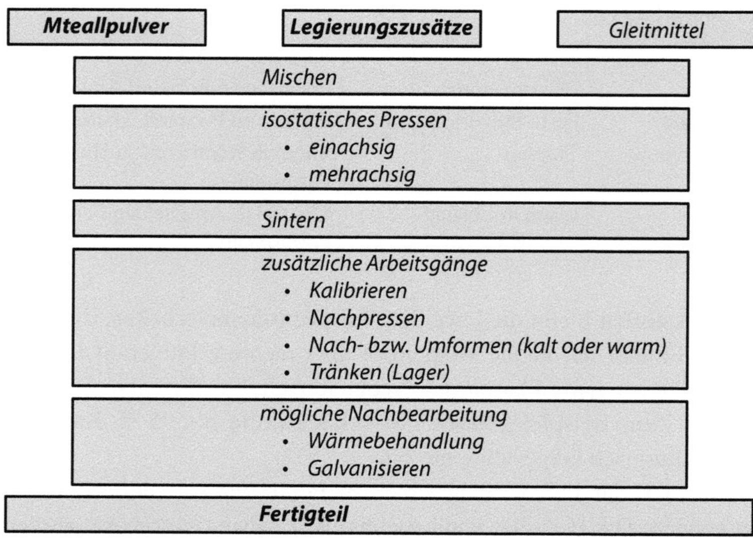

Abb. 6.5 Hauptarbeitsschritte im pulvermetallurgischen Fertigungsfahren

- Füllraum zur Aufnahme der Pulvermenge bieten, die für das Teil benötigt wird.
- Pulver formen und verdichten, wozu ein oder mehrere koaxiale Stempel mit hoher Kraft bewegt werden müssen. Im Pressling/Rohling sind die Teilchen mechanisch verklammert.
- Freilegen bzw. Ausstoßen des Presslings zum automatischen Weitertransport.

Sintern[1]

Wärmebehandlung mit dem Ziel, durch Diffusionsvorgänge zwischen den Pulverteilchen eine feste Bindung zu schaffen und den Porenraum zu verkleinern. Nachgeschaltete Arbeitsgänge können zur Eigenschaftsänderung gewählt werden:

- Erhöhung der Dichte bis zu 99 % durch Nachpressen oder Sinterschmieden.
- Verbesserung der Maßhaltigkeit und Oberflächengüte durch Kalibrieren, Veränderung der Oberfläche, Füllung der Porenräume.

Sinterlager aus PM-Werkstoffen haben z. B. mit Grafit, Fett oder Mo-Sulfid gefüllte Poren.

---

[1] Sintern ist ein Glühen von feinkörnigen, pulvrigen Stoffen. Die Teilchen vergrößern durch Platzwechsel der Atome ihre Berührungsflächen und kristallisieren darüber hinweg unter Veränderung der Poren. Treibende Kraft ist dabei die Verringerung der Oberflächenenergie der Teilchen.

6.7.3 Pulverherstellung

Pulver werden nach verschiedenen Verfahren hergestellt. Dadurch haben sie unterschiedliche Gestalt und Größe, was sich auf Press- und Sinterverhalten auswirkt. Die Norm unterscheidet zwölf Formen, Abb. 6.6 zeigt zwei Formen.

Neben der Sintertechnik benötigen auch andere Industriezweige Metallpulver, sodass größere Mengen erzeugt und abgesetzt werden können (Tab. 6.25).

Für die Verarbeitung zu Sinterformteilen müssen Pulver ein bestimmtes Eigenschaftsprofil besitzen, um eine Fertigung unter gleichbleibenden Bedingungen zu gewährleisten und die Qualität zu sichern (Einflussgrößen siehe Tab. 6.26).

6.7.4 Formgebung und Verdichten

Am häufigsten wird das Pressen in Werkzeugen mit einem oder zwei koaxialen Stempeln angewandt, z. B. für alle auf Festigkeit beanspruchten Sinterteile. Hochporöse Teile, wie

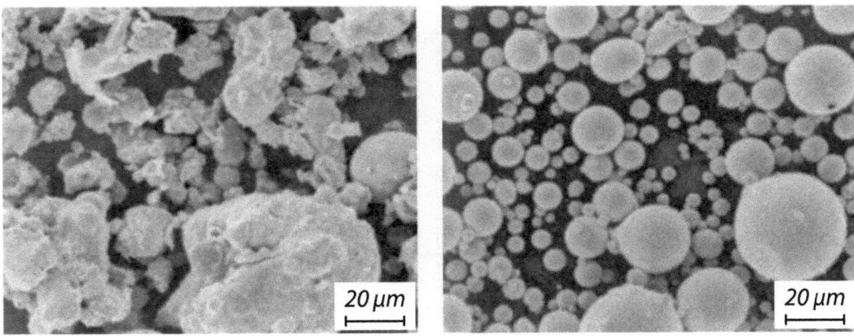

Abb. 6.6 Pulverteilchen (HCST), *links:* wasserverdüst, *rechts:* luftverdüst

Tab. 6.25 Pulverherstellung: ausgewählte Verfahren

Verfahren	Beschreibung	Werkstoffe
Direkt-Reduktion	Reduktion von Erzen im aufsteigenden CO-H_2-Gasstrom zu Eisenschwamm mit mechanischer Zerkleinerung und Magnetscheidung. Pulverförmige Oxide hochschmelzender Metalle werden im H_2-Strom reduziert	Fe-Pulver, Mo-, Ta-, W-Pulver
Verdüsung	Schmelzen werden mit Luft, Dampf oder Wasser zerstäubt, reaktionsfähige Metalle in Argon oder Vakuum. Teilchenform und -größe sind regelbar (10…50 µm)	Alle Metalle und Legierungen
Carbonyl-Verfahren	Carbonyle sind Metall-(CO-)Verbindungen, bei höheren Temperaturen in reines Metall (Kugeln von 0,1…5 µm) zerfallend	Fe- und Ni-Pulver für Magnetwerkstoffe
Elektrolyse	Kathodische Reduktion aus Lösungen	Cu-Pulver

Tab. 6.26 Einflussgrößen von Pulvern auf den pulvermetallurgischen Fertigungsprozess

Siebanalyse	Gibt den Anteil der verschiedenen Korngrößen am Ganzen an. Kleine Teilchen sintern schneller, sind aber schlechter pressbar
Fließvermögen	Ist für die Füllzeit des Werkzeuges von Bedeutung. Gut rieselfähig sind kompakte Teilchen regelmäßiger Gestalt, kleine schlechter als große. Durch Granulieren wird das Verhalten schlecht fließfähiger Pulver verbessert
Fülldichte	Quotient aus Masse/Volumen des abgefüllten Pulvers. Ihre Konstanz ist wichtig für die Toleranzen in Pressrichtung
Pressbarkeit	Die Pulver sollen bei niedrigem Pressdruck (Standmenge) eine hohe Pressdichte im Pressteil ergeben (Abb. 6.7). Die Reibung wird durch Zugabe von 1 % Zinkstereat als Festschmierstoff vermindert (vergast beim Sintern)
Presskörperfestigkeit	Grünfestigkeit bezieht sich auf den Zustand vor dem Sintern. Sie ist hoch bei zerklüfteten Pulverteilchen, die zu Teilen mit niedriger Dichte verarbeitet werden (z. B. Sinterlagern). Kompakte Teilchen verklammern sich gering (Gefahr des Kantenausbrechens)

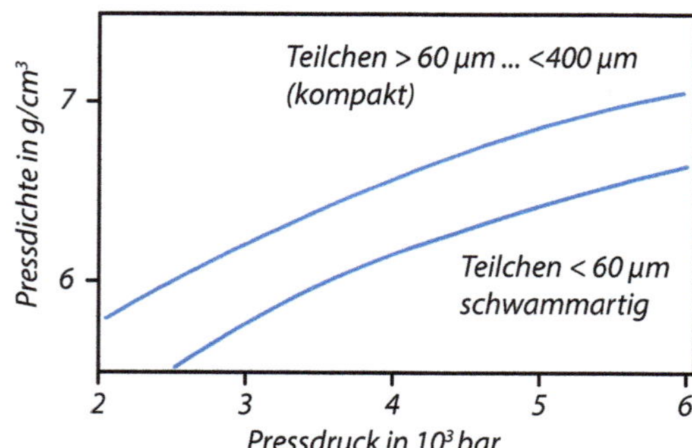

Abb. 6.7 Pressbarkeitsschaubild von Eisenpulver verschiedener Teilchengröße

z. B. Filter, werden durch Schüttsintern gefertigt. Das Pulver wird in Mehrfachformen eingerüttelt und darin gesintert. Um eine möglichst gleichmäßige Dichteverteilung über Querschnitt und Länge des Pressteiles zu erhalten, gibt es je nach Form des Teiles verschiedene Werkzeugtypen und Mechanismen.

Formgebung durch Pressen

Die Pulver werden in die Füllräume von Werkzeugen gefüllt und verdichtet. Dabei steigt die Fülldichte von ca. 3 g/cm³ auf die Pressdichte von 5,8…7 g/cm³ (für Sintereisen und -stahl). Die Dichte des massiven Metalls kann durch Pressen allein nicht erreicht werden. Pressdichte ist die Dichte des ungesinterten Pressteils. Sie ist vom Pressdruck abhängig. Daneben wirken sich Gleitmittel, Teilchenform und -größe, ihre Größenverteilung und das plastische Verhalten des Metalls aus (Abb. 6.7). Nach der Pressbarkeit werden unterschieden:

- superkompressible, z. B. Cr-Mn-Mo
- hochkompressible, z. B. Ni-Mo
- normalkompressible Eisenpulver (fertiglegiert)

Bei Massenteilen beträgt der höchste Pressdruck mit Rücksicht auf die Standmenge der Werkzeuge ca. 600 N/mm^2 = 60 kN/cm^2. Für Teile mit höchsten Beanspruchungen (z. B. Werkzeuge aus HS-Legierungen) sind Drücke bis zu 80 kN/cm^2 in Anwendung.

Isostatisches Pressen (kalt CIP, heiß HIP) vermeidet die ungleiche Dichteverteilung beim Pressen. Die Pulver werden in elastische Kapseln gerüttelt, verschlossen und in einer Flüssigkeit oder einem Gas hohem Druck ausgesetzt. Nur für einfache Formen und Halbzeug geeignet. Beim isostatischen Pressen breitet sich der Druck in einer Flüssigkeit und in einem Gas gleichmäßig (isostatisch) aus und steht auf allen Flächen senkrecht. Beim mechanischen Pressen dagegen ist die Verdichtung in Stempelrichtung am größten, quer dazu geringer.

PM-Spritzgießen

Diese Verfahren kombinieren die Freiheit des Spritzgießverfahrens in der Formgestaltung mit den Eigenschaften hochwertiger Metalle und höchster Materialausnutzung. Verfahrensbezeichnungen sind MIM (Metal Injection Molding) und PM-Spritzgießen. Metallpulver mit Teilchengrößen < 20 μm werden mit ca. 30 % eines organischen Binders granuliert und auf Kunststoffpressen bei ca. 150...250 °C zu Formteilen verpresst. Die Teilchen werden dabei nicht plastisch verformt, die Grünfestigkeit (Festigkeit des Rohlings) wird durch den thermoplastischen Binder hergestellt. Die Bauteilgewichte liegen im Bereich bis zu 200 g. Es können auch harte Legierungen verarbeitet werden. Die endkonturnahe Fertigung ist günstig für komplexe Teile aus teuren und harten Werkstoffen, z. B. HS-Wendeschneidplatten in Mehrfachform, Rotor für Flügelzellenpumpen aus HS6-5-4 (KPM), Sicherheits- und Autozündschlösser, Kleingetrieberäder.

Nach Herstellung des Rohlings erfolgt das Entbindern, das Austreiben des Binders. Neue Binder können in kürzerer Zeit auch aus dickeren Querschnitten entfernt werden, z. B. die katalytische Entbinderung durch Säurezersetzung eines speziellen POM-Binders bei 1100...1400 °C in einem Zwanzigstel Zeit. Anschließend erfolgt das Sintern der Bauteile.

6.7.5 Sintern

Beim Glühen unter Schutzgas sollen die zunächst nur mechanisch verklammerten Teilchen durch Diffusion und Rekristallisation ein Gerüst aus Kristallen bilden, das von wenigen Poren/Hohlräumen durchsetzt ist (Tab. 6.27).

Abb. 6.8 zeigt schematisiert Pulverteilchen, die durch den Pressvorgang kaltverformt wurden. Beim Sintern setzen an den Berührungsstellen der Stofftransport und die Re-

Tab. 6.27 Typische Sintertemperaturen

Metall	Temperatur in °C	Metall	Temperatur in °C
Al-Leg.	590–620	Cu-Sn	740–780
Fe, Fe-Cu	1120–1280	Fe-C	1120
Hartmetall	1200–1400	Fe-Cu-Ni	1120
Wolfram-Leg.	1400–1500	Fe + Karbide	> 1280

Abb. 6.8   Innere Vorgänge beim Sintern, schematisch (nach Bargel, Springer, 2022)

kristallisation ein. Anfangs entsteht ein zusammenhängender Porenraum (für Filter und Lager genutzt). Später werden die Poren unter Schwindung verkleinert und nehmen rundliche Gestalt an (➜ Reduzierung der Oberflächenenergie). Nach dem Sintern sind die Teilchengrenzen nicht mehr erkennbar. Die Verkleinerung des Porenraumes führt zu einer Schwindung. Sie hängt von Pressdruck, Pulverart und Sintertemperatur ab und wird bei der Bemessung der Werkzeuge berücksichtigt und kann bis zu 25 % betragen. Sintern wird auch zur Herstellung von Keramiken verwendet (siehe Kap. 10).

Vakuumsintern von Pressteilen aus kugeligen Pulvern (legierte Stähle) beseitigt die Porosität völlig und liefert endkonturnahe Teile, z. B. Wendeschneidplatten, Matrizen für die Schraubenfertigung, Fräserrohlinge aus HS-Stählen. Es ist als alternatives Verfahren zum Heißisostatischen Pressen (HIP-Prozess) und weniger aufwendig.

Heißisostatisches Pressen (HIP)

Das Heißisostatische Pressen unter Gasdruck ist ein aufwendiges Verfahren, meist in Verbindung mit Kaltisostatischem Pressen mit einem flüssigen Medium (KIP). Ziel ist das Erreichen einer höchstmöglichen Dichte und entsprechend hoher Festigkeit mit folgenden Arbeitsgängen:

- Einkapseln des vorgepressten Rohlings in eine druckdichte Kapsel und Evakuieren
- Sintern unter hohem Gasdruck
- Entkapseln, d. h. Zerstören der Kapsel aus weichem Stahl, Cr-Ni-Stahl oder Glas

Die Kapsel wird in einem druckfesten Behälter unter Argondruck elektrisch beheizt. Dadurch steigen Druck (1400 bar) und Temperatur (max. 2000 °C) bei einer Haltezeit von 1–3 h. Anwendung findet das HIP bei Halbzeugen aus HS-Stählen, hochwarmfesten Legierungen und Warmarbeitsstählen. Homogene Verteilung und Feinheit der Karbide machen die daraus hergestellten Werkzeuge besser bearbeitbar und ergeben höhere Standmengen bzw. Standzeiten. HIP-Verfahren werden auch für Verbunde von massiven Werkstücken aus Sinterwerkstoffen durch Diffusionsschweißen angewandt (sog. Auf-HIP-en), z. B. Hartmetall in 2 mm dicker Schicht als Verschleißschutz auf die Oberfläche eines Walzenkörpers aus Baustahl.

6.7.6 Nachbehandlung der Sinterteile

Im Folgenden sind einige Beispiele genannt, um bereits gesinterte Bauteile nachzubehandeln, um bestimmte Eigenschaften zu verbessern oder neue zu erzeugen:

- Nachverdichten, Kalibrieren:
  Mit dem Sintern ist meist eine Volumenänderung verbunden. Ihr Betrag hängt von der Pulverart und der Sintertemperatur ab. Reine Metalle haben stets eine Schwindung, bestimmte Legierungen nicht.
- Schwundausgleich:
  Pulvermischungen aus Fe-Cu verhalten sich bei größeren Cu-Gehalten gegenläufig, sie wachsen. Cu schmilzt und löst Fe-Atome. Die Cu-reichen MK haben ein größeres Volumen. Durch Zugabe von 2 % Cu wird ein Schwundausgleich erreicht. Deshalb ist Cu in vielen Pulvern enthalten. Bei hohen Ansprüchen an Maßhaltigkeit muss das gesinterte Teil in einem zweiten Werkzeug kalibriert werden. Daneben erhöhen sich Dichte und Oberflächengüte.
- Zweifachsintertechnik:
  Für höhere Festigkeit und Dehnung muss die Dichte erhöht werden. Das kann durch nochmaliges Pressen erfolgen. Durch ein zweites Sintern wird die Kaltverfestigung aufgehoben und die Dauerfestigkeit erhöht. Die Porosität von Sinterteilen mit < 92 % Raumerfüllung ist dann störend, wenn die Teile mit Flüssigkeiten Kontakt haben (Korrosionsgefahr) oder Gas- bzw. Flüssigkeitsdruck ausgesetzt sind (Durchlässigkeit). Das gilt auch für Fertigungsgänge wie Galvanisieren, Salzbadbehandlung u. a.
- Sinterschmieden (Pulverschmieden) dient der Erhöhung der Dauerfestigkeit und wird in Gesenken bei Warmumformtemperaturen durchgeführt (bei schmiedegeeigneter Form). Anwendung findet dieses Verfahren für höchstbeanspruchte Bauteile, wie z. B. Pleuelstangen.
- Infiltrieren ist bei zusammenhängenden Porenräumen (>12 % Porosität) möglich. Hierzu werden Metalle mit niedrigerem Schmelzpunkt als der Sinterkörper (z. B. Cu und Cu-Legierungen) unter Vakuum eingesaugt.

- Tränken mit Ölen, Wachsen oder Silikonen eignet sich für Sinterlager und zum Korrosionsschutz.
- Dampfbehandlung erzeugt eine blauschwarze Fe-Oxidschicht von 5…10 µm Dicke als einfachen Korrosions- und Verschleißschutz.

6.7.7 Werkstoffe

Für PM-Erzeugnisse stehen zahlreiche metallische Werkstoffe zur Verfügung.

Schmelzmetallurgisch nicht herstellbar (sog. Pseudolegierungen)
Höchstschmelzende Metalle (Tab. 6.28) können mangels brauchbarer Feuerfeststoffe für Tiegel und Formen nicht durch Aufschmelzen gewonnen werden. Diese Metalle werden aus ihren pulverförmigen Oxiden mit Wasserstoffgas reduziert, gepresst, gesintert und bei 1300 °C verformt.

Zu den für die Schmelzgewinnung ungeeigneten Metallen zählen auch Werkstoffe, die aus hochschmelzenden Hartstoffen (Karbiden, Oxiden, Nitriden oder Diamant) bestehen.

Beispiel Ferro-Titanit

Ferro-Titanit ist ein härtbarer Sinterwerkstoff aus ca. 50 Vol-% TiC in einer Bindephase aus legierten, härtbaren Stählen. Im Anlieferungszustand ist er zerspanbar und kann durch Abschreckhärten auf bis zu 72 HRC gebracht werden. Die Bindephase bestimmt dabei Eigenschaften wie Festigkeit, Zähigkeit und Korrosionsbeständigkeit. Die Titancarbide erhöhen vor allem die Härte und Verschleißbeständigkeit. Die geringe Dichte dieses Sinterwerkstoffes ist ein weiterer Anwendungsvorteil. ◄

Die wichtigsten Werkstoffe aus dieser Gruppe sind Sinterhartmetalle, die aus den Karbiden der Metalle W, Ti und Ta mit einer Bindephase aus Co gesintert werden. Die Bindephase Kobalt (bis zu 25 % Anteil) sorgt dabei für die Zähigkeit der gesinterten Bauteile, die Karbide bewirken die Härte und Verschleißfestigkeit. Diese Sinterwerkstoffe haben sehr hohe Karbidgehalte (bis zu 95 %) und dadurch einen höheren Verschleißwiderstand als HS-Stähle. Schneidwerkstoffe, zu denen auch die Sinterhartmetalle gehören, sind in der DIN ISO 513:2014 aufgeführt und entsprechend ihrer Werkstoffgruppe und der Zerspanungsgruppe (P, M, K, N, S, H) untergliedert.

Tab. 6.28 Höchstschmelzende Metalle

Metall	Schmelzpunkt	Verwendung
Wolfram	3422 °C	Glühlampenwendel, WIG-Schweiß-Elektrode
Tantal	2996 °C	Elektronenröhren
Molybdän	2633 °C	Heizleiter

Tab. 6.29 Zusammensetzung und Eigenschaften von ausgewählten Hartmetallen (in Anlehnung an Bargel, Springer, 2022)

Zusammensetzung in %				Dichte in g/cm³	Härtein HV	Biegefestigkeitin MPa
WC	TiC	TaC	Co			
94	–	–	6	14,9	1600	2000
85	–	–	15	14,0	1200	2400
92	–	2	6	14,8	1650	1900
70	12	8	10	12,4	1430	1750
75	4	8	13	12,7	1350	1900

Bei den Sintermetallen wird entsprechen unterteilt in:

- HM: Unbeschichtetes Hartmetall, Hauptbestandteil Wolframcarbid (WC) mit Korngröße ≥ 1 μm
- HF: Unbeschichtetes Hartmetall, Hauptbestandteil Wolframcarbid (WC) mit Korngröße < 1 μm
- HT: Unbeschichtetes Hartmetall, Hauptbestandteil Titankarbid (TiC) oder Titannitrid (TiN) oder beide
- HC: Hartmetalle wie oben, jedoch beschichtet

Eigenschaften typischer Hartmetalle sind in Tab. 6.29 dargestellt.

Unlöslichkeit im flüssigen Zustand

Einige Legierungssysteme können aufgrund ihrer Unlöslichkeit oder begrenzten Löslichkeit im flüssigen Zustand nur pulvermetallisch hergestellt werden. Dieses tritt bei einigen Systemen auf, deren Komponenten sich stark in der Dichte und der Schmelztemperatur unterscheiden, z. B. Cu und W. Cu-W-Legierungen werden aufgrund ihrer guten elektrischen Leitfähigkeit und der hohen Temperaturbeständigkeit z. B. für Schweißelektroden oder Hochleistungskontakte eingesetzt.

Beispiel: Legierung W80Cu20

- Rm = 525 MPa
- HV10 = 250
- E-Modul = 240 GPa
- Dichte = 15,2 g/cm³
- elektrische Leitfähigkeit = 19,7 MS/m ◄

Sinterwerkstoffe für Formteile

Das PM-Verfahren wird dann gegenüber einer konventionellen Fertigung durch Gießen, Schmieden oder Umformung ausgewählt, wenn sich dadurch geringere Kosten durch den Wegfall von Fertigungsprozesse ergeben, eine sehr hohe Maßhaltigkeit gefordert wird oder die Teile besondere Eigenschaften besitzen sollen. Vorhandene Poren in pulvermetallurgisch hergestellten Bauteilen, wie z. B. Gleitlager, können gezielt genutzt werden, z. B. für

- Filterteile mit offenen Porenräumen,
- tribologisch beanspruchte Teile durch mit Graphit oder Fett gefüllte Poren.

Als Werkstoffe für solche Formteile kommen verschiedene Werkstoffgruppen von kohlenstoff- und kupferhaltigen Sinterstählen, nicht rostenden Sinterstählen bis zu Sinterbronzen zum Einsatz, deren Eigenschaften stark von der Restporosität bzw. ihrer Dichte beeinflusst wird (vgl. Tab. 6.30). Diese Sintermetalle sind in den Werkstoff-Leistungsblätter (WLB) entsprechend ihrer Anwendungsgebiete, ihrer Dichteklasse und der chemischen Zusammensetzung in der DIN 30910 genormt.

Als weitere Möglichkeit werden auch konventionelle Hochleistungsstähle (z. B. Werkzeugstähle) pulvermetallurgisch hergestellt angeboten, da aufgrund der Herstellung Seigerungen vermieden und durch die Feinkörnigkeit die Zähigkeit verbessert wird.

Tab. 6.30 Mechanische Eigenschaften eines Sinterstahls mit steigender Dichte. Zahlen A-E im Kurznahmen geben die Dichteklasse (Porenraum) an

Sorte	SINT-A 10	SINT-B 10	SINT-C 10	SINT-D 10	SINT-E 10
Dichte ρ in g/cm^3	5,6…6,0	6,0…6,4	6,4…6,8	6,8…7,2	7,2
Zugfestigkeit R_m in MPa	140	170	200	300	350
Bruchdehnung A in %	2	2	3	7	10
Härte HBW	35	40	55	80	100
Anwendungen	Selbstschmierende Gleitlager	Gleitlager	Stoßdämpferteile	Ölpumpenzahnrad	Büromaschinenteile

Bei der Auswahl von Werkstoffen sind Gusswerkstoffe interessant, wenn nicht nur mechanische Eigenschaften berücksichtigt werden, sondern das gesamte Eigenschaftsprofil, einschließlich der Freiheiten in der Formgestaltung.

7.1 Übersicht

Die Entwicklung von Gusswerkstoffen verlief auf mehreren Ebenen:

- **Metallurgische Verfahren** mit verbesserten Öfen und verbesserter Messtechnik ergeben höhere Treffsicherheit der Schmelzanalysen (konstante Qualität).
- **Formtechnik** mit Feinguss und verlorenen Modellen führte zu hoher Oberflächengüte und engeren Toleranzen sowie größerer Freiheit in der Gestaltung.
- **Gießtechnik** mit besserer Kenntnis des Einströmens der Schmelze, der Formfüllung mithilfe der Anschnitt- und Speisergestaltung ergibt Gussteile ohne Lunker und Porositäten (Qualitätssicherung, Nullfehlerproduktion).

Die Verbesserungen der Werkstoff- und Fertigungstechnik des Gusseisens haben dazu geführt, dass die verschiedenen Eisen-Gusswerkstoffe ihr Eigenschaftsprofil den Knetwerkstoffen (Stahl) genähert und zum Teil angeglichen haben, besonders hinsichtlich der Duktilität (Bruchdehnung A, Abb. 7.1).

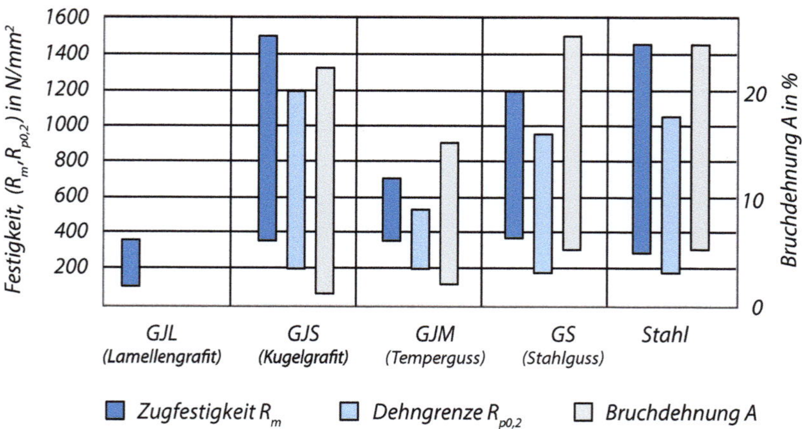

Abb. 7.1 Vergleich der Eigenschaften von allgemeinen Bau- und Vergütungsstählen mit gegenwärtig erzeugbaren Gusseisenwerkstoffen (K. Herfurth)

Abb. 7.2 Gussbauteil Zylinderkopf 4 Zylindermotor (Bildquelle, Heunisch in Zusammenarbeit mit Agentur ad-room, CC BY-SA 2.0 DE)

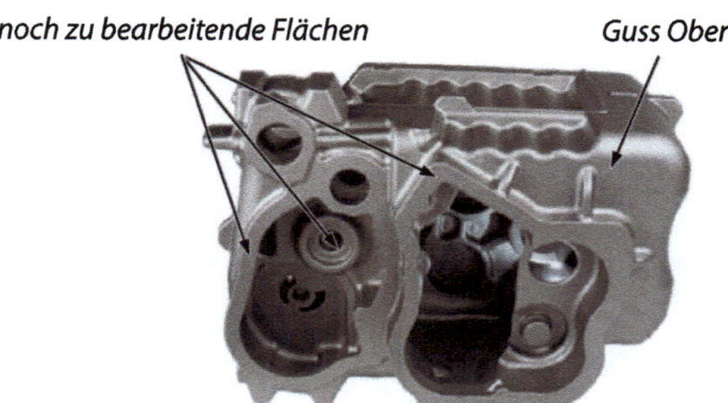

7.1.1 Gießverfahren und Gussprodukte

Gießen ist eine der Möglichkeiten, endkonturgetreue oder endkonturnahe Rohteile zu fertigen und damit aufwendige Nacharbeit, meist durch Spanen, zu vermindern bzw. ganz einzusparen. Gießverfahren bieten sich für folgende Anwendungen an:

- Bauteile sollen in großen Stückzahlen produziert werden und haben eine aufwendige Gestaltung, z. B. Nähmaschinenfuß, Motorblock, Pleuelstange,...
- Bauteile sind sehr groß oder würden bei mechanischer Bearbeitung viel Abtragsvolumen haben.

Endkonturnah bedeutet hier, dass die Form des Bauteils in einem Arbeitsgang entsteht, wobei die Präzision vom Gussmaterial abhängt. Am Beispiel eines Zylinderkopfes (Abb. 7.2) ist die Oberfläche des Gusses sichtbar. Je nach Werkzeug und Gusswerkstoff sind die Oberflächen von minderer Güte. Vielfach müssen Gussbauteile nachbearbeitet

Tab. 7.1 Beispiel: Vorderachssystem für Leicht-Lkw

	Früher	Heute
Fertigung des Querlenkers	Stahlblech-Schweiß-Montagekonstruktion	Gießen
Werkstoff	Stahl	GJS-400
Masse	10 kg	9 kg
Einzelteile	18	4
Kosten	100 %	87 %

werden, z. B. an vorgesehenen Dichtflächen oder damit bestimmte Stichmaße den Toleranzvorgaben entsprechen.

Bei allen *dynamisch* beanspruchten Teilen ist nicht die Dauerfestigkeit des Werkstoffes allein maßgebend. Auch die *Gestalt* des Bauteils mit Kerben beeinflusst die Spannung, bei der das Teil bricht. Durch Gießen lassen sich Absätze, Querschnittsübergänge und Rippen leicht mit geringer Kerbwirkung gestalten.

Die günstigste Gestalt hinsichtlich Spannungsverteilung und Werkstoffausnutzung

- kann durch rechnergestützte Konstruktion CAD mit der Finite-Elemente-Methode (FEM) ermittelt werden und
- lässt sich am einfachsten durch Gießen herstellen.
- Gießgerechtes Gestalten wird durch Computersimulation der Einström- und Erstarrungsverläufe und der Temperaturverteilung im Gussteil vereinfacht.

Die Kosteneinsparung (13 %) bei dem in Tab. 7.1 angegebenen Bauteil summierte sich bei der großen Stückzahl auf ca. 1,15 Mio. €/Jahr. Entscheidend für den Erfolg solcher Änderungen ist die Einbeziehung der Gießerei in die Entwicklung *von Anfang an,* um optimale Fertigungsbedingungen zu erreichen! Wie das Beispiel zeigt, werden neben der Masse auch die Anzahl der Teile verringert und Zeit für Bearbeitung und Montage eingespart.

Das Verfahren Gießen ist ein Urformprozess, die Bauteilgestalt entsteht durch das Füllen eines Hohlraums, wobei die Präzision stark vom Gussmaterial abhängt.

- Die größte Präzision ist mit **Kunststoffen** möglich, die unter hohem Druck in Stahlformen gespritzt werden (Spritzgießen). Aufgrund der geringen Wärmeleitfähigkeit der Kunststoffe kann der Gießvorgang sehr gut geregelt werden, die Spritzgussteile können meistens ohne notwendige Nacharbeiten direkt weiterverwendet werden, z. B. zu Baugruppen zusammengefügt werden.
- **Aluminium** oder **Magnesium** können ebenfalls in Stahlformen gegossen werden. Wegen der guten Wärmeleitfähigkeit ist die Erstarrung im Vergleich zum Kunststoff-Spritzguss sehr schnell. Daher sind sehr schnelle Einspritzvorgänge notwendig, wenn dünnwandige Bauteile gegossen werden, die nur schlecht regelbar sind. Die Bauteile haben daher fast immer Grate, die eine aufwendige Nacharbeit erfordern.

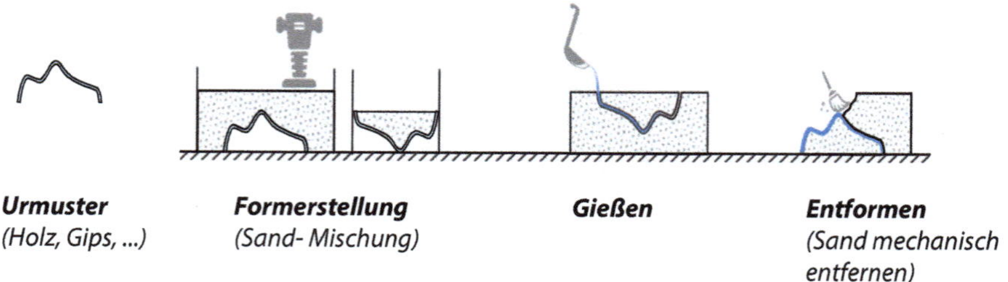

Abb. 7.3 Prozessstufen für Eisenguss in Sandformen

- **Eisen** wird überwiegend in Sandformen gegossen (Abb. 7.3). Hierfür wird für jeden Gießvorgang ein Werkzeug durch Abformen eines Urmusters mit einem Sand-Kunstharzgemisch hergestellt. Nach dem Gießvorgang wird das Werkzeug zerstört und das Gussteil freigelegt. So lassen sich Kleinteile bis hin zu Großgussstücken aus Fe-Gusslegierungen in größeren Stückzahlen herstellen. Die Oberflächengüte entsteht durch die Feinheit der Sandstruktur.

Durch **Rapid Prototyping** können Modelle für das Wachs-Ausschmelzverfahren hergestellt werden. Damit sind auch komplizierte Erstbauteile von Neuentwicklungen schnell verfügbar, wichtig zur Verkürzung der Entwicklungszeiten.

7.1.2 Prozessbedingte Materialanforderungen

Für Gießprozesse eigenen sich eutektische Legierungen. Einerseits ist hier die Schmelztemperatur niedrig und damit der Energiebedarf geringer. Anderseits ist das Erstarrungsintervall klein, die Schmelze erstarrt innerhalb eines kleinen Temperaturintervalls. Bei einem großen Erstarrungsintervall würde es während der Abkühlung zu einer Entmischung der Legierungselemente kommen (→ Seigerungen), was bei größeren Wanddicken auf jeden Fall unerwünscht ist.

Abb. 7.4 zeigt den Einfluss von Si auf die Phasengrenzen des Eisen-Kohlenstoff-Diagramms (EKD). Diese Darstellung des EKD zeigt nicht das bekannte metastabile System mit der intermetallischen Phase Fe_3C (Zementit) bei 6,67 % Kohlenstoff, hier bildet der Kohlenstoff die stabile Form Grafit (C). Der Eutektikum Punkt E verschiebt sich zu geringeren Kohlenstoffanteilen und das Austenitgebiet γ wird verkleinert. Man bedenke, dass die Phase Eutektikum im metastabilen System mechanisch gesehen ungünstige Eigenschaften hat, weil sie aus einer sehr feinen Verteilung von Ferrit und nicht verformbaren Zementitkörnern besteht. Für Eisengussbauteile mit eutektischer Zusammensetzung ist also eine Lösung ohne Zementit gefordert, damit sie mechanisch belastbar sind. Das Eutektikum besteht im stabilen System bei der eutektischen Temperatur aus Austenit und Grafit.

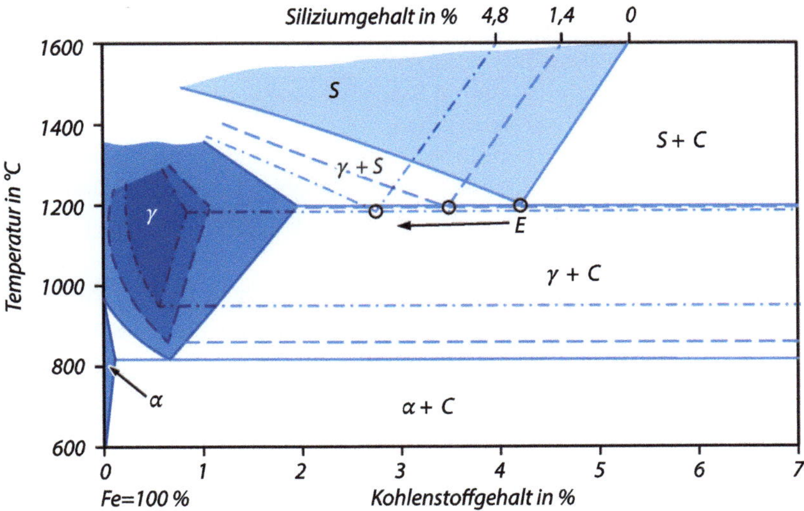

Abb. 7.4 Veränderung des Eisen-Kohlenstoff-Diagramms durch die Zugabe von Si

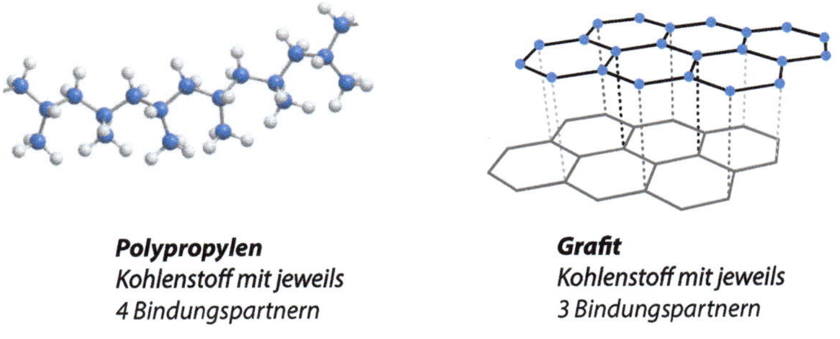

Abb. 7.5 Kohlenstoff in kovalenten Bindungsformen

Bei Eisenguss bildet der Kohlenstoff im ausgekühlten Gefüge nicht Zementit sondern Grafit (Abb. 7.5). Elementarer Kohlenstoff hat auf seiner atomaren Außenhülle 4 bindungsfähige Atome. Damit ist Kohlenstoff immer chemisch gebunden, z. B. in Form von CO_2, wobei ein Kohlenstoffatom über eine Doppelbindung mit einem Sauerstoffatom verbunden ist. Kohlenstoff kann auch lange Molekülketten bilden, wobei z. B. beim Polypropylen eine lange Kette aus Kohlenstoffatomen entsteht und jedes dieser Atome hat mit den zwei weiteren Elektronen eine Bindung an ein Wasserstoffatom oder an ein weiteres Kohlenstoffatom. Eine stabile Form ist Grafit, hier verbinden sich Kohlenstoffatome mit jeweils drei benachbarten Atomen. Das vierte Atom ist frei beweglich. Grafit hat somit eine plättchenförmige Struktur, wobei die Ebenen aus den gebildeten Sechsecken leicht gegeneinander verschieblich sind. Damit ist Grafit ein guter Schmierstoff. Die freien Atome sorgen für elektrische Leitfähigkeit.

Tab. 7.2 Übersicht: Eigenschaften der Gusswerkstoffe

Eigenschaft	Tendenz	Auswirkungen
Schmelztemperatur	Niedrig	Kosten für Energie und feuerfeste Stoffe in Öfen, Pfannen und Formen niedrig
Schwindmaß	Klein	Geringe Neigung zu Lunkerbildung und Eigenspannungen
Formfüllungsvermögen	Hoch	Abgüsse scharf und formtreu, kleinere Wanddicken möglich
Spanbarkeit	Hoch	Niedrige Kosten für die Fertigbearbeitung

Grafit sorgt im Gusseisen dafür, dass nicht die schlechten Eigenschaften des metastabilen Eutektikums entstehen. Damit sich Grafit bilden kann, muss die Abkühlung langsam erfolgen, was mit Sandformen und bei großen Wanddicken begünstigt wird.

Gießeigenschaften sind für eine fehlerfreie und wirtschaftliche Fertigung wichtig (Tab. 7.2).

Umweltverträglichkeit

Eisen-Gusswerkstoffe werden überwiegend aus Recyclingmaterial gewonnen (Stahlschrott, Gussbruch und Kreislaufmaterial der Gießerei). Roheisen wird nur zu 15 % eingesetzt. Die Erschmelzung des Roheisens benötigt sehr viel mehr Energie ($16\ \mathrm{GJ/t_{Roheisen}}$) als die Einschmelzung von Recyclingmaterial (d. h., Energiebedarf und CO_2-Ausstoß werden verringert).

7.2 Allgemeines über die Gefüge- und Grafitausbildung bei Gusseisen

7.2.1 Gefügeausbildung

Die Eisenguss Legierungen haben überwiegend C-Gehalte von 2,5…4 %. In Abb. 7.4 ist gezeigt, dass die Phasengrenzen durch Silizium verändert werden. Genau genommen haben Eisengusswerkstoffe bezogen auf den Siliziumgehalt immer so viel Kohlenstoff, dass bei der Abkühlung das Austenitgebiet nicht durchlaufen wird.

Durch den hohen C-Gehalt liegen die Werkstoffe in der Nähe des Eutektikums (im EKD) und weisen folgende Eigenschaften auf:

- Sie haben niedrige Schmelztemperaturen.
- Sie lassen sich zu komplizierten Formen vergießen, ohne dass während der Abkühlung Entmischungen entstehen.

Beim Abkühlen bildet sich aus der Schmelze zunächst Zementit, das bei Temperaturen oberhalb 700 °C metastabil ist. Durch Mn oder anderen Karbidbildnern entstehen *stabile* Karbide. Deshalb ist Mn immer auch in unlegierten Stählen enthalten sein. Wenn nicht

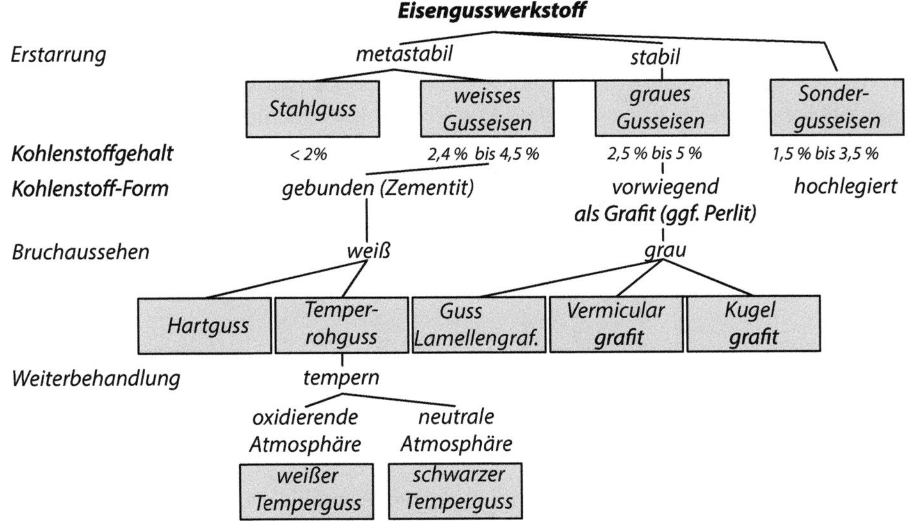

Abb. 7.6 Übersicht der Gusswerkstoffe

zügig genug abgekühlt wird, bzw. wenn das Material auf dieser Temperatur gehalten bzw. getempert wird, kann sich die stabilere Form des Grafits bilden (stabile Erstarrung).

Grundgefüge

Das Gussgrundgefüge kann weiß oder grau sein, damit ist zunächst die optisch sichtbare Bruchfläche gemeint (Abb. 7.6). Bei einem hellen Bruchbild liegt der Kohlenstoff in gebundener Form des Zementits vor. Dieses Gefüge erstarrt metastabil. Im Gegensatz dazu bezeichnet man Grauguss wegen seiner dunkleren Bruchfläche als grau. Es gehört zunächst zum stabilen System der Legierung Fe-C; der gesamte C-Gehalt liegt elementar als Grafit im Gefüge vor. Ob nun die Erstarrung metastabil oder stabil erfolgt, hängt von weiteren Legierungselementen und der Erstarrungsgeschwindigkeit ab. Vereinfacht kann man sich vorstellen, dass der Kohlenstoff in der Schmelze weitgehend elementar vorliegt. Damit sich Grafit bildet, muss der Kohlenstoff die Möglichkeit zu Diffusion haben, was bei langsamer Erstarrung möglich ist.

Im Grundgefüge sind bei Gusseisen Zementit (weiß) oder Grafit (grau) eingebettet, sodass die Eigenschaften des Bauteiles von der Kombination beider abhängen.

Einflüsse auf die Gefügebildung

Für die Keimbildung von reinen C-Kristallen (Grafit) müssen die relativ wenigen C-Atome lange Wege diffundieren, dadurch braucht die Grafitbildung viel Zeit. Bei Zementit Fe_3C verlaufen Keimbildung und Wachstum wesentlich schneller, weil beide Atomarten in der Schmelze dicht nebeneinander zur Verfügung stehen. Zusätzlich haben die Legierungselemente Einfluss auf die Art der Kristallisation des Kohlenstoffs.

7.2.2 Einfluss der Legierungselemente

Mn, Mo, Cr bilden *Mischkarbide* und begünstigen die Bildung von weitgehen stabilen Zementitkristallen beim Austenitzerfall. Das ist z. B. im verschleißfesten Gusseisen (Hartguss) notwendig.

Si, P, Ni behindern die Karbidbildung und fördern die Grafitausscheidung. Si liegt im PSE unter dem C in der gleichen Hauptgruppe und hat die gleiche Anordnung der Außenelektronen.

Damit liegen zwei Einflussgrößen vor, mit denen sich die Gefügebildung steuern lässt:

- Grafit entsteht bei höheren Si-Gehalten und langsamer Abkühlung,
- Zementit entsteht bei höheren Mn-Gehalten und schneller Abkühlung.

Einfluss der Wanddicke

Ein Gussteil wird selten eine durchgehend gleiche Wanddicke besitzen. Dadurch entstehen in einem Werkstück, das aus *einer* Schmelze abgegossen wurde, *verschiedene* Gefüge mit unterschiedlicher Härte. Das ist für die Eigenschaften von Bedeutung (z. B. für die Zerspanbarkeit). Der Zusammenhang der Einflussgrößen wird in Abb. 7.7 dargestellt. Darin kann die zu erwartende Gefügeausbildung, abhängig vom (C + Si)-Gehalt und der Wanddicke, ermittelt werden.

- Dicke Querschnitte neigen zu ferritischem Grundgefüge.
- Dünne Querschnitte können grafitfrei (zu Hartguss) erstarren.

Um beispielsweise ein rein ferritisches Grundgefüge zu erhalten, in dem Grafit eingebettet ist, muss bei Wanddicken von ca. 10 mm der (C + Si)-Gehalt etwa 6,8 % betragen. Ferritisches Gefüge (5) hat die niedrigste Härte und Festigkeit. Steigender Perlitanteil erhöht

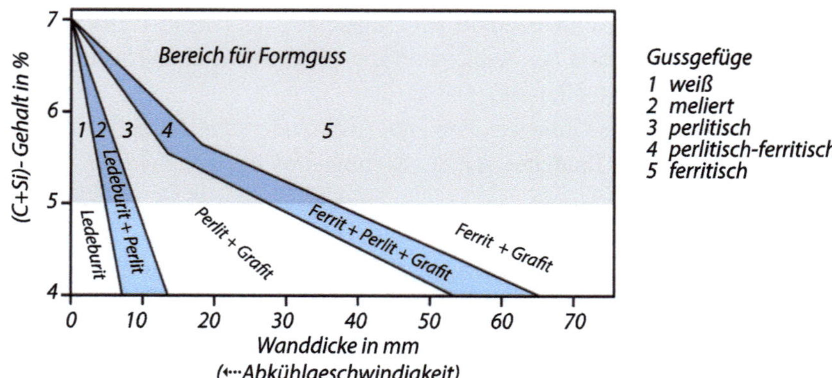

Abb. 7.7 Gefügeausbildung in Abhängigkeit vom (Si + C)-Gehalt und der Wanddicke

diese Eigenschaftswerte und die Verschleißfestigkeit. Meliertes Eisen ist ledeburitisch mit Perlit und Grafit. Hartguss (1) ist grafitfrei (nach *Greiner-Klingenstein*).

Zwischen den Grenzfällen Stahl- und Grauguss liegen wichtige Sorten, die beide Phasen, also Grafit und Zementit, *nebeneinander* im Gefüge haben. Dabei erstarrt die Schmelze zunächst stabil (Austenit + Grafit). Die folgende $\gamma \to \alpha$-Umwandlung vollzieht sich ganz oder teilweise metastabil mit der Bildung von Zementit. Dabei zerfällt Austenit zu Perlit (metastabile Umwandlung) oder teilweise zu Ferrit und Grafit (stabile Umwandlung)

▶ **Hinweis** In Gussteilen mit wechselnden Wanddicken entstehen unterschiedliche Gefüge mit wechselnder Härte. Die Abkühlgeschwindigkeit eines Gussstückes ist indirekt durch seine Wanddicke festgelegt.

Gießkeilprobe zur Kontrolle der Gefügeausbildung

Schnelle Kontrolle der zu erwartenden Gefügeausbildung durch Abguss einer keilförmigen Probe, die abgeschreckt und längs gebrochen wird. Die Bruchfläche zeigt von der Spitze her ein *ledeburitisches* (weißes) Eisen, das nach dem dicken Ende hin in perlitischferritisches Gefüge mit Grafit übergeht (graues Eisen). Die Länge der *weiß* erstarrten Zone gibt Aufschluss über das zu erwartende Verhalten in der Form.

7.3 Einteilung der Gusswerkstoffe

Als Gusseisen werden allgemein die Grauguss-Typen bezeichnet und hier nach der *Grafitform* (Abb. 7.8) in verschiedene Sorten eingeteilt. Eine zusätzliche Untergliederung ist durch die Art des *Grundgefüges* möglich. Es besitzt starken Einfluss auf Festigkeit und Zähigkeit und kann wie bei den Stahlsorten ferritisch oder perlitisch ausgebildet sein.

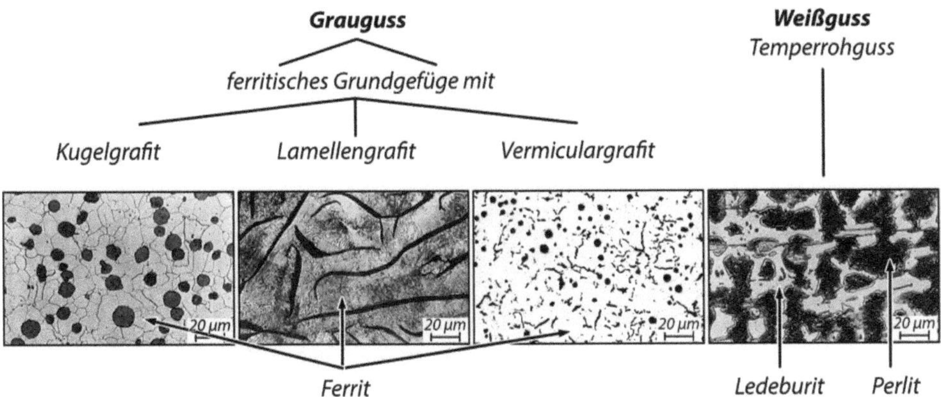

Abb. 7.8 Grafitformen in Eisenguss

Weiterhin gibt es Eisengusswerkstoffe, die statt Grafit beim Abkühlen Ledeburit bilden und als Weißguss bezeichnet werden. Zu dieser Gruppe zählen:

- **Temperguss:** ist ein Fe-C-Gusswerkstoff, dessen gesamter C-Anteil im Gusszustand (Temperrohguss) zunächst als Fe-Karbid (Zementit) vorliegt. Das ledeburitische Gefüge zerfällt durch Temperaturauslagerung (tempern). Der Kohlenstoff kann je nach Umgebungsbedingungen aus dem Material herausdiffundieren, sodass weitgehend ein ferritisches Gefüge am Rand übrigbleibt (Temperguss weiß, GJMW) oder es bildet sich Temperkohle über den gesamten Querschnitt, wobei das Bruchbild selbst dunkler erscheint (Temperguss schwarz, GJMB).
- **Hartguss:** das ledeburitische Gefüge sorgt für eine sehr hohe Härte des Materials mit guter Verschleißfestigkeit, z. B. für Mahlscheiben oder Erzbrecher.
- **Stahlguss:** hier liegt ein sehr geringer Kohlestoff vor, es bildet sich nur wenig Ledeburit. Dieses Material hat einen sehr hohen Schmelzpunkt vergleichbar mit Stahl. Stahlguss erstarrt wie Stahl metastabil, der gesamte C-Gehalt liegt als Zementit im Gefüge vor. Nach dem Guss ist Stahlguss in seinen Eigenschaften und der Verformbarkeit Stahl vergleichbar. Stahlguss wird statt Gusseisen verwendet, wenn höhere Zähigkeit, Warmfestigkeit oder Korrosionsbeständigkeit verlangt werden.

7.3.1 Gusseisen mit Lamellengrafit GJL (DIN EN 1561:2024)

Die einfachste und häufigste Gusseisen-Sorte ist Gusseisen mit Lamellengrafit (früher nach DIN 1691 „GGL", Grauguss lamellar), in dem der Grafit in Form von dünnen, unregelmäßig geformten Lamellen vorliegt. Diese Lamellen wirken bei Zugbelastung als Kerben, daher ist die Zugfestigkeit infolge der Kerbwirkung gering (Abb. 7.9). Im Gegensatz zur Zugfestigkeit ist die Übertragung der Druckspannung wesentlich besser. Die Druckfestigkeit liegt etwa um den Faktor 4 höher als die Zugfestigkeit. Grafit in Lamellenform erleichtert die Zerspanung und ist wirksam als Schwingungsdämpfung und Festschmierstoff.

Abb. 7.9 Lamellen- und Kugelgrafit unter Belastung

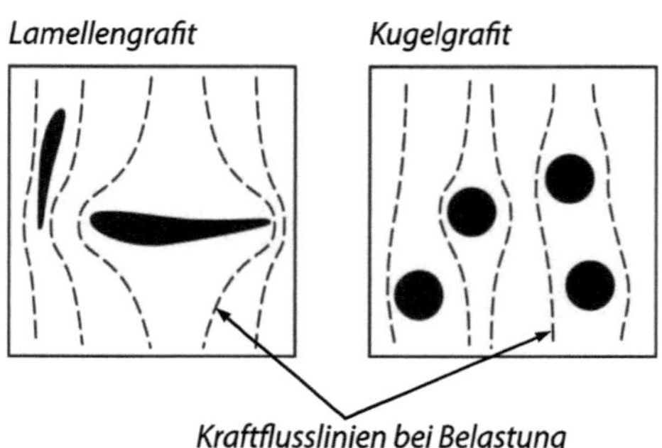

Tab. 7.3 Eigenschaftsprofil von Gusseisen mit Lamellengrafit

Eigenschaft	Beschreibung, Ursachen, Auswirkung
Gießbarkeit	**Günstig,** da niedrige Schmelztemperatur (1200…1400 °C) und Schwindmaß von 0,6…1,4 %. Verwickelte Formen sind gut gießbar.
Zerspanbarkeit	**Günstig,** die Grafitlamellen wirken als Festschmierstoff und Spanbrecher. Mit steigender Härte (steigender Perlitanteil) sinkt die Zerspanbarkeit.
Bruchdehnung	**Gering,** da die Grafitlamellen eine Verformung nicht mitmachen.
Druckfestigkeit	**Hoch,** sie beträgt etwa das Dreifache der Zugfestigkeit.
Dämpfung	**Hohe** Schwingungsdämpfung durch den weichen Grafit. Sie nimmt mit steigender Festigkeit ab (weniger Ferrit, mehr Perlit).
Gleiteigenschaften	**Mittel,** Grafit wirkt als Notlaufschmierstoff, die Perlitbereiche wirken tragend und ergeben geringeren Verschleiß.
Korrosionsbeständigkeit	**Ausreichend** bei unverletzter Gusshaut, die aus dem Formsand Si aufgenommen hat. Hohe Si-Gehalte ergeben Säurebeständigkeit.
Wachsen des Gusseisens	Volumenvergrößerung durch Zementitzerfall und Oxidation bei ca. 400 °C beginnend. Zusätze von Cr und höhere Si-Gehalte stabilisieren den Zementit, wichtig für den Einsatz bei höheren Temperaturen.

Wegen mangelnder Beweglichkeit im uneinheitlichen Gefüge mit den Grafitlamellen und inneren Spannungen hat GJL keine erkennbare Plastizität. Es ist ein spröder Werkstoff mit guter Wärmeleitfähigkeit, guten Dämpfungseigenschaften und wegen der Sprödigkeit guter Formsteifigkeit. Daher eignet sich Grauguss mit Lamellengrafit in besonderer Weise für Maschinenbetten und -ständer. Hinzu kommen vorteilhafte Selbstschmiereigenschaften, wenn durch Bearbeitung die Lamellen angeschnitten und der Grafit selbst oder an dessen Stelle andere Schmiermittel in den Hohlräumen „bevorratet" werden können.

Gusseisen mit Lamellengrafit hat eine Vielzahl von Vorzügen, aber auch Nachteile, die in Tab. 7.3 zusammengefasst sind.

Für die **Herstellung** wird als Einsatzmaterial vorwiegend Kreislaufschrott (Eingüsse, Speiser, Fehlgüsse), unlegierter Stahlschrott oder paketierte Späne verwendet. Den kleineren Anteil haben Gießereiroheisen I…IV (steigende P-Gehalte) oder P-armes Hämatit mit Zusätzen, das ist Roheisen, das ausschließlich für Gießereizwecke verwendet wird. Es zeichnet sich durch sehr niedrigen Phosphorgehalt aus. Unter Semihämatit (Halbhämatit) versteht man ein Roheisen mit etwas höherem Phosphorgehalt, das bereits dem Gießereiroheisen zugeordnet wird. Mitunter sind auch abweichende Silizium- und Mangangehalte gebräuchlich, z. B. 1,5 bis 4,5 % Si, gestaffelt in Si-Spannen von jeweils 0,5 %, desgleichen Mangangehalte bis 1,5 %.

Gattierung ist die berechnete Zusammenstellung der Einsatzstoffe aufgrund ihrer Analyse, unter Berücksichtigung des Ab- und Zubrandes von Elementen, um eine Gusseisenschmelze mit bestimmter Analyse zu erhalten. In der Gattierung wirkt Hämatit „weichmachend"; es dient als Gattierungsgrundlage für hochwertigen Fahrzeug- und Maschinenguss, desgleichen als regulierender Gattierungsbestandteil für Temperguss und Stahlguss auf Grund seiner niedrigen Gehalte an Phosphor, Schwefel und störenden Begleitelementen.

Tab. 7.4 Eigenschaften von Gusseisen mit Lamellengrafit nach DIN EN 1561:2024 (in getrennt gegossenen Proben von 30 mm Rohdurchmesser, Auswahl)

Eigenschaft			EN-GJL ...		
			... 150	... 250	... 350
Zugfestigkeit	R_m	in MPa	150...250	250...350	350...450
0,1 %-Dehngrenze	$R_{p0,1}$	in MPa	98...165	165...228	228...285
Bruchdehnung	A	in %	0,8...0,3	0,8...0,3	0,8...0,3
Druckfestigkeit	σ_{dB}	in MPa	600	840	1080
Biegefestigkeit	σ_{bB}	in MPa	250	340	490
Torsionsfestigkeit	τ_{tT}	in MPa	170	290	400
Biegewechselfestigkeit	σ_{dW}	in MPa	70	120	145

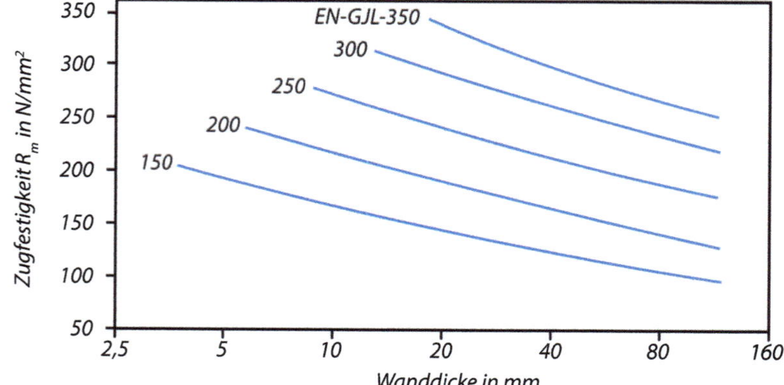

Abb. 7.10 Beziehung zwischen Festigkeit und Wanddicke bei Gusseisen mit Lamellengrafit

Schmelzanlagen sind der Gießereischachtofen (Kalt- und Heißwindkupolofen), Induktionsofen (bei hohem Anteil an Stahlschrott und zum Legieren) und Flammofen (bei Großschrott).

Entschwefelung erfolgt durch Zugaben von Soda (Na_2CO_3), Kalk (CaO) oder Kalziumkarbid (CaC_2), z. T. in Schüttelpfannen, die in etwa 5 min bei einer CaC_2-Zugabe von 0,4...0,5 % auf S-Gehalte von 0,02 % entschwefeln.

Die verschiedenen Sorten des Grauguss mit Lamellengrafit sind nach Zugfestigkeit in Tab. 7.4 eingeteilt und mit weiteren relevanten Kennwerten angegeben. Für die Auswahl der Sorten sind neben der Zugfestigkeit oft andere Eigenschaften wie z. B. Druck-, Biege- und Dauerfestigkeit wichtig.

Zum Nachweis der Zugfestigkeit R_m werden Stücke je nach Wanddicke hergestellt. Die daraus ermittelten Werte unterscheiden sich je nach Abkühlbedingungen. Abb. 7.10 zeigt die Beziehung zwischen Mindestzugfestigkeit und Wanddicke von Gussstücken einfacher Gestalt.

Die Bezeichnung von Gusseisen mit Lamellengrafit kann erfolgen nach:

- Mindestzugfestigkeit R_m, z. B. EN-GJL-150
- Durchschnittshärte HBW, z. B. EN-GJL-HBW155.

Im Wanddickenbereich 40…80 mm wird die Härte HBW gemessen. Für die Härtemessung an Großteilen werden angegossene Kegelstümpfe abgetrennt (evtl. nach Wärmebehandlung). Die sechs Sorten sind: EN-GJL-HBW155 (175, 195, 215, 235, 255).

7.3.2 Gusseisen mit Kugelgrafit GJS (DIN EN 1563:2019)

In **globularer Grafitform** (kuglig, Sphäroguss) hat der Guss eine höhere Belastbarkeit. Gusseisen mit Kugelgrafit (duktiles Gusseisen, früher GGG nach DIN 1693) hat im Vergleich mit GJL (Grauguss lamellar) bessere mechanische Eigenschaften. Erreicht wird dies durch Entschwefeln der Schmelze und mittels Zugabe von geringen Mengen Magnesium, Cer oder Calcium kurz vor dem Abgießen. Duktiles Gusseisen wird bevorzugt für Rohrleitungen beim Schleudergussverfahren eingesetzt, aber auch für Kurbelwellen und andere hochbeanspruchte Maschinenteile.

Für die **Herstellung** wird Sonderroheisen und sortierter Stahlschrott ohne Legierungselemente und frei von Öl und Rost verwendet. Das Ausgangsmaterial hat wenig S, ist frei von As, Pb, Bi, Ti und. Schmelzanlagen sind meist Induktionstiegelöfen evtl. mit Vorschmelzen im Heißwindkupolofen. Damit lässt sich die Abstichtemperatur von ca. 1500 °C leicht einstellen und es gibt keine Anreicherung von Schwefel aus dem Heizmaterial.

Die Vorbehandlung zum Erzeugen der Kugelform des Grafits beginnt mit dem Abstich in spezielle Gießpfannen. Danach erfolgen noch drei Schritte, die zum gewünschten Gefüge führen:

- Entschwefeln: Zugabe von CaC_2 unter Badbewegung in Schüttelpfannen oder durch Rührgeräte und Reduktion auf $\leq$ 0,02 % S, auch durch Einblasen mit Tauchrohren, als Voraussetzung für den nächsten Schritt.
- Mg-Behandlung: Die von der Schlacke befreite Schmelze wird vom Ofen in ein Behandlungsgefäß (Behandlungspfanne) überführt. Darin wird die Schmelze dann entweder mit einer Magnesiumvorlegierung oder mit metallischem Magnesium behandelt. Magnesium ist ein reaktionsfreudiges Metall und der Dampfdruck bei der Behandlungstemperatur erreicht bis zu 10 bar. Die Reaktion wird von Licht und Rauch begleitet. Der Endgehalt von Magnesium in dem Gussstück liegt zwischen 0,030 und 0,060 %.
- Die mit Magnesium behandelte Schmelze wird mit Hilfe einer Gießvorrichtung (Gießpfanne, Vergießofen) in die Gussformen vergossen. Die Eigenschaften der Schmelze müssen noch vor dem Vergießen oder während des Gießens durch Impfung der Schmelze gesteuert werden. Durch die Impfung werden die Kristallisationskeime, welche für die Bildung von Kugelgrafit zwingend erforderlich sind, begünstigt und die Bil-

dung vom Zementit wird unterdrückt. Zur Erhöhung der Festigkeit im Randbereich von dickwandigen Stücken – wie z. B. Walzen – kann der Guss wie beim Schalenhartguss in Kokillen erfolgen.

- Impfen: Zugabe von feinkörnigem FeSi (mit geringen Anteilen von Al, Ca, Zr oder seltenen Erden) in die Gießpfanne oder in den Gießstrahl als Grafitkeime (Anzahl und Größe der Sphärolithen), Einstellung des gewünschten Grundgefüges.

Wärmebehandlung: Die gewünschten Gefüge und damit die Sorte können auch *nachträglich* durch eine Wärmebehandlung eingestellt werden. Dann kann mit einer Art Einheitsschmelze (mit größerer Analysenstreuung) abgegossen werden.

- Austenitisieren (15 min…4 h bei 880…940 °C) und langsames Abkühlen im Umwandlungsbereich und Halten unterhalb oder nochmaliges Erwärmen auf ca. 720 °C ergibt ferritische Gefüge *(Ferritisieren)*.
- Schnelles Abkühlen im Umwandlungsbereich ergibt perlitisches Gefüge, evtl. auch durch Normalisieren *(Perlitisieren)*.
- Randschichthärten ist ebenfalls möglich.
- Isotherme Umwandlung ergibt ein bainitisches Gefüge (Bainitisches Gusseisen ADI).

Eigenschaftsprofil, Normung

GJS hat stahlähnliche Eigenschaften, dabei die gute Gießbarkeit des Gusseisens mit Lamellengrafit, allerdings durch die Grafitform geringere Dämpfung und Wärmeleitfähigkeit. In Tab. 7.5 sind einige genormte Sorten mit ihren mechanischen Eigenschaften aufgeführt. Durch die Kugelform des Grafits wird die starke Kerbwirkung der Lamellen vermieden ($\Rightarrow$ höhere Festigkeit und Zähigkeit). Dagegen haben die Lamellen eine größere Oberfläche, wodurch Dämpfungsfähigkeit bei Schwingungsbeanspruchung und elektrische Leitfähigkeit höher sind als bei der Kugelform.

Tab. 7.5 Gusseisen mit Kugelgrafit GJS (Auswahl aus DIN EN 1563:2019)

Eigenschaft		EN-GJS…					
		.. 400-18	.. 500-7	.. 600-3	.. 700-2	.. 800-2	.. 900-2
Mindestzugfestigkeit	R_m in MPa	400	500	600	700	800	900
Dehngrenze	$R_{p0,2}$ in MPa	250	320	380	440	500	600
Bruchdehnung	A in %	18	7	3	2	2	2
Bruchzähigkeit	K_{IC} in Mpa$\sqrt{m}$	30	25	20	15	14	14
Druckfestigkeit	σ_{dB} in MPa	700	800	870	1000	1150	-
Biegefestigkeit	σ_{bB} in MPa	195	224	248	280	304	317
Torsionsfestigkeit	τ_t in MPa	122	134	149	168	182	190
Gefüge		Ferrit	Ferrit + Perlit	Ferrit + Perlit	Perlit	Perlit + Bainit	Martens. Wärmebeh.

In der Praxis wird Gusseisen mit Kugelgrafit für Bauteile aller Größen verwendet,

- die in Stahlguss sehr schwierig zu gießen sind (komplexe Gestalt, kleine Wanddicke),
- wenn Gusseisen mit Lamellengrafit zu spröde ist (Stoßbelastungen) und
- wenn Temperguss wegen der Bauteilgröße ausscheidet.

GJS füllt auf Grund seines Eigenschaftsprofils die Lücke zwischen Stahl- und Temperguss. Über die endgültige Wahl entscheiden die Kosten.

> **Beispiel: GJS im Automobilbau**
>
> Der Kfz-Bau ist mit einem Anteil von 40 % der Gesamtproduktion an GJS der größte Abnehmer. 70 % der Kurbelwellen in Pkw-Motoren bestehen aus GJS-600-3; Lkw-Radnaben aus GJS-600–3; Lenk- und Getriebegehäuse für Landmaschinen und Sonderfahrzeuge GJS-500–7; Kolben für Dieselmotor aus GJS-600–3 (68 kg); Einteiliger Pressenständer aus GJS-400-22-LT (165 t); Tische, Querbalken und Planscheiben für Werkzeugmaschinen aus GJS-600–3; Gondelrahmen für Windkraftanlagen GJS-400-18-LT. ◄

Bainitisches Gusseisen mit Kugelgrafit (Austempered Ductile Iron, **ADI**) hat zähhartes Gefüge aus übersättigtem Ferrit (Bainit) mit Karbidsäumen und Restaustenit. ADI ist ein verzugsarm isothermisch vergütetes Gusseisen mit Kugelgrafit. Der Restaustenit sollte stabil sein (1,8–2,2 % C) und nicht bereits durch geringen Druck oder Temperaturunterschreitung unterhalb RT in Martensit umwandeln. C-Gehalte von 1,2–1,6 im Restaustenit machen diesen nur metastabil (umwandlungsfreudig). ADI zeichnet sich durch eine sehr attraktive Kombination von Festigkeit und Bruchdehnung sowie hohe Wechselfestigkeit und günstigem Verschleißverhalten aus.

Es wird durch eine isotherme Umwandlung bei 270…450 °C erzeugt. Für größere Wanddicken wird es mit Cu, Ni, und Mo niedriglegiert, damit die Perlitumwandlung beim Abkühlen umgangen werden kann. Der Restaustenit führt bei Verformungen zu geringer Martensitbildung (Verschleißwiderstand steigt) mit Druckeigenspannungen. Dadurch wird ein evtl. Risswachstum behindert und die Dauerfestigkeit steigt (Tab. 7.6).

Die Zerspanbarkeit der Gussstücke nach der ADI Wärmebehandlung ist sehr schwierig und in den meisten Fällen nur durch Schleifen möglich (insbesondere bei metastabilem

Tab. 7.6 ADI: Austempered Ductile Iron nach DIN EN 1564:2012 und VDG-MB W 52

Eigenschaft		EN-GJS …			
		.. 800-8	.. 1000-5	.. 1200-2	.. 1400-1
Mindestzugfestigkeit	R_m in MPa	800	1000	1200	1400
Dehngrenze	$R_{p0,2}$ in MPa	500	700	850	1100
Bruchdehnung	A in %	8	2	2	1

Restaustenit, wegen Martensitbildung). Aus diesem Grund ist es notwendig, dass die Gussstücke vor dem Vergüten schon auf Maß bearbeitet werden. Dabei muss die Volumenveränderung durch die Gefügeumwandlung berücksichtigt werden.

Bainitisches Gusseisen wird bei Stahlwerkswalzen, Tellerräder u. Radnaben für Lkw, Gehäusen von Presslufthämmern und Pickelarmen für Gleisbaumaschinen verwendet.

7.3.3 Gusseisen mit Vermiculargrafit GJV

Vermiculargrafit ist *wurmförmiger* Grafit, eine Art Zwischenform von Lamelle zur Kugel. Im Allgemeinen spricht man von Gusseisen mit Vermiculargrafit, wenn mindestens 80 % vermicular sind, der Rest darf in Kugelform, jedoch nicht in Lamellenform vorliegen. Höhere Kugelgrafitanteile sind aber durchaus zulässig. Die mechanischsen Eigenschaften von Gusseisen mit Vermiculargrafit liegen zwischen den Eigenschaften von Lamellen- und Kugelgrafit. Die Herstellung erfolgt in ähnlicher Weise wie GJS mit einer Mg-Behandlung von S-armen Roheisen nach drei verschiedenen Verfahren. Durch einen Rest-Mg-Gehalt wird die *lamellare* Grafitausbildung unterdrückt, die kugelförmige aber nicht ganz erreicht.

Erstarrung
Es besteht eine starke Wanddickenabhängigkeit. In dünnen Querschnitten überwiegen Kugeln, in dicken die wurmartigen Grafitkristalle. Meist entsteht ein ferritisches Grundgefüge, dünnwandige Gussstücke brauchen nicht geglüht zu werden. Wegen der ähnlichen Herstellungsweise ist GJV kaum kostengünstiger als GJS. Die Sicherung konstanter Qualität im Gussteil ist aufwendiger (Ultraschallprüfungen). Einige wichtige technologische Eigenschaften und Zahlenwerte sind in Tab. 7.7 aufgelistet. Die Zugfestigkeitswerte steigen mit fallender Wanddicke. Die VGD-Norm enthält u. a. 3 Diagramme der Wanddickenabhängigkeit zur Wahl der getrennt gegossenen Probestücke für die maßgebliche Wanddicke des Gussteils.

Eigenschaften
Die Kombination aus kleinerem E-Modul, höherer Wärmeleitfähigkeit und geringerer Wärmedehnung gegenüber GJS macht sich in kleineren thermischen Spannungen bei

Tab. 7.7 Einige GJV-Sorten VDG-MB W 50/02

Eigenschaft		EN-GJV…		
		… 300	… 400	… 500
Zugfestigkeit	R_m in MPa	300…375	400…475	500 – 575
Dehngrenze	$R_{p0,2}$ in MPa	220…295	300…376	380…455
Bruchdehnung	A in %	1,5	1,0	0,5
Härte	HBW	140…210	180…240	220…260

Temperaturwechseln bemerkbar, d. h. weniger Rissneigung oder Verzug. Die innere Oxidation von GJL bei höheren Temperaturen, die längs der zusammenhängenden Grafitlamellen verläuft, entsteht bei Wurmgrafit nicht. Daher kein „Wachsen" des Bauteils, wichtig bei thermischer Beanspruchung.

Im Vergleich mit GJL hat GJV höhere Festigkeit, Zähigkeit, Steifigkeit und Temperaturwechselbeständigkeit. Im Vergleich mit GJS hat GJV günstigere Gießeigenschaften, ist leichter zerspanbar, hat eine bessere Formbeständigkeit bei Temperaturwechseln, was sich günstig auf den möglichen Verzug auswirkt und hat eine höhere Dämpfungsfähigkeit.

Anwendungen

Thermisch beanspruchte Bauteile wie z. B. Abgaskrümmer, Abgasturboladergehäuse, Kupplungsscheiben, Zylinderköpfe für stationäre Dieselmotoren 200 kg, Motorblock für KFZ, Stahlwerkskokille 23 t.

Für Bauteile mit umfangreichen Zerspanungsarbeiten ist GJV kostengünstiger als GJS, wenn dessen höhere mechanische Eigenschaften nicht erforderlich sind, GJL aber nicht ausreicht, z. B. für Getriebegehäuse, Grundplatte für einen Großdieselmotor.

7.3.4 Temperguss GJMW/GJMB (DIN EN 1562:2019)

Temperguss ist eine Gusseisensorte, die aufgrund ihrer chemischen Zusammensetzung und des Erstarrungsvorgangs nach dem metastabilen System des Eisen-Kohlenstoff-Diagramms grafitfrei erstarrt und als vorerst harter, spröder Temperrohguss in der Gussform entsteht. Eine anschließende Wärmebehandlung, das Tempern, bewirkt eine Gefügeumwandlung. Der Zementit im Temperrohguss wird erst nach langer Glühzeit zum Zerfall gebracht. Da die Umwandlung des Zementits zu Grafit im erstarrten Gefüge stattfindet, entstehen keine länglichen Lamellen, sondern es entsteht daraus die kugelförmige Temperkohle (Grafit) mit geringerer Kerbwirkung, was sich positiv auf die mechanischen Eigenschaften auswirkt.

Anhand des Bruchaussehens wird der Temperguss in schwarzen und weißen Temperguss unterteilt, die sich in Analyse, Wärmebehandlung und dem entstehenden Gefüge unterscheiden. Für beide Sorten ist der (Si + C)-Gehalt gleich und ergibt auch bei kleinen Wanddicken ein ledeburitisches (grafitfreies) Gefüge für den Temperrohguss.

- **GJMW** (Weißer Temperguss) ist *entkohlend* geglüht. Der Rand wird völlig entkohlt, zum Kern hin steigt der C-Gehalt. Die Gefügeausbildung ist im Randbereich ferritisch mit weißer Bruchfläche, bei größeren Wanddicken liegt im Bauteilinneren Temperkohle vor.
- **GJMB** (Schwarzer Temperguss) ist *nicht* entkohlend geglüht. Der gesamte C-Gehalt liegt als Temperkohle im Gefüge vor. *Temperkohle* ist Grafit in flockiger Form mit grau-schwarzer Bruchfläche.

7.3.5 Herstellung von Temperguss

Temperguss wird im Kupolofen aus Sonderroheisen, Bruch und Stahlschrott erschmolzen. GJMB wird in einem zweiten Ofen (meist Induktionsofen) fertiggeschmolzen, da der niedrigere C-Gehalt im Kupolofen schwierig zu erreichen ist.

Temperrohguss muss *grafitfrei* erstarren (Abb. 7.8), der gesamte Kohlestoff bildet sprödes, ledeburitisches Grundgefüge. Damit ist die mögliche Wanddicke von Tempergussteilen auf max. 60 mm begrenzt. Die Bauteilgewichte liegen überwiegend unterhalb 100 kg. Eine Wärmebehandlung ist notwendig, damit das Ledeburit zerfällt und die Duktilität des Materials steigt. Abb. 7.11 zeigt den Temperatur-Zeit-Verlauf beim Tempern.

GJMW wird in oxidierenden Mitteln geglüht, meist in geregelter Gasatmosphäre. Dabei verbrennt der Kohlenstoff der zerfallenden Verbindung Fe_3C und auch der im Austenit gelöste (Randentkohlung). Dadurch wird das Gussstück im Randbereich etwas zäher und schweißbar.

Der Rohguss wird bei 1000 °C etwa 60–120 h in einer oxidierenden Atmosphäre geglüht (im Gasstrom getempert). Dabei laufen folgende Reaktionen ab:

- Reaktion 1 (im Inneren des Gussteils): $Fe_3C \rightarrow 3Fe + C$ ($\rightarrow$ Temperkohle)
- Reaktion 2 (an der Oberfläche des Gussteils): $C + O_2 \rightarrow CO_2$
- Reaktion 3 (eigentliche Entkohlung – selbstlaufender Prozess) $CO_2 + C \rightarrow 2CO$ dazu kommt jetzt wieder $O_2 + 2CO \rightarrow 2CO_2$

Die Diffusion der C-Atome nach außen ist nur bei kleinen Wanddicken (max. 8 mm) weitgehend vollständig möglich, wobei ein rein ferritisches Gefüge entsteht. Bei größeren Wanddicken bildet sich unter einer ca. 4 mm dicken ferritischen Randschicht eine Über-

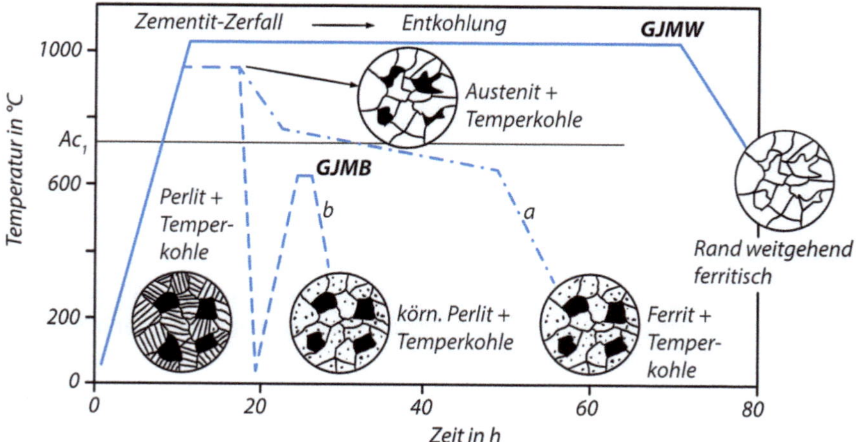

Abb. 7.11 Wärmebehandlung von Temperguss, Temperatur-Zeit-Diagramm

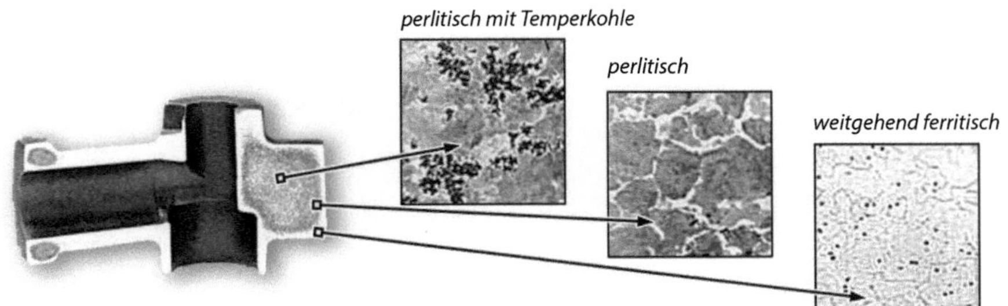

Abb. 7.12 Rohrverbindung aus GJMW

gangszone aus Ferrit + Perlit + Temperkohle und im Inneren von dicken Bauteilen ein Kern aus Perlit + Temperkohle (Abb. 7.12).

Wegen der Diffusionswege sind die Glühzeiten lang. Bei größeren Wanddicken bleiben C-Atome im Kern zurück. Das Gefüge ist dann wanddickenabhängig. Für GJMW ist die Wanddicke auf ca. 25 mm begrenzt, damit die Entkohlung mit wirtschaftlichen Glühzeiten möglich ist.

Die schweißgeeignete Sorte GJMW-360-12 ist so legiert, dass sie tief entkohlt. Gussteile können mit Walzstahl verschweißt werden, eine Wärmenachbehandlung ist nicht nötig.

GJMB wird in neutraler Atmosphäre geglüht und verliert beim Glühen nur einen Teil des Kohlenstoffs. Das Ziel des Glühens ist hier der Zementitzerfall, die Glühzeiten sind kürzer.

Für die Wärmebehandlung gibt es zwei unterschiedliche Strategien (Abb. 7.11):

(a) Die Umwandlung des Austenits in Ferrit ($\gamma \rightarrow \alpha$ bei ca. 760…680 °C) wird langsam durchlaufen. Hierbei muss der im Austenit gelöste Kohlenstoff ausscheiden und kann an die entstandene Temperkohle ankristallisieren. Auch bei der Gitterumwandlung gliedern sich die restlichen 0,8 % C an die Temperkohle an. Es entsteht rein ferritischer Temperguss GJMB-350-10 aus Ferrit und Temperkohle.

(b) Bei einer schnellen Abkühlung an der Luft wandelt der Austenit zu Perlit um. Es entsteht perlitischer Temperguss, z. B. GJMB-550-4. Durch entsprechende Abkühlung entstehen ferritisch-perlitische Grundgefüge (GJMB-450-6).

Der beim Glühen entstehende Grafit des GJMB wird als Temperkohle bezeichnet und zeichnet sich durch seine charakteristische Knöllchenform aus (Abb. 7.13). Durch diese Gestalt unterbrechen die Temperkohleflocken das metallische Grundgefüge nicht so ungünstig und weisen eine geringere Kerbwirkung auf als die Grafitlamellen im Gusseisen mit Lamellengrafit. Das ist der Hauptgrund, warum Temperguss bessere mechanische Eigenschaften als normales Gusseisen mit Lamellengrafit aufweist und daher als zäh und gut bearbeitbar bezeichnet werden kann. Nach dem Tempern ist der Werkstoff schlagfest bis zu Temperaturen von -70 °C. Die Zerspanbarkeit ist bei GJMB weniger aufwendig als

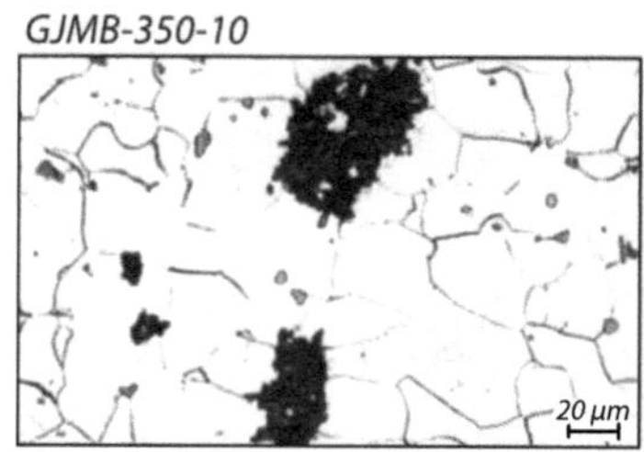

GJMB-350-10

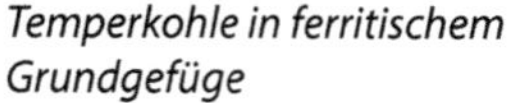

Temperkohle in ferritischem
Grundgefüge

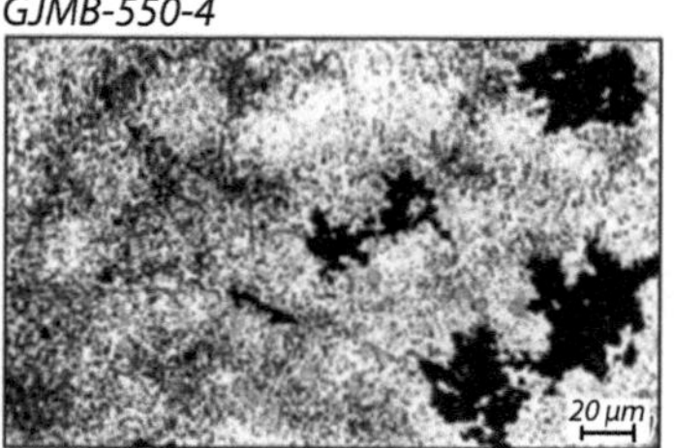

GJMB-550-4

Temperkohle in perlitischem
Grundgefüge

Abb. 7.13 Temperkohle im Grundgefüge nach dem Tempern von Temperrohguss

Tab. 7.8 Eigenschaften von Temperguss nach DIN EN 1562:2019

Eigenschaft			EN-GJMB …					
			.. 350-10	.. 450-6	.. 550-4	.. 650-2	.. 700-2	800-1
Mindestzugfestigkeit	R_m	in MPa	350	450	550	650	700	800
Dehngrenze	$R_{p0,2}$	in MPa	200	340	340	430	530	600
Bruchdehnung	A	in %	10	6	4	2	2	1
Härte max	HBW		150..200	150..200	180..230	210..260	240..310	270..310
			EN-GJMW …					
			.. 360-12	.. 450-7	.. 550-4			
Mindestzugfestigkeit	R_m	in MPa	360	450	550			
Dehngrenze	$R_{p0,2}$	in MPa	190	260	340			
Bruchdehnung	A	in %	12	7	4			
Härte max	HBW		200	230	250			

bei GJMW. Randschichthärtung ist bei perlitischem Grundgefüge möglich (entkohlte Randschicht bei GJMW entfernen).

Beispiel für GJMW-360–12

Pkw-Radlenker, Stahlblechschale mit gegossenem Lagergehäuse verschweißt. ◄

Vergütungsgefüge mit Temperkohle werden durch Ölvergütung und abschließendem Anlassen erzeugt. Dadurch ergeben sich Sorten mit höherer Festigkeit (GJMB-700–2, Tab. 7.8). Temperguss ist wenig kerbempfindlich und damit für schwingbeanspruchte, komplizierte Bauteile mit hoher Formzahl k_f günstiger als hochfeste Stähle (z. B. Lkw-Pleuel aus GJMB-700–2).

Die Werkstoffbezeichnung enthält an erster Stelle die Zugfestigkeit in MPa und an zweiter Stelle die Bruchdehnung A in Prozent. Die Werte gelten für Probestäbe von 12 oder 15 mm ⌀.

In der Praxis hat Temperguss Eignung für folgende Bauteile:

- dünnwandig mit
- aufwändiger Gestaltung, die auch
- stoßfest sein müssen.

Für die oben genannten Teile ist Stahlguss wegen seiner gießtechnischen Schwierigkeiten unwirtschaftlich und Gusseisen GJL kommt wegen mangelnder Zähigkeit nicht infrage. Es sind vorwiegend Serien- und Großserienteile zwischen wenigen Gramm bis zu max. 100 kg, meistens weniger als 10 kg, Wanddicken über 20 mm sind die Ausnahme.

Beispiel: Einsatz von Temperguss

Verbundkonstruktionen aus GJMW-369-12 W mit Blech oder Profilstahl für Pkw-Achsen oder Schräglenker, Ventilgehäuse zum Einschweißen, Schaltgabel für Lkw-Getriebe aus GJMB-550-4 mit induktiv gehärteten Schaltklauen, Stell- und Befestigungselemente für Gerüst- und Schalungsbauten aus GJMW-400-5, Tellerräder mit fertiggegossener Verzahnung für landwirtschaftliche Maschinen aus GJMB-550-4 und GJMB-700-2. ◄

7.3.6 Stahlguss

Bei der Stahlherstellung zählt das Vergießen zur Sekundärmetallurgie. Man unterscheidet hier:

- **Strangguss** in eine unten offene wassergekühlte Kokille aus wassergekühlten Kupferplatten. Durch die Kühlung wird die Kokille selbst nicht schmelzen. Ein oder mehrere, im Inneren noch flüssige Guss-Stränge werden durchlaufend unten abgezogen. Der Strangguss ist weltweit mit über 90 % das am häufigsten eingesetzte Gussverfahren.
- **Blockguss** hat die einseitig offene Kokille aus sehr massivem Sphäroguss mit leicht konischer Form. Der hieraus entstehende Block wird in der Regel weiterverarbeitet.
- **Formguss** mit einer so gestalteten Kokille, dass ein Bauteil mit nahezu Endkontur entsteht.

Für den **Formguss** umfasst unlegierter Stahlguss Eisen-Kohlenstoff-Legierungen mit maximal 0,60 % Silizium- und bis zu 1 % Mangangehalt, dessen Kohlenstoffgehalt bis 0,5 % die Festigkeitseigenschaften maßgeblich bestimmt. Niedrig- bis hochlegierter Stahlguss enthält zusätzlich in wechselnden Anteilen Legierungselemente wie Chrom, Nickel, Molybdän, Vanadium, Wolfram und andere. Beim Stahlguss werden die vorteilhaften Eigenschaften des Werkstoffs Stahl und die gestalterischen Vorteile der gießtechnischen Formgebung im Endprodukt (Stahlgussstück) vereinigt. Die meisten Schmiedestähle werden auch zu Gussteilen vergossen, werden dann aber mit einem GE bzw. G (früher GS) vor der Stahlmarkenbezeichnung versehen (Beispiel: G42CrMo4).

Stahlguss ist vor allem aus zwei Gründen in der Herstellung wesentlich anspruchsvoller als andere Eisengusswerkstoffe wie das Gusseisen:

- Stahlguss hat eine höhere Gießtemperatur (ca. 1600 °C) als Gusseisen (ca. 1150 °C). Diese erhöhten Temperaturen stellen größere Anforderungen an die Schmelztechnik, die feuerfesten Werkstoffe der Ofenverkleidungen, der Schmelztiegel und Gießwerkzeuge und schließlich an die Formstoffe.
- Beim Stahlguss ist die Schwindung mit zwei Prozent etwa doppelt so groß wie beim Grauguss.

Da die Stahlgussstücke im Gusszustand spröde, grobkörnig und dendritisch erstarrt sind, müssen diese Teile einer Wärmebehandlung unterzogen werden (Normalglühen, Vergüten, Weichglühen, Spannungsarmglühen).

Durch den großen Unterschied der spezifischen Volumen des Materials knapp unter der Erstarrungstemperatur und bei Raumtemperatur neigt Stahlguss stärker zur Bildung von Lunkern als Gusseisen, auch muss ein höheres Schwindmaß berücksichtigt werden. Ohne spezielle Gegenmaßnahmen (Speiser) würden Stahlgussteile durch Lunker unbrauchbar oder durch umfangreiches Fertigungsschweißen unrentabel herzustellen. Die Speiser an Stahlgussteilen werden mit autogenem Brennschneiden entfernt, indem unter Ausnutzung der Oxidationswärme durch den zugeführten Sauerstoff der Werkstoff in der sogenannten Schnittfuge verbrannt und abgetragen wird. Bei kleineren Speiserdurchmessern und speziellen Stahllegierungen werden Abschlagspeiser bevorzugt. Wegen der mechanisch-thermisch spülenden Wirkung des Stahlgießstrahls werden zur Vergrößerung der Oberflächenfestigkeit im Eingusssystem der größeren Formen keramische Einsätze (Schamotte) verwendet (Anschnitt). Mittels Brennfugen (Fugenhobeln) wird der Werkstoff zum Freilegen und Entfernen von Gussfehlern und zum Modellieren der Oberflächen weiter muldenförmig abgetragen und für eventuelle Reparaturschweißungen vorbereitet.

Die weit untereutektische Zusammensetzung der Stahllegierungen führt zu einer sehr zähflüssigen Schmelze und daher zu einem schlechten Formfüllvermögen, wodurch feine Strukturen nur durch nachträgliches Zerspanen hergestellt werden können. Dafür haben Erzeugnisse aus Stahlguss bessere mechanische Eigenschaften. Stahlguss ist duktil und schweißbar. Zur Anwendung können alle üblichen Stahlsorten kommen, auch Edelstähle.

Große Stahlgussstücke können mehrere hundert Tonnen wiegen, z. B. Gehäuse für Dampfturbinen.

Erstarrung

Stahlguss hat beim Erstarren eine Volumenschrumpfung von 6 bis 8 %, deshalb müssen zum Abguss lunkerfreier Gussstücke viele Speiser zum Nachsaugen gesetzt werden. Die langsame Abkühlung führt zu Grobkorn. Die Zähigkeit ist gering und muss durch Normalisieren und Spannungsarmglühen angehoben werden. Je nach C-Gehalt (und LE) sind alle anderen Wärmebehandlungen möglich.

Gießeigenschaften

Von allen Gusswerkstoffen hat Stahlguss die ungünstigsten Gießeigenschaften:

- Hohe Gießtemperatur 1500–1700 °C.
- Das Schwindmaß ist mit bis 3 % ziemlich hoch.
- Schlechtes Formfüllungsvermögen, da auf der kälteren Formwand dendritische Mischkristalle senkrecht wachsen und bei dünnen Querschnitten den Durchfluss sperren.

Anwendung

Stahlguss wird dann verwendet, wenn das Eigenschaftsprofil der anderen Fe-Gusswerkstoffe nicht ausreicht. Das ist bei folgender Beanspruchung der Fall:

- höhere Zähigkeit notwendig
- Tieftemperatur-Einsatz
- Betriebstemperaturen über 300 °C
- besonderen Korrosions- und Verschleiß-Beanspruchungen

Stahlguss für allgemeine Verwendung

Tab. 7.9 gibt einen Überblick über einige Stahlgusssorten, ihre technologischen Eigenschaften und ihre Anwendung.

Schweißeignung ist wichtig für

- Reparaturschweißung zum Beheben von Oberflächenfehlern bei großen Gussstücken,
- konstruktives Schweißen, wenn Werkstücke aus gießtechnischen Gründen geteilt gegossen und durch Schweißen zusammengefügt werden. Vielfach werden auch Verbunde aus Walzprodukten mit Gussteilen aus Kostengründen gewählt.

Moderne Form- und Gießverfahren sind in der Lage, Bauteile mit komplexen Formen in hoher Genauigkeit und Oberflächengüte herzustellen. Sie werden auch für Präzisionsteile aus Stahlguss angewandt:

- Feingießverfahren (bis zu 100 kg)
- Keramikformverfahren mit hoher Oberflächengüte für Bauteile bis zu 1000 kg und etwa 1000 mm Kantenlänge, bei geringen bis mittleren Losgrößen
- Lost-Foam-Guss, Vollform mit verlorenem Modell als Ersatz für mehrere Fügeteile

Tab. 7.9 Stahlguss, Auswahl aus DIN EN 10293:2015

Stahlsorte		Nr.	Dicke in mm	R_m in MPa	$R_{p0,2}$ in MPa	A in %	KV in J bei Temp.		Anwendungsbeispiele
Kurzname	Zustand						RT	−40 °C	
GE200	+N	1.0420	< 300	380...530	200	25	27	–	Kompressorengehäuse
GE240	+N	1.0446	< 300	450...600	230	22	27	–	Konvertertragring
GE300	+N	1.0558	< 100	520...670	300	18	31	–	Großzahnräder
G17Mn5[a]	+QT	1.1131	< 50	450...600	240	24	70	27	Tunnelabdeckung U-Bahn
G20Mn5[a]	+N	1.1120	< 30	480...620	300	20	60	27	Fachwerkknoten (2,3 t)
G30CrMoV6-4	+QT	1.7725	< 100	850..1000	700	14	45	27	Achsschenkel (400 kg)
G9Ni14	+QT	1.5638	< 35	500...650	360	20	–	27	Kaltzäh, Kälteanlagen

[a] schweißgeeignete Qualität

7.4 Sonderguss

Für besonders hohe Anforderungen an Korrosions- und Verschleißbeständigkeit oder bei thermischer Beanspruchung sind weitere Gusswerkstoffe entwickelt worden. Sonderguss umfasst die Sorten, die wegen ihres Legierungsgehaltes und Grundgefüges nicht in die bisher behandelten Gusswerkstofftypen passen.

Säurebeständiges Gusseisen mit 14...17 % Si bei 0,6...0,9 % C ist außerordentlich hart und spröde und gehört trotz des niedrigen C-Gehaltes nicht zur Werkstoffgruppe Stahl, da die Schmiedbarkeit nicht gegeben ist.

Beispiel: Säurebeständiges Gusseisen GJH-X70Si15

GJH-X70Si15 ist gegen heiße Säuren beständig, für Pumpenteile und Armaturen in der chemischen Industrie, Anoden für den kathodischen Korrosionsschutz. ◄

Schalenhartguss wird in Kokillen vergossen, sodass durch die Abschreckwirkung der Rand weiß erstarrt, im Kern tritt zunehmend Grafit auf.

Anwendungsbeispiele für Schalenhartguss

Walzen aller Art, die keiner Stoßbelastung ausgesetzt sind, hohlgegossene Nockenwellen für BMW-V8-Motoren, Oberflächenhärte 50...55 HRC. ◄

Verschleißbeständiges Gusseisen

Widerstand gegen furchenden Verschleiß (Abrasion) wird durch steigende Anteile von Karbiden erreicht, die stäbchenförmig in einer martensitisch-austenitischen Grundmasse liegen. Sie entsteht bei Abkühlung aus dem Gusszustand oder durch Wärmebehandlung mit Luftabkühlung. Das erfordert hohe LE-Gehalte an Cr, Ni, Mo.

Nach der Norm DIN EN 12513:2011 sind die Karbide dieser Legierungen z. T. Mischkarbide. In ihnen sind Fe-Atome im Fe_3C durch Cr-Atome ersetzt. Cr-Karbide haben nicht die Zementitstruktur und sind härter als Zementit. Die bisherigen Bezeichnungen der Sorten nach DIN 1695 Z ließen die chemische Zusammensetzung erkennen, die neuen nach DIN EN 12513:2011 geben nur die Vickershärte an (Tab. 7.10). Die Sorten haben ein grafitfreies Gefüge aus überwiegend Martensit (Anteile von Bainit und Austenit), z. T. nach normaler Abkühlung. Die C-Gehalte liegen von 2,6 bis 3,6 %. Wichtigstes LE ist Cr, daneben Ni und Mo. Cr stabilisiert die grafitfreie Erstarrung bei geringen Si-Gehalten <1 %. Der nicht in den Karbiden gebundene Anteil an Chrom ist im Mischkristall gelöst und steigert Härtbarkeit und Korrosionsbeständigkeit.

Austenitisches Gusseisen DIN EN 13835:2012

Die mit Ni hochlegierten Sorten (12…35 %) nach DIN EN 13835:2012 verbinden die hohe Korrosionsbeständigkeit und Hitzebeständigkeit der entsprechenden Stahlgusssorten mit der leichteren Gießbarkeit eutektischer Fe-C-Legierungen, d. h. niedrige Schmelztemperaturen, geringere Lunkerneigung und gutes Formfüllungsvermögen. Der Aufwand beim Formen, Schmelzen und Gießen ist jedoch höher als bei den GJS-Sorten.

▶ **Hinweis** Austenitisches Gusseisen ist seit Jahren unter der geschützten Bezeichnung Ni-Resist in zahlreichen Sorten im Handel. Die EN-Norm hat ihre Anzahl auf zwei Sorten mit Lamellengrafit (GJLA-) und zehn mit Kugelgrafit (GJSA-) reduziert.

Austenitisches Gefüge kann bei tiefen Temperaturen oder örtlich bei mechanischer Beanspruchung zu Martensit umwandeln (nicht zu Perlit, da keine C-Diffusion stattfinden kann). Die Folgen sind Versprödung und der vorher nicht magnetisierbare Werkstoff wird magnetisierbar (dadurch Nachweismöglichkeit einer evtl. Umwandlung).

Die Sorten unterscheiden sich durch abgestufte Ni-Gehalte und weitere LE, die in Kombination bestimmte Eigenschaften bewirken sollen (Tab. 7.11).

Durch ca. 2 % Mo wird die Warmfestigkeit weiter erhöht. Mo ist in den genormten Sorten nicht enthalten.

Tab. 7.10 Sortenvergleich entsprechend DIN EN 12513:2011

		Handelsname
GJN-HV350	Unlegiert	
Chrom-Nickel-Gusseisen		
GJN-HV520	G-X260NiCr 4 2	Ni-Hard 2
GJN-HV550	G-X330NiCr 4 2	Ni-Hard 1
GJN-HV600	G-X300CrNiSi 9 5 2	Ni-Hard 4
Hochchromhaltige Gusseisen [a]		
GJN-HV600(XCr14)	G- × 300 CrMo 15 3	
GJN-HV600(XCr23)	G- × 300 CrMo 27 1	

[a] Innerhalb jeder Sorte gibt es drei Varianten mit gestuften C-Gehalten zwischen 1,8 und 3,6 % mit jeweils abnehmender Zähigkeit und Durchhärtung.

Tab. 7.11 Wirkung der Legierungselemente im austenitischen Gusseisen

	LE- %	Wirkung
C	2,6...3	Wegen der Gießbarkeit wird eine naheutektische bis eutektische Zusammensetzung angestrebt. Da Ni den eutektischen Punkt im EKD nach links verschiebt, genügen dazu 2,6...3 % C.
Ni	12...35	Hauptlegierungselement, stabilisiert den Austenit bis zu tiefen Temperaturen. Wird darin unterstützt von Mn, Cr und Cu. Ni ergibt bei ca. 35 % Anteil Sorten mit geringster thermischer Ausdehnung.
Cr	1...5,5	Cr-Gehalt wegen der Gefahr der Cr-Karbidbildung niedrig (Versprödung). Cr ist aber wichtig für dichten Guss, Korrosionsbeständigkeit und Schweißeignung.
Mn	0,5...7	Unterstützt die Wirkung des Ni, hat aber keine Wirkung auf Korrosions- und Hitzebeständigkeit, deshalb nur bei nichtmagnetisierbaren Sorten in höheren Anteilen (3 Sorten)
Si	1...6	Notwendig für die Grafitbildung, erhöht bei hohen Ni-Gehalten die Zunderbeständigkeit durch Bildung einer SiO_2 -Schicht (in zwei Sorten enthalten)
Nb	...0,2	Verbessert die Schweißeignung, eine Sorte für Bauteile mit Fertigungs-/ Konstruktionsschweißungen

Nichteisenmetalle 8

In Tab. 8.1 sind die Anteile der wichtigsten Metalle angegeben, die in der Erdhülle enthalten sind. Aluminium ist das häufigste.

Trotz seines häufigen Auftretens hat Aluminium (Al) nicht die Bedeutung des Eisens erlangt. Die Gründe dafür sind:

- Al ist in vielen nicht abbaubaren Erden und Gesteinen enthalten.
- Al benötigt zur Herstellung aus den Rohstoffen viel elektrische Energie, die erst im Jahre 1880 (Werner v. Siemens) erzeugt werden konnte, während Eisen und seine Herstellung schon im Altertum bekannt war.
- Al ist einphasig und somit nicht durch eine Phasenumwandlung (Martensit) härtbar wie Stahl, es scheidet als Werkstoff für höchst beanspruchte Bauteile (z. B. Werkzeuge) aus.
- Bedingt durch seine niedrige Schmelztemperatur und Dichte hat Al einen niedrigeren E-Modul als Eisen (Steifigkeit) und ist auch nicht für höhere Temperaturen geeignet.

Die anderen **Nicht-Eisen-Metalle**, kurz NE-Metalle, sind wesentlich seltener. Sie können wirtschaftlich nur gewonnen werden, weil sie vielfach in Erzgängen, Erznestern oder Schichtablagerungen konzentriert vorhanden sind. Meist sind mehrere Metallverbindungen miteinander verwachsen, ihre Trennung ist umständlich und teuer. Die Erzeugung dieser NE-Metalle beträgt nur einen Bruchteil der Eisen- und Stahlproduktion. So erklärt sich der z. T. hohe Preis. Der Einsatz der NE-Metalle und ihrer Legierungen ist deshalb auf solche Fälle beschränkt, bei denen ihre besonderen Eigenschaften gegenüber Stahl zur Anwendung kommen (Tab. 8.2).

© Der/die Herausgeber bzw. der/die Autor(en), exklusiv lizenziert an Springer Fachmedien Wiesbaden GmbH, ein Teil von Springer Nature 2026
C. Jaroschek et al., *Weißbach - Werkstoffe und ihre Anwendungen*,
https://doi.org/10.1007/978-3-658-50256-0_8

Tab. 8.1 Anteil wichtiger Metalle an der Erdhülle

Element	Al	Fe	Mg	Ti	Zn	Ni	Cu
Anteil in %	7,6	4,7	1,9	0,4	0,012	0,015	0,010

Tab. 8.2 Besondere Eigenschaften der NE-Metalle

Eigenschaften	Metalle und Legierungen
Niedrige Dichte in g/cm³	Magnesium (1,75), Aluminium (2,7), Titan (4,5)
Niedriger Schmelzpunkt (Gießbarkeit)	Blei 327 °C, Zink 420 °C, Magnesium 650 °C, Aluminium 660 °C
Korrosionsbeständigkeit	Aluminium, Kupfer, Nickel, Titan
Warmfestigkeit, Hitzebeständigkeit	Wolfram, Kobalt, Nickel, Chrom, Molybdän und ihre Legierungen
Leitfähigkeit für Wärme und Elektrizität	Silber, Kupfer, Gold, Aluminium
Gleiteigenschaften (Lagermetalle)	Blei, Zinn, Kupfer, Aluminium (nur als Legierungen)
Neutronenaufnahme (Reaktorbau)	Zirkonium (gering), Cadmium, Hafnium (hoch)

8.1 Bezeichnung von NE-Metallen und deren Legierungen

Wie bei Stahl gibt es Bezeichnungssysteme nach

- Werkstoffnummern nach DIN 17007-4:2012 und
- Kurzzeichen mit chemischen Symbolen oder numerischem System.

Für NE-Metalle gelten für die Kurzzeichen die speziellen Regeln, die für jedes einzelne NE-Legierungssystem in den jeweiligen Normen zu finden sind, z. B. für Al und seine Legierungen (Tab. 8.3). Die jeweilige Benennung mittels Kurznamen weicht von der Bezeichnung bei Stählen ab.

Vollständige Regeln für die Benennung der Legierungen sind im Anhang unter A.3 für Aluminium und Kupfer zu finden.

Neben Normbezeichnungen sind für viele NE-Metalllegierungen noch überlieferte Namen in Gebrauch, wie z. B. Messing, Bronze, Neusilber, Rotguss, auch nicht genormte Legierungen unter speziellen Namen.

Beispiele für Handelsnamen

Ni-Werkstoffe:	*Inconel®, Nimocast®, Nimonic®, Coronel®, Nicorros®, Magnifer®*
Cu-Werkstoffe:	*Carobronze®, Nidabronze®*
Al-Werkstoffe:	*Alufont®, Durfondal®, Veral®*

Tab. 8.3 Al und Al-Legierungen – Chemische Zusammensetzung und Form von Halbzeug

DIN EN	Bezeichnung
573-1:2004 573-2:1994 573-3:2024	Bezeichnungssysteme mit numerischem System (z. B. EN AW-2014 T6) und mit chemischen Symbolen (EN AW-AlCu4SiMg)
515:2017	Bezeichnung der Werkstoffzustände (mit Bindestrich angehängt, z. B. -T4)

Tab. 8.4 Anhängezeichen für die Gießart nach DIN EN 1982:2024 für Kupfer und Kupferlegierungen

Gießart	Anhängezeichen
Sandguss	–GS
Kokillenguss	–GM
Druckguss	–GP
Strangguss	–GC
Schleuderguss	–GZ

Tab. 8.5 Einfluss der Gießart auf die Eigenschaften von CuAl10Ni

Gießart	Rm in MPa	$R_{p0,2}$ in MPa	A in %	HBW10
Sandguss	600	270	12	140
Kokillenguss	600	300	14	150
Schleuderguss	700	300	13	160
Strangguss	700	300	13	160

Legierungen auf der Basis von Al, Cu, Mg, Ni und Ti werden nach der Art der Verarbeitung eingeteilt in Knetlegierungen und Gusslegierungen.

- Knetlegierungen
  Kneten ist ein Oberbegriff für die Umformverfahren, z. B. Walzen, Ziehen, Fließpressen, Strangpressen u. a. Lieferformen der Knetlegierungen sind Bleche und Bänder, Stangen, Rohre, Drähte, Strangpressprofile und Barren zum Gesenk- und Freiformschmieden mit jeweils eigenen Normen.
- Gusslegierungen
  Hauptanforderungen sind leichte Gießbarkeit und leichte Zerspanbarkeit. Gusslegierungen haben deshalb andere Zusammensetzungen als Knetlegierungen und meist heterogene Gefüge. Die Sorten sind oft eutektisch oder naheutektisch mit niedrigen Schmelztemperaturen. Die Gießart beeinflusst das entstehende Gefüge und damit die mechanischen Eigenschaften, beispielhaft für Kupferlegierungen in Tab. 8.4 und 8.5 dargestellt.

Tab. 8.6 Zusammensetzung des Bauxits

Stoff	Al_2O_3	Fe_2O_3	SiO_2	H_2O
Anteil in %	55…65	…28	…7	12…30

8.2   Aluminium

8.2.1   Vorkommen und Gewinnung

Wichtigster Rohstoff ist der *Bauxit* (Tab. 8.6), nach dem Ort Les Baux südlich von Avignon benannt, wo dieses Verwitterungsgestein erstmals abgebaut wurde (Entdeckung 1821).

Hauptlagerstätten sind in Australien, Guinea, China, Indien und Brasilien.

Aufbereitung

Dieses Erz muss zunächst von den Fremdstoffen befreit werden. Abb. 8.1 zeigt den Ablauf des BAYER-Verfahrens. Durch Behandlung mit heißer Natronlauge NaOH wird das Al-Oxid in die wasserlösliche Verbindung Natriumaluminat NaAl(OH)$_4$ umgewandelt. Sie kann durch Filtrieren von den anderen unlöslichen Stoffen getrennt werden. Der eisenhaltige Filterrückstand, als Rotschlamm bezeichnet, wird von den Hochofenwerken und der keramischen Industrie abgenommen. Aus der Aluminatlösung wird beim Abkühlen durch Kristallisation das Al-Hydroxid Al(OH)$_3$ gewonnen, gewaschen und in Drehrohröfen geglüht (kalziniert). Dabei wird Wasser ausgetrieben und technisch reine Tonerde Al_2O_3 bleibt zurück. Sie ist das Einsatzmaterial für den nachfolgenden Reduktionsprozess zu Primär-Aluminium.

Neben dem Primär-Aluminium aus Bauxit hat das Sekundär-Aluminium aus dem Recycling sogar einen größeren Anteil an der Gesamterzeugung in der Bundesrepublik Deutschland. Im Jahr 2023 primär 189.000 t, sekundär 2.786.000 t (aluinfo.de).

Abb. 8.1 BAYER-Verfahren, schematisch

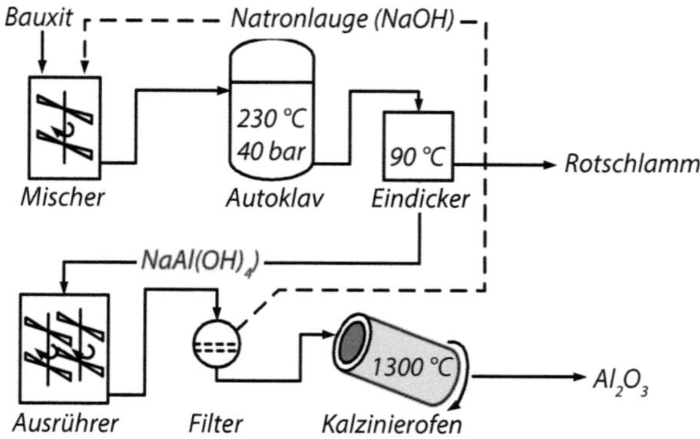

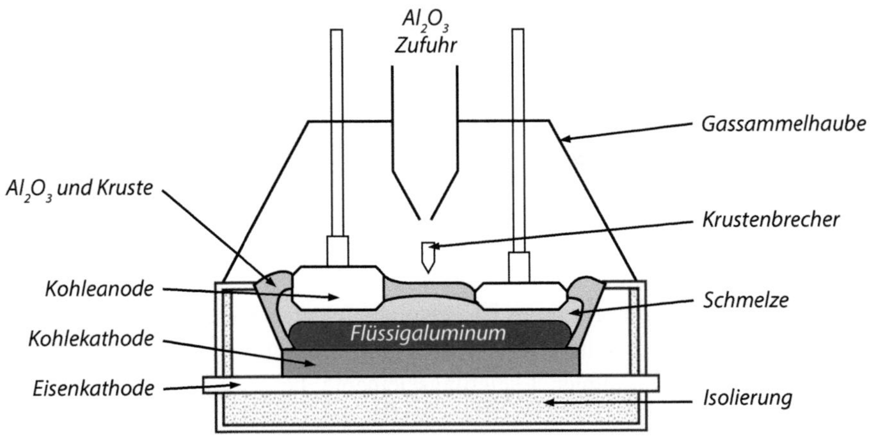

Abb. 8.2 Wannenofen zur Schmelzfluss-Elektrolyse des Aluminiums

Tab. 8.7 Stoff- und Energiebilanz für die Erzeugung von 1 t Aluminium (Al-Zentrale)

Verfahrensschritt	Rohstoffe	Energiebedarf	
Oxid-Gewinnung	4 t Bauxit ergeben 2 t Al-Oxid	8400 kWh	Wärmeenergie
Elektrodenherstellung	0,55 t Petrolkoks + Steinkohlenteerpech	85 kWh	Wärmeenergie
Schmelzfluss-Elektrolyse	2 t Al-Oxid + 0,05 t Kryolith 0,5 t Elektrodenverbrauch	13.500 kWh	Gleichstrom

Schmelzfluss-Elektrolyse

Al und die anderen Metalle der ersten beiden Gruppen des Periodensystems (Be, Ca, K,
Mg und Na) haben zum Sauerstoff eine viel größere Bindungsenergie als der Kohlenstoff.
Die endotherme Energie, welche die Reduktion erfordert, muss deshalb vom elektrischen
Strom aufgebracht werden. Die technische Herstellung des Al war erst dann möglich, als
elektrische Energie wirtschaftlich mit der Dynamomaschine erzeugt werden konnte (Siemens 1866). Das Verfahren wird in Wannenöfen mit Kohlestampfmasse (Kathode) durchgeführt (Abb. 8.2, Tab. 8.7). Das Al-Oxid ($T_m > 2000\ °C$) muss dazu geschmolzen werden.
Flussmittel ist Kryolith, das Al-Oxid bei einer Arbeitstemperatur von 950 °C löst (1886
von Heroult/Hall entdeckt). Bei 5 V Gleichspannung und 70…140 kA Strom werden die
Al-Ionen an der Kathode reduziert. Als Anoden dienen Kohleblöcke. Das freiwerdende O_2
bindet den Kohlenstoff zu CO. Flüssiges Al sammelt sich am Boden und wird periodisch
abgepumpt, verbrauchtes Al-Oxid wird nachgefüllt.

8.2.2 Verfestigungsmechanismen bei Aluminiumlegierungen

Generell lässt sich die Festigkeit von Aluminiumlegierungen durch folgende Maßnahmen erhöhen:

• Kaltverfestigung	→ Kaltumformung
• Mischkristallverfestigung	→ Legierungselemente
• Korngrenzenverfestigung	→ feine Körner
• Teilchenverfestigung	→ Ausscheidungshärten, Aushärten

Der Einfluss der Kaltverformung ist beispielhaft bei einer unlegierten Aluminiumlegierung in Tab. 8.8 dargestellt.

Die Verwendung bestimmter Legierungselemente bei Aluminium hat zwei Auswirkungen:

- Mischkristallverfestigung
- Bildung intermetallischer Teilchen

Durch das Zulegieren mit bestimmten Legierungselemente soll die niedrige Dehngrenze angehoben werden, ohne dass die Korrosionsbeständigkeit verloren geht. Das kfz-Al-Gitter kann nur wenige Prozente dieser LE als Substitutionsatome lösen und Mischkristalle bilden. Kupfer als Legierungselement verschlechtert die Korrosionsbeständigkeit. Legierungselemente mit der höchsten Mischkristallverfestigung sind Mg und Zn. Diese Fremdatome erhöhen den Widerstand gegen Versetzungsbewegung und erhöhen damit die Dehngrenze bei Erhalt der Verformbarkeit.

Ausscheidungshärten

Weitere wichtige LE sind Mn, Si und Cu im Hinblick auf die Bildung intermetallischer Teilchen. Da Aluminium nicht unbegrenzt LE in seinem Gitter lösen kann, führt dieses zu einer begrenzten Löslichkeit (abnehmende Löslichkeit mit sinkender Temperatur) an verschiedenen LE und damit zur Möglichkeit, durch Ausscheidungen eine Teilchenverfestigung zu erzielen, was bei Aluminium für die hochfesten Legierungen der wichtigste Verfestigungsmechanismus ist. Diese Legierungen sind somit aushärtbar. Die entstehenden intermetallischen Teilchen sind sehr hart und spröde und behindern die Versetzungsbewegung, was zu einer Erhöhung der Härte und Festigkeit führt. Dadurch reduziert sich

Tab. 8.8 Zustände bei Al 99,8, Blech 1,5 mm Dicke, H beschreibt den Grad der Kaltverfestigung

Kurzzeichen		R_m in MPa	$R_{p0,2}$ in MPa	A in %
Al99,8	–O	80…90	15	18
	–H12 (1/4 hart)	80…120	55	7
	–H14 (1/2 hart)	100…140	70	5
	–H16 (3/4 hart)	110…150	80	3
	–H18 (vollhart)	125	105	2

aber auch die Verformbarkeit. Nur die Legierungen der Reihen 2000, 6000 und 7000, teilweise auch 4000, sind technisch aushärtbar. Zu beachten ist, dass Legierungselemente oder die daraus entstehenden Ausscheidungen (z. B. Al_3Mg_2, Al_2Cu) teilweise selber korrosionsanfällig sind oder anodisch bzw. kathodisch im Vergleich zur Aluminiummatrix wirken und so die Korrosionsbeständigkeit (interkristalline Korrosion oder Lochfraß) der Legierungen verschlechtern.

▶ **Hinweis** Das Prinzip des Aushärtens als Wärmebehandlung ist in Abschn. 5.4 detailliert beschrieben, die Wirkung der verschiedenen Strukturen und intermetallischen Teilchen in Abschn. 3.3.4

Der Prozess des **Ausscheidungshärten** beruht auf den 3 Schritten:

- **Lösungsglühen**
  → bei Aluminium ca. 450–550 °C je nach Legierungssystem (Zustandsdiagramm beachten)
- **Abschrecken**
  → schnelles Abkühlen zur Vermeidung der frühzeitigen Ausscheidung von Teilchen an Korngrenzen, je nach Legierungssystem ist die notwendige Abkühlgeschwindigkeit zu beachten
- **Aushärten/Auslagern**
  → für jede aushärtbare Aluminiumlegierung gibt es eine *spezifische* optimale Temperatur und Zeit, die zu der höchsten Festigkeit führt (T6).
  Zwischen 120–180 °C, 4–24 h, teilweise auch 2-stufig bei verschiedenen Temperaturen,
  → je nach Anwendungsfall kann auch ein unteralterter oder überalterter Zustand gewählt werden (T64 bzw. T7), bei der die Festigkeit geringer ist, die Duktilität aber höher,
  → auch bei bereits 20 °C (Kaltauslagerung) kann bei speziellen Aluminiumlegierungen eine Teilchenausscheidung erfolgen, die jedoch sehr langsam verläuft. Eine Verfestigung tritt dann erst nach Wochen ein, die bis zu einigen Jahren noch langsam ansteigt.

Anwendungsbeispiele für das Kaltauslagern
Lösungsgeglühte Niete aus Aluminium müssen sofort verarbeitet werden, da im kaltausgehärteten Zustand kein rissfreier Schließkopf entsteht. Nicht verarbeitete Niete können durch Tiefkühlung im weichen Zustand gehalten und nach dem „Auftauen" geschlagen werden. Danach härten sie im geschlagenen Zustand kalt aus.

Eine speziell entwickelte, selbstaushärtende Legierung ist AlZn4,5 Mg1. Sie kann im ausgehärteten Zustand geschweißt werden, entfestigt zunächst in der Wärmeeinflusszone, härtet aber nach mehr als 3 Wochen durch Kaltaushärtung von selbst wieder aus.

▶ **Hinweis** Als weiterführende Literatur im Hinblick auf Aluminiumlegierungen und deren Eigenschaften wird auf *Ostermann, Anwendungstechnologie Aluminium, Springer* verwiesen

8.2.3 Einteilung der Al-Knetwerkstoffe

Die Al-Knetwerkstoffe sind in DIN EN 573-3:2004 genormt. Die Einteilung in acht Legierungsserien 1000 bis 8000 nach den Hauptlegierungselementen (Tab. 8.9) folgt dem internationalen Legierungsregister der Aluminium Association (AA).

Das Herstellverfahren bestimmt den Zustand des Erzeugnisses und damit seine mechanischen Eigenschaften. Sie sind in den Normen (Tab. 8.10) festgelegt und werden durch die angehängten Zustandszeichen (Tab. 8.11) markiert.

Zwischen dem Zustand geglüht (weich) und der höchsten Verfestigung vollhart sind drei Stufen der Verfestigung zwischengeschaltet (viertel-, halb- und dreiviertelhart) und durch die zweite Ziffer hinter dem H1 gekennzeichnet. Die Festigkeitswerte lassen sich daraus nicht ablesen, sie sind Teil der jeweiligen Erzeugnisnormen.

8.2.4 Nichtaushärtbare Aluminiumknetlegierungen

Diese Sorten weisen höhere Festigkeiten durch Mischkristallverfestigung in Verbindung mit einer Kaltverfestigung auf, die sich bei der Herstellung einstellt, z. B. Kaltwalzen von Blech oder durch eine Korngrenzenverfestigung. Die Festigkeiten im Halbzeug liegen zwischen 100…310 MPa je nach Legierung und dem Grad der Kaltumformung.

Unlegiertes Aluminium, 1000er Serie
Al bildet wegen seiner großen Affinität zum Sauerstoff an der Luft eine dünne, aber dichte, festhaftende Oxidschicht, die ihr Kristallgitter auf dem des Grundwerkstoffs aufbaut und den Grundwerkstoff gegenüber einer weiteren Oxidation schützt. Laugen und manche Säuren (HCl) und Salze (Halogenide) schädigen die Oxidschicht und führen zu Korrosion. Die Oxidschicht kann durch anodische Oxidation verstärkt werden. Anodische Oxidation in schwefelsauren Bädern erzeugt Schichten bis zu 60 µm mit hoher Verschleiß- und Korrosionsbeständigkeit (Härte 1100 HV) nach Eloxal-, Veroxal-Verfahren.

Tab. 8.9 Gliederung der Al-Knetlegierungen nach chemischer Zusammensetzung (DIN EN 573-3:2024)

Leg.-serie	Haupt-LE	Weitere LE	Sorten Anzahl
1 xxx	Al	Al >99 %, unlegiert	18
2 xxx	Cu	Mg, Mn, Bi, Pb, Si	20
3 xxx	Mn	Mg, Cu	15
4 xxx	Si	Mg, Bi, Fe, Cu, Ni, Zn	16
5 xxx	Mg	Mn, Cr, Zr	61
6 xxx	MgSi	Mn, Si, Cu, Pb	46
7 xxx	Zn	Mg, Mn, Cu, Ag, Zr, Zn	29
8 xxx	Sonstige	Fe, Mn, Si, Cu	16

Tab. 8.10 Erzeugnisformen für Al-Knetlegierungen, Normen für mechanische Eigenschaften

Erzeugnisformen	Normen DIN EN	Werkstoffserien[a]	Erzeugnisformen	Normen DIN EN	Werkstoffserien[a]
Gesenkschmiedestücke, Vormaterial	586-2:1994 603-2:2024	2000, 5000, 6000, 7000	Stranggepresste Stangen, Rohre, Profile	755-2:2024	Alle außer 4000 und 8000
Drähte, besondere Anforderungen f. d. elektr. Verwendung	1715-2:2008	Alle bis auf 4000	Bleche, Bänder, Platten	485-2:2016	Alle Reihen
Gezogene Stangen, Rohre	754-2:2024	1000, 2000, 5000, 6000, 7000	Folien, Butzen zum Fließpressen TL	546-2:2007; 570:2007	1000, 6000, 1000, 6000
Vormaterial für Wärmeübertrager	683-2:2024	1000, 3000, 6000, 8000	HF-längsnaht- geschweißte Rohre	1592-2:1997	3000, 5000, (6000), 7000

[a] jeweils die Hauptsorten innerhalb der Serien

Tab. 8.11   Zustandsbezeichnungen DIN EN 515:2017

Symbol		Bedeutung	
-F		Herstellungszustand, keine Grenzwerte der mechanischen Eigenschaften	
-O		Weichgeglüht (O1, O2, O3)	
-H1	-H12	Nur kaltverfestigt	(viertelhart)
	-H14		(halbhart)
	-H16		(dreiviertelhart)
	-H18		(vollhart)
-H2		Kaltverfestigt und rückgeglüht	
-H3		Kaltverfestigt und stabilisiert	
-H4		Kaltverfestigt und einbrennlackiert	
-W		Lösungsgeglüht (instabiler Zustand)	
-T4		Lösungsgeglüht + kaltausgehärtet	
-T6		Lösungsgeglüht + warmausgehärtet	

Tab. 8.12   Aluminium-Eigenschaften

+	Niedrige Dichte 2,7 g/cm³), hohe Witterungsbeständigkeit, elektrische Leitfähigkeit hoch, Wärmeleitfähigkeit hoch (Wärmeübertrager), Polierbarkeit, anodisch oxidierbar
−	Niedrige Festigkeit und Steifigkeit, hohe Wärmeausdehnung (Verzug), hohe Wärmeleitfähigkeit, unbeständig gegen basische Stoffe; Löten u. Schweißen nur mit Flussmitteln. Flussmittel sollen den Schmelzpunkt von Al_2O_3 herabsetzen. Beim Elektroschweißen ist das Flussmittel in der Umhüllung der Elektrode enthalten

Tab. 8.13   Werkstoffkennwerte des Rein-Al

Mechanische Eigenschaft		Temperaturen	
R_m	40…80 MPa	Schmelzen	660 °C
$R_{p0,2}$	10… 30 MPa	Warmumformung	300…500 °C
E	72 GPa	Rekristallisieren	>150 °C
G	27 GPa		
Härte	12…20 HBW2,5		

Die Tab. 8.12 und 8.13 geben einen Überblick über die Eigenschaften von Aluminium und die Werkstoffkennwerte reinen Aluminiums.

Unlegiertes Aluminium wird für Lager- und Transportfässer, Verpackungsmittel, Haus- und Küchengeräte, elektrische Leitwerkstoffe für Kabel, Stromschienen und Freileitungen (hartgezogen), Kondensatoren und Kabelmäntel verwendet, außerdem für eloxierte Halb- zeuge im Bauwesen und Fahrzeugbau zur Dekoration und hochglänzend für Reflektoren, Plattierwerkstoff für Al-Legierungen. Al ist Reduktionsmittel[1] (Granulat) für hochschmel-

---

[1] Stoff, der Elektronen abgibt und die Reduktion herbeiführt. Er selbst wird dabei oxidiert.

Tab. 8.14 Ausgewählte Al-Legierungen der 3000er Serie

Legierungs-Nr.	Sorten EN AW. Chemische Symbole mit Zustandsbezeichnung	R_m in MPa	A_{50} in %	(Werte für Blech 0,5…1,5 mm) Beispiele
3103	AlMn1-F	90	19	Dächer, Fassadenverkleidung, Profile
	AlMn1-H28	185	2	Niete, Kühler, Klimaanlagen, Rohre
3004	AlMn1Mg1-O	155	14	Fließpressteile
	AlMn1Mg1-H28	260	2	Getränkedosen, Bänder für Verpackung

zende Metalle (Thermit-Verfahren), Al-Pulver für Farben (Hammerschlaglack). Durch Kaltverfestigung kann die Festigkeit von Reinaluminium erhöht werden (vgl. Tab. 8.8).

Serie 3000 Al-Mn

Eigenschaften wie bei Al 99,9 mit etwas höheren Festigkeiten und Beständigkeit gegenüber Alkalien. Gut löt-, schweiß- und kaltumformbar. Verfestigung hauptsächlich über eine Kaltverfestigung, im begrenzten Maße auch durch Mischkristallverfestigung bei einer Zugabe von Mg. Mn erhöht die Rekristallisationsschwelle und dadurch die Warmfestigkeit. Anwendung für Dachdeckung und Fassaden, Geräte der Nahrungsmittelindustrie, Kernwerkstoff von lotplattiertem Blech für Wärmeübertrager, Mn-Mg-legierte Sorten für Blechverpackungen. Einen Überblick über die Aluminium-Legierungen der 3000er Serie gibt Tab. 8.14.

Serie 4000 Al-Si

Si erniedrigt den Schmelzpunkt (bei 12,5 % eutektischer Punkt) und ist mit 0,8…13,5 % enthalten. Eine aushärtbare Sorte (AlSi1Fe) wird für Bleche eingesetzt. Anwendung für Schweißzusatzdrähte (wenig Si), Schmiedekolben: 4032 (AlSi12,5MgCuNi) mit geringer Wärmedehnung, Lotplattierung: 4343 (AlSi7,5) oder 4045 (AlSi10) auf 3103 (AlMn1) für Wärmeübertragerbleche.

Serie 5000 Al-Mg

Erhöhte Korrosionsbeständigkeit gegen Seewasser, durch Mg (1 % bis 6 %) stärkere Mischkristallverfestigung als 3000er Serie. Kaltverformung wichtige für höhere Festigkeiten, gute Schweißeignung, bei niedrigen (Mg + Mn) – Gehalten gut kaltformbar. Wenn der Legierungsanteil an Mg erhöht ist, kann es zur Ausscheidung von Al_3Mg_2 kommen, was die interkristalline Korrosionsbeständigkeit verringert. Anwendung für statisch beanspruchte Konstruktionsteile im Fahrzeug- und Schiffbau (Bootsrümpfe), Untertagegeräte. Durch Mn ergibt sich eine höhere Festigkeit bei Strangpressprofilen und eine bessere Warmfestigkeit. Einen Überblick über die Aluminium-Legierungen der 5000er Serie gibt Tab. 8.15.

Tab. 8.15 Ausgewählte Al-Legierungen der 5000er Serie

Legierungs-Nr.	Sorten EN AW. Chemische Symbole mit Zustandsbezeichnung	R_m in MPa	A_{50} in %	Beispiele
5005	AlMg1-O	100…145	22	Fließpressteile, Metallwaren
5049	AlMg2Mn0,8-O	190…240	8	Bleche für Fahrzeug- u. Schiffbau
	-H16	265…305	3	
5083	AlMg4,5Mn0,7-O	275…350	15	Formen (hartanodisiert), Schmiedeteile
	-H26	360…20	2	Maschinengestelle, Tank- u. Silofahrzeuge

8.2.5　Aushärtbare Aluminiumknetlegierungen

Zustandsbezeichnungen T1…T9 (Tab. A.10) geben die Art der Wärmebehandlung an.

Serie 6000 Al-MgSi

Kalt- und warmaushärtbare Legierungen. Die Aushärtung wird durch die Phase Mg_2Si bewirkt. Die Sorten sind schweißbar, korrosionsbeständig, jedoch nicht dekorativ anodisierbar und haben eine gute Umformbarkeit Die beiden niedrigerlegierten Sorten sind besser strangpressbar. Anwendung für Profile für alle Zwecke im Bauwesen, für Fahrzeug- und Schiffsaufbauten, Wärmeübertrager, Rolltore, Waggontüren, Höckerplatten für transportable Brücken. Schmiedelegierung 6082 für Beschläge an Fördergeräten. Sonderlegierungen für Karosseriebleche enthalten etwas Cu zum Vermeiden von Fließfiguren beim Tiefziehen. Einen Überblick über die Aluminium-Legierungen der 6000er Serie gibt Tab. 8.16. Die erreichbaren Festigkeiten sind geringer als die der auch aushärtbaren 2000er und 7000er Serien.

Serie 2000 Al-Cu

Hochfeste Legierungen mit hoher Bruchdehnung (max. 13 %). Sie werden kalt- (T4) und warmausgehärtet (T6) eingesetzt, durch den Cu-Gehalt haben sie eine verringerte Korrosionsbeständigkeit, besonders im Zustand warmausgehärtet. Verbindung durch Nieten, Druckfügen u. a., da beim Schweißen eine Entfestigung eintritt. Anwendung für hochbeanspruchte Bauteile im Fahrzeug-, Ingenieur- und Maschinenbau unter Beachtung der geringeren Korrosionsbeständigkeit: Zahnräder, Pressbleche, Formwerkzeuge für Kunststoffe (hartanodisiert), Bleche und Schmiedeteile für Flugzeugbau, Grubenstempel, Schildvortrieb für Grubenausbau. Einen Überblick über die Aluminium-Legierungen der 2000er Serie gibt Tab. 8.17.

Tab. 8.16 Ausgewählte Al-Legierungen der 6000er Serie

Legierungs-Nr.	Sorten EN AW Chemische Symbole mit Zustandsbezeichnung	R_m in MPa	A_{50} in %	Beispiele
6060	AlMgSi-T4	130	15	Strangpressprofile aller Art, Fließpressteile
6063	AlMg0,7Si-T6	280		Pkw-Räder u. Pkw-Fahrwerkteile
6082	AlMgSi1gMn-T6	310	6	Schmiedeteile, Sicherheitsteile am Kfz
6012	AlMgSiPb-T6 (F28)	275	8	Automatenlegierung, Hydraulik-Steuerkolben

Tab. 8.17 Ausgewählte Al-Legierungen der 2000er Serie

Legierungs-Nr.	Sorten EN AW. Chemische Symbole mit Zustandsbezeichnung	R_m in MPa	A_{50} in %	Beispiele
2117	AlCu2,5 Mg-T4	310	12	(Drähte <14 mm), Niete, Schrauben
2017	AlCu4MgSi-T42	390	12	Platten für Vorrichtungen, Werkzeuge
2024	AlCu4Mg1-T42	420	8	(Blech <25 mm), Flugzeuge, Sicherheitsteile
2014	AlCu4SiMg-T6	420	8	(Schmiedestücke), Bahnachslagergehäuse
2007	AlCuMgPb-T4	340	7	Automatenlegierung, Drehteile

Die Automatenlegierungen werden nur in Form von Stangen und Rohren geliefert und haben warmausgehärtet ausreichende Beständigkeit.

Serie 7000 Al-Zn (+Mg)

Konstruktionslegierungen höchster Festigkeit jedoch mit geringerer Korrosionsbeständigkeit. Für die Luftfahrt werden deshalb Bleche mit AlZn1 plattiert. Zur Nutzung der Ausscheidungshärtung wird Mg hinzulegiert, da dadurch die Löslichkeit für Zn begrenzt wird. Die Anwendung ist ähnlich wie die der Reihe AlCu: Gesenk- und Frästeile für den Flugzeugbau, hartanodisierte Formen zum Tiefziehen von Al-Blech. Einen Überblick über die Aluminium-Legierungen der 7000er Serie gibt Tab. 8.18.

Tab. 8.18 Ausgewählte Al-Legierungen der 7000er Serie

Legierungs-Nr.	Sorte EN AW. Chemische Symbole mit Zustandsbezeichnung	R_m in MPa	A in %	(Werte für Bleche <12 mm) Beispiele	
7020	AlZn4,5 Mg1-O	220	12	Cu-frei, nach dem Schweißen selbstaushärtende Legierung	
	-T6	350	10		
7075	AlZn5,5MgCu-O	275	10	Bleche und Bänder	
	-T6	525	6		
7022	AlZn5Mg3Cu-T6	450	8	Maschinengestelle, Schmiedeteile	überaltert (T7), gut beständig gegen SpRK
7075	AlZn5,5MgCu-T6	545	8		

8.2.6 Aluminium-Gusslegierungen

Bei Gusslegierungen wird die Festigkeitssteigerung durch Mischkristallverfestigung bewirkt, zusätzlich durch Feinkornverfestigung über die Ausbildung möglichst feinkörniger Gefüge. Wichtigste Gusslegierung ist die 4000er Serie mit Silizium, wobei die eutektische Zusammensetzung bei 11,7 % Si liegt. Bei Zugabe von Mg ist auch eine Ausscheidungshärtung bei der 4000er Legierung möglich. Weitere Gusslegierungen sind aus der 2000er, der 5000er und der 7000er Serie vorhanden. Durch Teilchenverfestigung (Aushärten) wird eine weitere Steigerung der Dehngrenze erreicht, wobei die Bruchdehnung wieder sinkt. Durch eine Teilaushärtung (T64) lässt sich eine etwas geringere Dehngrenze mit höherer Bruchdehnung kombinieren (siehe hierzu auch Al Si7Mg in Tab. 8.19).

Veredeln von AC-AlSi12 ist eine metallurgische Behandlung der Schmelze mit Na-Metall oder Salzen. Diese stören die Kristallisation, sodass eine Unterkühlung auftritt und ein feinkörniges Eutektikum entsteht. Andere Sorten werden zum gleichen Zweck mit Al-Borid, TiC oder ZrC geimpft. Auch die Gießart hat Einfluss auf das Gefüge. Durch schnellere Abkühlung beim Kokillenguss (K) wird gegenüber Sandguss (S) ein feinkörnigeres Gefüge erzeugt, Festigkeit und Bruchdehnung steigen. Tab. 8.19 gibt für ausgewählte Aluminiumgusslegierungen im Kokillenguss entsprechende mechanische Kennwerte nach der DIN EN 1706:2021 an.

Tab. 8.19 Ausgewählte Aluminium-Gusslegierungen, DIN EN 1706:2021, Probenstäbe im Kokillenguss

Chemische Bezeichnung	Numerische Bezeichnung	Wärmebehandlungszustand	R_m in MPa	$R_{p0,2}$ MPa	A in %	Brinell-härte	Anwendungen
EN AC-Al Cu4Ti	EN AC-21100	T6 T64	330 320	220 180	7 8	95 90	Hochbeanspruchte Teile, begrenzte Korrosionsbeständigkeit, Automobil-, Kraftfahrzeug-, Motoren-, Maschinen- und Schienenfahrzeugbau sowie die Textilindustrie
-EN AC-Al Si7Mg	EN AC-42000	F T6 T64	170 260 240	90 220 200	2,5 1 2	55 90 80	Flugzeug-, Schienenfahrzeug und Fahrzeugbau sowie Lebensmittelindustrie und Haushaltsgeräte aufgrund des sehr guten Korrosionsverhaltens
EN AC-Al Si11	EN AC-44000	F	170	80	7	45	Maschinenteile, stoß- und schwingungsbeanspruchte Teile, Zylinderköpfe und -blöcke, Motoren-, Kurbel- und Pumpengehäuse,
EN AC-Al Si5Cu1Mg	EN AC-45300	T4 T6	230 280	140 210	3 1	85 110	Gehäuse, Träger, Rahmen, Motorenteile, Getriebegehäuse, Bremsscheiben.
EN AC-Al Mg5	EN AC-51300	F	180	100	4	60	Spindelmuttern, hochbeanspruchte Amaturen, Pumpengehäuse, Leit-, Lauf- und Schaufelräder
EN AC-Al Zn10Si8Mg	EN AC-71100	T1: kontrollierte Abkühlung nach dem Guss und kaltausgelagert	230	200	1	90	Großguss, Maschinenbau, Modell-/Formenbau, Optik/Möbel, Textilindustrie, Hydraulikguss, Haushaltsgeräte, Wehrtechnik

8.3   Kupfer

8.3.1   Vorkommen und Gewinnung

Kupfererze haben i. Allg. einen geringen Metallgehalt, sie werden angereichert und in Trommelkonvertern (ähnlich Roheisenmischern) zu einem Rohkupfer erschmolzen, das noch raffiniert werden muss. Rohkupfer enthält 97…99 % Cu und viele Verunreinigungen, wie z. B. As, Bi, Sb, Pb, Ni, Ag und Au in Spuren. Die elektrische Leitfähigkeit wird durch die löslichen Elemente P, As und Al sehr stark herabgesetzt, sie müssen entfernt werden. Außerdem ist es wirtschaftlich interessant, die Verunreinigungen (nicht nur Ag und Au) abzutrennen und separat zu verwerten.

Feuerraffination[2] von Cu im Schmelzfluss unter Luftzufuhr: Dabei entsteht zunächst das Cu-Oxid, das sich im Bad löst und dann die Beimengungen oxidiert. Das überschüssige Cu_2O wirkt versprödend und muss entfernt werden (Desoxidation). Es geschieht hier durch Eintauchen von frischen Holzstämmen und wird Polen genannt. Zunächst spülen die Gase aus dem Holz das entstehende SO_2 hoch, später reduzieren sie das Cu-Oxid. Das entstehende Hüttenkupfer enthält noch Oxide mit O-Gehalten von 0,015…0,04 %.

Sauerstoff liegt chemisch gebunden als Cu_2O vor. Damit bildet das Cu eine eutektische Legierung. Sauerstoffhaltiges Cu hat dadurch ein Gefüge aus Cu-Kristallen mit einem dünnen Netzwerk des Eutektikums. Durch Warmumformen wird es in kleine Körner zerteilt. Innerhalb der angegebenen Gehalte an O haben diese wenig Einfluss auf Eigenschaften und auch auf die Leitfähigkeit, sind aber die Ursache der sog. Wasserstoffkrankheit des Kupfers. Wasserstoffkrankheit ist das Entstehen von Rissen und Hohlräumen in sauerstoffhaltigem Cu bei höheren Temperaturen bei Kontakt mit H_2-haltigen Gasen (Wärmebehandlung, Schweißen, Löten, Flammrichten). Die Wasserstoffkrankheit bzw. Wasserstoffversprödung wird durch die Reaktion der eindiffundierten H-Atome mit dem enthaltenen Cu_2O ausgelöst.

- $Cu_2O + 2\,H \rightarrow 2\,Cu + H_2O$

H_2O-Dampf kann in Metallen praktisch nicht diffundieren (Molekülgröße) und führt zum Aufblähen, Lockern oder Reißen des Gefüges. Entsprechend sind sauerstofffreie Kupfersorten gut löt- und schweißgeeignet.

Elektrolyse: hierzu wird ein vorraffiniertes Cu mit 99 % Gehalt als Anodenplatte in eine wässrige Lösung aus Cu-Sulfat und Schwefelsäure eingehängt. Bei einer Gleichspannung von 0,2…0,35 V wird reines Cu an der Kathode (Minus-Pol) abgeschieden. Die anderen Elemente gehen im Bad in Lösung oder fallen als Anodenschlamm zu Boden. Das entstehende Kathoden- oder Elektrolytkupfer enthält 99,99 % Cu und besitzt höchste elek-

---

[2] Raffination = Reinigung, Veredlung von Naturstoffen (Zucker- und Ölraffination).

Tab. 8.20 Ausgewählte Erzeugnisnormen für Kupfer und Kupferlegierungen

Blockmetalle und Gussstücke	
DIN EN 1976:2012	Gegossene Rohformen
DIN EN 1982:2024	Blockmetalle und Gussstücke
Walzprodukte	
DIN EN 1652:1998	Platten, Bleche, Bänder, Streifen und Ronden für allgemeine Verwendung
DIN EN 1653:2000	Platten, Bleche und Ronden für Kessel, Druckbehälter, Warmwasserspeicher
DIN EN 1654:2019	Bänder für Federn u. Steckverbinder
Rohre	
DIN EN 12449:2023	Nahtlose Rundrohre für allg. Verwendung
DIN EN 12451:2012	Nahtlose Rundrohre für Wärmeaustauscher
Stangen, Profile, Drähte	
DIN EN 12163:2024	Stangen für allgemeine Verwendung
DIN EN 12166:2024	Drähte für allgemeine Verwendung
DIN EN 12167:2024	Profile und Rechteckstangen für allg. Verwendung
Schmiedestücke und Schmiedevormaterial	
DIN EN 12165:2024	Vormaterial für Schmiedestücke
DIN EN 12420:2024	Schmiedestücke

trische Leitfähigkeit und Umformbarkeit. Elektrolytkupfer ist Ausgangsmaterial für hochkupferhaltige Legierungen und die sog. Leitbronzen (niedriglegiertes Cu mit höherer Festigkeit bei hoher elektrischer Leitfähigkeit). Anodenschlamm enthält die edleren Metalle Ag, Au, Pt, die in aufwendigen chemischen Verfahren voneinander getrennt werden. Ni ist als Sulfat im Elektrolyten enthalten und wird vom Cu-Sulfat abgetrennt, das in den Kreislauf zurückgeht.

8.3.2 Normen für Kupfer und Kupferlegierungen

Die DIN EN-Normung gibt den Erzeugnisnormen die Priorität (Tab. 8.20). Diese enthalten alle Cu-Knetlegierungen, die für das jeweilige Erzeugnis geeignet und lieferbar sind, mit Analysen und Eigenschaftsangaben. Alle Cu-Gusslegierungen sind in der Norm DIN EN 1982:2024 enthalten. Das Werkstoffnummernsystem für Kupfer- und Kupferlegierungen ist in der DIN EN 1412: 2017 beschrieben.

8.3.3 Unlegiertes Kupfer – Eigenschaften und Verwendung

Die Bedeutung des Werkstoffes Cu liegt in der Kombination der guten Kennwerte für

- Leitfähigkeit für Elektrizität und Wärme (siehe Tab. 8.21),
- Kaltumformbarkeit,
- Korrosionsbeständigkeit gegen Außenklima und Wasser. Cu bildet im Laufe der Zeit an der Oberfläche eine Schicht aus, die aus grünem, basischem Cu-Carbonat besteht (durch Industrieluft auch aus basischem Cu-Sulfat). Sie entsteht durch Reaktion mit den Stoffen der Umgebungsluft (O_2, CO_2, SO, H_2O), ist einigermaßen festhaftend und damit ein gewisser Schutz gegen weiteren Angriff (Patina-Schicht). Cu jedoch ist unbeständig gegen Schwefel (z. B. im vulkanisierten Gummi) und oxidierende Säuren (z. B. gegen Salpetersäure, HNO_3). Die Korrosionsbeständigkeit wird durch gelöste edlere LE wie Ni und Sn oder durch Schutzschichtbildung wie bei CuAl erhöht.

Nachteilig sind seine problematischen technischen Eigenschaften für

- Gießen (Wasserstoffaufnahme) und
- Zerspanen (Neigung zum Schmieren)

Die Tab. 8.22 und Tab. 8.23 geben einen Überblick über die Werkstoffkennwerte von Kupfer und den Verbrauch in Deutschland.

Unlegierte Kupfersorten werden nach ihrem O-Gehalt in drei Gruppen unterteilt (Tab. 8.24).

Tab. 8.25 gibt eine Übersicht über die Verwendung einiger unlegierter Kupfersorten.

Tab. 8.21 Vergleich einiger Leitwerkstoffe für Wärme und elektrischen Strom. Relative Werte für Reinmetalle, Cu = 100 gesetzt

Leitwert für	Ag	Cu	Au	Al	Fe
Elektrizität	106	**100**	72	62	17
Wärme	108	**100**	76	56	17

Tab. 8.22 Werkstoffkennwerte des Kupfers

Mechanische Eigenschaften		Temperaturen	
R_m	200…250 MPa	Schmelzen	1083 °C
$R_{p0,2}$	40…80 MPa	Schmieden	950…800 °C
E	12,5 GPa	Rekristallisation	300…100 °C
Dichte 8,94 g/cm³		Bruchdehnung A > 45 %	
Kristallgitter kfz		Brucheinschnürung Z > 75 %	

Tab. 8.23 Hauptverbraucher von Cu-Halbzeug in Deutschland (in Prozent)

Elektroindustrie	60
Sanitär-, Bauwesen	14
Maschinen- u. Apparatebau	10
Verkehr	10
Konsumgüterindustrie	4

Tab. 8.24 Einteilung der unlegierten Cu-Sorten nach DIN EN 1976:2012

O-haltiges Cu	O-freies Cu, nicht desoxidiert	O-freies Cu mit **P** desoxidiert	Bedeutung der Zeichen
Cu-ETP1 Cu-ETP Cu-FRHC Cu-FRTP	Cu-OF Cu-OFE[a]	Cu-PHC Cu-PHCE Cu-DLP Cu-DHP Cu-DXP	1: höchster elektr. Leitwert 58,58 m/Ωmm^2 E (vorn): elektrolytisch raffiniert E (hinten): vakuumgeeignet F: feuerraffiniert LP:P-Gehalt niedrig HP: P-Gehalt höher OF: oxygen free TP: zähgepolt HC: high conductivity (Leitfähigkeit)

[a] Sorte mit geprüfter Haftung der Zunderschicht

Tab. 8.25 Kupfersorten für Drahtbarren, Walzplatten und Rundblöcke DIN EN 1976:2012

Kurzzeichen	Eigenschaften und Verwendung
Cu-ETP	E-Technik, Elektronik, bei Anforderung an höchste Leitfähigkeit
Cu-FRHC	Wie oben, auch für Schmiedestücke allgemeiner Verwendung
Cu-OF	Wie oben, nicht desoxidiert, wasserstoffbeständig, schweiß- und lötgeeignet
Cu-PHC	E-Technik, hohe Leitfähigkeit und Umformbarkeit, Plattierwerkstoff
-PHCE	Freiformschmiedestücke für allgemeine Verwendung, Vakuumtechnik
Cu-DLP	Allgemeine Verwendung, für Apparatebau, gut löt-, schweiß- und kaltformbar
Cu-DHP	Allgemeine Verwendung, für Rohrleitungen, Bauwesen, Apparate bei hohen Anforderungen an Schweiß-, Löt- und Umformbarkeit, auch Schmiedeteile
CuAg0,10	Insgesamt 10 Ag-haltige Sorten (0,04 %, 0,07 % und 0,1 %), anlassbeständig, mit hoher elektrischer Leitfähigkeit, O-haltig, P-desoxidiert oder O-frei

8.3.4 Verfestigungsmechanismen bei Kupfer-Legierungen

Legierungselemente sollen die niedrige Festigkeit des reinen Cu erhöhen, ohne dass seine Duktilität zu stark sinkt, die gute Beständigkeit soll erhalten und für stärkere Korrosionsbeanspruchung erhöht werden. Die LE erhöhen die Festigkeit durch verschiedene Mechanismen:

- **Mischkristallverfestigung:** unterschiedlich stark je nach Atomdurchmesser der LE. Es entstehen homogene MK-Legierungen für die Kaltumformung. Sie sind in den Erzeugnisnormen für Platten, Bleche und Bänder enthalten.

Tab. 8.26 Anhängesymbole bei Kupferlegierungen

Symbol	Eigenschaft nach Kaltumformung
-A005	Bruchdehnung A = 5 %
-R700	Zugfestigkeit R_m = 700 MPa
-Y350	Dehngrenze $R_{p0,2}$ = 350 MPa

- **Kaltverfestigung:** bei Erzeugnissen, die durch Kaltumformen hergestellt werden. Kennzeichnung durch Anhängesymbole (Tab. 8.26).
- **Teilchenverfestigung:** durch geringe Anteile von Intermetallischen Phasen im Gefüge, das dadurch heterogen wird und an Duktilität verliert. Diese höher legierten Sorten sind für Warmumformung und spanende Fertigung geeignet. Sie sind z. B. in Normen für Stangen, Strangpressprofile und Schmiedeteile enthalten.
- **Korngrenzenverfestigung** wird durch Ausbildung feinkörniger Gefüge mithilfe von Schmelzzusätzen erreicht (wichtig für Gusslegierungen, bei denen die Kaltverfestigung nicht möglich ist).

Die Zustandsschaubilder der meisten Cu-Legierungssysteme sind sehr kompliziert. Die Löslichkeit der Legierungselemente (LE) liegt wegen der Unterschiede zum Cu im Bezug zu Atomdurchmesser, Kristallsystem, Wertigkeit, Stellung in der elektrochemischen Spannungsreihe zwischen 10 und 37 % des jeweiligen LE (mit Ausnahme von Cu-Ni mit vollständiger Löslichkeit im flüssigen und festen Zustand). Die Knetlegierungen haben deshalb niedrige Gehalte an LE, damit homogene Werkstoffe mit guter Verformbarkeit entstehen.

8.3.5 Niedriglegiertes Kupfer

Reinkupfer hat die größte Leitfähigkeit, aber nur geringe Festigkeit und Härte. Im Mischkristall gelöste Atome senken die elektrische Leitfähigkeit (Abb. 8.3), am geringsten die LE Cd, Ag, Zn und Ni. Hohe Festigkeit bei wenig gesenkten Leitfähigkeiten wird durch Aushärtung erreicht (Tab. 8.27).

8.3.6 Kupfer-Zink-Legierungen

▶ Hinweis Für Cu-Zn-Legierungen ist der historische Name *Messing* weiterhin in Gebrauch.

Kupfer-Zink-Legierungen ohne weitere Zusätze (Tab. 8.28)
Abb. 8.4 zeigt als Beispiel das System Cu-Zn (Messing). Bis <37 % Zn entstehen homogene Gefüge aus kfz-Mischkristallen (α-Messing). Die Festigkeit und Dehnung steigen

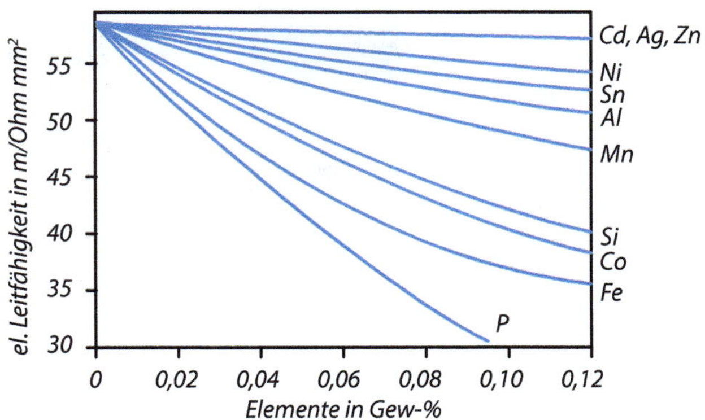

Abb. 8.3 Einfluss einiger LE und Verunreinigungen auf die elektrische Leitfähigkeit von Reinkupfer

Tab. 8.27 Auswahl von Kupfer-Knetlegierungen, niedriglegiert

Sorte	Eigenschaften, Anwendung
CuFeP2	Kombination von Eignung für Stanzen, Kalt- und Warmumformen, Löten, Schweißen; Anlauf- und korrosionsbeständig, hohe Leitfähigkeit für Wärme und Strom
CuBe1,7	Wärmeübertrager, Federn warmaushärtbar bis $R_m = 1300$ MPa für Kontaktfedern, CuBe2 für nichtfunkende Werkzeuge
CuCrZr	warmaushärtbar bis $R_m = 470$ MPa, hohe Leitfähigkeit, Elektroden zum Punktschweißen, Schleifringe, Kollektorlamellen
CuNi2Si	warmaushärtbar bis $R_m = 640$ MPa, mittlere Leitfähigkeit, rauchgasbeständig, Freileitungsarmaturen, Federn

Tab. 8.28 Einige Cu-Zn-Knetlegierungen, Werte für Blech <2,5 mm

Kurzzeichen/Nummer	Zustand entspricht R_m in MPa	A in %	Verwendungsbeispiele
CuZn5/CW500L	R250	36	Elektrische Leiter
	R340	4	Dämpferstäbe
CuZn15/CW502L	R260	38	Federbänder
	R350	4	Druckmessgeräte, Hülsen
CuZn30/CW505L	R280	40	Federn, Tiefziehteile
	R420	6	Federn
CuZn40/CW509L	R340	33	Stangen, Profile
	R470	6	Schloss- und Beschlagteile

mit dem Zn-Gehalt an. Sorten in diesem Bereich sind sehr gut bis gut kaltumformbar (Drück- und Tiefziehmessing). Nach rechts, mit höheren Gehalten des LE, schließen sich zahlreiche Phasengebiete an, in denen intermetallische, spröde Phasen vorliegen. Die Legierungen solcher Zusammensetzungen sind meist technisch unbrauchbar. Beim System Cu-Zn liegt in diesen Bereichen zunächst die β-Phase vor, kubisch-raumzentriert, aber hart, spröde und nur warmumformbar zwischen 600…700 °C. Durch ansteigende Gehalte der β-Phase steigen Härte und Festigkeit an, die Dehnung fällt auf null. Sorten in diesem

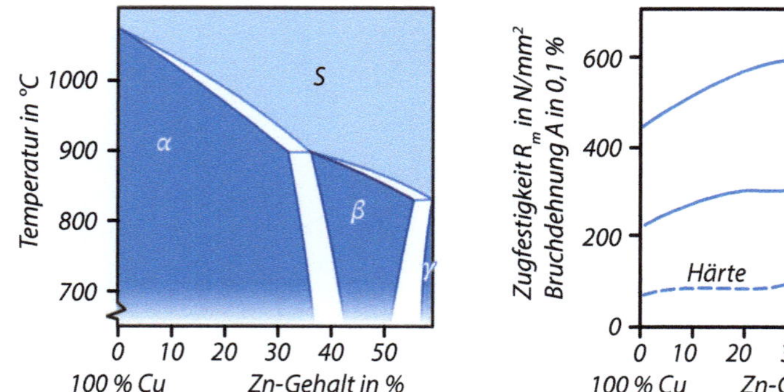

Abb. 8.4 Zustandsschaubild Cu-Zn und Verlauf von Festigkeit, Härte und Bruchdehnung (A-Werte mal 0,1)) bei steigendem Zn-Gehalt

Tab. 8.29 Ausgewählte CuZnPb-Knetlegierungen (Auswahl von 24 Sorten)

Kurzzeichen/Nummer	Zustand: R_m in MPa / A^a in %	Eigenschaften, Beispiele
CuZn35 Pb1/CW600N	R290/40	Gut warm-, kaltform- und spanbar
	R470/5	
CuZn39Pb3/CW614N	R380/18	Formdrehteile auf Automaten
	R430/10	
CuZn40Pb2/CW617N	R380/35	Warmpressteile
	R600/8	

[a] Zahlen für Dehnung sind nur Anhaltswerte

Bereich sind gut warmumformbar, wenn sie nicht zu viel von der spröden Phase enthalten (Schmiedemessing). Der Bereich der technisch nutzbaren Cu-Zn-Legierungen reicht dadurch bis etwa 45 % Zn.

Bis zu 37 % Zn sind die Werkstoffe homogen. Verarbeitung findet durch Ziehen, Drücken, Stauchen, Walzen und Gewinderollen statt. Sorten mit weniger Zn sind noch stärker kaltformbar und haben höhere elektrische Leitfähigkeit. Die Sorte CuZn40 hat ein heterogenes $(\alpha + \beta)$-Gefüge, ist gut kalt- und warmformbar und wird auch für Schmiedestücke eingesetzt.

Kupfer-Zink-Legierungen mit Bleizusatz

Blei ist im α-Kristall praktisch unlöslich und scheidet sich an den Korngrenzen ab. Es wirkt kornfeinend und spanbrechend. Die Eignung zum Schmelzschweißen wird verringert. Alle Sorten sind mit steigendem Zn-Gehalt gut warmumformbar (Tab. 8.29). Mit der hohen Anzahl an Sorten lassen sich vielseitige Anforderungen an die Kombination von Spanbarkeit, Kaltformbarkeit und Fertigungsverfahren erfüllen. Die Hauptlegierung ist hier CuZn39Pb3 als Automatenlegierung für Formdrehteile aller Art. Für dünnwandige Schmiedestücke ist CuZn40Pb2 besonders geeignet.

Tab. 8.30 Ausgewählte CuZn-Knetlegierungen mit weiteren Legierungselemente

Kurzzeichen/Nummer	Zustand: R_m in MPa / A^a in %	Eigenschaften, Beispiele
CuZn20Al2As/CW702R	R300/35	Geglüht beständig gegen Seewasser
	R440/22	Kaltformbar, Rohre, Lagerbuchsen
CuZn38Mn1Al1/CW716R	R440/20	Witterungsbeständig, für Gleitelemente
CuZn40Mn2Fe1/CW723R	R440/20	Lötbar, Armaturen

[a] Zahlen für Dehnung sind nur Anhaltswerte

Tab. 8.31 Ausgewählte CuZn-Gusslegierungen nach DIN EN 1982:2024

Bezeichnungen nach DIN EN 1982:2024			R_m in MPa	$R_{p0,2}$ in MPa	A in %	HBW	Eigenschaften, Beispiele
Kurzname	Nummer	Gießart					
CuZn33Pb2-C	CC750S	-GS	180	70	12	45	Beständig gegen Brauchwässer bis 90 °C, gut spanbar
		-GZ				50	
CuZn15As-C	CC760S	-GS	160	70	20	45	Sehr gut lötgeeignet, meerwasserbeständig, für Flansche
CuZn25Al5Mn4Fe3-C	CC762S	-GS	750	450	8	180	Höher belastete Gleitlager und Schneckenradkränze (niedrige Gleitgeschwindigkeit)
		-GM	750	480	8	180	
CuZn34Mn3Al2Fe1-C	CC764S	-GS	600	250	15	140	Statisch hoch belastete Ventil- und Steuerungsteile
		-GZ	620	260	14	150	
CuZn35Mn2Al1Fe1-C	CC765S	-GS	450	170	20	110	Druckmuttern, Gleit- u. Gelenksteine, Schiffspropeller
		-GC	500	200	18	120	

Kupfer-Zink-Legierungen mit weiteren Zusätzen

Als weitere LE sind Al, Sn, Si, Ni, Mn und Fe in kleinen Mengen enthalten (Tab. 8.30 und 8.31), z. T. in zwei- oder dreifacher Kombination (Sondermessing):

- Sie verschieben die Phasengrenzen, d. h., sie wirken sich auf das Verhältnis zwischen den Phasen α und β aus (Gefügeeinfluss).
- Die Festigkeit wird durch MK-Bildung in beiden Phasen erhöht.
- Bessere Gleit- und Verschleißeigenschaften, die Korrosionsbeständigkeit wird durch Bildung von Deckschichten erhöht.
- Die Kaltumformbarkeit ist mittel bis gering, deswegen sind nur die Sorten bis 38 % Zn als Blech herstellbar, die anderen Sorten als Rohre, Stangen und Strangpressprofile.
- Alle Al-haltigen Sorten sind schlecht lötbar und nur mit Schutzgas gut schweißgeeignet.

8.3.7 Kupfer-Zinn-Legierungen

Gegenüber den Messing-Legierungen haben sie eine höhere Korrosionsbeständigkeit und Verschleißfestigkeit, sind lötbar aber teurer.

▶ **Hinweis** Für Cu-Sn-Legierungen ist der historische Name Bronze/Zinnbronze weiterhin in Gebrauch.

Die geringe Übereinstimmung der atomaren Eigenschaften von Cu und Sn (Tab. 8.32) führt zu:

- Kristallseigerungen beim Erstarren aufgrund des großen Erstarrungsintervall im Zustandsdiagramm und zu
- einer niedriger Diffusionsgeschwindigkeit. Real erstarrte Legierungen entsprechen im Gefüge deswegen nicht dem Zustandsschaubild.

Bis 8 % entstehen homogene Mischkristall-Gefüge mit hoher Beständigkeit und Kaltumformbarkeit bei starker Verfestigungsneigung (Tab. 8.33), mit höchster Festigkeit bei 12 % und höchster Bruchdehnung bei 9 % Sn (Abb. 8.5).

Bei höheren Sn-Gehalten bilden sich spröde Phasen, welche die Verformungskennwerte stark reduzieren, während die Härte weiter steigt. Gusslegierungen enthalten max. 12 % Sn (Glockenguss 20 %, nicht genormt).

Tab. 8.32 Unterschiede der Atomsorten Cu und Sn

	Wertigkeit	Gitter	Atom-Ø pm	Schmelzpunkt °C	U^a
Cu	1	kfz	128	1083	−0,14
Sn	4	tetragonal	151	232	+0,34

[a]U in Volt. Elektrochemische Spannungsreihe

Tab. 8.33 CuSn-Knetlegierungen

Kurzzeichen/ Nummer	R_m in MPa	Verwendung
CuSn4/CW450K	290…610	Metallschläuche, Bänder für Federn
CuSn5/CW451K	350…690	Kontaktfedern, -drähte, mechanische Federn, Kupplungsscheiben
CuSn8/CW453K	370…740	Hochbeanspruchte Teile in der Textilindustrie und im Apparatebau, Gleitlager
CuSn3Zn9/ CW454K	320…660	Steckverbinder, Kontakte, Membranen, Federn

Abb. 8.5 Festigkeits- und Verformungseigenschaften der Cu-Sn-Legierungen, weichgeglüht. Durchgezogenen Linien: Festigkeiten, gestrichelte Linien: Verformbarkeiten

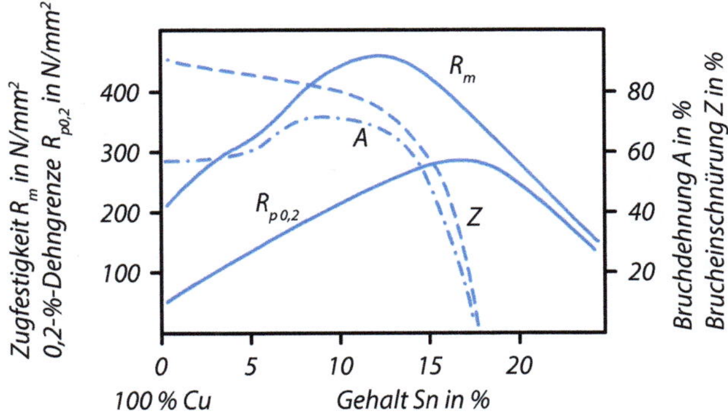

Tab. 8.34 Ausgewählte CuSn-Gusslegierungen

Kurzzeichen/Nummer	Gießart	R_m in MPa	$R_{p0,2}$ in MPa	A in %	HBW
CuSn11Pb2-C/CC482K	-GS	240	130	5	80
	-GC	280	150	5	90
CuSn12Ni2-C/CC484K	-GS	280	160	12	85
	-GC	300	180	10	95

Tab. 8.35 Ausgewählte CuSnZn-Gusswerkstoffe[a] nach DIN EN 1982:2024

Kurzzeichen/Nummer	Gießart	R_m in MPa	$R_{p0,2}$ in MPa	A in %	HBW
CuSn5Zn5Pb5-C/CC491K$	-GS	200	90	13	60
	-GM	220	110	6	65
CuSn7Zn2Pb3-C/CC492K	-GS	230	120	14	65
	-GC	260	130	12	70
CuSn7Zn4Pb7-C/CC493K	-GS	230	120	15	60
	-GC	260	120	12	70

[a] Hierfür wird auch noch die ältere Bezeichnung Rotguss verwendet.

Knetlegierungen werden wegen der hohen Dehngrenze und der Beständigkeit für federnde Bauteile aller Art eingesetzt. Durch Zusatz von 2 % Ni werden Festigkeit und Bruchdehnung erhöht, Ni ist deshalb in fast allen Gusslegierungen enthalten.

Gusslegierungen sind korrosionsbeständige, verschleißfeste Werkstoffe mit sehr guter Zerspanbarkeit und Lötbarkeit. CuSn wird wegen der Seigerungen meist im Schleuderguss verarbeitet. Einige Sorten sind mit Pb legiert, das im festen Zustand fast unlöslich ist und bei 327 °C zu schmelzen beginnt. Es fördert die Zerspanbarkeit und Notlaufeigenschaften auf Kosten der Festigkeit. Tab. 8.34 gibt eine Auswahl an CuSn-Gusslegierungen an. Einsatzgebiete sind Schnecken- und Zahnkränze, Gleitlager und -elemente für höchste Beanspruchungen. CuSnZn-Gusslegierungen sind weniger fest, aber besser gieß- und spanbar und werden für Pumpen-, Ventil- und Zählergehäuse, Fittings und als Lagerwerkstoffe eingesetzt (Tab. 8.35).

8.3.8 Kupfer-Aluminium-Legierungen

Die besonderen Eigenschaften des Al prägen auch die der CuAl-Legierungen (Tab. 8.36).
Cu kann nur wenig vom dreiwertigen Al lösen. Einphasige MK-Legierungen sind deshalb nur bis 8 % Al möglich. Bei höher legierten Sorten entsteht eine zweite β-Phase, die bei Abkühlung auf 565 °C eine martensitische Umwandlung erfährt. Diese spröde Phase vermindert Festigkeit und Bruchdehnung. Deshalb müssen weitere Elemente zulegiert werden, um die ungünstigen Wirkungen aufzuheben. Es ergeben sich dann heterogene Gefüge, wie auch bei den Gusslegierungen, und die Möglichkeit einer Ausscheidungshärtung (Tab. 8.37).
Einfluss von weiteren Legierungselementen:

- Fe wirkt kornverfeinernd und erhöht die Festigkeit (je Prozent um 30 MPa).
- Ni erhöht die Korrosionsbeständigkeit und Dauerschwingfestigkeit in Seewasser.
- Mn desoxidiert die Schmelze und erhöht die Warmfestigkeit.

Tab. 8.38 gibt einen Überblick über CuAl-Knetlegierungen und ihre Eigenschaften.
Kupfer-Aluminium-Gusslegierungen haben ähnliche Zusammensetzung wie die heterogenen Knetlegierungen, erreichen aber nicht deren Festigkeits- und Dehnungswerte (Tab. 8.39). Es sind seewasserbeständige, unmagnetische Legierungen mit hoher Beständigkeit in Meerwasser oder Salzlösungen und bestimmten Laugen. Sie haben mittlere Zerspanbarkeit und sind unter Schutzgas schweißgeeignet. Typische Anwendungen sind z. B. Schiffspropeller, Pumpengehäuse und -laufräder, Teile für Meerwasserentsalzung und Offshoretechnik, Heißdampfarmaturen, Gleitlager mit hoher Stoßbelastung, Schnecken- und Schraubenräder für höchste Flächenpressungen, Maschinen der Lebensmittelverarbeitung, Beizkörbe.
Ein Vergleich der Sorten zeigt, dass durch Kokillenguss (-GM) oder Strangguss (-GC) gegenüber Sandguss (-GS) höhere Streckgrenzen bei gleichen oder evtl. höheren Dehnungen erreicht werden; dadurch liegen auch die Dauerfestigkeiten höher.

Tab. 8.36 Eigenschaften der CuAl-Legierungen

+	Gute Korrosionsbeständigkeit, Dichte auf 8,2...7,5 g/cm3 erniedrigt, höhere Festigkeit als CuSn, kaltzäh, mit Legierungselemente Fe oder Ni auch aushärtbar
−	Al-Zusatz erschwert Löten und Schweißen (Oxidbildung), elektrische und Wärmeleitfähigkeit sinken auf 20...10 % des Cu-Wertes

Tab. 8.37 Wärmebehandlung von CuAl10Ni5Fe5

Zustand	R_m in MPa	$R_{p0,2}$ in MPa	A in %
Stranggepresst	727	365	18
900 °C abgeschreckt	784	432	5,5
550°C/1 h angelassen	767	518	11

Tab. 8.38 Ausgewählte CuAl-Knetlegierungen (mechanische Eigenschaften gelten für das jeweilige Halbzeug)

Kurzzeichen/ Nummer	Zustand[a]	$R_{p0,2}$ in MPa	A in %	Eigenschaften, Anwendungen
CuAl8Fe3/ CW303G	-R450 -R480	200 210	30 30	Korrosionsdauerfest, Platten u. Bleche für allg. Verwendung und für Kessel, warmfest bis 300 °C, Schmiedestücke
CuAl10Fe3Mn2/ CW306G	-R590 -R690	330 510	12 6	Zunderfest, Stangen, Schmiedestücke für Maschinen, Schrauben, Spindeln, Zahn- u. Schneckenräder
CuAl11Fe6Ni6/ CW308G	-R750	450	10	Stangen für allg. Verwendung, höchste Festigkeit, für stoßbelastete Verschleißteile, Umformwerkzeuge

[a] Für den Zustand Rxxx (Anhängesymbol für die Zugfestigkeit in MPa) sind Dehngrenzen- und Bruchdehnungswerte nicht gewährleistet.

Tab. 8.39 Ausgewählte CuAl-Gusslegierungen nach DIN EN 1982:2024

Kurzzeichen/ Nummer	Gießart	R_m in MPa	$R_{p0,2}$ in MPa	A in %	HBW
CuAl9-C/ CC330G	-GM -GZ	500 450	160	20 15	100 100
CuAl10Ni3Fe2-C/ CC332G	-GS -GM -GC	500 600 550	180 250 220	18 20 20	100 130 120
CuAl10Fe5Ni5-C/ CC333G	-GS -GM -GZ	600 650 650	250 280 280	13 7 13	140 150 150
CuAl11Ni6Fe6-C/ CC334G	-GS -GM -GZ	680 750 750	320 380 380	5 5 5	170 185 185

8.3.9 Kupfer-Nickel-Legierungen

Die Komponenten bilden eine lückenlose Mischkristallreihe, da beide Atomsorten im kfz-Gitter kristallisieren und nahezu die gleichen Durchmesser aufweisen. Jede Sorte besteht aus kfz-CuNi-Mischkristallen. Die Wirkung der LE ist verschieden:

- Cu ergibt hohe Verformbarkeit (Dehnung).
- Ni steigert Festigkeit, Korrosionsbeständigkeit, und Warmfestigkeit

Die Mischkristallverfestigung wird bis zu 30 % Ni ausgenutzt, höhere Festigkeiten sind in Halbzeugen durch Kaltumformung und Kaltverfestigung möglich (Anhängesymbol R). Dabei sinkt die Bruchdehnung stark ab (Tab. 8.40). Als Legierung für Münzen wurde lange die Legierung CuNi25 eingesetzt. Je 1 % Fe + Mn ergeben durch die Bildung einer

Passivschicht eine sehr gute Korrosionsbeständigkeit, insbesondere auch gegenüber Meerwasser. In der Praxis sind Kupfer-Nickel-Legierungen in Meerwasserkühlsystemen und -entsalzungsanlagen (Fe-haltig) sowie in Kfz-Bremsleitungen zu finden. Al und Mn erhöhen die Entfestigungstemperatur, sodass kaltverformte Teile bis 500 °C beansprucht werden können. Durch kleine Anteile Cr oder Nb entstehen aushärtbare Sorten (z. B. G-CuNi30Cr R1000, nicht genormt).

8.3.10 Kupfer-Nickel-Zink-Legierungen

▶ **Hinweis** Ältere Bezeichnungen sind Neusilber, German Silver und Alpaka, die nicht in den Normen enthalten sind.

Das teure LE Nickel kann teilweise durch das preiswertere Zink ersetzt werden. Die CuNiZn-Werkstoffe dienten früher als Silberersatz. Die Eigenschaften der Sorten liegen zwischen denen der CuZn- und der CuNi-Legierungen (Tab. 8.41).

Zn erhöht Warmformbarkeit und Verfestigungsfähigkeit auf Kosten der Korrosionsbeständigkeit. Die Gefügeausbildung ähnelt dem System CuZn, da sich Zn und Ni im Mischkristall gegenseitig ersetzen können. Mit dem Ni-Zusatz steigt die Anlaufbeständigkeit. Ein Blei-Zusatz wirkt günstig bei der Zerspanung, senkt aber die Zähigkeit und macht warmrissempfindlich (Blei schmilzt). Tab. 8.42 enthält drei Automatenlegierungen.

Festigkeitsangaben für Bleche und Bänder 0,2…5 mm, bei Automatenlegierungen für Stangen

Tab. 8.40 Ausgewählte Cu-Ni-Legierungen

Kurzzeichen	Nummer	Symbol[a]	A in %	Halbzeuge
CuNi10Fe1Mn	CW352H	R300/R320	30/15	Platten, Bleche, Bänder, Ronden, Rohre,
CuNi30Mn1Fe	CW354H	R350/R410	35/14	Stangen, Schmiedestücke

[a] Symbol R ist Anhängesymbol für die Zugfestigkeit in MPa. Die o. a. Legierungen sind auch als CuNi-Gusslegierungen in DIN EN 1982:2024 enthalten.

Tab. 8.41 Eigenschaften von CuNiZn-Legierungen

+	Kaltzäh, auch kalt verformt, nicht magnetisierbar, warmfest bis 300 °C, zunderbeständig bis 400 °C, polierbar, hart- und weichlötbar
−	Geringere Leitfähigkeit für Wärme und Strom als CuZn, weniger beständig gegen Korrosion als CuNi, aber besser als CuZn (Messing)

Tab. 8.42 Ausgewählte Kupfer-Nickel-Zink-Legierungen

Kurzzeichen	Nummer	R_m in MPa	Eigenschaften, Anwendungsbeispiele
CuNi12Zn24	CW403J	350…620	Sehr gut kaltformbar, emaillierfähig, Tafelgeräte, Federn
CuNi18Zn27	CW410J	500…600	Nur Bänder und Bleche, stark kaltverfestigend, Federn
CuNi12Zn30Pb1	CW406J	500…600	Gut kaltformbar und zerspanbar, Sicherheitsschlüssel, Drehteile für die feinmechanische Industrie

8.4 Magnesium

Mg ist mit einem Anteil von ca. 2 % der Erdrinde nach Al das am häufigsten vorkommende Leichtmetall, der größte Teil davon im Meerwasser gelöst. Meerwasser enthält Magnesiumchlorid und Mg-Sulfat (ca. 1,3 g Mg/l). Ein Würfel Meerwasser von 1 km Kantenlänge enthält damit $1,3 \times 106$ t Mg, mehr als eine Weltjahreserzeugung. Die wichtigsten Mg-Mineralien sind die Carbonate Magnesit, $MgCO_3$ und Dolomit, $CaMg(CO_3)$ und das Salz Carnallit, $KMgCl_3$.

Die Herstellung von metallischem Magnesium aus diesen Magnesiumvorkommen verläuft in mehreren Stufen, wobei das Magnesiumion in reines Magnesium reduziert wird:

- Elektrolytische Verfahren mit geschmolzenem Magnesiumchlorid,
- Thermisches Verfahren mit gebranntem Dolomit und Reduktionsmitteln bei Temperaturen >1150 °C,

Beispiel

Für Details zu den verschiedenen kommerziellen Herstellungsverfahren ist folgende Literatur zu empfehlen:

Friedrich, Mordike: Magnesium Technology, Springer, 2006 ◄

Ein großer Teil des Magnesiums wird nicht direkt als Werkstoff eingesetzt, sondern als Legierungselement für Aluminium- und Titanlegierungen.

- Mg ist das häufigste Legierungselement für Al-Legierungen.
- Wichtiges Reduktionsmittel in der Metallurgie bei der Erschmelzung von Titan und Zirkon, der Desoxidation von Nickel und der Herstellung von Kugelgrafitguss.

8.4.1 Eigenschaften von Magnesium und Magnesiumlegierungen

Unlegiertes Mg hat eine geringe Festigkeit, sodass als Strukturwerkstoff nur die Legierungen eingesetzt werden. Mg ist das leichteste technische Metall (Tab. 8.43), es ist mit 1,74 g/cm³ Dichte ca. 30 % leichter als Al.

Tab. 8.43 Werkstoffkennwerte des Magnesiums

Mechanische Eigenschaften			
R_m	90 MPa	Schmelzpunkt	649 °C
$R_{p0,2}$	60 MPa	Schwindmaß	4 %
E	45,5 GPa	Umformen	>225 °C
G	17 GPa		
A	2…15 %	Dichte ρ	1,74 g/cm³

Mg-Druckgusslegierungen waren schon beim ersten VW-Käfer für Kurbel- und Getriebegehäuse in Anwendung (ca. 20 kg). Sie wurden durch korrosionsbeständigere Al-Legierungen ersetzt. Neuere, hochreine Legierungssorten (Zusatz-Zeichen hP, high purity) haben wesentlich kleinere Gehalte der edleren Metalle Fe, Ni und Cu. Die Korrosionsbeständigkeit wird so vervielfacht. Trotzdem konnten sich Mg-Legierungen gegenüber denen aus Al nur langsam verbreiten. Die Gründe dafür lagen im höheren Metallpreis (ca. das Doppelte von Al), aber auch in den technologischen Eigenschaften, die besondere und damit kostentreibende Maßnahmen erfordern.

Technologische Eigenschaften:

- Mg ist sehr reaktionsfreudig: Die Schmelze reagiert mit dem Luftsauerstoff, da die entstehende MgO-Schicht lückenhaft ist und die Entflammungstemperatur etwa der Gießtemperatur entspricht. Das erfordert besondere Maßnahmen. Schutzmaßnahmen beim Gießen durch Salzabdeckung oder Vergießen unter Schutzgas mit SF_6-Anteilen (Schwefelhexafluorid). Wegen der Klimagefährdung durch SF_6 (es hat den 24.000-fachen Treibhauseffekt gegenüber CO_2) wird als Ersatz ein SO_2/N_2-Gemisch verwendet. Weniger umweltbelastend sind SO_2-freie, gasdruckdichte Ofen- und Gießanlagen, die auch keine Verunreinigungen der Schmelze bewirken.
- Kleine Mg-Teilchen mit großer Oberfläche (Späne, Stäube) können sich entzünden. Beim Löschversuch mit Wasser wird der Wasserstoff reduziert, Explosionsgefahr.
- Mg ist gegenüber allen anderen metallischen Konstruktionswerkstoffen unedel und liegt in der elektrolytischen Spannungsreihe bei −2,38 V. Beim Zusammenbau mit edleren Metallen (Kontaktkorrosion!) muss durch elektrische Isolation vermieden werden, dass es bei Mg zu einer anodischen Korrosion kommt. Es ist durch eine Oxidschicht beständig in trockenen oder basischen Medien, jedoch korrosionsgefährdet in saurer Umgebung. Anwendung nur im Innenbereich, sonst ist ein Oberflächenschutz erforderlich, z. B. durch anodische Oxidation. Sie erzeugt eine konturentreue 15…20 µm dicke Schicht aus MgO, verschleißfest und elektrisch isolierend.
- Mg hat ein hdP-Kristallgitter und dadurch wenige Gleitmöglichkeiten. Kaltumformung ist deshalb nur sehr begrenzt möglich. Bei über 225 °C werden weitere Gleitebenen aktiviert (Pyramidal- und Prismengleitung). Knetlegierungen müssen deshalb in diesem Temperaturbereich verformt werden.

Tab. 8.44 Kurzzeichen (KZ) der Mg-Legierungen nach ASTM

KZ	Element	KZ	Element	KZ	Element
A	Al	H	Thorium	Q	Silber
B	Bismut	K	Zirkon	R	Chrom
C	Kupfer	L	Lithium	S	Silizium
D	Cadmium	M	Mangan	T	Zinn
E	Seltene Erden	N	Nickel	W	Yttrium
F	Eisen	P	Blei	Z	Zink

- Ab ca. 80 °C nimmt die Warmfestigkeit von Mg stark ab. Zeit- und temperaturabhängige Verformungsmechanismen (Kriechen) müssen schon ab 80 °C berücksichtigt werden.

Wirkung der Legierungselemente

- Al und Zn erhöhen die Festigkeit in kleinen Gehalten. Al bildet die spröde Intermetallische Phase $Mg_{17}Ak_{12}$, dadurch sinkt die Zähigkeit. Beide LE ermöglichen Aushärtung, führen in höheren Gehalten aber zu porösem Guss.
- Mn erhöht die Korrosionsbeständigkeit, indem es Fe zu einer unlöslichen Phase bindet, es steigert Festigkeit und Dehnung.
- Seltene Erden (SE, Cer, Yttrium) und Zirkon desoxidieren und ergeben porenfreien Guss, die Reaktionsprodukte bilden Keime und wirken kornverfeinernd. SE bilden auch hochschmelzende Teilchen und erhöhen somit die Warmfestigkeit und Kriechbeständigkeit.

Kurzzeichen für Mg-Legierungen

Neben den Kurzzeichen nach DIN EN-Normen sind im Handel Symbole nach ASTM eingeführt (Tab. 8.44) bestehend aus den Legierungselementen mit nachfolgenden Zahlen zur prozentualen Angabe der Gewichtsprozente, z. B.

- AZ81 → Magnesiumlegierung mit nominell 8 % Al und 1 % Zink

Magnesium-Gusslegierungen

Durch Legieren werden einige ungünstige Eigenschaften verbessert, sodass zunächst Druckgusslegierungen eine breite Anwendung fanden.

Beispiel für die Anwendung

Die Kfz-Industrie ersetzt die Legierung GD-AlSi9Cu3 für ein Getriebegehäuse durch GD-MgAl9Zn1hP (4,5 kg weniger Gewicht). ◄

Mg-Legierungen enthalten bis zu 10 % LE. Die Zustandsschaubilder zeigen ein schmales Mischkristallfeld mit sinkender Löslichkeit und angrenzenden Phasengebieten mit heterogenen Gefügen, z. T. mit intermetallischen Phasen. Die Steigerung der Festigkeit beruht auf Mischkristall- und Teilchenverfestigung durch Bildung intermetallischer Phasen, die feindispers verteilt sein müssen. Deshalb wird ein homogenisierendes Glühen angewandt und schnell abgekühlt. Das Aushärten kann kalt oder warm erfolgen.

Vorteile von Mg-Druckgusslegierungen gegenüber Al-Legierungen:

- Geringere Schmelzviskosität, dadurch sind dünnwandige, filigrane, auch großflächige Teile mit niedrigeren Drücken vergießbar, z. B. Gehäuse für handgeführte Arbeitsgeräte, wie z. B. Motorsägen, Versteifungen von Aktenkoffern aus Kunststoffschalen.
- Der kleinere Wärmeinhalt (kleinere Masse) der Mg-Legierung lässt kürzere Taktzeiten zu (z. B. 5 kg Teile, 100 Schuss/h auf Warmkammermaschinen).
- Mg löst im Gegensatz zu Al kein Fe: Schmelzen kann in Fe-Tiegeln erfolgen, kein Kleben in der Form, damit höhere Standmengen.
- Mg-Legierungen lassen sich mit geringerem Energieverbrauch zerspanen, die Standzeiten der Werkzeuge liegen 5…10-fach so hoch.

Dadurch ist die Anwendung von Mg-Druckguss vor allem im Fahrzeugbau stark angestiegen. Kfz-Druckgussteile für Konsolen, Airbag- und Zündschlossgehäuse, Saugrohr, Konsole für Gangschaltung, Innenteile der Karosserie, Getriebegehäuse (Passat). Ersatz vielteiliger Konstruktionen durch ein Gussteil (z. B. Armaturenträger im Kfz).

Die Schwierigkeiten beim Gießen infolge der hohen Reaktionsfähigkeit des Mg werden beim Thixoguss verringert, der auf der Thixotropie[3] von fest-flüssigen Phasengemischen basiert. Wegen der verminderten Reaktionsfähigkeit (niedrigere Temperatur, keine offene Schmelze) sind die Schutzmaßnahmen bei dieser Gießart einfacher. Tab. 8.45 betrachtet eine Auswahl an Mg-Gusslegierungen und deren Eigenschaften.

Magnesium-Knetlegierungen

Mg-Knetlegierungen hatten im Kfz-Bau wegen des Preises, der geringen Tiefziehfähigkeit und der mangelnden Korrosionsbeständigkeit nur geringe Anwendung gefunden. Neue Entwicklungen versuchen, diese Werkstoffe für Leichtbau-Konstruktionen verwendbar zu machen. Dabei ist der Automobilbau mit seinen hohen Stückzahlen impulsgebend. Hierzu sind zahlreiche Vorhaben der großen Forschungsinstitute unter Mitwirkung der Hersteller, z. T. mit Unterstützung der EU, auf den Weg gebracht worden. Höhere Forderungen an Komfort, Sicherheit und evtl. Leistung führen zu höheren Fahrzeuggewichten, was durch höheren Mg-Einsatz ausgeglichen werden könnte. Die Forschungen laufen in mehreren Bereichen. Zur Herstellung von Blechen ist das Walzen von Strangpress-Vormaterial möglich, was das Gefüge verfeinert und so Bleche mit höherer Streckgrenze und Bruchdehnung ermöglicht (Tab. 8.46 und 8.47). Kontiverfahren erzeugt Bleche von 5…6 mm Dicke durch Gießen des Mg in den Walzspalt.

---

[3] = Verhalten von fest-flüssigen Phasengemischen, bei Scherbeanspruchung dünnflüssiger zu werden, z. B. thixotrope Farben, die zunächst pastös sind und erst durch den Pinseldruck flüssig werden.

Tab. 8.45 Ausgewählte Mg-Gusslegierungen nach DIN EN 1753:2019

Kurzzeichen EN-MC- (ASTM)	Nummer	Gießart	Zustand	R_m in MPa	$R_{p0,2}$ MPa	A in %	Eigenschaften und Beispiele
MgAl9Zn1 (AZ91)	3.5316	Kokillenguss	F	160	110	2	Beste Gießeignung und Spanbarkeit; Getriebegehäuse, Gehäuse für Laptops, Kameras und Mobiltelefone, Teile für elektronische Drucker- und Speicherlaufwerke
			T4	240	120	6	
			T6	240	150	2	
MgAl6Mn (AM60)	3.5322	Druckguss	F	190–250	120–150	4–14	Für Kfz-Teile im Innenbereich: Sitzrahmen, Instrumententräger, Lüfterräder
MgAl5Mn 21220 (AM50)	3.5321	Druckguss	F	180–230	110–130	5–15	Hohe Bruchdehnungen ergeben hohe Energieaufnahme bei Stoßbelastung. Radfelgen, crash-relevante Teile
MgAl2Mn 21210 (AM20)	3.5320	Druckguss	F	150–220	80–100	8–18	
MgRe2Ag2Zr (QE22)	3.5351	Kokillenguss	T6	240	175	3	Luftfahrtlegierung, höchste statische und zyklische Festigkeit, warmfest bis 200 °C, WIG-schweißbar, schlecht gießbar

Tab. 8.46 Mechanische Werte für Mg-Knetlegierungen

	Strangguss	Walzplatten in	
		100 mm	10–20 mm
R_m in MPa	210…220	230…250	245…260
$R_{p0,2}$ in MPa	50…70	140…180	150…190
A in %	8…12	10…14	12…18

Tab. 8.47 Mg-Feinblech AZ31, Dicke 1,5 mm, geglüht

EN-MW (ASTM)	R_m in MPa	$R_{p0,2}$ in MPa	A in %
Mg Al3Zn1 (AZ31B-O)	240…260	140…180	17…23

Die Verarbeitung der Halbzeuge aus Magnesium muss entsprechend an die Eigenschaften der Mg-Knetlegierungen angepasst werden. Beheizte Tiefziehwerkzeuge mit segmentiertem, elastischem Niederhalter, der sich den örtlichen Fließanforderungen anpasst, verbessert die Umformbarkeit. Superplastisches Umformen komplizierter Teile ist auch bei ca. 500 °C und niedriger Umformgeschwindigkeit möglich. Eine angepasste Fügetechnik (Schweißen, Clinchen, Klebfalzen) ist wichtig für Werkstoffverbunde mit Al- oder Polymerteilen. Anwendung findet sie in Karosserie-Leichtbaukonzepten aus Verbunden für Heckklappen, Türmodule, Konsolenteile, Sitzschalen, Radkörper und Felgen.

Für Bauteile im Innenbereich ist i. Allg. kein Korrosionsschutz erforderlich. Bei Verbundkonstruktionen mit Al muss ein elektrischer Kontakt durch Isolierung vermieden werden, damit keine Kontaktkorrosion auftreten kann. Ein Oberflächenschutz ist durch Passivierung, anodische Oxidation möglich. Die Schichten sind verschleißfest und auch ein wirksamer Haftgrund für organische Beschichtungen und Verklebungen.

► Hinweis   Neue Legierungen: MgLi
Lithium (Li) als LE mit einer Dichte von nur 0,53 g/cm^3 senkt die Dichte der Magnesiumlegierung noch weiter bis ca. 1,4 g/cm^3. Legierungen bestehen bei > 11 Gewichts% Li aus krz Mischkristallen mit stark erhöhter Duktilität und guter Festigkeit.

8.5   Titan

Aluminium kann die gestiegenen Anforderungen aus dem Flugkörperbau (Warmfestigkeit und Steifigkeit) aufgrund der niedrigen Schmelztemperatur nicht erfüllen. Dadurch ist Ti wegen seines Schmelzpunktes von 1670 °C mit einer Dichte von 4,5 g/cm^3 und der Festigkeit von Stahl als Leichtbauwerkstoff interessant geworden. Titan wurde bereits 1795 von Klapproth im Rutil entdeckt, aber erst seit 1949 technisch hergestellt. Seine Erzeugung ist aufwendig, sodass sie sich erst nach einer entsprechenden Nachfrage durch die Flugzeugindustrie lohnte. Tab. 8.48 gibt einen Überblick über die Werkstoffkennwerte von Titan an.

Tab. 8.48 Werkstoffkennwerte des Titans

Mechanische Eigenschaften		Physikalische Eigenschaften	
R_m	300…750 MPa	Schmelzen	1670 °C
$R_{p0,2}$	185…390 MPa	Schmieden	700…1000 °C
E	110 GPa		
G	45 GPa	Rekristallisation	> 600 °C
A	15…30 %	Dichte ρ 4,5 g/cm^3	
Z	30…35 %		
Ti ist polymorph, d. h. die Gitterstruktur ändert sich mit der Temperatur		α-Ti < 882 °C (hdP) β-Ti > 882 °C (krz)	

8.5.1 Vorkommen und Gewinnung

Titanrohstoffe sind:

- Ilmenit (Eisentitanat) $FeTiO_3$ mit 30 % Ti
- Rutil Titan(IV)-Oxid, TiO_2

Das Erz wird mit Chlorgas aufgeschlossen, wobei sich die flüssige chemische Verbindung Titan(IV)-chlorid bildet. Sie kann durch Destillation von den anderen Bestandteilen getrennt werden. Weil Ti einen Schmelzpunkt von über 1650 °C hat und bei hohen Temperaturen sehr stark Gase aufnimmt, ist eine Reduktion schwierig. Sie erfolgt meist nach dem Kroll-Verfahren. Das Titan-Chlorid wird in einer Argon-Atmosphäre mit flüssigem Mg reduziert. Dabei entsteht zunächst ein poröses Metall in Brocken, der Titan-Schwamm. Er wird durch Vakuum-Destillation von Mg-Resten befreit. Das Niederschmelzen zu massiven Barren erfolgt in einem Vakuum-Lichtbogenofen ohne Verunreinigung durch Gase oder Tiegelmaterial.

8.5.2 Eigenschaften von Titan und niedriglegiertem Titan

Neben einer hohen spezifischen Festigkeit besitzt Titan durch Bildung einer Passivschicht gute Korrosionsbeständigkeit gegenüber

- oxidierende Säuren und Mischsäuren,
- Chloridlösungen sowie
- Loch- und Spannungsrisskorrosion.

Titan nimmt beim Glühen > 500 °C schnell Wasserstoff auf, der durch Vakuumglühen entfernt werden kann. Über 700 °C wächst die Oxidschicht durch Aufnahme und weiteres Eindiffundieren von O und N schnell weiter. Die Zähigkeit des hexagonalen Ti wird dadurch verringert. Zur Wärmebehandlung wird deshalb Schutzgas oder Vakuum angewandt oder die Schicht wird abgetragen. Unlegiertes Titan ist in vier Sorten genormt (Tab. 8.49). Die mechanischen Kennwerte liegen im Bereich der Zugfestigkeiten und Streckgrenzen

Tab. 8.49 Titan unlegiert, DIN 17850:2023 und DIN 17860:2023, Bleche zwischen 0,4 und 8 mm, A_5 für Bleche >5 mm Dicke

Sorte	O-Gehalt in %	R_m in MPa	$R_{p0,2}$ in MPa	A_5 in %	Härte HBW
Ti1	0,1	290…410	180	30	100
Ti2	0,2	390…540	250	22	120
Ti3	0,25	460…590	320	18	170
Ti4	0,3	540…740	390	16	200

der unlegierten Stähle. Der festigkeitssteigernde Mechanismus ist hier die Bildung von Einlagerungs-MK durch das Element Sauerstoff. Dabei sinkt die Bruchdehnung. Zum Kaltumformen sind mit steigendem O-Gehalt größere Biegeradien erforderlich. Nur Ti1 ist tiefziehfähig, die anderen Sorten warm bei 250…400 °C.

Unlegiertes und niedriglegiertes (Zugabe von Pb) Titan wird vorwiegend dort eingesetzt, wo die Korrosionsbeständigkeit im Vordergrund steht und mittlere Festigkeiten ausreichen: z. B. im chemischen Apparatebau und in der Galvanotechnik für Behälter, Rohleitungen und Armaturen, in der Papier-, Zellstoff-, Textil- und Lebensmittelindustrie, in der Medizintechnik.

8.5.3   Hochlegierte Titanlegierungen

LE verschieben mit steigenden Gehalten die Umwandlungstemperatur von α- zu β-Titan, sodass zwei Phasen unterschieden werden (Abb. 8.6):

- Einige Elemente wie z. B. Al, Sn, O, Ga und N erweitern den Bereich des hex-Gitters zu höheren Temperaturen. Sie ergeben die sog. α-Legierungen.
- Die LE V, Mo, W und Ta erweitern den kubisch-raumzentrierten Bereich zu tieferen Temperaturen hin. Dadurch kann die krz-Phase bei RT stabil erhalten bleiben. Sie ergeben die sog. β-Legierungen.

Durch die Kombination der verschiedenen Legierungselemente ändert sich das Zustandsdiagramm so, dass einphasige Legierungen (hexagonale Variante α-Titan oder krz Variante β-Titan) oder zweiphasige α-β-Legierungen entstehen können. Die Legierungen basierend auf den beiden Phasen unterscheiden sich deutlich in ihren mechanischen und technologischen Eigenschaften:

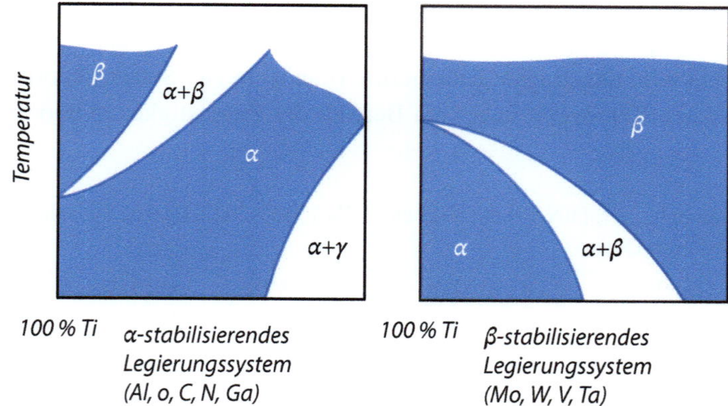

Abb. 8.6 Legierungssysteme und Zustandsdiagramme von Titanlegierungen (schematisch)

- **Legierung mit krz-α-Phase (Reintitan >882 °C stabil):**
  Vorteile: Festigkeit (bis zu 1400 MPa), Duktilität, Kaltumformbarkeit
  Nachteile: Oxidationsverhalten, Zeitstandfestigkeiten, Dichte
- **Legierung mit hdP-α-Phase (Reintitan <882 °C stabil):**
  Vorteile: Oxidationsverhalten, Zeitstandfestigkeiten, Schweißbarkeit
  Nachteile: Festigkeit, Duktilität, Kaltumformbarkeit

Entsprechend den nach der Herstellung entstehenden Gitterstrukturen (α oder β), werden die Titanlegierung wie folgt eingeteilt. Eine Übersicht über Gefüge von Titan-Legierungen und deren Eigenschaften gibt Tab. 8.50:

- α-Gefüge (stabil bis ca. 1000 °C) sind mit geringen Al-Anteilen möglich
- near α-Gefüge: Geringe Anteile an β stabilisierenden Elementen
- β-Gefüge entstehen bei normaler Abkühlung durch hohe V- und Mo-Anteile (hohe Dichte)
- α + β-Gefüge entstehen durch Kombination der α- und β- stabilisierenden Legierungselemente

Gefügestruktur bei „near α"- und α/β-Legierungen

Durch eine spezielle Temperaturführung durch Umformung, Glühen und Rekristallisationsglühen im Zweiphasengebiet (thermomechanische Behandlung) lassen sich bei diesen Titanlegierungen je nach Prozessführung verschiedenen Gefügestrukturen einstellen, die jeweils unterschiedliche Eigenschaften aufweisen. Technisch wichtige Titanlegierungen

Tab. 8.50 Legierungstypen von Ti-Legierungen und deren Eigenschaften

Legierungstyp, Gitter	Legierungsbeispiel	Eigenschaften
α-Typ: hdP	Grade 4:Ti-0,3Fe-0,35O	Kaltzäh, schweißbar mit mittleren Festigkeiten. Durch die hex. dichteste Packung sind sie unempfindlich für das Eindiffundieren von Nichtmetallatomen bei hohen Temperaturen, korrosionsbeständig
„near α"-Typ: überwiegend hdP	Ti-6Al-5Zr-0,5Mo-0,25Si	Hohe Festigkeit und insbesondere hohe Kriech- und Zunderbeständigkeit. Gut für Anwendungen bei hohen Temperaturen, z. B. Verdichter in Flugzeugtriebwerken.
β-Typ: krz	Ti-10 V-2Fe-3Al	Die schweren LE erhöhen die Dichte bis zu 4,85 kg/dm^3 und ergeben höhere Festigkeiten. Das krz-Gitter lässt sich kaltumformen, ergibt aber Kaltsprödigkeit (Steilabfall). Aushärtbar bis zu Festigkeiten von 1400MPa. Anwendungen z. B. im Flugzeugfahrwerk.
(α + β)-Typ: hdP + krz	Ti-6Al-4V	Phasenanteile hängen vom Verhältnis der LE Al und V ab. Ihre Eigenschaften stellen Kompromisse aus Dichte, Kaltformbarkeit und Warmfestigkeit der reinen α- und β- und Sorten dar. Aushärtbar.

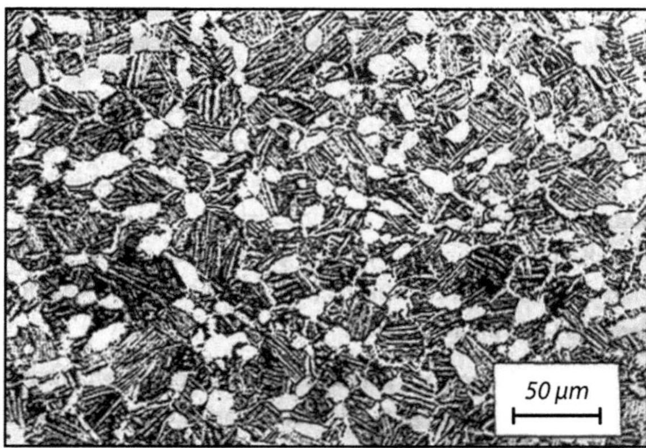

Abb. 8.7 Gefügebild der bi-modalen „near-α"-Legierung Ti-834. Weiß: globulares α-Titan. Straffiert: lamellare Anordnung von α- und β-Titan

sind meist zweiphasig, die Verteilung, Größe und Morphologie (lamellar oder globular) der α- und β -Phase sind hierbei entscheidend für die mechanischen Eigenschaften.

- Lamellare Gefüge: entstehen durch Abkühlung aus dem β-Gebiet.
- Globulare Gefüge: entstehen infolge von Rekristallisationsprozessen im α/β-Gebiet.
- Bi-modale Gefüge: bestehen aus lamellaren und globularen Körnern. Sie entstehen infolge von Rekristallisationsprozessen bei höheren Temperaturen im α/β-Gebiet und nachfolgendem Umwandlungsprozess bei der Abkühlung von globularem β zu lamellarem α und β (vgl. Abb. 8.7).

Durch eine Kombination der lamellaren und globularen Anteile (→ bi-modal/duplex) lässt sich ein Gefüge mit ausgewogenen Eigenschaften erzeugen, das einen guten Kompromiss zwischen den rein lamellaren und den rein globularen Gefügeeigenschaften aufweist.

- Lamellares Gefüge:
  Vorteile: Rissausbreitung, Zeitstandsfestigkeit
- Globulares Gefüge:
  Vorteile: Rissinitiierung, Duktilität, Dauerfestigkeit

Umformverhalten

Bei den Ti-Legierungen liegt die 0,2 %-Dehngrenze $R_{p0,2}$ dicht an der Zugfestigkeit R_m (hohes Streckgrenzenverhältnis von ca. 0,9). Die Folge ist ein nur kleiner Bereich zur plastischen Verformung bei RT. Das Umformen der Halbzeuge findet deshalb bei Temperaturen über 500 °C statt. Die Oxidschicht wirkt mit Graphit/Molybdändisulfid als Schmiermittel. Nach dem Umformen wird bei 650…800 °C weich oder bei 500…675 °C spannungsarm geglüht. Bei Blechen und dünnwandigen Profilen aus TiAl6V4 ist superplastisches Umformen möglich.

Tab. 8.51 Auswahl von hochlegierten Titanlegierungen nach DIN 17860:2023 und DIN 17862:2025 für Halbzeuge

Sorte	min R_m in MPa	min $R_{p0,2}$ in MPa	min. Warmdehngrenze bei 400 °C in MPa	A_5 in %	Anwendungen/Eigenschaften
TiAl5Sn2,5; α-Typ	830	780	380	8	Strahltriebwerksteile, Brandschotte, Implantate für die Chirurgie
TiAl4Mo4Sn2; „near α"-Typ	1050	1050	535	9	Strukturbauteile im Flugzeugbau, Triebwerksbauteile bis zu 350 °C Anwendungstemperatur
TiAl6V4; α/β-Typ	920	870	490	8	Meist verwendete Legierung, z. B. für Triebwerksteile im Flugzeug- und Rennfahrzeugbau, Rotorköpfe von Hubschraubern, chemische Industrie, Raumfahrt

Anwendungen

Die gute Oxidationseigenschaften des Titans, die niedrige Diffusionsgeschwindigkeit des hexagonalen Gitters verbunden mit der hohen Zeitstandfestigkeit ermöglichen einen Einsatz von Titanlegierungen bis zu Temperaturen von ca. 550 °C. Aufgrund der geringen Dichte sind sie damit ein hervorragender Leichtbauwerkstoff für Hochtemperaturanwendungen. Neben dem Flugzeugbau und der Fahrzeugtechnik, in dem Titan als Leichtbauwerkstoff für hochbeanspruchte Konstruktionen eingesetzt wird, sind Chemieanlagen die Hauptanwendungsbereiche von Titan und -legierungen in Form von Profilen, Rohren, Stangen und Schmiedeteilen. Darüber hinaus erfolgt aufgrund der sehr guten Biokompabilität von Titan auch der Einsatz in der Medizintechnik (z. B. Implantate). Typische Legierungen und deren Verwendung zeigt Tab. 8.51.

Titan-Gusslegierungen

Beim Gießen von Titanlegierungen ergeben sich aufgrund der besonderen Eigenschaften von Titan einige Herausforderungen, z. B. chemische Aktivität des geschmolzenen Titans erfordert besondere Formwerkstoffe, hoher Viskosität, hohe Schmelz- und Gießtemperaturen. Aufgrund der hohen Oxidationsneigung von Titan wird unter Schutzgasatmosphäre oder Vakuum gegossen.

Als Gusswerkstoffe werden meist verwendet:

- unlegiertes Titan G-Ti/Grade 4
- Hauptlegierung G-TiAl6V4

Anwendung finden Feingussbauteile häufig in der Luftfahrtindustrie für Beschläge, Instrumentengehäuse, Teile der Kraftstoffversorgung, Rumpfspant oder Hubschrauber-

Rotorteile oder für große Bauteile im chemischen Apparatebau für Pumpengehäuse oder Ventilgehäuse.

▶ **Hinweis Titan-Aluminide:**
ist die Bezeichnung für Ti-Legierungen mit 40–50 % Al-Anteil. Es bildet sich so die intermetallische γ-Phase, die nur eine niedrige Dichte von 3,9 g/cm^3 bei einem Schmelzpunkt von ca. 1460 °C aufweist. Diese intermetallische Phase hat andere Eigenschaften wie Titanlegierungen und ist bis ca. 750 °C kriechfest und oxidationsbeständig, sodass sie als Ersatz für die schwereren Ni-Basis-Legierungen infrage kommt, die z. B. für die Laufschaufeln von Strahltriebwerken eingesetzt werden. Aufgrund ihrer Struktur hat diese γ-Phase nur eine geringe Duktilität und Zähigkeit.

8.6 Nickel

Der überwiegende Teil des Nickels wird aus sulfidischen oder oxidischen nickel- und kupferhaltigen Eisenerzen gewonnen, wie z. B. Nickeleisenkies und Garnierit. Um die Gewinnung wirtschaftlich zu machen, muss erst eine Anreichung des Nickels mittels Flotation erfolgen. Danach wird Nickel durch ein Schmelzverfahren oder durch Hochdrucksäureauflösung gewonnen. Der größte Anteil von Nickel wird als Legierungselement für die austenitischen Cr-Ni-Stähle verwendet.

8.6.1 Eigenschaften von unlegiertem Nickel

Ni ist ein ferromagnetisches Schwermetall. Ferromagnetische Metalle (Fe, Co, Ni) verstärken in Spulen das elektromagnetische Feld und behalten es nach Abschalten bei. Am Curiepunkt (>360 °C) verliert Ni seine ferromagnetischen Eigenschaften und es treten Unstetigkeiten in den thermischen Eigenschaften auf, wie z. B. das Absinken des Ausdehnungskoeffizienten beim Überschreiten der Curie-Temperatur. Die Gitterstruktur ist kubisch-flächenzentriert, ohne Umwandlung beim Curiepunkt. Die mechanischen und physikalischen Eigenschaften von Nickel sind in Tab. 8.52 angegeben. Es wird als Blech, Band und Draht kaltverfestigt geliefert und ist kaltzäh bis zu −200 °C.

Das Verhalten beim Umformen, Schweißen und Löten ist ähnlich gut wie bei Cu. Die Zerspanung ist im weichen Zustand schwierig (Neigung zum Schmieren), im kaltverformten Zustand besser. Wichtig ist eine schwefelfreie Ofenatmosphäre beim Warmumformen. Schwefel diffundiert ein und bildet Ni-Sulfid, das mit Ni ein niedrigschmelzendes Eutektikum auf den Korngrenzen bildet (T_m ca. 665 °C). Als Folgen treten Risse bei der Warmumformung und eine Versprödung bei RT auf. Hohe Korrosionsbeständigkeit führt zum Hauptanwendungsbereich für Rein-Nickel. Wegen des hohen Preises wird es dann eingesetzt, wenn andere Legierungen versagen. In der Praxis wird unlegiertes Nickel in medizinischen Geräten, Anoden für galvanische Bäder (Vernickeln),

Tab. 8.52 Werkstoffkennwerte von unlegiertem Nickel

Mechanische Eigenschaften		Physikalische Eigenschaften	
R_m	400...500 MPa	Schmelzen	1453 °C
$R_{p0,2}$	120...200 MPa	Schmieden	>1050 °C
E	210 GPa	Rekristallisation	>600 °C
A	35...50 %	Dichte ρ	8,9 g/cm^3
Z	30...35 %	Linearer Ausdehnungskoeffizient α	13×10^{-6}/K (0...100 °C)
		Wärmeleitfähigkeit λ	90 W/mK

Temperaturfühlern, Schweißelektroden und für Einbauteile von Elektronenröhren verwendet.

8.6.2 Niedriglegierte Nickellegierungen

Die Sorten nach DIN 17741:2002 enthalten bis zu 5 % Mn, zusätzlich geringe Anteile an Cr, Si oder C. Mn erhöht die Festigkeit, ohne dass die Umformbarkeit oder die Korrosionsbeständigkeit sinkt und vermindert in Verbindung mit Si die Empfindlichkeit gegenüber schwefelhaltigen und aufkohlenden Gasen. In der Praxis wird niedriglegiertes Nickel z. B. für Zündkerzen in Ottomotoren (NiCr2MnSi) verwendet.

8.6.3 Hochlegierte Nickelbasislegierungen

Nickel-Kupfer-Legierungen
Ni-Cu-Legierungen wurden ursprünglich aus natürlich vorkommenden Kupfer-Nickel-Erzen gewonnen, der Name Monel®-Metall stammt von A. Monel und wurde bis 1921 verwendet. Ni-Cu-Legierungen haben aufgrund der sich bildenden Passivschicht einen hohen Widerstand gegen Spannungsriss- und Lochkorrosion und sind beständig gegen Meerwasser. Salpetersäure, saure Salze und NH$_3$-haltige Lösungen greifen diese jedoch an. Anwendungen sind für Apparate und Armaturen in der chemischen Industrie, Rohre für Verdampfer, Vorwärmer und Überhitzer, Anlagen in Kontakt mit Meerwasser.

Sie besitzen homogene kfz-Gefüge und damit eine hohe Warm- und Kaltformbarkeit. Die Zugfestigkeit steigt mit dem Cu-Anteil bis zum Maximum bei ca. 30 % Cu an (siehe auch Zustandsschaubild Cu-Ni in Kap. 3). Die Legierungen mit 30 % Kupfer weisen gute Festigkeits- und sehr gute Korrosionseigenschaften auf und sind entsprechend genormt (vgl. Tab. 8.53). Eine weitere Mischkristallverfestigung wird durch Mn und Fe erreicht, der Zusatz von Al und Ti ergibt eine zusätzliche Aushärtbarkeit durch kohärente und teil-kohärente Teilchen.

Tab. 8.53 Korrosionsbeständige Ni-Basislegierungen, Bleche nach DIN 17750:2021

Sorte Werkstoff-Nr.	Name	Zustand	R_m in MPa	$R_{p0,2}$ in MPa	A in %	Verwendung, Beständigkeit
NiCu30Fe 2.4360	Monel-400, Nicorros	F55 (halbhart)	550	280	25	Apparate und Armaturen für die chemische Industrie, Wärmeübertrager, seewasserfest, Geräte für das Stahlbeizen
NiCu30Al 2.4375	Monel K-500	F115, kaltverfestigt und ausgehärtet	1150	890	5	Aushärtbare Legierung, Turbinenlaufräder, Wellen, nichtrostende Federn

Nickel-Eisen-Legierungen

Sie haben durch das Legieren mit Fe besondere physikalische Eigenschaften, welche ihre Anwendungsgebiete charakterisieren:

- veränderbarer thermischer Ausdehnungskoeffizient,
- spezifische magnetische Eigenschaften in Abhängigkeit des Fe-Anteils.

Der Wärmeausdehnungskoeffizient ist stark vom Eisenanteil abhängig, erreicht bei ca. 20 % Ni sein Maximum von ca. 20×106 1/K und fällt dann steil ab. Bei 36 % Ni ist ein Minimum von ca. $1,5 \times 106$ 1/K erreicht und steigt bei höheren Ni-Gehalten bzw. niedrigeren Fe-Gehalten wieder an. Beispielsweise ist der Werkstoff NiFe46 (2.4475) eine von fünf Sorten für Metall-Glasverbindungen (DIN 17745:2002), die einen speziellen Wärmeausdehnungskoeffizienten benötigen.

Weichmagnetismus, d. h. mit geringem Energieaufwand magnetisierbar und ummagnetisierbar, bedeutet geringe Verluste (Hysterese) bei ständigem Ummagnetisieren in mit Wechselstrom betriebenen Anlagen. Anwendungen sind Magnetwerkstoffe (weichmagnetisch) für Eisenkerne von Relais, Magnetverstärkern oder Fernsprechtrafos, z. B. NiFe25 oder NiCo25Fe30 (Perminvar).

Hitzebeständige und warmfeste Nickel-Chrom-Legierungen

Bauteile in langzeitigem Kontakt mit heißen Gasen reagieren an der Oberfläche mit der Bildung von Zunderschichten, meist Oxiden. Hitzebeständigkeit bedeutet, dass sich eine Zunderschicht/Passivschicht bildet, die festhaftend ist und bei ständigen Temperaturwechseln nicht abblättert und so den Grundwerkstoff vor weiterer Reaktion/Oxidation schützt. Die Schichten wachsen mit der Zeit verlangsamt (Charakteristik „liegende Parabel"). Nickellegierungen erreichen diese gute Oxidationsbeständigkeit durch eine Verwendung von Cr, meist zwischen 15 % und 22 % um noch eine gute Verformbarkeit zu gewährleisten. Bei ständigen Temperaturwechseln treten zwischen Schicht und Grundwerkstoff durch unterschiedliche Wärmedehnungen Spannungen auf, die zum stellenweisen

Tab. 8.54 Auswahl hitzebeständiger NiCr-Legierungen nach DIN EN 10095:2018

Sorte Werkstoff-Nr.	R_m in MPa	$R_{p0,2}$	A in %	Zeitstandfestigkeit R_U (Bruchspannung) in MPa bei 10.000 h und der Temperatur			T_{max} in °C	Verwendung, Beständigkeit
				600 °C	700 °C	900 °C		
NiCr15Fe 1.4816	850	240	30	138	63	13	1150	Zündkerzen, Schutzrohre f. Thermoelemente, beständig gegen Chlor, Aufkohlung
NiCr22Mo9Nb 2.4856	1000	380	30	-	190	20	1000	Entschwefelungsanlagen, Offshoretechnik
NiCr23Fe 2.4851	620	240	30	205	101	10	1200	Bauteile für Ofenanlagen, Glühtöpfe

Ablösen der Schicht führen. Die Schichthaftung wird verbessert durch LE wie Yttrium Y, Cer, Mg oder Zr.

Neben oxidierenden Gasen müssen Werkstoffe in den verschiedenen chemischen Anlagen und Wärmekraftanlagen auch solche Gase mit reduzierender, aufkohlender oder aufstickender Wirkung möglichst langzeitig ertragen. Je nach Art der Gase können Elemente wie C, N oder S eindiffundieren und im Gefüge unerwünschte Phasen bilden, welche den Werkstoff schädigen. Als Gegenmaßnahme werden weitere LE zugesetzt (z. B. Si, Ti). Da viele Bauteile bei hohen Temperaturen meist auch mechanisch belastet werden, besteht die Anforderung dann aus hitzebeständig und warmfest. Ni-Basislegierungen (vgl. Tab. 8.54) werden wegen des hohen Preises erst dann eingesetzt, wenn die entsprechenden austenitischen Stahlsorten nicht mehr ausreichen.

Das Basismetall Nickel hat durch sein dichtest gepacktes kfz-Kristallgitter eine niedrige Diffusionskonstante. Dadurch laufen Vergröberungsprozesse im Kristallgitter relativ langsam ab. Das bedeutet hohe thermische Stabilität des Gefüges bei Langzeitbeanspruchungen. Das dichtest gepackte kfz-Kristallgitter der Ni-Legierungen verlangsamt die Platzwechsel und damit auch die Kriechvorgänge. Hochwarmfeste Legierungen auf Ni-Basis sind die am höchsten in der Kombination thermisch, mechanisch und korrosiv belastbaren metallischen Werkstoffe für Wärmekraftmaschinen und -anlagen. Antrieb für die Entwicklung war die Steigerung des thermischen Wirkungsgrades von Wärmekraftmaschinen, insbesondere von Gasturbinen für die Luftfahrt. Diese Legierungen werden auch als Ni-Superlegierungen bezeichnet, sie enthalten bis zu 15 LE in z. T. eng begrenzten Anteilen, um ungünstige Gefügeausbildungen zu vermeiden. Höher legierte Ni-Legierungen sind zahlreich und z. T. unter geschützten Namen im Handel, z. B. Nimonic®, Hastelloy®, Inconel®, Nicrofer®.

Als wichtigstes LE ist bei warmfesten Nickellegierungen Cr zu nennen, es hat drei Wirkungen:

- Cr ist Lieferant für die Oxidschichtbildung (→ hitzebeständig).
- Cr erhöht die Warmfestigkeit durch Mischkristallbildung.

- Cr bildet mit C (bis zu 0,1 % enthalten) Karbide (bis 1050 °C stabil), die durch Wärmebehandlung feinkörnig auf den Korngrenzen verteilt werden. Sie behindern das Korngrenzengleiten und damit das Kriechen bei hohen Temperaturen.

Eine weitere Mischkristallverfestigung kann auch durch die LE Fe, Mo, W und Co erfolgen. Für eine Teilchenverfestigung hat sich insbesondere die intermetallische γ'-Phase bewährt, aber auch Karbide auf Basis von Nb, Mo, Ti, W, Cr und Zr. Beide Teilchenarten behindern die Versetzungsbewegung und stabilisieren die Korngrenzen und erhöhen so die Zeitstandfestigkeiten. Bei der Teilchenverfestigung zur Verbesserung der Warmfestigkeit von Nickellegierung entsteht die γ'-Phase feinverteilt im Kristallgitter als Verbindung Ni_3Al oder auch $Ni_3(Nb,Ti,Al)$. Der Anteil der γ'-Phase ist für Knetlegierungen begrenzt, um ausreichende Warmformbarkeit zu behalten. Al Gehalte liegen in den warmfesten Legierungen bis zu 2,4 %.

Tab. 8.55 enthält einige Sorten aus DIN EN 10302:2008 mit Daten für die Wärmebehandlung. Sie ist Voraussetzung für ein thermisch stabiles Gefüge und Bildung der gewünschten Teilchen.

▶ **Hinweis Nickel-Titanlegierungen → Formgedächtnislegierungen:**
Binäre Ni-Ti-Legierungen weisen ca. 50 % Nickel auf und zeigen den typischen Formgedächtniseffekt inkl. der sogenannten Superelastizität. Diese beruhen auf der spannungs- oder temperaturinduzierten Gefügeumwandlung (Martensit/Austenit). Bei dem Einwegeffekt wird das Bauteil bei RT plastisch verformt, dann in den Austenitbereich hin erwärmt, sodass es dann aufgrund der Gitterumwandlung wieder seine ursprüngliche Form annimmt. Anwendung finden diese Legierungen im technischen Bereich in Aktoren oder in der Medizintechnik (Stents).

Tab. 8.55 Auswahl hochwarmfester Ni-Legierungen nach DIN EN 10302:2008

Sorte und Werkstoff-Nr.	Zustand[a]	Festigkeit bei 20 °C $R_m/R_{p0,2}$		A	Zeitstandfestigkeit R_U (Bruchspannung) in MPa bei 10.000 h und der Temperatur				Wärmebehandlung: Temperatur in °C, Lösungsglühtemperatur/ Abschrecken/ Aushärtungstemperatur und Zeit
		in MPa		%	600 °C	700 °C	800 °C	900 °C	
NiCr25FeAlY 2.4633	+AT	680	270	30	-	120	35	17	1200/Luft oder schneller
NiCr22Fe18Mo 2.4665	+AT	690	270	30	254	119	51	19,5	1190/Luft oder schneller
NiCr25Co20TiMo 2.4878	+P1100	1100	700	12	680	370	130	35	1180/Luft/850 für 16 h
NiCr20TiAl 2.4952[c]	+P	1000	600	18	433	186	70	–	1080/Luft/850 für 24 h + 700 für 16 h

[a] Zustand nach Wärmebehandlung: AT lösungsgeglüht, P ausgehärtet

Kunststoffe (Polymere) 9

Kunststoffe sind gegenüber Metallen und Keramiken junge Werkstoffe, die in kaum 100 Jahren seit ihrer Entdeckung viele Anwendungsbereiche erobert haben. Die Zahl der Sorten und Mischungen untereinander oder mit Zusätzen entstand aus den Anforderungen der Anwender.

Aufgrund ihres Eigenschaftsprofils haben sie viele klassische Werkstoffe ersetzt. Beispiele hierfür sind z. B. Fensterprofile, als Ersatz für Holzfensterrahmen, Anwendungen im Sanitärbereich als Ersatz für Keramik und emaillierte Metalle und auch Anwendungen im Automobilbau sowohl für Außenteile (Außenspiegelgehäuse, Stoßfänger) als auch im Innenbereich (Armaturentafeln, Griffe aller Art, Ansaugkrümmer im Motorenbereich) (Abb. 9.1). Ihre Vorzüge sind die Kombinationen aus Korrosionsbeständigkeit und geringer Dichte verbunden mit kostengünstiger Herstellung von Bauteilen mit großer Gestaltungsfreiheit.

Die Eigenschaften der Kunststoffe unterscheiden sich wesentlich von denen der Metalle. Dieses Kapitel geht zunächst auf die Eigenschaften ein, hier besteht anders als bei den Metallen sehr häufig eine Abhängigkeit von der Temperatur. Im Weiteren wird der Aufbau erklärt, um das Verhalten der Kunststoffe unter temperatur- und zeitabhängigen Lasten zu verstehen. Der Abschnitt über die chemischen Grundlagen der Kunststoffe gibt dem Anwender ein Verständnis, das auch die Grenzen und die Lebensdauer der Kunststoffe betrifft. Das Kapitel schließt ab mit einer Übersicht über sehr häufig eingesetzte Standardkunststoffe.

C. Jaroschek et al., *Weißbach - Werkstoffe und ihre Anwendungen*, https://doi.org/10.1007/978-3-658-50256-0_9

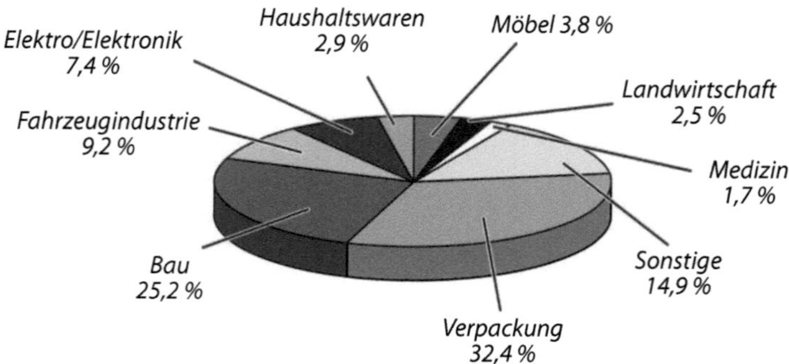

Abb. 9.1 Anwendungsbereiche für Kunststoffe

9.1 Allgemeines

Die ersten Kunststoffe ersetzten zunächst wenig verfügbare Naturstoffe, wie z. B. Elfenbein für Billardkugeln. Der Name Kunststoff ist also ein Hinweis auf die künstliche Erzeugung eines Materials. Heute werden sie aufgrund ihres Eigenschaftsprofils genutzt.

Einige „Hochleistungs"-Polymere und Faserverbunde haben höhere Festigkeit und Steifigkeit, sodass sie als Leichtbauwerkstoffe mit Al- und Mg-Legierungen konkurrieren (s. Tab. 9.1).

Kunststoffe werden auch Polymere genannt. Dieser Begriff setzt sich aus den beiden griechischen Silben poly = viel und mer (von meros) = Teil zusammen. Sie bestehen aus sehr vielen chemisch miteinander verbunden Einzelbausteinen (Monomere).

Kunststoffe sind nichtmetallische, organische Werkstoffe aus Kohlenstoffverbindungen. Man spricht hier von Makromolekülen, die aus sehr vielen gleichen Grundbausteinen (Abb. 9.2) bestehen. Sie haben ein Gerüst aus überwiegend C-Atomen mit angehängten H-Atomen (Kohlenwasserstoffe KW und Abkömmlinge).

Monomere sind die niedermoleküligen Ausgangsstoffe. Durch chemische Reaktionen werden die Einzelmoleküle durch starke Elektronenpaarbindungen zu Makromolekülen. Die Makromoleküle sind ketten- oder netzartig gebaut. Die Bedingungen für das Entstehen dieser beiden Arten liegen in der Anzahl der freiwerdenden Bindungsmöglichkeiten der monomeren Moleküle.

Die Kunststoffe werden unterteilt in die Thermoplaste und die Duromere/Elastomere (Abb. 9.3). Bei den Thermoplasten sind die Makromoleküle untereinander nicht verbunden, man kann sich das wie eine Ansammlung sehr langer Spaghetti vorstellen. Dieses ungeordnete Molekülknäuel wird mit dem Begriff amorph bezeichnet.

Tab. 9.1 Beispiel PKW-Kotflügel

Werkstoff	Stahl	Al-Leg.	Kunststoff
Gewicht in kg	8,3	4,6	0,4
Dicke in mm	0,8	1,25	2,8

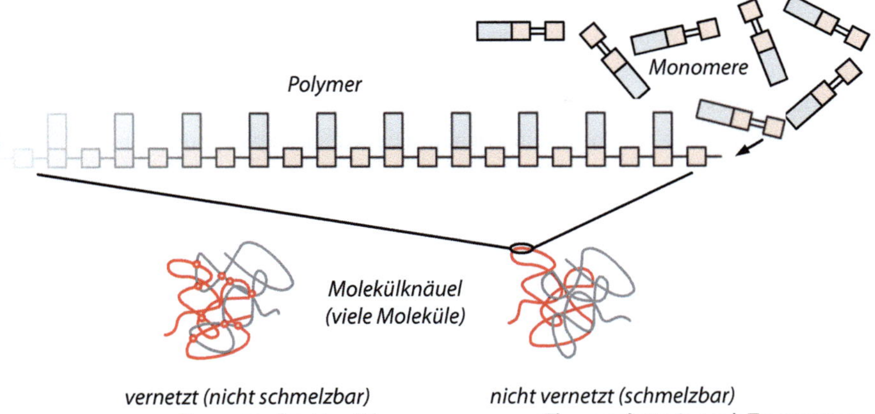

Abb. 9.2 Aufbau und Unterteilung der Kunststoffe

| nicht vernetzte Kunststoffe | | vernetzte Kunststoffe | |
amorph	teilkristallin		
lose miteinander verschlaufte Moleküle	verschlaufte und über Kristalle verbundene Moleküle	Moleküle mit Querverbindungen untereinander	Moleküle mit Querverbindungen und weiche Zwischensegmente,
$T_{Einsatz} < T_{glas}$ überwiegend spröde bei $T > T_{glas}$ formbar	$T_{Einsatz} < T_{schmelz}$ bei $T < T_{glas}$ spröde/elastisch bei $T > T_{glas}$ zäh bei $T > T_{schmelz}$ formbar	$T_{Einsatz} < T_{zersetzung}$ überwiegend spröde, nicht schmelzbar	$T_{Einsatz} < T_{zersetzung}$ bei $T < T_{glas}$ spröde/elastisch bei $T > T_{glas}$ zäh nicht schmelzbar
Thermoplaste		Duromere	Elastomere

Abb. 9.3 Der Strukturen der Kunststoffe und Eigenschaftsunterschiede

Die Festigkeit des Materials, also das Zusammenhalten der Moleküle untereinander, hat als Ursache schwache Anziehungskräfte zwischen den Molekülen. Schon bei geringen Temperaturen können diese Kräfte gelöst werden, sodass die Moleküle bei Belastung gegeneinander abgleiten können. Der Werkstoff wird plastisch, das beginnt je nach Kunststoff schon bei Temperaturen ab 150 °C. Diese Temperatur wird auch Glasübergangstemperatur genannt, denn unterhalb ist das Verhalten glasartig bzw. eher spröde.

Die amorphen Thermoplaste kann man nur bis zur Glasübergangstemperatur einsetzen, weil sie sich bei höherer Temperatur und Belastung bleibend verformen würden.

Bei einigen dieser Thermoplaste können sich die Moleküle beim Abkühlen untereinander regelmäßig anordnen. Man spricht dann von Kristallisation. Diese erfolgt bei Temperaturen oberhalb der Glasübergangstemperatur. Eine vollständige Kristallisation ist wegen der Moleküllängen nicht möglich, weil Abschnitte eines sehr langen Moleküls Teile unterschiedliche Kristalle sein können. Die Molekülabschnitte zwischen den Molekülen sind nicht Teil eines Kristalls und somit amorph. Daher spricht man immer nur von teilkristallien Kunststoffen. Die Kirstalle sind im Vergleich zu den vernetzten Kunststoffen quasi physikalische Vernetzungsknotenpunkte, die wieder lösbar/schmelzbar sind.

Die teilkristallinen Thermoplaste lassen sich bis in den Bereich der Schmelztemperatur einsetzen. In diesem Bereich oberhalb der Glasübergangstemperatur liegt ein Zweiphasengemisch aus erweichten amorphen Bereichen und den noch nicht geschmolzenen Kristalliten vor. Hier sind diese Kunststoffe zäh-elastisch.

Nur Kristalle können bei Erwärmung schmelzen. Somit können nur teilkristalline Thermoplaste schmelzen. Amorphe Thermoplaste können nur erweichen.

Bei den Duromeren und den Elastomeren sind die einzelnen Moleküle untereinander chemisch (kovalent) verbunden. Im Prinzip handelt es sich hier um ein einziges großes Molekül, das sich nicht mehr schmelzen lässt. Die Elastomere haben eine Glasübergangstemperatur weit unter 0 °C. Vergleichbar mit den teilkristallinen Thermoplasten sind sie über die untereinander beweglichen Molekülketten sehr flexibel. Die chemischen Bindungen zwischen den Ketten haben eine sehr hohe Festigkeit, sodass diese Werkstoffe sich auch unter Last kaum plastisch verformen. Diese Werkstoffe sind sehr interessant für den Dichtungsbereich auch bei höheren Temperaturen.

Die Duromere sind ebenfalls vernetzte Kunststoffe. Hier ist die Glasübergangstemperatur meistens sehr hoch, sodass sie unterhalb der Glasübergangstemperatur eingesetzt werden. Daher sind diese Kunststoffe insgesamt sehr hart und spröde. Sie eigenen sich sehr gut für Einsatzbereiche, bei denen höhere Betriebstemperaturen gefordert sind.

9.2　Eigenschaften

Metalle bestehen aus einzelnen Atomen, die bei der Erstarrung Kristallgitter bilden. Im Unterschied dazu bilden lange Molekülketten die Kunststoffe. Die Dicke dieser Moleküle ist in der Größenordnung eines Atomdurchmessers (10^{-10} m) und hat je nach Kunststoff eine Länge zwischen 10^{-8} und 10^{-5} m. Diese Moleküle bilden einen unregelmäßigen Knäuel.

Die mechanischen Eigenschaften unterscheiden sich wesentlich von denen der Metalle. Die Kunststoffe haben keine Gleitebenen, über die sich die plastische Verformung erklären lässt. Bei Belastung verformt sich das gesamte Knäuel, einzelne Molekülsegmente können gegeneinander „verrutschen". Die Temperatur spielt hier eine große Rolle, denn die Bindungskräfte längs der Molekülkette sind sehr hoch im Vergleich zu den Kräften zwischen den benachbarten Ketten. Wenn keine chemische Vernetzung der Ketten untereinander vorliegt, genügen schon geringe Temperaturen, um eine Verformung zu ermöglichen.

9.2.1 Vergleich mit Metallen

Abb. 9.4 vergleicht die Eigenschaften der Kunststoffe mit denen der Stähle. Hier wird jeweils das Verhältnis zur Eigenschaft von Stahl angegeben, weshalb Stahl jeweils den Wert 1 hat.

Metalle werden vielfach bei Temperaturen weit unterhalb ihres Schmelzpunkts eingesetzt. Hier sind die Eigenschaften weitgehend temperaturunabhängig und konstant. Die Schmelztemperatur der meisten nicht vernetzten Kunststoffe liegt im Bereich von 200 °C. Bei üblichen Einsatztemperaturen bis 100 °C sind fast alle Materialkennwerte stark abhängig von der Temperatur und nicht konstant. Im Vergleich zu den Metallen sind die Wertebereiche sehr breit. Das liegt einerseits an der Temperaturabhängigkeit, aber auch am molekularen Aufbau.

Die Auswahl eines Konstruktionswerkstoffs aus Kunststoff muss auf jeden Fall die Einsatztemperatur berücksichtigen. Es genügt nicht, Materialkennwerte aus Tabellen zu verwenden, die bei konstanten niedrigen Temperaturen ermittelt wurden.

Die Wärmeleitfähigkeit der Kunststoffe ist ca. ein Hundertstel so groß als die der Metalle. Auch das ist vorteilhaft für Gießvorgänge, denn auch dünne Geometriebereiche lassen sich so gut kontrolliert und geregelt mittels Gießverfahren herstellen.

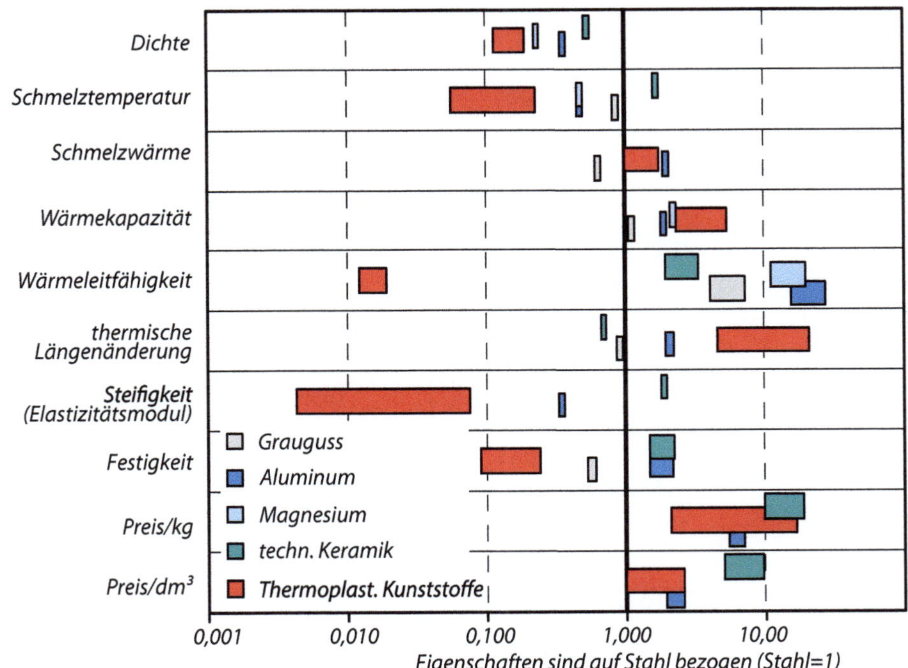

Abb. 9.4 Vergleich mechanischer Eigenschaften von Kunststoffen und Metallen (Bildquelle WAK)

Die Wärmedehnung liegt ca. 10-mal so hoch wie bei Metallen. Bei Konstruktionen aus Metallen und Kunststoffen muss das beachtet werden, sofern die Baugruppe sowohl bei niedrigen als auch bei hohen Temperaturen eingesetzt wird.

Für den Konstrukteur sind die mechanischen Eigenschaften E-Modul und Festigkeit wichtig. Speziell der E-Modul ist um den Faktor 100 geringer als der von Metallen. Es gelingt teilweise mit Zusatzstoffen wie z. B. Glasfasern, den E-Modul etwas zu vergrößern. Die Ursachen für die sehr große Bandbreite der E-Modulwerte von Kunststoffen im Vergleich zu Stahl sind einerseits die Unterschiede verschiedener Kunststoffe untereinander und andererseits die Änderung der Eigenschaften in Abhängigkeit von der Temperatur.

9.2.2 Mechanisches Verhalten

Bei einer Belastung verhalten sich Metalle zunächst elastisch, d. h., mit einer Entlastung geht die Verformung vollständig zurück. Oberhalb einer Grenzspannung kann es zu einer plastischen Verformung kommen, sodass nach Entlastung die elastische Verformung zurückfedert und eine bleibende plastische Verformung gemessen werden kann. Dieses Verhalten ist weitgehend unabhängig von der Temperatur und der Belastungszeit (Abb. 9.5).

Bei den nicht vernetzten Kunststoffen ist das anders. Der Hooke'sche Bereich, in dem die Spannung in einem konstanten Verhältnis zur Verformung steht, ist oft nicht vorhanden. Eine klare Grenze für den Beginn einer plastischen Verformung ist meistens nicht nachweisbar. Die Rückverformung nach Entlastung verläuft nicht linear. Der Grund liegt im Molekülgewirr, die Moleküle hängen über weite Bereiche zusammen und können anders als bei den Metallen eine gewisse Rückstellkraft erzeugen.

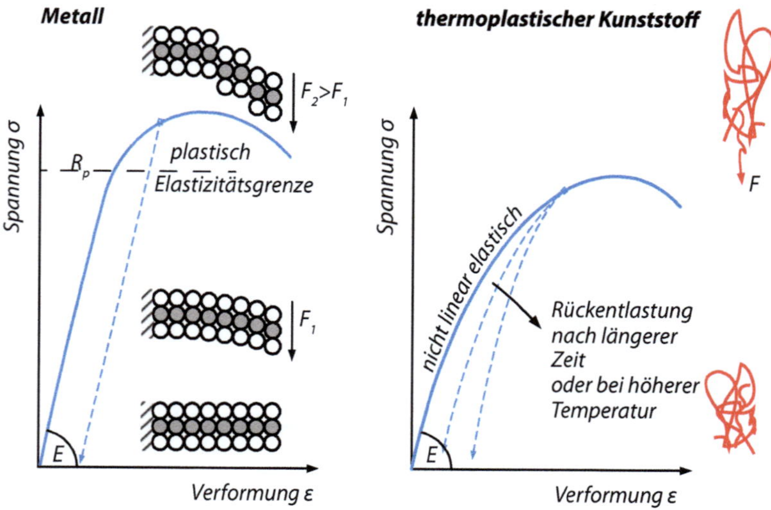

Abb. 9.5 Das Verformungsverhalten von Kunststoffen ist vielfach zeit- und temperaturabhängig

Erfolgt die Entlastung zeitverzögert, können sich die noch unter Spannung stehenden Moleküle etwas umorientieren, sodass das Rückfedern geringer ausfällt. Dieser Effekt wird durch Temperaturerhöhung verstärkt.

Eine gute Konstruktion eines Kunststoffteils fordert nur geringe Belastungsgrenzen, z. B. indem die Querschnitte oder Trägheitsmomente groß gewählt werden. Sehr viele Kunststoffanwendungen sind im Vergleich zu Metallen weitgehend lastfrei, das betrifft z. B. Gehäuse.

Im Zugversuch zeigen Kunststoffe vier mögliche Verhalten (Abb. 9.6):

1. Spröde: nach einer elastischen Verformung kommt es zum Bruch (Kurve 1). Dieses Verhalten ist vergleichbar mit dem Verhalten von z. B. gehärteten metallischen Werkstoffen.
2. Zäh-elastisch: nach Überschreiten der Streckspannung (erstes Maximum) schnürt sich der Zugstab spontan um ein gewisses Maß ein (Kurve 2). Im weiteren Verlauf kann sich dieser Einschnürungsbereich ohne eine weitere Querschnittsabnahme verlängern, das ist bei Temperauren oberhalb T_g möglich (Kurve 3). Diese Verlängerung wird auch Schulter-Hals-Verformung bezeichnet und kann eine sehr große Länge annehmen. Die Gesamtdehnung kann 500 % überschreiten.
3. Gummielastisch: die Verformung verläuft weitgehend ohne Hooke'schen Bereich. Sofern der Werkstoff nicht bis zum Bruch belastet wurde, geht die Verformung nach einer Entlastung weitgehend wieder zurück (Kurve 4).

Bei einer Schulter-Hals-Verformung gleiten Molekülketten gegeneinander ab, der Hals wird dabei immer länger. Die Moleküle richten sich in Zugrichtung aus, wodurch es zu einer merklichen Festigkeitssteigerung in diesem Bereich kommt. In den meisten Anwendungsfällen ist nach Überschreiten der Streckspannung das Bauteil bereits unzulässig verformt, die Festigkeitssteigerung ist daher meistens technologisch uninteressant.

Technologisch ist das Überschreiten der Streckspannung bei der Faserherstellung bedeutend. Hier wird die Faser beim Aufwickeln über mehrere hintereinandergeschaltete Spulen mit jeweils höherer Drehzahl langgezogen und gleichzeitig dünner. Bei gegossenen Bauteilen hat diese Verformung ausschließlich Bedeutung bei Filmscharnieren. Mit einer

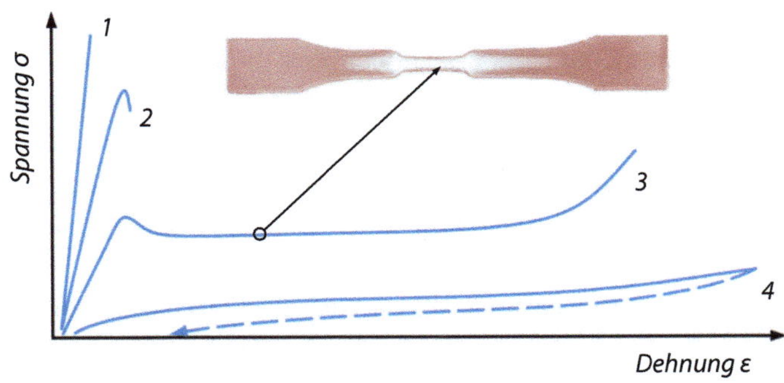

Abb. 9.6 Verhalten von Kunststoffen im Zugversuch (1 und 2 spröde, 3 zäh elastisch, 4 gummielastisch)

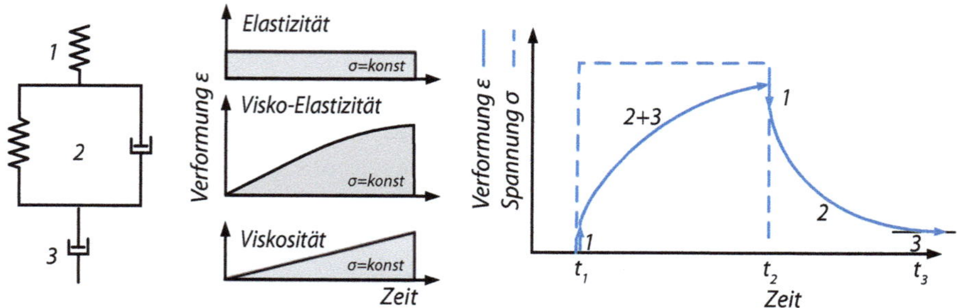

Abb. 9.7 Burgers-/Feder-Dämpfer-Modell zur Beschreibung des viskoelastischen Verhaltens

ersten Verformung werden die Moleküle im Scharnierbereich quer zur Klapprichtung ausgerichtet, wodurch ein wiederholtes Öffnen und Schließen des Scharniers ohne Schaden möglich wird.

Die Verhaltensweisen können je nach Belastungstemperatur auftreten, d. h. ein Werkstoff kann das Verhalten 1 bis 3 zeigen. Eine Erklärung hierfür liefert das Feder-Dämpfer-Analogie-Modell nach Burgers (Abb. 9.7). Die Dämpfer stehen für das viskose Verhalten, die Federn für die Elastizität und die parallele Anordnung aus Feder und Dämpfer zeigen die Viskoelastizität.

Mit dieser Anordnung ist das zeitliche Verformungsverhalten erklärbar. Bei Belastung zeigt sich zunächst eine spontane Verformung (1). Mit der Zeit wird die Verformung größer, wobei die Dehngeschwindigkeit stetig abnimmt. Bei einer Entlastung stellt man zunächst eine elastische Rückfederung (1) fest und anschließend ein Zusammenziehen mit abnehmender Geschwindigkeit. Auch nach längerer Zeit bleibt eine dauerhafte Verformung (3).

Bei tiefen Temperaturen ist der Werkstoff weitgehend eingefroren, eine Verschiebung von Molekülketten gegeneinander ist nicht möglich. In dem Fall liegt weitgehend elastisches Verhalten (1) vor.

Im Bereich der Einfriertemperatur ändert sich das Verhalten von glasartig bzw. spröde, der Werkstoff wird zäh (2). Diesen Temperaturbereich bezeichnet man als Glasübergangstemperatur. Oberhalb dieser Temperatur ist der Werkstoff zunehmend viskos verformbar. Sofern der Werkstoff etwas kristallisieren konnte, bilden diese Kristalle ein Netzwerk. Einige Segmente der Moleküle sind im Kristall verbunden und können sich nicht bewegen, andere Segmente gehören dem nicht kristallinen Rest an und können sich gegeneinander bewegen. Das Verhalten der Kunststoffe in diesem Bereich ist visko-elastisch. Hier reagieren die Kunststoffe bei schlagartiger Belastung sehr zäh.

Mit zunehmender Temperatur geht die Elastizität immer mehr zurück, bis rein viskoses Verhalten vorliegt (3). Diesen Zustand bezeichnet man allgemein auch als Schmelze.

▶ **Hinweis** Visko-elastisch ist ein Kunstwort aus elastisch und viskos. Die Verformung von Kunststoffen ist streng genommen viskos und nicht plastisch. Der Begriff „viskos" bezeichnet im Unterschied zu plastisch eine Zeitabhängigkeit bei einer Verformung.

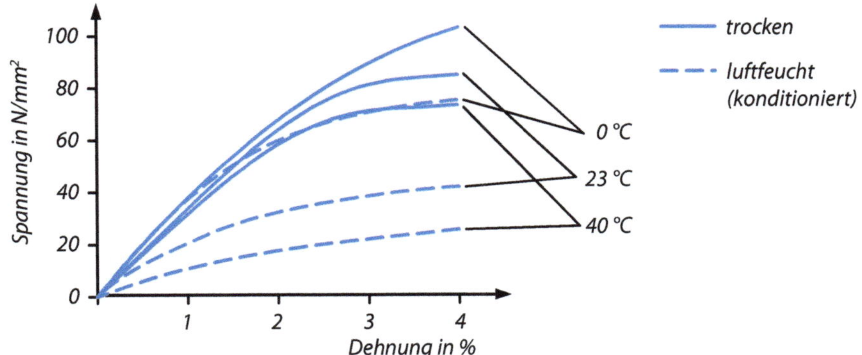

Abb. 9.8 Verhalten von Polyamid in Abhängigkeit von Temperatur und Feuchtigkeit

Das Verhalten unter Last wird neben der Temperatur auch von der Feuchtigkeit beeinflusst. Speziell PA (Polyamid) kann in geringen Mengen Feuchtigkeit aus Luft und Wasser aufnehmen. Die Wassermoleküle quellen den Kunststoff auf, womit er mehr Volumen beansprucht. Dadurch wird der Abstand zwischen den Kunststoffmolekülen aufgeweitet, ein Abgleiten der Ketten wird erleichtert.

Im Spannungs-Dehnungs-Diagramm zeigt sich deutlich ein flacherer Anstieg der Spannungskurve bei höheren Temperaturen und bei höherer Feuchtigkeit (Abb. 9.8). Damit ist der E-Modul für diesen Kunststoff nicht konstant.

9.2.3 Temperaturverhalten

Die Eigenschaften der Kunststoffe sind stark temperaturabhängig. Bei tiefen Temperaturen sind sie weitgehend spröde. Im Feder-Dämpfer-Modell kann man sich die Dämpfer eingefroren und somit nicht funktionsfähig vorstellen. Verschiebungen der Molekülketten gegeneinander sind bei Belastung dann fast unmöglich, damit ist das Verhalten unter Last elastisch. Nach einer Belastung federt der Kunststoff in seine Ausgangslage zurück. Bei sehr lang anhaltender Last kommt es aber dennoch zum Kriechen (Abb. 9.9).

Glasübergangstemperatur
Mit Überschreiten der Glasübergangstemperatur T_g werden Molekülverschiebungen möglich. Diese Temperatur ist für jeden Kunststoff spezifisch und erstreckt sich über einen gewissen Temperaturbereich von einigen °C.

Die Bruchspannung, bei der der Werkstoff im Zugversuch bricht, sinkt im Bereich der Glasübergangstemperatur merklich, die Bruchdehnung steigt. Amorphe und teilkristalline Kunststoffe verhalten sich nun sehr unterschiedlich. Die amorphen Materialien sind oberhalb T_g weich und werden zunehmend viskos. Die Bruchspannung nimmt nach Überschreiten eines Maximums wieder ab. Das lässt sich mit der immer besseren Molekülbeweglichkeit erklären.

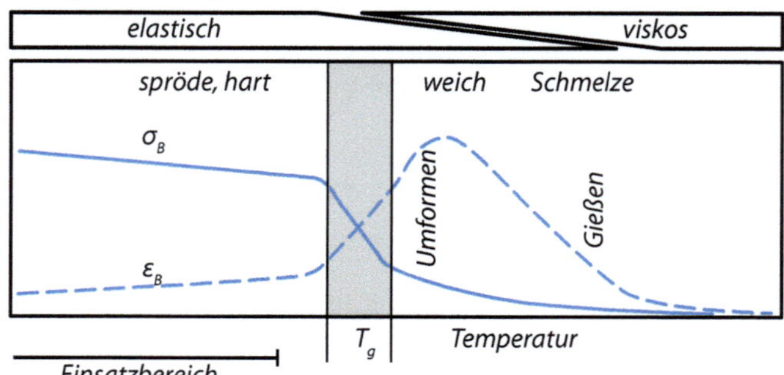

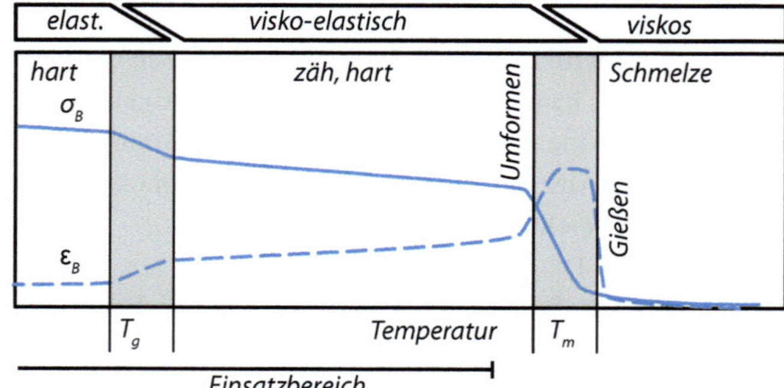

Abb. 9.9 Verhalten von Bruchdehnung ε_B und Bruchspannung σ_B bei steigender Temperatur

Schmelztemperatur

Die teilkristallinen Kunststoffe haben eine Schmelztemperatur T_m (m steht für den englischen Begriff melt). In einem Temperaturbereich von wenigen °C schmelzen die Kristallite. Die Kristalle selbst bestehen aus geordneten Molekülsegmenten vieler benachbarter Moleküle. Im Prinzip verhindern die Kristalle eine starke plastische Verformung, man könnte diese kristallisierten Bereiche auch als physikalische Vernetzung bezeichnen, denn anders als bei den chemisch vernetzten Materialien (Duromere, Elastomere) können die Kristalle schmelzen, sodass der Kunststoff völlig flüssig wird.

Zwischen T_g und T_m sind die teilkristallinen Kunststoffe zäh-hart. Weil diese Kunststoffe üblicherweise nur zu ca. 40 bis 50 % kristallisieren können, sind die nicht kristallisierten Bereiche oberhalb der Glasübergangstemperatur T_g bereits weich und viskos. Die Kristalle sind oberhalb T_g bis zur Kristallisationstemperatur T_m stabil, sodass eine plastische Verformbarkeit bei kurzzeitiger Belastung weitgehend unterbunden wird. Diese Materialien lassen sich bis zu Temperaturen nahe der Schmelztemperatur einsetzen. Es gibt nur einen kleinen Bereich, in dem ein Umformen möglich ist. Oberhalb der Schmelztemperatur lassen sich diese Kunststoffe gießen.

Ein Einsatz der amorphen Kunststoffe ist nur unterhalb der Glasübergangstemperatur sinnvoll, sie liegt bei einigen Kunststoffen dieser Gruppe bereits bei ca. 100 °C. Bei ca. 200 °C ist die Molekülbeweglichkeit so gut, dass die Bruchspannung nicht mehr erfasst werden kann, hier sind die Kunststoffe flüssig. Im Bereich zwischen T_g und der „Flüssig-Temperatur" lassen sich die Kunststoffe umformen, danach sind sie fließfähig und können gegossen werden. Man beachte, dass die amorphen Kunststoffe keinen Schmelzpunkt haben, sie erweichen über einen Bereich von ca. 100 °C zunehmend und werden immer plastischer bzw. fließfähiger. Eine eindeutige Fließtemperatur wird nicht angegeben.

Zersetzungstemperatur
Bei der Zersetzungstemperatur T_d (decomposition) wird der Werkstoff thermisch geschädigt und verliert seine Eigenschaften. Diese Temperatur ist für einen Kunststoff nicht charakteristisch. Sie kann nicht exakt angegeben werden. Der Materialabbau ist eine chemische Reaktion und kann über die Temperatur und Sauerstoffgehalt der Umgebung beschleunigt werden.

▶   **Hinweis** Kunststoffe haben je nach molekularem Aufbau charakteristische Temperaturen, die für die Bestimmung ein wichtiges Kriterium sind.

- Glasübergangstemperatur T_g ist die Erweichungstemperatur, unterhalb der Glasübergangstemperatur sind die Kunststoffe überwiegend glasartig und spröde
- Schmelztemperatur T_m – ab hier schmelzen kristalline Bereiche. Amorphe Kunststoffe haben keine Schmelztemperatur
- Zersetzungstemperatur T_d – sie ist nicht eindeutig messbar und somit keine charakteristische Temperatur. Die Zersetzung hängt ab von Temperatur, Zeit und molekularem Aufbau.

Zur Materialauswahl sind eindeutige Temperaturgrenzen notwendig (Abb. 9.10). Für die Anwendung unter Belastung wird die Wärmeformbeständigkeitstemperatur (HDT, heat deflection temperature) gewählt (Kap. 14). Sie gibt an, bei welcher Temperatur sich ein Prüfkörper bei einer Biegebelastung um ein bestimmtes Maß verformt. Hierbei ist es unerheblich, ob die gemessene Verformung elastisch oder bereits unumkehrbar plastisch ist.

Die obere Einsatztemperatur speziell für längere Zeiten wird über die Dauergebrauchstemperatur (TI, Temperature Index) angegeben. Hierbei wird in einem Langzeitversuch eine Eigenschaftsveränderung gemessen. Konkret besagt die Dauergebrauchstemperatur, dass ein Werkstoff nach 20.000 h bei dieser Temperatur 50 % seiner Eigenschaft verliert.

Für die Auswahl eines Materials muss die Einsatztemperatur bekannt sein. Für geringe Temperaturen ist hier die Glasübergangstemperatur wichtig, weil sie den Übergang zwischen sprödem und zähem Verhalten darstellt. Bei kurzzeitig hohen Temperaturen ist die Wärmeformbeständigkeit zu wählen; sie zeigt an, ab welcher Temperatur der E-Modul eines Materials zu niedrig ist, um einer Belastung standzuhalten. Wenn langfristig hohe

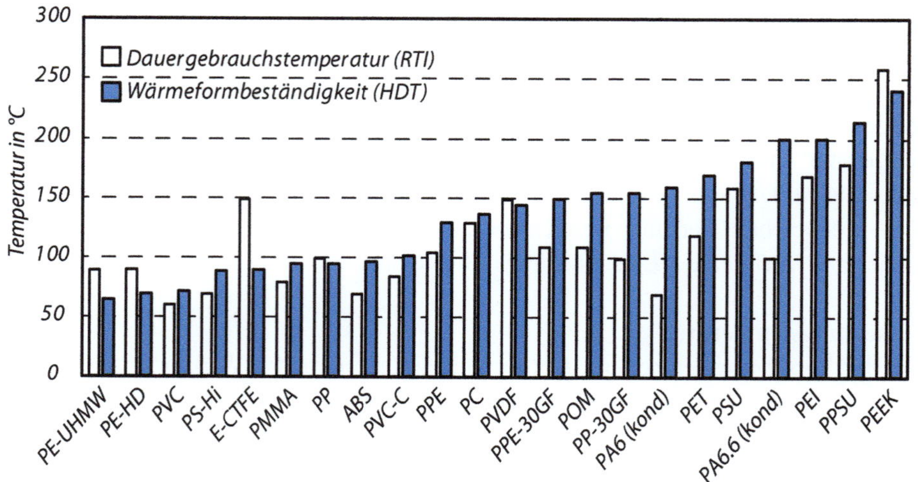

Abb. 9.10 Dauergebrauchs- und Wärmeformbeständigkeitstemperatur unterschiedlicher Kunststoffe

Temperaturen erwartet werden, stellt die Dauergebrauchstemperatur die Grenze dar. Sie zeigt, ab wann Alterung durch Molekulargewichtsverlust (Kürzen der Ketten) ein Problem sein wird.

9.2.4 Chemisches Verhalten, Medieneinfluss

Bei Kunststoffen führt eine unzureichende chemische Beständigkeit zu einer Veränderung der molekularen Struktur und damit der mechanischen Eigenschaften.

Quellung oder Erweichung erfolgt, wenn Medien (z. B. Schmierstoffe, Flüssigkeiten) in den Kunststoff diffundieren und den Raum zwischen die Polymerketten aufweiten. Da Diffusionsprozesse temperaturabhängig sind, gelten Angaben zur chemischen Beständigkeit stets nur für die angegebene Temperatur. Dies ist von besonderer Bedeutung, wenn tabellierte Daten zur chemischen Beständigkeit nur für Raumtemperatur vorliegen, der Kunststoff aber bei höheren Temperaturen eingesetzt werden soll. Die Fähigkeit zur Diffusion hängt von der chemischen Ähnlichkeit ab. Es ist zweckmäßig, bei der Wahl eines Kunststoffs für einen Anwendungsfall die Beständigkeit gegen spezifische Stoffe aus Tabellen und Materialdatenblättern zu erfragen.

Spannungsrissbildung kann eine Folge des Quellens sein. Dabei bilden sich zunächst Mikrorisse (verstreckte Zonen, auch Crazes genannt), die bei mechanischer Beanspruchung senkrecht zur Belastungsrichtung auftreten. Spannungsrisse treten auf, wenn hohe Spannungen wirken. Vielfach sind Spannungen in Kunststoffbauteilen vorhanden und so klein, dass sie ohne Wirkung (Rissbildung, ggf. Verzug) sind. Durch das Quellen verringert sich der molekulare Zusammenhalt und damit können schon geringe Spannungen zu kleinen Rissen führen. Risse können ggf. auch sehr klein sein und damit eher ein optischer Fehler als ein mechanischer Defekt. In dem Fall spricht man von Craze.

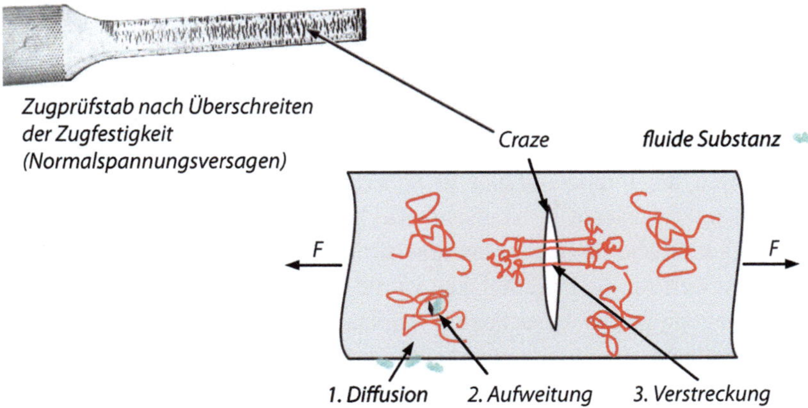

Abb. 9.11 Craze (schematische Darstellung)

Crazes sind zunächst optische Schwachstellen, Untersuchungen zeigen kaum eine Verminderung der Festigkeit. Das lässt sich erklären mit gegenläufigen Effekten (Abb. 9.11).

- Wirkende Spannungen können zum Normalspannungsversagen führen. Bei einer von außen aufgebrachten Last verläuft die Bruchlinie quer zur Hauptkraftlinie, die Belastbarkeit des Materials sinkt. Quer zum entstandenen Riss ist die Festigkeit des Bauteils gemindert.
- Über den Riss hinweg können verstreckte Faserbündel nachgewiesen werden, verstreckte Molekülbündel überbrücken den Riss. Längs zu diesen Faserbündeln wird die Festigkeit wegen der Verstreckung und Ausrichtung der Moleküle gesteigert.

Je nach Diffusionsfähigkeit der Substanz und Spannungszustand können aus den Crazes auch komplette Risse und damit Bauteilversagen entstehen. Abb. 9.11 zeigt einen Zugprüfstab, bei dem ohne Medieneinfluss unter hoher Zuglast Crazes entstehend und der anschließend gebrochen ist. Die schematische Darstellung verdeutlicht zusätzlich die Vorgänge unter Medieneinfluss, hierbei können schon allein die prozessbedingten Eigenspannungen zu Crazes führen.

Im Gegensatz zur Korrosion von Metallen gibt es bei Kunststoffen nur selten chemisch bedingten Materialabtrag.

9.2.5 Verarbeitungseigenschaften

Verarbeitungstemperatur: Die Bauteilherstellung mit Kunststoffen erfolgt überwiegend als Urformverfahren direkt aus der Schmelze. Die Verarbeitungstemperatur liegt bei amorphen Kunststoffen weit oberhalb der Glasübergangstemperatur und bei teilkristallinen Kunststoffen oberhalb der Schmelztemperatur (s. Abb. 9.9). Statt Verarbeitungstemperatur wird vielfach auch der Begriff Schmelzetemperatur verwendet, damit ist immer ein Temperaturbereich oberhalb der Schmelz-Temperatur gemeint.

Fließverhalten: Die Schmelze von thermoplastischen Kunststoffen ist in der Konsistenz honigartig. Teilkristalline Kunststoffe sind häufig dünnflüssiger als amorphe. Die Fließfähigkeit der Kunststoffe hängt ab vom Molekulargewicht (s. Abschn. 9.3.1), möglichen Füllstoffen, der Temperatur und der Scherung der Schmelze.

Die Fließfähigkeit einer Kunststoffschmelze beeinflusst die Verarbeitung und speziell den notwendigen Druck, den eine Maschine für die Strömung der Schmelze aufbringen muss. Der Kennwert für die Fließfähigkeit ist die Viskosität, Sie beschreibt, wie stark ein Fluid der Bewegung zweier benachbarter Schichten einen Widerstand entgegensetzt. Je höher die Viskosität, desto zähflüssiger ist das Fluid und desto geringer seine Fließfähigkeit.

Das Fließverhalten der Kunststoffe ist strukturviskos. Das bedeutet, dass die Viskosität mit steigender Schergeschwindigkeit sinkt. Schergeschwindigkeit ist die Relativgeschwindigkeit nebeneinander strömender Teilchen. In Randbereichen einer Strömung gibt es Wandkontakt und die Strömung wird dadurch sehr verlangsamt. Mit zunehmendem Abstand zur Wand wird die Strömung schneller fließen können.

Dieses Verhalten hat für Gießvorgänge mit Kunststoffen große Vorteile, denn die Scherung ist im Randbereich groß und damit ist die Viskosität klein. Niedrigviskos ist gleichbedeutend mit „dünnflüssig". Eine Strömung gleitet also in engen Strömungskanälen wie auf einem Schmierfilm. Diese Strukturviskosität betrifft sehr den Bereich der geringen Strömungsgeschwindigkeiten (Abb. 9.12).

In der Regel werden die Viskositätsdaten doppelt logarithmisch aufgetragen (Abb. 9.13), das ist für die mathematische Modellbildung vorteilhaft. Für Simulationsprogramme sind die Messdaten weniger sinnvoll als die daraus abgeleiteten Funktionen, mit denen beliebige Werte auch zwischen den tatsächlich gemessenen Werten verfügbar sind. Abb. 9.12 und 9.13 haben dieselben Messdaten. Aufgrund der doppelt logarithmischen Auftragung kommt es daher zu einer Fehlinterpretation. Vielfach wird behauptet, Kunststoffe seien bei hohen Schergeschwindigkeiten strukturviskos und bei kleinen Schergeschwindigkeiten newtonisch. Das Fließverhalten von Wasser ist newtonisch, was heißt, dass die Viskosität unabhängig von der Schergeschwindigkeit ist.

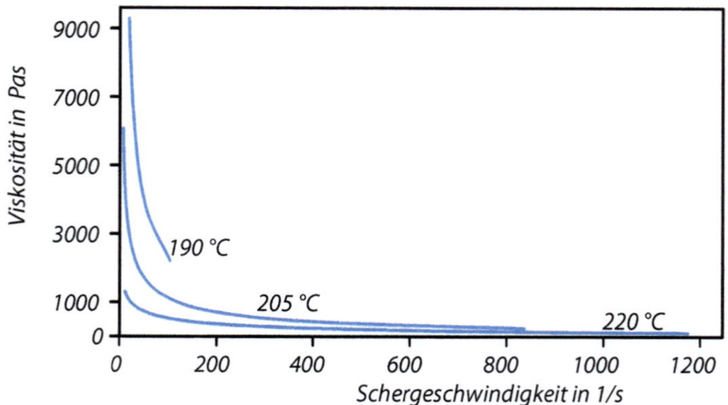

Abb. 9.12 Viskosität von SAN bei unterschiedlicher Temperatur und Schergeschwindigkeit

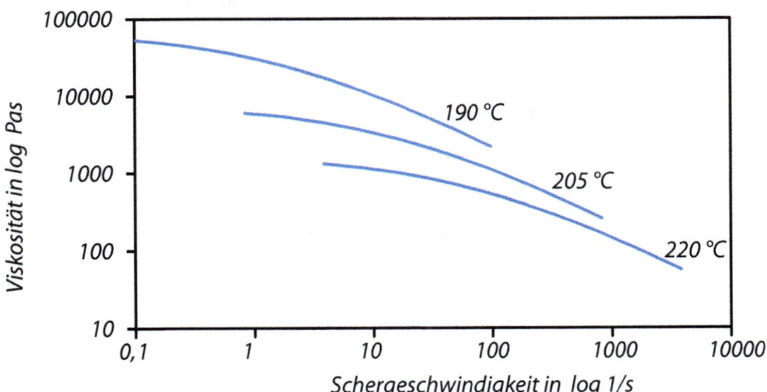

Abb. 9.13 Viskosität von SAN bei unterschiedlicher Temperatur und Schergeschwindigkeit in doppelt logarithmischer Auftragung

Es gibt zwei Arten, die Fließfähigkeit zu beschreiben:

- Viskosität η, sie ist abhängig von der Temperatur und der Schergeschwindigkeit. Die Messung erfolgt über Rheometer und liefert eine Vielzahl von Messwerten, aus denen eine Viskositätskurve ermittelt wird. Diese Funktion ist für Simulationsprogramme notwendig, mit denen die Strömung von Kunststoffschmelzen berechnet werden kann.
- MFR (melt flow rate, veraltet MFI: melt flow index), MVR (Melt Volume Rate): bei kleiner Strömungsgeschwindigkeit wird gemessen, wieviel Masse/Gewicht (MFR) bzw. Volumen (MVR) bei festgelegter Temperatur in einer Zeitspanne mit einer vorgegebenen Kraft durch eine Düse mit einem bestimmten Durchmesser fließt. Diese Messwerte sind einfach bestimmbar und werden häufig für die Qualitäts-Eingangskontrollen von Kunststoffen genutzt.

Wärmedehnung: Der Längenausdehnungskoeffizient von Kunststoffen ist ca. 10-mal so groß wie der von Metallen. Hinsichtlich der Verarbeitung ist zu bedenken, dass die Kunststoffbauteile überwiegend direkt aus der Schmelze geformt werden. Auf diese Weise lassen sich mit präzisen Stahlwerkzeugen komplizierte Geometrien in einem Arbeitsgang herstellen. Für die Verarbeitung ist hier die Kenntnis über die Wärmedehnung wesentlich.

Im Schmelzebereich verändert sich die Dichte sehr stark mit der Temperatur und dem Druck. Dieses Verhalten ist bei den teilkristallinen Kunststoffen besonders, hier erkennt man einen klaren Knickpunkt im Dichteverlauf. Der Grund liegt im geringeren Raumbedarf der Kristalle, hier herrscht eine gewisse Ordnung der Molekülketten.

Für die Verarbeitung ist das spezifische Volumen, das ist der Kehrwert der Dichte, von großer Bedeutung. Die pvT-Diagramme zeigen das Verhalten des spezifischen Volumens (v) als Funktion von Temperatur (T) und Druck (p). Man erkennt, dass die Schmelze mehr Raum einnimmt als der erstarrte Kunststoff. Unter Druckeinfluss ist besonders die Schmelze stark kompressibel. Speziell teilkristalline Kunststoffe können bei Verarbeitungsdrücken von ca. 1.000 bar um ca. 20 % komprimiert werden (Abb. 9.14).

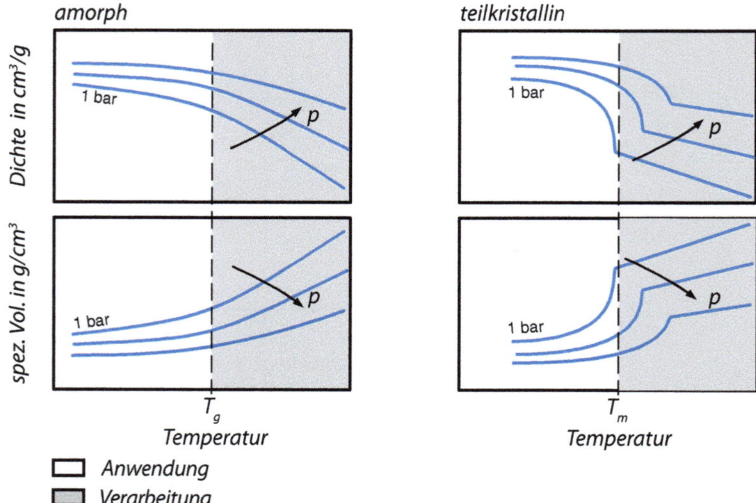

Abb. 9.14 Dichte (oberes Diagramm) und spezifisches Volumen (unteres Diagramm) als Funktion von Druck und Temperatur

Damit ein Bauteil mit einer definierten Größe gegossen werden kann, muss man einerseits die Gießform etwas größer ausführen und andererseits muss der Verarbeitungsprozess mit hohem Druck erfolgen.

9.2.6 Bauteileigenschaften

Neben den Eigenschaften, die durch den molekularen Aufbau bedingt sind (Festigkeit, Quellverhalten), haben Bauteile aus Kunststoff prozessbedingte Eigenschaften. Hierzu zählen die Anisotropie und eingefrorene Spannungen.

Anisotropie bedeutet Abhängigkeit von der Richtung. In der Strömung werden sich die Moleküle etwas in Strömungsrichtung ausrichten (Abb. 9.15). Man bezeichnet das als Orientierung. Hierdurch entstehen richtungsabhängige Eigenschaften. Ein Teil dieser Orientierungen kann sich je nach Temperaturbedingung bzw. Abkühlgeschwindigkeit auflösen.

Die Ausrichtung betrifft wesentlich mögliche Zusatzstoffe. Hier sind besonders Verstärkungsfasern gemeint, das sind vielfach Kurzglasfasern mit einer Länge von ca. 1 mm und einem Durchmesser von ca. 0,01 mm. Anders als die erheblich kleineren Moleküle (Länge ca. 1 µm, Durchmesser ca. 10^{-10} mm) können diese Fasern nicht relaxieren und während des Abkühlens keinen günstigeren Energiezustand einnehmen. Ihre Lage wird direkt durch die Strömung festgelegt und führt zu Anisotropie mit gravierenden Auswirkungen.

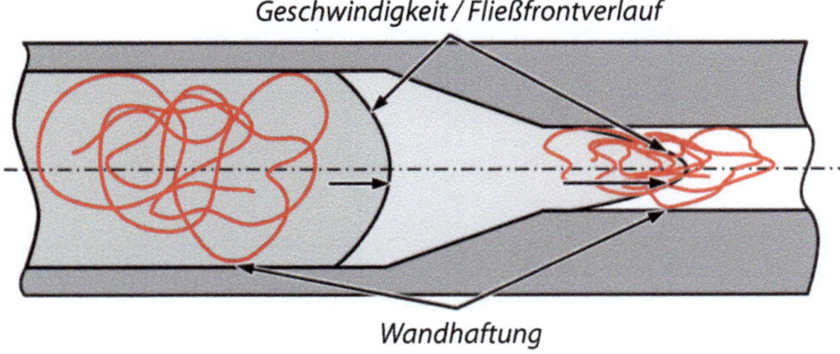

Abb. 9.15 Verformung eines Molekülknäuels in einer Strömung

Abb. 9.16 Eckenverzug infolge unterschiedlicher Längen- und Dickenschwindung

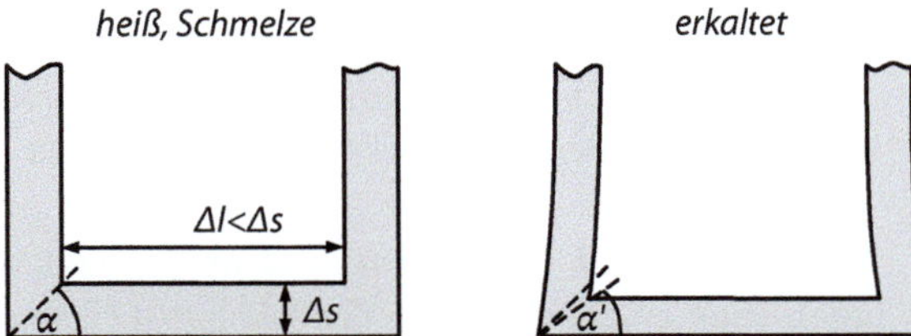

Längs der Hauptausrichtung der Fasern ist die Schwindung erheblich geringer als quer dazu, denn die Fasern selbst durchlaufen keinen Phasenübergang. Ihr Wärmeausdehnungskoeffizient ist ca. ein Zehntel des umgebenden Kunststoffs. Dadurch entsteht häufig Verzug.

Eingefrorene Spannungen (innere Spannungen, Eigenspannungen) entstehen durch geringe Dichteunterschiede. Eine Innenecke eines Kastens zeigt diesen Effekt. Die Längsschwindung wird unterbunden, weil der Innenbereich des Bauteils durch einen Stahlkern im Werkzeug gebildet wird. Dieser Kern verhindert die Längsschwindung Δl, während die Dickenschwindung Δs unbehindert ist. Der Winkel α von der Außenecke zur Innenecke wird daher nach dem Erkalten etwas kleiner sein. In der Folge bildet sich eine Spannung, die zum Eckenverzug führt (Abb. 9.16).

Bei Extrudaten können solche Spannungen gezielt für die Bauteilanwendung genutzt werden. Bekannt sind z. B. Schrumpfschläuche, die in der Produktion im noch heißen Zustand gedehnt und anschließend unter Formzwang abgekühlt werden. Bei Umgebungstemperatur können die Spannungen nicht relaxieren, erst wenn für den Gebrauch dieser Schrumpfschlauch wiedererwärmt wird, kann die Relaxation erfolgen. Der Schlauch wird sich weitgehend wieder auf das Maß vor der Dehnung zusammenziehen.

▶   **Hinweis** Anisotropie durch Ausrichtung von Molekülen ist bei Spritzgussteilen weniger bedeutend, weil die Zeit des Abkühlens im Werkzeug lang genug für eine Relaxation (Spannungsabbau) ist. Die verbleibenden inneren Spannungen sind schwach. Die Formsteifigkeit durch Rippen und Bauteilwölbungen (Bombierung) ist oft in der Lage, einen Bauteilverzug zu kompensieren

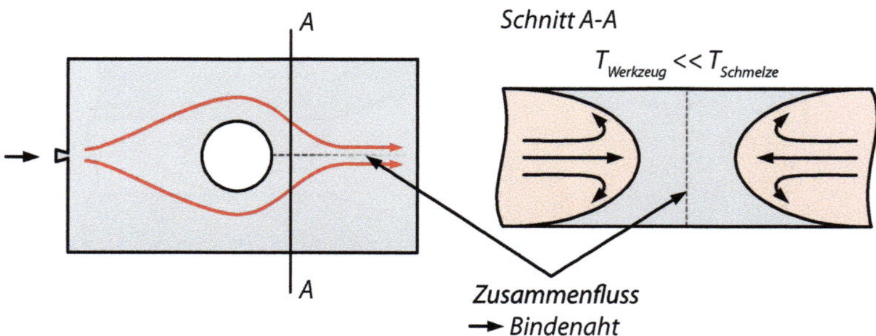

Abb. 9.17　Entstehung einer Bindenaht an einem Spritzgussbauteil

Bei raschen Abkühlvorgängen (Extrusion dünner Folien) sind Relaxationsvorgänge weniger und die die Wirkung der Anisotropie stärker. Daher ist ein Riss einer Folie (z. B. Verpackungsfolien) besonders gut in der Richtung der Extrusion.

Bindenähte und **Fließlinien** sind an Spritzgussteilen in den Bereichen, an denen Schmelzefronten zusammenfließen (Abb. 9.17). Die Schmelze ist erheblich wärmer als das Werkzeug. Beim direkten Kontakt mit diesem erstarrt sie schlagartig, Schmelzeteilchen nahe der Werkzeugwand kühlen wegen der isolierenden Wirkung des schlecht wärmeleitenden Kunststoffs etwas langsamer ab. Zwei aufeinandertreffende Schmelzefronten können miteinander verschweißen, wenn die Temperaturen hoch genug sind. Oft ist es nicht möglich, geeignet hohe Temperaturen für diese Verschweißung zu ermöglichen. Einerseits will man aus Gründen der Abkühlgeschwindigkeit und Zykluszeit eher niedrige Werkzeugtemperaturen, andererseits kann die Schmelze bei langen Fließwegen insgesamt während des Einspritzvorgangs abkühlen. Die Folge sind dann sichtbare Bindenähte, die wie kleine Haarrisse aussehen.

Die Festigkeit der Bindenaht ist häufig geringer. Wie groß der Festigkeitsabfall ist, lässt ist modellmäßig nicht beschrieben und hängt neben den herrschenden Temperaturen auch ab von der Bauteil-Wanddicke und den ggf. vorhandenen Füllstoffen, z. B. Verstärkungsfasern.

▶　Materialdaten aus Datenblättern sind mit Vorsicht zu verwenden. Durch den Herstellprozess von Bauteilen können die Bauteileigenschaften erheblich kleiner als die angegebenen Werte der Rohstoffhersteller sein. Das betrifft besonders Materialien mit Faser Füllstoffen wegen der Anisotropie und Bereiche mit Bindenähten an Spritzgussteilen.

9.3　Herstellung von Kunststoffen

Kunststoffe gehören zu den organischen Materialien, d. h., sie bestehen im Wesentlichen aus Kohlenstoff und Wasserstoff. Der Rohstoff hierfür ist zu über 90 % Erdöl (Abb. 9.18). Es gibt auch andere Quellen für die Basispolymere:

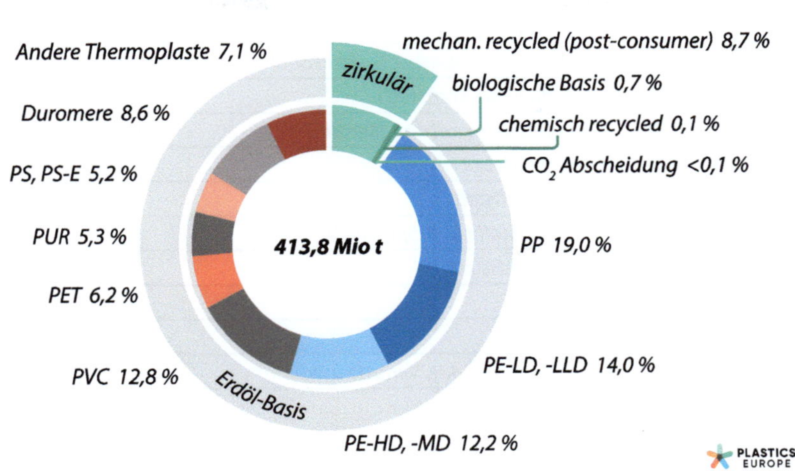

Abb. 9.18 Welt-Kunststoffproduktion im Jahr 2023. (Quelle plastics Europe)

- nachwachsende/pflanzlichen Quellen
- chemisches Recycling – hier werden die Makromoleküle ausgedienter Kunststoffe wieder in kleine Molekülsegmente zerlegt. Der Energiebedarf hierfür ist nicht unerheblich und damit die Umweltbilanz nicht automatisch neutral. CO_2-Abscheidung (CCU, carbon capture utilization) – hier wird aus dem CO_2 der Luft bzw. der Zementherstellung der Kohlenstoff gewonnen und zu den Ausgangsprodukten für die Kunststoffherstellung synthetisiert. Auch hier ist der Energieaufwand für die Großproduktion aktuell noch zu hoch.

Die anderen Quellen machen aktuell einen vernachlässigbaren Anteil aus. Einerseits ist der Preis für solche Herstellverfahren noch nicht konkurrenzfähig, andererseits lässt sich nicht jede gewünschte Eigenschaft mit einem z. B. biologisch basierten Kunststoff erzielen.

Der Rohstoff Erdöl besteht aus unterschiedlichen Alkanen, das sind Kohlen-Wasserstoffketten mit bis zu 70 aneinandergereihten Kohlenstoffatomen (Abb. 9.19). In Raffinerien werden die Alkane separiert, so entsteht Benzin, Diesel und u. a. auch Naphtha, das der Grundstoff für die chemische Industrie ist. In einem Crack-Prozess werden aus Naphtha verschiedene Ausgangsstoffe für die Kunststofferzeugung gewonnen (z. B. Ethylen, Propylen, Butadien). Ca. 4 % des Rohöls wird für die Kunststoffindustrie verwendet, ca. 85 % des Rohöls wird nach der Raffinerie für Verbrennungsprozesse verwendet.

Alkan	T_{sieden} in °C	Fertigprodukte		
$C_1 \dots C_4$	20	Flüssiggase, z. B. Propan, Butan	🔥	3 %
$C_5 \dots C_9$	70	Rohbenzin (*Naphtha*, Cycloalkane)	🔥	9 %
$C_5 \dots C_{10}$	120	Benzin (Otto-Kraftstoff)	🔥	24 %
$C_9 \dots C_{13}$	150	Flugturbinenkraftstoff (Kerosin)	🔥	4 %
$C_{10} \dots C_{16}$	170	leichtes Heizöl	🔥	21 %
$C_{14} \dots C_{20}$	270	Dieselkraftstoff	🔥	21 %
$C_{20} \dots C_{50}$	300	Schmierstoffe (z. B. Spindelöl)		1,5 %
$C_{20} \dots C_{70}$	600	schweres Heizöl	🔥	11 %
$> C_{70}$		Bitumen		3,5 %
		Schwefel		1 %
		Sonstige Produkte, Verluste usw.		2 %

Abb. 9.19 Zusammensetzung von Erdöl

9.3.1   Molekularer Aufbau und Einfluss auf die Verwendung

Kunststoffe sind Makromoleküle mit wiederkehrenden Grundbausteinen (Monomeren). Ein wesentlicher Bestandteil sind die Elemente Kohlenstoff (C) und Wasserstoff (H). Für das Verständnis des physikalischen Verhaltens ist das Orbitalmodell hilfreich (Abb. 9.20). Die Elemente selbst bestehen aus Protonen und einer Hülle, die ein wahrscheinlicher Aufenthaltsraum für die gleiche Zahl von Elektronen ist. Kohlenstoff selbst hat 6 Protonen und somit auch 6 Elektronen, von denen 4 auf der äußeren Schale sind. Stabil ist ein Element mit 8 Elektronen auf der Außenschale. Kohlenstoff kann sich mit vier weiten Elementen verbinden, z. B. mit 4 Wasserstoffatomen. Dabei entsteht räumlich die Form eines Tetraeders, wobei die Wasserstoffatome jeweils den weitestmöglichen Ort einnehmen. Die Elektronen des Kohlenstoffs und des Wasserstoffs bilden Orbitale, dabei stellt man sich hantelförmige Bereiche vor, die einen möglichen Aufenthaltsort der Elektronen darstellen.

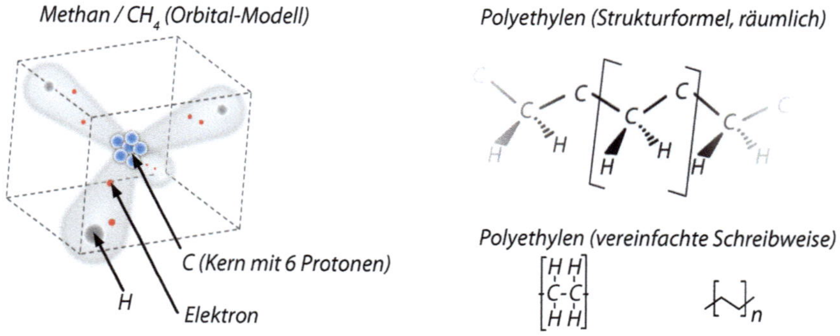

Abb. 9.20 Molekül-Modellvorstellung und Schreibweisen

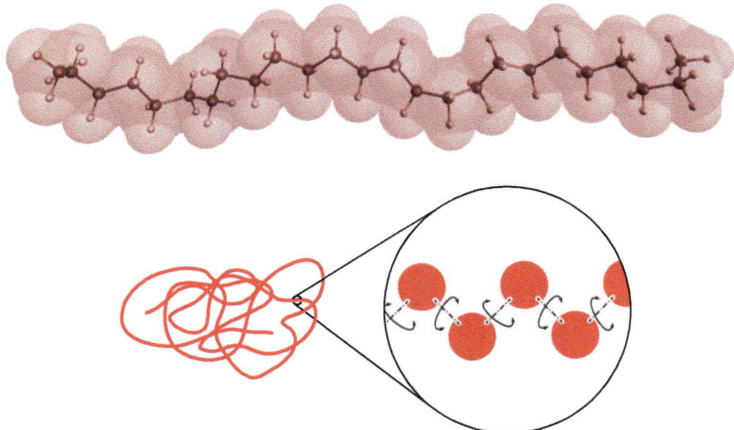

Abb. 9.21 Molekülkette und deren Beweglichkeit

In dieser Konstellation ergeben sich für den Kohlenstoff rechnerisch 8 Elektronen auf der Außenschale und damit ein stabiler Zustand. Man nennt diese Form der chemischen Bindung auch kovalent oder Elektronenpaar-Bindung.

In ähnlicher Weise kann Kohlenstoff auch Bindungen mit weiteren Kohlenstoffatomen eingehen, wobei lange Ketten entstehen (Abb. 9.21). Im Fall des Polyethylens besteht die Kette aus Kohlenstoffatomen mit jeweils zwei Wasserstoffatomen. Diese Kette besteht aus drehbaren Gelenken, denn die Verbindungen sind jeweils Orbitale mit einem Elektronenpaar und längs der Achse ist eine Rotation unproblematisch.

Oberhalb der Glasübergangstemperatur sind die thermoplastischen Kunststoffe viskoelastisch. Die Elastizität kann man sich als Knäuel-Elastizität vorstellen. Die Makromoleküle bilden automatisch Knäuel ähnlich langen Verlängerungskabeln in einem großen Karton. Dieses Knäuel hat lässt sich etwas zusammendrücken und in die Länge ziehen. Bei Entlastung geht die Verformung zurück. Ggf. können sich Segmente gegeneinander dauerhaft verschieben. Eine Aufweitung des Winkels zwischen den benachbarten Atomen ist wenig wahrscheinlich für die Erklärung der Elastizität.

Die Länge der Molekülkette steht auch im Zusammenhang mit dem Molekulargewicht. Mit zunehmendem Molekulargewicht steigt die Festigkeit degressiv, sie erreicht einen Grenzwert. Auch hier ist die Knäuelvorstellung wesentlich. Auch wenn die kovalente Bindung zwischen den C-Atomen der Molekülkette ausgesprochen stark ist, die Festigkeit ergibt sich aus dem Verhalten des Molekülknäuels. Sofern die Glasübergangstemperatur überschritten ist, können die Moleküle gegeneinander rutschen. Wegen der Verschlingung miteinander hat das Knäuel jedoch eine gewisse Beständigkeit.

Das Fließverhalten wird mit zunehmendem Molekulargewicht schlechter, man stelle sich hier die Bewegung von Spaghetti in einer Röhre vor. Kurze Nudeln würden sich noch leicht bewegen lassen, sehr lange Nudeln würden sich hingegen so sehr miteinander verschlaufen, dass eine Bewegung auch mit großen Kräften unwahrscheinlich wird.

Abb. 9.22 Molekulargewicht und Einfluss auf das mechanische und das Fließverhalten

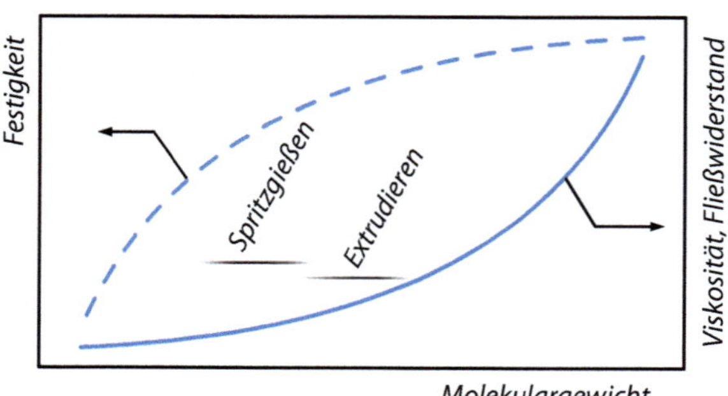

Das Molekulargewicht hat insgesamt weniger Einfluss auf das mechanische Verhalten der Kunststoffe als auf die Verarbeitung. Für Extrusions- und deren Folgeprozesse (Warmumformen) sind eher große Molekulargewichte gut, denn hier ist eine hohe Schmelzefestigkeit wichtig (Abb. 9.22). Bei diesen Prozessen verlässt ein kontinuierlicher Schmelzestrom eine Düse und soll seine Form bis zur Erkaltung behalten. Bei Spritzgießprozessen hingegen soll eine Schmelzeströmung möglichst lange und enge Kanäle durchströmen. Hier ist ein geringes Molekulargewicht geeignet, weil die Kräfte für die Bewegung der Schmelze kleiner sind.

9.3.2 Polymerisationsreaktionen und Einfluss auf Verarbeitung

Kunststoffe sind synthetisch hergestellte Makromoleküle. In ihrer Struktur ähneln sie in vielen Fällen natürlichen Stoffen, lediglich ihr Aufbau ist künstlich und nicht natürlich. Ein gutes Beispiel ist Polyamid, das beim Verbrennen einen sehr ähnlichen Geruch wie verbranntes Keratin (Fingernägel) hat.

Der Herstellprozess ist eine Polyreaktion von Monomeren, die sich miteinander verbinden können. Hierfür müssen die Monomere entweder über eine Kohlenstoff-Doppelbindung verfügen, die aufgespalten werden kann oder über funktionelle Endgruppen, die miteinander reagieren können. Für die Polyreaktionen sind hier wichtig: Alkohole (-OH), Säuren (-COOH), Isocyanate (-NCO), Amine (-NHH). Polyreaktionen sind überwiegend exotherm, sie neigen dazu sich selbst zu beschleunigen. Die Reaktionen benötigen eine Mindeststarttemperatur, diese kann je nach chemischer Zusammensetzung bereits bei Raumtemperatur liegen (Abb. 9.23).

Bei einer **Polyaddition** liegen zwei unterschiedliche Monomere vor, man kennt das von Zweikomponenten-Klebstoffen. Nach dem Vermischen der Monomere können diese miteinander reagieren. Abb. 9.24 zeigt beispielhaft die Herstellung von PU (Polyurethan). Das ist ein vielfältiges Material und wird verwendet als Bauschaum oder auch als Weichschaum für Matratzen oder Polsterungen.

Die Addition erfolgt über den Umbau der funktionellen Endgruppen. Das sind Atomgruppen, die in verschiedenen Verbindungen ähnliche Stoffeigenschaften und ein ähnli-

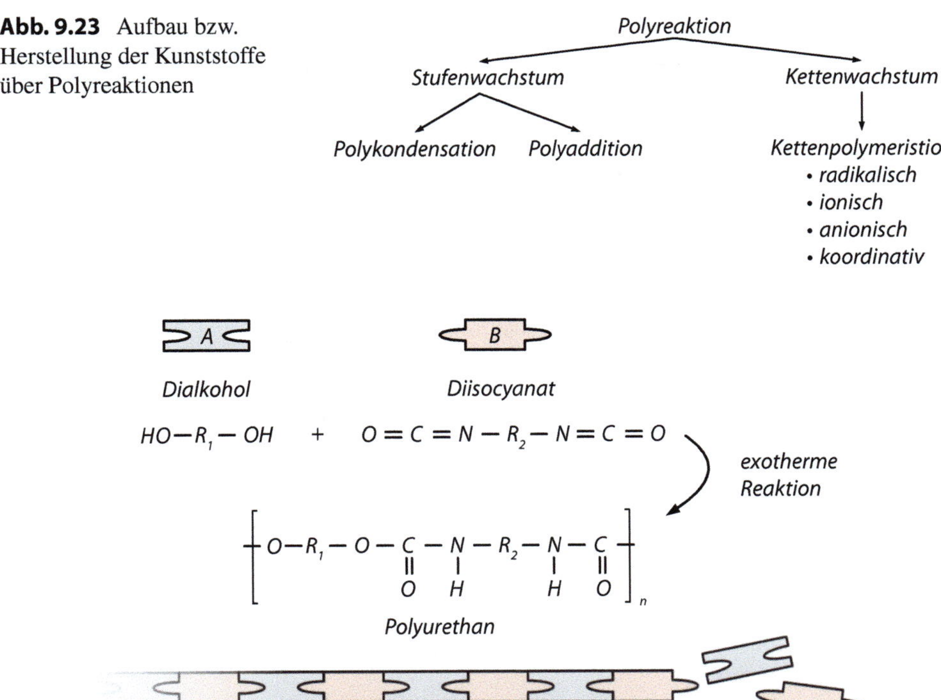

Abb. 9.23 Aufbau bzw. Herstellung der Kunststoffe über Polyreaktionen

Abb. 9.24 Prinzip einer Reaktion – Polyaddition

ches Reaktionsverhalten zeigen. Monomere können nicht nur zwei funktionelle Endgruppen haben, sondern noch weitere. Dann entstehen nicht nur langgestreckte kettenförmige Makromoleküle, sondern räumliche Netzwerke, die sich nicht mehr schmelzen lassen.

Die **Polykondensation** ist der Addition ähnlich, hier entsteht aber zusätzlich zum Produkt ein Nebenprodukt C (Abb. 9.25). Dieses Nebenprodukt wird auch Kondensat genannt und besteht oft aus Wasser.

Der Doppelpfeil in der Reaktion deutet auf eine Reversibilität hin. In einem geschlossenen System herrscht ein Gleichgewicht zwischen den Edukten, das sind die Ausgangsstoffe auf der linken Seite der Reaktion und der Produktseite. Für die Polyamidherstellung ist es wichtig, das Kondensat aus dem System abzuführen, damit mehr Produkt entstehen kann.

▶ Bei der Verarbeitung von Polykondensaten sollte man vorher die Restfeuchtigkeit wegtrocknen, denn diese kann bei hohen Verarbeitungstemperaturen zu einer teilweisen Rückreaktion führen. Die Folge ist dann auch eine Verringerung der Zähigkeit bzw. eine Verschlechterung der mechanischen Eigenschaften. Im Bereich der Anwendung kann ebenfalls Feuchteeinfluss zu einer gewissen Rückreaktion führen.

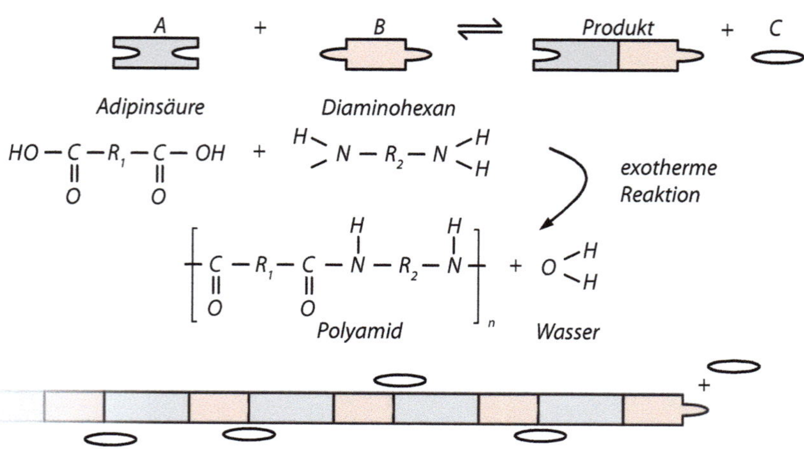

Abb. 9.25 Prinzip einer Reaktion – Polykondensation

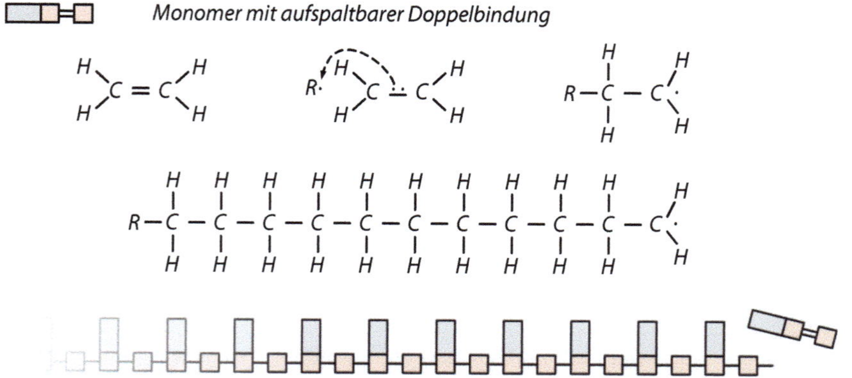

Abb. 9.26 Prinzip einer Kettenpolymerisation

Die Kunststoffherstellung über eine **Kettenpolymerisation** erfordert Monomere mit mindestens einer Doppelbindung. Abb. 9.26 zeigt beispielhaft die Entstehung von Polyethylen (PE) aus dem Gas Ethen (C_2H_4). Die Doppelbindung zwischen den beiden C-Atomen besteht aus einem Elektronenpaar, ist wenig stabil und kann mit geringem Energieeinsatz gelöst werden. Die Energie kann sowohl Temperatur oder Licht sein. Oder es steht ein reaktiver Reaktionspartner (R) bereit, das kann ein Molekül oder ein Molekülrest mit einem freien Elektron sein. Üblicherweise spricht man dann von einem Radikal.

Wenn eine Doppelbindung geöffnet wird, entsteht eine Einfachbindung und zwei freie Elektronen. So kann ein Ethenmolekül jeweils links und rechts ein weiteres Ethenmolekül angebaut werden. Als Kettenreaktion kann man sich auch vorstellen, dass ein Radikal zunächst die Doppelbindung öffnet und links den Start für die folgende Kettenreaktion nach rechts bildet.

Die Reaktion endet durch eine Abbruchreaktion, wobei zwei Radikale miteinander reagieren und wieder ein Elektronenpaar entsteht. Als Radikal gilt hier auch die wachsende Kette selbst.

> **Hinweis** Für den Anwender ist die Aufbaureaktion weniger interessant als die Abbaureaktion. Durch Energieeintrag in Form von Wärme (Pyrolyse) oder UV-Licht (photokatalytische Zersetzung) kann eine Kette getrennt werden, die Kunststoffe verspröden. Mit Stabilisatoren kann dieser Abbau verzögert werden.
>
> Beim Recycling kann der Abbauprozess zu einer Nachvernetzung führen. Die über einen längeren Zeitraum entstandenen freien Radikale können beim Wiederaufschmelzen in der bewegten Schmelze neue Verknüpfungspunkte an anderen Kettensegmenten finden. Die Folge ist eine Verschlechterung des Fließverhaltens.

Die meisten Thermoplaste werden über Kettenpolymerisation hergestellt. Polyaddition ist eine wichtige Reaktionsform für vernetzte Kunststoffe.

Kettenpolymerisation	Polyaddition	Polykondensation
PE (Polyethylen)	PU (Polyurethan)	PA (Polyamid)
PP (Polypropylen)	Silikon	PET (Polyester, Poly-ethylen Terephthalat)
PS (Polystyrol)	EP (Epoxy Harz)	PBT (Polyester, Polybuthylen Terephthalat)
PVC (Polyvinylchlorid)		
PMMA (Polymethylmetacrylat, Plexiglas)		
SAN (Styrol-Acryl-Nitril-Copolymer)		
ABS (Acrylnitril-Butadien-Styrol-Copolymer)		

9.3.3 Kristallisation und Einfluss auf Langzeitverhalten

Die Kristallisation der Kunststoffe ist anders als die der Metalle wegen der Kettenlänge nur teilweise möglich, der Kunststoff besteht dann aus einer amorphen und einer kristallinen Phase. Man kann sich die Kristalle der Kunststoffe als Kabeltrommeln vorstellen, auf die die Moleküle aufgewickelt werden. Damit nehmen sie einen energetisch günstigeren Zustand ein. Bei sehr langen Molekülen kristallisieren Segmente eines Moleküls zwangsläufig nicht geordnet. Vielmehr kann man sich vorstellen, dass ein sehr langes Kabel mit höherer Geschwindigkeit an mehreren Stellen auf mehrere Kabeltrommeln aufgewickelt wird. Auf diese Weise wird eine vollständige Kristallisation unmöglich.

Die Molekülstruktur beeinflusst das Kristallisationsverhalten. Verzweigte Moleküle kristallisieren schlechter als unverzweigte (Abb. 9.27). Je nach Seitenelementen wird die Kette insgesamt steifer und kann leichter kristallisieren. Das ist z. B. bei PTFE der Fall,

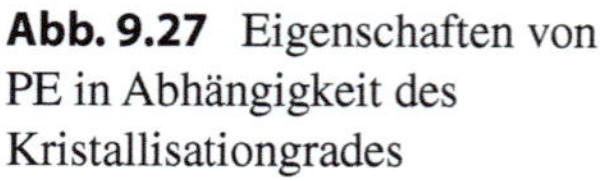

Abb. 9.27 Eigenschaften von PE in Abhängigkeit des Kristallisationgrades

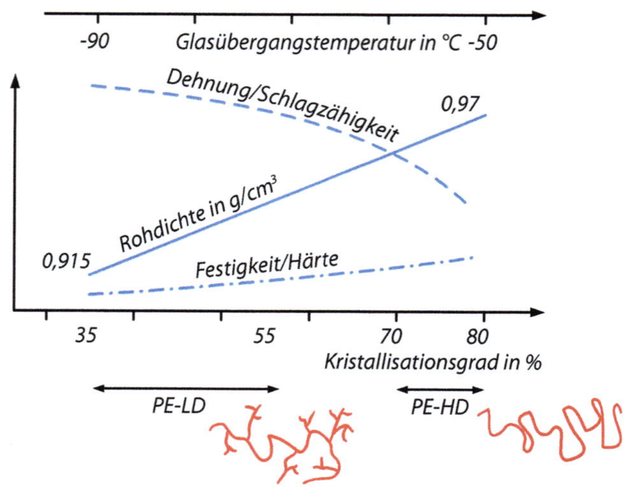

wo in regelmäßiger Folge Wasserstoffatome des Polyethylens durch große Fluoratome ausgetauscht sind. Diese Moleküle bilden helixartige Strukturen, die sich wie Spiralnudeln ineinander verhaken können und so Kristalle bilden. Einige Kunststoffe können gar nicht kristallisieren, bzw. deren Kristallisationsvorgang erfolgt sehr langsam, sodass sie bei normalen Produktionsbedingungen amorph erscheinen.

Kristallisationsgrad

Der Kristallisationsgrad gibt an, wieviel Prozent des Kunststoffs kristallisiert, während der Rest noch amorph ist. Für die Angabe des Kristallisationsgrads wird das Verhältnis zu einer 100 % kristallisierten Probe gebildet.

$$K = \frac{\Delta H_m}{\Delta H_m^0}$$

Hierin ist ΔH die beim Aufheizen gemessene Schmelzwärme und ΔH_m^0 die Wärme des 100 % kristallinen Materials, sie wird mit einer DSC gemessen (s. Abschn. 11.7.2). ΔH_m^0 ist die Schmelzwärme eines 100 % kristallisierten thermoplastischen Kunststoffs. Weil Kunststoffe nicht vollständig kristallisieren können, ist ΔH_m^0 ein rein theoretischer und nicht direkt messbarer Wert.

Die ΔH_m^0 Werte lassen sich auf folgende Art ermitteln (Abb. 9.28):

- Materialproben werden auf eine unterschiedlich niedrige Zieltemperatur T_c abgeschreckt und dort sehr lange gehalten. Je niedriger die Zieltemperatur ist, desto geringer ist der Kristallisationsgrad.
- Die Probe wird wieder geschmolzen und die Schmelztemperatur T_m und die freiwerdende Kristallisationswärme ΔH_m wird gemessen. Man stellt fest, dass die Kristallisationstemperatur (Abschrecktemperatur) kleiner ist als die Schmelztempera-

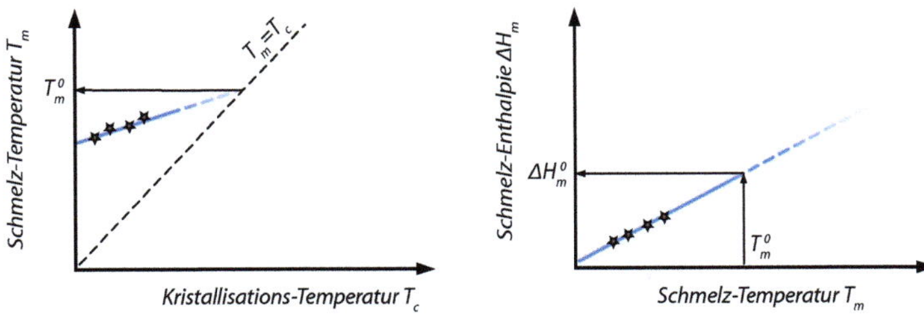

Abb. 9.28 Ermittlung der Schmelzenthalpie ΔH_m^0

tur. Je höher die Abschrecktemperatur T_c, desto größer ist die Kristallisationswärme ΔH_m.

- Aus mehreren Versuchen mit stetig steigenden Kristallisations- und Schmelztemperaturen lässt sich die Schmelztemperatur T_m^0 extrapolieren, das ist die Gleichgewichtstemperatur bei unendlich kleiner Abkühlgeschwindigkeit T_c^0.
- Die Kristallisationswärme bei unterschiedlichen Abkühlgeschwindigkeiten wird in einem Diagramm über der Schmelztemperatur aufgetragen. Wenn die aufgetragenen Werte auf einer Geraden liegen, kann man extrapolieren und erhält den Wert ΔH_m^0 bei der Gleichgewichtstemperatur ($T_c^0 = T_m^0$).
- Aus den über der Schmelztemperatur aufgetragenen Werten für die Schmelzwärme kann man nun für den Wert T_m^0 die theoretische max. Kristallisationswärme ΔH_m^0 extrapolieren.

▶ Der Kristallisationsgrad beeinflusst auch die mechanischen Eigenschaften. Dieser Einfluss sollte aber nicht überbewertet werden, denn der Temperatureinfluss ist viel größer. Eine rasche Abkühlung wird also einen geringeren Kristallisationsgrad bewirken. Damit wird z. B. der E-Modul im Zugversuch geringer. Diese Verringerung ist im Vergleich mit der bei einer Erhöhung der Temperatur während der Prüfung sehr gering.

Eine wichtige Einflussgröße für den Kristallisationsgrad ist die Abkühlgeschwindigkeit. Bei sehr kalten Werkzeugen ist die Abkühlung schneller, wodurch die Kristallisation behindert wird. Die Kristallisation beginnt dann bei erst bei einer niedrigeren Temperatur. In dem Fall ist der Kristallisationsgrad, also der Anteil des Kunststoffs, der kristallisieren kann, geringer (Abb. 9.29). Der Anteil der amorphen Bereiche ist entsprechend größer. Insgesamt ist das spezifische Volumen größer, das erzeugte Bauteil hat ein größeres Maß.

Man kann die Maße von Kunststoffbauteilen über die Abkühlgeschwindigkeit beeinflussen. Man sollte aber Kunststoffe, die teilweise kristallisieren können, nicht in zu kalte Werkzeuge gießen, weil die Kristallisation auch nach der Herstellung noch möglich ist. Insbesondere bei höheren Einsatztemperaturen können sich dadurch die Maße noch nachträglich über die Toleranzgrenze hinaus verändern.

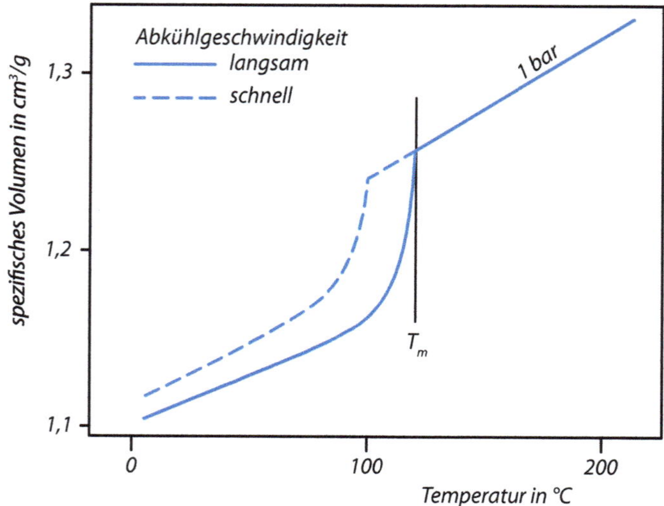

Abb. 9.29 Einfluss der Abkühlgeschwindigkeit auf das spez. Volumen bei teilkristallinen Kunststoffen

▶ Allgemein wird eine hohe Werkzeugtemperatur für die Verarbeitung teilkristalliner Thermoplaste empfohlen, weil dann die Abkühlung langsamer ist und die Kristallisationsgrade höher ausfallen. PE und PP sind teilkristallin, werde aber grundsätzlich mit sehr niedrigen Werkzeugtemperaturen verarbeitet, weil die Abkühlzeit mit kälteren Werkzeugen kürzer sind. Ob hohe Temperaturen für die hergestellten Bauteile Qualitätsvorteile bringen, sollte für den Anwendungsfall experimentell abgesichert werden.

9.3.4 Compoundieren und Additive

Nach der Polymerisationsreaktion sind Kunststoffe vielfach pulverig und müssen compoundiert werden. Hierbei werden Zusatzstoffe (Additive) und das Rohmaterial vermengt und über einen Schmelzvorgang untrennbar miteinander verbunden. Die für die Verarbeitung gewünschte Form ist das ein Granulat, das sich gut über Vakuum-Förderleitungen transportieren lässt.

Wichtige Additive geben dem Material spezielle Eigenschaften

- UV-Schutz
- Wärmestabilisation
- Wärmeformbeständigkeit (Streckmittel, Extender)
- Verstärkung (Fasern, Kugeln)
- Flammschutz
- Weichmacher
- Farbe

UV-Schutz – der kurzwellige Anteil von Sonnenlicht kann Kunststoffe schädigen. Neben einer Versprödung ist die Wirkung auch ein Vergilben bei transparenten Kunststoffen oder ein Vergrauen von zunächst schwarz eingefärbten Materialien. Als Schutzmechanismen stehen zwei Konzepte zur Verfügung:

- Der Einsatz von Filtern soll die Strahlung schon an der Oberfläche vom Kunststoff fernhalten, ähnlich wie bei einer Sonnencreme. Geeignet ist dieses Prinzip speziell für Lacke. Lösliche (chemische, organische) Filter absorbieren UV-Strahlung und geben sie als energieärmere, langwelligere Wärmestrahlung wieder ab. Unlösliche (physikalische, mineralische) UV-Filter (z. B. Titan- oder Zinkoxid), absorbieren, streuen und reflektieren UV-Strahlung.
- Stabilisation über Radikalfänger – eine häufige Gruppe ist HALS (Hindered Amine Light Stabilizers). HALS hemmen den Abbau des Polymers durch kontinuierliches und zyklisches Entfernen von Radikalen, die durch Photooxidation des Polymers entstehen. Häufig reagieren HALS mit den durch die Reaktion von Polymer und Sauerstoff gebildeten Ausgangspolymerperoxyradikalen (ROO •) und Alkylpolymerradikalen (R •), wodurch eine weitere radikalische Oxidation verhindert wird. Durch diese Reaktionen werden HALS zu ihren entsprechenden Aminoxylradikal (R2NO •) oxidiert, sie können jedoch über eine Reihe von zusätzlichen Radikalreaktionen zu ihrer ursprünglichen Aminform zurückkehren. Die hohe Effizienz und Langlebigkeit von HALS beruht auf diesem zyklischen Prozess, bei dem die HALS während des Stabilisierungsprozesses regeneriert und nicht verbraucht werden.

Wärmestabilisation – Wärme (Energie) bewirkt den Abbau molekularer Struktur (thermischer Abbau), bes. in Anwesenheit von Sauerstoff. Durch den Abbau entstehen ähnlich wie bei Belastung durch UV-Licht Radikale, wodurch die mechanischen Eigenschaften vermindert werden, der Kunststoffe seine Farbe ändert (vergilben). Die Maßnahme sind ähnlich wie beim UV-Schutz, es kommen Radikalfänger zum Einsatz. Die Wärmestabilisation soll den Dauergebrauch bei erhöhten Temperaturen ermöglichen

Wärmeformbeständigkeit – Der E-Modul der thermoplastischen Kunststoffe ist stark von Temperatur abhängig. Damit eine Bauteilverformung unter Last bei erhöhten Temperaturen gering bleibt, können Füllstoffe zugesetzt werden. Üblich ist hier zunächst Talkum, das auch als Extender (Verlängerer, Streckmittel) wirkt. Gemeint ist hier, dass die mechanischen Eigenschaften (E-Modul, Festigkeit) trotz des Einsatzes des Füllstoffs akzeptabel bleiben. Hier geht es nicht um eine Verbesserung der Eigenschaften, vielmehr behindern die Füllstoffe die Beweglichkeit des Molekülknäuels. Die Wärmeformbeständigkeit betrifft zunächst kurzzeitige Belastungen bei erhöhten Temperaturen. Wie sehr das Kriechverhalten beeinflusst wird, ist nicht eindeutig, insgesamt liegen für die meisten Kunststoffe keine Kriechkurven vor.

Verstärkung durch Fasern und Kugeln – Die mechanischen Eigenschaften der Kunststoffe im Vergleich zu denen der Metalle sind begrenzt, weshalb eine Verstärkung vielfach gewünscht ist. Verstärkung betrifft

- Steifigkeit – gemeint ist der Widerstand gegen eine Verformung unter Last. Man sollte wissen, dass sich die Steifigkeit eines Bauteils aus dem E-Modul und der Bauteilgestalt ergibt. Ein Regalbrett wird z. B. steifer, wenn der Querschnitt ein T-Profil ist oder wenn die Dicke vergrößert wird. Je nach Anwendungsfall ist also abzuwägen, ob eine Materialmodifikation oder eine Gestaltänderung einfacher bzw. preiswerter zum Ziel führt.
- Festigkeit betrifft die ertragbare Last vor dem Versagen. Das Bauteilversagen ist normalerweise eine bleibende Verformung, ein Bruch ist also nur eine krasse Form des Versagens.
- Schlagzähigkeit ist das Verhalten unter dynamischer Last, d. h., wenn eine Belastung schnell aufgebracht wird (z. B. ein Schlag).

Abb. 9.30 zeigt den Einfluss von Fasern auf die Eigenschaftsänderung von Kunststoffen. Als Fasern kommen überwiegend Glasfasern mit einem Durchmesser von ca. 0,01 mm zum Einsatz. Für Spritzgussanwendungen sind die Fasern überwiegend ca. 1 mm lang. Längere Fasern würden zwar die Schlagzähigkeit erheblich verbessern, sie überleben aber den Strömungsvorgang beim Spritzgießen nicht. Bei Bauteildicken von ca. 2 mm brechen lange Fasern zwangsläufig, wenn Sie den Bereich der Fließfront erreichen.

Bei Kunststoffbauteilen ist die Ausrichtung der Fasern vom Herstellprozess abhängig. In Abb. 9.31 wird am Beispiel eines Spritzgussbauteils deutlich, dass die Umströmung eines Durchbruchs die Fasern zwangsläufig umlenkt. Somit sind die Materialkennwerte nur mit größter Vorsicht zu verwenden. Die Ausrichtung der Fasern und die sich somit ergebenden mechanischen Eigenschaften lassen sich mit Computerprogrammen berechnen, die für die Prozesssimulation entwickelt wurden und den Konstrukteur bei der Entwicklung von Bauteilen unterstützen.

Die Eigenschaftsverbesserung ist nur längs zur Faser möglich. Bei Belastungen quer zur Faserausrichtung wirken die Fasern wie Fremdkörper und verursachen Spannungsspitzen. In Abb. 9.32 wird deutlich, dass die Eigenschaften längs und quer zur Faser mit zunehmendem Fasergehalt immer unterschiedlicher werden.

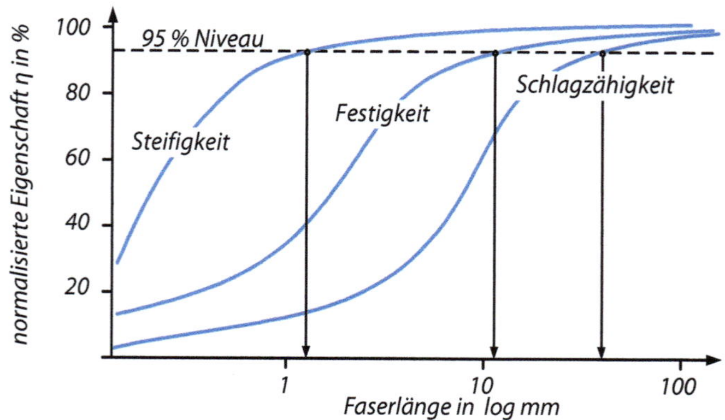

Abb. 9.30 Eigenschaftsänderung (schematisch) über die Zugabe kurzer Fasern

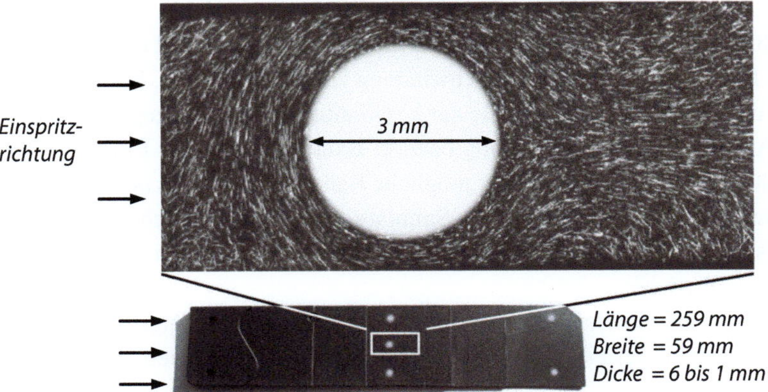

Abb. 9.31 Ausrichtung von Fasern im Bauteilinnern einer Testplatte mit Bohrungen [Kastner et al.,
DGZfP-Jahrestagung 2007]

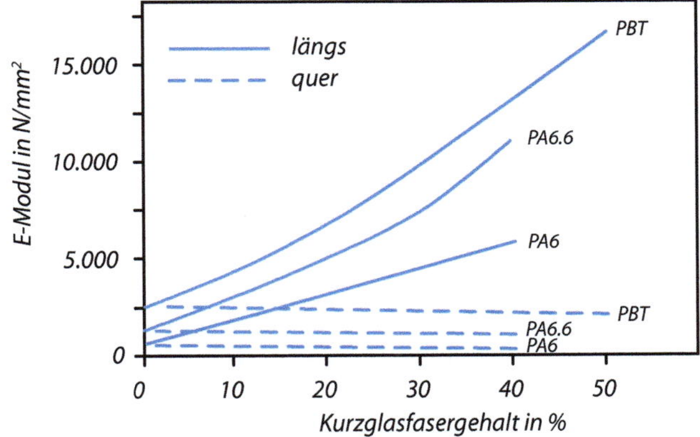

Abb. 9.32 E-Modul unterschiedlicher Kunststoffe in Abhängigkeit vom Fasergehalt

Der Fasergehalt eines Kunststoffs wird durch die Fließfähigkeit begrenzt. Faseranteile
von 50 % und mehr sind eher unüblich. Es ist zudem zu bedenken, dass speziell Glasfasern
stark abrasiv sind und den Verschleiß am Werkzeug und der Einspritzeinheit verstärken.

Es ist auch zu berücksichtigen, dass die Verstärkung des Werkstoffs (E-Modul, Festigkeit) überwiegend durch längs ausgerichtete Fasern bewirkt wird. Die Faserausrichtung
ergibt sich bei Spritzgussbauteilen durch die Strömung, Wenn man also eine gezielte Verstärkung für einen Anwendungsfall wünscht, ist neben der Wahl des Materials auch die
Lage des Anspritzpunkts und des Strömungsbilds zu beachten.

Im Endergebnis bewirken Fasern eine starke Anisotropie, das betrifft auch das
Schwindungsverhalten. Abb. 9.33 zeigt, wie die Schwindung eines 30 % Glasfaser ge-

füllten Polyamids von ca. 1 % auf ungefähr 0,2 % verringert wird. Schwindung ist hier der Unterschied eines Bauteilmaßes zum Werkzeugmaß, bezogen auf das Werkzeugmaß. Mit höheren Prozessdrücken kann die Schwindung verringert werden. Hier gibt es aber Grenzen, die durch die möglichen Kräfte der Verarbeitungsmaschine gegeben sind.

Die Anisotropie der Schwindung bewirkt Bauteilverzug. Der Einsatz von Fasern hat also auch große Nachteile, denn der mögliche Bauteilverzug muss bereits in der Konstruktion bedacht werden. Man kann mit Simulationsprogrammen den Verzug bereits in der Entwurfsphase abschätzen und mögliche Gegenmaßnahmen bzw. Konstruktionsänderungen überlegen.

Alternativ zu Fasern kann man auch Glaskugeln als Verstärkungsmittel wählen. Hierbei wird der E-Modul gesteigert. Die Festigkeit wird eher vermindert, denn die Glaskugeln wirken eher als Störstellen. Wenn jedoch die Steifigkeit und weniger die Festigkeit im Fokus ist, sind Kugeln die bessere Wahl, denn sie sind im Produkt weitgehend isotrop, das Schwindungsverhalten wird in alle Raumrichtungen gleichermaßen verringert (Abb. 9.34).

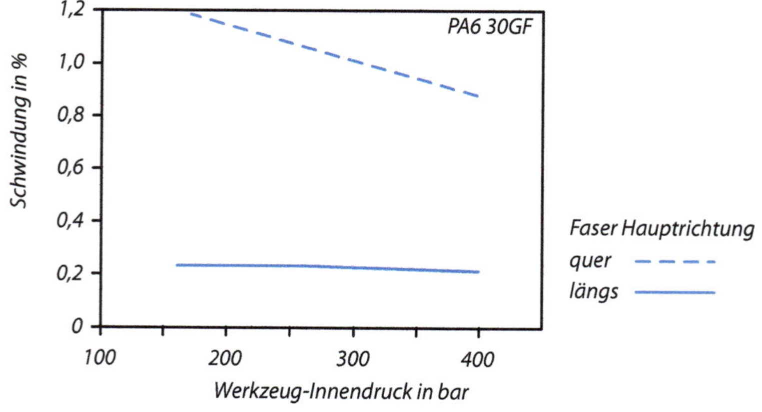

Abb. 9.33 Schwindung in Abhängigkeit zur Faserausrichtung

Abb. 9.34 Schwindung in Abhängigkeit von der Füllstoff Form (Faser in Längsausrichtung)

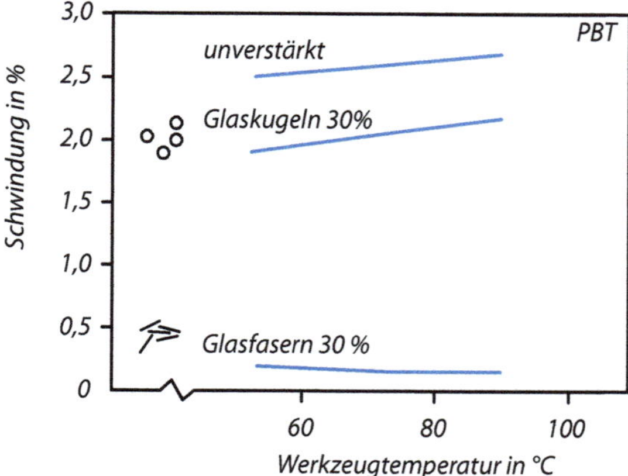

▶ **Hinweis** Die Verstärkung eines Bauteils kann mit Materialfüllstoffen und mit einer Änderung der Bauteilgestalt bewirkt werden. Man sollte wissen:

- Eine Änderung des Materials führt immer zu höheren Materialkosten und bewirkt zusätzliche Änderungen der Bauteileigenschaften.
- Eine Änderung der Bauteilgestalt hat oft eine größere Wirkung hinsichtlich der Bauteilsteifigkeit. Wenn der konstruktive Gestaltungsspielraum groß genug ist, sollte immer zuerst hier optimiert werden.

9.4 Gebräuchliche Kunststoffe

Eine eindeutige Sortierung aller Kunststoffe in Familien, Arten und Sorten ist bislang nicht erfolgt. Vielfach wird als Ordnungskriterium die Art der Herstellung verwendet, hier lassen sich die Thermoplaste in die Gruppen der Kettenpolymerisate und der Polykondensate einteilen (Abb. 9.35). Für den Anwender ist diese Information unwesentlich – bis auf Polyamid (PA) und PET. Bei der Herstellung von PA wird oft Wasser abgeschieden (Kondensat). Bei der Herstellung von Bauteilen unter Anwesenheit von Feuchtigkeit und bei höheren Temperaturen kann es zu einer Rückreaktion kommen, wobei die Eigenschaften des Materials sich verschlechtern.

Eine weitere Einteilung ist über die chemischen Hauptgruppen möglich. Auch hier ist der Nutzen für den Anwender gering. Polyolefine (PE; PP, …) zeichnen sich durch unpolares Verhalten aus. Sie sind damit wasserabweisend und lassen sich ohne spezielle Vorbehandlung schlecht bedrucken. Die Zugehörigkeit zu einer Art bedeutet nicht, dass sich

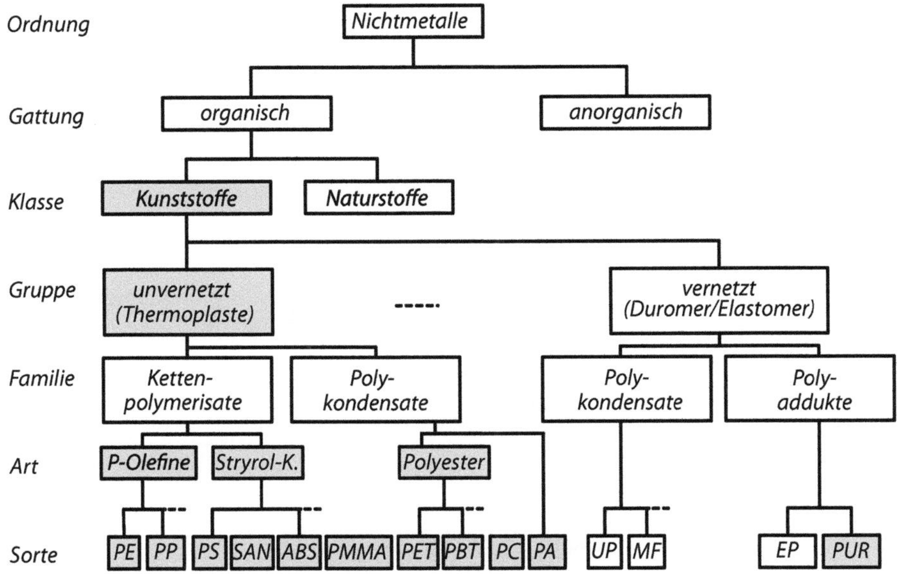

Abb. 9.35 Sortierung der Kunststoffe in Familien und Arten

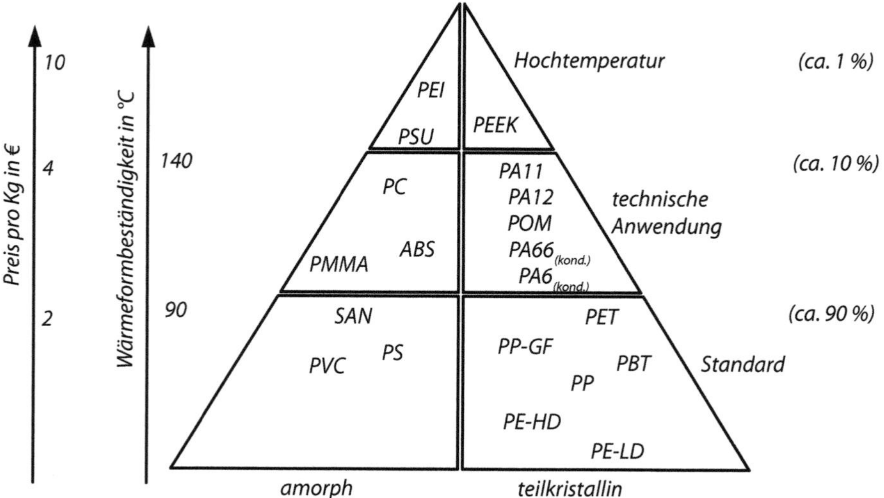

Abb. 9.36 Übersicht wichtiger Kunststoffe

diese Kunststoffe miteinander mischen oder verschweißen lassen, auch wenn sie eine chemisch ähnliche Basis haben.

Hilfreich ist eine Kategorisierung über die Wärmeformbeständigkeit oder die Dauergebrauchstemperatur. In Abb. 9.36 wird die Wärmeformbeständigkeit verwendet, das ist die Grenztemperatur, ab der bei Belastung eine definierte Verformung auftritt. Weil mit höheren Temperaturen der E-Modul sinkt, hat der Konstrukteur damit ein Hilfsmittel, die Brauchbarkeit eines Kunststoffs für die geforderten Temperaturbelastungen abzuschätzen.

Diese Darstellung zeigt auch die Bedeutung der genannten Kunststoffe an. Der Bereich der Spitze der Hochtemperaturkunststoffe betrifft ca. 1 % aller weltweit verbrauchten Kunststoffe. Die überwiegende Zahl der Kunststoffe wird für Temperaturbereiche unter 100 °C eingesetzt. Mit zunehmender Temperatur werden die Kunststoffe immer teurer.

Viele Kunststoffbauteile werden nicht sehr hohen Temperaturen ausgesetzt. Vielfach werden Anforderungen an die Schlagzähigkeit gefordert. Hierfür zeigt Tab. 9.2 zusätzlich zur Wärmeformbeständigkeitstemperatur (HDTA) die Glasübergangstemperatur T_g und für die teilkristallinen Kunststoffe die Schmelztemperatur T_m. Für eine erste Abschätzung hilft die Kenntnis der Glasübergangstemperatur, denn unterhalb dieser Temperatur sind die Kunststoffe überwiegend spröde. Oberhalb sind die teilkristallinen Materialien zähelastisch, die Kriechneigung nimmt aber zu.

Abb. 9.37 gibt einen Überblick über den tatsächlichen Verbrauch von Kunststoffen. Ca. 65 % der Kunststoffe gehören in die Gruppe der Polyolefine, hier dominieren Verpackungsanwendungen. Rechnet man den Bedarf für Automobilanwendungen und die Gruppe „andere" (das sind spezielle kleine Sparten, z. B. Spielzeugindustrie, Hausgeräte, Medizintechnik, …) hinzu, macht PP allein 22,5 % des Weltverbrauchs der Kunststoffe aus.

Tab. 9.2 Wichtige Temperaturen in °C von Standardkunststoffen

	T_g	T_m	HDT/A
PE-LD	−30	110	35
PE-HD	−100	135	50
PP	10	160	60
PBT	60	255	65
PVC	80		70
PA6 (kond.[*2])	30	230	70
PS	90		80
PA66 (kond.)	40	260	80
PET	95	255	80
PMMA	110		95
ABS	−85/100		97
SAN	110		100
POM	−85	170	110
PA12	50	180	115
PC	145		125
PA11	50	185	145

[*1]Materialien ohne Angabe einer Schmelztemperatur T_m sind amorph
[*2]konditioniert, d. h., nach Feuchtigkeitsausgleich mit der Umgebung

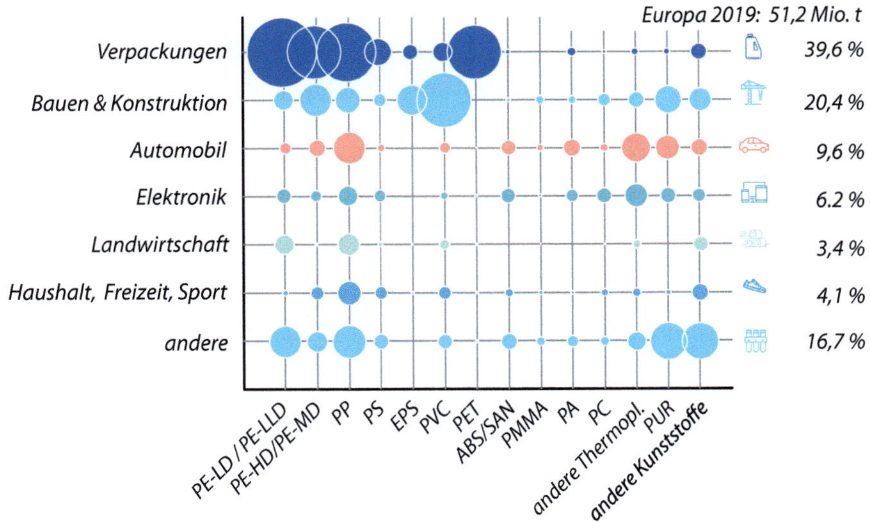

Abb. 9.37 Anwendungsgebiete und verwendete Kunststoffe

In dieser Darstellung ist unter „andere" alles zusammengefasst, was weniger als 3 % ausmacht. Knapp ein Viertel des Verbrauchs kommt aus speziellen Branchen, die jeweils sehr spezielle Anforderungen haben. Deswegen gibt es auch eine hohe Vielfalt an speziellen Lösungen, sowohl für Werkstoffmodifikationen als auch für die Prozessseite.

Neben den Polyolefinen ist PVC mit 15,5 % einer der wichtigsten Kunststoffe. Hier dominieren Anwendungen aus dem Bereich der Gebäudetechnik, insbesondere für witterungsbeständige, langlebige Produkte (Rohre, …).

9.4.1 Wichtige Thermoplaste

Die folgende Übersicht stellt jeweils nur die Basis-Kunststoffe vor. Diese Grundstoffe werden in einem separaten Verarbeitungsschritt mit verschiedenen Zusatzstoffen (Additive) für die unterschiedlichen Anforderungen verändert. Hierzu zählen unter anderem:

- Farbstoffe und Pigmente
- Fasern zur Steigerung der Steifigkeit (E-Modul) und Festigkeit
- Glaskugeln, die das Schwindungsverhalten verringern.
- Füllstoffe, die den Werkstoff im Volumen vergrößern (z. B. Talcum). Diese Zusatzstoffe werden auch Extender genannt, weil sie das Material lediglich strecken. Das ist immer dann möglich, wenn die geforderten Eigenschaften gering sind.
- Additive zum Schutz vor UV-Strahlung, die den Kunststoff schädigen kann.
- Verarbeitungshilfsmittel, die z. B. die Fließfähigkeit verändern.
- Nukleierungsmittel, die bei teilkristallinen Kunststoffen kleinere Kristallite und somit höhere Transparenz erzeugen.

Die Eigenschaften der Kunststoffe werden neben den Füllstoffen durch ihre Kettenlängen beeinflusst. Hier spricht man von mittlerem Molekulargewicht und Molekulargewichtsverteilung. Das Molekulargewicht spiegelt die Länge eines Kunststoffmoleküls wider. Sind alle Moleküle weitgehend gleich lang, handelt es sich um ein Material mit einer engen Molekulargewichtsverteilung. Liegen sowohl lange als auch kurze Ketten vor, spricht man von einer breiten Verteilung.

Das Molekulargewicht beeinflusst stark die Verarbeitungseigenschaften, also das Verhalten im Schmelzezustand. Grundsätzlich gilt, dass die Schmelze von kurzkettigen Kunststoffen leichter fließt als die langkettiger Kunststoffe. Daher sind Kunststoffe für Spritzgießanwendungen niedermolekularer als solche für Extrusionsprozesse.

Ein thermoplastischer Kunststoff hat nicht immer ein einheitliches Molekulargewicht, es sind nicht alle Makromoleküle gleich lang. Kunststoffe mit einer breiten Molekulargewichtsverteilung, also sowohl langen als auch kurzen Ketten, haben bessere Fließeigenschaften als Kunststoffe mit weitgehend gleich langen Ketten.

Die Schmelzefestigkeit steigt mit der Kettenlänge bis auf einen maximalen Wert und ändert sich dann kaum noch. Diese Festigkeit ist besonders für Extrusions- und Umformvorgänge wichtig. Hierbei ist die Schmelze zeitweise ohne zusätzliche Stabilisierung im Kontakt mit der Umgebung und soll dabei möglichst die im Prozess gebildete Form nicht verlieren. Daher sind Extrusionsmaterialien eher hochmolekular.

PE, Polyethylen

Polyethylen ist im chemischen Aufbau sehr einfach, es besteht aus mit Wasserstoff abgesättigten Kohlenstoffketten. Je nach Art der Polymerisationsreaktion können diese Ketten langgestreckt oder verzweigt sein. Diese Verzweigungen beeinflussen sehr wesentlich das Kristallisationsverhalten und somit die Dichte und die mechanischen Eigenschaften (Abb. 9.36). Die Dichte ist einstellbar zwischen 0,915 und 0,97 g/cm^3.

Im Falle sehr geringer Verzweigung können die Moleküle sich während des Abkühlens teilweise ordnen, indem sie sich dicht aneinanderlagern. Je verzweigter die Einzelmoleküle sind, desto schwieriger kann dieser Kristallisationsvorgang werden. Der Kristallisationsgrad steht in einem direkten Verhältnis zur Dichte. Das macht den Werkstoff für Verpackungsanwendungen sehr interessant, weil die Materialkosten nach Gewicht und nicht nach Volumen berechnet werden.

Mit einem höheren Kristallisationsgrad steigen Härte und Festigkeit. Wegen der geringeren Härte wird ein Großteil des PE-LD (LD: low density, geringe Dichte) zu Folien extrudiert. PE-HD (HD: high density, hohe Dichte) wird überwiegend für extrudierte Rohre und Hohlkörper und für Spritzgussanwendungen verwendet.

Die Verzweigungen beeinflussen die Glasübergangstemperatur. Die Anzahl der Kettenenden ist größer und damit zwangsläufig auch die Zahl von „Hohlräumen" bzw. Lücken. Mit Überschreiten der Glasübergangstemperatur steigt die Beweglichkeit der Kettensegmente merklich, bis der Kunststoff schließlich plastisch wird. Wegen der höheren Anzahl der Kettenenden können sich die Kettensegmente des PE-LD auch schon bei sehr geringen Temperaturen bewegen. Daher ist die Dehnfähigkeit und die Schlagzähigkeit bei Raumtemperatur im Vergleich zu PE-HD besser.

Polyethylen ist durch seine hohe Beständigkeit gegen Säuren, Laugen und Chemikalien sehr langlebig und nicht natürlich abbaubar. Durch Sonneneinstrahlung kann PE verspröden, dabei brechen die Ketten und die entstehenden Kettenenden können sich erneut mit anderen benachbarten Ketten verbinden. Auf diese Weise entsteht eine gewisse Vernetzung, die die Dehnfähigkeit reduziert und die ursprünglichen Eigenschaften erheblich verschlechtert.

PP, Polypropylen

Der „Volkswagen" unter den Kunststoffen ist PP und eignet sich sehr gut für Spritzgussanwendungen ohne hohe Anforderungen. Im Aufbau ist es ähnlich dem PE-HD, es gibt jedoch in regelmäßigen Abständen CH$_3$-Moleküle entlang der Kette. Dadurch bedingt liegt die Dichte mit 0,9 bis 0,915 g/cm^3 etwas unterhalb von PE, auch hier gibt es einen direkten Zusammenhang zum Kristallisationsgrad, der je nach Anordnung der Seitenmoleküle zwischen 40 und 80 % liegen kann.

Die Glasübergangstemperatur von PP liegt bei ca. 10 °C, sodass es im Vergleich zu PE insgesamt steifer ist. PP ist bis zu 100 °C auch dauerhaft einsetzbar, sofern die mechanischen Belastungen nicht hoch sind.

Die Zahl der Modifikationen mit Füllstoffen ist sehr hoch. Wichtig sind hier Talkum (PP-TV) als Extender sowie Glasfasern (PP-GF) zur Steigerung des E-Moduls und Glaskugeln (PP-GK) zur Verringerung des Schwindungsverhaltens. Wegen des hohen Bedarfs sind Mischungen mit definierten Gewichtsprozenten der genannten Füllstoffe verfügbar. Bei der Bezeichnung wird entsprechend der Zugabeanteil hinter dem Füllstoff vermerkt.

PP ist im uneingefärbten und unverstärkten Zustand milchig und nicht transparent. Wie auch PE ist PP gut chemikalienbeständig.

PVC, Polyvinylchlorid

PVC ist ohne Modifikationen zunächst amorph und glaskar. Es hat eine Dichte von ca. 1,4 g/cm^3. Mit einer Glasübergangstemperatur von 80 °C ist es bei Raumtemperatur relativ spröde.

Sehr wesentlich ist der hohe Chloranteil. Bei erhöhten Temperaturen kann es zur Abspaltung von Chloratomen kommen, die in Verbindung mit Luftfeuchtigkeit Salzsäure bilden. Üblicherweise werden dem Rohmaterial Stabilisatoren zugemischt, die diese Abspaltung verzögern. Bei der Herstellung von PVC-Bauteilen aus der Schmelze heraus ist besondere Sorgfalt notwendig.

PVC brennt schlecht, nach Entfernen einer Zündflamme verlischt der PVC-Brand eigenständig. Es ist sehr witterungsbeständig und ist weitgehend chemikalienbeständig. PVC ist polar und damit gut bedruckbar und klebbar.

PVC wird durch Modifikationen in drei Gruppen unterteilt.

- PVC-U wird auch als Hart-PVC bezeichnet. Hierbei handelt es sich weitgehend um das Basispolymer mit Stabilisatoren. Die Einsatztemperaturen liegen unterhalb von 65 °C.
- PVC-C ist nachchloriert, d. h., in einem nachgeschalteten Chlorierungsvorgang wird der Chlorgehalt von ca. 56 % auf bis zu 73 % angehoben, dabei steigt die Dichte auf ca. 1,55 g/cm^3. Für die Verarbeitung erhöht sich die thermische Zersetzungsgefahr. In der Anwendung erhöht sich die max. Einsatztemperatur auf 85 °C, bei kurzzeitiger Belastung sogar auf 100 °C.
- PVC-P wird auch Weich-PVC genannt. Durch eingelagerte niedermolekulare Substanzen werden die Abstände zwischen den Ketten des Basiskunststoffs auf Abstand gehalten, wodurch sie sich leichter unter Last verschieben lassen. Dadurch wird die Glasübergangstemperatur auf Werte unter 0 °C abgesenkt, sodass es bei Raumtemperatur gummiähnliche, sehr weiche Eigenschaften hat. Die Weichmacher selbst sind nur eingelagert und können mit der Zeit ausdiffundieren, dadurch versprödet das Material.

PS, Polystyrol

Das handelsübliche PS ist als Basispolymer amorph und glasklar und hat eine Dichte von ca. 1,05 g/cm^3. Die Glasübergangstemperatur liegt bei 90 °C, damit ist das Material bei Raumtemperatur sehr spröde. PS eignet sich gut für maßhaltige Bauteile, denn es hat bei Raumtemperatur eine gute Steifigkeit und beim Abkühlen schwindet es nur gering. Die Chemikalienbeständigkeit ist begrenzt.

Zur Erhöhung der Schlagzähigkeit werden Kautschukpartikel zugegeben. Dadurch ergibt sich „schlagzähmodifiziertes" PS (PS-HI, high impact). Durch die Kautschukpartikel verliert der Werkstoff seine Transparenz und wird milchig trüb.

Im Prinzip ist diese Form des Kunststoffs mehrphasig. Bei Überlastung bricht der Werkstoff nicht spröde, sondern erhält viele sehr kleine Risse, die auch Crazes genannt werden. Äußerlich verfärben sich diese überlasteten Bereiche weiß.

Eine weitere Modifikation ist das PS-E (expandierbar), das umgangssprachlich auch mit dem ursprünglichen Markennamen Styropor genannt wird. Hierbei handelt es sich um mit Treibmittel versehene PS-Kügelchen, die unter Temperatureinwirkung aufschäumen und zusammensintern können.

ABS, Acrylnitril-Butadien-Styrol

ABS ist ein Mehrphasenkunststoff und vergleichbar mit PS-HI und hat eine Dichte von ca. 1,12 g/cm^3. Die Butadienphase hat eine Glasübergangstemperatur von -85 °C und sorgt für eine gute Schlagzähigkeit der harten Acrylinitril-Styrol-Phase mit einer Glasübergangstemperatur von 100 °C. Kurzzeitig hält der Werkstoff Temperaturen von 95 °C aus, bei längerer Temperaturbelastung liegt die Grenze bei 85 °C.

Ein besonderer Vorzug von ABS ist die Galvanisierbarkeit. Über einen Beizvorgang können die Butadienpartikel der Oberfläche gezielt entfernt werden. Die entstehenden Poren dienen als mechanische Verankerung für elektrochemisch aufgetragene Kupfer- und Nickelschichten.

PA, Polyamid

Die verschiedenen Polyamide zählen zu den wichtigsten technischen Thermoplasten. Sie sind teilkristallin.

PA kann sehr eine unterschiedliche chemische Struktur haben. Die Ketten haben jeweils zwischen der Amidgruppe (-NH-CO-) unterschiedlich lange abgesättigte Kohlenstoffketten. Entsprechend der Anzahl der Kohlenstoffatome dieser Zwischenglieder bezeichnet man die Polyamide als PA6, PA11, oder PA12.

Die Amidgruppe ist wesentlich für den Zusammenhalt zwischen den Ketten. Je kürzer die Zwischenglieder sind, desto mehr Amidgruppen sind vorhanden, wodurch die Glasübergangstemperatur und die Wärmeformbeständigkeit steigen (Abb. 9.36 und 9.38).

PA sind stark polar und können Feuchtigkeit aufnehmen. Auch hier ist die Zahl der Amidgruppen wesentlich. PA11 und PA12 können wenig Wasser aufnehmen, während PA6 bis zu 9 % aufnimmt. PA wird vor der Verarbeitung getrocknet. Nach der Verarbeitung kommt es zu einer Feuchtigkeitsaufnahme je nach Umgebungsbedingungen, man spricht in dem Fall von Konditionierung. Diese Konditionierung kann sowohl Feuchtigkeitszunahme als auch Feuchtigkeitsverlust bedeuten.

Die Feuchtigkeitsaufnahme wirkt ähnlich wie ein Weichmacher bei PVC und verändert die mechanischen Eigenschaften. Daher ist die Wärmeformbeständigkeit bei PA4.6 und PA6.10 nur scheinbar höher als bei PA 11 und PA 12.

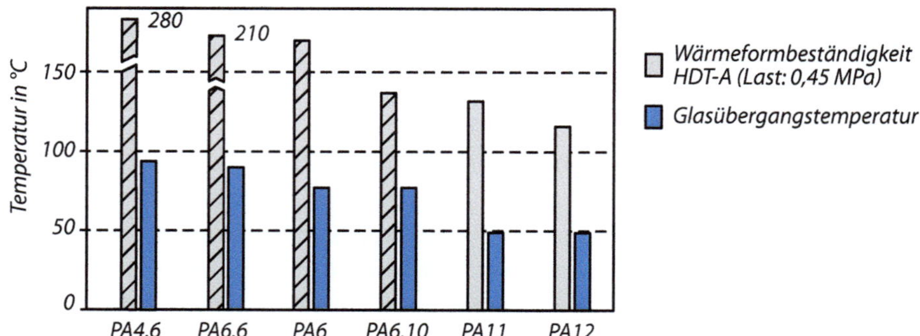

Abb. 9.38 Glasübergangs- und Wärmeformbeständigkeitstemperaturen von PA, (*schraffierte Bereiche* kennzeichnen den trockenen Zustand, diese PA-Typen nehmen aber Anteile Wasser auf, sodass diese angegebenen Werte im gewöhnlichen Betriebszustand nicht erreicht werden)

Der Feuchtegehalt von PA ist abhängig von der Umgebung. So kann es sein, dass der E-Modul eines Bauteils bei tiefen Temperaturen und geringer Luftfeuchtigkeit 3.000 N/mm² beträgt und bei höheren Temperaturen und hoher Luftfeuchtigkeit auf unter 1.000 N/mm² sinkt. Eine weitere Folge der Feuchtigkeitsregulierung ist die Veränderung des Volumens. Nach Feuchtigkeitsaufnahme sind Bauteile etwas größer, was bei kleinformatigen Baugruppen nicht unproblematisch ist.

POM, Polyoximethylen

POM ist ein teilkristalliner Werkstoff mit einer Glasübergangstemperatur von ca. −60 °C und einer Wärmeformbeständigkeit von ca. 100 °C. POM ist beständig gegen Öle, Treibstoffe und Lösungsmittel, es wird aber von starken Säuren angegriffen.

POM zeichnet sich durch seine hervorragenden Gleiteigenschaften aus, und wird besonders für Anwendungen mit trockener Reibung eingesetzt.

Problematisch ist POM, wenn es bedruckt oder geklebt werden soll. Wegen des hohen möglichen Kristallisationsgrads hat POM die höchsten Schwindungswerte unter den Thermoplasten. Die Dichte von 1,41 g/cm³ wird nur erreicht, wenn der Werkstoff langsam abkühlt und somit gut kristallisieren kann.

Bei POM liegt die Zersetzungstemperatur unterhalb der Schmelztemperatur, was die Verarbeitung im Spritzgießprozess ohne Stabilisatoren etwas schwierig macht.

PET, Polyethylentherephthalat

PET ist ein teilkristalliner, polarer, zähharter Kunststoff mit geringer Kriechneigung und hoher Abriebfestigkeit. Unlöslich in organischen Lösungsmitteln, in einigen wird ein Aufquellen beobachtet. Geringe Sauerstoff Durchlässigkeit.

Formteile aus PET haben hohe Maßhaltigkeit und Zeitstandfestigkeit mit guten Gleit- und Verschleißeigenschaften. Beide Sorten sind geeignet zum Schweißen und Kleben.

Neben der Anwendung Getränkeflasche wird PET für wärmebeanspruchte, elektrische Haushaltsgeräte, Rollen aller Art, Ketten, Federn, Schrauben, Nockenscheiben und Gleitlager eingesetzt.

PC, Polycarbonat

Glasklarer, gut einfärbbarer Kunststoff mit hoher Witterungsbeständigkeit, bis 120 °C einsetzbar, zäh-hart mit geringer Kriechneigung. Die Durchlässigkeit für Sauerstoff ist hoch, geringe Wasseraufnahme, dadurch sehr gute elektrische Isoliereigenschaften. PC ist nicht beständig gegen Benzol, organische Lösungsmittel und starke Säuren.

Sehr besonders ist die sehr gute Schlagzähigkeit bei Temperaturen von -100 °C, also weit unterhalb der Glasübergangstemperatur von ca. 145 °C.

PC ist gefährdet durch Spannungsrisse, Abhilfe durch Faserverstärkung. Es existieren zahlreiche Copolymere und Blends. Partner sind z. B. ABS, PMMA+PS, PET, PBT.

9.4.2 Duromere und Elastomere

Anders als die Thermoplaste bilden die Duromere und Elastomere während der Verarbeitung ein chemisches Raumnetzwerk. Die chemische Reaktion hierfür wird überwiegend Temperatur gesteuert. Solange die Temperatur niedrig ist, ist das Material plastisch und kann in Form gebracht werden. Mit einer Aktivierungsenergie, meistens ist das ein höheres Temperaturniveau, startet eine Vernetzungsreaktion, wodurch der Werkstoff seine Plastizität fast vollständig verliert.

▶   **Hinweis** Der üblicherweise verwendete Begriff Duroplast ist falsch, weil nur der Ausgangsstoff plastisch ist. Im englischsprachigen Raum heißen die Duromere „Thermoset", womit der Temperatur gesteuerte „Setzvorgang" bzw. die Vernetzung gemeint ist.

Die beiden Materialgruppen unterscheiden sich hinsichtlich der Anwendung in der Glasübergangstemperatur und in der Anzahl der Vernetzungspunkte. Duromere sind allgemein stärker vernetzt.

Eine einfache Unterscheidung zwischen Duromeren und Elastomeren kann mithilfe der Glasübergangstemperatur getroffen werden. Ist diese unterhalb der Raumtemperatur, so handelt es sich um ein Elastomer. Ist der Glasübergang oberhalb Raumtemperatur, so handelt es sich um ein Duromer. Diese Unterscheidung hilft vor allem bei der Stoffgruppe der Polyurethane (PUR), da diese sowohl als Elastomere sowie auch als Duromere durch ein geschicktes Zusammenstellen der Ausgangskomponenten vorliegen können.

Allgemeines

Bei diesen Kunststoffen findet die Reaktion, die zu Makromolekülen führt, erst bei der Formgebung statt. Zur leichteren Verarbeitung werden die Stoffe (Kunstharz und Härter) mit Füllstoffen (Tab. 9.3) vermischt als Formmassen geliefert. Durch Erwärmung werden sie plastifiziert und unter Druck in die beheizte Form gedrückt, wo sie vernetzen und nach einer Haltezeit das Formteil oder Halbzeug ergeben. Ausgehärtete Duromere haben (abhängig vom Gehalt an Zusätzen):

Tab. 9.3 Füllstoffe für duromere Kunststoffe und deren Wirkung

Zusatzstoff	Wirkung
Schiefer-Quarzmehl, Glimmer, Kreide, Talkum	steigert Wärmebeständigkeit und Wasseraufnahme, senkt Isoliereigenschaften
Holzmehl	steigert Festigkeit u. Zähigkeit
Papier, Baumwolle	Fasern, Schnitzel, Bahnen senken Wärmebeständigkeit, steigern Zähigkeit
Glas als Kurz- und Langfaser, Kugel, Schuppen	steigert Festigkeit u. E-Modul, geringe Wasseraufnahme und Längenausdehnung,
Al-Hydroxid	Flammschutzmittel

- vielseitige Eigenschaftskombinationen durch die Art der Füllstoffe bis zu 40...60 %
- bis zu höheren Temperaturen kaum abfallende Festigkeit und Steifigkeit bei Dauergebrauchstemperaturen bis zu >200 °C
- Maßhaltigkeit der Teile, glänzende, härtere Oberfläche und geringe Schwindung
- Eignung für elektrotechnische Teile

Anforderungen für elektrotechnische Teile sind z. B. hoher elektrischer Durchgangswiderstand (abhängig von der Art der Füllstoffe, die evtl. Wasser aufnehmen können), Durchschlagfestigkeit in kV/mm für dünnwandige Bauteile (Folien) oder geringe Entflammbarkeit durch Lichtbögen.

Formmassetypen

Formmassen sind vorgefertigte, rieselfähige Pulver oder Granulate aus warmhärtbaren Harzen und Zusätzen in einem noch schmelzbaren Zustand. Sie dienen als Ausgangsstoffe für Formteile und Halbzeuge und besitzen nach Normen konstante Verarbeitungseigenschaften. Von jedem chemischen Typ gibt es verschiedene Anwendungsgruppen und Einstellungen mit Fließfähigkeiten (weich, mittel, hart), je nach dem Fließweg der Masse in der Form (Komplexität der Formteile; Tab. 9.4).

Phenol- und Harnstoffharze werden als Bindemittel in Bremsbelägen, Schleifkörpern und Gießereiformsanden verwendet, ebenso in Holzfaser- und Spanplatten.

PF, UF- und MF-Duromere entstehen in der Form unter Abgabe des Kondensats und benötigen höhere Arbeitsdrücke und Entlüftung in der Form. Typische Verarbeitungsparameter sind:

- Spritztemperatur: 85...120 °C (in der Düse)
- Spritzdruck: 600...2.500 bar
- Werkzeugtemperaturen: 150...190 °C

Die folgenden Reaktionsharzmassen können ohne Abgabe von Nebenprodukten und bei niedrigeren Drücken vernetzen (Tab. 9.5). Diese Massen eignen sich besonders in Verbindung mit Langfasern für großflächige Bauteile, die nach zahlreichen z. T. automatisierten

Tab. 9.4 Formmassen, auch PMC (Pelletized Molding Compounds), Übersicht

Harzgrundlage, Norm	Beschreibung	Füllstoff
Phenolharz (PF) Kresolharz (PF) DIN EN ISO 14526/00	23 Typen in 5 Gruppen geordnet, nur in dunklen Farben möglich, überwiegend für technische Teile verwendet	
	I allgemeine Verwendung	Holzmehl
	II erhöhte Kerbschlagzähigkeit	Gewebe und Gewebeschnitzel, Stränge, Glasfasern
	III erhöhte Wärmeformbeständigkeit	anorganisch, Gesteinsmehl
	IV erhöhte elektrische Eigenschaften (geringe Wasseraufnahme)	Zellstoff, Glimmer
	V sonstige zusätzliche Eigenschaften	Kautschuk
	Anwendungen Wärmebeständige Griffe, Lager, Pumpenteile; Kollektoren, Stecker, Schicht-pressstoffe als Platten und Profile, Stuhlsitze, Tischplatten, Brems- und Kupplungsbeläge. Mit Füllstoff: (mineralisch + Kurzglasfaser) kurzzeitig bis 600 °C belastbar	
Harnstoffharz (UF) DIN EN ISO 14527/00	16 Typen in 5 Gruppen geordnet wie PF-FM, hellfarbig, licht- und alterungsbeständig, geruchs- und geschmacksfrei	
	Anwendung UF: Elektroinstallationsmaterial, Sanitärgegenstände	
Melaminharz (MF) DIN EN ISO 14528/00	MF: Für Kontakt mit Lebensmitteln geeignet, kratz- und spülmittelfest für Haus- und Küchengeräte, Deko-Schichtpressstoffe. Bis zu 60 % zellulosehaltig	
Melamin-Phenol (MPF) DIN EN ISO 14529/00	MPF: Geringere mechanische und elektrische Eigenschaften, hat beim Pressen geringere Nachschwindung	

Verfahren schichtweise aufgebaut (laminiert) werden. Zum Einsatz kommen Wickelverfahren für Behälter und Hohlkörper und Faser-Ablegeverfahren für flächige Teile mit gerichteten Eigenschaften.

Härtbare Vorprodukte aus Duromeren zur rationellen Herstellung größerer Stückzahlen mit Presswerkzeugen sind SMC und BMC. Sie enthalten den Härter und sind nur begrenzt lagerfähig (z. B. bei −189 °C ca. 12 Monate, bei RT ca. 7 Tage je nach Sorte).

SMC (Sheet Molding Compound) sind flächige, harzgetränkte Vorprodukte zum Warmpressen. Die Vorprodukte sind noch unvernetzt und somit verformbar, durch die Temperatur kommt es zur Vernetzungsreaktion. Sie enthalten bis 50 mm lange ungeordnete Glasfaserstränge (Rovings). In der Fläche unorientiert ist das Produkt allseitig fließfähig. Verfügbar sind auch Gewebeprepregs oder Prepregbänder (Tapes). Sorten mit orientierten Fasern sind in Längsrichtung nicht fließfähig

Tab. 9.5 Reaktionsharzmassen

Harzgrundlage Norm	Beschreibung, Anwendungsbeispiele
Polyesterharze UP DIN EN ISO 14530/00	Polyesterharze (ungesättigt) sind Kondensationsprodukte aus einer Reaktion von Säuren mit Alkoholen: Ungesättigte Ester bedeutet, sie enthalten reaktionsfähige Doppelbindungen Alkohol + Säure → Ester + Wasser Die Ester werden in Styrol gelöst, das ebenfalls eine Doppelbindung besitzt, dadurch ist eine Polymerisation möglich
	4 Typen mit Gesteinsmehl und Glasfasern gefüllt, Schwindung 6…8 % rein, gefüllt ca. 2,5 %
	Anwendungsbeispiele Als Gießharz zum Einbetten von Teilen wie Spulen, mikroskopischen Präparaten, (Metallschliffe) Tränken von Wicklungen, für Modelle. Laminate für Autokarossen, Bootskörper, Container, Tanks, Well- und Profilplatten, Schalungen, Lehren, Kopierwerkzeuge
Epoxidharze EP DIN EN ISO 15252/00	Epoxidharze entstehen durch Polyaddition, sind teurer als UP-Harze und härten schwindungsfrei aus. Es sind mechanisch und elektrisch hochwertige Stoffe (geringere Wasseraufnahme als UP). Die Haftung auf Glas und Metall ist sehr hoch, dadurch hat EP-GF höhere Dauerfestigkeit als UP-GF. Die Beständigkeit gegen Säuren ist geringer als bei UP-Harzen
	Anwendungsbeispiele Gieß- und Laminierharze, Prepregs. Bauteile wie bei UP mit höherer mechanischer und elektrischer Beanspruchung

BMC (Bulk Molding Compound) sind teigige, glasfaserhaltige Massen, chemisch verdickt, sie können durch Spritzgießen zu Formteilen oder durch Pultration zu Profilen verarbeitet werden.

9.4.3 Elastomere

Bei den Elastomeren liegt die Glasübergangstemperatur unterhalb der Raumtemperatur, wodurch der Werkstoff bei höheren Temperaturen weichelastisch ist. Bei Belastung können Dehnungen von mehr als 300 % auftreten, die nach einer Entlastung wieder fast vollständig zurückgehen (Abb. 9.39).

In der Bezeichnung wird das Elastomer häufig mit einem R für den englischen Begriff „rubber" gekennzeichnet. Eine besondere Stellung hat PUR.

PUR kann über die Ausgangsstoffe in seiner Weichheit sehr unterschiedlich eingestellt werden. Dabei kann die Härte so weit ansteigen, dass sie in den mechanischen Eigenschaften den Thermoplasten ähneln. Wegen der sehr guten Fließfähigkeit von PUR vor der Vernetzung, besteht die Möglichkeit des Aufschäumens. Der überwiegende Anteil aller flexiblen Schaumstoffe für Polster und Verpackungen ist PUR.

Elastomere sind gummi-elastische Kunststoffe, sie haben aufgrund ihrer Struktur eine hohe elastische Dehnung mit Rückstellkräften.

In den Elastomeren sind die verknäuelten Moleküle weitmaschig vernetzt, sodass sie bei Dehnung gestreckt werden (Zustand höherer Ordnung), aber nicht abgleiten können.

Nach Entlastung versuchen sie den ursprünglichen Zustand mit geringerer Ordnung herzustellen.

Am Anfang dieser Stoffe steht der Naturkautschuk (Latex), dessen Grundmoleküle bestehen aus ca. 5000 Isopren Wiederhol Einheiten mit einer Doppelbindung (Abb. 9.40). In diesem Zustand ist er weich und plastisch verformbar.

Nach Mischung mit Schwefel werden bei Temperaturen ab 143…180 °C die Doppelbindungen durch S-Atome weitmaschig miteinander vernetzt, dies nennt man Vulkanisation. Der Stoff wird zu unschmelzbarem und elastischem Gummi. Mit der Anzahl der Vernetzungen kann die Elastizität beeinflusst werden. Bei Gummi war das durch den S-Gehalt der Mischung möglich.

Sorte	S-Gehalt	Eigenschaft
Weichgummi	3…5 %	weich-elastisch
Hartgummi	35…50 %	hart-spröde

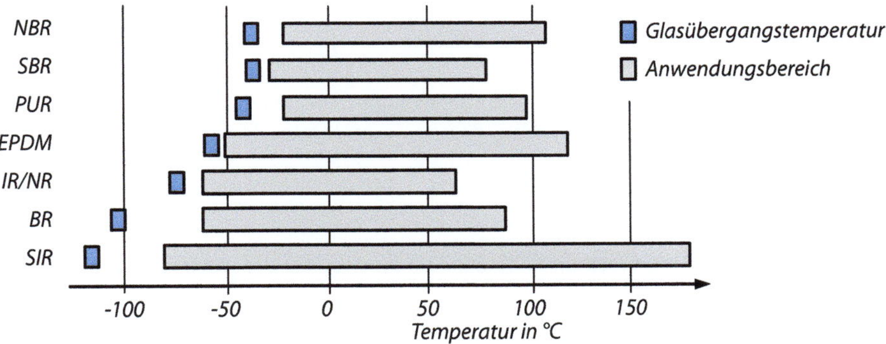

Abb. 9.39 Charakteristische Temperaturen für Elastomere (R steht jeweils für den englischen Begriff „rubber"); NBR: Nitril-Butadien-Kautschuk, SBR: Styrol-Butadien-Kautschuk, PUR: Polyurethan, EPDM: Ethylen-Propylen-Dien-Elastomer, IR: Isopren-Kautschuk (auch Naturkautschuk (NR) genannt), BR: Butadien-Kautschuk, SIR: Silikonkautschuk

Abb. 9.40 Wiederholeinheit von zwei Isopren-Grundmolekülen vor und nach der Vernetzung

Tab. 9.6 Auswahl von Elastomeren

Kautschuk (K.)	Durch chemische Reaktion (Vulkanisation) vernetzte Ketten mit Knäuelstruktur, danach nicht mehr plastisch verformbar				
	Symbol	Anwendungen	Beständigkeit gegen	Temperaturbereich in °C (kurz)
Styrol-Butadien-K.	SBR	Reifenmischungen, Kabelmäntel, Schläuche	nicht gegen Öle	−40…100 (120)
Chloropren-K.	CR	Faltenbälge, Kühlwasserschläuche	bedingt geg. Öle	−45…100 (130)
Nitril-Butadien-K.	NBR	Dichtungswerkstoff im Kfz- und Maschinen-Bau	Öle, Treibstoffe	−30…100 (130)
Butyl-K.	HR, CHR	Geringe Gasdurchlässigkeit, für Reifenschläuche, gasdichte Membranen	Chemikalien, Wasser, Alterung	−40…130
Methyl-Silikon-K. Fluor-Silikon-K.	MQ MVQ	Weitere Sorten m. Phenyl-, Vinyl-Gruppen Dichtungen in Kfz, Luft- und Raumfahrt	Ozon, Wasser, Wärme, Öl	−60…175 (300) −60…200
Ethylen-Propylen-Dien-K.	EPM EPDM	Massive und Moosgummi-Dichtprofile, Kfz-Stoßfänger, O-Ringe, Kabelmäntel	Witterung, Ozon, Alterung	−40…130 (150)

Die ersten Anwendungen waren Schläuche und Reifen für die wachsende Auto-Industrie (Goodyear 1839). Mit der Technikentwicklung entstanden neben den Automobilreifen viele neue Anwendungsbereiche für elastische Stoffe mit neuen Anforderungen (s. Tab. 9.6). Beispiele Förderbänder, Gummifedern, Bauelemente zur Schwingungsdämpfung oder zum Schutz oder Abdichtung bewegter Maschinenteile, wie Kolbenstangen und Wellen.

Naturkautschuk kann diese Anforderungen nicht erfüllen, deshalb sind für die unterschiedlichen Anforderungen zahlreiche Kautschuksorten entwickelt worden. Sie entstanden durch Veränderung der chemischen Struktur mithilfe anderer Polymere, CH-Gruppen oder Einbau von Elementen wie Chlor oder Fluor.

Weitere Zusätze sind Alterungsschutzmittel, die gegen Einwirkung von Sauerstoff, Ozon (Oxidation) und Licht stabilisieren oder Ermüdung bei dynamischer Beanspruchung verhindern sollen.

Anforderungen sind z. B.:

- Beständigkeit gegen die unterschiedlichsten organischen und anorganischen Stoffe, die mit bewegten Metallteilen in Berührung kommen, z. B. bei Wellendichtungen und Faltenbälgen
- Konstanz der mechanischen Eigenschaften in der Kälte (Kältemaschinen, flüssige Gase) oder bei höheren Temperaturen
- Gasundurchlässigkeit z. B. für Schläuche

- Abriebfestigkeit, Wärme- und Alterungsbeständigkeit bei Reifen und Förderbändern. Abrieb- und Zugfestigkeit werden durch feinstkörnige mineralische Zusätze erreicht, z. B. bis zu 50 % Ruß in der Gummimischung für die Laufflächen der Reifen.
- Alterung: Die ungenutzten Doppelbindungen in den Molekülen können durch Sauerstoff oder UV-Strahlen aktiviert werden, was zu weiterer Vernetzung und damit zu Versprödung führt.

9.4.4 Thermoplastische Elastomere (TPE)

Thermoplastische Elastomere TPE (s. Tab. 9.7) haben gummiähnliche Eigenschaften, sind aber thermoplastisch zu verarbeiten, weil sie keine unauflösbaren chemischen Vernetzungen bilden, sondern mechanisch durch Verschlaufungen von härteren (unbeweglichen) Molekülteilen, z. B. Styrol, die sich erst bei höheren Temperaturen auflösen. Dadurch sind TPE wieder einschmelzbar mit Vorteilen:

- Schnellere Taktfolgen bei der Produktion, weil sie keine Verweilzeit für die Vernetzungsreaktion im Werkzeug benötigen
- Produktionsrückstände sind wieder verwertbar, das stoffliche Recycling der Bauteile am Ende ihrer Lebensdauer wird möglich.

9.4.5 Faserverbundwerkstoffe (FVW)

Faserverstärkte Kunststoffe bilden die größte Gruppe der Verbundwerkstoffe, mit denen auch langzeitige Erfahrungen vorliegen. Ihr Vorteil besteht in der niedrigen Dichte der

Tab. 9.7 Thermoplastische Elastomere, Auswahl

Thermoplastische Elastomere TPE	Bei der Propf- oder Blockpolymerisation entstehen verknäuelte Moleküle mit mechanisch harten und weichen Abschnitten, wobei die harten wie Vernetzungen wirken. Sie sind thermoplastisch formbar		
	Anwendungen	Beständigkeit gegen	Temperaturbereich in °C (kurz)
PUR-Elastomer TPE-U	Kabelmäntel, Faltenbälge, Zahnriemen, Schleifteller, Skistiefel	Benzin, Ozon, nicht Heißwasser	−40…80 (110)
Styrol/Butadien TPE-(SB)	Schläuche, Profile, Kabelisolier- und Mantelwerkstoff, verträglich im Verbund mit PE, PP, ABS und PA	Säuren, Basen, Alterung gut, Öle gering	−40…80 (90)
Ethylen/Propylen TPE-O	Ersatz für PVC-P, Kfz-Teile wie Stoßfänger, Spoiler, Armaturenbretter. Sport-, Schuh- und Spielzeugindustrie	Basen hoch, Säuren, Alterung, nicht gegen Öl und Abrieb	−40…115

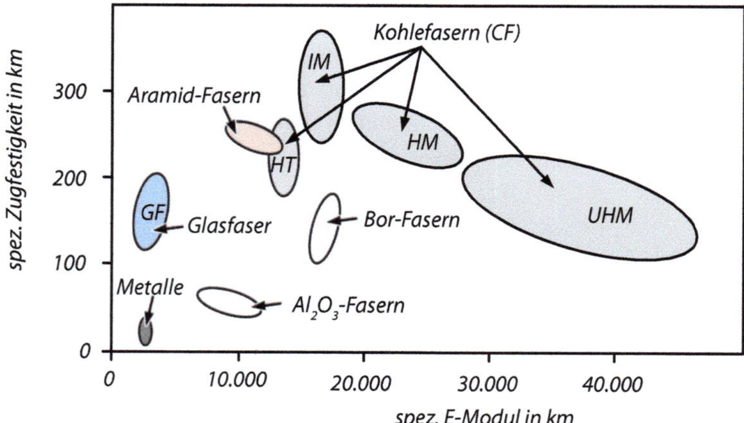

Abb. 9.41 Spezifische Festigkeit und E-Modul verschiedener Werkstoffe

Polymere. Hinzu kommt die leichte Verarbeitbarkeit der plastischen Massen bei niedrigen Temperaturen.

Dadurch haben sie mit Abstand höhere spezifische Festigkeiten und Steifigkeiten (E-Modul) als die Metalle (Abb. 9.41). Als spezifische Festigkeit R_l wird hier die Reißlänge definiert. Sie ist ein rechnerischer Wert, der die Zugfestigkeit und das Gewicht einer Faser ins Verhältnis setzt. Wegen der geringeren Dichte sind diese spezifischen Festigkeiten im Vergleich zu metallischen Werkstoffen um ein Vielfaches größer.

$$R_\mathrm{l} = \frac{R_\mathrm{m}}{\rho\, g}$$

Faserverbundmaterialien bestehen aus einem Verbund aus Langfasern und einer Matrix. Diese Verbunde sind mit Kunststoffen als Matrix interessant, weil auf diese Weise mechanisch hochbelastbare Materialien mit einem sehr geringen Gewicht entstehen. Die Fasern selbst haben im Vergleich zum Kunststoff sehr hohe Festigkeiten und E-Module. Der Kunststoff ist in diesen Fällen die Matrix und hat die Hauptaufgabe, die Faser zu schützen und deren Lage zu fixieren (Abb. 9.42).

Die Materialeigenschaften von Bauteilen weichen vielfach von denen definierter Probekörper ab. Der Grund liegt in der Herstellbedingung. Das betrifft besonders den E-Modul, wenn der Kunststoff mit Fasern verstärkt wird. Überschlägig kann hier die Mischungsregel genutzt werden:

$E_\text{längs} = E_\text{Faser} + (\varphi - 1)\, E_\text{Kunststoff}$

Hierin ist φ der prozentuale Faservolumengehalt.

Fasern und Eigenschaften

FVW bilden die Gruppe mit der größten Anwendung. Der Grund liegt in der hohen Festigkeit von dünnen Fasern (Tab. 9.8). Der Abstand der atomaren Fehlstellen ist bei ihnen

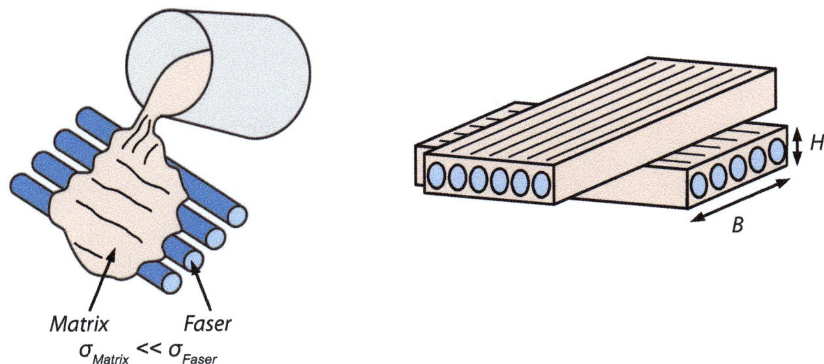

Abb. 9.42 Aufbau von Faserverbundwerkstoffen

Tab. 9.8 Faserwerkstoffe und ihre Festigkeiten (Maximalwerte für Ø von 3…15 µm)

Werkstoff	R_m in GPa	E in GPa	Bruchdehnung A in %	ρ in g/cm³	T_{max} in °C
Glas	4,6	85	5	2,5	300
Aramid	3,4	500	2	1,45	>200
Kohlenstoff	5,0	700	1,5	1,8	600
Al-Oxid	2,0	470	0,8	3,9	1.100
Si-Karbid	3,0	400	1,5	3,0	1.100
Bor	3,5	400	1	3,3	2.000

kleiner als in dickerem Material. Neben den mechanischen Werten sind z. B. noch Dichte, Wärmeleitfähigkeit und die max. Einsatztemperatur für die Wahl maßgebend. Die niedrige Dichte der meisten Fasern macht sie für Leichtbaustoffe interessant.

Fasern sind oft selbst „Verbunde" aus einer Metall- oder C-Seele und aufgedampften Schichten aus SiC, Bor u. a. Die Herstellung ist aufwendig (z. T. höchste Temperaturen zur Keramisierung) und damit teuer.

Beispiel aus der Praxis

In Klaviersaitendrähten kann durch verschiedene Maßnahmen die Zugfestigkeit bis auf 3.000 MPa gesteigert werden. Solche Werte sind für dickere Querschnitte nicht erreichbar. ◄

Für die Auswahl entscheidet der Preis von ca. 2 bis 5 €/kg für Glasfasern. Glasfaserverstärkte Kunststoffe haben deshalb eine breite Anwendung gefunden.

Natürliche, nachwachsende Fasern sind z. B. Ramie, Sisal, Flachs und Hanf für gering beanspruchte Massenteile wie Kfz-Innenverkleidungen mit biologisch abbaubaren Polymeren auf Stärkebasis (Biopolymere).

Eine Mittelstellung nehmen Aramidfasern ein (z. B. KEVLAR). Aramide sind aromatische Polyamide. Ihre Monomere besitzen in den Ketten neben der Amidgruppe noch einen Benzolring.

Höhere Steifigkeit und Festigkeit erbringen C-Fasern, die bis 16...60 € / kg kosten. C-Fasern werden als drei Typen hergestellt:

- HM-Typ (high modulus/hochsteif) mit hohem E-Modul/kleine Bruchdehnung
- HST-Typ (high strength/hochfest) mit hoher Zugfestigkeit/mittlere Bruchdehnung
- IM-Typ (intermediate modulus/mittlere Steifigkeit) mit mittlerer Festigkeit/hohe Bruchdehnung.

Hybridgewebe bestehen z. B. aus steifen C-Fasern mit Schussfäden aus dehnbarem Aramid. Sie lassen sich besser an die Konturen der Form anpassen.

Für warmfeste Verbundwerkstoffe sind SiC-, C-Fasern und Al-Oxidfasern geeignet. Hohe Wärmeleitfähigkeit besitzt SiC, geringe Al-Oxid.

Eine **Oberflächenbehandlung** der Fasern (Interface, Schlichte, coating) hat den Zweck:

- die Benetzung durch den Matrixwerkstoff zu sichern, damit die kraftschlüssige Verbindung zwischen Faser und Matrix gewährleistet ist,
- Reaktionen zwischen Faser und Matrix zu verhindern, welche die Haftung vermindern und bei höheren Temperaturen schneller ablaufen, z. B. bei Kontakt von Fasern mit flüssigen Metallen,
- Schutz bei der Weiterverarbeitung zu bieten.

Je nach Ausrichtung der Fasern tritt Anisotropie auf, d. h., die Eigenschaften sind in den einzelnen Raumrichtungen unterschiedlich. Bei hochbeanspruchten Teilen kann durch Bündelung der Fasern in Belastungsrichtung die geforderte mechanische Festigkeit erreicht werden, ohne dass der Werkstoff in den weniger belasteten Bereichen überdimensioniert wird. Nach der Lage der Fasern unterscheidet man folgende Fasergelege:

- **Unidirektional (UD)**: Fasern liegen möglichst exakt parallel, das liegt bei Rovings (Strängen) und Tapes (Bändern) vor. Bei UD-verstärkten Werkstoffen ist die Zugfestigkeit in Faserrichtung sehr hoch, jede Lageabweichung davon vermindert die Festigkeit in dieser Richtung stark (Abb. 9.45).
- **Bidirektional (BD)** sind Gewebe, deren Fasern/Rovings unter 90° zueinander liegen (Abb. 9.43).
- **Multidirektional (MD)** sind Fasermatten aus Schnittfasern (Wirrfasern) oder wenn dickere Laminate aus verschieden gerichteten Gewebelagen verarbeitet werden.

Bei den Fasergeweben ist die Verformbarkeit wichtig. Für die Herstellungen von Bauteilen werden die Gewebelagen häufig manuell in Schalenförmige Werkzeughälften gelegt und anschließend mit Harz getränkt. Je nach Kontur ist eine Verformbarkeit des Gewebes

Abb. 9.43 Fasergewebe

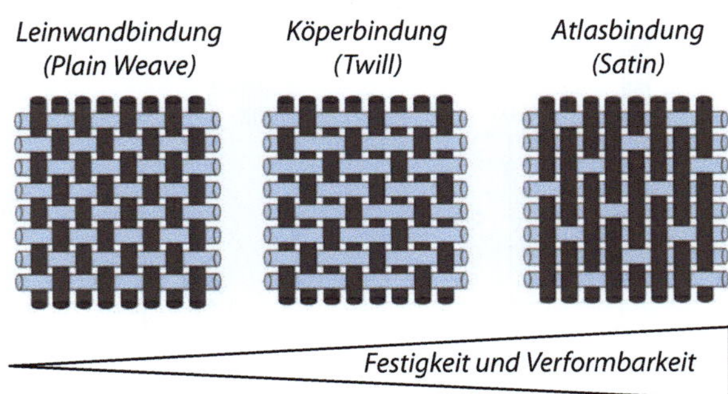

Abb. 9.44
Richtungsabhängigkeit von
Faserverbundwerkstoffen.
Unterschied zwischen
anisotropen UD- und
quasiisotropen MD-Verbund

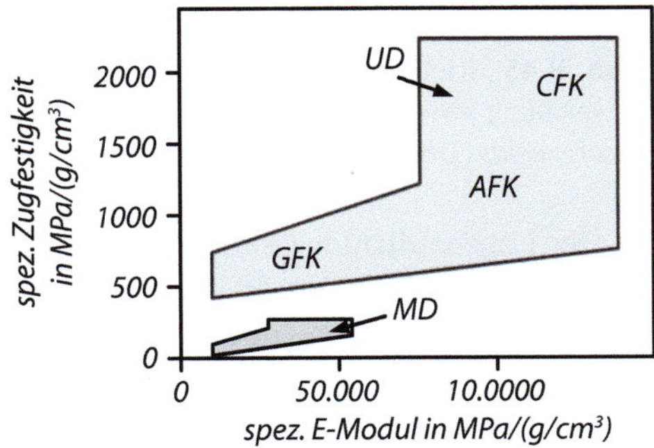

wichtig, damit keine Falten entstehen. Bei der Atlasbindung ist diese Anschmiegbarkeit gut. Wegen der geringeren Ondulation der Fasern ist die Festigkeit ebenfalls besser. Ondulation bezeichnet die Umlenkung von Fasern innerhalb von Geweben, was die Abnahme der faserparallelen Festigkeit bewirkt.

Abb. 9.44 zeigt die richtungsabhängige Festigkeit. Die höchste Festigkeit wird mit UD-Fasern erreicht. Bei Belastungen quer zur Faserausrichtung kann die Festigkeit nur noch die Werte der Matrix erreichen.

Die Ausrichtung der Faserlagen hat sehr großen Einfluss auf die mechanischen Eigenschaften. Wenn identische UD-Lagen verwendet werden, wird bei gleichem Anteil an Fasern und Matrix mit einer einzigen Lage ein im Beispiel von Abb. 9.45 ein E-Modul von $100 \, N/mm^2$ in der Richtung der Fasern erzielt. Wenn ein Bauteil so entstünde, wäre der E-Modul in einer 90° Richtung um ein Vielfaches kleiner. Wenn eine zweite Lage unter dem Winkel von 90° hinzugefügt wird, hätte man in der Richtung von 0° und 90° einen E-Modul von ca. $60 \, N/mm^2$.

Der geringere E-Modul ergibt sich, weil die zweite Lage bei gleicher Dicke den Querschnitt des Verbunds verdoppelt, aber keinen Beitrag hinsichtlich der Festigkeit leistet. Rechnerisch kann man mit der Laminattheorie erklären, dass bei einem schalenförmigen Aufbau mit drei Lagen mit jeweils einem 60° Winkel isotrope Eigenschaften in x- und y-Richtung entstehen. Dabei sinkt der E-Modul ebenfalls erneut.

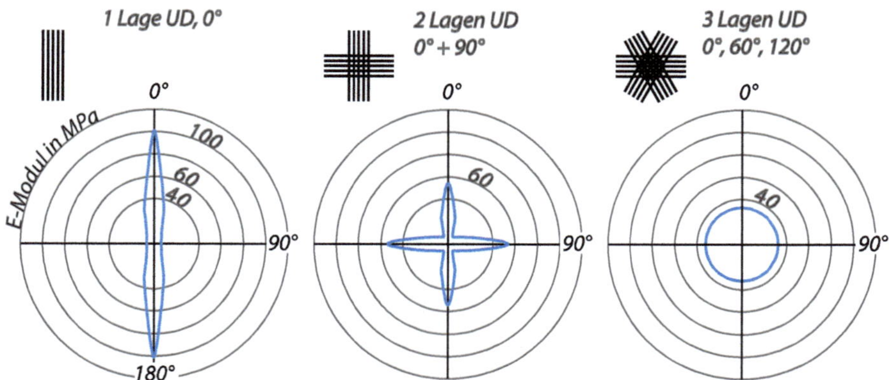

Abb. 9.45 Richtungsabhängigkeit von Faserverbundwerkstoffen. *Links*: Einfluss einer Winkelabweichung zwischen Faserlage und Richtung der Zugbeanspruchung bei UD-Laminaten mit 60 % Faser; *rechts*: Unterschied zwischen anisotropen UD- und quasiisotropen MD-Verbund

Der Lagenaufbau hat keinen Einfluss auf die Gesamtfestigkeit, denn diese wird weitgehend durch die Fasern erzeugt. Bei zwei Lagen in 90° Versatz erhält man also in 0° und in 90° Richtung die Festigkeit, die jeweils durch die Faserlagen in der Richtung möglich sind.

Bei BD-Ausrichtungen müssen die Lagen nicht zwingend in einem Winkel von 90° ausgerichtet sein. Grundsätzlich wird durch jede weitere Lage die Festigkeit im Vergleich zur UD-Ausrichtung geringer, denn die Festigkeit bezieht sich auf den Gesamtquerschnitt. Dieser besteht aus Anteilen der Fasern und der in der Festigkeit erheblich schwächeren Matrix.

Faserverstärkte Kunststoffe

Die Kunststoffe als Matrixwerkstoff für flächige Konstruktionsteile können neben duromeren UP- und EP-Harzen als auch Thermoplaste sein.

Duromere Kunststoffe haben einen sehr großen Vorteil bei der Verarbeitung. Für hochfeste Bauteile ist ggf. eine exakte Positionierung der Faserlagen vorgesehen. Wenn die Positionierung erfolgt ist, kann dieser Lagenaufbau mit den unvernetzten Harz getränkt werden. Nach einer anschließenden Erwärmung startet die Vernetzungsreaktion und es entsteht ein unlösbarer und nicht mehr schmelzbares Faserverbundmaterial.

Man unterscheidet hier:

- SMC (sheet molding compound) – man verwendet Prepregs, das sind mit Harz getränkte Vliese. Die Fasern können entweder ohne besondere Ausrichtung vorliegen oder in speziell ausreichtet (MD, multidirektional). Diese Prepregs werden in beheizten Pressen in Form gedrückt und erwärmt werden.
- BMC (bulk molding compound) – unvernetzte Kurzfaser gefüllte Harze, die über eine Spritzgießmaschine verarbeitbar sind. Die BMC-Masse hat die Konsistenz von Sauerkraut und kann über den Trichter einer Spritzgießmaschine eingezogen werden.

- GFK (Glas-Faser-Kunststoff) – hierbei handelt es sich überwiegend um Gewebe oder UD-Rovings, die zunächst positioniert und anschließend mit Harz benetzt werden.
- CFK (Kohlefaser-Kunststoff) – CFK sind ähnlich wie GKF mit dem Unterschied das Kohlefasern eingesetzt werden, die einen viel höheren E-Modul haben und vor allem in der Luftfahrt eingesetzt werden. Sie ermöglichen sehr hohe Bauteilsteifigkeit bei geringem Gewicht.
- UD-Prepreg – vorgefertigte Halbzeuge vorwiegend mit unidirektional ausgerichteten Endlosfasern und einer umgebenden thermoplastischen Matrix.

Mit einer thermoplastischen Matrix ist die Arbeitsweise aufwendiger, denn die Matrix ist nur bei hohen Temperaturen weich und formbar. Damit steht wenig Zeit für die Positionierung definierter Faserlagen zur Verfügung. Der Vorteil im Vergleich mit den duromeren Matrix Materialien ist die Wiederaufschmelzbarkeit. Damit wird ein Recycling möglich und die Bauteile können später mit anderen Bauteilen verschweißt werden.

Vielfach wird **GMT** (Glas-Matten-Thermoplast) verwendet. Die Verarbeitung erfolgt überwiegend mit vorgefertigten Halbzeugen aus Fasern und einer thermoplastischen Matrix, die als Organoblech bezeichnet werden. Im kalten Zustand sind sie hinsichtlich Festigkeit und Klang Blechen aus Metall ähnlich. Nach Erwärmen ist die Matrix weich und damit das Organoblech umformbar.

Man unterscheidet hier:

- **Formpress-GMT** haben regellose Endlosfasern, sind wenig fließfähig und nur für einfache, flächige Teile konstanter Wanddicke geeignet. GMT besitzen folgende Vorteile gegenüber SMC:
  - Taktzeiten kleiner, da kein Aushärten
  - Produktionsabfälle sind leichter wieder zu verwerten (Recycling)
  - höhere Zähigkeit des Thermoplasts.
- **Fließpress-GMT** haben Fasern unterschiedlicher Längen, die mit dem Thermoplast in die Hohlräume der Form fließen können. Dadurch sind Teile mit stärkeren Konturen, Rippen und auch Hinterschneidungen möglich, die dann überall einen gleichen Glasanteil besitzen.
- **Unidirektionale GMT** haben parallel gerichtete Fasern und in dieser Richtung höhere Festigkeit und Steifigkeit. Als verarbeitungsfähiges Material gibt es Taps, das sind Endlosbänder aus längs ausgerichteten Fasern, die mit einer thermoplastischen Matrix versehen sind.

Beispiele für faserverstärke Polymere

Flächige Bauteile an Fahrzeugen zur Geräuschminderung: Motorkapseln, Unterboden und Innenverkleidungen, Batteriehalter, Pedalböcke, Sitzschalen aus PP-GMT. Kfz-Stoßfänger und Anschlussteile aus PA66-GMT. ◄

Keramische Werkstoffe

In diesem Abschnitt sind keramische Werkstoffe behandelt, die nicht zu den Metallen oder Polymeren zählen. Ihre Rohstoffe sind anorganisch (also basieren nicht auf Kohlenwasserstoffen) und bestehen oft aus Gemischen chemischer Verbindungen von Metallen der ersten drei Gruppen des PSE und Verbindungen des Siliziums, das in der Erdrinde mit ca. 25 % enthalten ist. Ihre Struktur basiert auf kovalenten und ionischen Bindungsanteilen. Zu den nichtmetallisch-anorganischen Werkstoffen zählen eine Reihe von Werkstoffgruppen (Tab. 10.1).

Die Stoffe werden in vielen Technikbereichen genutzt, Tab. 10.2 gibt einen Überblick.

Dieses Kapitel beschränkt sich auf die Stoffe, die durch ihr Eigenschaftsprofil als Ingenieurkeramik für Bauteile im Maschinenbau und in der Feinwerktechnik verwendet werden können. Keramik gehört zu den ältesten Werkstoffen der Menschheit. Sie waren Naturstoffe mit ortsabhängiger Zusammensetzung. Durch Verwendung reiner Ausgangsstoffe wurden diese Produkte für die moderne Technik verwendbar, wie z. B. Porzellan als Isolator für die Elektrotechnik.

© Der/die Herausgeber bzw. der/die Autor(en), exklusiv lizenziert an Springer Fachmedien Wiesbaden GmbH, ein Teil von Springer Nature 2026
C. Jaroschek et al., *Weißbach - Werkstoffe und ihre Anwendungen*,
https://doi.org/10.1007/978-3-658-50256-0_10

Tab. 10.1 Nichtmetallisch-anorganische Werkstoffgruppen

Stoffgruppe	Beispiele
Keramik	Aluminiumoxid, Siliziumnitrid, Porzellan
Mineralglas	Quarzglas, Bleiglas
Bindemittel	Zement, Kalk, Gips
Halbleiter	Silizium, Germanium, GaAs
Kohlenstoff	Grafit, Diamant

Tab. 10.2 Nichtmetallisch-anorganische Werkstoffe in der Technik

Technik-Bereich	Produkte/Stoffe
Bautechnik	Betonwerkstein, Stahl- und Spannbeton, Ziegel, Flachglas
Rohrleitungen	Rohre aus Glas, Ton, Steinzeug und Schleuderbeton
Chemieanlagen	Beschichtungen von Bauteilen mit Emaille, Glas- und Steinzeugprodukte
Optik	Gläser verschiedener Brechung, Absorption oder Reflexion
Elektronik	Halbleiter, Sensoren, Piezokristalle
Metallurgie	Feuerfeste Stoffe zur Auskleidung von Schmelzgefäßen, Grafitelektroden
Maschinenbau	**Schneidkeramik, technische Keramik für Bauteile**

10.1   Struktur und Eigenschaften keramischer Werkstoffe

Neue Stoffe und Verfahren haben technische Keramik für den Maschinenbau interessant gemacht. Sie besitzen eine Kombination von Härte, Verschleißwiderstand und Korrosionsbeständigkeit auch bei hohen Temperaturen, die selbst Ni-Basis-Superlegierungen nicht aufweisen.

Schwierigkeiten bereiten die mangelnde Zähigkeit und die Qualitätssicherung, d. h. Einhaltung der Maßtoleranzen und Werkstoffgüte in der Serienfertigung. Die Konstanz der Eigenschaften hängt von der hohen Reinheit der Stoffe und der Fertigungsprozesse ab. Tab. 10.3 gibt einen Überblick über die gängige Einteilung der Keramiken.

Ingenieurkeramiken oder technische Keramiken gehören zu den beiden rechten Gruppen der Tab. 10.3, also zu der Oxidkeramik und Nichtoxidkeramik. Ihre Kristallgitter sind weniger dicht gepackt als die der Metalle und haben andere Bindungsarten. Hauptbindungsart ist die kovalente Bindung bei den Nichtoxidkeramiken (z. B. SiC) und Ionenbindung bei den Oxidkeramiken (z. B. Al_2O_3), wobei diese beiden Bindungsarten in der Regel gemischt vorkommen. Diese stabile Bindung erklärt die geringe chemische Reakti-

Tab. 10.3 Einteilung der Keramik in drei Gruppen

Silikatkeramik		Oxidkeramik		Nichtoxidkeramik	
Sorten	Beispiele	Sorten	Beispiele	Sorten	Beispiele
Steinzeug	Muffenrohre, Sanitärkeramik	Al-Oxid	Schneidplatten, Hüftgelenke	Si-Karbid, SiC	Schleifscheiben, Düsen
Porzellan	Hochspannungsisolatoren	Zr-Oxid	Zieh- und Umformwerkzeuge	Si-Nitrid, SN	Brenner, Wälzkörper
Steatit	Maßhaltige Isolationsteile	Al-Titanat	Bauteile in Kontakt mit NE-Metallschmelzen	B-Nitrid, BN	Schleif- und Schneidkörper

Tab. 10.4 Bausteine der Ingenieurkeramik und Stellung der Elemente im PSE

Periode	Hauptgruppe						
	I	II	III	IV	V	VI	VII
2	Li	Be	B	C	N	O	F
3	Na	Mg	Al	Si	P	S	Cl
4		*Ti*					
5		*Zr*					

vität der Keramiken und die besonders hohe Sprödigkeit. Dadurch, dass nächste Nachbaratome fest aneinandergebunden sind, ist eine plastische Verformung praktisch unmöglich.

Die Bausteine dieser chemischen Verbindungen liegen überwiegend im oberen Bereich des PSE (Tab. 10.4), es sind damit:

- Elemente geringer relativer Atommasse mit
- kleinen Atomradien, dadurch z. T.
- kleinen Abständen im Kristallgitter und
- großen Bindungskräften.

Daraus ergeben sich die wesentlichen Eigenschaftsunterschiede zu den Metallen (Tab. 10.5).

Biegefestigkeit ist die wichtigste mechanische Eigenschaft (DIN EN 843-1:2008). Da es sich hier um den Widerstand gegen Bruch handelt, kann auch die Zähigkeit bewertet werden. Die Entwicklung der Ingenieurkeramik zielt auf eine Erhöhung der Zähigkeit und Biegefestigkeit durch folgende Maßnahmen hin:

- kleinste Korngröße der Ausgangsstoffe (Abb. 10.1),
- Reinheit der Pulver und enge Korngrößenverteilung,
- Verstärkung durch infiltrierte Stoffe oder Fasern (Verbundwerkstoffe),
- durch Gitterumwandlung und Volumenänderung erzeugte lokale Druckeigenspannungen.

Tab. 10.5 Struktur- und Eigenschaftsvergleich Metall – Ingenieurkeramik

Kriterien	Metalle (technische)	Ingenieurkeramik
Bindungsart	**Metallbindung** und einfache Metallgitter, freie Elektronen	**Kovalente Bindung** mit Ionenbindungsanteil, z. T. komplizierte Kristallgitter
Und daraus resultierende Eigenschaften	**Hohe Wärmeleitfähigkeit**	**Niedrige Wärmeleitfähigkeit** (außer Halbleiter)
	Lineare Längenausdehnung 4,5 (W) bis 29 (Pb) 10^{-6}/K	Tendenziell kleinere Längenausdehnung von 1 (Quarz) bis 13 (ZrO_2) 10^{-6}/K
	Weiche Stoffe (z. T. härtbar)	**Naturharte Stoffe**, über 2000–6000 HV1
	Plastische Verformbarkeit gering bis hoch (je nach Kristallgitter)	Nahezu keine plastische Verformbarkeit
	Verformungsbruch oder **Sprödbruch**	**Immer Sprödbruch**
	Schmelztemperaturen niedrig bis hoch T_m: 327 (Pb) bis 3422 °C (W) Wenige sind warmfest bis max. 1000 °C	**Schmelztemperaturen hoch** T_m > 2000 °C Allgemein warmfest zwischen 900–1700 °C
Qualitätssicherung	Relative Konstanz der Eigenschaften bei Massenfertigung	Eigenschaften defektabhängig, deshalb starke Streuung der Eigenschaften, abhängig von der Reinheit der Ausgangsstoffe und den Herstellverfahren
	Einfachere Prüfverfahren	Prüfung aufwendig (Klang-, Röntgen-, evtl. auch Tomographieprüfungen)

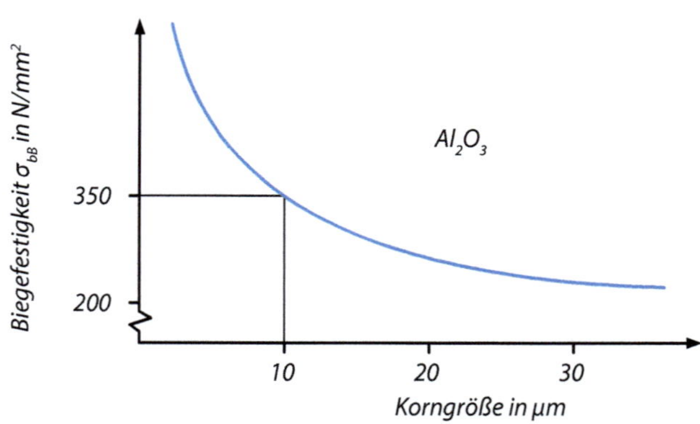

Abb. 10.1 Korngröße über Biegefestigkeit für Aluminiumoxid

Die Maßnahmen zur Erhöhung der Zähigkeit werden als Duktilisierung bezeichnet und sind mit größerem Aufwand verbunden (z. B. Fertigung unter Reinraumbedingungen). Hierzu gehören auch neue Verfahren zur synthetischen Erzeugung der Pulver mit höherer Reinheit, kleinerer Korngröße und engerer Korngrößenverteilung. Mit sinkender Korngröße (bis in den Nano-Bereich) steigen Aufwand für Reinheit, Pulverherstellung, Sintern mit Wärmebehandlung und damit der Preis.

10.2 Thermoschockbeständigkeit

Zu den größten Schwächen der Keramiken zählt ihr Verhalten bei schnellen Temperaturwechseln, beim sog. Thermoschock. Es kommt zur Rissbildung, die i. d. R. das Bauteil unbrauchbar macht. Typische Schadensfälle des täglichen Lebens, die auf Thermoschock zurückzuführen sind:

- Springen von Trinkgläsern beim Einfüllen von kochend heißem Wasser
- Reißen von Porzellan, wenn man es aus Versehen auf eine heiße Herdplatte stellt
- Zerspringen von Töpferwaren im Brennofen, wenn er zu früh nach dem Brennen geöffnet wird.

Ursache
Ungleichmäßige Temperaturverteilung im Bauteil führt zu unterschiedlicher thermischer Ausdehnung, die bei komplexen Bauteilen behindert ist. Behinderte Ausdehnung führt zu mechanischen Spannungen. Ist die Spannung örtlich größer als die Trennfestigkeit der Atome, kommt es zur Rissbildung. Thermoschock in der Ingenieurpraxis:

- Ventile im Verbrennungsmotor
- Turbinenschaufeln in der Gasturbine.

Beispiel für Thermoschock (Abb. 10.2):
Versagen tritt ein, wenn die resultierende Spannung σ die Zugfestigkeit R_m überschreitet, bei nichtmetallisch-anorganischen Werkstoffen ist dies die Biegebruchfestigkeit σ_bB. Thermoschockbeständigkeit kann man als den Temperaturwechsel ΔT_krit verstehen, der gerade eben zum Versagen führt (vgl. Tab. 10.6). Bei hoher Wärmeleitfähigkeit eines Werkstoffes tritt ein Temperaturausgleich schneller ein, dadurch sinkt die Beanspruchung durch Thermoschock. Das gilt i. Allg. auch für Metalle. Durch hohen Anteil an LE sinkt

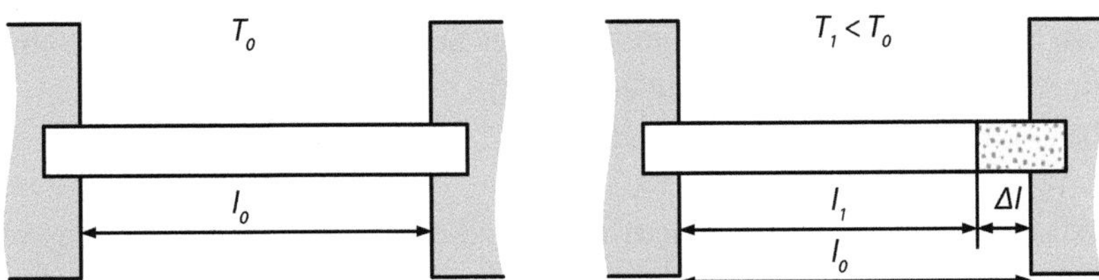

Abb. 10.2 Starr eingespannter Stab erhitzt auf T_0 danach abgekühlt auf T_1. *Linke Seite:* Der eingespannte Stab von der Länge l_0 ist auf die Temperatur T_0 erhitzt. *Rechte Seite:* Der Stab ist auf T_1 abgekühlt und müsste um Δl auf die Länge l_1 schrumpfen. Der punktierte Bereich entspricht der thermischen Dehnung (Schrumpfung) ε_th. Es bildet sich ein Riss oder der Balken muss durch eine gleich große elastische Dehnung $\varepsilon_\mathrm{el} = \Delta l / l_1$ auf der ursprünglichen Länge l_0 gehalten werden. Die dabei auftretende resultierende Spannung errechnet sich nach dem Hooke'schen Gesetz

Tab. 10.6 Kritischer Temperaturwechsel (Thermoschock) einiger Werkstoffe, mit $T_{krit} = R_m/(E\,\alpha)$

Werkstoff	ΔT_{krit} in °C	Werkstoff	ΔT_{krit} in °C
Al-Oxid	80	Kalk-Alkali-Glas	170
HPSiC	370		
HPSN	830	Quarzglas	3000
ATi	1660	GJL-250	210

die Wärmeleitfähigkeit und evtl. auch die plastische Verformbarkeit, was diese Metalle dann auch empfindlich gegenüber Thermoschock macht.

Duktile Metalle sind nicht thermoschockempfindlich, da bei ihnen die Spannungen zu örtlichen plastischen Verformungen führen. Spröde Metalle, wie z. B. lamellarer Grauguss oder gehärteter Stahl, sind dagegen aufgrund ihrer geringen plastischen Verformbarkeit thermoschockempfindlich.

Folgerung

Steigerung der Thermoschockbeständigkeit eines Werkstoffes durch

- höhere Festigkeit R_m
- höhere Wärmeleitfähigkeit λ
- kleineren Elastizitätsmodul E
- kleineren thermischen Ausdehnungskoeffizienten α

10.3 Herstellung von Keramik

Die Herstellung von keramischen Bauteilen aus Pulvern erfolgt in mehreren Schritten:

- Aufbereitung der Pulver ggfs. mit Bindemitteln.
- Formgebung durch z. B. Extrudieren, Pressen, Spritzgießen → Grünling.
- Bearbeitung des Grünlings bzw. des vorgebrannten Bauteils (Weißling).
- Sintern bei einer Temperatur von ca. 80 % der Schmelztemperatur, dabei Schwindung bis zu 25 % (siehe auch Kap. 6 Sintermetalle).
- Endbearbeitung durch Schleifen, Polieren.

Aufgrund des Eigenschaftsprofils (hart und spröde) sind nicht alle Fertigungsverfahren anwendbar. Nach der Formgebung der Rohmasse erfolgt die Bearbeitung der geformten Rohteile in Stufen.

Tab. 10.7 Fertigungsverfahren für keramische Stoffe

Fertigungshauptgruppe	Fertigungsverfahren
Urformen	Meist durch Pressen der pulverförmigen Ausgangsstoffe, Schlickerguss für technische Keramik anwendbar, PM-Spritzguss für Kleinteile bis 300 g, Plasmaspritzen für Hohlkörper
Umformen	Nur im Grünzustand möglich
Trennen	Schleifen mit Diamant- oder Borkarbidscheiben, laserunterstütztes Drehen, elektroerosive Bearbeitung möglich bei Leitwerten >0,1 S/cm (z. B. Si-Karbid)
Verbinden	Reib- und Diffusionsschweißen, Löten nach Metallisierung, Reaktionslöten auch von Metall mit Keramik möglich (DVS 3102/05)
Beschichten	Thermisches Spritzen (bis 20 mm), CVD- und PVD-Verfahren (<20 µm)

- Grünbearbeitung erfolgt am ungesinterten Rohteil.
- Weißbearbeitung am vorgebrannten (hilfsverfestigten) Rohteil, dabei werden die organischen Bindemittel ausgetrieben.
- Hartbearbeitung am fertiggesinterten Bauteil. Eine Übersicht der möglichen Fertigungsarten gibt Tab. 10.7.

Mit den Verfahrensstufen steigen Härte der Rohteile und damit Kosten der Bearbeitung. Die Fertigung durch Formung aus Pulvern mit anschließendem Sintern (Brand) hinterlässt mit großer Wahrscheinlichkeit Defekte im Gefüge, z. B. Risse, Poren und Verunreinigungen. Sie wirken als innere Kerben, d. h. als Risskeime. Entsprechend ergibt sich daraus eine breite Streuung der mechanischen Eigenschaften. Die Festigkeitswerte vieler Proben liegen nicht innerhalb der sog. Gauß'schen Glockenkurve (Normalverteilung), sondern innerhalb einer breiteren, unsymmetrischen Kurve (sog. Weibull-Verteilung). Mit zunehmendem Bauteilvolumen steigt die Anzahl der inneren Fehler, damit sinkt die Biegefestigkeit stark ab.

10.4 Werkstoffsorten und Eigenschaften der Ingenieurkeramik

10.4.1 Oxidische Keramik

Gebräuchliche oxidische Werkstoffe sind Al-Oxid, Mg-Oxid, Zr-Oxid und Al-Titanat. Ihre Anwendungen sind vielfältig:

- Schutzrohre für Thermoelemente bei Hochtemperaturmessungen, Brennerdüsen,
- Dichtscheiben für Armaturen, Fadenführer an Textilmaschinen, Futtersteine und Mahlkugeln für Mühlen aller Art, Feinschleifwerkzeuge, metallisierbare Isolierteile (hartlötbar) für Elektronik und Vakuumtechnik,
- Schneidplatten besonders für die Zerspanung von Gusseisen (Sandeinschlüsse) mit höherer Härte als normale Hartmetallsorten (auch bei 1000 °C).

Aluminiumoxid (Al_2O_3) wird am häufigsten verwendet. Es hat eine sehr große Bindungs-energie. Daraus ergibt sich

- hohe Stabilität bei hohen Temperaturen,
- Korrosions- und Verschleißbeständigkeit,
- hohe Biegefestigkeit und Härte.

Es wird in keramischen Werkstoffen mit steigendem Al-Oxid-Gehalt von 86 bis über 99 % angeboten. Dabei steigen Dichte, Wärmeleitfähigkeit, Biegefestigkeit und Einsatz-temperaturen (Tab. 10.9).

Zirkoniumoxid ZrO_2 ist polymorph, d. h., es tritt temperaturabhängig in mehreren Gitter-strukturen auf (Tab. 10.8).

Die Elementarzelle des kfz-Gitters besteht aus kleineren Zr-Atomen, auf Zwischen-gitterplätzen sind größere O-Atome so angeordnet, dass sie tetraedrisch von Zr-Atomen umgeben sind (Abb. 10.3).

Bei der Abkühlung aus der Sintertemperatur ist die Gitterumwandlung von der tetra-gonalen in die monokline Struktur mit einer Volumenerweiterung von 3–5 % verbunden, auch als martensitische Umwandlung bezeichnet. Bei der Gitterumwandlung ändert sich die Anordnung der Atome nicht. Der Würfel wird zum etwas höheren Quader (tetragonal). Später ändert sich die quadratische Grundfläche zum Rhombus (monoklin). Während bei Stahl diese Umwandlung vom Metallgitter ertragen wird, führt sie beim kovalent und io-nisch gebundenen Gitter des reinen Zr-Oxids mangels Gleitmöglichkeiten zu inneren Druckspannungen und ggfs. zu Rissen. Für einen praktischen Einsatz können deshalb die Gitterumwandlungen, genau wie bei den Metallen, durch Legieren mit anderen Oxiden unterdrückt werden, hier Stabilisierung genannt. Sie erfolgt durch Mischkristallbildung mit MgO, CaO, CeO_2, Y_2O_3.

Stabilisierung ergibt je nach Anteil an Oxiden folgende ZrO_2-Sorten:

- FSZ (Fully Stabilized Zirkonia)
- PSZ (Partially Stabilized Zirkonia)
- TZP (Tetragonal Zirkonia Polycrystal)

FSZ (Fully Stabilized Zirkonia) ist vollstabilisiert, das kubische Kristallgitter ist bis auf RT stabil. Dazu sind z. B. >17 % des Oxids Y_2O_3 erforderlich.

Tab. 10.8 Kristallarten des Zirkoniumoxids

Temperaturbereich in °C	Gitter	
>2370	Kubisch, kfz	$T_m = 2680\ °C$
2370–1170	Tetragonal	↓ Volumensprung
<1170	Monoklin	

Tab. 10.9 Eigenschaftswerte von Oxidkeramiken (www.keramverband.de)

Sorte Kurzzeichen	Dichte in g/ cm^3	E in GPa	Biegefestigkeit σ_{bB} in MPa	Wärmeleitfähigkeit λ^a in W/mK	Wärmeausdehnung α^b in 10^{-6}/K	Maximale Temperatur in °C	K_{IC}c in MPa $\sqrt{m}$
Al-Oxid 86 %	>3,2	>200	>200	14–24	6–8	1400–1500	3,5–4,5
Al-Oxid >99 %	3,7–3,9	300–380	300–580	19–30	7–8	1400–1700	4–5,5
Al-Oxid (ZTA)	4,0	380	400–480	15	9–11	1000	4,4–5
PSZ, ZrO$_2$	5–6	140–210	500–1000	1,2–3	9–13	1500	8
TPZ (Y-TPZ)	6,05	210	1050	2,5	10.5	1000	15
ATi, Al$_2$TiO$_5$	3–3,7	10–30	15–50	1,5–3	1	900–1600	3–5

[a]Wärmeleitfähigkeit λ bei 20 °C
[b]thermischer Ausdehnungskoeffizient α für Keramik 30–600 °C
[c]K_{IC}: kritischer Spannungs-Intensitätsfaktor (Bruchzähigkeit für Rissmodus I, aus der elastischen Bruchmechanik hergeleitet)

Abb. 10.3 Elementarzelle des kubischen ZrO_2

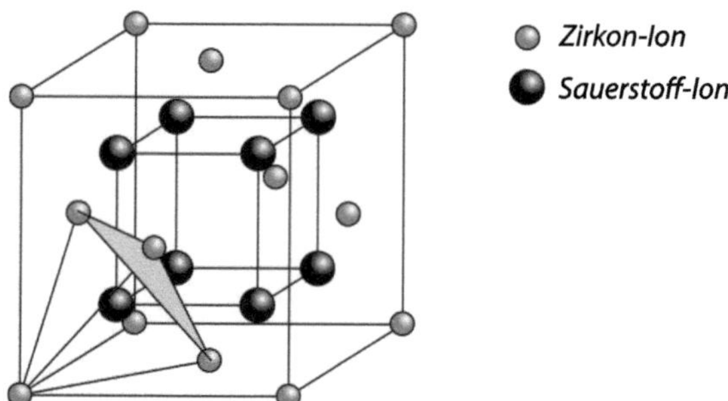

FSZ ist hochwarmfest (2200 °C) und wird für λ-Sonden zur Abgaskontrolle oder als Feststoffelektrolyt in Brennstoffzellen verwendet. Bei geringeren Oxidgehalten entstehen heterogene Gefüge, die teilweise umwandlungsfähig sind und durch die Umwandlungsverfestigung zu Werkstoffen mit höherer Biegebruchfestigkeit werden.

PSZ (Partially Stabilized Zirkonia) ist teilstabilisiert, hat Oxidgehalte von 3–5 % und ist nach einer Wärmebehandlung bei RT kubisch mit feinkörnigen, tetragonalen Ausscheidungen (<1 μm), die bei Abkühlung teilweise in die monokline Phase umgewandelt sind. Ihre Volumenzunahme setzt das Gefüge unter Druckeigenspannungen, so dass die tetragonale Phase an weiterer Umwandlung gehemmt wird und damit metastabil ist. Wirkungsweise der Umwandlungsverfestigung: Beim Entstehen eines Risses werden an der Rissspitze die Druckspannungen abgebaut und die metastabile tetragonale Phase wird örtlich in die (voluminösere) monokline umgewandelt. Die entstehenden Druckeigenspannungen hemmen die weitere Rissausbreitung bzw. führen zu einer Mikrorissverzweigung. Die Umwandlungsverfestigung (auch Transformationsverfestigung) führt zu höheren Werten für Biegebruchfestigkeit und Bruchzähigkeit gegenüber anderen Oxidkeramiken (Tab. 10.9). Anwendungen für plasmagespritzte Wärmedämmschichten an Ventilkegeln (Pkw), Ventilführungen, Brennkammern, Turbinenschaufeln, Zylinderlaufbüchsensegmente von thermisch hochbelasteten Dieselmotoren, Zieh- und Biegewerkzeuge, Schneidkeramiken.

TZP (Tetragonal Zirkonia Polycrystal) hat ein tetragonales, metastabiles Gefüge. Es wird durch Verwendung sehr feinkörniger Pulver (<1 μm) unter Zugabe von Yttriumoxid Y_2O_3 (Y-TZP) erreicht. Durch das Zusammenwirken von Feinkorn- und Umwandlungsverfestigung sowie Nachverdichtung durch heißisostatisches Pressen (HIP) lassen sich Biegefestigkeiten bis zu 1800 MPa bei höherer Bruchzähigkeit erreichen. Dieses ist mit hohen Kosten verbunden. Maßnahmen für höchste mechanische Eigenschaften:

- hohe Reinheit der Ausgangsstoffe,
- längere, optimierte Mahldauer,
- exaktes Einhalten der Temperatur-Zeitabläufe beim Sintern und Abkühlen.

Anwendungen in der Dentaltechnik und für Hüftgelenkprothesen.

Aluminiumtitanat ATi, Al_2TiO_5, ist eine Mischphase aus Al-Oxid und Ti-Oxid im stöchiometrischen Verhältnis und offener Porosität von 10–16 %. Mit seinen Eigenschaften hebt es sich von den anderen Oxidkeramiken ab:

- niedriger Elastizitätsmodul
- niedrige Wärmeleitung und -ausdehnung

Dieses führt zu einer sehr hohen Beständigkeit gegen Thermoschockbeanspruchung und findet Anwendung für Umgießteile im Motorenbau, Einsätze für Kolbenböden und Auskleidung von Auspuffkrümmern (Portliner), Ofenschieber.

10.4.2 Nichtoxidische Keramik

Nichtoxidisch sind alle Karbide und Nitride von Silizium, Bor und Al.

Die fast reine kovalente Bindung der Nichtoxidkeramik führt zu sehr niedrigen Diffusionskoeffizienten und hat so Einfluss auf das Sinterverhalten. Nichtoxidkeramiken brauchen Sinterhilfsmittel, die bei Sintertemperatur eine flüssige Phase bilden und damit binden, aber die Wärmebeständigkeit erniedrigen. Es entstehen poröse Werkstoffe mit geringer Festigkeit. Höchste Dichte und Biegefestigkeit bei erhöhten Kosten erreichen die heißisostatischen und heißgepressten Sorten. Die Herstellung der Ausgangspulver geschieht synthetisch nach verschiedenen Verfahren, evtl. unter Schutzgas. Dabei entstehen Werkstoffe verschiedener Porosität (Dichte) mit entsprechenden Eigenschaftsunterschieden.

Siliziumkarbid SiC
ist elektrisch- und wärmeleitend, da es ein Halbleiter ist. Silizium (Si) steht im PSE unter dem Kohlenstoff in der gleichen Hauptgruppe und hat damit die gleiche Besetzung der Elektronen-Außenhülle. Die Si-Atome ersetzen das C im Diamantgitter. SiC besitzt hohe Härte und höhere Wärmeleitfähigkeit als andere keramische Stoffe. Die hohe Härte ist auf das Diamantgitter zurückzuführen, die Wärmeleitfähigkeit auf seine halbleitenden Eigenschaften. Die verschiedenen Herstellverfahren führen zu unterschiedlicher Porosität und Dichte. Für größere Bauteile ist eine geringe Schwindung beim Sintern wichtig. Offene Porosität mit Hohlräumen von 50–200 µm

- verringert die Oxidationsbeständigkeit des Bauteils bei höheren Temperaturen,
- wird genutzt zur Aufnahme von Schmierstoffen (SSiC) oder flüssigem Silizium (SiSiC).

SiC ist in Form von Carborundum als hartes, abrasiv wirkendes Korn u. a. in Schleifscheiben enthalten. Die Herstellung erfolgt unter hoher Energiezufuhr im elektrischen Lichtbogen bei ca. 2500 °C: Für die technische Keramik müssen die Ausgangsstoffe eine hohe Reinheit besitzen. Eine Übersicht über verschiedene Siliziumkarbidsorten gibt

Tab. 10.10 Siliziumkarbidsorten

Sorte	Herstellungsart	Dichte in g/cm³
Artfremdgebunden		
NSiC	Nitridgebunden, porös 5–10 %	2,7–2,82
SiSiC	Reaktionsgebunden, Si-infiltriert	3,1
LPSiC	Flüssigphasengesintert (Al-Oxid)	3,20–3,24
Arteigengebunden		
RSiC	Rekristallisiert, porös 11–15 %	2,6–2,8
SSiC	Drucklos gesintert	3,1–3,15
HPSiC	Heißgepresst (HP)	3,2
HIPSiC	Heißisostatisch gepresst (HIP)	3,2

Tab. 10.10, die mechanischen und physikalischen Eigenschaften sind in Tab. 10.11 angegeben.

Die Sorten NSiC, SiSiC und LPSiC erhalten ihre Bindung durch artfremde Zusätze, dadurch ist ihre max. Einsatztemperatur geringer. Die anderen Sorten bestehen aus reinem SiC und binden durch den Sintervorgang

- drucklos die Sorten RSiC und SSiC bzw.
- mit steigendem Druck bei 2000 bis 2500 °C die Sorten HPSiC und HIPSiC.

RSiC und SiSiC sintern schwindungsfrei und sind für größere Bauteile geeignet. Beim Si-infiltrierten SiSiC werden die Poren mit flüssigem Si gefüllt (höchste Wärmeleitfähigkeit). Dichte und Festigkeit steigen auch mit sinkender Korngröße (<2 µm mit R_m = 500 MPa). Aufgrund der hohen Wärmeleitfähigkeit auch für Wärmeübertrager in heißen korrosiven Medien eingesetzt.

Anwendungen von Siliziumkarbid:
- Gleitringdichtungen und Lager für Pumpenwellen in aggressiven Medien (SiSiC),
- Läufer für Abgasturbinen (kleineres Massenträgheitsmoment als Stahlrotoren),
- Vorrichtungen zum Stapeln von Glühgut in Glühöfen (RSiC),
- Heizleiter bis 1600 °C (RSiC).

Borkarbid B₄C

Borkarbid ist ein Stoff mit höchster Härte (nach Diamant und Bornitrid) und höchstem Widerstand gegen abrasiven Verschleiß. Der Schmelzpunkt liegt bei 2450 °C. Borkarbid ist ein guter Neutronenabsorber, der keine langlebigen Sekundärstrahler bildet.

Anwendungen von Borkarbid:
- Düsen für die Strahltechnik, Schleifscheibenabrichter, Läppkorn für Hartmetall
- Panzerplatten für ballistische Zwecke, Dichte 2,5 g/cm³, E = 450 GPa
- Absorberplatten gegen Neutronenstrahlung, B₄C/Grafit-Thermoelemente bis 2200 °C

Tab. 10.11 Werkstoffkennwerte der SiC-Sorten (Keramverband)

Sorte Kurzzeichen	E in GPa	Biegefestigkeit in MPa	Wärmeleitfähigkeit[a] λ in W/mK	Wärmeausdehnung α[b] in 10^{-6}/K	Maximale Temperatur in °C	K_{IC}[c] in MPa $\sqrt{m}$
RSiC	230–280	80–120	18–20	4,8	1600	3–4
SSiC	370–450	300–600	40–120	4,0–4,8	1400–1750	3–4,8
SiSiC	270–350	180–450	110–160	4,3–4,8	1380	3–5
HPSiC	440–450	500–800	80–145	3,9–4,8	1700	3
HiPSiC	440–450	640	80–145	3,5	1700	6,0
LPSiC	420	600	100	4,1	1200–1400	–
NSiC	150–240	180–200	14–15	4,5	1450	

[a]Wärmeleitfähigkeit λ bei 20 °C

[b]thermischer Ausdehnungskoeffizient α für Keramik 30–600 °C

[c]K_{IC}: krit. Spannungs-Intensitätsfaktor (Bruchzähigkeit für Rissmodus I, aus der elastischen Bruchmechanik hergeleitet)

Tab. 10.12 Siliziumnitridsorten

Sorte	Herstellungsart	Dichte in g/cm³
RBSN	Reaktionsgebunden, porös	1,9–2,5
SSN	Drucklos gesintert, porös	3–3,3
HPSN	Heißgepresst (100 bar)	3,2–3,4
HIPSN	Heißisostatisch gepresst (bis 2000 bar)	3,2–3,4
GPSN	Gasdruckgesintert (100 bar)	3,2

Siliziumnitrid Si_3N_4

Siliziumnitride sind Stoffe mit höchster Zähigkeit und Biegefestigkeit (bis 1000 °C). Si_3N_4 ist ein synthetischer Stoff, der sich bei ca. 1700 °C unter Normaldruck in die Elemente zersetzt. Er kommt als Pulver mit Sinterhilfsmitteln aus Al-, Mg- und Y-Oxid mit Korngrößen unter 1 µm in den Handel (hoher Preis). Es wird meistens wegen der Zersetzung bei 1750–1959 °C unter Druck (Tab. 10.12) gesintert.

Reaktionsgebundenes RBSN wird erst während des Pressens von Si-Pulver durch Einleiten von N_2-Gas erzeugt (nitridiert). Es sintert schwindungsfrei mit feiner Porosität, die zu niedrigeren mechanischen Werten führt und bei hohen Temperaturen zu innerer Oxidation führen kann.

Anwendungen von Siliziumnitrid:
- Rotor für Abgasturbolader (SSN), Ventile für Pkw-Motoren (GPSN),
- Schneidkeramik für unterbrochenen Schnitt und Schruppfräsen mit Kühlung,
- Schutzrohre für Thermoelemente und Steigrohre in Schmelzöfen für Niederdruckguss,
- Wälzlager als Vollkeramiklager bis 500 °C einsetzbar. Im Trockenlauf 40 % weniger Reibmoment, aber 5–10-fach teurer als Stahl, für hohe Drehzahlen geeignet (kleinere Dichte), unmagnetisch, korrosionsfest. Höchste Genauigkeit erforderlich, da Innenring durch Wärmedehnung der Welle auf Zug beansprucht wird. Deshalb werden meist Hybridlager mit HPSN-Kugeln in Stahlringen verwendet.

Die Werkstoffkennwerte der Siliziumnitridsorten zeigt Tab. 10.13.

Aluminiumnitrid (AlN)

Aluminiumnitrid hat unter den keramischen Stoffen ein besonderes Eigenschaftsprofil:

- höchste Wärmeleitfähigkeit (bis zu 220 W/m K),
- hoher elektrischer Isolationswiderstand bis 600 °C,
- Wärmeausdehnung dem Silizium ähnlich,
- metallisierbar.

Tab. 10.13 Werkstoffkennwerte von Siliziumnitridsorten

Sorte Kurzzeichen	E in GPa	Biegefestigkeit in MPa	Wärmeleitfähigkeit[a] λ in W/mK	Wärmeausdehnung α[b] in 10^{-6}/K	Maximale Temperatur in °C	K_{IC}[c] in MPa $\sqrt{m}$
SSN	290–330	700–1000	15–40	2,5–3,5	1300	5–8,5
RBSN	80–180	80–330	4–15	2,1–3	1400	1,8–4
HPSN	290–320	300–600	15–40	3,0–3,4	1400	6–8,5
HIPSN	290–330	800–1100	15–50	3,1–3,3	1400	8,5
GPSSN	300–20	900–1200	20–25	2,7–2,9	1200	8–9

[a]Wärmeleitfähigkeit λ bei 20 °C

[b]thermischer Ausdehnungskoeffizient α für Keramik 30–600 °C

[c]K_{IC}: krit. Spannungs-Intensitätsfaktor (Bruchzähigkeit für Rissmodus I, aus der elastischen Bruchmechanik hergeleitet)

Durch sein Eigenschaftsprofil ist AlN der ideale Isolierwerkstoff für die Elektronik als Unterlage (Substrat) für gedruckte Schaltungen, mit angelöteten elektronischen Bauelementen und Si-Halbleitern. Es dient als Ersatz für das verwendete toxische Berylliumoxid BeO.

Bornitrid (BN)

Bornitrid kann ähnlich wie Kohlenstoff als Grafit und Diamant in zwei Kristallgittern auftreten und in das dichtere überführt werden.

- Hexagonales Bornitrid HBN
- Kubisches Bornitrid CBN

Die Synthese von Bornitrid erfolgt bei 900 °C aus Bortrioxid und Ammoniak. Die Herstellung geschieht nach folgender Reaktionsgleichung:

$$B_2O_3 + 2NH_3 \rightarrow 2BN + 3H_2O$$

Nach einer Behandlung mit Stickstoff bei 1500 °C entsteht BN in Plättchenform von 0,1–0,5 µm Dicke und ca. 5 µm $\varnothing$. Hexagonales Bornitrid HBN (weißer Grafit genannt) ist weich und wird in Form von Pulvern, Suspensionen oder Schichten als Trockengleitwerkstoff und Trennmittel verwendet. Bedeutung hat seine geringe Benetzungsfähigkeit mit Metallschmelzen. Vergleich mit Grafit:

- oxidationsbeständiger (stabile chemische Verbindung, d. h. Zustand niedriger Energie),
- elektrisch isolierend und wärmeleitend,
- ab 400 °C bessere Gleiteigenschaften als Grafit und Molybdändisulfid.

Kubisches Bornitrid CBN entsteht aus der hexagonalen Form wie Diamant durch Hochdruck- und Hochtemperaturbehandlung. Es hat ein Diamantgitter und steht in der Härte unter dem Diamanten, aber vor dem Titankarbid TiC.

Anwendungen von Bornitrid:
- Matrizen beim Stranggießen von NE-Metallen, Pulver und Spritzmittel für Gieß- und Warmumformwerkzeuge, Schutz gegen Schweißspritzer (HeboCoat®),
- Polymerzusatz: erhöhte Wärmeleitung bei hohem elektrischem Widerstand. Der Gleiteffekt schont die Werkzeuge,
- Nanopulver (ca. 70 nm Teilchengröße),
- Werkzeuge als Wendeschneidplatten oder als polykristalline Beschichtung von Hartmetall zum Spanen gehärteter Stähle eingesetzt (mit hoher Oberflächengüte).

10.5   Neue Verfahren zur Herstellung der Pulver-Ausgangsstoffe

Die Anwendung auf Bauteile in der Serienfertigung von z. B. Verbrennungsmotoren ist im Vergleich zu den Metallen schwierig. Das hat mehrere Gründe:

- Streuung der Eigenschaftswerte, da die natürlichen Ausgangsstoffe in Reinheit und Korngröße schwanken,
- Abhängigkeit der Bauteileigenschaften vom Herstellverfahren,
- dadurch Schwierigkeiten in der Qualitätssicherung wegen der höheren Ausfallwahrscheinlichkeit der nichtmetallisch-anorganischen Bauteile.

Es ist sehr aufwendig, aus Naturstoffen mit wechselnden Verunreinigungen die Ausgangsstoffe für Keramik ständig in reinster, gleichmäßig feinkörniger Pulverform herzustellen. Das hat zur Entwicklung anderer Herstellungsverfahren für Pulver kleiner Korngröße geführt. Wegen der Kosten sind diese Pulver zunächst auf kleine Teile und solche mit höchster Beanspruchung begrenzt. Vorteile sind wesentlich niedrigere Temperaturen beim Sintern, Reinheit und Mikrogefüge im Nanometer-Bereich und Möglichkeiten für neue Stoffkombinationen, die auf die konventionelle Weise nicht herstellbar sind.

Polymer-Pyrolyse[1]

Synthese von nichtoxidischen, anorganischen Festkörpern aus AlN, BN, SiC und SN in zwei Schritten:

- Polymerisation von solchen organischen Verbindungen, die Silizium u. a. anorganische Elemente im Molekül enthalten (z. B. Silane).

Beispiel für Polymerisation

Silane, z. B. Polycarbosilan entsprechen den Kohlenwasserstoffen und sind polymerisierbar. Sie zerfallen bei ca. 1000 °C unter Abspaltung von Methan und Wasserstoff:

$$[(CH_3)_2Si]_n \rightarrow SiC + CH_4 + H_2 \blacktriangleleft$$

- Keramisierung: thermische Zerlegung der hochmolekularen Verbindungen zu nichtmetallischen, anorganischen Feststoffen (Anwendung dieser Technik seit längerem zur Herstellung von C-Fasern aus PAN-Fasern (Polyacrylnitril) bekannt).

Sol-Gel-Verfahren

Ausfällen von schwer löslichen Hydroxiden aus Lösungen. Die Teilchen haben Größen im Bereich von einigen Nanometern (1 nm = 0,001 µm) und sind besser vermischt, als es

---

[1]Pyrolyse (pyro [griech.] – mittels Feuer, Hitze): Zerlegung von höhermolekularen Stoffen bei hohen Temperaturen. Pyrolyse ist die thermische Zersetzung unter Luftabschluss, um eine Oxidation zu vermeiden.

durch mechanisches Mahlen und Vermischen möglich ist. Hinzu kommt eine hohe Reinheit der Stoffe. Durch Wasserentzug entsteht aus dem Sol ein Gel, das durch Trocknung zu einem feinkörnigen Pulver verarbeitet wird. Sol und Gel sind jeweils Zweistoffsysteme von kleinsten Teilchen in einer flüssigen Phase. Sie unterscheiden sich in der Teilchengröße und in der Viskosität: Gel = gallertige Masse.

10.6 Vergleich ausgewählter keramischer Werkstoffe

Tab. 10.14 zeigt, dass die Keramiken, als Beispiel hier auch noch angegeben die anorganischen Gläser, nicht nur gegenüber Metallen (Stahl), sondern auch unter sich starke Unterschiede aufweisen können. Die Produkte der einzelnen Hersteller weichen aufgrund der unterschiedlichen Ausgangsstoffe und Verfahrensbedingungen voneinander ab.

Tab. 10.14 Werkstoffkennwerte anorganisch-nichtmetallischer Stoffe im Vergleich mit Stahl

Sorte Kurzzeichen	Dichte ρ in g/cm^3	E in GPa	Zug-/ Biegefestigkeit in MPa	Wärmeleitfähigkeit[a] λ in W/mK	Wärmeausdehnung[b] α in 10^{-6}/K	Maximale Temperatur in Luft in °C	K_{IC}[c] in MPa $\sqrt{m}$
Stahl, unleg.	7,85	210	500–700	62	12	200	100
Al-Oxide	3,2–3,9	200–380	200–300	10–16	5–7	1400–1700	4–5
PSZ (ZrO$_2$)	5–6	140–210	500–1000	1,2–3	9–13	900–1500	8
ATi (Al$_2$TiO$_5$)	3–3,7	10–30	25–50	1,5–3	1	900–1600	1
AlN	3,2	320	250–300	180–220	4,5–5,6	1000	3,0–3,5
HPSN	2–3,4	290–320	600–850	15–50	3,2	1400	6,8–8
HPSiC	3,2	440–450	500–800	80–145	3,9–4,8	1700	5,3
HBN	2,1	70	75	20–100	2,2–4,4	900	–
BC (B$_4$C)	2,51	450	300–400	30–400	5	700–1000	3,4
Quarzglas	2,21	76	115	1,15	0,5	1500	–
Kalk-Alkali-Glas	2,3–2,8	60	40–80	0,75–1,25	8	500–700	–
GJL250	7,2	103–118	340	48	10–13	200	–

[a]Wärmeleitfähigkeit λ bei 20 °C

[b]thermischer Ausdehnungskoeffizient α für Keramik 30–600 °C

[c]K_{IC}: krit. Spannungs-Intensitätsfaktor (Bruchzähigkeit für Rissmodus I, aus der elastischen Bruchmechanik hergeleitet)

Werkstoffprüfung

11

Das Fachgebiet der Werkstoffprüfung ist sehr umfangreich. Alle Werkstoffe müssen immer wieder geprüft werden – neben den metallischen Werkstoffen auch Kunststoffe, Gläser, keramische Stoffe, Halbleiter und Verbundwerkstoffe. Hauptaufgaben der Werkstoffprüfung sind:

- Sicherung der Qualität der Produkte in den Fertigungsgängen (Wareneingangs-, Produktionskontrolle)
- Untersuchung von Schäden in der Forschung
- Ermittlung von Kennwerten der Werkstoffeigenschaften zur Auswahl von Werkstoffen und Dimensionierung von Bauteilen in der Konstruktion
- Entwicklung geeigneter Prüfverfahren.

Die Prüfverfahren werden in unterschiedliche Gruppen eingeteilt (Tab. 11.1):

Im Rahmen des Buches werden nur die Prüfverfahren näher behandelt, die zum Verständnis des behandelten Lehrstoffs wichtig sind oder für den Arbeitsbereich des Technikers oder der Ingenieurin im Maschinenbau bedeutsam sein könnten (Qualitätssicherung). Das ist nur ein kleiner Ausschnitt der o. a. Untersuchungen:

- Prüfung von mechanischen Werkstoffkennwerten (Abnahme und Gütekontrolle),
- Prüfung von Verarbeitungseigenschaften,
- Gefügeuntersuchungen,
- Prüfung von Roh- und Fertigteilen auf Fehler (zerstörungsfreie Prüfung, ZfP)
- Chemische Analyse.

© Der/die Herausgeber bzw. der/die Autor(en), exklusiv lizenziert an Springer Fachmedien Wiesbaden GmbH, ein Teil von Springer Nature 2026
C. Jaroschek et al., *Weißbach - Werkstoffe und ihre Anwendungen*,
https://doi.org/10.1007/978-3-658-50256-0_11

Tab. 11.1 Werkstoffprüfverfahren und Anwendungsbeispiele

Werkstoffprüfgruppe	Beispiele
Chemische Analysen	Analyse der mittleren Zusammensetzung von Werkstoffen (Spektralanalyse) oder einzelner Werkstoffbereiche (Mikrosonde)
Untersuchung von Gefügen und Schadstellen	Herstellung von Gefügebildern (Schliffbilder) mittels Lichtmikroskopie Untersuchung von Bruchflächen mittels Elektronenmikroskopie
Eigenschaftsprüfungen	Ermittlung von Werkstoffkennwerten und -linien zur Qualitätssicherung, z. B. Zugversuch, Härteprüfungen Prüfung von Verarbeitungseigenschaften (technologische Prüfungen), z. B. auf Schmiedbarkeit, Härtbarkeit
Fehlersuche	Aufspüren von Werkstofffehlern ohne Zerstörung des Bauteils mittels durchdringender Medien wie Strahlen, Ultraschall oder Magnetfeldern

Tab. 11.2 Arten der Belastung bei unterschiedlichen Prüfverfahren

Statische Verfahren	*Beispiel*
Belastung langsam bis zum Höchstwert	Härteprüfung
Belastung stetig gesteigert bis zum Versagen	Zugversuch
Belastung konstant gehalten	Zeitstandversuch
Dynamische Verfahren	*Beispiel*
Belastung schlagartig aufgebracht	Kerbschlagbiegeversuch
Zyklische Verfahren	*Beispiel*
Belastung ändert sich zwischen Grenzwerten • gleichförmig	Dauerschwingversuche Wöhlerversuch
• unregelmäßig	Lebensdauerversuch
Thermische Verfahren	*Beispiel*
Belastung konstante Temperatur	Dauergebrauchstemperatur (RTI)
Messung entlang Temperaturprofil	DSC, TGA, DMA

11.1 Prüfung von Werkstoffkennwerten

Die Eigenschaften eines Werkstoffes lassen sich mit Kennwerten beschreiben. Teilweise genügt die Angabe eines einzigen Wertes. Speziell bei Kunststoffen sind häufig auch Kennlinien notwendig, die z. B. die Eigenschaft bei verschiedenen Temperaturen darstellen. Der Konstrukteur benötigt Kennwerte für die Werkstoffwahl. Die Fertigung nutzt sie für die Kontrollen des Rohmaterials und der Fertigungsgänge, aber auch, um Daten für die einzelnen Arbeitsgänge angeben zu können.

Werkstoffkennwerte werden meist an besonders hergestellten Probekörpern (kurz Probe) ermittelt. Bei mechanischen Eigenschaften belastet man die Probe bis zum Bruch oder bis zu einer bestimmten Verformung. Belastung, Verformung und die Zeit werden gemessen.

Die Belastung kann auf die Proben unterschiedlich wirken (Tab. 11.2).

Tab. 11.3 Kennwerte und Normen unterschiedlicher Prüfverfahren

Werkstoffkennwert	Prüfung, Versuch	Normung DIN-Nr.
Statische Verfahren		
Härte HBW HV HRC Shore	Härteprüfung: Brinell Vickers Rockwell	EN ISO 6506 EN ISO 6507 EN ISO 6508 EN ISO 868
Zugfestigkeit R_m	Zugversuch	EN ISO 6892
Streckgrenze R_e	Zugversuch	
0,2-%-Dehngrenze $R_{p0,2}$	Zugversuch	
Bruchdehnung A	Zugversuch	
Brucheinschnürung Z	Zugversuch	
Elastizitätsmodul E	Zugversuch	
Druckfestigkeit (Keramik)	Scherversuch Druckversuch	EN 3238 ISO 17162
Biegefestigkeit (Keramik)	Biegeversuch	EN 843
Zeitstandfestigkeit Zeitdehngrenze	Zeitstandversuch	EN ISO 204
Dynamische Verfahren		
Härte nach Shore	Rücksprunghärte	
Zähigkeit (Kerbschlagarbeit KV)	Kerbschlagbiegeversuch	EN ISO 148
Zyklische Verfahren		
Dauerfestigkeiten	Umlaufbiegeversuch	50113
Wechselfestigkeit σ_w, σ_{Sch}	Dauerschwingversuch	50100

In Werkstücken ist der Werkstoff oft nicht homogen verteilt. Damit die Probe zu Durchschnittswerten des Werkstoffes führt, sind zahlreiche Normen[1] für die Entnahme und Bearbeitung der Proben aufgestellt worden (Tab. 11.3). Dabei darf das Werkstoffgefüge nicht durch Erwärmen oder Umformen verändert werden.

11.2   Mechanische Eigenschaften bei statischer Belastung

Die mechanischen Eigenschaften werden allgemein mit Festigkeit und Steifigkeit sehr ungenau bezeichnet.

Festigkeit ist der Widerstand eines Werkstoffs gegen plastische Verformung. Bei einer Belastung wird sich ein Werkstoff zunächst elastisch verformen. Nach Erreichen einer Grenzbelastung kann sich der Werkstoff entweder bleibend verformen oder zu Bruch gehen.

Steifigkeit ist der Widerstand eines Bauteils gegen elastische Verformung. Die Steifigkeit hängt ab von der Werkstoffeigenschaft E-Modul und der Geometrie.

---

[1] DIN-Taschenbücher Materialprüfnormen Nr.: 19, 56, 205, 370, Beuth-Verlag, 2006/2011

Tab. 11.4 Kennwerte und Zuordnung zu den Belastungs- und Versagensarten

Verformungszustand	Festigkeits-, Steifigkeitsbegriff
Reine elastische Verformung	E-Modul
Beginn der plastischen Verformung	Dehngrenzen, Streckgrenze
Beginnende Einschnürung, max. ertragbare Last/Spannung	Zugfestigkeit

Mit genormten Versuchen wird die Verformung definierter Probekörper bei bestimmten Lasten ermittelt. Daraus lassen sich Kennwerte zur Beschreibung von Festigkeit und Steifigkeit ableiten. Diese Kennwerte sind immer Spannungen, also auf einen Querschnitt bezogen. Damit kann man in der Konstruktion für vorgegebene Belastungskräfte die notwendigen Bauteilquerschnitte festlegen (Tab. 11.4). In den meisten Fällen sind diese Spannungen nicht die wirklich auftretenden, die wahren Spannungen, sondern Rechenwerte aus Prüfkraft und Querschnitt vor dem Versuch, die sog. Nennspannungen.

Zugversuch, Versuchsablauf

Ein Prüfkörper wird in die Einspannvorrichtungen der Zugprüfmaschine biegungsfrei eingesetzt und durch eine steigende Verformung so lange gedehnt, bis der Bruch eintritt. Eine unsaubere Einspannung (schräg) führt zu überlagerter Biegebelastung. Die rechnerische Nennspannung wäre dann höher, d. h., es würde eine niedrigere Zugfestigkeit ermittelt werden.

Die Dehngeschwindigkeit im Versuch muss niedrig sein, damit das Ergebnis nicht verfälscht wird (kleiner als 10 % je min). Kraft und Verlängerung der Probe werden aufgezeichnet. Anfangs verlängert sich die Probe elastisch (federnd), die Messmarken würden nach einer Entlastung wieder den Abstand L_0 zeigen. Größere Kräfte bewirken eine zusätzliche plastische (bleibende) Verlängerung. Bei Entlastung würde nur der elastische Anteil rückfedern, der Abstand der Messmarken ist dann größer als L_0.

Nach weiterer Kraftzunahme kann je nach Werkstoff der Werkstoff brechen oder es beginnt eine Einschnürung etwa in der Mitte der Messlänge, das ist eine örtliche Verkleinerung des Querschnitts. An dieser Stelle tritt kurz darauf der Bruch ein.

Spannungs-Dehnungs-Diagramm

Beim Versuch werden Wertepaare von Kraft und Verlängerung aufgezeichnet. Diese Werte sind je nach Probengröße verschieden, also probenabhängig. Die Probenabhängigkeit der Ergebnisse wird durch Einführung von bezogenen Größen, hier Spannung und Dehnung, beseitigt.

$$\text{Spannung } \sigma = \frac{\text{Kraft } F}{\text{Probenquerschnitt } S_0}$$

$$\text{Dehnung } \varepsilon = \frac{\text{Probenverlängerung } \Delta L}{\text{Messlänge } L_0}$$

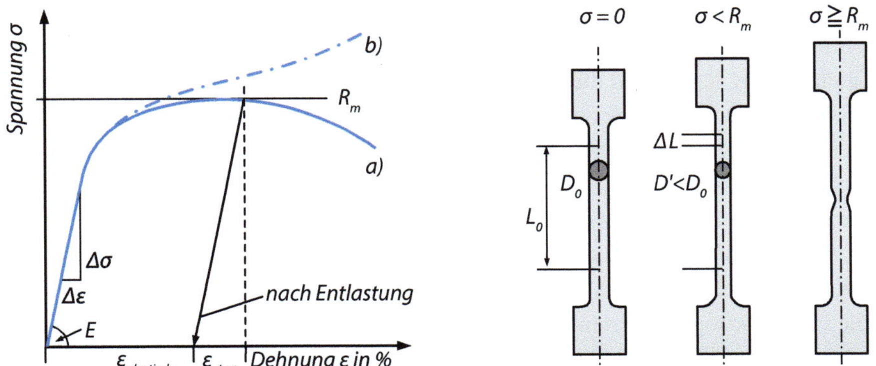

Abb. 11.1 Schematische Darstellung des Spannungs-Dehnungs-Diagramms von **a)** Nennspannung, auf den Ausgangsquerschnitt S_0 bezogen, **b)** Verlauf der wahren Spannung bezogen auf den tatsächlichen, sich verjüngenden Querschnitt

So entsteht aus dem Kraft-Verlängerungs-Diagramm das Spannungs-Dehnungs-Diagramm, probenunabhängig und werkstofftypisch (Abb. 11.1, Kurve a). Drei Bereiche sind hier wichtig:

- Anfangsbereich (Hooke'sche Gerade)
- Gekrümmter Bereich zwischen der Geraden und dem Maximalwert
- Gekrümmter Bereich nach dem Maximalwert.

Hooke'sche Gerade

Spannung und Dehnung sind im Rahmen der Messgenauigkeit proportional, d. h., eine Verdoppelung der Spannung würde auch die Dehnung verdoppeln. Es gilt das Hooke'sche Gesetz:

$$\sigma = \varepsilon E$$

Der Wert E ist der E-Modul, er kennzeichnet die Steifigkeit. In diesem Spannungsbereich liegt in der Regel die Beanspruchung von Bauteilen während ihrer Funktion, denn alle Belastungen bewirken nur eine elastische Verformung. Nach einer Entlastung nimmt ein Bauteil seine ursprüngliche Form wieder an. Die gemessene Dehnung setzt sich aus einem plastischen und einem elastischen Anteil zusammen. Nach Überschreiten einer Grenzspannung flacht die Messkurve ab und verläuft nicht mehr als Gerade. Bis zu dieser Grenzspannung (Streckgrenze) würde sich die Probe wieder elastisch zurückverformen. Oberhalb der Spannung würde man nach einer Entlastung eine bleibende Verlängerung der Probe messen, das ist der plastische Verformungsanteil.

Bereich bis zum Maximum

Bis zum Erreichen der Zugfestigkeit R_m wird die Probe im Bereich zwischen den Schultern gleichmäßig länger und dünner. Die Verformung setzt sich zusammen aus dem elastischen Anteil und einem plastischen Anteil. Bei gut verformbaren Werkstoffen ist dieser Bereich sehr ausgeprägt, harte und spröde Materialien haben hier nur einen sehr kleinen Bereich.

Die plastische Verformung entsteht durch Schubspannungen im Inneren des Werkstoffs, bei Metallen lässt sich das mit einem Abgleiten von Gitterebenen veranschaulichen. Eine Kraft in Richtung der Achse des Prüfkörpers bewirkt im Inneren Spannungen, also auf die Fläche bezogene Lasten. Normalspannungen wirken immer senkrecht zu einer Fläche, Schubspannungen sind flächenparallel. Die Normalspannungen sind bei einer axialen Kraft senkrecht zur Kraft am höchsten. Die Schubspannungen haben ihr Maximum unter einem Winkel von 45°.

Weil im Bereich zwischen den Schultern bei einem gleichen Querschnitt die Spannungen an jeder Stelle gleich groß sind, wird der Prüfkörper insgesamt länger und gleichzeitig dünner. In diesem Bereich spricht man daher auch von Gleichmaßdehnung.

Mit der plastischen Verformung tritt die Verformungsverfestigung (Kaltverfestigung) auf. Deshalb müssen jetzt für eine weitere Dehnung der Probe auch zunehmende Kräfte bzw. Spannungen aufgebracht werden: Die Kraftanzeige steigt.

Bereich nach dem Maximum

Bei Metallen bewirkt die plastische Verformung üblicherweise eine Kaltverfestigung. Irgendwann ist der Werkstoff so weit verfestigt, dass eine weitere plastische Verformung nicht mehr möglich ist. Dann versagt der Werkstoff. Die maximal mögliche Spannung ist somit die Zugfestigkeit.

Im Maximum der Kurve (Zugfestigkeit R_m) tritt bei verformbaren Werkstoffen eine örtliche Querschnittsverkleinerung auf. Sie wird Einschnürung genannt. Der schnell abnehmende Querschnitt im Einschnürbereich benötigt kleiner werdende Kräfte zu weiterer Dehnung, deshalb sinkt die Kraftanzeige bis zum Bruch. Beim Bruch geht die elastische Dehnung der Probe zurück, übrig bleibt die Bruchdehnung A. Die weitere Längenänderung der Probe findet nur noch in diesem Bereich statt. Hier beginnt das Werkstoffversagen mit einer Einschnürung des Prüfkörpers. Weil man aus praktischen Gründen den tatsächlichen Querschnitt während des Versuchs nicht messen kann, nimmt man für die Umrechnung in die Spannung den Ausgangsquerschnitt S_0. Bei der technischen Spannungs-Dehnungs-Kurve sinkt die Spannung entsprechend nach dem Maximum (Kurve a). Die Zugkraft der Belastung ergibt nach Erreichen der Zugfestigkeit höhere Spannungen nach der Einschnürung (Kurve b), wenn man den tatsächlichen Prüfquerschnitt zur Berechnung nehmen würde. Dieses ergibt dann die „wahre" Spannungs-Dehnungs-Kurve.

Kennwerte

Die Werkstoffkennwerte (Tab. 11.5) des Zugversuches dienen überwiegend als Grundlage für die Abnahme und Qualitätssicherung von Halbzeug und Rohteilen und für die

Tab. 11.5 Werkstoffkennwerte aus dem Zugversuch

Werkstoffkennwert	Formelzeichen		Einheit
	Metalle	Kunststoffe	
Elastizitätsmodul	E	E	MPa/GPa
0,2-%-Dehngrenze	$R_{p0,2}$	–	MPa
Streckgrenze	R_e	σ_Y	MPa
Zugfestigkeit	R_m		MPa
Bruchdehnung	A	ε	%
Brucheinschnürung	Z		%

MPa = N/mm², GPa = 1.000 N/mm²

Konstruktion. Aus der Kombination der Festigkeits- und Verformungskennwerte kann man die Sprödbruchneigung eines Stahles qualitativ abschätzen.

Die Beanspruchung von Maschinenteilen ist oft nicht statisch. Für die Auslegung von Bauteilen sind meist zusätzliche Werte wichtig (Dauerfestigkeiten, Zähigkeit).

Speziell für Kunststoffe sind diese Kennwerte mit Vorsicht zu verwenden, denn sie gelten nur für Normbedingungen. Damit ist besonders die Temperatur gemeint. Die Temperatur beeinflusst aber das mechanische Verhalten der Kunststoffe sehr. Alternativ zu den Zugversuchsdaten können auch DMA-Ergebnisse verwendet werden (s. Abschn. 11.6.3).

11.2.1 Zugversuch für Metalle (DIN EN ISO 6892-1:2020)

Prüfkörper

Abb. 11.2 zeigt schematisch eine Rundzugprobe. Wie alle Zugprobenformen besteht sie aus einem schlanken Teil mit konstantem Querschnitt (Versuchslänge), der mit Abrundungsradien in die verdickten Enden übergeht. Sie dienen zum Spannen und Krafteinleiten. Die wesentlichen Maße sind die Messlänge L_o und der Durchmesser d_o. Zwischen beiden soll ein festes Verhältnis (Proportionalität) bestehen.

Messlänge L_o ist der Abstand von zwei Markierungen, z. B. ein Lackstreifen. Nach Norm ist

$$L_0 = 5d_0$$

Zur Prüfung von Blechen können die Probekörper zwangsläufig nur flach sein. Daher wird für rechteckige Probenquerschnitte die Messlänge auf den Ausgangsquerschnitt S_0 bezogen

$$L_0 = 5,65\sqrt{S_0}$$

Das Normblatt DIN EN ISO 6892-1 enthält Maße und Richtlinien für die Herstellung der Proben. Es sind auch Proben mit Rechteckquerschnitt möglich. Daneben gibt es Normen für Probestäbe aus Gusseisensorten und Blechen, hier werden gestanzte oder gefräste

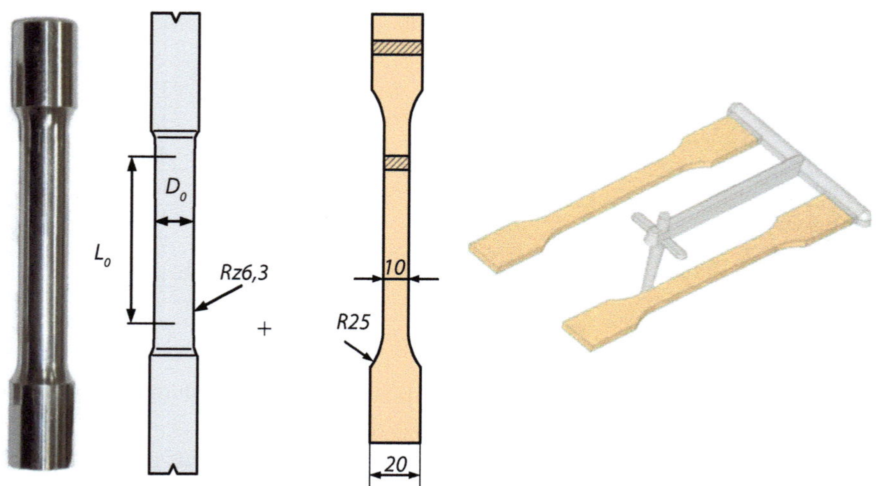

Abb. 11.2 Norm Prüfkörper für den Zugversuch, links spritzgegossen für Kunststoffe, rechts gedrehter Rundprüfkörper für Metalle

Flachprobekörper verwendet. Für die Prüfung von Kunststoffen hat man die Form der Flachprobekörper weitgehend übernommen, hier werden die Probekörper mittels Spritzgießverfahren hergestellt.

Die Norm unterscheidet die Versuchsarten mit konstanter Dehngeschwindigkeit (Typ A), wobei das Querhaupt der Messmaschine mit einer konstanten Geschwindigkeit langsam verfahren wird und dem Typ B, bei dem der Spannungszuwachs pro Zeit konstant gehalten wird. Üblich ist wegen des geringeren apparativen Aufwands der Versuch entsprechend Typ A.

Die sog. zulässigen Spannungen in einem Bauteil liegen stets auf der Hooke'schen Geraden. Bei höheren Belastungen wird die Spannungs-Dehnungs-Kurve zunehmend von der Hooke'schen Geraden abweichen. Das ist die Regel z. B. bei Aluminium, Kupfer oder austenitischem Stahl.

Das effektive Ende der Hooke'schen Gerade wird als Dehngrenze bezeichnet und wird über eine bleibende Verformung der Zugprobe nach Entlastung festgelegt. Gebräuchlich ist die 0,2-%-Dehngrenze $R_{p0,2}$, also die Spannung, die nach Entlastung eine gut messbare plastische Dehnung von 0,2 % hervorruft (s. Abb. 11.3). Diese Grenze ist eine willkürliche Festlegung, weil das Verlassen der Hooke'schen Gerade nicht exakt messbar ist. Bei eine Messlänge von 50 mm entspricht 0,2 % gerade 0,1 mm was zuverlässig messbar ist. Bei einer konkreten Anwendung dieses Grenzwerts würde eine Bauteilbelastung eine bleibende Verformung von 0,2 % bedeuten, was in dem meisten Fällen hinnehmbar wäre.

Bei Baustahl und anderen C-armen Stählen steigt die Hooke'sche Gerade bis zu einem Maximum an. Diese Grenzspannung wird Streckgrenze R_{eH} genannt. Mit dem Überschreiten der Streckgrenze wir die Probe sichtbar gestreckt, ihre glänzende Oberfläche wird

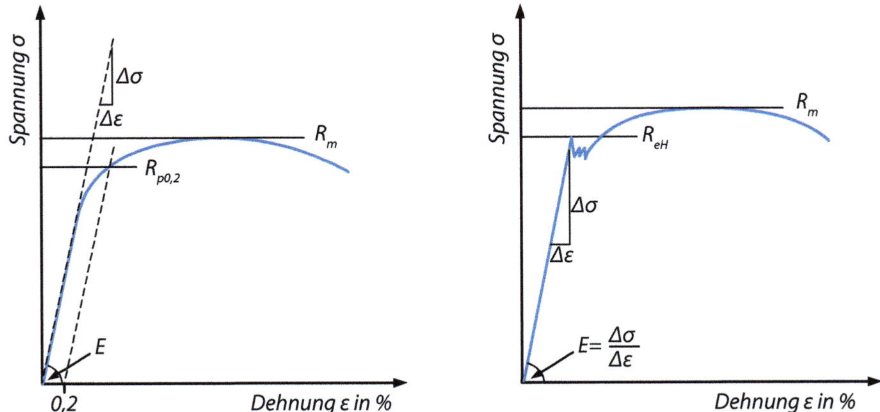

Abb. 11.3 Schematische Darstellung der Dehngrenze (links) und der Streckgrenze (rechts)

matt. Diese stärkere plastische Verformung (Lüdersdehnung) wird auch als Fließen bezeichnet. Während des Fließens kann die Spannung auch sinken.

Der Abfall der Kurve entsteht durch das schlagartige Losreißen der Versetzungen von Kohlenstoffatomansammlungen, den Cottrell-Wolken. Wenn Versetzungen an anderen Hindernissen gebremst werden, können sie von hinterher diffundierenden Kohlenstoffatomen wieder blockiert werden und müssen sich dann erneut losreißen. So kann eine wellige Spannungs-Dehnungs-Kurve im Bereich der Lüders-Dehnung entstehen.

Die Streckgrenze bildet sich zeitabhängig, d. h., nach einer Belastung über diese Grenze hinaus bewirkt mittelfristige Auslöschung der Cottrell-Wolken, eine zeitnahe erneute Belastung würde keine Streckgrenze zeigen. Aus diesem Grund werden Tiefziehbleche im Vorfeld häufig kaltgewalzt, um die Bildung von Fließfiguren während des eigentlichen Tiefziehens zu verhindern. Erfolgt die Wiederbelastung jedoch erst nach länger Wartezeit, kann man wieder eine Streckgrenze feststellen.

▶ **Hinweis** Der im Zusammenhang mit Festigkeitsbetrachtungen manchmal gebrauchte Begriff Fließgrenze ist der Oberbegriff für Spannungen, die eine erste größere plastische Verformung ergeben. Streckgrenze R_e und 0,2-%-Dehngrenze $R_{p0,2}$ sind in technischen Dokumenten gleichwertige Grenzspannungen.

Der Elastizitätsmodul (E-Modul) wird für die Berechnung der elastischen Verformung und von Dehn-, Schrumpf- und Wärmespannungen benötigt. Von zentraler Bedeutung ist der E-Modul bei der Berechnung von Knick- und Beulsteifigkeiten.

Zur Ermittlung des E-Moduls werden zwei zugeordnete Werte von Spannung σ und Dehnung ε im elastischen Bereich eingesetzt. Dabei muss die Dehnung mit Feinmessgeräten ermittelt werden, die auf 1 μm und weniger ansprechen.

Elastizitätsmodul $E = \dfrac{\Delta\sigma}{\Delta\varepsilon}$

▶ **Hinweis** Vielfach wird der E-Modul auch als Bauteilsteifigkeit bezeichnet. Die **Steifigkeit** ist eine Größe der Technischen Mechanik. Sie beschreibt den Widerstand eines Körpers gegen eine durch äußere Belastung und wird berechnet mit dem E-Modul und dem Flächenträgheitsmoment, das durch die Bauteilgestalt festgelegt ist.

Beispiel für die Bedeutung des E-Moduls

Wegen des kleineren E-Moduls (1/3 von Stahl) würde der Al-Träger die dreifache elastische Formänderung (Durchbiegung) aufweisen. Typische E-Moduln sind: E_{Stahl} =210.000 N/mm², $E_{Aluminium}$ = 70.000 N/mm². ◀

▶ **Hinweis** Die Angaben des E-Moduls sind in den Einheiten N/mm² bzw. MPa oder GPa (1.000 N/mm² = 1.000 MPa = 1 GPa).

Neben dem Elastizitätsmodul wird für manche Berechnungen auch der Schubmodul G benötigt, der den Widerstand gegen elastische Schubverformung (Scherung, Verdrehung) beschreibt. Sofern keine Tabellenwerte für den Schubmodul vorliegen, kann er aus dem Elastizitätsmodul abgeschätzt werden (G = 0,3·E). Es gilt für jedes isotrope Metall die strenge Beziehung (E = 2(µ + 1)·G).

Die Querkontraktionszahl µ ist das Verhältnis von elastischer Quer- zur Längsdehnung im Zugversuch. Ein typischer Wert für die Querkontraktionszahl eines metallischen Werkstoffes ist µ = 0,3.

Die metallischen Werkstoffe weisen unterschiedliche Spannungs-Dehnungs-Diagramme auf. Eine Wärmebehandlung verändert die Form der Kurve stark (Abb. 11.4).

11.2.2 Zugversuch für Kunststoffe (DIN EN ISO 527-1:2019)

Zur Erfassung von Festigkeitswerten für Kunststoffe wird der Zugversuch analog zur Prüfung der Metalle genutzt. Das ist zunächst praktisch und naheliegend. Die mechanischen Eigenschaften der speziell thermoplastischen Kunststoffe sind jedoch stark abhängig von der Temperatur. Zusätzlich wird das plastische Verhalten von der Belastungsgeschwindigkeit und bei einigen Kunststoffen von der Feuchtigkeit beeinflusst.

Für eine Auswahl und Charakterisierung der Kunststoffe sind die Ergebnisdaten des Zugversuchs zweckmäßig. Für Berechnungen sind aber möglicherweise zusätzliche Angaben notwendig, z. B. wie sich die Daten bei höheren Temperaturen verhalten. Hier liefert die DMA (dynamisch mechanische Analyse) die Angaben.

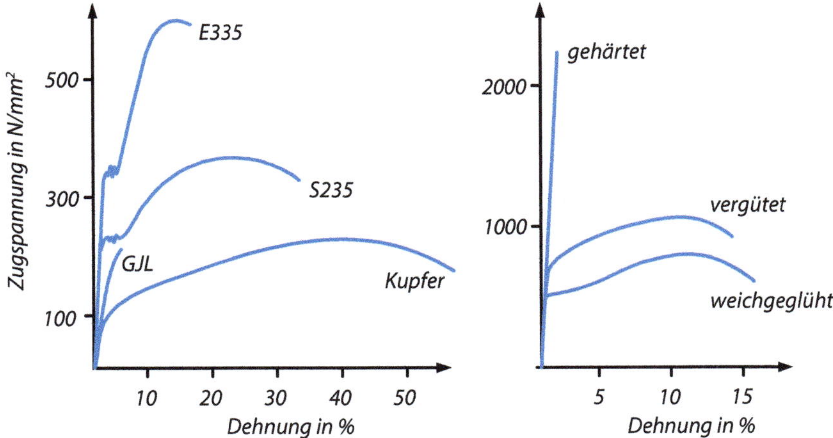

Abb. 11.4 Spannungs-Dehnungs-Diagramme, links: div. Metalle, rechts: Stahl mit verschiedener Wärmebehandlung

Prüfkörper

Für die Prüfung von Kunststoffen werden überwiegend Flachstäbe verwendet, die entweder spritzgegossen werden oder aus Platten oder Folien herausgeschnitten/gestanzt werden.

Die Schulterstabform ergibt sich aus der Notwendigkeit einer ausreichenden Klemmbarkeit in den Einspannvorrichtungen der Festigkeitsprüfanlage und der Erzeugung eines gleichmäßigen Spannungszustandes in hinreichender Entfernung von den Einspannungen.

Für die Durchführung von Zugversuchen ist auch die Verwendung von proportional verkleinerten Prüfkörpern zulässig, was dann erforderlich ist, wenn nur sehr kleine Mengen Material zur Verfügung stehen bzw. die Entnahme aus Bauteilen zur Bauteilcharakterisierung erforderlich ist.

Abweichend von der Norm werden auch Prüfstäbe mit geringeren Dicken als 4 mm hergestellt. Durch das Herstellverfahren Spritzgießen kühlen dünnere Wanddicken schneller ab, wodurch sich für teilkristalline Materialien geringere Kristallisationsgrad ergeben. Untersuchungen haben ergeben, dass die Festigkeits- und E-Modulwerte von 4 mm dicken Prüfkörpern, bis zu 30 % geringer sind im Vergleich zu 1 mm dicken Prüfkörpern.

▶ **Hinweis** Für die Norm zur Messung des E-Modul an Kunststoffen hat man sich stark an bestehenden Normen für die Metalle orientiert. Nach heutigem Kenntnisstand ist die Norm für die Messung mit Kunststoffen infrage zu stellen, weil der E-Modul bei Kunststoffen kaum als weitgehend konstanter Kennwert gelten kann. Er ist sehr abhängig von der Temperatur, der Belastungsgeschwindigkeit und der Wanddicke.

Die Kunststoffe können je nach Sorte und Einsatztemperatur spröde bis weich sein. Das spröde Verhalten liegt fast immer bei Temperaturen unterhalb der Glasübergangstemperatur vor und ist fast linear elastisch. Ähnlich wie bei den Metallen ist die Dehnung

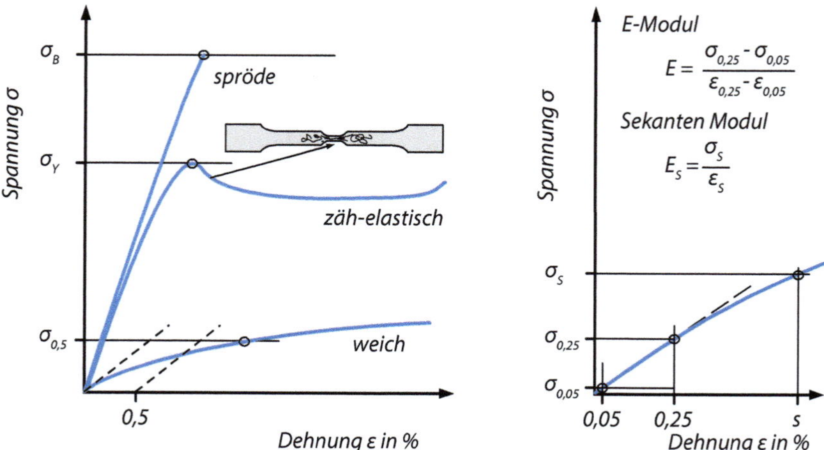

Abb. 11.5 Bemessungsgrenzen und E-Moduldefinitionen für Kunststoffe

proportional zur Spannung, ab einer oberen Spannung kommt es zum Bruch. Diese Spannung wird Bruchspannung σ_B genannt und ist ein eindeutiger Grenzwert für die Dimensionierung (Abb. 11.5).

Speziell unverstärkte, teilkristalline Kunststoffe sind oberhalb der Glasübergangstemperatur zäh-elastisch. Elastisch hat hier eine andere Bedeutung als bei Metallen. Wegen des molekularen Aufbaus gibt es keine klare Hooke'sche Gerade. Auch wenn die Belastungskurve im Anfangsbereich nicht linear verläuft, ist eine vollständige Rückverformung nach Entlastung möglich.

Ab der Streckspannung σ_Y (Y steht für eng. Yield: Ausbeute) kommt es zu einer Halsbildung. Ab dieser Grenze versagt der Werkstoff. Diese Streckspannung ist wegen der Verjüngung des Querschnitts vergleichbar mit der Zugfestigkeit der Metalle, wobei das Verhalten insgesamt sehr unterschiedlich ist. Während bei Metallen der Versuch sich aufgrund der Einschnürung und damit steigenden tatsächlichen Spannungen beschleunigt und kaum noch angehalten werden kann, verläuft die Halsbildung ganz allmählig, wobei sich Moleküle aus dem Bereich der Messlänge ausgerichtet werden und diesen Hals bilden. Eine Verlängerung der Probe um mehrere hundert Prozent ist nicht ausgeschlossen, bzw. der Versuch endet ohne Bruch, weil die Zugprüfmaschine das mechanisch mögliche Ende erreicht hat.

Im weiteren Verlauf kann die Spannung wieder ansteigen und einen noch höheren Wert annehmen. Derartige Maximalwerte haben aber für die Konstruktion keine Bedeutung.

Bei höheren Temperaturen oder auch bei Elastomeren kann eine ausgeprägte Streckgrenze nicht gemessen werden. In dem Fall wird eine 0,5 %-Verformung als Grenzwert gewählt.

Für den E-Modul werden zwei Definitionen verwendet. Oft ist es nicht möglich eine Hooke'sche Gerade zu zeichnen, das ist eine Tangente durch den Ursprung an die Spannungskurve. Der Grund liegt in der Weichheit vieler Materialien. Für die Kunststoffe wird die Hooke'sche Gerade daher festgelegt durch die Schnittpunkte bei 0,05 und 0,25 % Dehnung. Diese Steigung der so definierten Hooke'schen Geraden ist der E-Modul E_0. Als weitere Methode wird der Sekantenmodul durch die Berechnung der Spannung bei einer Dehnung von 2 % oder 5 % berechnet.

Viele Kunststoffe sind nichtlinear elastisch. Bei größeren Spannungen ist der Verlauf der Kurve nicht gerade. Nach einer Entlastung unmittelbar auf die Belastung geht die Verformung jedoch wieder vollständig zurück.

11.2.3 Wärmeformbeständigkeit (HDT) DIN EN ISO 75-1,-2,-3

Die mechanischen Eigenschaften thermoplastischer Kunststoffe sind stark temperaturabhängig. Der mit dem Kurzzeit-Zugversuch gemessene E-Modul wird mit zunehmender Temperatur geringer. Für den Konstrukteur ist hier die Temperatur der Wärmeformbeständigkeit wichtig. In Datenblättern wird hierfür der Wert HDT angegeben (heat deflection temperature). Dieser Temperaturwert ist geeignet, das relative Verhalten verschiedener Werkstoffe bei erhöhter Temperatur abzuschätzen.

Die Messung erfolgt mit einem rechteckigen Prüfkörper, der flachkant auf zwei Auflagern liegt und mittig belastet wird (Abb. 11.6). Die Versuchsanordnung wird über eine Flüssigkeit geregelt aufgewärmt. Man geht davon aus, dass der Prüfkörper bei der geringen Aufheizgeschwindigkeit immer die gleiche Temperatur wie das Bad hat.

Die Belastung erfolgt entweder mit 1,8 MPa (HDT-A) oder 0,45 MPa (HDT-B). Die Belastung σ ergibt sich aus:

$$\sigma = \frac{F3L}{2bh^2}$$

Hierin ist F die Last, L der Abstand der Auflager, b die Breite des Prüfkörpers und h dessen Höhe.

Der Ergebniswert ist die Temperatur, bei der Prüfkörper aufgrund der Durchbiegung im Randbereich um 0,2 % gedehnt wird. Diese Verformung errechnet sich aus:

$$\Delta s = \frac{L^2}{3000\,h}$$

Hierin ist L das Maß zwischen den Auflagern in mm und h die Probekörperdicke im mm.

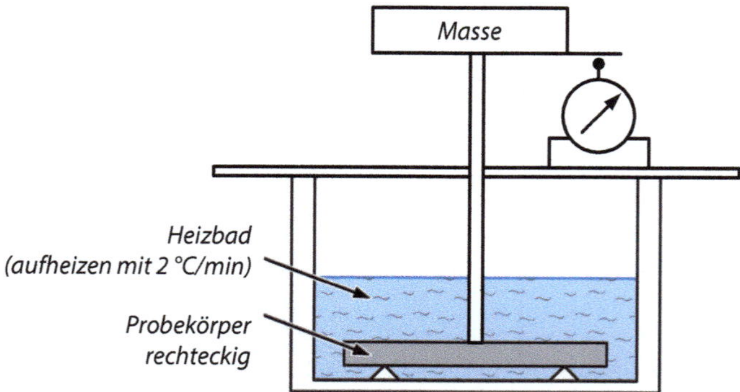

Abb. 11.6 Messung der Wärmeformbeständigkeit

11.2.4 Allgemeines Bruchverhalten

Das Bruchverhalten eines Werkstoffes beim Zugversuch hängt von den Gleitmöglichkeiten seiner Versetzungen ab. Die inneren Schubspannungen erreichen in allen Ebenen, die unter 45° zur Achse der Zugkraft liegen, einen Höchstwert.

Ein Trennbruch hat eine Bruchfläche senkrecht zur Zugrichtung (Abb. 11.7). Er tritt bei Werkstoffen ohne Gleitmöglichkeiten oder solchen mit hohem Verformungswiderstand ein, bei Metallen betrifft das z. B. gehärtete Typen. Dabei steigt die Kraft F, ohne dass die unter 45° wirkende maximale Schubspannung in der Lage ist, den hohen Verformungswiderstand zu überwinden und den Werkstoff plastisch zu verformen.

Ein Verformungsbruch (Scherbruch) tritt bei Werkstoffen mit vielen Gleitmöglichkeiten bzw. starker Plastizität auf. Nach einer Einschnürung bricht die Probe unter Wirkung der Schubspannungen in einer 45°-Ebene.

Ein Mischbruch ist die Kombination von Trennbruch und Verformungsbruch und tritt bei den meisten Stählen an Rundproben auf. Oberhalb der Zugfestigkeit schnürt sich der Prüfkörper irgendwo im Bereich des Messlänge ein. Mit der Zugfestigkeit ist eine maximale Verformung erreicht, wobei sich ein Kraterränder unter den Schubspannungen im

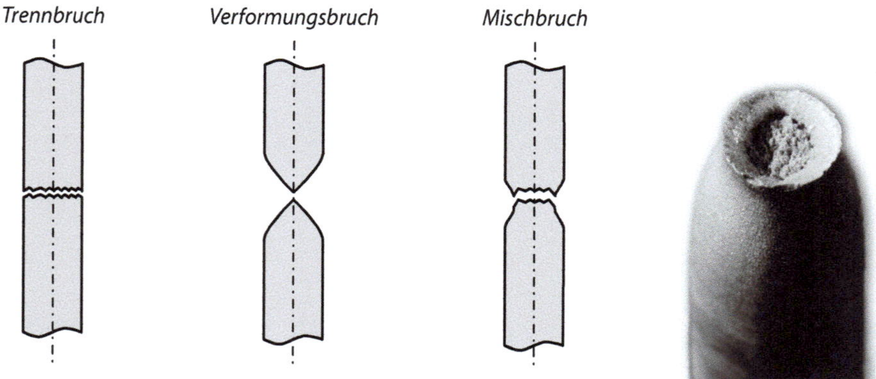

Abb. 11.7 Bruchformen beim Zugversuch, schematische Darstellung, Photo TU Wien.

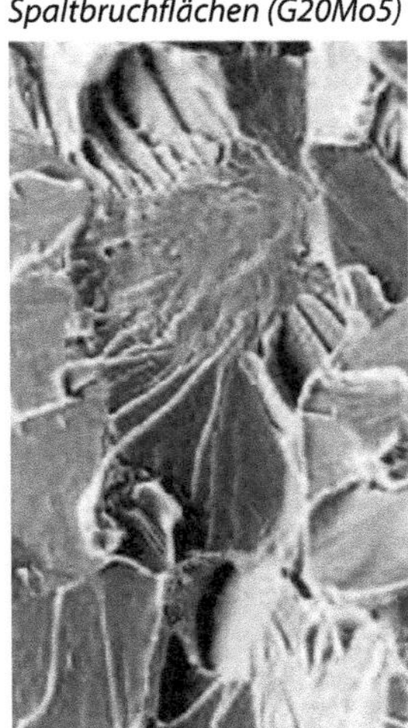

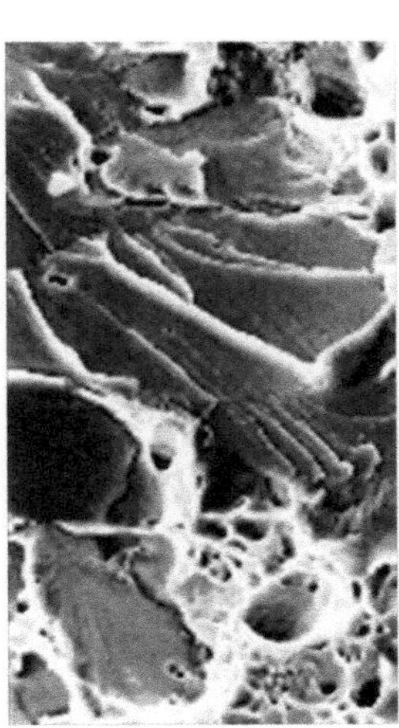

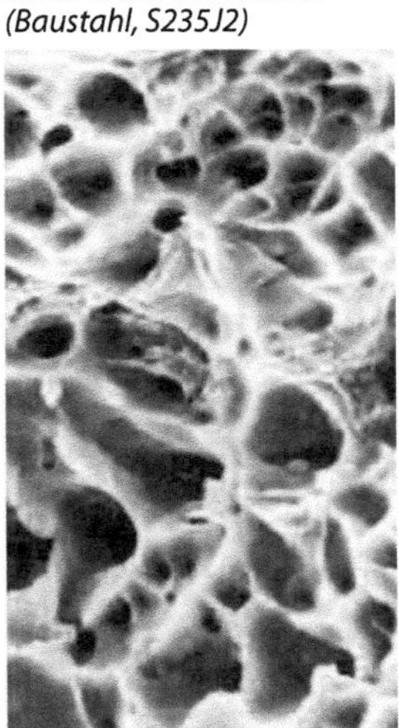

Abb. 11.8   REM-Aufnahmen von Bruchflächen

Winkel von 45° bildet. Der Kratergrund bildet eine relativ ebene Fläche als Trennbruch. In diesem Trennbruchbereich bilden sich vielfach wabenartige Minikrater.

Beim Bruch von Proben (genauso bei Bauteilen in Betrieb) lassen sich zwei extreme Verhaltensweisen beobachten, die Aufschluss über das Verformungsverhalten eines Werkstoffs geben:

- Trennbruch → spröder Werkstoff
- Verformungsbruch → zäher Werkstoff

Ein Trennbruch liegt vor, wenn die Probe ohne sichtbare plastische Verformung plötzlich bricht. Die Bruchfläche ist wenig uneben und zeigt glatte Spaltflächen (Abb. 11.8).

Trennbrüche zeigen Metalle mit:

- stark verzerrtem Gitter (Martensit),
- unterschiedlichen Phasen (Bronze mit intermetallischen Phasen, oder Stahl mit hohem Anteil an Eutektikum),
- großer Korngröße und Kornform der spröden Phase.

Ein Verformungsbruch liegt vor, wenn die Probe nach starker plastischer Verformung bricht. Die Bruchfläche ist zerklüftet, sie zeigt Waben, deren Ränder erst in der letzten Phase des Bruches getrennt wurden.

Sehr viele Werkstoffe liegen im Bruchverhalten zwischen diesen Extremen. Dann enthält die Bruchfläche sowohl Spaltflächen als auch Waben. Man spricht dann von Mischbrüchen, hier sind Teile der Bruchfläche eben und andere Teile eher zerklüftet.

Welches Bruchverhalten vorliegt, hängt von der Belastungsart und dem inneren Gefüge ab, also vom Gitteraufbau und den Gitterfehlern (Tab. 11.6).

Tab. 11.6 Ursachen für das unterschiedliche Bruchverhalten der Metalle

Ursache	Auswirkungen
Gefüge, feinkörnig	In feinkörnigen Gefügen werden Risse von den Korngrenzen angehalten → Verformungsbruch
Gefüge, heterogen, ungleichmäßig	Im Gegensatz zu homogenen Gefügen gibt es ausgeprägte Schwachstellen, die vorzeitiges Versagen auslösen → Mischbruch
Gefüge, heterogen mit spröder Kristallart	Die sprödere Kristallart lässt keine Verformung zu, Neigung zum Trennungsbruch. Beispiel: hoch Sn-haltige Bronzen mit spröden intermetallischen Phasen
Verformungsgeschwindigkeit	Bei langsamer Verformung haben die Versetzungen genügend Zeit, der Beanspruchung zu folgen, bei schlagartiger Belastung nicht, deshalb Neigung zum Sprödbruch
Temperatur	Bei tiefen Temperaturen werden in krz-Werkstoffen (z. B. Baustahl) die Versetzungen immer weniger beweglich, → Sprödbruch
Spannungszustand, Form des Bauteils	Kerben verändern das innere Spannungssystem, Gleitbehinderung durch dreiachsige Zugspannungen → Neigung zum Sprödbruch

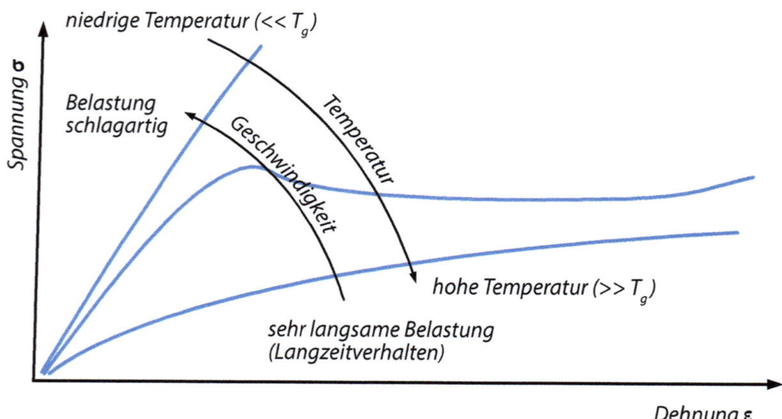

Abb. 11.9 Einflüsse auf das Bruchverhalten von Kunststoffen

Bruchverhalten Kunststoffe

Temperatur und Belastungsgeschwindigkeit beeinflussen das Bruchverhalten der Kunststoffe (Abb. 11.9). Bei sehr niedrigen Temperaturen verhalten sich die meisten Kunststoffe überwiegend spröde. Das gleiche gilt für schlagartige Belastungen. Grundsätzlich gilt, je mehr Zeit und Temperatur vorliegen, desto eher können die Polymerketten der unvernetzten Materialien aneinander vorbeigleiten.

Sprödbruch

Wie bei den Metallen ist hier die Bruchfläche eben und senkrecht zur Kraftrichtung. Speziell bei glasklaren amorphen Kunststoffen, z. B. Polystyrol, kommt es unter der Wirkung

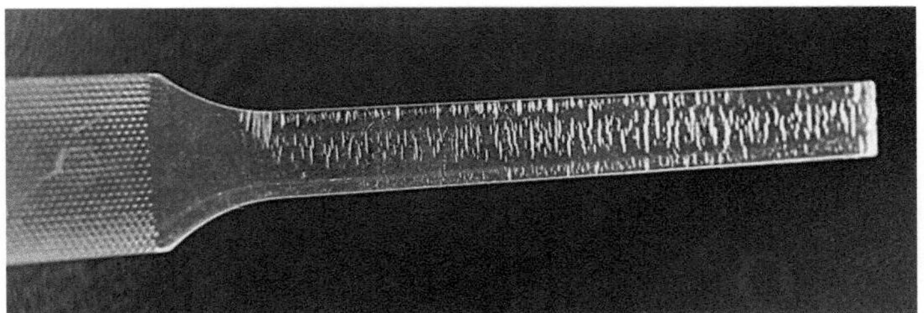

Abb. 11.10 Crazes an einem Zugprüfstab aus PS, die Schädigungen verlaufen quer zur Kraftrichtung, d. h. Versagen aufgrund von Normalspannungen

der hohen Spannungen vor dem eigentlichen Bruch zu Crazes. Dies sind Mikrorisse, die jedoch lokal sind und nicht durch das gesamte Material hindurchgehen (Abb. 11.10).

Diese Crazes treten auch auf, wenn Lösungsmittel einwirken. Sie sind ein Anzeichen von inneren Spannungen. Durch das Lösungsmittel werden die Kunststoffmoleküle etwas voneinander entfernt, sodass die Spannungen diese Mikrorisse auslösen können. Diese Risse stellen noch keine mechanische Beeinträchtigung dar, sie sind aber oft ein optischer Mangel.

Crazes treten auf, wenn keine plastische Verformung möglich ist, also fast immer nur unterhalb der Glasübergangstemperatur.

Verformungsbruch

Oberhalb der Glasübergangstemperatur können Kunststoffmoleküle aneinander abgleiten. Das Bruchbild zeigt oft stark verformte Bruchkanten. Eine Vorstufe des endgültigen Bruchs ist der Weißbruch. Bei einer starken lokalen Überdehnung, z. B. bei einem Umklappen eines Filmscharniers, werden die Kunststoffmoleküle lokal in Kraftrichtung gedehnt und können sich etwas ausrichten. Tatsächlich wird hierbei die Festigkeit des Materials gesteigert, sodass Filmscharniere erst durch diese Überlastung einerseits ihre Beweglichkeit und andererseits ihre Langlebigkeit erhalten.

11.2.5 Zeitfestigkeiten – Metalle

Die mechanischen Eigenschaften werden im Zugversuch bei 20 °C ermittelt. Hierbei wird die Belastung moderat langsam aufgebracht; ab der Belastungsgrenze $R_{p0,2}$ ist eine plastische Verformung messbar. Im Inneren des Materials sind Gleitbewegungen hierfür verantwortlich.

Bei höheren Temperaturen von ca. 400 °C bei Stahl kommen zusätzliche zeitabhängige Verformungsmechanismen hinzu, das Versetzungsklettern und das Korngrenzengleiten (Details zum Kriechen in Abschn. 3.4.5). Diese zeitabhängigen, geringen plastischen Verformungen können schon bei Spannungen kleiner als die im Zugversuch gemessenen Grenzspannung $R_{p0,2}$ auftreten und werden mit Langzeitversuchen ermittelt. Hierfür werden Prüfkörper mit unterschiedlichen Belastungen für sehr lange Zeit bei einer konstanten Temperatur belastet und die Dehnung wird gemessen (Abb. 11.11). Je geringer die

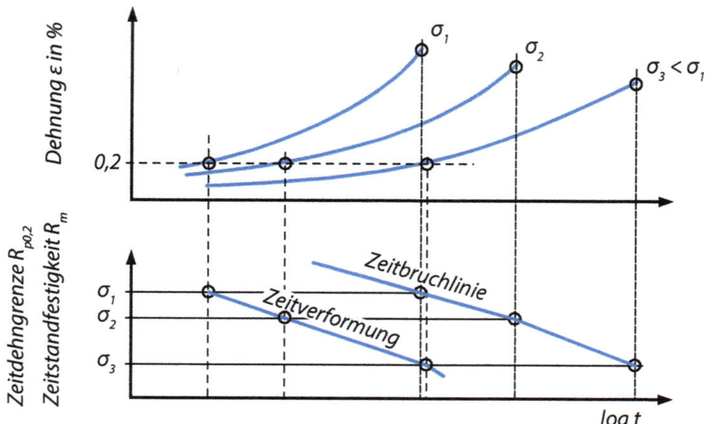

Abb. 11.11 Ermittlung der Zeitbruchlinie und der Zeitdehnlinie bei konstanter Temperatur

Belastung einer Probe, desto langsamer erfolgt die Verformung und desto später kommt es zum Bruch.

Die Zeitdehngrenze $R_{p0,2/t}$ und die Zeitstandfestigkeit $R_{u,t}$ erhalten neben der Versuchstemperatur die Zeit, bei der die entsprechende Dehnung oder der Bruch auftritt.

Zeitstandversuche mit Metallen werden gemäß DIN EN ISO 204:2023 durchgeführt. Für Kunststoffe gilt EN ISO 899-2:2024; hier wird nicht die Zeitbruchlinie ermittelt, sondern das Isochrone Spannungs-Dehnungs-Diagramm und der Kriechmodul (s. Kap. 9).

Beispiel für verschiedene Zeitdehngrenzen

$R_{p0,2/1000/350}$→ Spannung, die bei 350 °C nach 1000 h eine plastische Dehnung von 0,2 % hervorruft

$R_{u/10.000/550}$→ Spannung, die bei 550 °C nach 10.000 h zum Bruch führt. ◄

Für eine Belastungsdauer von 100.000 h sind die Zeitfestigkeiten unterschiedlicher warmfester Stähle in Abb. 11.12 dargestellt. Die Legierungselemente haben unterschiedliche Wirkung. Sie beeinflussen die Gitterart (krz oder kfz), verzögern Rekristallisation und bilden Karbide. Dadurch werden die Versetzungsbewegung und das Korngrenzengleiten stark eingeschränkt, sodass auch bei hohen Temperaturen die Festigkeit nach langer Belastungszeit nicht verloren geht.

11.2.6 Statische Langzeitbelastung von Kunststoffen

Die meisten unvernetzten Kunststoffe kriechen unter Last bei gewöhnlichen Betriebstemperaturen. Dieses Kriechen ist oberhalb der Glasübergangstemperatur merklich größer, weshalb hier besonders teilkristalline Kunststoffe betroffen sind, die oberhalb der

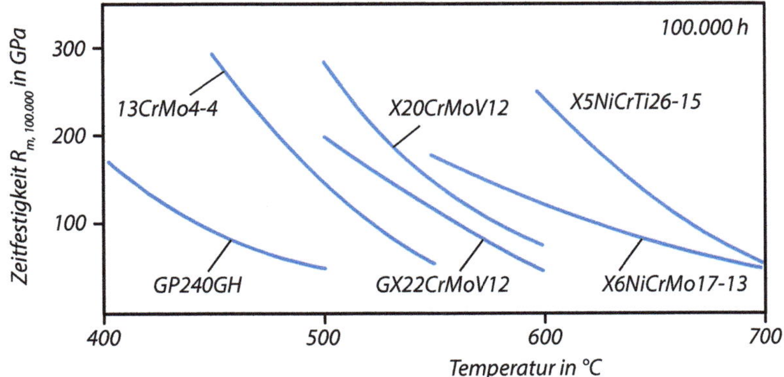

Abb. 11.12 Zeitfestigkeiten diverser warmfester Stähle, schematisch

Glasübergangstemperatur das gewünschte zäh-elastische Verhalten zeigen. Bei höherer Belastung und Einsatztemperatur stellt sich eine zunehmend größere Verformung ein.

Dieses Kriechverhalten zeigen Metalle meist erst bei Temperaturen ab ca. 30 % der Schmelztemperatur. Bei Kunststoffen, deren Schmelzpunkt mit ca. 200 °C ohnehin niedrig ist, tritt diese Formänderung schon bei Raumtemperatur auf, besonders bei Kunststoffen mit einer sehr niedrigen Glasübergangstemperatur. Bei vernetzten Kunststoffen ist das Kriechverhalten sehr gering.

Aus diesem Grund sind für die Konstruktionen isochrone Spannungs-Dehnungsdiagramme wichtig. Sie zeigen an, welche bleibende Verformung sich bei einer Belastung nach einer bestimmten Zeit einstellt. Diese Diagramme lassen sich aus dem Ergebnis eines Kriechversuchs erstellen. Hierfür werden Probekörper über eine sehr lange Zeit bei konstanten Temperaturen mit einer Zuglast belastet. Die kontinuierliche Verlängerung der Probekörper wird regelmäßig notiert. Die Wertepaare (Spannung, Dehnung und Zeit) werden in das Spannungs-Dehnungsdiagramm übertragen (Abb. 11.13).

▶ **Hinweis** Trotz der Wichtigkeit liegen für die meisten Kunststoffe keine isochronen Spannungs-Dehnungsdiagramme vor. Der Grund liegt vermutlich in dem hohen Aufwand sowohl zeitlich als auch mit Blick auf die Kosten.

Der Konstrukteur muss bei der Dimensionierung eines Kunststoffbauteils, das unter einer dauernden Belastung steht, die dann auftretende Verformung stärker berücksichtigen als die ertragbare Spannung. Für diese Verformungsberechnung wird der Kriechmodul (E_t) verwendet. Dieser Modul wird aus dem Kriechversuch ermittelt und ist das Verhältnis der angelegten Spannung und der sich nach bestimmten Zeitschritten ergebenden bleibenden Verformung. Im isochronen Spannungs-Dehnungsdiagramm ist das also nicht die Anfangssteigung, sondern der Winkel E_{tx} (Abb. 11.14).

Trägt man die Daten des isochronen Spannungs-Dehnungsdiagramms über der Zeit auf, erhält man den Kriechmodul in Abhängigkeit von der Belastungszeit. Dieser Modul

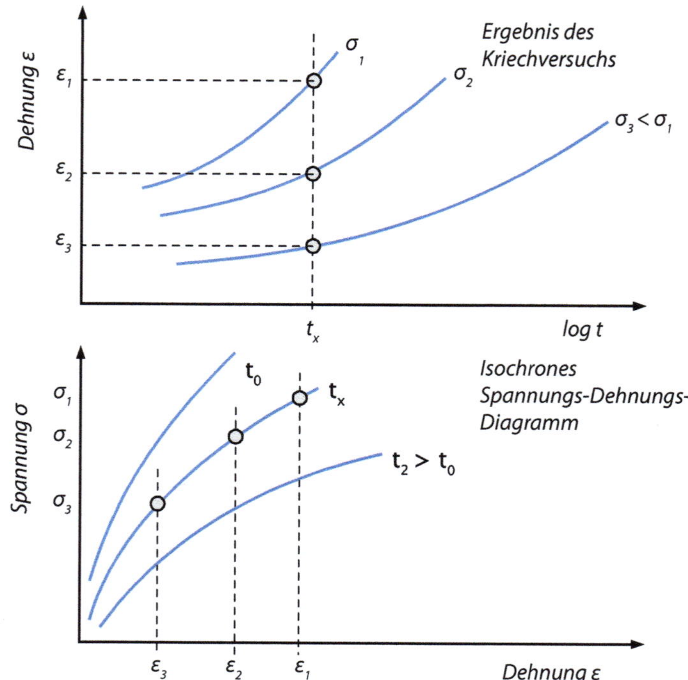

Abb. 11.13 Entwicklung eines isochronen Spannungs-Dehnungs-Diagramms aus dem Kriechversuch

ist keine Konstante und hängt von der Belastung und der Zeit ab. Folgt man der horizontalen gestrichelten Linie im isochronen Spannungs-Dehnungsdiagramm auf der Höhe von σ_{tx} ergibt sich bei t_0 ein größerer Kriechmodul E_t-Modul als bei t_x bzw. t_2.

Bauteile aus Kunststoff, die über längere Zeit belastet werden, verformen sich stetig. Für die Berechnung in der Konstruktion wird daher die zulässige Verformung berechnet ($\varepsilon = \sigma/E_t$). Hier wird nicht der E-Modul des Kurzzeit-Zugversuchs verwendet, der immer größer ist als der von Zeit und Last abhängige Kriechmodul. Auf diese Weise kann eine Unterdimensionierung vermieden werden.

▶ Hinweis   Weil für die meisten Kunststoffe keine Kriechversuchsdaten vorliegen, wird die zulässige Spannung vereinfacht abgeschätzt, indem zu der für die Konstruktion zulässigen Dehnung im Spannungs-Dehnungsdiagramm aus dem gewöhnlichen Kurzzeit Zugversuch die zugehörige Spannung abgelesen wird, die für eine Belastungszeit von mehreren Jahren halbiert wird.

In Abb. 11.14 entspricht die t_0 Kurve weitgehend einer kurzen Belastungszeit. Die t_2 Kurve gilt für sehr lange Belastungszeiten und sehr vereinfacht könnte man hier annehmen, die die Werte ungefähr halb so groß wie die Werte der t_0 Kurve sind.

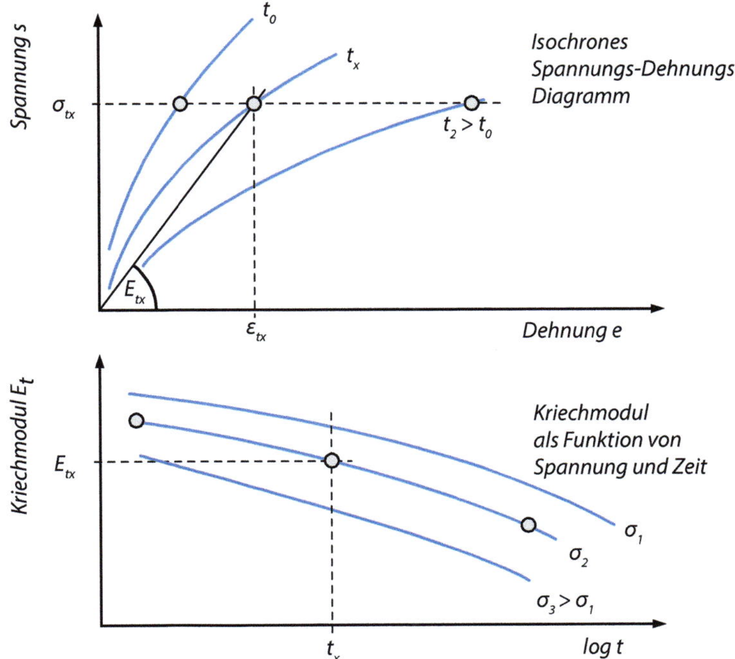

Abb. 11.14 Entwicklung des Kriechmoduldiagramms aus dem isochronen Spannungs-Dehnungs-Diagramm

Hinsichtlich der zulässigen Dehnung belasteter Kunststoffbauteile sollte man speziell bei transparenten Kunststoffen das Auftreten von Crazes bedenken. Bei höheren statischen Spannungen treten schnell Crazes auf. Verringert man die Belastung, treten diese Crazes erst später auf, wobei die Crazes dann weniger aber größer sind. Wenn man das erste Auftreten der Crazes mit einer Linie verbindet erhalt man die $\varepsilon_{F\infty}$ Kurve (Abb. 11.15). Für sehr lange Zeiten kann läuft dieser Wert auf ca. 0,5 %, weshalb man als zulässige Dehnung bei transparenten und amorphen Kunststoffen diesen Wert wählt.

Für gummiartige Materialien, die für Dichtungen zum Einsatz kommen ist das Druckverhalten von großer Bedeutung. Das betrifft sowohl Elastomere (vernetzt) als auch thermoplastische Elastomere (unvernetzt, wieder schmelzbar). Unter statischer Druckbelastung bei höheren Temperaturen kann das Material ebenfalls kriechen. Eine Dichtung würde in dem Fall die Dichtwirkung verlieren.

Der Druck-Verformungsrest (DVR, DIN 53 517, Abb. 11.16) ist ein wichtiger einfach zu ermittelnder Kennwert. Probekörper werden für eine festgelegte Zeit bei einer erhöhten Temperatur zusammengedrückt. Nach Abkühlung und Entlastung wird die Probendicke erneut gemessen. Wenn der Probekörper die wieder zur ursprünglichen Form zurückkehrt ist der DVR Null. Größere Werte zeigen eine bleibende Verformung an.

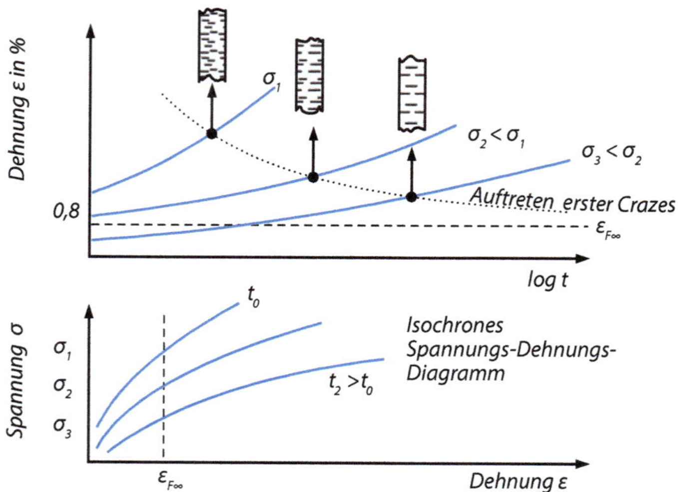

Abb. 11.15 Dehngrenze ε_F, unterhalb der auch nach langer Belastung keine Crazes auftreten

$$DVR = \frac{H_0 - H_2}{H_0 - H_1}$$

H_0 = Anfangsdicke Prüfkörper
H_1 = Dicke Distanzstück /
     Prüfkörper bei Belastung
H_2 = Dicke Prüfkörper nach
     Temperatur-Zeit-Belastung

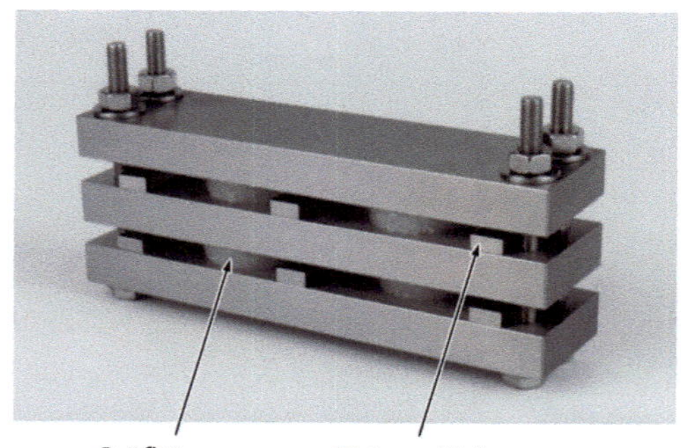

Abb. 11.16 Prüfung des DVR (Druck Verformungsrest)

11.3 Dynamische Belastung

Im Unterschied zu den statischen, d. h. ruhenden Belastungen erfolgen dynamische Belastungen immer mit erhöhter Geschwindigkeit.

Zähigkeit ist eine Eigenschaft des Werkstoffes mechanische Energie aufzunehmen, bevor er bricht. Zäh ist ein Werkstoff, bei dem eine Probe oder ein Bauteil auch unter ungünstigen Bedingungen erst nach starker Verformung bricht. In der Umgangssprache wird diese Eigenschaft beschrieben mit: zäh wie Leder, spröde wie Glas. Leder lässt sich biegen und reißt erst sehr spät, bei Glasscheiben genügt ein Anritzen, und mit geringem Energieaufwand durch Klopfen mit dem Glasschneider tritt der Bruch ein.

Ein zähes Material kann Energie aufnehmen und verformt sich dabei elastisch oder plastisch. Die Energie für die Verformung eines Werkstoffs ist entweder:

- ein Moment, d. h. eine Kraft, die über einen Hebelarm wirkt: W = F s oder
- eine Masse, die mit einer Geschwindigkeit auftrifft: $W = 1/2\ m\ v^2$.

Die Arbeit, die zum Zerbrechen einer Probe aufgebracht werden muss, ist ein Maß für die Zähigkeit eines Werkstoffs.

11.3.1 Bauteilversagen bei dynamischer Belastung

Bauteilversagen ist plastische Verformung oder Bruch. Bei Kraftaufwand von außen wirken im Bauteilinnern Schub- und Normalspannungen, die eine plastische Verformung bewirken. Wenn Gleitbewegungen nicht möglich sind, z. B. bei einem gehärteten Material, kommen die Normalspannungen zur Wirkung. Sie verursachen ein Trennen.

Eine Erklärung hierfür sind die Kräfte, die den Werkstoff zusammenhalten. Wie zwei Magnete, die man versucht auseinanderzuziehen, werden sie anfangs bei geringer Entfernung versuchen seitlich wegzurutschen und wieder zusammenzukommen. Bei größerer Entfernung schwindet die Anziehungskraft und der Widerstand gegen das Trennen wird klein.

Das Gleiten selbst wird mit zunehmender Geschwindigkeit schwieriger. Daher wird bei einer kleinen Belastungsgeschwindigkeit das Versagen eher plastisch sein und bei höherer Geschwindigkeit eher spröde (Abb. 11.17).

In ähnlicher Weise kann man den Einfluss der Temperatur betrachten (Abb. 11.17). Je höher die Temperatur ist, desto größer wird der Abstand zwischen den einzelnen Atomen und somit ihre Anziehungskraft. Damit wird das Gleiten erleichtert. Bei einer bestimmten Temperatur findet der Übergang zwischen dem spröden Verhalten bei kleinen Temperaturen

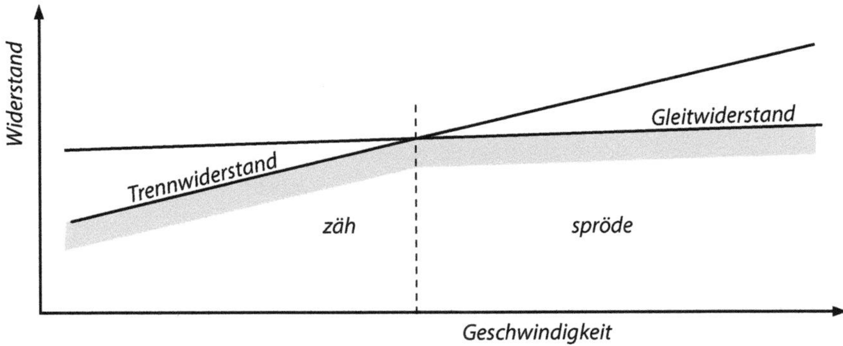

Abb. 11.17 Einfluss der Geschwindigkeit auf das Versagen eines Bauteils, bei geringer Belastungsgeschwindigkeit ist eine plastische Verformung eher möglich

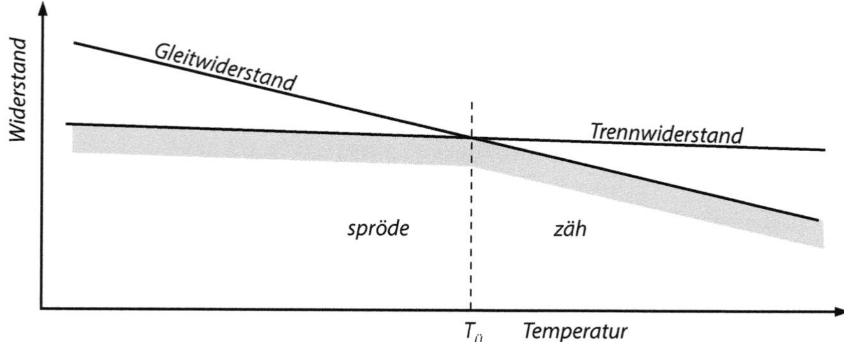

Abb. 11.18 Einfluss der Temperatur auf das Bauteilversagen; das Überschreiten des Widerstands führt zum Versagen

und dem zähen Verhalten statt. Diese Temperatur wird Übergangstemperatur $T_ü$ genannt (Abb. 11.18).

11.3.2 Spannungszustände

Die Zähigkeit ist keine reine Stoffeigenschaft, sondern wird von der Form des Bauteils und dem Kraftangriff stark beeinflusst, die den Spannungszustand bestimmen. Eine plastische Verformung wird erst durch innere Schubspannungen ausgelöst.

Abb. 11.19 zeigt, wie durch Kerben in einem biegebeanspruchten Prüfkörper Spannungen im Kerbgrund erzeugt werden. Durch das Umlenken der Kraftwirkungslinien entsteht am Kerbrand ein mehrachsiges Spannungssystem.

Bei einer hohen dynamischen Last, z. B. einem Schlag gegen die Probe, kommt es zum Einschnüren im Kerbgrund. Dann behindern die spannungslosen Kerbränder den querschrumpfenden Kerbgrund und setzen ihn unter Zugspannungen.

Beim zweiachsigen Spannungszustand ist eine plastische Verformung in der x-z-Ebene nicht möglich (Tab. 11.7). Es steht nur eine Achse (y-Achse senkrecht zur Oberfläche) für ein unbehindertes Fließen zur Verfügung.

▶ **Hinweis** Unterschiedliche Spannungszustände bewirken, dass Proben des gleichen Stahles im Zugversuch brauchbare Bruchdehnung und -einschnürung zeigen, beim Kerbschlagbiegeversuch jedoch spröde brechen können.

11.3.3 Kerbschlagbiegeversuch (DIN EN ISO 148:2017)

Bei dieser Prüfung wird an einer gekerbten Probe die Verformungsarbeit bis zum Bruch gemessen. Die Versuchsbedingungen sind so gewählt, dass die Verformung stark behindert wird. Es kommen V- oder U-Kerben zum Einsatz.

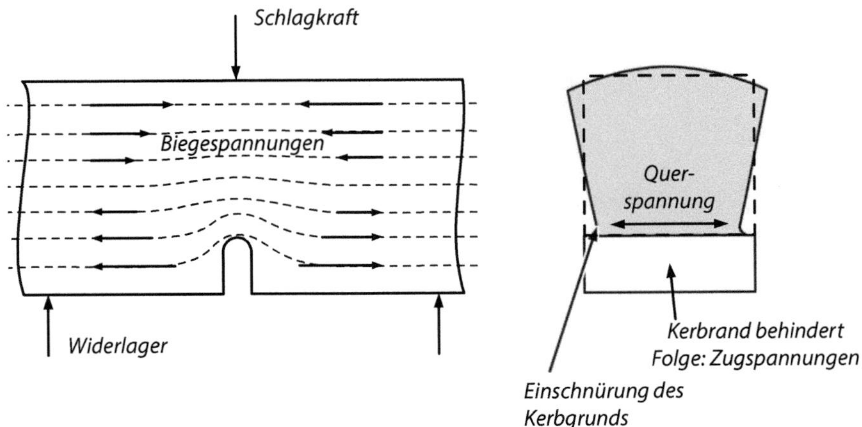

Abb. 11.19 Spannungszustand in der Kerbschlagprobe. **a** Ansicht, **b** Querschnitt mit Bruchfläche

Tab. 11.7 Randbedingungen für den Kerbschlagbiegeversuch

Bedingung	Auswirkung
Schlagartige Belastung	Verformungszeit sehr kurz. Es kommt leichter zu inneren Trennungen als bei langsamen Abgleitvorgängen
Kerbe	Das verformte Volumen ist klein und nur auf die Umgebung der Kerbe beschränkt
Dreiachsiger Spannungszustand	Fließbehinderung in allen drei Achsen (langs – quer – hoch)

Kerbschlagproben

Die Proben stellen einen Balken auf zwei Stützen dar, die durch eine mittig angreifende Kraft (Hammerfinne Abb. 11.20) schlagartig auf Biegung beansprucht werden. Im Kerbgrund tritt der mehrachsige Spannungszustand auf.

Scharfe Kerben behindern die Verformung mehr und ergeben kleinere Messwerte. Die Folge ist: Versuchsergebnisse sind nur dann vergleichbar, wenn sie an Proben gleicher Form ermittelt wurden. Neben der Kerbform wirken die Querschnittsmaße (Höhe/Breite) und die Auftreffgeschwindigkeit des Pendels auf die Messwerte ein.

Als Prüfmaschinen werden Pendelschlagwerke verwendet, die in Baugrößen von 0,5… 300 J genormt sind. Die Probe wird am tiefsten Punkt der Pendelbahn in ein Widerlager eingelegt und das Pendel in die Ausgangslage angehoben.

Es hat dann bei der Fallhöhe h die potenzielle Energie E_{pot} (Lageenergie). Nach dem Ausklinken fällt es auf kreisförmiger Bahn nach unten. In der tiefsten Lage ist seine potenzielle Energie vollständig in kinetische umgewandelt (E_{kin}). Dort trifft die Hammerscheibe auf die Probe und zerschlägt sie. Die zum Bruch erforderliche Schlagarbeit wird vom Pendel aufgebracht, wodurch dessen Energie abnimmt. Beim Weiterschwingen wird die verbleibende Energie wieder in potenzielle Energie umgewandelt, das Pendel erreicht in der Endlage nur die kleinere Steighöhe h_1. Angaben der Schlagarbeit in J enthalten die Probenform und das Arbeitsvermögen des Hammers.

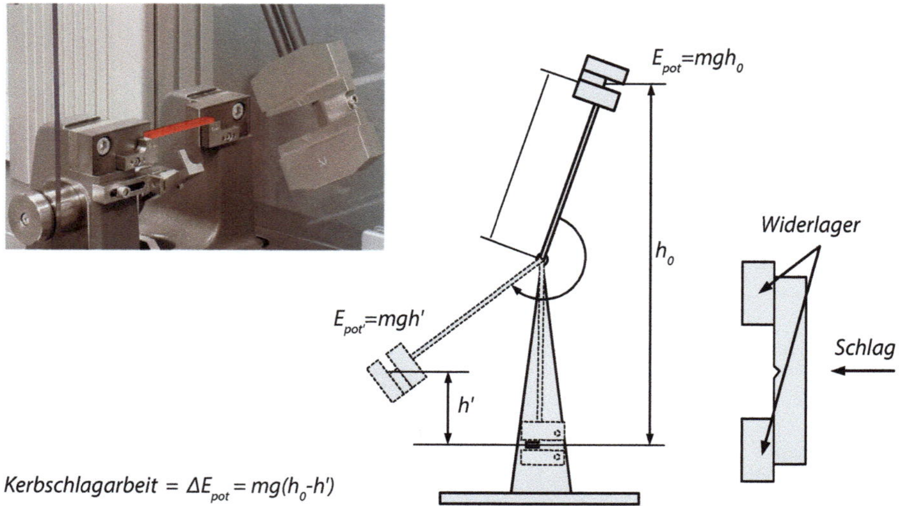

Abb. 11.20 Kerbschlagbiegeversuch mit dem Pendelhammer, schematisch dargestellt Versuchs-ablauf (Foto ZwickRoell, Ulm)

Tab. 11.8 Gitterformen und sich damit ergebende Verformungsfähigkeit

Kristall-Gitter	Gleitsysteme – Eigenschaft	Beispiele
kfz	12 – sehr zäh	Cu, Al, austenitische Stähle
krz	keine Hauptgleitebenen – spröde, mit zunehmender Temperatur zäh (Übergangstemperatur bei ca. 0 °C)	Baustähle
hdP	3 wenig zäh – keine, spröde	Mg, Zn, Karbide, Gläser, Diamant

Kerbschlagarbeit-Temperatur-Kurve

Die Zähigkeit bzw. die Verformbarkeit und damit die Schlagarbeit werden beeinflusst durch den Gefügezustand (homogen/heterogen, kaltverformt, Korngröße, Ausscheidungen), das Kristallgitter und die Zugabe von Legierungselementen.

Die Metalle sind verschieden zäh, weil ihre Kristallgitter unterschiedliche Gleitmöglichkeiten besitzen (Tab. 11.8)

Untersucht man viele Proben des gleichen Werkstoffs bei verschiedenen Temperaturen und trägt die Kerbschlagarbeit über der Temperatur auf, so zeigen sich starke Unterschiede im Verhalten der kubisch-flächen- und der kubisch-raumzentrierten Metalle (Abb. 11.21).

Kubisch-flächenzentrierte Werkstoffe sind auch bei tiefen Temperaturen zäh (z. B. Kupfer, Nickel und austenitische Stähle). Kubisch-raumzentrierte Werkstoffe, wie z. B. alle unlegierten, niedriglegierten und die hochlegierten Chromstähle, sind bei höheren Temperaturen zäh (Hochlage), bei tiefen Temperaturen sind sie spröde (Tieflage).

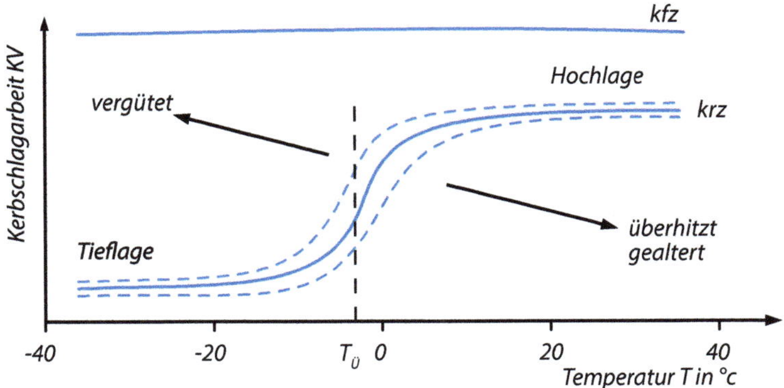

Abb. 11.21 Kerbschlagarbeit-Temperatur-Kurve

Dazwischen liegt der Steilabfall mit streuenden Messwerten. Die Lage des Steilabfalls wird durch die Übergangstemperatur $T_\ddot{U}$ gekennzeichnet. Diese kann z. B. in der Mitte zwischen Hoch- und Tieflage liegen. Bei Stahl ist es auch üblich, diejenige Temperatur als Übergangstemperatur $T_\ddot{U}$ zu bezeichnen, bei der keine Probe weniger als 27 J Kerbschlagarbeit zeigt.

▶ **Beachte** Übergangstemperatur $T_\ddot{U}$ ist vom Gefügezustand und von der Legierungszusammensetzung abhängig und lässt sich durch Wärmebehandlung beeinflussen.

Die Zähigkeit eines Werkstoffs kann auch ohne Messung allein an der Bruchfläche der Probe beurteilt werden. Es gibt zwei Grenzfälle:

- Verformungsbruch: (Abb. 11.22) Merkmal ist eine zerklüftete Bruchfläche, die Ränder haben Stauchungen und Einschnürungen, ein Zeichen für Zähigkeit.
- Trennbruch: Merkmal ist eine fast ebene Bruchfläche mit unverformten und glatten Rändern, ein Zeichen für Sprödigkeit.

Anwendungen des Kerbschlagbiegeversuchs:

- Kontrolle der Wärmebehandlung der Stähle. Bei Überhitzung oder Anlasssprödigkeit liegt die Kerbschlagarbeit niedrig.
- Kontrolle der Gütegruppen von Stählen nach z. B.: DIN EN 10025. Die Stahlsorten müssen die Kerbschlagarbeit bei verschiedenen Temperaturen – und damit die Sicherheit gegen Sprödbruch – nachweisen.
- Kontrolle der Alterungsneigung von Stählen. Hierzu wird die Probe künstlich gealtert, d. h., um 10 % gereckt und auf 250…300 °C angelassen. Behält der Stahl seine Zähigkeit, so ist er alterungsbeständig.

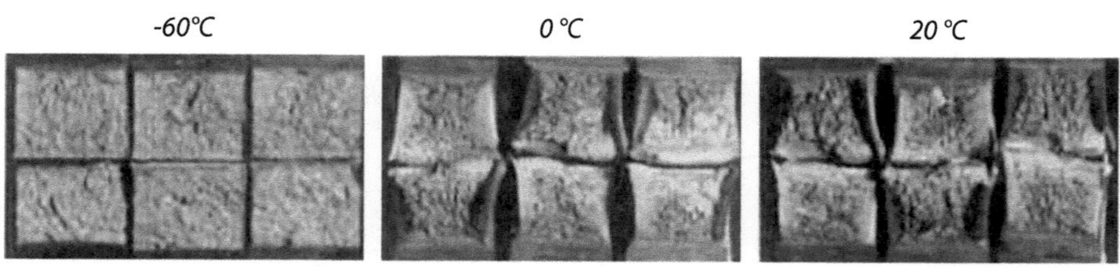

Abb. 11.22 Bruchflächen von Proben aus Stahl S235JR bei verschiedenen Temperaturen geschlagen

Tab. 11.9 Zusammenhang zwischen Dehngrenze und Bruchzähigkeit

Werkstoff	0,2-%-Dehngrenze in MPa	K_{Ic}in $MPa\sqrt{m}$
Einfacher Vergütungsstahl	480...490	60...190
Höchstfeste Stähle	1300...1400	30...110

Hochfeste Stähle haben eine hochliegende Streckgrenze und nur geringe Verformungsfähigkeit bis zum Bruch. Der Kerbschlagbiegeversuch ist für sie nicht geeignet. Bei ihnen wirken atomare Fehlstellen bereits als Kerben, die zum Rissauslöser werden.

Die Theorie des Sprödbruchverhaltens, die sog. Bruchmechanik, arbeitet mit Begriffen wie kritische Risslänge, die bei einer kritischen Zug- oder Biegespannung zu einer Rissausbreitung führt. Beide stehen im Zusammenhang mit dem sog. Spannungsintensitätsfaktor, der auch als Bruchzähigkeit K_{Ic} bezeichnet wird. Spröde keramische Stoffe werden ebenfalls damit beurteilt. Die Bruchzähigkeit nimmt bei gleichartigen Werkstoffen mit steigender 0,2-%-Dehngrenze ab.

Bruchzähigkeit KIc (Risszähigkeit), nach ASTM Norm E399

Dieser Werkstoffkennwert, der aus der linear-elastischen Bruchmechanik abgeleitet ist, wird durch einen aufwendigen Versuch ermittelt (Tab. 11.9). In einer CT-Probe (Compact Tension), die einen spezielle Kerbe aufweist, wird dann durch ein zyklisches Anschwingen ein Ermüdungsanriss erzeugt. Diese Probe wird danach dann statisch solange belastet, bis durch eine instabile Rissausbreitung der Probenbruch erfolgt. Aus der Kraft bei Bruch und der finalen Risslänge a_c kann dann die Risszähigkeit ermittelt werden, die allgemein folgenden Zusammenhang aufweist:

$$K_{Ic} = \sigma\sqrt{\pi a_c} \cdot Y$$

mit kritischer Risslänge a_c bei Bruch, Y = Korrekturfunktion

11.4 Zyklische Belastung

11.4.1 Allgemeines Verhalten

Beim Zugversuch erfolgt eine einmalige zügige Belastung bis zum Gewaltbruch. Viele Bau- und Maschinenteile sind dagegen einer periodisch schwankenden Belastung ausgesetzt (Tab. 11.10). Dabei können sie nach längerer oder kürzerer Zeit bei niedrigeren Spannungen brechen. Der Bruch erfolgt durch Ermüdung und heißt Dauerbruch oder Ermüdungsbruch.

Analogie

Gewichtheber heben ihre Höchstlast nur einmal. Sollten sie dagegen eine Last mehrfach hintereinander heben und senken (mehrere Lastspiele), so würden sie das nur mit einer verkleinerten Last schaffen. Je kleiner die Last, umso mehr Lastspiele bis zur Ermüdung.

- Einmalige Belastung bis zum Bruch
- erträgt höhere Spannungen,
- führt zu Gewaltbruch.
- Periodisch schwankende Belastung
- nur bei niedrigeren Spannungen,
- führt zu Dauerbruch (Ermüdungsbruch).

Ursachen des Dauerbruchs

Dauerbrüche erfolgen, obwohl die rechnerischen Spannungen (Nennspannungen) im Bauteil sich auf der Hooke'schen Geraden, also im elastischen Bereich befinden. Bei den meisten Bauteilen ist jedoch die Verteilung der Spannungen über dem Querschnitt nicht gleichmäßig, es entstehen Spannungsspitzen an besonderen Stellen.

Spannungsspitzen sind lokal und haben ihre Ursache im fehlerhaften Gitteraufbau. Oberflächenungänzen, Rauigkeiten, Korngrenzen, feste Ausscheidungen und Versetzungen behindern die Gleitebenen. Durch Kerben entstehen dreiachsige Spannungszustände, sodass Zonen im Kerbgrund entstehen, in denen die effektive Spannung ein

Tab. 11.10 Vergleich von statischer und zyklischer Belastung

Belastung	Art der Verformung	Lage der Nennspannung	Bruchart und Zeitpunkt
Statisch, Zug-, Druck- und andere Versuche			
Einmalig bis zum Höchstwert	Elastisch, später plastisch	Über Streckgrenze R_e oder Dehngrenze $R_{p0,2}$	Gewaltbruch nach Überschreiten von R_m
Zyklisch, Dauerschwingversuche			
Periodisch ändernd	Elastisch	Im elastischen Bereich, $\sigma_{max} \ll R_{p0,01}$	Dauerbruch nach einiger Zeit, wenn $\sigma_{max} > \sigma_D$

Mehrfaches der Nennspannung sein kann. Gefügefehler führen ebenfalls zu solchen Spannungsspitzen.

Entstehung des Dauerbruchs

Die Spannungsspitzen sind klein genug, dass eine unmittelbare plastische Verformung örtlich sehr begrenzt und klein ist. Sie kann nicht gemessen werden. Diese mikroplastischen Verformungen führen zu einer Mikro-Kaltverfestigung und Versprödung. Sie beginnt an der Oberfläche, weil dort die Kristallite:

- meist höheren Spannungen unterliegen (bei Biegung und Torsion),
- leichter verformbar sind als im Innern liegende Kristalle,
- mit der Umgebung evtl. chemisch reagieren können.

Die örtliche plastische Verformung im Mikrobereich erzeugt bei wechselnder Belastung ein Heraustreten (Extrusion) oder Einsinken (Intrusion) von Material und erhöht dadurch die Rauigkeit, damit die Kerbwirkung und die Spannungen im Kerbgrund. Die Folge ist eine Rissinitiierung gefolgt von einer Rissausbreitung. Wenn die Risse so groß geworden sind, dass die Nennspannung im Restquerschnitt größer ist als die Zugfestigkeit tritt ein Versagen eintritt.

Bruchfläche

Typisch für ihr Aussehen sind zwei Teilflächen (Abb. 11.23) mit gegensätzlichem Charakter.

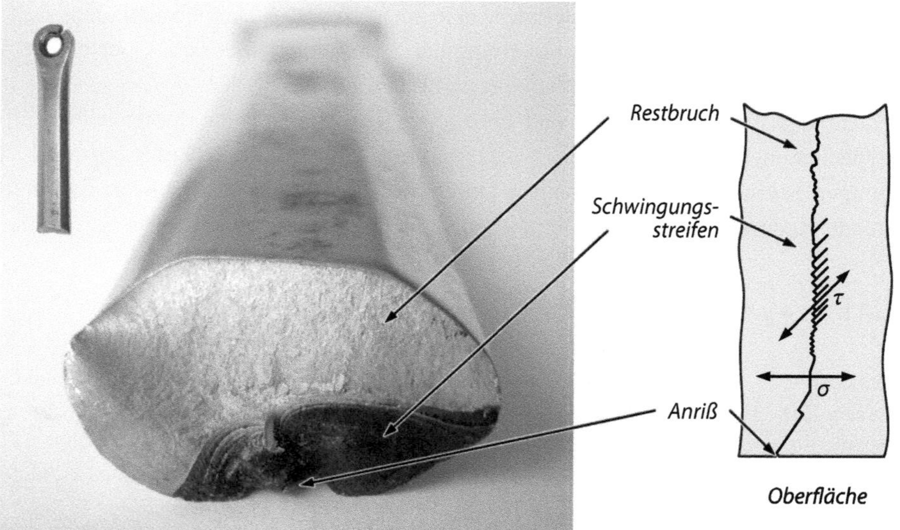

Abb. 11.23 Dauerbruch einer Pleuelstange (Bildquelle https://de.wikipedia.org/wiki/Tretkurbel#/media/Datei:Pedalarm_Bruch.jpg, CC BY-SA 3.0)

Tab. 11.11 Mögliche Ausgangspunkte für Risse

Ausgangspunkt	Beispiele
Werkstofffehler	Schlackenteilchen, Randentkohlung
Oberflächenschäden	Kratzer, Bearbeitungsriefen
Kerben (konstruktiv)	Nuten, Wellenabsätze, Bohrungen
Flächenpressung durch Nachbarteile	Aufgepresste Naben, Auflagefläche von Federringen

Tab. 11.12 Zyklische Belastungsfälle

Bel.-Fall	Merkmale
Schwellbereich	untere Last σ_u oder die obere Last σ_o ist Null und die Belastung ausschließlich im Druck- oder Zugbereich
Wechselbereich	die mittlere Last σ_m ist Null und die Amplitude ist gleichmäßig im Druck- oder Zugbereich

Die Dauerbruchfläche entsteht über eine längere Zeit und ist durch das periodische Aufeinanderpressen der Ränder geglättet, sie kann auch Korrosionserscheinungen zeigen. Rastlinien entstehen durch zeitweilige Abnahme der Belastung.

Die Restbruchfläche entsteht durch Gewaltbruch, wenn der Restquerschnitt zu klein geworden ist. Sie zeigt teils sehnige Ausfransungen (Verformungen), meist aber körnige, wenig zerklüftete Flächen (Trennungen), weil durch den Riss eine starke Kerbwirkung entsteht (Tab. 11.11).

11.4.2 Belastungsformen bei zyklischer Belastung

Die rein statische Belastung ist selten. Häufiger tritt eine statische Grundbelastung auf (z. B. Gewichtskräfte), die von zeitlich begrenzt wirkenden Kräften überlagert wird.

Zylinderkopfschrauben erhalten z. B. bei der Montage eine Vorspannung, welche die Dichtung anpresst. Nach dem Setzen der Dichtung wirkt in der Schraube eine Zugspannung σ_u. Bei laufendem Motor entstehen durch den Gasdruck periodische Änderungen der Spannung. Die Spannungsamplituden σ_a pendeln um eine Mittelspannung σ_m (Tab. 11.12).

Lastspiel wird der Ablauf einer vollen Schwingung genannt, in Abb. 11.25 sinusförmig skizziert. Dieser Spannungsverlauf ist ein Beispiel für die Beanspruchung eines Bauteiles im sog. Schwellbereich.

Eine auftretende Last diese kann eine regelmäßige **Amplitude** einer Sinusbelastung sein. Hier wären die Lasten die mittlere Last σ_m, die obere Last σ_o und die untere Last σ_u.

Beobachtungen an Eisenbahnschienen und Versuche mit Wechselbelastung von Wöhler bereits im 19. Jahrhundert zeigen, dass zyklisch belastete Teile nach einer bestimmten Anzahl von Lastspielen brechen, wenn der Spannungsamplitude σ_a zu hoch liegt (Abb. 11.27).

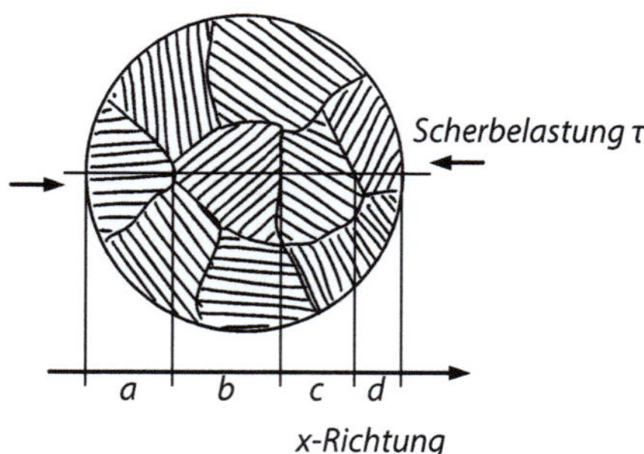

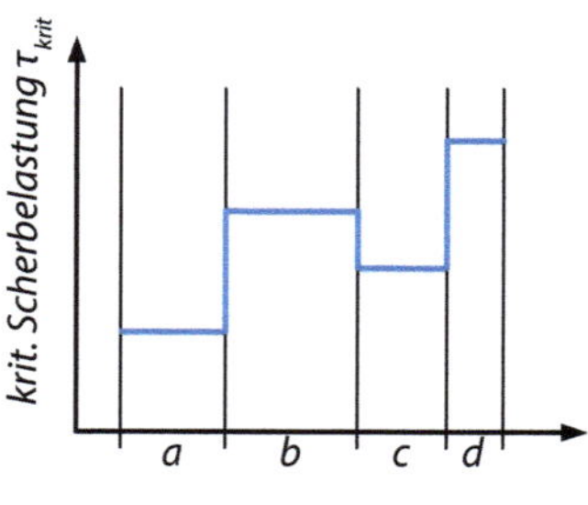

Abb. 11.24 Schematische Darstellungen unterschiedlicher lokaler kritischer Spannungen

Der klassische Wöhlerversuch hat eine gleichmäßige sinusförmige Belastung im Schwellbereich, er simuliert die Belastung einer Eisenbahnschiene durch einen darüber rollenden Zug. Die Frequenz, das ist die zeitliche Folge der Belastung ist hier unerheblich. Wöhler hatte festgestellt, dass es nicht eine Frage der Zeit ist, ob eine Schiene bricht. Vielmehr steigt die Bruchgefahr mit der Zahl der Züge, die darüber rollen.

Die Erklärung hierfür sind mikroplastische Verformungen. In einem Metall-Werkstück liegen Kristalle vor, die jeweils eine eigene Ausrichtung im Raum haben. In Abb. 11.24 ist das schematisch mit der Richtung von Perlitlamellen gezeigt, das betrifft natürlich auch alle Kristallgitter und somit die möglichen Gleitebenen. Ein Scherbelastung bewirkt zunächst eine Schubspannung τ innerhalb des Werkstücks. Je nach Lage eines Korns wird lokal an einem Ort die kritische Spannung τ_{krit} überschritten und eine plastische Verformung passiert. Diese Verformung ist lokal sehr begrenzt und wird als mikroplastische Verformung bezeichnet.

Dies mikroplastische Verformung ist nicht messbar, sie wird aber lokal zu einer Verfestigung führen. An diesem Ort wird die kritische Schubspannung für einen weiteren Belastungszyklus erhöht und bei einer Belastung wie zuvor wird eine Mikroverformung an einem anderen Ort passieren. Nach sehr vielen Belastungszyklen verfestigt sich der Werkstoff und es entstehen lokal kleine Risse.

Am Bruchbild kann man ablesen, ob die zyklischen Belastungen groß oder klein waren. Bei großen Belastungen reichen wenige Zyklen bis zum gänzlichen Versagen, dann ist die Fläche des Rissfortschritts klein. Bei kleinen Lasten erfolgt das Versagen später, es kann sich eine größere aufgrund des Rissfortschritts bilden.

Beispiel für die Beanspruchung eines Bauteiles im Schwellbereich

Getriebewelle (Abb. 11.25)
Die skizzierte Welle wird durch die Zahnkraft F belastet, sie soll als konstant betrachtet werden. Im Stillstand ist die an der Stelle A liegende Faser spannungslos. Nach einer Viertel-Umdrehung ist sie nach oben gelangt und wird durch die max. Biege-Zug-Spannung σ_0 beansprucht.

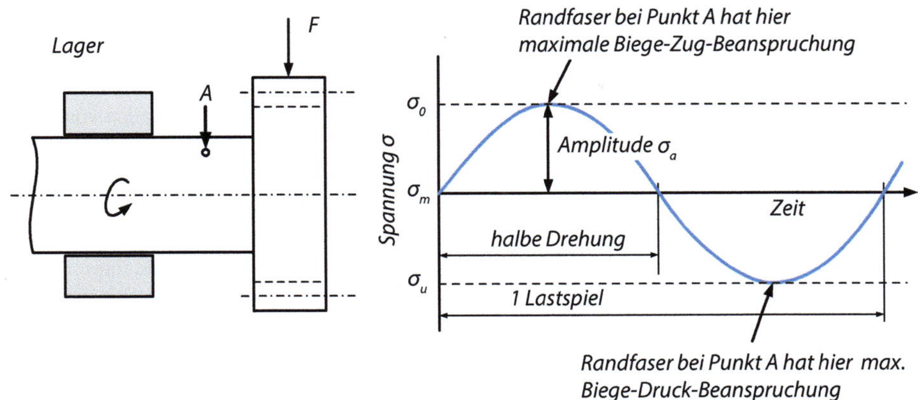

Abb. 11.25 Getriebewelle **a** schematisch, **b** Spannungsverlauf eines Randfaserteilchens

Nach einer weiteren halben Umdrehung ist Faser A auf der Unterseite und wird durch die max. Biege-Druck-Spannung beansprucht. Nach einem vollen Lastspiel ist Faser A wieder spannungslos, das nächste Lastspiel beginnt. ◄

Der skizzierte Spannungsverlauf ist ein Beispiel für die Beanspruchung eines Bauteiles im sog. Biegewechselbereich. Grundsätzlich können für alle Arten der Grundbeanspruchung (Zug, Druck, Biegung und Torsion) die Belastung entweder schwellend oder wechselnd sein.

Ziel der Dauerschwingversuche (Dauerversuche) ist es, diejenigen Mittelspannungen und Spannungsamplituden zu ermitteln, welche dauernd, d. h. unendlich viele Lastspiele lang ohne Bruch ertragen werden können. Genaugenommen wird bei Stahl die Dauerfestigkeit bei 2 Mio. Schwingspielen bestimmt. Diese Spannungen ergeben die Dauerschwingfestigkeit.

11.4.3 Dauerschwingversuche (DIN 50100:2022)

Die zahlreichen Versuchsarten haben unterschiedliche Ziele (Tab. 11.13)

Für alle Dauerversuche ist der Zustand der Probenoberfläche von starkem Einfluss auf die Lebensdauer. Aussagekräftige Messwerte können deshalb nur bei gleichartiger Vorbereitung der Proben und gleichen Umweltbedingungen während des Versuches erzielt werden.

Als Beispiel für einen Versuch der ersten Gruppe wird der Umlaufbiegeversuch beschrieben, mit dem die Biegewechselfestigkeit σ_{bW} eines Werkstoffes ermittelt werden kann.

Tab. 11.13 Dauerschwingversuche und Ziele

Versuche	Ziele
Versuche mit glatten, polierten Proben	Ermittlung der Dauerfestigkeit für die Hauptbeanspruchungsarten, Aufstellen von Wöhlerkurven
Versuche mit Proben, die Kerben, Bohrungen, Querschnittsänderungen oder andere Oberflächenmerkmale haben	Ermittlung der Gestaltfestigkeit, d. h. der Kerbwirkungszahl und des Einflusses der Oberflächengüte auf die Dauerfestigkeit
Versuche mit vollständigen Bauteilen oder ganzen Baugruppen	Ermittlung von Schwachstellen und ihre Beseitigung durch Konstruktions- oder Werkstoffänderung

Umlaufbiegeversuch (DIN 50113:2018)

Dieser Versuch belastet die Probe durch die Anordnung der Kräfte mit einem konstanten Biegemoment (Abb. 11.26). Bei einer Drehung entstehen wechselnde Biegespannungen, die um die Mittelspannung null schwingen (ähnlich den Verhältnissen in Abb. 11.25).

Es werden mehrere Proben gleichen Werkstoffs und gleicher Vorbehandlung mit fallenden Spannungsamplituden σ_a bis zum Bruch geprüft und die Lastspielzahl bis dahin festgehalten (Bruchlastspielzahl). Proben, welche die Grenzlastspielzahl NG erreichen, brechen i. Allg. nicht mehr, sodass sie aus dem Versuch genommen werden.

Die Versuchsdrehzahlen liegen bei Metallen zwischen 1.000 und 10.000/min. Die Frequenz der Belastung, also die Schwingspiele pro Zeit, hat keinen Einfluss auf die Ergebnisse, solange die Probe sich nicht erwärmt.

Der Versuch wird so lange gefahren, bis ein Bruch auftritt. Die Grenzlastspielzahlen sind werkstoff- und problemabhängige Größen (Stahl z. B. $10^6 - 10^7$). Oberhalb dieser Zahl kommt es üblicherweise nicht mehr zum Versagen.

Wöhlerkurve

Der klassische Wöhlerversuch hat eine gleichmäßige sinusförmige Belastung im Schwellbereich. Aus den ermittelten Werten Bruchlastspielzahl N_B und Spannungsamplitude σ_a ergibt sich die Wöhlerkurve (Abb. 11.27). Wenn man neben die Wöhlerkurve das Spannungs-Dehnungs-Diagramm desselben Materials zeichnet, sieht man:

- Wenn im Versuch der Bruch bereits bei nur einem Lastspiel ($N_B = 1$) auftritt, ist die mögliche Spannungsamplitude so hoch wie die Zugfestigkeit R_m.
- Bei Belastungen unterhalb der Streckgrenze versagt das Material nach einer Zahl von Lastzyklen.
- Bei ausreichend niedrigen Spannungen σ_D ($\sigma_m + \sigma_a$) werden praktisch unendlich viele Lastspiele ertragen.

Bei genaueren Versuchen werden stets mehrere Proben mit gleicher Beanspruchung geprüft. Sie brechen bei verschiedenen Lastspielzahlen, die Werte streuen also. Für sichere

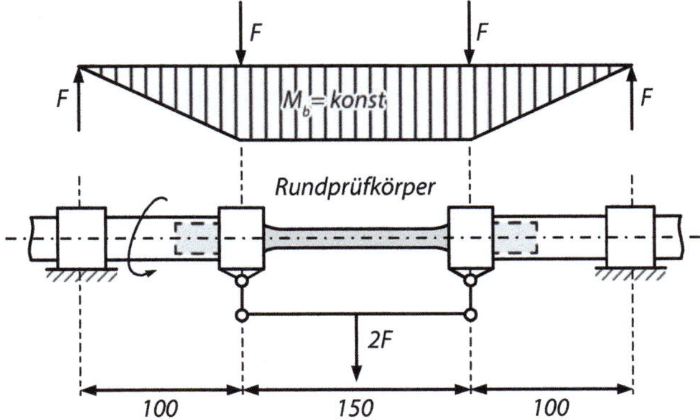

Abb. 11.26 Umlaufbiegeversuch, schematisch. **a** Probe mit Belastungskräften, **b** Momentenfläche

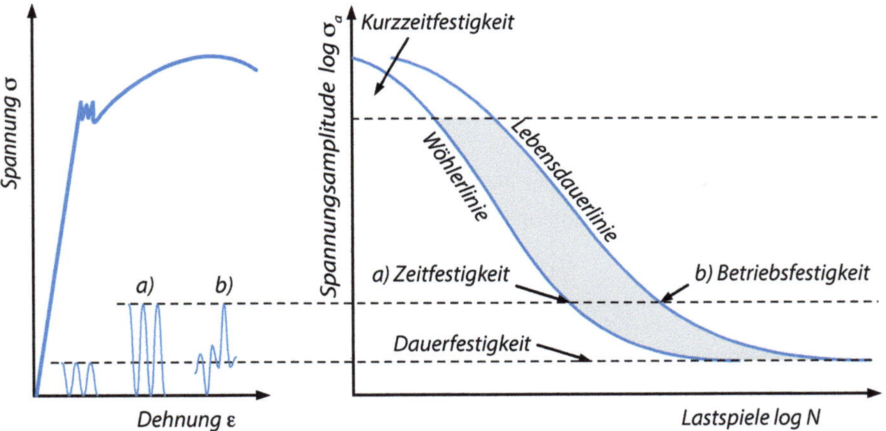

Abb. 11.27 Wöhlerkurve und Lebensdauerlinie (vergl. Haibach, Betriebsfestigkeit, Springer-Verlag)

Aussagen ist die Prüfung vieler Proben erforderlich, deren Daten mit statistischen Methoden ausgewertet werden, was zu der Überlebenswahrscheinlichkeit führt. Im Bereich der Zeitfestigkeit sind Streuungen der Bruchlastspielzahl um den Faktor 10 völlig normal.

Neben den sinusförmigen Lasten gibt auch Versuche mit variablen Lasten. Hierbei können unterschiedliche Belastungsprogramme verwendet werden, z. B. eine systematische Abfolge von verschieden hohen Laststufen oder auch statisch bzw. zufällige erzeugte Laststufen. Weil hier größere und kleine Lasten pro Lastspiel vorkommen, ist die sich ergebende Bruchkurve zu größeren Schwingspielen verschoben, man nennt diese Linie die Lebensdauerlinie.

Man unterscheidet

- **Kurzzeitfestigkeit**: Die ertragbare Last für weniger als ca. 104 Schwingspiele. Diese Art der Ermüdung tritt bei hohen plastischen Dehnamplituden auf, die zu frühem Versagen führen.
- **Zeitfestigkeit**: Wenn die Bruchlastspiele doppelt logarithmisch aufgetragen werden, ergibt sich eine S-Kurve, die über einen weiten Bereich gerade ist. Hier lässt sich die Lastspielzahl, die bei einer Spannungsamplitude zum Bruch führt über die Geradengleichung gut abschätzen.
- **Betriebsfestigkeit:** Die maximale Versuchsspannung für die ertragbaren Schwingspiele aus einem Versuch mit unterschiedlich hohen Belastungsamplituden.
- **Dauerfestigkeit:** Bei sehr geringen Spannungsamplituden wird die Wöhlerkurve sehr flach. Man kann annehmen, dass solche Spannungen unendlich ertragen werden. Diese Spannung wird Dauerfestigkeit σ_D bezeichnet: die max. Lastgrenze, die auch nach sehr vielen Zyklen nicht zum Versagen führt.

▶ **Hinweis** Zeitfestigkeiten sind interessant für Bauteile, die während ihres Einsatzes nur eine begrenzte Lastspielzahl durchlaufen.

▶ **Hinweis** Wöhlerkurven laufen nicht streng in eine Waagerechte aus, sondern können auch bis zu höchsten Lastspielzahlen stetig abfallen. Das tritt deutlich auf z. B. bei:

- Metallen mit kfz-Kristallgitter,
- bestimmten Konstruktionsfällen, wie z. B. Wälzlagern,
- Dauerversuchen in Salzwasser. Beachte: Bauteile in korrosiver Umgebung sind nicht dauerfest, sie haben nur Zeitfestigkeiten. Je stärker der Korrosionsangriff, desto eher erfolgt der Dauerbruch.

11.4.4 Dauerschwingfestigkeiten

Die Dauerschwingversuche werden klassisch mit einem konstanten Spannungsverhältnis: $R = \sigma_u/\sigma_o$ gefahren. Man unterscheidet hier:

- $R = -1 \rightarrow$ Zug/Druckschwellbereich ($\sigma_m = 0$),
- $R = 0 \rightarrow$ Schwellbereich ($\sigma_o = 2\sigma_m$).

Für die Schwellbelastung (R = 0) sind die ertragbaren Spannungsamplituden geringer, denn die Mittelspannung σ_m ist hier größer null (Abb. 11.28). Die Mittelspannung hat einen großen Einfluss auf die Rissfortschrittsgeschwindigkeit von Rissen und damit auch

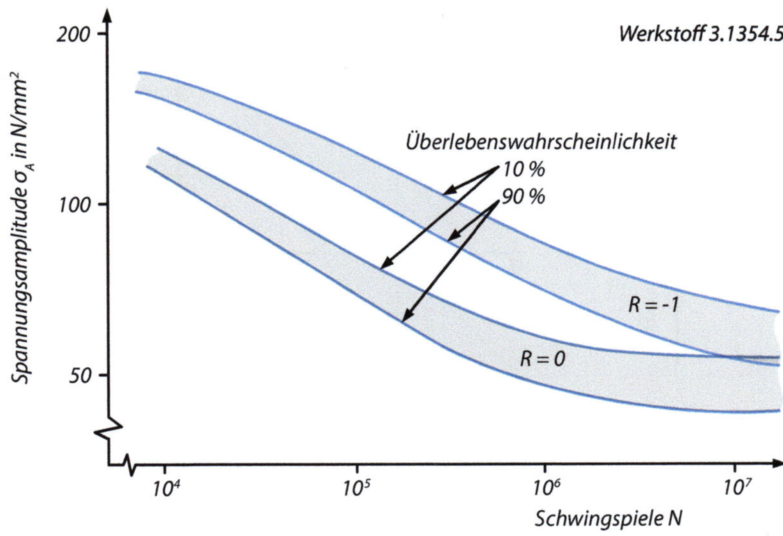

Abb. 11.28 Dauerfestigkeit in Abhängigkeit des Spannungsverhältnisses R (Bildquelle: Haibach, Betriebsfestigkeit, Springer-Verlag)

auf die Lebensdauer. Positive Mittelspannungen führen zu einer schnelleren Ausbreitung der Risse als negative Mittelspannungen. Für den Zug-Druck-Schwellbereich (R = −1) ergeben sich bei einer Mittelspannung $\sigma_\mathrm{m} = 0$ automatisch höherer Spannungsamplituden. Bei nur einem ertragbaren Lastspiel wäre die mögliche Spannungsamplitude $R_\mathrm{m} - \sigma_\mathrm{m}$.

11.4.5 Dauerfestigkeitsschaubild für Zug-Druck-Beanspruchung nach Smith

Einen Überblick über das Dauerschwingverhalten eines Werkstoffes bei verschiedenen Mittelspannungen geben die Dauerfestigkeitsschaubilder (DIN 50 100, Abb. 11.29). Es zeigt die ertragbaren Ober- und Unterspannungen (y-Achse) über der Mittelspannung (x-Achse) aufgetragen, die zur Dauerfestigkeit führt. Die Ober-/Unterspannungen sind nach oben und unten nur bis zur Streckgrenze gültig. Die Verlängerungen der Ober- und Unterspannungen schneiden sich in einem Punkt, der statischen Festigkeit R_m.

Die ertragbaren Spannungsamplituden der Dauerfestigkeit lassen sich für jede beliebige Mittelspannung als senkrechte Strecken nach oben und unten abgreifen. Für alle gleichförmig schwingenden Belastungen mit Amplituden innerhalb des blauen Feldes kann Dauerfestigkeit angenommen werden.

Das Bild zeigt neben dem Dauerfestigkeitsschaubild einige dynamische Belastungsfälle mit seitlich herausprojizierten Spannungs-Zeit-Diagrammen. Die Spannungen erreichen jeweils die genau die Werte der Dauerfestigkeiten.

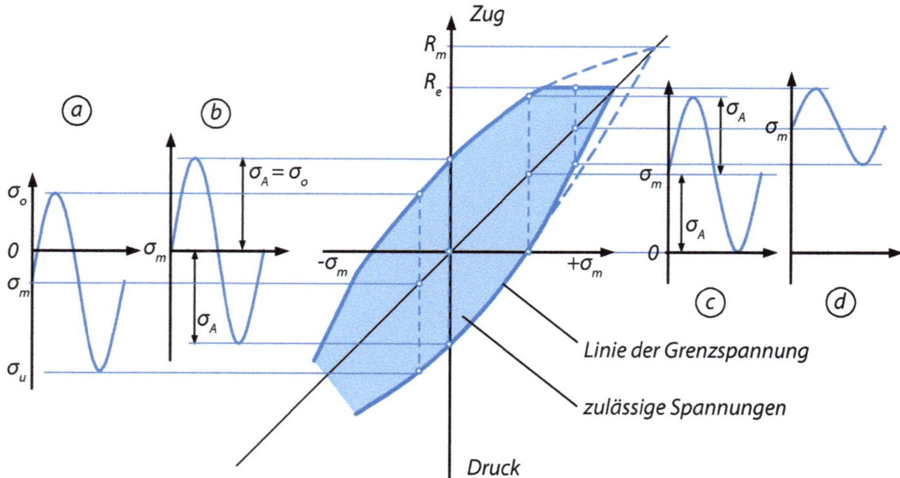

Abb. 11.29 Dauerfestigkeitsschaubild für Zug-Druck-Beanspruchung nach Smith

(a) Druckbeanspruchung im Wechselbereich, die Unterspannung reicht in den Druckbereich.

(b) Zug-Druck-Wechselbeanspruchung. Die Mittelspannung ist null, die Spannungsamplituden sind gleich und erreichen die Dauerfestigkeit,

(c) Zugschwellbeanspruchung, dabei ist die Unterspannung null, die Mittelspannung gleich dem Spannungsausschlag. Die Oberspannung ist hier gleich der Zugschwellfestigkeit.

(d) Zugbeanspruchung im Schwellbereich mit hoher Mittelspannung. Die ertragbaren Spannungsamplituden sind klein. Ober- und Mittelspannung haben die gleiche Richtung.

11.4.6 Dauerfestigkeit und Einflussgrößen

Die Werte der Dauerfestigkeit von Proben und Bauteilen werden von zahlreichen Faktoren beeinflusst, wie die nachstehende Tab. 11.14 zeigt.

11.4.7 Wöhlerversuche mit Kunststoffen

Die Anwendung der Wöhlerversuche ist für Kunststoffe fragwürdig. Der Grund liegt in einem unterschiedlichen Schadensmechanismus. Bei Metallen wird der Schaden nach zyklischer Belastung mit einem Aufaddieren von mikroplastischen Verformungen und Mikroverfestigungen erklärt. Grundsätzlich ist das unabhängig von der Frequenz. Es spielt

Tab. 11.14 Einflussgrößen auf die Dauerfestigkeit

Einflussgröße	Wirkung auf die Dauerfestigkeit
Kerben	Je schärfer der Kerbradius und je tiefer die Kerbe ist, desto höher ist die Spannungskonzentration im Kerbgrund und desto niedriger ist also die Dauerfestigkeit.
Oberflächenbeschaffenheit	Jede Abweichung vom glatten, polierten Zustand, wie er beim Probestab vorliegt, mindert die Lebensdauer, d. h. die Dauerfestigkeit. Druckeigenspannungen, wie sie durch Kaltumformen beim Walzen, Ziehen oder Kugelstrahlen entstehen, Randschichthärten erhöhen die Dauerfestigkeit.
Korrosionsbeanspruchung	Bei Versuchen in Vakuum erbringen Proben höhere Bruchlastspielzahlen als im normalen Dauerversuch. Somit wirken schon geringste Gehalte an korrosiven Medien stark auf die Dauerfestigkeit ein. Bei Dauerversuchen in wässrigen Lösungen ergibt sich, dass die Wöhlerkurve tiefer liegt und auch bei 10 Lastspielen noch deutlich abfällt.
Temperatur	Da die Dauerfestigkeit an die Festigkeit gekoppelt ist, nimmt grundsätzlich mit Zunehmen der Temperatur die Dauerfestigkeit jedes Werkstoffes ab.
Frequenz	Bei Metallen tritt bis zu 104 Lastspielen/min keine Erwärmung auf, in diesem Bereich hat die Frequenz keinen Einfluss. Bei Kunststoffen beginnt bei 10 Hz die Erwärmung mit Erweichung und Abfall der Festigkeiten.

keine Rolle, in welcher Zeit die Belastungen sich aufaddieren solange sich der Werkstoff nicht durch die Belastung erwärmt.

Anders als Metalle können Kunststoffe sich bei wiederholter Belastung erwärmen. Bei Kunststoffen gibt es keine Verfestigungen. Insbesondere oberhalb der Glasübergangstemperatur können lokale Spannungsspitzen sehr gut aufgenommen werden.

Für Faserverstärkte Kunststoffe kann als Schadensmechanismus eine Schwächung der Ankopplung zwischen Kunststoff und Faser auftreten. Wegen der sehr unterschiedlichen Elastizität der beiden Materialien konzentrieren sich hier die Spannungen. Bei zahlreichen Wiederholungen kann es zu einem Herausreißen der Fasern kommen, womit langfristig ein Bauteilversagen ausgelöst wird.

11.5 Messung der Härte

Härte ist der Widerstand des Gefüges gegen das Eindringen eines härteren Prüfkörpers. Für Mineralien ist die Härteskala nach Mohs eingeführt. Jedes Mineral ritzt das niedrigere und wird selbst vom höheren geritzt (Abb. 11.30). Die Methode ist für Metalle wenig aussagekräftig.

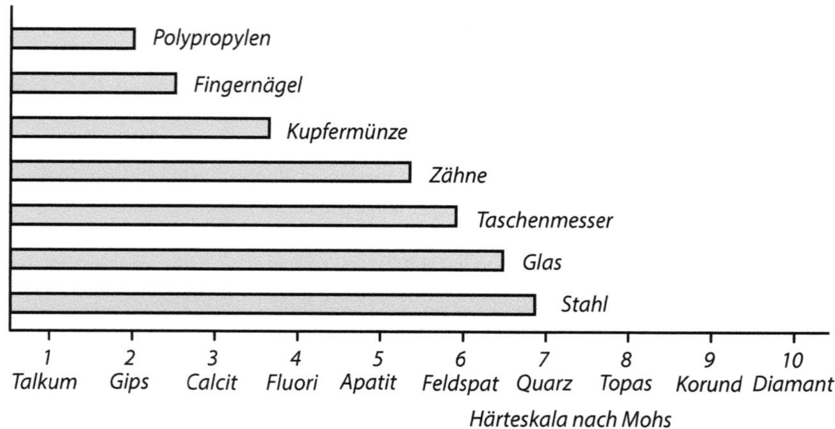

Abb. 11.30 Mohs-Härteskala, angegebene Stoffe lassen sich mit dem jeweils nächsthärteren Metall ritzen

Bei Metallen, vor allen bei Stählen, lassen sich Härte und Festigkeit durch Kaltumformen und Wärmebehandlung in weiten Grenzen ändern. Umgekehrt kann aus Härtemessungen auf den Gefügezustand geschlossen werden.

Bei allen Verfahren wird ein Eindringkörper mit bestimmter Kraft in das Werkstück eingesenkt. Am entstehenden Eindruck wird ein Messwert abgelesen und daraus der Härtewert berechnet. Deshalb wurden ab 1900 drei Verfahren der statischen Härtemessung entwickelt (Brinell, Vickers, Rockwell). Sie werden auch heute noch nebeneinander benutzt, da jedes von ihnen seine Anwendungsgrenzen besitzt. Die Verfahren unterscheiden sich in Eindringkörper, Prüfkraft und Messwert sowie der Art, wie der Härtewert bestimmt wird.

Härteprüfungen werden sehr häufig zur Qualitätskontrolle angewandt. Die Gründe sind:

- Die Messung erfolgt am Werkstück selbst, es ist keine Probe erforderlich,
- kurze Messzeit, eine Direktablesung der Härte ist möglich,
- eine empirisch ermittelte Beziehung zur Zugfestigkeit ermöglicht bei Stählen ihre Kontrolle durch eine Härteprüfung am Bauteil.

Abb. 11.31 zeigt das Prinzip der Härteprüfung, das zur Messung nach mehreren Verfahren geeignet ist.

11.5.1 Härteprüfung nach Brinell (DIN EN ISO 6506:2023)

Als preisgünstige, unempfindliche Körper wurden früher geschliffene Kugeln aus Stahl verwandt. Die Norm schreibt jetzt für alle Stoffe Kugeln aus Sinterhartmetall (Hartmetall) vor. Der Kugeldurchmesser D hängt ab von:

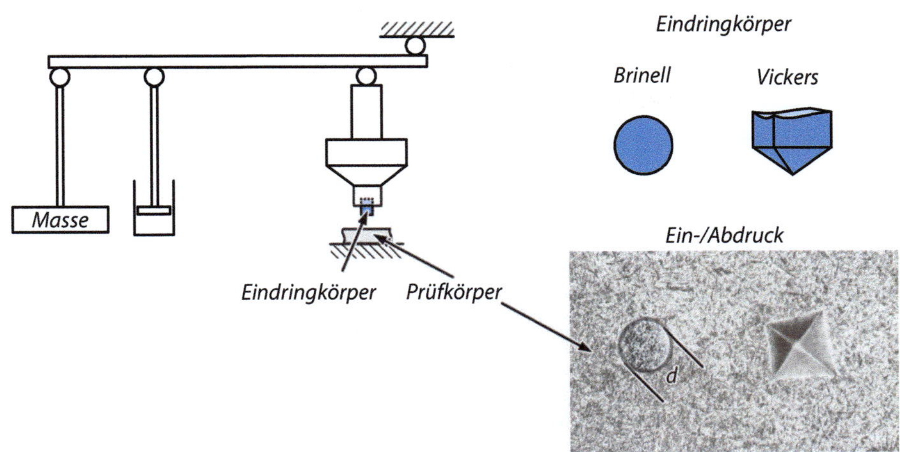

Abb. 11.31 Schematische Darstellung der Härteprüfverfahren nach Brinell und Vickers

- Dicke der Probe
- Härte des Werkstoffs.

Durch den Eindruck der Kugel wird der Werkstoff plastisch verformt und neben sowie unterhalb des entstehenden Abdrucks (Kalotte) kaltverfestigt. Damit sich vergleichbare und reproduzierbare Härtewerte ergeben, sind bestimmte Prüfbedingungen festgelegt. Die Höhe h der Kalotte, das ist die Eindrucktiefe, soll höchstens 1/8 der Probendicke s betragen.

Der Kugel-⌀ D soll so groß wie möglich gewählt werden. Danach muss nach der Härteprüfung mithilfe der Tab. 11.15 festgestellt werden, ob für den ermittelten Eindruck-⌀ d die Mindestdicke kleiner ist als die Probendicke. Andernfalls ist die nächstkleinere Kugel zu verwenden.

Für die Brinell-Prüfung gelten die folgenden Bedingungen

(a) Die Auflagefläche der Probe darf keine sichtbare Verformung zeigen, deshalb richtet sich der Durchmesser D der verwendeten Kugel nach der Probendicke s.

(b) Der Kugeldurchmesser D ist in vier Stufen genormt.

(c) Die entstehende Kalotte soll nicht zu flach sein (unscharfe Ränder), aber auch nicht zu tief (bei unterschiedlicher Eindrucktiefe kaum differenzierte Messwerte).

(d) Messwerte sind nur bei gleichem Beanspruchungsgrad vergleichbar, damit ist das Verhältnis aus Prüfkraft und Kugeloberfläche gemeint. Der Beanspruchungsgrad ist für fünf Werkstoffgruppen genormt (Tab. 11.16).

Die am Prüfgerät einzustellende Prüfkraft F wird aus Tabellen des Normblattes entnommen oder über den Beanspruchungsgrad berechnet:

Tab. 11.15 Mindestdicke der Proben in Abhängigkeit vom mittleren Eindruckdurchmesser

Eindruckdurchmesser d	Mindestdicke der Proben für die Kugel-Ø in mm:				
	1	2	2,5	5	10
0,2	0,08				
1		1,07	0,83		
1,5			2,00	0,92	
2				1,67	
3				4,00	1,84
4					3,34
5					5,36
6					8,00

Tab. 11.16 Brinellhärteprüfung, Werkstoffgruppen, Beanspruchungsgrad und erfassbarer Härtebereich

Werkstoffe	Brinellbereich HBW	Beanspruchungsgrad
St, Ni, Ti		30
Gusseisen	< 140	10
	> 140	30
Cu und	35…200	10
Legierungen	> 200	30
	< 35	2,5
Leichtmetalle	< 35	2,5
	35…80	5/10/15
	> 80	10/15
Pb, Sn		1

$$F = D^2 \text{ Beanspruchungsgrad} / 0{,}102$$

Die Kraft wird in N angegeben, der Faktor 0,102 rechnet die ursprüngliche ältere Kraftangabe Pond in Newton um. Somit sind aktuelle und ältere Messwerte vergleichbar.

An der Probe wird der Durchmesser d der entstandenen Kalotte ausgemessen. Hierzu ist eine Genauigkeit von ±0,5 % erforderlich, damit der Härtewert nicht mehr als ±1 % unsicher ist. Bei unrunden Eindrücken wird der Mittelwert aus zwei senkrecht aufeinander stehenden Durchmessern genommen. Das Abmessen erfolgt auf der Mattscheibe des Gerätes, wo ein vergrößertes Bild der Kalotte erscheint.

Die Brinellhärte HBW wird aus Prüfkraft F (in N), und der entstanden Abdruckfläche der Kugel berechnet

$$HBW = \frac{0{,}102 \cdot 2 \cdot F}{\pi D \left(D - \sqrt{D^2 - d^2} \right)}$$

wobei D der Kugeldurchmesser (Eindringkörper in mm) und d der Durchmesser des Kugelabdrucks in mm ist.

Härteangaben verschiedener Messungen an gleichen Werkstoffen sind nur dann vergleichbar, wenn sie mit gleichen Prüfbedingungen ermittelt wurden. Eine Härteangabe nach Norm muss deshalb die Prüfbedingungen enthalten. Die Kurzangabe der Prüfbedingungen erfolgt nach dem Härtewert in der Reihenfolge: Kugel-$\varnothing$, Prüfkraft (Einwirkdauer, wenn anders als im Regelfall), z. B. bedeutet 350 HBW 10/3000: Brinellhärte von 350, gemessen mit Hartmetallkugel, D = 10 mm und F = 3000/0,0,102 = 29.420 N, (Standardmessung für Stahl und GJL).

Anwendungsbereiche

- **Werkstoffe mittlerer Härte** bis zu 650 HBW. Bei härteren Werkstoffen verformt sich die Kugel unter Belastung plastisch, sodass durch die Abplattung ein weicherer Werkstoff vorgetäuscht wird.
- **Werkstoffe mit Phasen von unterschiedlicher Härte:** Die große 10-mm-Kugel trifft mit Sicherheit viele Kristalle, sodass die Durchschnittshärte des gesamten Gefüges ermittelt wird (z. B. für Lagermetalle und Gusseisen).
- **Nachprüfung der Zugfestigkeit** von wärmebehandelten Teilen aus un- und niedriglegiertem Stahl. Aus vielen Versuchsreihen ist für un- und niedriglegierten Stahl eine angenäherte Beziehung zwischen der Brinellhärte HB und der Zugfestigkeit R_m (im Zugversuch ermittelt) festgestellt worden: Zugfestigkeit $R_m \approx 10/3$ HBW. Dadurch ist es möglich, Wärmebehandlungen zu kontrollieren, z. B. die Festigkeit vergüteter Teile ohne wesentliche Beschädigung.

Nicht geeignet ist die Brinellprüfung für sehr harte Stoffe (ungenau) und dünne Oberflächenschichten, weil diese in den Grundwerkstoff eingedrückt werden. Dunkle Oberflächen sind ebenfalls ungeeignet, da man auf ihnen den Eindruck nicht erkennt.

In der Praxis wird die Brinellhärte nicht errechnet, sondern aus den Tabellen der Norm abgelesen. Prüfgeräte können die Brinellhärte auch direkt anzeigen.

11.5.2 Härteprüfung nach Vickers (DIN EN ISO 6507:2023)

Das Verfahren ist vergleichbar dem Brinell-Härtemessverfahren, der Eindringkörper ist ein stumpfe, quadratische Diamantpyramide. Sie ist empfindlich gegen Stöße und Verkantungen beim Messen und geeignet für härteste Stoffe und dünne Schichten. Die Pyramide erzeugt unter Prüfkraft geometrisch ähnliche Eindrücke. Deswegen ist die Prüfkraft zwischen 98 und 980 N ohne Einfluss auf den Härtewert. Die Kraft F soll in ca. 5 s stoßfrei auf den Höchstwert ansteigen und 10 bis 15 s einwirken.

Für Proben, deren Prüffläche sehr klein ist, für dünne Schichten oder wenn die Oberfläche nur wenig beschädigt werden darf, sind kleinere Kräfte genormt. Sie betragen 1,96…49 N. Die Messunsicherheit der Ableseeinrichtung soll ±1 % betragen (Toleranzbereich der Härte von ±2 %).

An der Probe wird die Diagonale d des Eindrucks gemessen und der Mittelwert der beiden Diagonalen gebildet.

Der Härtewert HV wird vergleichbar dem Brinell-Härtewert aus der Prüfkraft F und der Eindruckoberfläche gebildet. Die Kurzangabe der Prüfbedingungen erfolgt durch eine der Prüfkraft proportionale Zahl, zusätzlich durch die Einwirkdauer, wenn sie von der Norm abweicht.

$$\mathrm{Vic\,ker\,sh\ddot{a}}\mathit{rte}\,HV = \frac{0{,}189\,F}{d^2}$$

640 HV 50	Vickershärte von 640 mit $F = 50/0{,}102 = 490$ N und normaler Einwirkdauer
180 HV 20/30	Vickershärte von 180 mit $F = 20/0{,}102 = 196$ N und erhöhter Einwirkdauer von 30 s ermittelt.

Die Vickers-Härteprüfung ist die genaueste Messung und hat den breitesten Messbereich.

- Werkstoffe aller Härtegrade, auch härtester Stoffe wie Sinterhartstoffe. Hierbei ergeben sich sehr kleine Eindrücke, deren Diagonale wenige µm beträgt. Je kleiner der Eindruck, umso höher muss die Oberflächengüte sein.
- Dünne Randschichten: Hier ist die Prüfkraft im Kleinkraftbereich so zu wählen, dass die Schichtdicke bei harten Beschichtungen mindestens das 10-fache der Eindrucktiefe beträgt.
- Einzelne Kristalle im Gefüge mit Kräften von 0,01…1 N auf Mikrohärteprüfern, eine Kombination von Härteprüfgerät und Mikroskop.

11.5.3 Härteprüfung nach Rockwell (DIN EN ISO 6508:2023)

Im Gegensatz zum Brinell- und Vickers-Verfahren wird die Härte nicht als Quotient von Kraft durch Eindruckoberfläche errechnet, sondern direkt über die Eindringtiefe bestimmt. Eindringtiefe und Härtewert können an einem Tiefenmessgerät (Messuhr) abgelesen werden.

Als Eindringkörper kommen zum Einsatz:

- gehärtete Stahlkugel für Rockwellverfahren B
- Diamantkegel (keine Pyramide) mit einem Winkel von 102° für Rockwellverfahren C

Beide Verfahren haben gegenüber den Verfahren von Brinell und Vickers den Vorteil, dass während der Belastungsdauer zeitgleich mithilfe einer Messanzeige das Eindringen des Eindringkörpers in das Prüfstück live verfolgt werden kann. Der Eindringstempel der Prüfmaschine ist Teil der Messeinrichtung, welche Eindringtiefe misst. Sobald der Wert der Messanzeige sich nicht mehr verändert, kann direkt die Härte abgelesen werden und darüber hinaus auch die Eindringtiefe. Die Probe muss nicht wie bei Vickers oder Brinell speziell präpariert werden, sondern die Messung kann direkt am Werkstück erfolgen, und es ist keine Ausmessung des Härteabdrucks notwendig. Der Nachteil der Verfahren nach Rockwell gegenüber Brinell und Vickers ist die geringere Genauigkeit.

Die Prüfung erfolgt in mehreren Phasen:

1. Der Prüfling muss sicher auf der sauberen Auflage liegen, die Prüffläche senkrecht zur Kraftrichtung.
2. Der Eindringkörper wird mit der Prüfvorkraft F_0 auf den Prüfling gesetzt und die Messuhr auf null gestellt. Damit wird eine Messbasis geschaffen und der Einfluss von Auflage und Spiel im Gerät ausgeschaltet. Praktisch wird der Auflagetisch mit dem Prüfling hochgedreht, bis die Diamantspitze den Eindringkörper berührt und ihn so weit anhebt, bis die Messuhr auf null einspielt. Die Prüfgeräte sind so eingerichtet, dass dann auf den Eindringkörper die Prüfvorkraft F_0 wirkt.
3. Zuschalten der Prüfkraft F_1. Unter ihrer Wirkung, 2 bis 8 s lang, dringt der Diamant weiter in den Prüfling ein, was an der Messuhr beobachtet werden kann. Wenn der Zeiger zum Stillstand kommt, wird eine Eindringtiefe angezeigt, die für die Messung noch keine Bedeutung hat, weil sie sich aus plastischer und elastischer Verformung zusammensetzt.
4. Wegnahme der Prüfkraft F_1. Der Eindringkörper bleibt unter Wirkung der Prüfvorkraft in Kontakt mit dem Prüfling. Die Messuhr zeigt, dass sich der Eindringkörper anhebt: Die elastischen Verformungen gehen zurück. Jetzt wird die bleibende Eindringtiefe h angezeigt. Die Skala der Messuhr weist zugeordnete Werte der Rockwellhärte auf, die jetzt abgelesen werden können.

Die Rockwellhärte HRC berechnet sich aus der Differenz zwischen einer Referenz- und der tatsächlichen Eindrucktiefe. Dieses Verfahren ist für Werkstoffe mit Härten 20 < HRC < 70 geeignet. Das Messergebnis liegt schnell vor. Für weichere Werkstoffe gibt es das HRB-Verfahren. Dabei wird anstelle des Diamantkegels eine Hartmetallkugel von $d = 1/16$ Zoll $= 1{,}59$ mm verwendet.

11.5.4 Vergleich der Härtewerte nach Brinell, Vickers und Rockwell

Wegen der unterschiedlichen physikalischen Vorgänge bei den einzelnen Messverfahren besteht keine lineare Beziehung unter den gemessenen Härtewerten. Umrechnungsformeln sind nicht bekannt. Mittels zahlreicher Versuchsreihen sind die Umrechnungstabellen nach DIN EN ISO 18265:2014 aufgestellt worden. Sie vergleichen in kleinen Sprüngen die verschiedenen Härtewerte.

Zum schnellen Vergleich dienen die folgenden Näherungsformeln:

- Brinellhärte: HBW ca. 0,95 HV
- Rockwellhärte: HRC ca. 0,1 HV (im Bereich 200…400 HV).

Das Rockwell-Verfahren ist automatisierbar. Die Prüfzeit ist kurz. Gegenüber der Vickers-Pyramide mit vier Kanten und einer Spitze ist der Rockwell-Kegel unempfindlicher und das Verfahren für die Fertigungskontrolle besser geeignet. Gehärteter Stahl besitzt eine Rockwellhärte von etwa 47…67 HRC. Für Werkstoffe mit höherer Härte ist das Verfahren ungenau, da bei kleinsten Eindringtiefen der Einfluss der Abrundung groß ist.

11.5.5 Schlaghärteprüfung (Poldi-Hammer)

Der **Poldihammer** ist ein handliches Gerät zur Härteprüfung. Technisch ist er eine dynamisch-plastische Härtemessung und eine Abwandlung der klassischen Brinell-Methode. Im Gegensatz zu dieser kann er jedoch überall eingesetzt werden, auch bei schon montierten Bauteilen und in jeder Lage, solange das Prüfgerät senkrecht zum Bauteil aufgesetzt werden kann und Raum für den Hammerschlag ist. Der Poldihammer ist nach der Poldihütte (Stahlwerk in Kladno bei Prag) benannt, wo er um 1900 entwickelt wurde.

Der Poldihammer besteht aus einem Gehäuse mit durchgeführtem Schlagbolzen und einer gehärteten Stahlkugel von 10 mm Durchmesser am Kopf des Gehäuses. Zwischen Kugel und Schlagbolzen wird ein Härtevergleichsstab eingeführt und durch eine Druckfeder des Schlagbolzens arretiert. Die Kugel ist nur seitlich geführt, sodass sie gleichzeitig vorne das zu prüfende Bauteil und innen den Vergleichsstab berührt. Durch den Schlag mit einem rund 1 kg schweren Handhammer wird die Kugel gleichzeitig in das Prüfstück und in das eingeführte Vergleichsstück aus Metall gedrückt. Beide Prüfeindrücke werden mit Lupe oder Mikroskop vermessen und mithilfe einer Vergleichstabelle wird aus dem Verhältnis der beiden Eindruck-Durchmesser die Härte des Prüflings bestimmt (Abb. 11.32).

Die so ermittelten Härtewerte stimmen zwar nicht exakt mit den statisch ermittelten Härtewerten überein, sind aber für die meisten Ansprüche der Industrie ausreichend. Die „Poldihärte" differiert etwas von der exakteren Brinellhärte eines Prüflabors, weil sich die längere Druckbeanspruchung einer Presse anders auswirkt als ein kurzer Hammerschlag.

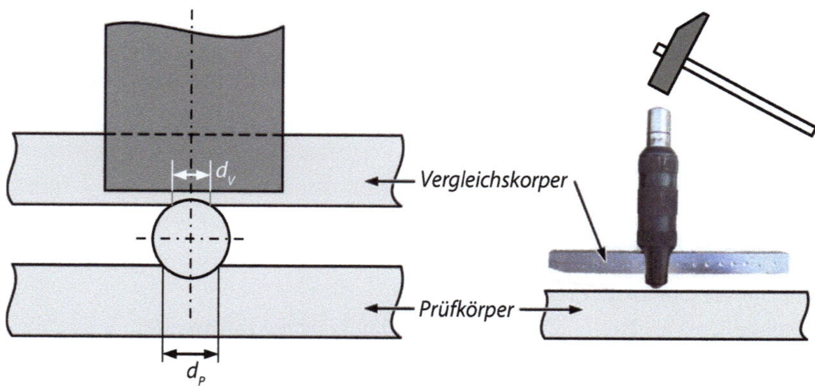

Abb. 11.32 Auswertung der Poldi-Härteprüfung

Außerdem sind beim Poldihammer die Druckkräfte auf Vergleichsstab und Probe nicht völlig gleich.

Schlaghärteprüfer sind ein einfacher, praktikabler Ersatz für statische Pressen und werden vor allem beim Prüfen schwerer Guss- und Schmiedestücke sowie großer Stangen in Werkstofflagern verwendet. Prinzipiell sind sie auch zum Prüfen anderer harter, homogener Materialien geeignet.

Der Poldihammer ist leicht, handlich, in jeder Lage benutzbar und preisgünstig. Er dient als Ersatz für die Brinellprüfung bei schweren Guss- und Schmiedestücken oder bei bereits eingebauten und nicht mehr ausbaubaren Teilen. Schnelle Warenkontrolle im Materiallager.

Die Poldihärte ist nicht mit der im Standardversuch ermittelten Brinellhärte identisch, denn die statische Druckbeanspruchung im Brinellhärteprüfer wirkt anders als die dynamische Schlagbeanspruchung mit dem Poldihammer. Bei letzterem sind außerdem bedingt durch Reibungsverluste die Druckkräfte auf Vergleichsstab und Probe nicht ganz gleich.

11.5.6 Härteprüfung nach Shore

Für sehr weiche Materialien, speziell für Elastomere und Schäume, wird die Härte nach dem Shore-Verfahren gemessen. Ein Stift wird hierbei in eine Oberfläche gedrückt (Abb. 11.33).

Die Eindringtiefe gibt den Härtewert an. Die maximale Tiefe ist 2,5 mm und entspricht dann einer Härte von 0. Die maximale Härte ist bei einer Eindringtiefe von 0 mm auf den Wert 100 festgelegt. Die Angabe des Härtewerts erfordert immer die zusätzliche Angabe

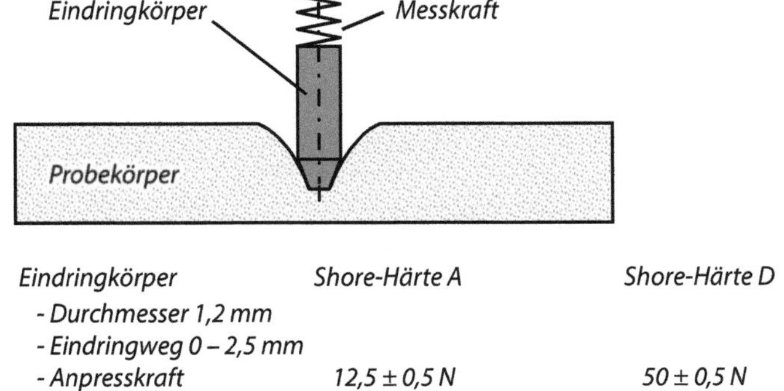

Abb. 11.33 Shore-Härteprüfung

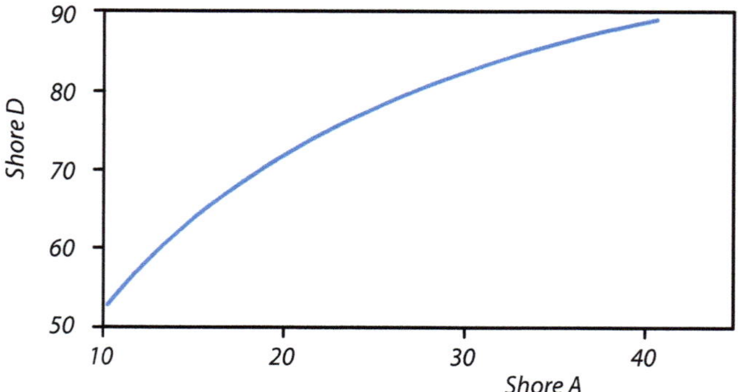

Abb. 11.34 Vergleich der Härtewerte nach Shore A und Shore D

des Prüfkörpers. Für sehr weiche Materialien hat dieser eine stumpfe Kegelspitze
(Shore A). Damit ein Eindringen in härtere Materialien möglich ist, wird beim „Shore D"-
Verfahren eine schlankere Spitze verwendet.

Typische Werte für Shore A sind

- Gummibärchen: 10
- Autoreifen: 50 bis 70
- Hartplastik: 100

Bei der Bestimmung der Shore-Härte spielt die Temperatur eine entscheidende Rolle, sodass die Messungen in einem eingeschränkten Temperaturintervall von 23 °C ± 2 K norm-
gerecht durchgeführt werden müssen. Die Dicke des Prüfkörpers sollte mindestens 6 mm
betragen. Die Härte ist 3 s nach der Berührung zwischen der Auflagefläche des Härteprüf-
gerätes und des Prüfkörpers abzulesen. Bei Prüfkörpern mit deutlichen Fließeigenschaften
kann die Härte auch nach 15 s abgelesen werden.

Ein direkter Zusammenhang zwischen Shore A und Shore D ist nicht linear (Abb. 11.34).

11.6 Thermische Verfahren

Die Eigenschaften speziell von thermoplastischen Kunststoffen sind stark temperaturabhängig. Zur Kennwertermittlung und zur Charakterisierung sind drei Verfahren notwendig[2] (Tab. 11.17).

---

[2] Weiterführende Literatur: Grellmann W., Seidler S., Kunststoffprüfung, C. Hanser Verlag; Ehren-
stein G.W., Riedel G., Trawiel P., Praxis der thermischen Analyse von Kunststoffen, Hanser Verlag

Tab. 11.17 Übersicht über thermische Prüfverfahren und deren Anwendung

Verfahren	Anwendung
TGA (Thermo-Gravimetrie-Analyse)	Bestimmung von Füllstoffgehalten und Charakterisierung von Kunststoff
DSC (differential scanning calorimetry)	Bestimmung von Glasübergangstemperatur, Schmelztemperatur, Kristallisationsgrad
DMA (Dynamisch-mechanische Analyse)	E-Modul als Funktion der Temperatur

11.6.1 TGA (Thermo-Gravimetrie-Analyse – DIN EN ISO 11358-1:2022)

Die Makromoleküle der Kunststoffe sind thermisch nicht stabil. Je nach Art des Kunststoffs und damit Aufbau der Moleküle findet die Zersetzung bei definierten Temperaturen statt. Dabei geht der Kunststoff in den gasförmigen Zustand über. Mit der Thermogravimetrie wird die Massenänderung einer sehr geringen Materialprobe während des Aufheizens mit einer konstanten Heizrate beobachtet. Notwendig ist ein Messsystem mit einem geregelten Ofen und einer integrierten Waage.

Massenänderungen haben folgende mögliche Ursachen:

- physikalische Prozesse, z. B. Verdampfen, Sublimieren von Zusatzstoffen/Additiven
- chemischer Zerfall, d. h. thermische Zersetzung mit Bildung flüchtiger Produkte
- chemische Reaktion, z. B. Reduktion (d. h. Abgabe von Sauerstoffatomen) oder Oxidation (d. h. Aufnahme von Sauerstoffatomen)

In Abb. 11.35 ist eine Messkurve eines glasfaserverstärkten PBT dargestellt, das mit PTFE zur Verbesserung der Gleiteigenschaften versehen ist. PBT zersetzt sich bei geringerer Temperatur als PTFE, sodass die Gewichtsanteile eindeutig zugeordnet werden können. Zunächst erfolgt bei 420 °C ein Gewichtsverlust von 52,2 % (PBT), dann bei 587 °C ein Gewichtsverlust von 12,5 % (PTFE), bei 650 °C verbrennt der Pyrolyseruß mit 4,3 % und der Rest von 31 % entspricht dem Glasfasergehalt von 31 % (GF 30).

Die Zersetzung erfolgt meist unter Ausschluss von Sauerstoff. Auf diese Weise kann man bei hoher Temperatur und nach Zugabe von Sauerstoff die Zersetzungsrückstände verbrennen. Da Kunststoffe zum größten Teil aus Kohlenstoff und Wasserstoff bestehen, ist der Zersetzungsrückstand fast ausschließlich Kohlenstoff. Die Reste, die dann noch gewogen werden, haben mineralischen Ursprung, in diesem Fall sind das die Glasfasern.

11.6.2 DSC (differential scanning calorimetry)

Mit Kalorimetrie wird die Messung von Wärmeströmen ausgedrückt. Beim Aufheizen von Material kommt es zu Phasenänderungen. Bei Wasser gibt es z. B. bei 0 °C den Übergang

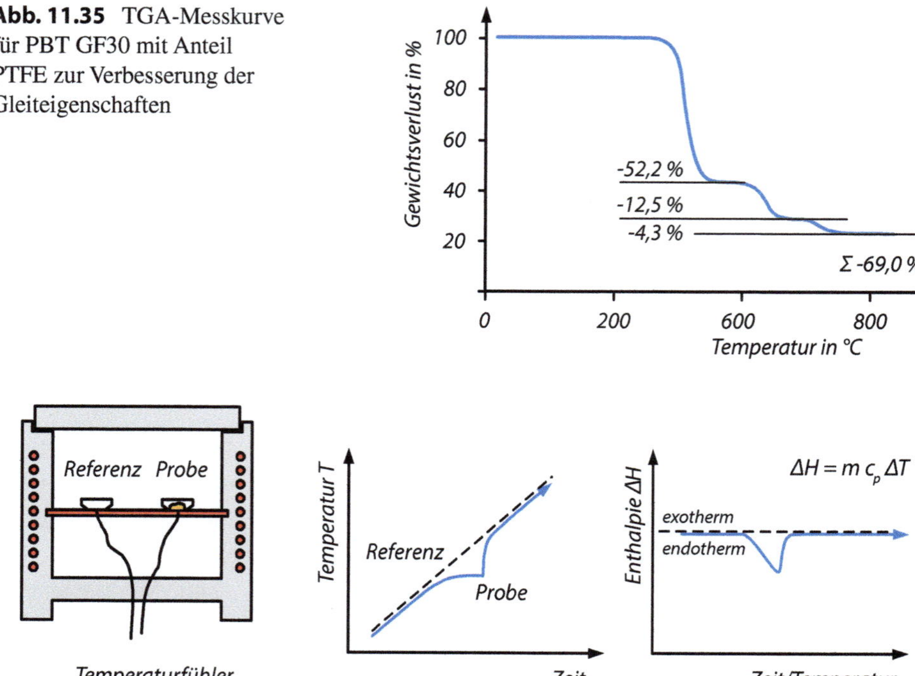

Abb. 11.35 TGA-Messkurve für PBT GF30 mit Anteil PTFE zur Verbesserung der Gleiteigenschaften

Abb. 11.36 Messprinzip einer DSC

von Eis zu flüssigem Wasser. Bei der Umwandlung schmelzen die Eiskristalle, wobei zusätzliche Wärme benötigt wird.

Für die Messung dieser Kristallisationswärme erwärmt man eine geringe Probenmenge mit einer geringen Aufheizgeschwindigkeit und vergleicht die Temperatur der Probe mit einer Referenzprobe (Abb. 11.36). Die Referenz ist üblicherweise ein leerer Probentiegel.

Während des Schmelzvorgangs ändert sich die Temperatur nicht, solange die zwei Phasen Kristalle und Schmelze gleichzeitig vorliegen. Bei konstanter Aufheizgeschwindigkeit kann aus der Temperaturdifferenz die Schmelzwärme ΔH_m beim Aufheizen bzw. die Kristallisationswärme ΔH_c beim Abkühlen ermittelt werden.

Hier wird vereinfacht von Wärme gesprochen. Gemeint ist die Enthalpie ΔH, die den Wärmeinhalt darstellt:

$$\Delta H = mc_p\Delta T + p\Delta V$$

Hierin ist m die Masse, c_p die Wärmekapazität, ΔT die Temperaturdifferenz. Für weitgehend inkompressible Materialien und Messungen bei konstanten Drücken p ist die Volumenänderung $\Delta V = 0$ und kann vernachlässigt werden.

Damit spiegeln die gemessenen Temperaturdifferenzen die Wärme wider. Die Änderungen der Wärme über einen Zeitraum hinweg sind Wärmeströme, diese können positiv oder negativ sein. Positive Messergebnisse bedeuten, dass Wärme zugeführt werden muss,

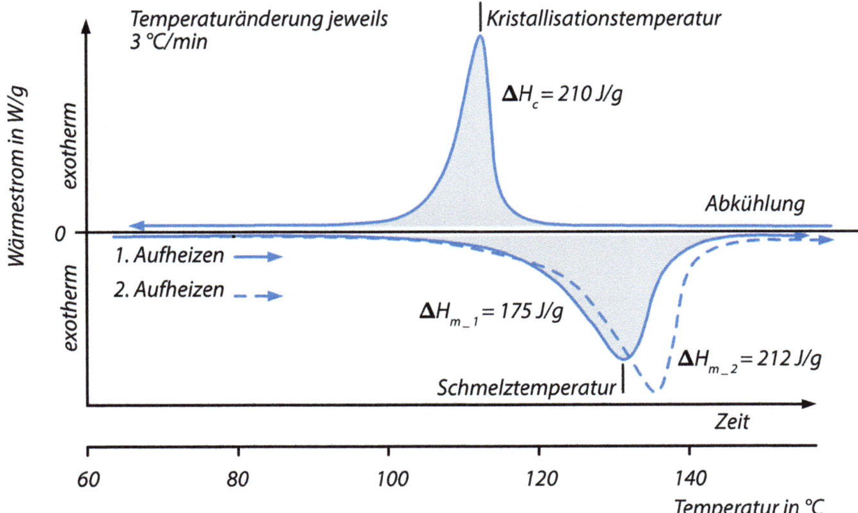

Abb. 11.37 DSC-Kurve für Aufheiz- und Abkühlvorgänge

also ein endothermer Vorgang. Negative Werte bedeuten exotherme Abläufe, bei denen Wärme freigesetzt wird. Das ist der Fall, wenn man eine Probe abkühlt und sich Kristalle bilden, wobei die Kristallisationswärme frei wird. Aber auch wenn eine Reaktion stattfindet, z. B. wenn die Probe bei höheren Temperaturen und nach Zugabe von Sauerstoff verbrennt.

Interpretation von DSC-Kurven

Weil mit einer konstanten Aufheiz- und Abkühlgeschwindigkeit gearbeitet wird, kann zu einem bestimmten Zeitpunkt jeweils die Temperatur angegeben werden (Abb. 11.37). Zur Festlegung der Schmelztemperatur wird der Peak ausgewertet. Die einfachste Möglichkeit ist hier die Temperatur zu wählen, bei der die Wärmestromdifferenz am höchsten ist. Analog wird beim Abkühlen der Kristallisationsvorgang abgebildet.

Die Form und die Temperaturlage des Peaks geben wichtige Informationen. Aus der Temperaturlage kann man auf die Sorte des Kunststoffs schließen, denn die Schmelztemperatur hängt direkt vom molekularen Aufbau ab.

Beim Aufschmelzen eines Kunststoffs können kleinere Kristalle leichter schmelzen als die größeren. Daher erstreckt sich der Aufschmelzvorgang über einen Temperaturbereich von einigen °C (Abb. 11.38).

Während des Aufheizens schmelzen die Kristalle. Der Wärmestrom wird während der gesamten Zeit gemessen und bildet einen charakteristischen Peak. Dieser Peak ist die Summe vieler Einzelpeaks, denn ein thermoplastischer Kunststoff besteht meistens aus unterschiedlich langen Molekülketten, sodass kleinere und größere Kristalle entstehen. Ein schmaler Peak bedeutet, dass es sich um ein Material mit einer engen Molekulargewichtsverteilung handelt.

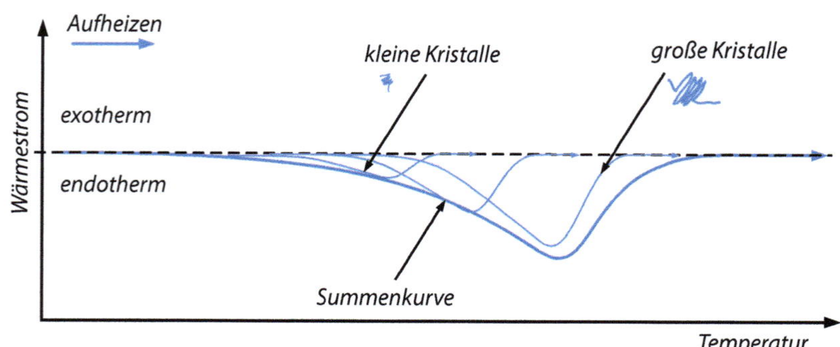

Abb. 11.38 Schmelzpeak beim Aufheizen einer Kunststoffprobe

Die schattierte Fläche innerhalb der Kurve (Abb. 11.37) ist die für das Schmelzen bzw. für das Kristallisieren notwendige Wärme. Bei einer Materialuntersuchung wird man die Probe zunächst aufheizen und schmelzen und anschließend wieder definiert abkühlen lassen. Hierbei kann die Schmelzwärme kleiner sein als die Kristallisationswärme. Die Ursache ist dann, dass die untersuchte Materialprobe zu einem Kunststoffbauteil gehört, das mit sehr hohen Abkühlgeschwindigkeiten hergestellt wurde. In diesem Fall steht für die Kristallisation nicht genug Zeit zur Verfügung. Damit erhält man Informationen über die Vorgeschichte, also die Produktionsbedingungen eines Kunststoffbauteils.

Wird die Probe erneut aufgeheizt (2. Aufheizen), ist die Vorgeschichte „gelöscht", denn die DSC-Versuche erfolgen bei geringen Aufheiz- und Abkühlgeschwindigkeiten. Die Schmelzwärme ist dann so hoch wie die Kristallisationswärme.

▶ **Hinweis** Die Kristallisationstemperatur ist immer niedriger als die Schmelztemperatur. Das hat mit der Aufheiz- und Abkühlgeschwindigkeit zu tun. Bei einer Abkühlgeschwindigkeit von 0 °C/min wären beide Temperaturen gleich. Dann bilden sich Kristalle während gleichzeitig andere Kristalle schmelzen.

11.6.3 DMA (Dynamisch-mechanische Analyse)

Das mechanische Verhalten der Kunststoffe ist stark temperaturabhängig. Von besonderer Bedeutung ist hier die Abhängigkeit des E-Moduls von der Temperatur.

Bei der DMA wird ein Probekörper zyklisch belastet und gleichzeitig wird die Temperatur stetig angehoben. Die Belastung führt zu einer Verformung. Als Belastung werden oft Verdrehungen (Torsionen) vorgenommen, in dem Fall wäre die Verformung eine Scherung (Schubbelastung). Hier wird zum besseren Verständnis eine zyklische Zugbelastung verwendet (Abb. 11.39).

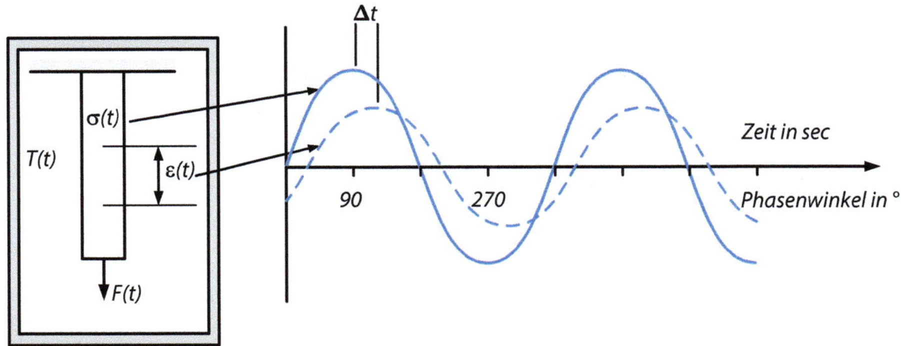

Abb. 11.39 Prinzip einer dynamisch-mechanischen Analyse (DMA)

Bei einem elastischen Werkstoff, z. B. bei einem Metall erfolgt die Verformung ohne Verzögerung. Bei einem Kunststoff kann die Verformung zeitverzögert erfolgen, insbesondere bei Temperaturen oberhalb der Glasübergangstemperatur. Dann ist der Werkstoff viskoelastisch, d. h., einzelne Molekülgruppen können aneinander vorbeigleiten. Bei jedem Zyklus erwärmt sich der Kunststoff ein wenig.

Analog zu elektrischen Strömen, bei denen man in Abhängigkeit vom Phasenwinkel von Scheinleistung und Blindleistung spricht, unterteilt man bei einer um einen Phasenwinkel δ verschobenen Schwingung der „Antwort-Verformung ε" von einem Speichermodul E' und einem Verlustmodul E''. Beide Module stehen über den Verlustfaktor „tanδ" in einer Beziehung:

$$\tan\delta = \frac{E''}{E'}$$

Als Ergebnis der Schwingungen bei steigenden Temperaturen wird der Speichermodul stetig kleiner. Ab der Glasübergangstemperatur können die Moleküle immer besser abgleiten, weshalb hier der Verlustmodul steigt (Abb. 11.40). Mit weiterer Temperatur kann der Werkstoff nur noch sehr wenig Energie aufnehmen, weil die Ketten direkt abgleiten, daher sinkt der Verlustmodul wieder. Der Verlustfaktor tanδ ist bei Werkstoffen mit hohem nichtelastischen Verformungsanteil hoch.

Für den Anwender ist der Verlustmodul uninteressant. Eine Darstellung des Verlustfaktors gibt aber wichtige Hinweise über den Werkstoff. Einige Kunststoffe haben unterhalb der Glasübergangstemperatur ein weiteres Maximum, man spricht hier von Nebenerweichung (Abb. 11.41). Kleinere Molekülgruppen, z. B. Moleküle seitlich der Kette, werden beweglich.

Die Nebenerweichung ist besonders bei Polycarbonat (PC) wichtig. Obwohl PC als amorpher Werkstoff mit einer Glasübergangstemperatur von 145 °C eigentlich bei Raumtemperatur spröde sein sollte, ist er wegen der Nebenerweichung bei −100 °C sehr zäh.

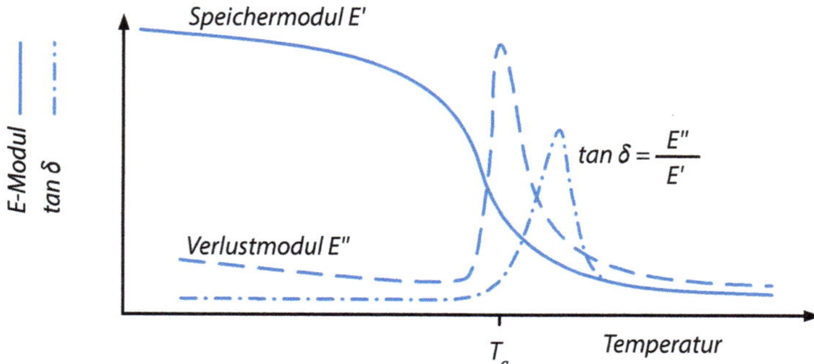

Abb. 11.40 Auswertung einer DMA, der Speichermodul E' ist weitgehend der E-Modul, wie er im Zugversuch gemessen wird. Der Verlustmodul E'' kennzeichnet die aufgenommene Energie, tanδ ist das Verhältnis aus E'/E''

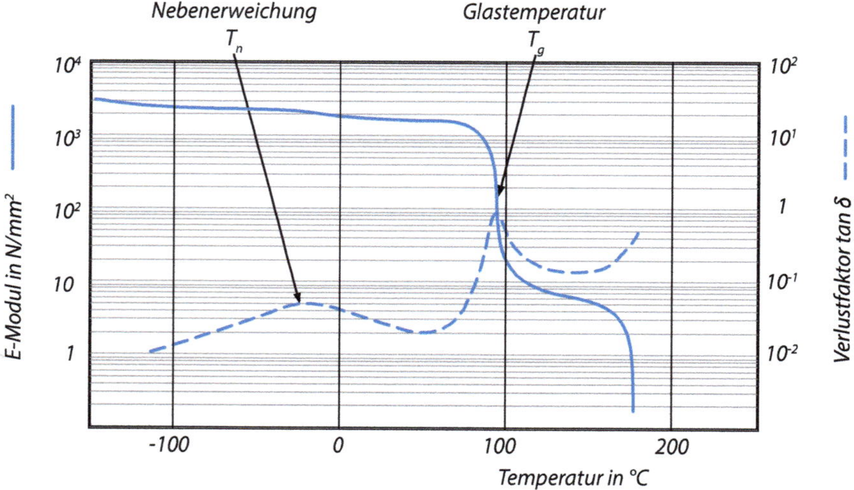

Abb. 11.41 E-Modul als Funktion der Temperatur von PVC

11.6.4 Dauergebrauchstemperatur (RTI)

Kunststoffe können bei höheren Temperaturen merklich Ihre Eigenschaften verlieren. Die Ursache ist thermischer Abbau, der durch Sauerstoff in der Umgebung und UV-Lichteinfluss beschleunigt werden kann.

Eine eindeutige Temperaturgrenze ist nicht messbar, weil einerseits der Abbau bei niedrigen Temperaturen sehr langsam ist und andererseits ein beginnender Abbau nur einen Teil des Materials betrifft und kaum messbar ist. Nach EN ISO 2578 wird eine Methode zur Bestimmung der Temperatur-Zeit-Grenzen bei langanhaltender Wärmeeinwirkung beschrieben, mit der sich ein Grenzwert bestimmen lässt. Dieser Wert wird allgemein auch Dauergebrauchstemperatur (RTI, relative temperature index) genannt und gibt die Temperaturgrenze an, die ein Material für 20.000 h aushält ohne mehr als 50 % seiner Eigenschaft zu verlieren.

Die Grundüberlegung für diese Messung ist die Arrhenius-Funktion, diese beschreibt die Geschwindigkeit chemischer Reaktionen.

$$v_{\text{Reaktion}} = A e^{\frac{-K}{T}}$$

Hierin sind A und K Konstanten, sodass die Reaktionsgeschwindigkeit einer e-Funktion folgt, und mit steigender Temperatur sich kaum noch beschleunigen kann. Wenn man diese Gleichung logarithmiert, erhält man eine Funktion, bei der die Reaktionsgeschwindigkeit in einem Diagramm linear über der Temperatur aufgetragen werden kann.

$$\ln v_{\text{Reaktion}} = \ln A - K / T$$

Die Messung erfolgt nun bei drei unterschiedlichen Temperaturen, wobei man möglichst Temperaturen wählt, bei denen man eine messbare Veränderung einer Eigenschaft in einer vertretbaren Zeit erwartet. Grundsätzlich ist die gewählte Eigenschaft frei, es kann also die Kerbschlagarbeit oder die Farbe sein. Wichtig ist, dass die Eigenschaft exakt gemessen werden kann.

Nach verschiedenen Zeiten werden Proben aus dem Temperatur Lagerbereich genommen und gemessen. Die Werte lassen sich in einem Diagramm auftragen (Abb. 11.42). Hierin sind die Zeitwerte entscheidend, bei denen die Eigenschaft nur noch 50 % des Anfangswerts der unbelasteten Probe ist (E_1, E_2, E_3).

Wenn der Eigenschaftsverlust sich tatsächlich auf einen chemischen Abbau zurückführen lässt, sollte die Arrhenius-Annahme gelten und die drei 50 % Werte werden in einem logarithmischen Diagramm mit der x-Achse 1/T auf einer Geraden liegen. Damit kann man auf einen längeren Zeitwert extrapolieren. Dieser Wert wird auch Temperaturindex genannt.

Im Diagramm wird die Achse *1/T* in umgekehrter Richtung aufgetragen, also in absteigender Folge. Wenn man die Umrechnung auf Temperatur durchführt, sieht man eine nicht lineare Temperaturskala in aufsteigender Folge, wobei die Temperaturabstände zu höheren Temperaturen immer kleiner werden. Das hat seine Ursache in der Arrheniusfunktion.

▶ **Hinweis** Die Dauergebrauchstemperatur (RTI) liegt für fast keinen handelsüblichen Kunststoff vor. Gründe hierfür sind einerseits der hohe Aufwand und die Dauer der Messung, andererseits aber auch die Gewährleistungspflicht der Rohstoffhersteller – wenn keine Angaben vorliegen, kann im Schadensfall kein Regressanspruch angemeldet werden.

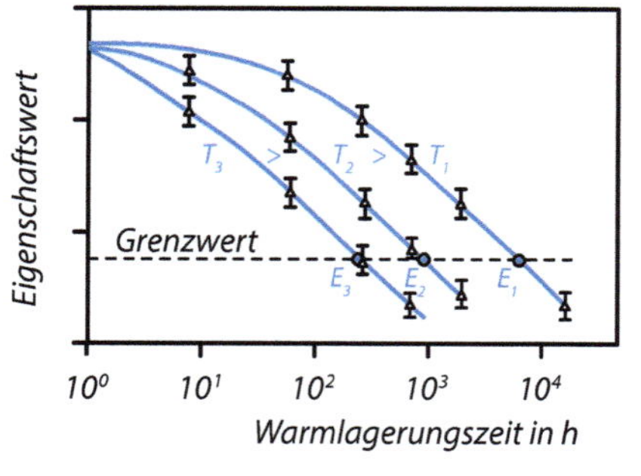

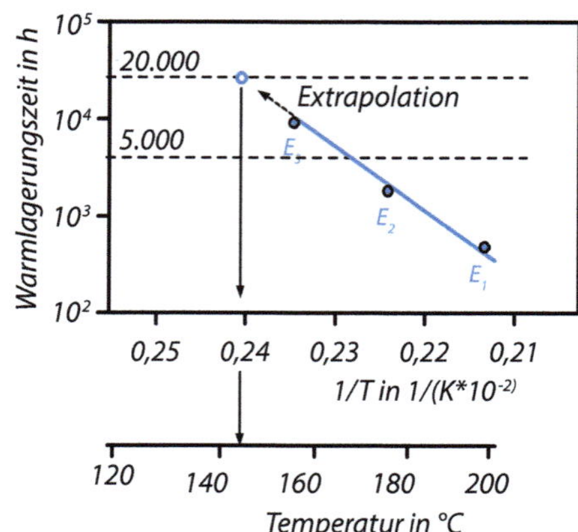

Abb. 11.42 Ermittlung der Dauergebrauchstemperatur (RTI)

11.7 Prüfung von Verarbeitungseigenschaften (technologische Versuche)

Die Prüfungen sind den Verarbeitungsvorgängen nachgeahmt und stellen fest, ob der Werkstoff in der Probe oder im Halbzeug den Arbeitsgang rissfrei übersteht. Meist werden keine Messungen vorgenommen, evtl. Längenmessungen.

11.7.1 Biegeversuch (DIN EN ISO 7438:2020)

Der Versuch soll zeigen, ob die Stahlsorte in kaltem Zustand rissfrei gebogen werden kann. Dabei wird ein Flachstahl von der Dicke s nach Abb. 11.43 durch eine Finne mit bestimmtem Radius zwischen zwei gerundeten Widerlagern hindurchgedrückt. An der Probenunterseite entstehen Zugspannungen. Sie führen bei zu großem Biegewinkel α zu Rissen.

Durch die Krafteinleitung des Biegestempels wird die Probe plastisch verformt und damit gebogen. Dabei wird die Kontaktfläche der Probe am Biegestempel gestaucht und die gegenüberliegende Probenfläche gedehnt. **Beim Biegeversuch treten also auf einer Seite der Biegeprobe Zugspannungen, auf der gegenüber liegenden Seite Druckspannungen auf.** Verglichen mit dem Zugversuch oder dem Druckversuch liegt beim Biegeversuch keine homogene Verteilung der Spannung über den Probenquerschnitt vor. Das Material wird gleichermaßen durch Zug- und Druckkräfte beeinflusst. Daher gelten beim Biegeversuch oft andere Grenzspannungen, für einen Werkstoff, als beim Zug- oder Druckversuch.

Bezogen auf den Probenquerschnitt sind die Spannungen an den Rändern am größten und sind maßgeblich für das Materialversagen verantwortlich. Diese maximalen Rand-

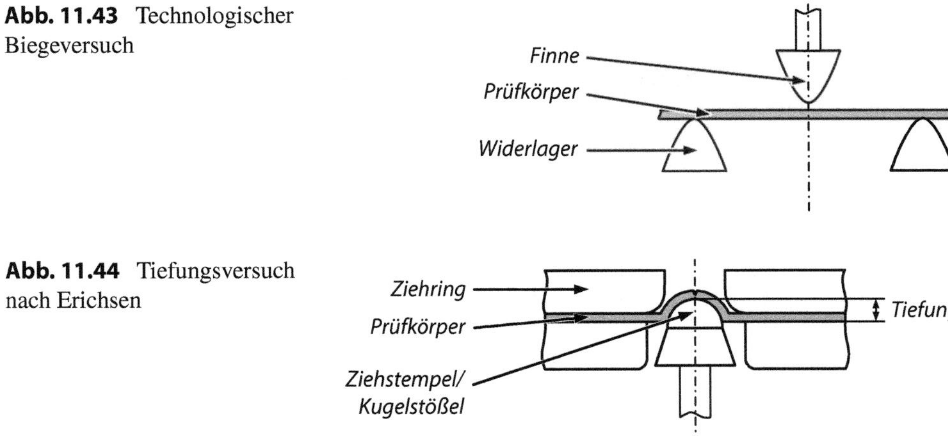

Abb. 11.43 Technologischer Biegeversuch

Abb. 11.44 Tiefungsversuch nach Erichsen

spannungen werden auch als Biegespannungen bezeichnet. Wird eine Streck- oder Quetschgrenze des Werkstoffs erreicht, kommt es zum plastischen Fließen.

Der Biegeversuch nach ISO 178 für Kunststoffe beschreibt eine Möglichkeit, den E-Modul aus der Verformung eines Prüfkörpers zu berechnen. Dieser Wert wird Biegemodul bezeichnet. Diese Prüfung war notwendig, als es noch keine Prüfmaschinen mit geringeren Kräften für die Messung mit Kunststoffen gab. Grundsätzlich ist der so gemessene E-Modul ähnlich dem aus dem Zugversuch. Nachteilig bei dieser Messung ist die nicht gleichmäßige Belastung des Prüfkörpers über den Querschnitt.

11.7.2 Tiefungsversuch nach Erichsen (DIN EN ISO 20482:2013)

Mit einem Werkzeug nach Abb. 11.44 wird das Tiefziehen nachgeahmt. In einen Blechstreifen wird dreimal ein Näpfchen solange gezogen, bis an der Unterseite ein Anriss zu sehen ist. Der Weg von der Berührung der Kugel mit dem unverformten Blech bis zum Anriss ist die Tiefung. Sie hängt von der Blechdicke ab. Für die Blechqualitäten gibt es unterschiedliche Tiefungswerte, die in Kurvenblättern zusammengefasst sind.

An der Oberseite des Näpfchens lässt sich noch die Korngröße des Werkstoffs beurteilen. Bei Grobkorn entsteht eine apfelsinenartige Oberfläche, bei Feinkorn ist die verformte Oberfläche für das Auge glatt.

11.7.3 Stirnabschreckversuch nach Jominy (DIN EN ISO 642:2024)

Mit dem Versuch kann die Einhärtung eines Stahles geprüft werden. Eine austenitisierte Probe wird nach Abb. 11.45 in eine Vorrichtung gehängt und nur von der Stirnseite her mit einem Wasserstrahl abgeschreckt. Durch Festlegung von Wasserdruck, Rohrquerschnitt

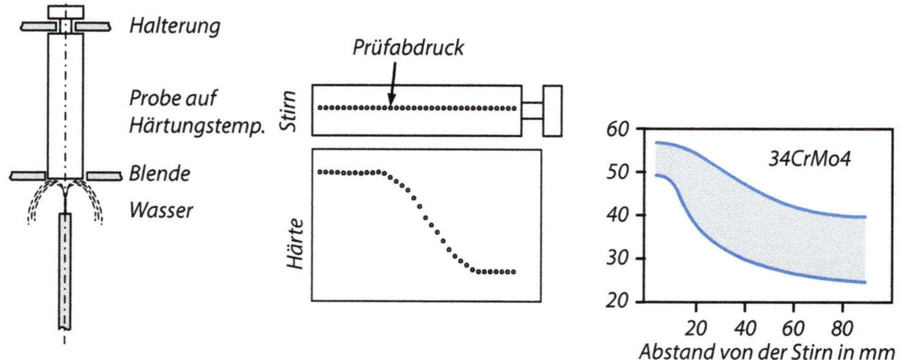

Abb. 11.45 Stirnabschreckversuch. **a** Versuchsanordnung; **b** Stirnabschreckprobe und -kurve; **c** Streuband des Vergütungsstrahles 34CrMo4

und Abstand Rohrende-Blende (12,5 mm) werden konstante Abkühlbedingungen erreicht.

Nach dem Erkalten werden Härtewerte über die ganze Länge der Probe gemessen und über den Abstand von der Stirnseite in ein Diagramm übertragen. Aus dieser Stirnabschreckkurve lassen sich Einhärtung oder Durchhärtung des Stahles erkennen (vgl. auch Abschn. 5.3.3)

Streubänder sind auch in zahlreichen Normen enthalten, z. B. in:

- Vergütungsstähle DIN EN 10083,
- Einsatzstähle DIN EN 10084,
- Werkstoffauswahl aufgrund der Härtbarkeit.

Infolge der Streuung der chemischen Zusammensetzung innerhalb einer Stahlsorte ergibt sich in der Praxis nicht eine Einzelkurve, sondern ein Streuband. Die Einhärtung ist auch noch vom Grad der Austenitisierung abhängig.

11.8 Untersuchung des Gefüges

11.8.1 Mikroskopische Untersuchungen

Untersucht werden Strukturelemente in der Größe zwischen 0,001 μm und 100 μm. Dazu müssen sie mikroskopisch vergrößert werden (Tab. 11.18). Zum Einsatz kommen hier Lichtmikroskope, bei denen die Tiefenschärfe mit zunehmender Vergrößerung klein wird. Kleine Tiefenschärfe bedeutet, dass bei einer nicht ebenen Oberfläche nur ein geringer Bereich scharf gesehen wird. Das ist wie bei einer Landkarte, die in einem bergigen Bereich nur in einem bestimmten Höhenlinienbereich scharf gedruckt wäre.

Tab. 11.18 Mikroskopische Verfahren

	LM, Lichtmikroskop	REM, Raster-Elektronenmikroskop	TEM, Transmissions-Elektronenmikroskop
Vergrößerung	bis zu 1000	bis 200.000	bis 1.000.000
Auflösung, d. h. kleinster Abstand von 2 Punkten	0,3 µm	0,01 µm	0,001 µm =1 nm
Schärfentiefe bei 1000-facher Vergrößerung	0,01 µm	35 µm	–
Gegenstände der Beobachtung	Gefüge	Bruchflächen, Gefüge	Gitterstörungen, Spannungsfelder in Gittern

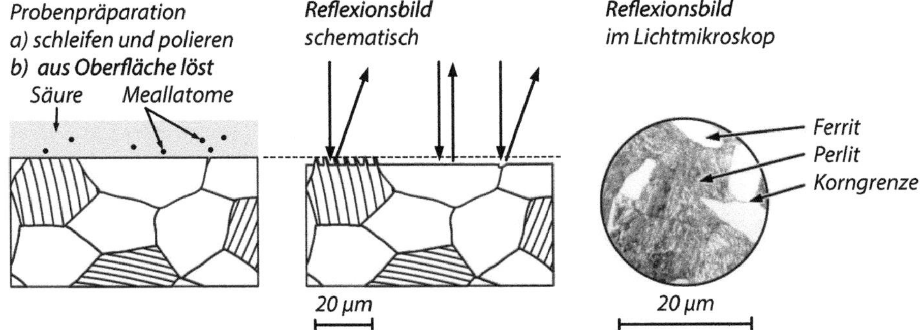

Abb. 11.46 Metallographie, links: Herauslösen von Metallatomen mittels Säure, Mitte: Reflexion auftreffender Lichtstrahlen, rechts: polierte und geätzte Oberfläche ferritisch-perlitischen Materials

Damit ist diese Art der Mikroskopie zur Untersuchung von Bruchflächen weniger geeignet.

Für die Lichtmikroskopie müssen die Proben durch Schleifen und Polieren eingeebnet. und anschließend geätzt werden. Das Ätzmittel/eine Säure greift unterschiedliche Gefügeanteile ungleichmäßig an. Die Atome an den Korngrenzen haben beispielsweise einen ungünstigen energetischen Zustand und lassen sich durch eine Säure einfach herauslösen. Nach dem Säureangriff sind die Oberflächen der Probekörper unterschiedlich glatt und reflektieren das Licht eines Mikroskops unterschiedlich gut. So werden Gefüge (Perlit, Ferrit) und Korngrenzen sichtbar (Abb. 11.46).

Untersuchungen mit einem Rasterelektronenmikroskop haben systembedingt eine erheblich höhere Schärfentiefe. Ein Schleifen und Polieren der Probekörper ist nicht notwendig. Somit eignen sich diese Mikroskope eher zur Analyse von Bruchflächen.

11.8.2 Quantitative Gefügeanalyse

Neben qualitativen mikroskopischen Untersuchungen spielt in der Technik auch die quantitative Analyse der erhaltenen Gefügebilder eine immer größere Rolle. Dabei stehen zwei wichtige Kenngrößen im Vordergrund: Korngröße und Phasenvolumenanteil.

Korngröße

Sehr bedeutsam für die mechanischen Eigenschaften Festigkeit und Zähigkeit: Je kleiner die Korngröße, desto größer sind tendenziell Festigkeit und Zähigkeit eines Werkstoffes. Bei der **Korngrößenbestimmung** (auch Porengrößen, Partikelgrößen) wird meist die mittlere Kornfläche im Gefügebild oder seltener die mittlere Sehnenlänge im Linienschnittverfahren ausgewertet. In allen Fällen ist für die Signifikanz des Ergebnisses wichtig, dass die untersuchte Probenstelle statistisch repräsentativ für das Werkstück ist.

Die mittlere Kornfläche ergibt sich einfach aus dem Verhältnis der Anzahl der Körner innerhalb des untersuchten Bereiches zur Größe des untersuchten Bereiches. In diesem Zusammenhang hat sich in der Praxis eine Korngrößenkennzahl G nach ASTM E112 oder ISO 643 durchgesetzt. Diese wird mittels des Linienschnittverfahrens oder der Flächenauszählung ermittelt.

Linienschnittverfahren

Über ein Gefügebild in geeigneter Vergrößerung wird eine so große Anzahl von Linien gelegt, dass sich einige Hundert bis einige Tausend Schnittpunkte ergeben. Das kann anhand eines ausgedruckten Fotos oder im Computer automatisiert erfolgen. Im letzteren Fall muss aber ein geeignetes Bildanalyseprogramm vorausgesetzt werden, welches Korngrenzen zweifelsfrei analysiert. Die mittlere Sehnenlänge (= Korngröße) ist die Gesamtlinienlänge geteilt durch die Anzahl der Schnittpunkte. Bei diesem Verfahren ist es auch möglich, die Kornform quantitativ zu analysieren, wenn man die mittlere Sehnenlänge in bedeutsame Richtungen (z. B.: Walz-, Quer- und Blechnormalenrichtung) misst.

Phasenvolumenanteil

Zur Bestimmung des Phasenvolumenanteils (auch Porenvolumen) macht man sich die Erkenntnis zunutze, dass in einer Probe Volumen-, Flächen-, Linien- und Punktanteil einer Phase gleich sind. Für manuelle Auswertung kann man über ein Gefügebild einen Punkt oder ein Linienraster legen und dann im einfachsten Fall auszählen. Damit das Ergebnis verlässlich ist, werden einige Hundert oder Tausende Punkte bzw. Linienabschnitte benötigt. Es ist hilfreich, mehrere Bilder und Proben zu untersuchen.

Beeinflussung der Eigenschaften eines Werkstoffes auf komplexere Art und Weise. In Sinterwerkstoffen wird eine möglichst niedrige Porosität angestrebt, wenn die Festigkeit hoch sein soll. In Schnellarbeitsstählen ist die Verschleißbeständigkeit davon abhängig, wie viele Karbide sich gebildet haben.

$$\frac{V_i}{V_{ges}} = \frac{A_i}{A_{ges}} = \frac{L_i}{L_{ges}} = \frac{N_i}{N_{ges}}$$

V_i: Volumen einer Phase, V_{ges}: Gesamtes untersuchtes Volumen, A_i: Fläche einer Phase im Gefügebild, A_{ges}: Gesamtfläche des Gefügebildes, L_i: Anteil einer Phase entlang einer Messlinie, L_{ges}: Gesamtlänge der Linien im Gefügebild, N_i: Punktanteil einer Phase, N_{ges}: Anzahl der Punkte im Gefügebild.

11.9   Zerstörungsfreie Werkstoffprüfung und Qualitätskontrolle

Der allgemeine Trend zu Gewichtseinsparung, um Kosten und Energieverbrauch zu senken, führt zu immer kleineren Querschnitten, sodass sich innere Fehler stärker auswirken können. Für Bauteile, deren Bruch Menschenleben gefährdet oder große Folgeschäden nach sich ziehen kann (Sicherheitsbauteile), muss deshalb eine 100%ige Stückprüfung auf verborgene Fehler erfolgen (Tab. 11.19).

Sicherheitsbauteile sind z. B. Achsen und Lenkungsteile von Fahrzeugen, Druckbehälter, Hochdruckarmaturen, Schweißnähte.

Dabei sollen fehlerhafte Rohguss- oder Schmiedeteile und Halbfabrikate bereits vor der Weiterverarbeitung und ebensolche Fertigteile vor dem Einbau oder der Inbetriebnahme ausgesondert werden.

Daneben können noch auftreten: Materialverwechslung, falsche Einhärtetiefe oder Kernfestigkeit durch fehlerhafte Wärmebehandlung.

Grundsatz moderner Qualitätssicherung: Qualität der Bauteile wird produziert und nicht „herausgeprüft". Die Erkennbarkeit der Fehler mithilfe der einzelnen Verfahren ist unterschiedlich und hängt von Art, Größe und Lage des Fehlers im Prüfling ab. Prüfdauer und Kosten bestimmen daneben das Prüfverfahren für einen gegebenen Fall. So hat jedes Verfahren seine Anwendungsbereiche (Tab. 11.20).

Tab. 11.19 Übersicht zu Fehlern und Ursachen bei der zerstörungsfreien Werkstoffprüfung

Risse an der Oberfläche und im Innern und Entstehung	Einschlüsse
• Schleifrisse durch örtliche Überhitzung beim Ausfall des Kühlschmierstoffes,	• Gasblasen
• Härterisse durch zu schroffes Abschrecken,	• Schlackenteilchen
• Warmrisse bei Gussteilen infolge behinderter Schrumpfung in der Form,	• Sandeinschlüsse, Lunker
• Schmiederisse durch zu schnelle Umformung heterogener Gefüge,	• Bindefehler in Schweißnähten.
• Schmiedefalten und Doppelungen,	
• Spannungsrisse durch zu schnelles Erwärmen von der Oberfläche her. Der Kern löst sich von der Randschicht oder reißt quer	

Tab. 11.20 Einsatzbereiche zerstörungsfreier Prüfverfahren

Verfahren	Physikalischer Effekt	Anwendbar zur Bestimmung/Ermittlung von				
		Fehler	Lage	Größe	Eigensch.	Messen
Eindringverfahren	Kapillarwirkung	+	+	(+)	−	−
Magnetpulver-Prfg.	Streufluss	+	+	(+)	−	−
Magnetinduktion	Permeabilität	+	(+)	(+)	+	Schicht-Dicke
Wirbelstromprüfung	Elektr. Leitfähigkeit	+	+	+	+	(+)
Durchschallung	Absorption	(+)	−	(+)	+	−
Impuls-Echo-Verf.	Reflexion	+	+	(+)	+	Abstand, Prüfdicke
Klangprobe	Eigenresonanz	+	−	−	−	−
Röntgenstrahlen						
Grobstruktur	Absorption	+	(+)	(+)	(+)	(+)
Feinstruktur	Interferenz	−	−	−	+	−
Gammastrahlen	Absorption	+	(+)	(+)	−	(+)

+ geeignet (+) bedingt geeignet − nicht geeignet

11.9.1 Eindringverfahren (Penetrierverfahren, DIN EN ISO 3542:2021)

Prüfprinzip: Oberflächenrisse können durch die Kapillarwirkung (Kapillare = Haarröhrchen) benetzende Flüssigkeiten aufsaugen. Nach oberflächlichem Entfernen bleiben Reste im Spalt zurück. Einige Verfahren verwenden Flüssigkeiten, die unter UV-Licht hell aufleuchten (Met-L-Check und UV-Apenol-Verfahren).

Fehleranzeige: Durch Aufbringen einer zweiten Entwicklerflüssigkeit oder eines -pulvers entstehen am Rissausgang farbige Markierungen.

Anwendung: Eindringverfahren sind für alle Arten von Werkstoffen zur Ortung von Oberflächenrissen geeignet. Für Massenteile sind automatische Erkennungssysteme mit Kameras und Rechner entwickelt worden.

11.9.2 Magnetische Prüfungen (DIN EN ISO 9934:2016)

Prüfprinzip: Die ferromagnetischen Werkstoffe (Eisen-Triade im PSE: Fe, Ni, Co) lassen sich dauerhaft magnetisieren. Im fehlerfreien Werkstück verlaufen die Feldlinien ungestört.

Querrisse stören den Verlauf und lenken die Feldlinien nach außen, wo sie ein Streufeld erzeugen. Längsrisse sind nicht nachweisbar, wenn die Feldlinien das Teil nur in Längsrichtung durchfluten. Um beide Fehlerarten zu erfassen, werden verschiedene Arten der Magnetisierung gleichzeitig angewandt.

Abb. 11.47 zeigt die Kombination von Jochmagnetisierung mit Stromdurchflutung. Der mit Gleichstrom gespeiste Magnet erzeugt im Prüfling ein längsgerichtetes Magnetfeld.

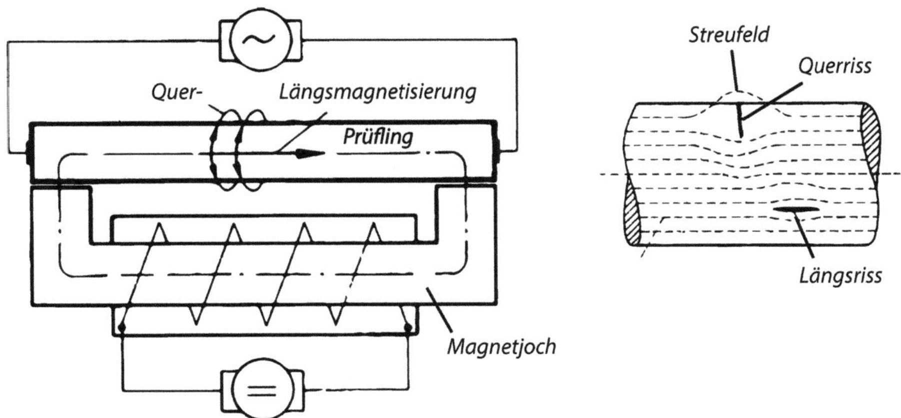

Abb. 11.47 Magnetische Rissprüfung. **a** Längs- und Quermagnetisierung kombiniert, **b** Prüfung mit Längsmagnetisierung

Es erfasst Querfehler im ganzen Querschnitt. Gleichzeitig wird ein starker Wechselstrom durch den Prüfling selbst geschickt, der ein schraubenförmiges Wechselfeld erzeugt. Damit werden Längsfehler in der Randzone erfasst.

Fehleranzeige: durch Magnetpulver (Fe_3O_4- oder Fe-Teilchen) in Öl aufgeschlämmt. Im Streufeld werden die Teilchen als Brücke über den Spalt festgehalten und bilden eine Raupe. Induktive Anzeige: Das Streufeld erzeugt in einer kleinen Spule, der Sonde, Induktionsströme, die den Fehler akustisch oder optisch am Oszilloskopbildschirm anzeigen.

11.9.3 Wirbelstromprüfung (DIN EN ISO 15549:2019)

Prüfprinzip: In einer vom Wechselstrom durchflossenen Spule befindet sich ein metallischer Werkstoff (der Prüfling). Durch Induktion entstehen in ihm elektrische Ströme. Sie werden als Wirbelströme bezeichnet, weil sie keine eindeutige Richtung wie in einem definierten Leiter (Draht) besitzen.

Die Wirbelströme erzeugen ein magnetisches Feld, das rückwirkend die Daten der Spule verändert. Nach dem Ohm'schen Gesetz hängt bei konstanter Spannung der Strom vom elektrischen Widerstand des Prüflings ab. Damit wirken sich alle Gefügeabweichungen, welche den elektrischen Widerstand verändern, auf die Wirbelströme aus.

Messverfahren: Grundsätzlich wird der Prüfling mit einem fehlerfreien gleichen Teil verglichen. Von diesem Referenzteil werden die Daten festgehalten und mit denen des Prüflings verglichen.

Fehleranzeige: Änderung im Ausschlag eines Messinstrumentes oder des Kurvenbildes am Oszillographen. Serienprüfung ist leicht automatisierbar.

Fehlerarten und Unterschiede, die magnetinduktiv erfasst werden können:

- Reinheitsgrad von Reinstmetallen
- Gehalt an Legierungselementen
- Wärmebehandlungszustand (Härte, Festigkeit, Einhärtungstiefe)
- Querschnittsminderung durch innere Fehler.

Anwendungen:

Fehlerprüfung an Halbzeugen mit zwei Durchlaufspulen und automatischer Aussortierung (Defektograph). Geschwindigkeit des Durchlaufmaterials bis zu 60 m/min.

- Fehlerprüfung an Einzelteilen mit einer Tastspule. Sie kann auch in Bohrungen eingeführt werden. Defektometer.
- Sortierung von Teilen mit z. B. unterschiedlicher Härte, Zusammensetzung, Reinheitsgrad, Porosität u. a.
- Dickenmessung von Wanddicken, Folien, Isolier- und Plattierschichten von einer Seite mit Tastspulen, von beiden Seiten mit Gabelspulen.

11.9.4 Ultraschallprüfung (DIN EN ISO 16810:2024)

Prüfprinzip: Schallwellen pflanzen sich in Metallen als mechanische Schwingung geradlinig mit hoher Geschwindigkeit fort. Sie werden an Grenzflächen stark reflektiert, sodass der weiterlaufende Schall geschwächt wird.

Die Werkstoffprüfung benutzt Schallwellen, deren Frequenzen über dem Hörbereich liegen und darum Ultraschall genannt werden. Je kleiner der Fehler, desto höher die notwendige Prüffrequenz zur Entdeckung.

Frequenzbereiche:

- Hörbereich: 10...20.000 Hz
- Ultraschallbereich: 0,5...20 MHz.

Bei der Ultraschallprüfung vergleicht man die Schwächung oder die Reflexion des Schalls an inneren Fehlern mit den Daten eines fehlerfreien Werkstückes. Der Schall wird an Grenzflächen reflektiert, wenn die Dichteunterschiede sehr groß sind. Grenzflächen im Material sind z. B. Risse und Trennflächen zwischen Phasen wie z. B. Kristallen verschiedener Dichte, Schlackenteilchen und Gasblasen.

Ankopplung: Wird der Prüfkopf trocken auf den Prüfling aufgesetzt, hindert der Luftspalt die Schallwellen. Darum wird die Luft durch einen Stoff höherer Dichte ersetzt (als Koppelungsmittel dienen Wasser, Glyzerin, Pasten).

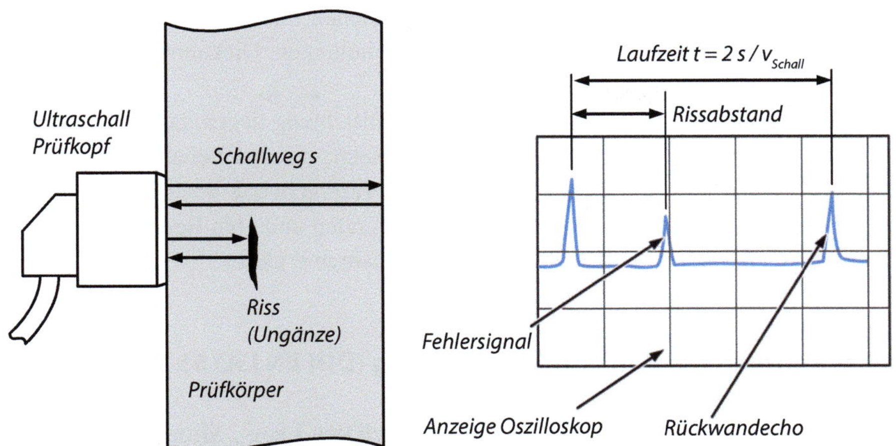

Abb. 11.48 Ultraschall-Prüfung: Prüfling mit Riss

Erzeugung des Ultraschalls

Piezoelektrischer Effekt: Einige Kristalle, z. B. Quarz, laden sich bei elastischer Verformung (unter Einwirkung von Kräften) elektrisch auf, sodass eine Spannung gemessen werden kann (Piezoelektrizität: piezo = drücken). Umgekehrt werden beim Anlegen einer hochfrequenten Wechselspannung Schwingungen gleicher Frequenz erzeugt (200 kHz…25 MHz). Sie sind als Sender und Empfänger geeignet.

Durchschallungsverfahren arbeiten mit getrennten Sende- und Empfangsköpfen, der Schall muss den dazwischenliegenden Prüfling durchdringen. Bei Innenfehlern wird der Schall stärker geschwächt als im fehlerfreien Werkstoff. Am Empfangskopf entsteht eine kleinere Spannung, die am Messgerät angezeigt wird. Die Tiefenlage des Fehlers kann beim Durchschallungsverfahren nicht bestimmt werden.

Impuls-Echo-Verfahren: Der Prüfkopf enthält Sender und Empfänger in einem Bauelement vereinigt und sendet Ultraschallstöße (Impulse) von sehr kurzer Dauer (1…10 µs) in kurzen Abständen aus. Zwischen den Impulsen ist der Quarz elektronisch als Empfänger für die schwächeren Reflexe von den Grenzflächen geschaltet. Beim Impuls-Echo-Verfahren kann die Tiefe des Fehlers bestimmt werden. Die Probenrückseite muss nicht zugänglich sein.

Fehleranzeige: Auf dem Bildschirm sind die Spannungsimpulse als Zacken auf der x-Achse zu sehen (Abb. 11.48). Der Schall durchläuft den Prüfling mit der Dicke s, wird an der Rückwand reflektiert und trifft als Echo wieder auf den Prüfkopf. Während dieser Laufzeit wird der Weg s zweimal zurückgelegt. Am Bildschirm ist das Eingangssignal und nach der Laufzeit Δt das Rückwandsignal (Echo) zu sehen. Wegen der konstanten Schallgeschwindigkeit kann die x-Achse in Längeneinheiten geeicht werden. Bei Fehlern im Werkstoff liegt das Fehlersignal (Fehlerecho) zwischen den beiden Zacken. Seine Tiefenlage kann abgelesen werden.

Anwendung der Ultraschallprüfungen: Günstige Kosten und große Tiefenwirkung führen zu einer breiten Anwendung für Metalle, Gummi und Polymere. Fehlerkontrolle an

Schmiede- und Gussrohteilen, Rissprüfung an Schienen und Rädern von Schienenfahrzeugen, Prüfung von Schweißnähten und Klebverbindungen, Dickenmessung und Qualitätskontrolle bei Faserverbundbauteilen.

Nachweisgrenzen: Fehler, die parallel zur Schallrichtung liegen, ergeben keine Reflexion. Zum Aufspüren werden Winkelköpfe eingesetzt, die den Schall schräg einleiten. Dabei sind Sender und Empfänger getrennt. Die Prüfergebnisse unterliegen zahlreichen Einflüssen, die vom Prüfling, den Prüf- und Messgeräten und vom Beobachter ausgehen. Bei unsicheren Aussagen wird es durch andere Verfahren ergänzt.

11.9.5 Röntgen-/Gammastrahlen-Prüfung (DIN EN ISO 5579:2013)

Röntgen- und Gammastrahlen gleichen physikalisch den Lang-, Mittel- und Kurzwellen der Nachrichtentechnik und dem Licht. Es sind elektromagnetische Schwingungen, die sich geradlinig fortpflanzen. Sie unterscheiden sich durch wesentlich kleinere Wellenlängen und dadurch höhere Frequenzen (Tab. 11.21).

Auf den kleinen Wellenlängen beruht ihre Fähigkeit, zwischen den Atomen in die Materie einzudringen und sie bei genügend hoher Energie (Frequenz) auch zu durchdringen. Je kleiner die Wellenlänge, desto größer ist die prüfbare Werkstoffdicke. Diese Strahlen reagieren beim Durchgang durch Materie auf verschiedene Weise. Daraus ergeben sich wichtige Anwendungen zur Werkstoffuntersuchung (Tab. 11.22).

Zur zerstörungsfreien Fehlersuche wird vorwiegend der erste Effekt ausgenutzt. Bei Gegenwart von inneren Fehlern (Hohlräumen) werden die Strahlen weniger geschwächt als bei massivem Werkstoff. Die austretende Strahlung zeigt dadurch Intensitätsunterschiede. Sie werden:

- optisch betrachtet (Leuchtschirm, Monitor),
- fotografisch festgehalten (Dokumentation),
- durch Messgeräte angezeigt.

Erzeugung der Strahlen: Röntgenstrahlen bestehen aus einem Spektrum verschiedener Wellenlängen, Gammastrahler senden eine konstante Wellenlänge aus.

Tab. 11.21 Spektrum der elektromagnetischen Wellen

Frequenz f in Hz	Wellenlänge λ	Wellenart
50	$6 \cdot 10^3$ m	Technischer Wechselstrom
$10^6 \dots 10^{10}$	$\dots 3$ cm	Rundfunk und Fernsehen
10^{13}	30 μm	Infrarot
	$0{,}4 \dots 0{,}8$ μm	Sichtbares Licht
$10^6 \dots 10^{16}$	30 nm	Ultraviolett
$10^{18} \dots 10^{22}$	0,3 nm$\dots 3 \cdot 10^{-5}$ nm	Röntgen- und γ-Strahlen

Tab. 11.22 Wirkung von Röntgen- bzw. Gammastrahlung und deren Nutzung für die Bauteilprüfung

Reaktion	Ausnutzung
Absorption der Strahlen durch die Materie (Schwächung)	Röntgen-Grobstrukturprüfung, (Gefügeuntersuchung auf Fehler)
Beugung an Kristallgitterebenen	Röntgen-Feinstrukturanalyse, (Bestimmung von Kristallgittern und -fehlern)
Anregung der Atome zur Eigenstrahlung	Röntgen-Fluoreszenz, Bestimmung von Legierungsbestandteilen (Spektralanalyse), Anzeige von Strahlen auf Leuchtschirmen und Filmen

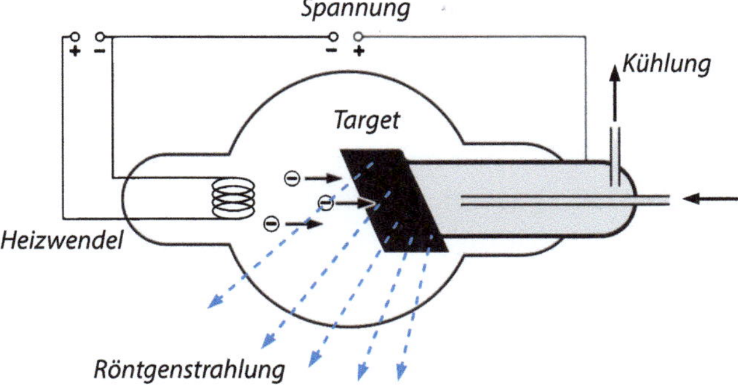

Abb. 11.49 Röntgenröhre (schematisch)

Röntgenstrahlen: In einer Röntgenröhre (Abb. 11.49) werden von der glühenden Kathode Elektronen ausgesandt. Sie treffen, durch die angelegte Hochspannung beschleunigt, auf die Wolfram-Anode. Ihre hohe Geschwindigkeit wird dabei von der Elektronenhülle der W-Atome abgebremst. Die Bewegungsenergie wandelt sich größtenteils in Wärme um, ein kleiner Teil in eine Bremsstrahlung, in die sog. Röntgenstrahlung (C. W. Röntgen, 1895). Deren Frequenz steigt mit der Höhe der angelegten Hochspannung.

Die entstehende Wärme muss durch Öl- oder Wasserkühlung abgeführt werden. Zur besseren Handhabung und Erfüllung der Vorschriften für Hochspannung und Strahlenschutz ist die Röhre nebst Transformator in ein Gehäuse eingebaut (Eintankanlage).

Gammastrahlen entstehen durch Kernzerfall radioaktiver Elemente. Aus Kostengründen werden keine natürlichen Strahler (Radium, Thorium), sondern die instabilen Isotope einiger Elemente benutzt, die in Kernreaktoren entstehen (Tab. 11.23). Gammastrahlen sind kurzwelliger als Röntgenstrahlen (größere Eindringtiefe), benötigen aber längere Belichtungszeiten für Filme.

Strahlenquelle ist das eigentliche Isotop, etwa 0,5…3 mm, zylinderförmig. Sie ist gasdicht in die Strahlerkapsel mit Wolfram-Abschirmung eingeschlossen, damit die Strahlung nicht allseitig austreten kann.

Da Gammastrahler nicht „abgestellt" werden können, besteht das vollständige Isotopengerät aus einer massiven Abschirmung, die meist kugelförmig die Strahlerkapsel

Tab. 11.23 Künstliche Gammastrahler

Isotop	Halbwertszeit (HWZ)	0,1-Wert Schicht (Blei)	Herstellung
Cobalt ^{60}Co	5,2 Jahre	42 mm	Neutronenbeschuss (59Co)
Cäsium ^{137}Cs	30 Jahre	24 mm	Uranspaltung
Iridium ^{192}Ir	74 Tage	11,5 mm	Neutronenbeschuss

umschließt (außen Pb, innen W). Die Strahlerkapsel kann ohne Gefährdung des Personals, evtl. fernbedient, der Abschirmung entnommen werden.

Da sie wesentlich kleiner als eine Röntgenröhre ist, lässt sie sich auch dichter an den Prüfling heranbringen, wie z. B. beim Isotopenmolch, einem Gerät, das zur Schweißnahtprüfung auf Baustellen durch Rohre gezogen werden kann.

Anwendung: Kontrolle von Schweißnähten und Gussteilen mit Dicken bis 100 mm bei Stahl, 400 mm bei Al; Lagerschalen für Verbrennungsmotoren, Revisionsuntersuchungen in Kessel-, Brücken- und Flugzeugbau. Aufnahmen oder digitale Bilder halten die geometrische Form des Fehlers dokumentarisch fest, ein Vorteil gegenüber den Ultraschallverfahren. Die aus dem Prüfling austretenden Strahlen treffen auf eine doppeltbeschichtete Filmfolie oder einen digitalen Detektor. Intensitätsunterschiede setzen sich in Schwärzungsunterschiede um. Um hohe Kontraste zu erzielen oder Streustrahlen fernzuhalten, werden Verstärkungsfolien in den Strahlengang eingebracht.

▶   **Hinweis** Das Arbeiten mit Röntgen- oder Gammastrahlen kann zu gesundheitliche Schäden führen (Verbrennungen, Haarausfall, Veränderung von Erbfaktoren, Krebs).

11.9.6 Computertomographie

Für die Tomographie werden aus einer Vielzahl von Röntgenbildern mit jeweils verschiedener Perspektive räumliche Darstellungen erzeugt. Auf diese Weise ist es möglich, zerstörungsfrei in das Innere eines Bauteils zu sehen und Hohlräume oder Risse aufzuspüren. Eine andere Möglichkeit ist, Baugruppen im zusammengebauten Zustand zu betrachten und auf diese Weise die Passgenauigkeit zu überprüfen.

Mit industrieller 3D-Computer-Tomographie lassen sich Dichteänderungen und Fehler nachweisen, sowie ihre Art, Geometrie und Lage im Bauteil charakterisieren. Beispielsweise ist Computer-Tomographie bei Turbinenschaufeln aus Ni-Basis-Superlegierungen für Strahltriebwerke üblich.

11.10 Überprüfung der chemischen Zusammensetzung

Die Überprüfung der chemischen Zusammensetzung eines metallischen Werkstückes ist von zentraler Bedeutung in der Wareneingangskontrolle, bei der Vorbereitung von Reparaturen und bei Schadensuntersuchungen. Dazu werden hauptsächlich zwei Verfahren verwendet, die Funkenspektrometrie und die energiedispersive Röntgenanalyse im Rasterelektronenmikroskop.

11.10.1 Funkenspektrometrie (DIN EN 14726:2005)

Bei der Funkenspektroskopie wird zwischen Probe und einer Wolframelektrode ein Funken (Lichtbogen) gebildet. Dabei werden Atome aus der Probe gelöst (verdampft). Durch die hohe Temperatur der verdampften Atome werden die Elektronen angeregt, höhere Energiezustände als im Grundzustand anzunehmen. Von den angeregten Zuständen fallen die Elektronen in Zustände niedriger Energie zurück und senden dabei elektromagnetische Strahlung für das betreffende Element charakteristischer Wellenlängen aus. Die Wellenlänge der Strahlung ist umgekehrt proportional zur Energiedifferenz. Die entstehenden Spektren sind sehr komplex und befinden sich im Bereich des sichtbaren Lichtes.

Durch Prismen oder Gitter können die Spektren zerlegt und anschließend die Intensitäten einzelner Wellenlängen (Linien) bestimmt werden. Die Intensität einer Linie ist näherungsweise proportional zum Gehalt des zugehörigen Elementes.

Anwendungsbereiche: Werkstoffherstellung, Wareneingangskontrolle, Schadensanalyse

Analysevoraussetzungen: Für ein Abfunken ist eine ebene Probenfläche von ca. 5–10 mm Durchmesser erforderlich.

Möglichkeiten und Grenzen: Je nach Ausbaugrad eines Funkenspektrometers können unterschiedlich viele (ca. 20) Elemente gleichzeitig analysiert werden. Die Mindestgenauigkeit von heutigen Funkenspektrometern ist 0,01 Masseprozent, durch genaue Kalibration können aber Spurenelemente eine Größenordnung genauer bestimmt werden. Das Element mit dem geringsten Atomgewicht, das heute mit modernsten Geräten analysierbar ist, ist Bor. Elemente mit höherem Atomgewicht sind leichter analysierbar. Aufgrund der großen Anzahl von Linien (>1000) ist es zur quantitativen Analyse notwendig, Vergleichsproben mit bekannter Zusammensetzung zu untersuchen (kalibrieren).

11.10.2 Energiedispersive Röntgenanalyse (EDX) im Rasterelektronenmikroskop

Bei einem Raster-Elektronenmikroskop wird ein Elektronenstrahl auf die Oberfläche des Prüfkörpers gelenkt und tastet diese zeilenförmig ab. Der Elektronenstrahl regt an der Oberfläche der Probe Atome und deren Elektronen an, die kurzwellige Röntgenstrahlung aussenden. Zum einen können die von der Oberfläche kommenden Elektronen mit geeigneten Detektoren aufgefangen und zu einem Graustufenbild zusammengesetzt werden. Zum anderen kann die ausgesendete Röntgenstrahlung für eine Elementanalyse genutzt werden, da die abgegebene Strahlung in Bezug auf Wellenlänge (WDX-Analyse) und Energie (EDX-Analyse) charakteristisch ist für jedes Element.

Bei der energiedispersiven Röntgenanalyse (EDX) wird die ankommende Strahlung vom Detektor anhand der Energie sortiert und einzelnen Elementen im Periodensystem zugeordnet, wobei die Intensität proportional zur Konzentration des jeweiligen Elementes ist (Abb. 11.50).

Im Gegensatz zur Funkenspektrometrie sind Kalibrierproben bei EDX nicht notwendig, weil die zu analysierenden Spektren nur wenige Linien enthalten. So können völlig unbekannte Werkstoffe untersucht werden. Ein weiterer Vorteil ist, dass der Elektronenstrahl eines Rasterelektronenmikroskops sehr kleine Bereiche auf einer Probe abscannen und analysieren kann, die nur wenige Mikrometer groß sind. Deshalb stellt die EDX-Analyse eine Möglichkeit zur Röntgen-Mikrobereichsanalyse (RMA) dar.

Anwendungsbereiche: Schadensanalyse, Kriminaltechnik, Wareneingangskontrolle für Kleinteile.

Analysevoraussetzungen: Solange eine Probe optisch sichtbar und elektrisch leitfähig ist, kann sie analysiert werden. Elektrisch nicht leitfähige Proben laden sich im REM auf, was die Messung stört. Abhilfe: Bedampfen der Probe mit Gold oder Kohlenstoff,

Möglichkeiten: Ein Rasterelektronenmikroskop mit energiedispersiver Analyse ermöglicht die Kombination aus Abbildung mit gleichzeitiger Bestimmung der chemischen Zusammensetzung an jedem einzelnen Ort. So ist es beispielsweise möglich, die chemische Zusammensetzung von Einschlüssen in heterogenen Legierungen zu analysieren.

Grenzen: Genauigkeiten bis zu 0,1 Masseprozent erreichbar, ungenauer als die Funkenspektrometrie.

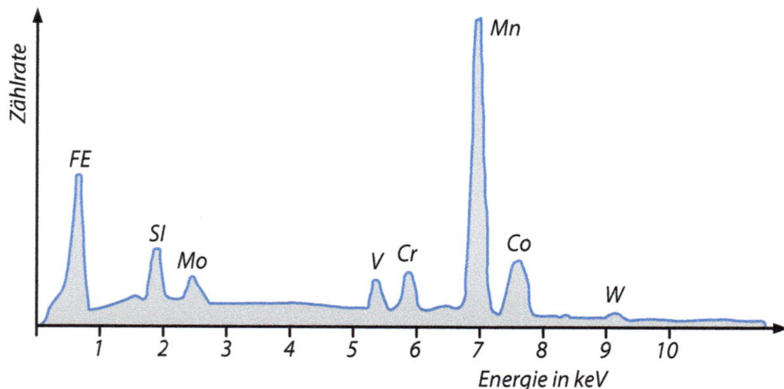

Abb. 11.50 Schematische Darstellung eines EDX-Spektrums eines Einschlusses in einem Baustahl

Die Qualität eines Systems ist an der Untersuchbarkeit leichter Elemente ablesbar. Die Röntgenstrahlung leichter Elemente ist längerwellig und damit schwieriger detektierbar. Modernere Geräte gehen hinunter bis zum Sauerstoff, Stickstoff oder Kohlenstoff.

Anhang A: Die systematische Bezeichnung der Werkstoffe

Kennzeichnung der Stähle

Die Europäische Norm DIN EN 10027:2016 hat ältere Normen (DIN 17006 und DIN 17007) abgelöst.

Viele DIN-Normen enthalten noch die alten Bezeichnungen, ebenso Lehrbücher und Literatur. Einen Vergleich einiger Kurznamen enthält Tab. A.1.

Bezeichnungssystem für Stähle

Wie Tab. A.1 zeigt, sind die Kurznamen der *legierten* Stähle nur gering verändert worden. Dagegen gelten für die unlegierten Stähle völlig neue Kurznamen. Sie werden abhängig von der Verwendung des Stahles gebildet, weitere Symbole sind je nach Verwendungszweck unterschiedlich.

Tab. A.1 Vergleich alter und neuer Kurznamen für Stähle

DIN 17006 u. a.	DIN EN 10027-1:2016
St 37-3	S235J2
StE 355	S355N
StE 355 TM	S355M
TStE 355	P355NL1
Ck 35, Cm 35	C35E, C35R
57 NiCrMoV 7 7	57NiCrMoV7-7
X 46 Cr 13	X46Cr13
X 10CrNiTi 18 10	X10CrNi18-10
S-6-5-2-5	HS6-5-2-5
GS-38	GE200
GS-17 CrMo 5 5	G17CrMo5-5
G-X 22 CrMoV 12 1	GXCrMoV12-1

© Der/die Herausgeber bzw. der/die Autor(en), exklusiv lizenziert an Springer Fachmedien Wiesbaden GmbH, ein Teil von Springer Nature 2026
C. Jaroschek et al., *Weißbach - Werkstoffe und ihre Anwendungen*,
https://doi.org/10.1007/978-3-658-50256-0

Aufbau des Kurznamens (DIN EN 10027-1:2016)

Der Kurzname besteht aus einer Folge von Buchstaben und Ziffern auf vier Positionen, wobei die möglichen Symbole für Pos. 1 sind in Tab. A.2 angegeben:

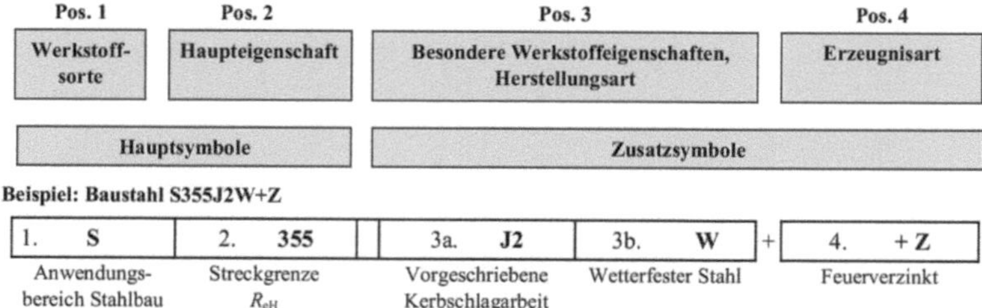

Stähle für den Stahlbau

Hauptsymbole		Zusatzsymbole		
1 Bereich	2 Mech. Eigenschaften	3a Herstellungsart, zusätzliche mechanische Eigenschaften	3b Eignung für bestimmte Einsatzbereiche bzw. Verfahren	4
G S z. B. Stähle nach DIN EN 10025-2/05 -3/05 -4/05 -5/05 -6/09 G wahlweise vorgestellt	Mindest-streck-grenze $R_{e,\,min}$ für den kleinsten Erzeugnis-bereich	Kerbschlagarbeit KV in J 27 40 60 Symbol J K L Schlagtemperatur in °C Temp. RT 0 -20 -30 -40 -50 Symb. R 0 2 3 4 5 A ausscheidungshärtend M thermomechanisch, N normalisierend gewalzt Q vergütet G andere Merkmale (evtl. 1 oder 2 Folgeziffern)	C bes. Kaltformbarkeit D für Schmelztauchüberzüge E für Emaillierung F zum Schmieden H für Hohlprofile L für tiefe Temperaturen M thermomechanisch, N normalisierend gewalzt P für Spundwände Q zum Vergüten S Schiffbau T für Rohre W wetterfest	Tab. A.11 A.12 A.13

Beispiele:

S235JRC: (S) Stahlbaustahl mit $R_e \geq 235$ MPa, $KV = 27$ J, bei (R) Raumtemperatur, (C) kaltumformbar

S355J2+CR: (S) Stahlbaustahl mit $R_e \geq 355$ MPa, (J) $KV = 27$ J bei (2) -20 °C, (+CR) kaltgewalzt ($\rightarrow$ A.12)

S460NLH: (S) Stahlbaustahl mit $R_e \geq 460$ MPa, (N) normalisierend gewalzt, (L) für tiefere Temperaturen, kaltzäh, (H) Hohlprofil

Tab. A.2 Symbole für den Anwendungsbereich auf Pos. 1; Zeichen (G): Wahlweise für Stahlguss vorgestellt

Symbol	Verwendungszweck	Symbol	Verwendungszweck
B	Betonstahl	M	Elektroblech und -band
(G) C	Unlegierte Stähle mit <1 % Mn	(G) P	Stähle für Druckbehälter
(G)–	Niedriglegierte Stähle mit < 5 % $\sum$LE, unlegierte Stähle mit > 1 % Mn, Automatenstähle	R	Schienenstahl
D	Flacherzeugnisse zum Kaltumformen	(G) S	Stähle für den Stahlbau
(G) E	Stähle für den Maschinenbau	T	Feinst- und Weißblech
H	Kaltgewalzte Flacherzeugnisse aus höherfesten Stählen zum Kaltumformen	(G) X	Legierte Stähle mit mindestens einem LE > 5 % (hochlegierte Stähle)
L	Stähle für Leitungsrohre	Y	Spannstahl

Stähle für Druckbehälter

Hauptsymbole		Zusatzsymbole				
Pos. 1	**2**		**3a**		**3b**	**4**
G P z. B. Stähle DIN EN 10028/09 Stahlguss DIN EN 10213/16	$R_{e,\,min}$ für den kleinsten Erzeugnis- bereich	**B** **M** **N** **Q** **S** **T** **G**	Gasflaschen thermomechanisch, normalisierend gewalzt vergütet einfache Druckbehälter Rohre andere Merkmale (evtl. 1 oder 2 Folgeziffern)	**H** **L** **R** **X**	Hochtemperatur Tieftemperatur Raumtemperatur Hoch- u. Tieftemp.	Tab. A.3 A.4 A.5

Beispiele:
P355M: (P) Druckbehälterstahl mit $R_e \geq 355$ MPa, (M) thermomechanisch gewalzt, KV bei $-20\,°C$ geprüft
P355ML1: desgl. für Tieftemperatur geeignet, kaltzäh, KV nach Tab. 4.22
P460QH: Druckbehälterstahl mit $R_e \geq 460$ MPa, (Q) vergütet, (H) für höhere Temperaturen. Nach Norm wird eine bestimmte 0,2-%-Dehngrenze bei 300 °C gewährleistet.

Stähle für den Maschinenbau

Hauptsymbole		Zusatzsymbole			
Pos. 1	**2**		**3a**	**3b**	**4**
G E z. B. Stähle DIN EN 10025-2/05 Stahlguss DIN EN 10293/15	wie oben	**G**	Andere Merkmale, evtl. mit 1 oder 2 Folgeziffern	**C** Eignung zum Kaltziehen	A.4
		Beispiele: E295: Baustahl mit $R_e \geq 295$ MPa; GE200: Stahlguss mit $R_e \geq 200$ MPa			

Flacherzeugnisse (kaltgewalzt) aus höherfesten Stählen zum Kaltumformen

Pos. 1	2		3a				3b		4
H z. B. Bleche + Bänder DIN EN 10268/13	$R_{e,\,min}$ oder mit Zeichen T $R_{m,\,min}$	**B** **C** **I** **LA** **M**	Bake Hardening Komplexphase isotroper Stahl niedriglegiert thermomech. gewalzt	**P** **T** **X** **Y**	P-legiert TRIP-Stahl Dualphasen- stahl IF (interstitiell frei)		**D**	für Schmelz- tauch- überzüge	Tab. A.5

Beispiel: H420M +Z: (H) Blech mit $R_e \geq 420$ MPa, (M) thermomechanisch gewalzt, (Z) feuerverzinkt

Flacherzeugnisse (kaltgewalzt) aus weichen Stählen zum Kaltumformen

Pos. 1	2			3		4
D	Cnn Dnn Xnn nn	kaltgewalzt warmgewalzt, für unmittelbare Kaltumformung Walzart (kalt/warm) nicht vorgeschrieben Kennzahl nach Norm	**D** **EK** **ED** **H** **T** **G**	für Schmelztauchüberzüge für konv. Emaillierung für Direktemaillierung für Hohlprofile für Rohre andere Merkmale		Tab. A.4 A.5

z. B. Bleche + Bänder
DIN EN 10111/08, 10130/07,
10209/13
	Beispiele: DC04H: (FeP04) (H) Blech für Hohlprofile
	     DC03+ZE: (FeP03) (+ZE) Blech elektrolytisch verzinkt
	     DX51D+Z: (FeP02G) (D), Blech für Schmelztauchüberzüge, (+Z)
	     verzinkt					

Nach der chemischen Zusammensetzung bezeichnete Stähle

Bei Stählen, die für eine Wärmebehandlung vorgesehen sind, werden die Gehalte an C und anderen LE (für das Umwandlungsverhalten wichtig) im Kurznamen angegeben.

Unlegierte Stähle mit mittlerem Mn-Gehalt < 1 %

Pos. 1	2			3				4
G C z. B. Vergütungs- Stähle DIN EN 10083-1/06	nn	Kennzahl = 100-facher C-Gehalt	C D E R	zum Kaltumformen zum Drahtziehen vorgeschriebener *max.* S-Gehalt % vorgeschriebener S-Bereich (%)	S U W G	für Federn für Werkzeuge für Schweißdraht andere Merkmale		Tab. A.4

Beispiele: **C60S:** Stahl mit 60/100 = 0,6 % C für (S) Federn
               C35E: Vergütungsstahl mit 35/100 = 0,35 % C, (E) max. S-Gehalt vorgeschrieben
               C35R: Vergütungsstahl wie vorstehend, Automatensorte

Niedriglegierte Stähle (mittlerer Gehalt der LE < 5 %) ohne Zeichen, auch unlegierte Stähle mit > 1 % Mn und Automatenstähle

Pos.1	2		2a	3	4
G — z. B. Einsatzstähle DIN EN 10084/08, Automatenstähle DIN EN 10087/99	nn	Kennzahl =100-facher C-Gehalt	LE-Symbole nach fallenden Gehalten geordnet, danach *Kennzahlen* mit Bindestrich getrennt in gleicher Folge	—	Tab. A.3 A.4

Kennzahlen sind Vielfache der prozentualen Legierungsgehalte. Die Faktoren sind:			
1000	Bor	10	Al, Be, Cu, Mo, Nb, Pb, Ta, Ti, V, Zr
100	C, N, P, S	4	Cr, Co, Mn, Ni, Si, W

Beispiele zu niedriglegierten Stählen:

9SMn28:   Automatenstahl mit 9/**100** = 0,09% C, (S28)/**100** = 0,28 % S, Mn nach Norm
25CrMo4+QT: Niedriglegierter Stahl mit 25/**100** % C, (Cr4)/**4** = 1 % Cr, Mo nach Norm, (QT) vergütet
GS20MnMoNi5-5:   (G) Stahlguss, (20) = 0,2 % C, (Mn 5)/**4** = 1,25 % Mn, (Mo5)/**10** = 0,5 % Mo, Ni nach Norm

Nichtrostende Stähle und andere legierte Stähle (ausgenommen Schnellarbeitsstähle), sofern der mittlere Gehalt mindestens eines Legierungselementes ≥ 5 % ist

Pos.1	2		2a	3	4
G X z. B. Nichtrostende Stähle DIN EN 10088/14	nn	Kennzahl = 100-facher C-Gehalt	LE-Symbole nach fallenden Gehalten geordnet, danach die %-Gehalte der Hauptlegierungsele- mente mit Bindestrich in gleicher Folge	—	Tab. A.3 A.4

Beispiele: X6CrNiMo18-9: hochlegiert, mit 6/**100** = 0,06 % C, (Cr18) = 18 % Cr, (Ni 9) = 9 % Ni, Mo nach Norm
GX3CrNi13-4: (G) hochlegierter Stahlguss, mit 3/**100** = 0,03 % C, (Cr13) = 13 % Cr und (4 Ni) = 4 % Ni

Schnellarbeitsstähle

Pos.1	2	2a	3	4
HS	nn	Prozentualer Gehalt der LE in der Folge W-Mo-V-Co (Bindestrich)	—	Tab. A.4

Beispiel: HS6-5-2: (HS) Schnellarbeitsstahl mit 6 % W, 5 % Mo, 2 % V und C-Gehalt nach Norm

Zusatzsymbole für Stahlerzeugnisse (Pos. 4)
Siehe Abb. A.3, A.4 und A.5.

Tab. A.3 Für besondere Anforderungen an das Erzeugnis

+C	Grobkornstahl	+H	mit besonderer Härtbarkeit
+F	Feinkornstahl	+Z15/25/35	Mindestbrucheinschnürung Z (senkrecht zur Oberfläche) in %

Tab. A.4 Zusatzsymbole für den Behandlungszustand (Pos. 4)

+A	weichgeglüht	+M	thermomechanisch umgeformt
+AC	auf kugelige Karbide geglüht	+N	normalgeglüht / normalisierend umgeformt
+AR	wie gewalzt (ohne bes. Bedingungen)	+NT	normalgeglüht und angelassen
+AT	lösungsgeglüht	+P	ausscheidungsgehärtet
+C	kaltverfestigt	+Q	abgeschreckt
+Cnnn	kaltverfestigt auf min. R_m = nnn MPa	+QA	luftgehärtet
+CPnnn	kaltverfestigt auf min. $R_{p0,2}$ = nnn MPa	+QO	Ölgehärtet
+CR	kaltgewalzt	+QT	vergütet
+DC	Lieferzustd. dem Hersteller überlassen	+QW	wassergehärtet
+HC	warm-kalt-geformt	+RA	rekristallisationsgeglüht
+I	isothermisch behandelt	+S	behandelt auf Kaltscherbarkeit
+LC	leicht kalt nachgezogen / gewalzt	+SR	spannungsarmgeglüht
+T	angelassen	+U	unbehandelt
+TH	behandelt auf Härtespanne	+WW	warmverfestigt

Tab. A.5 Symbole für die Art des Überzuges (Pos. 4)

+A	feueraluminiert	+SE	elektrolytisch verzinnt
+AS	mit einer Al-Si-Legierung überzogen	+T	schmelztauchveredelt mit PbSN
+AZ	mit einer Al-Zn-Legierung (> 50 % Al) überzogen	+TE	elektrolytisch mit Pb-Sn überzogen (Terne)
+CE	elektrolytisch spezialverchromt (ECCS)	+Z	feuerverzinkt
+CU	Cu-Überzug	+ZA	mit einer Zn-Al-Legierung (> 50 % Zn) überzogen
+IC	anorganische Beschichtung	+ZE	elektrolytisch verzinkt
+OC	organische Beschichtung	+ZF	diffusionsgeglühte Zn-Überzüge (galvannealed)
+S	feuerverzinnt	+ZN	Zn-Ni-Überzug (elektrolytisch)

Nummernsystem (DIN EN 10027-2:2015)

Werkstoff	Stahlgruppen-
Stahl	nummer
1.	**2080**
Hochlegierter	
Cr-Werkzeugstahl	**X210Cr12**

Stähle werden mit einer „Eins" mit Punkt und einer vierstelligen Ziffernfolge bezeichnet. Die ersten beiden Ziffern der Ziffernfolge geben die **Stahlgruppe** an, in die der Stahl gehört (Tab. A.6), die beiden letzten sind **Zählziffern** innerhalb der Gruppe.

Das System unterscheidet unlegierte und legierte Stähle, die jeweils in Qualitäts- und Edelstähle unterteilt werden.

Unlegierte Stähle
Siehe Tab. A.6.

Legierte Stähle
Siehe Tab. A.7.

Edelstähle

Werkzeugstähle					
1.20nn Cr	**1.21nn** Cr-Si, Cr-Mn, Cr-Mn-Si	**1.22nn** Cr-V, Cr-V-Si, Cr-V-Mn, Cr-V-Mn-Si	**1.23nn** Cr-Mo, Cr-Mo-V, Mo-V	**1.24nn** W, Cr-W	**1.25nn** W-V, Cr-W-V
1.26nn Werkstoffe außer Klassen 24, 25, 27	**1.27nn** mit Ni	**1.28nn** Sonstige			

Tab. A.6 Werkstoffnummern (die Zählziffern sind mit **nn** bezeichnet)

Werkstoffnummer	Beschreibung
Qualitätsstähle	
1.01nn u. 1.91nn	Allgemeine Baustähle mit $R_m < 500$ MPa
1.02nn u. 1.92nn	Sonstige, nicht für eine Wärmebehandlung bestimmte Baustähle mit $R_m < 500$ MPa
1.03nn u. 1.93nn	Stähle mit im Mittel $< 0{,}12\,\%$ C oder $R_m < 400$ MPa
1.04nn u. 1.94nn	Stähle mit im Mittel $\geq 0{,}12 < 0{,}25\,\%$ C oder $R_m \geq 400 < 500$ MPa
1.05nn u. 1.95nn	Stähle mit im Mittel $\geq 0{,}25 < 0{,}55\,\%$ C oder $R_m \geq 500 < 700$ MPa
1.06nn u. 1.96nn	Stähle mit im Mittel $\geq 0{,}55\,\%$ C $R_m \geq 700$ MPa
1.07nn u. 1.97nn	Stähle mit höherem S- oder P-Gehalt
Edelstähle	
1.10nn	Stähle mit besonderen physikalischen Eigenschaften
1.11nn	Bau-, Maschinenbau- und Behälterstähle mit $< 0{,}50\,\%$ C
1.12nn	Maschinenbaustähle mit $\geq 0{,}50\,\%$ C
1.13nn	Bau-, Maschinenbau- und Behälterstähle mit besonderen Anforderungen
1.15nn bis 1.18nn	Werkzeugstähle

Tab. A.7 Werkstoffnummern (die Zählziffern sind mit **nn** bezeichnet)

1.08nn u. **1.98nn**	Stähle mit besonderen physikalischen Eigenschaften
1.09nn u. **1.99nn**	Stähle für verschiedene Anwendungszwecke

Verschiedene Stähle

1.32nn Schnellarbeitsstähle *ohne* Co	**1.33nn** Schnellarbeitsstähle *mit* Co	**1.35nn** Wälzlagerstähle	**1.36nn** Werkstoffe mit bes. magnetischen Eigenschaften *ohne* Co
1.37nn Werkstoffe mit besonderen magnetischen Eigenschaften *mit* Co	**1.38nn** Werkstoffe mit besonderen physikalischen Eigenschaften *ohne* Ni	**1.39nn** Werkstoffe mit besonderen physikalischen Eigenschaften *mit* Ni	

Chemisch beständige Stähle

1.40nn Nichtrostende Stähle mit < 2,5 % Ni *ohne* Mo, Nb und Ti	**1.41nn** Nichtrostende Stähle mit < 2,5 % Ni *mit* Mo, *ohne* Nb und Ti	**1.43nn** Nichtrostende Stähle mit ≥ 2,5 % Ni *ohne* Mo, Nb und Ti	**1.44nn** Nichtrostende Stähle mit ≥ 2,5 % Ni *mit* Mo, *ohne* Nb und Ti	**1.45nn / 1.46nn** Nichtrostende Stähle mit Sonderzusätzen
Hitzebeständige Stähle und Hochwarmfeste Werkstoffe		**1.47nn** Hitzebeständige Stähle < 2,5 % Ni	**1.48nn** Hitzebeständige Stähle mit ≥ 2,5 % Ni	**1.49nn** Hochwarmfeste Werkstoffe

Bau-, Maschinenbau- und Behälterstähle

1.50nn	**1.51nn**	**1.52nn**	**1.53nn**	**1.54nn**	**1.55nn**	**1.56nn**	**1.57nn**	**1.58nn**	**1.59nn**
Mn, Si, Cu	Mn-Si Mn-Cr	Mn-Cu Mn-V Si-V Mn-Si-V	Mn-Ti Si-Ti	Mo, Nb,Ti,V W	B, Mn-B <1,65 % Mn	Ni	Cr-Ni mit <1 % Cr	Cr-Ni mit ≥1,0 % <1,5 % Cr	Cr-Ni mit ≥1,5 % <2,0 % Cr

1.60nn	**1.62nn**	**1.63nn**	**1.65nn**	**1.66nn**	**1.67nn**	**1.68nn**	**1.69nn**
Cr-Ni mit ≥ 2,0 % < 3% Cr	Ni-Si Ni-Mn Ni-Cu	Ni-Mo Ni-Mo-Mn Ni-Mo-Cu Ni-Mo-V Ni-Mn-V	Cr-Ni-Mo mit < 0,4 % Mo + < 2 % Ni	Cr-Ni-Mo mit < 0,4 % Mo +≥ 2,0 % < 3,5 % Ni	Cr-Ni-Mo mit < 0,4 % Mo +≥ 3,5 % < 5 % Ni oder ≥ 0,4 % Mo	Cr-Ni-V Cr-Ni-W Cr-Ni-V-W	Cr-Ni außer Klassen 57 bis 68

1.70nn	**1.71nn**	**1.72nn**	**1.73nn**	**1.75nn**	**1.76nn**	**1.77nn**	**1.79nn**
Cr Cr-B	Cr-Si Cr-Mn Cr-Mn-B Cr-Si-Mn	Cr-Mo mit < 0,35 % Mo Cr-Mo-B	Cr-Mo mit ≥ 0,35 % Mo	Cr-V mit < 2,0 % Cr	Cr-V mit > 2,0 % Cr	Cr-Mo-V	Cr-Mn-Mo Cr-Mn-V

1.80nn	**1.81nn**	**1.82nn**	**1.84nn**	**1.85nn**	**1.87nn 1.88nn 1.89nn**
Cr-Si-Mo Cr-Si-Mn-Mo Cr-Si-Mo-V Cr-Si-Mn-Mo-V	Cr-Si-V Cr-Mn-V Cr-Si-Mn-V	Cr-Mo-W Cr-Mo-W-V	Cr-Si-Ti Cr-Mn-Ti Cr-Si-Mn-Ti	Nitrierstähle	Nicht für eine Wärmebehandlung beim Verbraucher vorgesehene Stähle. Hochfeste, schweißgeeignete Stähle

Bezeichnung der Eisen-Guss-Werkstoffe

Nach **DIN EN 1560:2011** (Gießereiwesen – Werkstoffkurzzeichen und -nummern) werden Kurzzeichen aus max. sechs Positionen gebildet:

| Pos. 1. | **EN** für Europäische Norm |
| Pos. 2. | **GJ** für Gusseisen; J steht für I (iron), um Verwechslungen zu vermeiden. |

EN	GJ	3.	4.	5.	6.

EN GJ S F-300 H   Kugelgraphitguss (GJS) ferritisch (F),
    ↓ ↓ ↓ ↓ $R_{m, min}$ = 300 MPa, wärmebehandelt (H)
Pos.   3. 4. 5. 6.

Pos. 3. Zeichen für Grafitform   **Pos. 6.** Zeichen für zusätzliche Anforderungen

L-	Lamellar-	H-	graphitfrei
S-	Kugel-	X-	Sonderstruktur
V-	Vermicular-		
M-	Temperkohle		

D	Gussstück im Gusszustand
H	wärmebehandelt
W	Schweißeignung für Fertigungsschweißungen
Z	zusätzliche Anforderungen nach Bestellung

Pos. 4. Zeichen für Mikro- oder Makrogefüge   **Pos. 5.** Angabe der mechanischen Eigenschaften

A	Austenit
F	Ferrit
P	Perlit
M	Martensit
L	Ledeburit
Q	Abschreckgefüge
T	Vergütungsgefüge
B	nichtentkohlend geglüht
W	entkohlend geglüht
N	grafitfrei

Sorte	Eigenschaft [1] in MPa
GJL	Mindestzugfestigkeit[1] oder Härte HBW, HV
GJMB GJMW	Mindestzugfestigkeit[1] – Mindestbruchdehnung (%), zusätzlich angehängt - RT: Schlagzähigkeit bei Raumtemperatur, - LT bei Tieftemperatur gemessen
	Anhänge über Herkunft der Probestücke
....S	für *getrennt* gegossene
....C	für dem Gussstück *entnommene*
....U	für *angegossene* Probestücke

Bezeichnung nach der chemischen Zusammensetzung

Alle anderen Sorten	Bezeichnung wie bei den legierten Stählen mit C-Kennzahl, Symbole der LE, Multiplikatoren mit Bindestrich. Hochlegierte Sorten mit vorgestelltem X (wahre Prozente)

Beispiele:

EN-GJL-200U	Gusseisen mit Lamellengraphit (L) und R_m= 200 MPa, Probe angegossen
EN-GJL-HB150	Gusseisen mit Lamellengraphit und einer Härte von 150 HBW
EN-GJS-350-22-RT	Gusseisen mit Kugelgraphit (S), R_m = 350 MPa, A = 22 % bei RT gemessen
EN-GJMB-600-3	Temperguss (M), nichtentkohlend geglüht (B), R_m= 600 MPa, A = 3 %
EN-GJLA-XNiCuCr15-6-2	Gusseisen mit Lamellengraphit (L) in austenitischem Gefüge (A), hochlegiert (X) mit 15 % Ni, 6 % Cu und 2 % Cr

Bezeichnung der NE-Metalle

Allgemeines

Reinmetalle werden mit den chemischen Symbolen bezeichnet, dahinter folgt der Metallgehalt in Prozent.

Legierungen werden nach dem Basismetall und dem Hauptlegierungselement in nachstehender Reihenfolge benannt (chemische Symbole der Metalle).

1. Symbol des Basiselementes
2. Symbol des Hauptlegierungselementes
3. Prozentzahl des Hauptlegierungselementes
Zur weiteren Klärung können angefügt werden:
4. Symbol des dritten Legierungselementes
5. Prozentzahl des dritten LE (wenn zur
Unterscheidung von ähnlichen Sorten nötig)
Beachte: Abweichungen von diesen Regeln sind evtl. in
den Normen für die einzelnen NE-Metalle festgelegt.

Kurzzeichen	Beschreibung
CuCr	Cu-Legierung mit Cr nach Norm. Ohne weitere Angabe, nur eine Sorte!
CuAl10Ni	Cu-Legierung mit 10 % Al und Ni nach Norm
CuNi25Zn15	Cu-Legierung mit 25 % Ni und 15 % Zn
TiAl6V4	Ti-Legierung mit 6 % Al und 4 % V

Bezeichnung von Aluminium und -legierungen

DIN EN 573 Aluminium und Aluminiumlegierungen, Chemische Zusammensetzung und Form von Halbzeug und **DIN EN 573-1:2004** Numerisches Bezeichnungssystem

Normbezeichnung **EN AW – 1 2 3 4**   Vier Ziffern + Buchstabe für nationale Variante

1.	Ziffer für Legierungsserie (Tab. A.8)
2.	Ziffer für Legierungsvariante
3. + 4.	sind Zählziffern

für Aluminium **A**
für Halbzeug **W**
(für Gusslegierungen **C**)

DIN EN 573-2:1994 Bezeichnungssystem mit chemischen Symbolen

Beispiel für Normangabe: EN AW-6061 [Al Mg1SiCu] als Ausnahme auch EN AW-**ALMG1SiCu** (Tab. A.9 und A.10)

Tab. A.8 Aluminium-Legierungsserien nach DIN EN 573-3:2019

Leg.-Serie	Legierungselemente	Leg.-Serie	Legierungselemente
1x x x	Al unlegiert	5 x x x	Al Mg + Mn, Cr, Zr
2 x x x	Al Cu + weitere	6 x x x	Al MgSi + Mn, Cu, PbMn
3 x x x	Al Mn + Mg	7 x x x	Al Zn + Mg, Cu, Zr
4 x x x	Al Si + Mg, Bi, Fe, MgCuNi	8 x x x	Sonstige; z. B. Fe, FeSi, FeSiCu

Tab. A.9 Erhöhung der Festigkeit um ΔR_m in MPa im Zustand Hx8 gegenüber dem weichgeglühten (O)

R_m weich (O)	ΔR_m hart Hx8	R_m weich (O)	ΔR_m hart Hx8
bis 40	55	165...200	100
45...60	65	205...240	105
65...80	75	245...280	110
85...100	85	285...320	115
105...120	90	≥ 325	120
125...160	95		

Beispiel:

H24: bedeutet: (2) kaltverfestigt + rückgeglüht; (4) auf ½-hart kaltverfestigt

H18: bedeutet: (H) kaltverfestigt, (8) vollhart

Tab. A.10 Bezeichnung der Werkstoffzustände durch Anhängesymbole aus Buchstaben und bis zu zwei Ziffern nach DIN EN 515:2017 Al und Al-Legierungen, Halbzeug

Symbol	Basiszustand	Bedeutung der Ziffer	
F	Herstellungszustand	keine Grenzwerte für mechanische Eigenschaften	
O1 O2 O3	weichgeglüht	1 hocherhitzt, langsam abgekühlt 2 thermomechanisch behandelt 3 homogenisiert	
Symbol	Zustand	Bedeutung der 1. Ziffer	Bedeutung der 2. Ziffer
H H34	kaltverfestigt	1 nur kaltverfestigt 2 kaltverfestigt + rückgeglüht 3 kaltverfestigt + stabilisiert 4 kaltverfestigt + einbrennlackiert	2: 1/4-hart 4: 1/2-hart 6: 3/4-hart 8: vollhart
T	wärmebehandelt	1: aus Warmformtemperatur abgeschreckt + kaltausgehärtet 2: aus Warmformtemperatur abgeschreckt + kaltverfestigt + kaltausgehärtet 3: lösungsgeglüht + kaltverfestigt + kaltausgehärtet 4: lösungsgeglüht + kaltausgehärtet (stabiler Zustand) 5: aus Warmformtemperatur abgeschreckt + warmausgehärtet 6: lösungsgeglüht + warmausgehärtet 7: lösungsgeglüht + überhärtet 8: lösungsgeglüht + kaltverfestigt + warmausgehärtet (stabiler Zustand) 9: lösungsgeglüht + warmausgehärtet + kaltverfestigt (stabiler Zustand)	

Bezeichnung von Kupfer und -legierungen

DIN EN 1412:2016 Kupfer und Kupferlegierungen, Europäisches Nummernsystem. Die Normangabe besteht aus sechs Zeichen.

C	2.	3.	4.	5.	6.

Zeichen 1:	C Zeichen für Kupfer					
Zeichen 2:	Buchstabe für die Erzeugnisform					
	B	Blockform zum Umschmelzen	M	Vorlegierung	S	Werkstoff in Form von Schrott
	C	Gusserzeugnis	X	nicht genormte Werkstoffe		
	F	Schweißzusatz, Hartlote	R	raffiniertes Cu in Rohform	W	Knetwerkstoffe
Zeichen 3 bis 5:	Zählziffern für genormte Sorten 0…799 und für nichtgenormte 800… 999					
Zeichen 6: Buchstabe(n) für Legierungs- system:	A oder B	Cu, unlegiert	G	CuAl	L oderM	CuZn Zweistofflegierung
	C oder D	Cu, niedriglegiert, Σ LE < 5 %	H	CuNi	N oder P	CuZnPb
	E, F	Legierungen Σ LE > 5 %	J	CuNiZn	R oder S	CuZn Mehrstofflegierung
			K	CuSn		

Beispiele für Kupferwerkstoffe

CC383H:	(C) Gusserzeugnis aus einer (H) CuNi-Legierung
CW101C:	(W) Knetwerkstoff aus (C) niedriglegiertem Cu (CuBe2)
CW508L:	(W) Knetwerkstoff aus einer (L) CuZn-Legierung (Messing)

DIN EN 1173:2008 Kupfer und Kupferlegierungen, Zustandsbezeichnungen
Siehe Tab. A.11.

Tab. A.11 Anhängesymbole, bestehend aus einem Buchstaben und drei Ziffern für bestimmte Eigenschaftswerte

Buchstabe	Eigenschaft und Kennwert	Beispiel
A	Bruchdehnung in Prozent	A005: A = 5 %
B	Federbiegegrenze	B370: 370 MPa
D [a]	gezogen, ohne festgelegte mech. Eigenschaften	
G	Korngröße	
H	Härte HBW oder HV	H030: 30 HV
M [a]	wie gefertigt, ohne festgelegte mech. Eigenschaften	
R	Zugfestigkeit	R700: 700 MPa
Y	0,2%-Dehngrenze	Y350: 350 MPa

[a] Die Buchstaben D und M werden ohne weitere Bezeichnungen verwendet.

Beispiele

Normbezeichnung	Maßnorm	Werkstoff	Eigenschaften
Band EN 1652 CuBe2 R1200	EN 1652	CuBe2 ------	R1200 (Zugfestigkeit)
Stange EN 12164 CuZn39Pb M	EN 12164	CuZn39Pb3	M (ohne vorgegebene Eigenschaften)

Bezeichnung der Kunststoffe

Normung

DIN EN ISO 1043-1:2011	Kennbuchstaben und Kurzzeichen, Basispolymere
DIN EN 1043-2:2011	Kennbuchstaben und Kurzzeichen, Kurzzeichen für Füll- und Verstärkungsstoffe
DIN EN 14598-1:2005	Verstärkte härtbare Formmassen (SMC und BMC), Bezeichnung

Allgemeine Kurzzeichen

Der Buchstabe P für „poly" wird zur Kennzeichnung von Homopolymeren benutzt. Der Buchstabe P darf auch für Copolymere und andere Polymere benutzt werden, wenn sein Weglassen zu Verwechslungen führen könnte.

Für Copolymere werden die Kennbuchstaben für die monomeren Bestandteile verwendet, in der Reihenfolge, wie sie in der Bezeichnung des Materials auftreten, für das das Kurzzeichen gebildet werden soll. Die Kennbuchstaben für die Bestandteile erscheinen in der Regel von links nach rechts in der Reihenfolge der absteigenden Massengehalte (in Massenprozent) der monomeren Bestandteile des Copolymers (Tab. A.12).

Kurzzeichen für Polymergemische (blends) werden aus den Komponenten mit Pluszeichen gebildet, das Ganze in Klammern. Beispiel: (ABS+PC).

Tab. A.12 Kurzzeichen für Kunststoffe

Kurzzeichen	Chemische Bezeichnung	Art[a]
ABS	Acrylnitril-Butadien-Styrol	t
ASA	Acrylnitril-Styrol-Acrylester (Propfcopolymer)	t
BS	Butadien-Styrol	t
CA	Celluloseacetat	t
CAB	Celluloseacetobutyrat	t
CAP	Celluloseacetopropionat	t
CP	Cellulosepropionat	t
EP	Epoxidharz	d
EC	Ethylcellulose	t
ETFE	Ethylen-Tetrafluorethylen	t
FF	Furanharze	d
UF	Harnstoff-Formaldehyd	d
LCP	Liquid Crystals Polymers	t
MP	Melamin-Phenolformaldehyd	d
MF	Melamin-Formaldehyd	d
AAS	Methacrylat-Acrylat-Styrol	t
NBR	Nitril-Butadien-Kautschuk	e
PAN	Polyacrylnitril	t
PA11	Polyamid	t
PA12	Polyamid	t
PA6	Polyamid	t
PA66	Polyamid	t
PAI	Polyamidimide	t
PAR	Polyarylat	t
PB	Polybuten	t
PBT(P)	Polybutylenterephthalat	t
PC	Polycarbonat	t
PCTFE	Polychlortrifluorethylen	t
PDAP	Polydiallylphthalat	t
PEEK	Polyetheretherketon	t
PEI	Polyetherimid	t
PES	Polyethersulfon	t
PE-HD	Polyethylen (hohe Dichte)	t
PE-LD	Polyethylen (niedrige Dichte)	t
PET(P)	Polyethylenterephthalat	t
PI	Polyimid	t
PMMA	Polymethylmethacrylat	t
POM	Polyoxymethylen, (Polyacetal, Polyformaldehyd)	t
PPO	Polyphenylenoxid	t
PPS	Polyphenylensulfid	t
PP	Polypropylen	t

(Fortsetzung)

Tab. A.12 (Fortsetzung)

Kurzzeichen	Chemische Bezeichnung	Art[a]
PS	Polystyrol	t
PS-HI	Polystyrol high impact (schlagzäh)	t
PSU	Polysulfon	t
PTP	Polytetephthalate	t
PTFE	Polytetrafluorethylen	t
PFPFEP	Polytetrafluorethylen-Perfluorpropylen	t
PUR	Polyurethan	e/d
PVC-U	Polyvinylchlorid, hart	t
PVC-P	Polyvinylchlorid, weich	t
PVF	Polyvinylfluorid	t
PVDC	Polyvinylidenchlorid	t
PVDF	Polyvinylidenfluorid	t
SI	Silicon	e
SAN	Styrol-Acrylnitril	t
SB	Styrol-Butadien	t
SBR	Styrol-Butadien-Kautschuk	e
TPU	Thermoplastische Polyurethane	tpe
UP	Ungesättigter Polyester	d

[a]t: Thermoplast, d: Duromer, e: Elastomer, tpe: thermoplastisches Elastomer

Tab. A.13 Zusatzzeichen für besondere Eigenschaften der Polymere (mit Bindestrich angehängt)

Symbol	Bedeutung	Symbol	Bedeutung	Symbol	Bedeutung
C	chloriert	D	Dichte	E	verschäumt, verschäumbar
F	flexibel	H	hoch	I	schlagzäh
L	linear	M	mittel, molekular	N	normal, Novolak
P	weichmacherhaltig	R	erhöht, Resol	U	ultra, weichmacherfrei
V	very, sehr	W	Gewicht	X	vernetzt, vernetzbar

Zusatzbezeichnungen

Siehe Tab. A.13.

Eigenschaften der sehr gebräuchlichen Standard-Thermoplaste

Kurzzeichen	Erstarrung[a]	T_{Glas}	T_{Eins} kurz	T_{Eins} Dauer	Dichte	Besondere Merkmale und Eigenschaften
ABS	a	−85und 100[b]	ca. 90	ca. 80	1,03…1,07	schlagzäh, moderat kratzfest, wenig witterungsbeständig, galvanisierbar
PA11	tk	50	140	75	1,03…1,05	hochzäh, beständig gegen Öl/ Fett/Kraftstoff, geringe Wasseraufnahme
PA12	tk	50	140	75	1,01…1,04	hochzäh, beständig gegen Öl/ Fett/Kraftstoff, geringste Wasseraufnahme,
PA6	tk	30 (lf), −10(tr)[c]	150	90	1,12…1,15	zähhart im luftfeuchten Zustand, verschleißfest, kann bis 7,5% Wasser aufnehmen
PA66	tk	40 (lf), −6(tr)[c]	150	90	1,13…1,16	zähhart im luftfeuchten Zustand, verschleißfest, kann bis 8,5% Wasser aufnehmen
PBT(P)	tk	55	160	100	1,3…1,32	zähhart, Beständig gegen viele Lösemittel, möglicher Abbau bei langfristigem Wasserkontakt
PC	a	145	135	100	1,2…1,24	transparent, sehr zäh und bruchfest, beständig gegen verdünnte Säuren, viele Öle und Fette sowie gegen Ethanol, jedoch unbeständig gegen Basen, aromatische und halogenierte Kohlenwasserstoffe sowie Ketone und Ester
PE-HD	tk	−100	90	70	0,94…0,96	zäh, geringe Steifigkeit, geringe Kratzfestigkeit, chemikalienbeständig
PE-LD	tk	−100	85	65	0,91…0,93	zäh, geringe Steifigkeit, geringe Kratzfestigkeit, chemikalienbeständig, weicher/flexibler als PE-HD
PMMA	a	105…120	90	75	1,15…1,19	bekannt als Plexiglas, transparent, spröde, kratzfest, witterungsbeständig
POM	tk	−70	120	100	1,39…1,43	sehr schlagzäh, sehr gute Gleiteigenschaften

[a]a: amorph, tk: teilkristallin

[b]Bei zwei Phasen liegen zwei Glastemperaturen vor, die weiche/elastische Phase sorgt für Zähigkeit bei tiefen Temperaturen

[c] Die Glasübergangstemperatur kann durch den Weichmacheranteil in weiten Bereichen variiert werden

[d] Durch Feuchtigkeitsaufnahme ändern sich die Eigenschaften, tr: trocken, lf: luftfeucht

Kurzzeichen	Erstarrung[a]	T_{Glas}	T_{Eins} kurz	T_{Eins} dauer	Dichte	Besondere Merkmale und Eigenschaften
PP	tk	0…20	130	90	0,9	zäh, geringe Steifigkeit, gut chemikalienbeständig
PS	a	95	90	80	1,05	glasklar, spröde, kratzfest, alterungs- und witterungsempfindlich
PS-HI	a	−85und 95[b]	70	60	1…1,05	schlagzäh, milchig opak, alterungs- und witterungsempfindlich
PVC-U	a	80	70	60	1,38…1,55	sehr witterungsbeständig, bei Verbrennung chlorhaltige Gase – können mit Luftfeuchtigkeit Salzsäure bilden
PVC-P	a	−50[c]	60	55	1,16…1,35	je nach Weichmacheranteil sehr weich, Versprödung durch Weichmacherverlust nach Lagerung, giftige Brandgase
SAN	a	100	95	85	1,08	transparent, steif, höhere Festigkeit und Kratzfester als PS

[a]a: amorph, tk: teilkristallin

[b]Bei zwei Phasen liegen zwei Glasübergangstemperaturen vor, die weiche/elastische Phase sorgt für Zähigkeit bei tiefen Temperaturen

[c]Die Glasübergangstemperatur kann durch den Weichmacheranteil in weiten Bereichen variiert werden

[d]Durch Feuchtigkeitsaufnahme ändern sich die Eigenschaften, tr: trocken, lf: luftfeucht

Stichwortverzeichnis

Q

Querkontraktionszahl, 416

R

Randentkohlung, 185
Rasterelektronenmikroskop (REM), 465
Reckalterung, 201
Recycling, 5, 36
Reduktionsmittel, 296
Rekristallisation, 83, 86, 87
Rekristallisationsgefüge, 84
Rekristallisationstemperatur, 83, 85
Relaxationsversuch, 93
REM (Rasterelektronenmikroskop), 465
Restaustenit, 180, 275
Restspannung, 175
Rockwell, 450
Roheisen, 139
Rohkupfer, 302
Rotbruch, 145
Rotschlamm, 290

S

Salzbad, 187
Salzbadnitrieren, 214
Sauerstoff (O), 145
Sauerstoffaufblasverfahren, 142
Schalenhärter, 182
Schalenhartguss, 284
Schmelzefestigkeit, 368
Schmelzflusselektrolyse, 291
Schmelztemperatur, 42, 342
Schmiedefaser, 56
Schnellarbeitsstahl, 241, 246
Schubspannung, kritische, 58
Schulter-Hals-Verformung, 339
Schüttsintern, 252
Schwefel (S), 145
Schweißeignung, 223, 230
Schwellbereich, 442
Schwundausgleich, 255
Seigerungszone, 144
Sekundäraluminium, 290
Sekundärgefüge, 51
Sekundärhärte, 247
Sekundärmetallurgie, 143

Sekundärzementit, 133, 137, 138
Sheet Molding Compound (SMC), 375
Sherardisieren, 215
Shore, 453
Sicherheitsbauteil, 467
Siebanalyse, 252
Silicium (Si), 146
Siliciumkarbid, 397
Siliciumnitrid, 400
Silikatkeramik, 389
Silizieren, 215
Sinterhartmetall, 256
Sintern, 250
Sinterschmieden, 255
Sintertemperatur, 254
Sinterverhalten, 397
SMC (Sheet Molding Compound), 375
Sol-Gel-Verfahren, 403
Solidus-Linie, 102
Sonderkarbid, 147
Sondernitrid, 212
Spannung, wahre, 411
Spannungs-Dehnungs-Diagramm, 410
    isochrones, 426
Spannungsrelaxation, 89
Spendermittel, 206
Sprödbruch, 422
Stahl, 137, 138
    austenitischer, 228, 230
    ferritischer, 229, 230
    hitzebeständiger, 233
    hochwarmfester, 231
    höherfester, 170
    Kaltumformen, 234
    kaltzäher, 227
    unlegierter, 219
Stahlguss, 284
Stahlsorte, 220
Stängelkristallisation, 56
Stapelfehler, 64
Steifigkeit, 32, 409
Stickstoff (N), 145
Stirnabschreckversuch, 463
Stoffeigenschaft ändern, 153
Streckgrenze, 413
Streckspannung, 418
Stufenversetzung, 61
Sulfonitrieren, 215